선형대수학 -기초와 응용-

김동률 · 김수현 · 김시주 · 심문식 · 양영균 · 엄미례 · 이중호 · 조동현 · 조정래 공저

Linear Algebra

머리말

선형대수학은 대수학, 해석학, 기하학 분야에서 주로 쓰이며 자연과학, 인문과학, 사회과학 분야의 연구에도 유용하다. 또한 암호학, 정보과학 분야에서도 떼어 놓을 수 없는 과목이다.

따라서 위의 분야에 관심이 있는 사람이라면 선형대수학의 이해와 응용에 노력을 기울이지 않으면 안 될 것이다.

이 책은 선형대수학에 보다 쉽게 접근하여 이해력을 성장시키기 위한 목적으로 만들었다.

기초 이론에 대한 체계적인 설명과 익힌 이론을 바로 적용할 수 있도록 만든 예제는 자세한 풀이를 통해 이해력을 높였다. 연습문제를 통해서 단원에 대한 응용에도 자신감이 증대될 것이라고 기대된다. 따라서 이 책은 수학 전공자뿐만 아니라 비전공자에게도 이론적 바탕이 바로 설 것으로 확신한다. 이 책과 더불어 학생들의 이해와 실력 향상에 도움이 된다면 더 이상의 바람은 없을 것이다.

이 책을 구성하는 데 기존의 교재 및 연구서를 참고하였고, 강단에 계신 여러 교수님과 논의를 거쳤으며, 전공 학생들의 협조가 있었음을 밝혀둔다.

이 책이 세상에 나오는 데 동기를 부여하고, 어려운 가운데 책의 형태를 갖추게 한 도서출판 북스힐의 조승식 사장님과 애써주신 분들께 감사드린다.

저자 씀

차 례

1 행렬

行列, Matrix

1.1 행렬

수 또는 문자들을 직사각형 모양으로 배열하고 괄호로 묶어 놓은 것을 행렬(matrix)이라 한다.

• 괄호는 ( ), [ ] 등을 사용하여 행렬을 나타낸다.

예를 들어

$$\begin{bmatrix} 1 & 3 & 4 \\ 2 & -1 & 0 \end{bmatrix}, \quad \begin{bmatrix} -1 & 3 & -2 \\ 4 & 2 & 7 \\ 15 & -5 & 6 \end{bmatrix}, \quad \begin{bmatrix} a & b \\ c & d \\ e & f \end{bmatrix}, \quad [\, a \quad b \quad c \,], \quad \begin{bmatrix} 4 \\ 2 \\ 7 \end{bmatrix}, \cdots$$

과 같이 행렬을 나타낸다.

괄호 안의 수 또는 문자를 그 행렬의 성분(element, component)이라 하고, 동일 수평선 위의 성분 전체, 즉 가로 줄의 성분 전체를 행(row), 동일 수직선 위의 성분 전체, 즉 세로 줄의 성분 전체를 열(column)이라 한다.

그리고 하나의 행렬은 보통

(행의 수)×(열의 수) 행렬

이라 한다.

위의 행렬은 각각 2×3행렬, 3×3행렬, 3×2행렬, 1×3행렬, 3×1행렬이다.

일반적으로 $m \times n$개의 수 $a_{ij}(i = 1, 2, \cdots, m\,;\, j = 1, 2, \cdots, n)$를 m개의 행과 n개의 열로 배열하고 괄호로 묶어 놓은 행렬을

• $m \times n$ matrix를 「m by n matrix」 또는 「m by n 행렬」과 같이 읽는다.

$m \times n$행렬($m \times n$ matrix)

이라 하고 다음과 같이 나타낸다.

$$\begin{array}{c} \\ 1\text{행} \\ 2\text{행} \\ 3\text{행} \\ \vdots \\ i\text{행} \\ \vdots \\ m\text{행} \end{array} \begin{array}{c} \begin{array}{ccccccc} 1\text{열} & 2\text{열} & 3\text{열} & \cdots & j\text{열} & \cdots & n\text{열} \end{array} \\ \begin{bmatrix} a_{11} & a_{12} & a_{13} & \cdots & a_{1j} & \cdots & a_{1n} \\ a_{21} & a_{22} & a_{23} & \cdots & a_{2j} & \cdots & a_{2n} \\ a_{31} & a_{32} & a_{33} & \cdots & a_{3j} & \cdots & a_{3n} \\ \vdots & \vdots & \vdots & & \vdots & & \vdots \\ a_{i1} & a_{i2} & a_{i3} & \cdots & a_{ij} & \cdots & a_{in} \\ \vdots & \vdots & \vdots & & \vdots & & \vdots \\ a_{m1} & a_{m2} & a_{m3} & \cdots & a_{mj} & \cdots & a_{mn} \end{bmatrix} \\ n\text{개의 열} \end{array} \Big\} \, m\text{개의 행}$$

• a_{ij} — i: 행의 수, j: 열의 수

• 4×3행렬

$$\begin{bmatrix} 0 & 1 & 5 \\ -3 & 2 & 1 \\ 7 & 3 & 4 \\ 6 & -2 & 9 \end{bmatrix} \begin{matrix} \cdots 1\text{행} \\ \cdots 2\text{행} \\ \cdots 3\text{행} \\ \cdots 4\text{행} \end{matrix}$$

⋮ ⋮ ⋮
1 2 3
열 열 열

행렬의 행은 위에서 아래로 제1행, 제2행, …, 제i행, …, 제m행, 또는 1행, 2행, …, i행, …, m행이라 하고, 열은 왼쪽에서 오른쪽으로 제1열, 제2열, …, 제j열, …, 제n열, 또는 1열, 2열, …, j열, …, n열이라 한다.

행렬은 보통 $A, B, C, \cdots$ 또는 $[a_{ij}]$, $[b_{ij}]$, $[c_{ij}]$, … 등으로 나타낸다. 이때 $i = 1, 2, \cdots, m\,;\, j = 1, 2, \cdots, n$이다. $A = [a_{ij}]$ 즉

• (i, j)성분이 a_{ij}인 $m \times n$행렬 A를 $A = [a_{ij}]$, $A = [a_{ij}]_{m \times n}$ 등으로 나타낸다.

$$A = \begin{bmatrix} a_{11} & a_{12} & a_{13} & \cdots & a_{1n} \\ a_{21} & a_{22} & a_{23} & \cdots & a_{2n} \\ a_{31} & a_{32} & a_{33} & \cdots & a_{3n} \\ \vdots & \vdots & \vdots & & \vdots \\ a_{m1} & a_{m2} & a_{m3} & \cdots & a_{mn} \end{bmatrix}$$

에서 a_{ij}를 행렬 A의 (i, j)성분(또는 ij성분)이라 한다. 그리고 $m \times n$행렬 $[a_{ij}]$는 크기(size) $m \times n$을 갖는다고 한다. 예를 들어

$$A = \begin{bmatrix} 2 & -5 \\ 3 & 6 \end{bmatrix}, \quad B = \begin{bmatrix} -1 & 3 & 9 \\ 4 & 2 & 5 \\ 7 & 3 & -6 \\ -2 & 8 & 1 \end{bmatrix}, \quad C = \begin{bmatrix} a & b & c \\ d & e & f \end{bmatrix}$$

가 주어졌을 때 행렬 A의 (2, 1) 성분은 3, B의 (4, 2) 성분은 8, C의 (1, 2) 성분은 b이다. 그리고 행렬 A의 행과 열의 수가 각각 2이므로 A의 크기는 2×2, 같은 방법을 적용하면 행렬 B의 크기는 4×3, C의 크기는 2×3이다.

다음은 몇가지 특수 행렬의 정의를 소개한다.

• 영행렬이 $m \times n$행렬일 때 $O_{m \times n}$으로 나타낸다.

모든 성분이 0인 행렬을 영행렬(zero matrix)이라 한다.

$$\begin{bmatrix} 0 & 0 \\ 0 & 0 \end{bmatrix}, \begin{bmatrix} 0 \\ 0 \\ 0 \end{bmatrix}, \begin{bmatrix} 0 & 0 & 0 \end{bmatrix}, \begin{bmatrix} 0 & 0 & 0 & 0 \\ 0 & 0 & 0 & 0 \\ 0 & 0 & 0 & 0 \end{bmatrix}, \cdots$$

등은 모두 영행렬이다.

영행렬은 문자 O로 나타낸다.

$m \times n$행렬 $A = [a_{ij}]\,(i = 1, 2, \cdots, m\,;\, j = 1, 2, \cdots, n)$에서 $m = n$일 때, 즉 $n \times n$행렬을 n차 정사각행렬(또는 정방행렬, square matrix of order n, n-square matrix)이라 한다.

행과 열의 수가 n으로 같은 행렬을 일컫는다.

n차 정사각행렬 $[a_{ij}]$, 즉

$$\begin{bmatrix} a_{11} & a_{12} & a_{13} & \cdots & a_{1n} \\ a_{21} & a_{22} & a_{23} & \cdots & a_{2n} \\ a_{31} & a_{32} & a_{33} & \cdots & a_{3n} \\ \vdots & \vdots & \vdots & & \vdots \\ a_{n1} & a_{n2} & a_{n3} & \cdots & a_{nn} \end{bmatrix}$$

에서 대각선 위의 성분 a_{11}, a_{22}, a_{33}, $\cdots$, a_{nn}을 이 행렬의 주대각성분(main diagonal elements) 또는 대각성분(diagonal elements)이라 한다.

정사각행렬 $A = [a_{ij}]\,(i = 1,\ 2,\ \cdots,\ n\ ;\ j = 1,\ 2,\ \cdots,\ n)$가 있다고 하자. $i > j$에 대하여 $a_{ij} = 0$일 때 A를, 즉

$$\begin{bmatrix} a_{11} & a_{12} & a_{13} & \cdots & a_{1n} \\ 0 & a_{22} & a_{23} & \cdots & a_{2n} \\ 0 & 0 & a_{33} & \cdots & a_{3n} \\ \vdots & \vdots & \vdots & & \vdots \\ 0 & 0 & 0 & \cdots & a_{nn} \end{bmatrix}$$

을 상삼각행렬(upper triangular matrix)이라 하고,
$i < j$에 대하여 $a_{ij} = 0$일 때 A를, 즉

$$\begin{bmatrix} a_{11} & 0 & 0 & \cdots & 0 \\ a_{21} & a_{22} & 0 & \cdots & 0 \\ a_{31} & a_{32} & a_{33} & \cdots & 0 \\ \vdots & \vdots & \vdots & & \vdots \\ a_{n1} & a_{n2} & a_{n3} & \cdots & a_{nn} \end{bmatrix}$$

을 하삼각행렬(lower triangular matrix)이라 하고,
$i \neq j$에 대하여 $a_{ij} = 0$일 때 A를, 즉

$$\begin{bmatrix} a_{11} & 0 & 0 & \cdots & 0 \\ 0 & a_{22} & 0 & \cdots & 0 \\ 0 & 0 & a_{33} & \cdots & 0 \\ \vdots & \vdots & \vdots & & \vdots \\ 0 & 0 & 0 & \cdots & a_{nn} \end{bmatrix}$$

을 대각행렬(diagonal matrix)이라 한다.

- 상삼각행렬과 하삼각행렬을 통틀어 삼각행렬이라 한다.

- $\begin{bmatrix} 3 & 0 & 0 \\ 0 & 5 & 0 \\ 0 & 0 & -2 \end{bmatrix}$, $\begin{bmatrix} 0 & 0 & 0 \\ 0 & -4 & 0 \\ 0 & 0 & 3 \end{bmatrix}$ 등은 3차의 대각행렬이다.

- I_2 : 2차의 단위행렬
- I_3 : 3차의 단위행렬
  ⋮
- I_n : n차의 단위행렬

대각성분이 모두 1이고 그 외의 성분은 모두 0인 행렬을 단위행렬(identity matrix)이라 하고 I_n으로 나타낸다. 즉, 다음과 같은 행렬이다.

$$I_2=\begin{bmatrix}1&0\\0&1\end{bmatrix},\ I_3=\begin{bmatrix}1&0&0\\0&1&0\\0&0&1\end{bmatrix},\ \cdots,\ I_n=\begin{bmatrix}1&0&\cdots&0\\0&1&\cdots&0\\\vdots&\vdots&&\vdots\\0&0&\cdots&1\end{bmatrix}$$

- 대각행렬에서 $a_{11}=a_{22}=a_{33}=\cdots=a_{nn}=k$(상수)인 경우의 행렬을 스칼라행렬(scalar matrix)이라 한다.

행렬 A의 행과 열을 바꾸어 놓은 행렬을 A의 전치행렬(transpose, transposed matrix)이라 하고 A^t로 나타낸다. 즉 $A^t=[a_{ij}]^t=[a_{ji}]$이다. 예를 들면 $A=\begin{bmatrix}1&2&3\\4&5&6\end{bmatrix}$일 때 $A^t=\begin{bmatrix}1&4\\2&5\\3&6\end{bmatrix}$이다.

- $1\times n$행렬을 row matrix, $m\times 1$행렬을 column matrix라고도 한다.

그리고 $1\times n$행렬을 n차의 행벡터(row vector), $m\times 1$행렬을 m차의 열벡터(column vector)라 한다.

$\begin{bmatrix}-2\\3\\4\end{bmatrix}$는 3차의 열벡터이고 $[-1\ \ 0\ \ 3\ \ 5\ \ -2]$는 5차의 행벡터이다.

연습문제 1.1

1. $A=\begin{bmatrix}3&2&4&9\\-1&5&-3&12\\0&-2&15&-7\end{bmatrix}$에 대하여 다음에 답하여라.

(1) A의 크기를 말하여라.

(2) A의 (3, 2), (2, 4) 성분을 말하여라.

(3) A의 2행을 말하여라.

(4) A의 3열을 말하여라.

(5) A의 전치행렬을 구하여라.

2. 문제 1의 행렬 A에 대하여 $A=[a_{ij}]$라 할 때 다음에 답하여라.

(1) i가 갖는 수를 말하여라.

(2) j가 갖는 수를 말하여라.

(3) a_{22}, a_{33}, a_{14}와 각각 같은 성분을 말하여라.

1.2 행렬의 연산

두 행렬 $A=[a_{ij}]$, $B=[b_{ij}]$에 대하여 크기가 같고 대응하는 성분이 각각 모두 같을 때, 즉 행과 열의 수가 각각 같고 $a_{ij}=b_{ij}$일 때, 이 두 행렬 A, B는 상등하다 또는 같다(equal)고 하고

$$A=B$$

와 같이 나타낸다.

• $A=[a_{ij}]$, $B=[b_{ij}]$ 일 때 $A=B \Leftrightarrow a_{ij}=b_{ij}$ $(i=1, 2, \cdots, m\ ;\ j=1, 2, \cdots, n)$

이를 테면

$$A=\begin{bmatrix} a_{11} & a_{12} & a_{13} \\ a_{21} & a_{22} & a_{23} \end{bmatrix},\quad B=\begin{bmatrix} b_{11} & b_{12} & b_{13} \\ b_{21} & b_{22} & b_{23} \end{bmatrix}$$

라 할 때

$$a_{11}=b_{11},\quad a_{12}=b_{12},\quad a_{13}=b_{13},$$
$$a_{21}=b_{21},\quad a_{22}=b_{22},\quad a_{23}=b_{23}$$

이면 $A=B$이다.

이것은 역도 성립한다.

예제 1.2-1 다음 두 행렬 A, B는 같다고 할 수 있는가?

(1) $A=\begin{bmatrix} 0.25 & \sqrt{16} & 0 & 3/9 \\ 1 & \sqrt[3]{-27} & -5 & \sqrt{12} \end{bmatrix}$, $B=\begin{bmatrix} 1/4 & 4 & 0 & 1/3 \\ 1 & -3 & -5 & 2\sqrt{3} \end{bmatrix}$

• $\sqrt[3]{-27}=\sqrt[3]{(-3)^3}=-3$

(2) $A=\begin{bmatrix} 1 & 2 & 3 \\ 4 & 5 & 6 \end{bmatrix}$, $B=\begin{bmatrix} 1 & 4 \\ 2 & 5 \\ 3 & 6 \end{bmatrix}$

풀이 (1) 크기가 2×4로 같고 각각 대응하는 성분이 같으므로 $A=B$이다.

(2) A, B의 크기가 각각 2×3, 3×2로 같지 않으므로 $A \neq B$이다. ■

행렬 A의 음의 행렬을 $-A$로 나타내고 A의 모든 성분을 반대 부호의 성분으로 바꾼 것을 말한다. 이를 테면

$$A=\begin{bmatrix} a & b & c \\ d & e & f \end{bmatrix} \text{이면 } -A=\begin{bmatrix} -a & -b & -c \\ -d & -e & -f \end{bmatrix}$$

이다.

행렬의 합과 실수배를 다음과 같이 정의한다.

- 행렬의 합은 크기가 같은 행렬 사이에서만 성립한다(계산이 가능하다).
- $A+B=[a_{ij}]+[b_{ij}] = [a_{ij}+b_{ij}]$

정의 1.2-1 행렬의 덧셈

$m\times m$ 행렬 $A=[a_{ij}]$와 $B=[b_{ij}]$가 있다. 크기가 같은 이 두 행렬의 합 $A+B$는 대응하는 성분의 합을 그 위치의 성분으로 하는 같은 크기 $(m\times n)$의 행렬이다. 즉

$$A+B=[a_{ij}]+[b_{ij}]$$
$$=\begin{bmatrix} a_{11} & a_{12} & \cdots & a_{1n} \\ a_{21} & a_{22} & \cdots & a_{2n} \\ \vdots & \vdots & & \vdots \\ a_{m1} & a_{m2} & \cdots & a_{mn} \end{bmatrix}+\begin{bmatrix} b_{11} & b_{12} & \cdots & b_{1n} \\ b_{21} & b_{22} & \cdots & b_{2n} \\ \vdots & \vdots & & \vdots \\ b_{m1} & b_{m2} & \cdots & b_{mn} \end{bmatrix}$$
$$=\begin{bmatrix} a_{11}+b_{11} & a_{12}+b_{12} & \cdots & a_{1n}+b_{1n} \\ a_{21}+b_{21} & a_{22}+b_{22} & \cdots & a_{2n}+b_{2n} \\ \vdots & \vdots & & \vdots \\ a_{m1}+b_{m1} & a_{m2}+b_{m2} & \cdots & a_{mn}+b_{mn} \end{bmatrix}$$

이다.

예제 1.2-2 다음을 계산하여라.

(1) $\begin{bmatrix} 1 & 0 \\ 2 & 4 \\ -3 & 6 \end{bmatrix}+\begin{bmatrix} -2 & 1 \\ -3 & -1 \\ 3 & 0 \end{bmatrix}$ (2) $\begin{bmatrix} a & b \\ c & d \end{bmatrix}+\begin{bmatrix} e & f \\ g & h \end{bmatrix}$

(3) $\begin{bmatrix} -1 & 2 & 3 \\ 9 & 0 & 4 \\ 3 & 1 & 6 \end{bmatrix}+\begin{bmatrix} 5 & -2 & 1 \\ -4 & 6 & -3 \\ 2 & -7 & 3 \end{bmatrix}$

풀이 (1) $\begin{bmatrix} 1 & 0 \\ 2 & 4 \\ -3 & 6 \end{bmatrix}+\begin{bmatrix} -2 & 1 \\ -3 & -1 \\ 3 & 0 \end{bmatrix}=\begin{bmatrix} 1+(-2) & 0+1 \\ 2+(-3) & 4+(-1) \\ (-3)+3 & 6+0 \end{bmatrix}=\begin{bmatrix} -1 & 1 \\ -1 & 3 \\ 0 & 6 \end{bmatrix}$

(2) $\begin{bmatrix} a & b \\ c & d \end{bmatrix}+\begin{bmatrix} e & f \\ g & h \end{bmatrix}=\begin{bmatrix} a+e & b+f \\ c+g & d+h \end{bmatrix}$

(3) $\begin{bmatrix} -1 & 2 & 3 \\ 9 & 0 & 4 \\ 3 & 1 & 6 \end{bmatrix}+\begin{bmatrix} 5 & -2 & 1 \\ -4 & 6 & -3 \\ 2 & -7 & 3 \end{bmatrix}$

$$=\begin{bmatrix} (-1)+5 & 2+(-2) & 3+1 \\ 9+(-4) & 0+6 & 4+(-3) \\ 3+2 & 1+(-7) & 6+3 \end{bmatrix}$$

$$=\begin{bmatrix} 4 & 0 & 4 \\ 5 & 6 & 1 \\ 5 & -6 & 9 \end{bmatrix}$$ ■

크기가 $m \times n$으로 같은 두 행렬 $A=[a_{ij}]$와 $B=[b_{ij}]$에 대하여 뺄셈은 $A-B=A+(-B)=[a_{ij}]+[-b_{ij}]=[a_{ij}-b_{ij}]$임을 알 수 있다. 즉

$$A-B=[a_{ij}-b_{ij}]=\begin{bmatrix} a_{11}-b_{11} & a_{12}-b_{12} & \cdots & a_{1n}-b_{1n} \\ a_{21}-b_{21} & a_{22}-b_{22} & \cdots & a_{2n}-b_{2n} \\ \vdots & \vdots & & \vdots \\ a_{m1}-b_{m1} & a_{m2}-b_{m2} & \cdots & a_{mn}-b_{mn} \end{bmatrix}$$

이다.

(3×2행렬) (3×2행렬)

• $\begin{bmatrix} a_{11} & a_{12} \\ a_{21} & a_{22} \\ a_{31} & a_{32} \end{bmatrix} - \begin{bmatrix} b_{11} & b_{12} \\ b_{21} & b_{22} \\ b_{31} & b_{32} \end{bmatrix} = \begin{bmatrix} a_{11}-b_{11} & a_{12}-b_{12} \\ a_{21}-b_{21} & a_{22}-b_{22} \\ a_{31}-b_{31} & a_{32}-b_{32} \end{bmatrix}$

(3×2행렬)

예제 1.2-3 다음을 계산하여라.

(1) $\begin{bmatrix} 1 & 3 & -5 \\ 2 & 0 & 1 \end{bmatrix} - \begin{bmatrix} 2 & 3 & -2 \\ 1 & 3 & 2 \end{bmatrix}$ (2) $\begin{bmatrix} 1 & 0 & 2 \\ 5 & -4 & 1 \\ 2 & 3 & 3 \end{bmatrix} - \begin{bmatrix} 6 & 2 & 5 \\ 3 & -2 & 4 \\ -1 & 0 & 3 \end{bmatrix}$

(3) $\begin{bmatrix} a & b \\ c & d \end{bmatrix} - \begin{bmatrix} 2a & 3e \\ -e & -4d \end{bmatrix}$

• 행렬의 뺄셈도 덧셈에서와 같이 크기가 같은 행렬 사이에서만 성립한다(계산이 가능하다).

풀이 (1) $\begin{bmatrix} 1 & 3 & -5 \\ 2 & 0 & 1 \end{bmatrix} - \begin{bmatrix} 2 & 3 & -2 \\ 1 & 3 & 2 \end{bmatrix} = \begin{bmatrix} 1-2 & 3-3 & -5-(-2) \\ 2-1 & 0-3 & 1-2 \end{bmatrix}$

$$= \begin{bmatrix} -1 & 0 & -3 \\ 1 & -3 & -1 \end{bmatrix}$$

(2) $\begin{bmatrix} 1 & 0 & 2 \\ 5 & -4 & 1 \\ 2 & 3 & 3 \end{bmatrix} - \begin{bmatrix} 6 & 2 & 5 \\ 3 & -2 & 4 \\ -1 & 0 & 3 \end{bmatrix} = \begin{bmatrix} 1-6 & 0-2 & 2-5 \\ 5-3 & -4-(-2) & 1-4 \\ 2-(-1) & 3-0 & 3-3 \end{bmatrix}$

$$= \begin{bmatrix} -5 & -2 & -3 \\ 2 & -2 & -3 \\ 3 & 3 & 0 \end{bmatrix}$$

(3) $\begin{bmatrix} a & b \\ c & d \end{bmatrix} - \begin{bmatrix} 2a & 3e \\ -e & -4d \end{bmatrix} = \begin{bmatrix} a-2a & b-3e \\ c-(-e) & d-(-4d) \end{bmatrix}$

$$= \begin{bmatrix} -a & b-3e \\ c+e & 5d \end{bmatrix}$$ ■

• $\begin{bmatrix} 1 & 2 & 3 \\ 4 & 5 & 6 \end{bmatrix} \pm \begin{bmatrix} 1 & -1 \\ 3 & 2 \\ 1 & 4 \end{bmatrix} = ?$

정의 1.2-2 행렬의 실수배

$m \times n$행렬 $A=[a_{ij}]$와 실수 k가 있어 실수배 kA는 $m \times n$행렬이고

$$kA=[ka_{ij}]=\begin{bmatrix} ka_{11} & ka_{12} & \cdots & ka_{1n} \\ ka_{21} & ka_{22} & \cdots & ka_{2n} \\ \vdots & \vdots & & \vdots \\ ka_{m1} & ka_{m2} & \cdots & ka_{mn} \end{bmatrix}$$

으로 A의 각 성분을 k배한 것이 대응하는 성분인 행렬이다.

• 행렬 A와 kA는 크기가 같다.

✉예제 **1.2-4** 다음을 계산하여라.

(1) $3\begin{bmatrix} 2 & -3 \\ 4 & 0 \end{bmatrix}$ (2) $10\begin{bmatrix} 1.6 \\ -0.2 \\ 2.3 \end{bmatrix}$

(3) $A=\begin{bmatrix} -1 & 5 \\ 2 & 0 \\ 4 & -3 \end{bmatrix}$, $B=\begin{bmatrix} 2 & 4 \\ -1 & -2 \\ -3 & 1 \end{bmatrix}$일 때 $-2A+3B$

(4) $4(A+B)$

• $A=\begin{bmatrix} 1 & 3 \\ -2 & 4 \end{bmatrix}$일 때

$A+A+A$

$=\begin{bmatrix} 1 & 3 \\ -2 & 4 \end{bmatrix}+\begin{bmatrix} 1 & 3 \\ -2 & 4 \end{bmatrix}$

$+\begin{bmatrix} 1 & 3 \\ -2 & 4 \end{bmatrix}$

$=\begin{bmatrix} 3 & 9 \\ -6 & 12 \end{bmatrix}=3\begin{bmatrix} 1 & 3 \\ -2 & 4 \end{bmatrix}$

$=3A$

풀이 (1) $3\begin{bmatrix} 2 & -3 \\ 4 & 0 \end{bmatrix}=\begin{bmatrix} 3\times 2 & 3\times(-3) \\ 3\times 4 & 3\times 0 \end{bmatrix}=\begin{bmatrix} 6 & -9 \\ 12 & 0 \end{bmatrix}$

(2) $10\begin{bmatrix} 1.6 \\ -0.2 \\ 2.3 \end{bmatrix}=\begin{bmatrix} 10\times 1.6 \\ 10\times(-0.2) \\ 10\times 2.3 \end{bmatrix}=\begin{bmatrix} 16 \\ -2 \\ 23 \end{bmatrix}$

(3) $$-2A+3B=-2\begin{bmatrix} -1 & 5 \\ 2 & 0 \\ 4 & -3 \end{bmatrix}+3\begin{bmatrix} 2 & 4 \\ -1 & -2 \\ -3 & 1 \end{bmatrix}$$

$$=\begin{bmatrix} 2 & -10 \\ -4 & 0 \\ -8 & 6 \end{bmatrix}+\begin{bmatrix} 6 & 12 \\ -3 & -6 \\ -9 & 3 \end{bmatrix}=\begin{bmatrix} 8 & 2 \\ -7 & -6 \\ -17 & 9 \end{bmatrix}$$

(4) $$4(A+B)=4\left\{\begin{bmatrix} -1 & 5 \\ 2 & 0 \\ 4 & -3 \end{bmatrix}+\begin{bmatrix} 2 & 4 \\ -1 & -2 \\ -3 & 1 \end{bmatrix}\right\}$$

$$=4\begin{bmatrix} 1 & 9 \\ 1 & -2 \\ 1 & -2 \end{bmatrix}=\begin{bmatrix} 4\times 1 & 4\times 9 \\ 4\times 1 & 4\times(-2) \\ 4\times 1 & 4\times(-2) \end{bmatrix}$$

$$=\begin{bmatrix} 4 & 36 \\ 4 & -8 \\ 4 & -8 \end{bmatrix}$$ ■

행렬의 실수배를 행렬의 스칼라곱(multiplication of a matrix by a scalar)이라고도 한다.

$-A$를 -1의 실수배로 생각하면 $A=\begin{bmatrix} a & b \\ c & d \end{bmatrix}$일 때

$$-A=(-1)A$$

$$=(-1)\begin{bmatrix} a & b \\ c & d \end{bmatrix}=\begin{bmatrix} (-1)a & (-1)b \\ (-1)c & (-1)d \end{bmatrix}$$

$$=\begin{bmatrix} -a & -b \\ -c & -d \end{bmatrix}$$

• $A=\begin{bmatrix} a & b \\ c & d \end{bmatrix}$일 때

$0A=0\begin{bmatrix} a & b \\ c & d \end{bmatrix}=\begin{bmatrix} 0 & 0 \\ 0 & 0 \end{bmatrix}$

임을 알 수 있다.

그리고 행렬에 0을 곱하면 영행렬(O)이 된다.

행렬의 덧셈과 실수배에 대하여 다음 성질이 성립한다.

정리 1.2-1

$m\times n$행렬 A, B, C, $m\times n$영행렬 O, 실수 k, ℓ에 대하여 다음이 성립한다.

(1) $A+B=B+A$ (덧셈에 대한 교환법칙)

(2) $(A+B)+C=A+(B+C)$ (덧셈에 대한 결합법칙)

(3) $A+O=O+A=A$ (덧셈에 대한 항등원은 O)

(4) $A+(-A)=(-A)+A=O$ (A의 덧셈에 대한 역원은 $-A$)

(5) $(k\ell)A=k(\ell A)$

(6) $1A=A$

(7) $(k+\ell)A=kA+\ell A$

(8) $k(A+B)=kA+kB$

• 교환법칙(commutative law) 결합법칙(associative law)

• $1A=A$에서 1을 스칼라 항등원(scalar identity)

증명 $m\times n$행렬 A, B, C를 각각 $A=[a_{ij}]$, $B=[b_{ij}]$, $C=[c_{ij}]$라 하자.

(1) $A+B$, $B+A$도 $m\times n$행렬이고,

$$\begin{aligned} A+B &= [a_{ij}]+[b_{ij}] \\ &= [a_{ij}+b_{ij}] \\ &= [b_{ij}+a_{ij}] \\ &= [b_{ij}]+[a_{ij}] = B+A \end{aligned}$$

(2) $(A+B)+C$, $A+(B+C)$도 $m\times n$행렬이고

$$\begin{aligned} (A+B)+C &= [a_{ij}+b_{ij}]+[c_{ij}] \\ &= [\{a_{ij}+b_{ij}\}+c_{ij}] \\ &= [a_{ij}+\{b_{ij}+c_{ij}\}] \\ &= [a_{ij}]+[b_{ij}+c_{ij}] \\ &= A+(B+C) \end{aligned}$$

• 정리 1.2-1의 (3), (5)~(8)의 증명은 연습문제로 남겨둔다.

(4) $A+(-A)$, $(-A)+A$도 $m\times n$행렬이고

$$\begin{aligned} A+(-A) &= [a_{ij}]+[-a_{ij}] \\ &= [a_{ij}+\{-a_{ij}\}] \quad [=[o_{ij}]](o_{ij}=0,\ (i,j)\text{성분이 모두 }0) \\ &= [\{-a_{ij}\}+a_{ij}] \\ &= [-a_{ij}]+[a_{ij}] \\ &= (-A)+A \end{aligned}$$

$\therefore\ A+(-A)=(-A)+A=O$ ■

• 행렬의 곱(multiplication 또는 product of matrices)

행렬의 곱셈을 정의한다.

• (i, j)성분을 간단히 ij 성분이라 나타내기로 한다.

정의 1.2-3 행렬의 곱셈

$m\times n$행렬 $A=[a_{ij}]$와 $n\times p$행렬 $B=[b_{ij}]$의 곱을 $C=[c_{ij}]$라 하면

$$C=AB$$

로 나타내고 행렬 C의 크기는 $m\times p$가 되고 (i, j)성분은

• $\sum_{k=1}^{n} a_k = a_1+a_2+\cdots+a_n$

$$c_{ij}=a_{i1}b_{1j}+a_{i2}b_{2j}+a_{i3}b_{3j}+\cdots+a_{in}b_{nj}=\sum_{k=1}^{n} a_{ik}b_{kj}$$

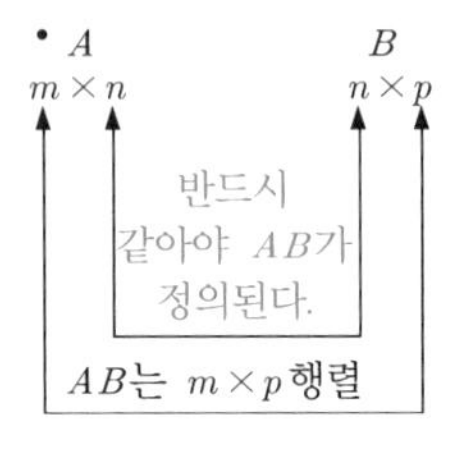

이다.

• A $m\times n$ B $n\times p$ 반드시 같아야 AB가 정의된다. AB는 $m\times p$행렬

$$AB=\begin{bmatrix} a_{11} & a_{12} & \cdots & a_{1n} \\ a_{21} & a_{22} & \cdots & a_{2n} \\ \vdots & \vdots & & \vdots \\ a_{i1} & a_{i2} & \cdots & a_{in} \\ \vdots & \vdots & & \vdots \\ a_{m1} & a_{m2} & \cdots & a_{mn} \end{bmatrix} \begin{bmatrix} b_{11} & b_{12} & \cdots & b_{1j} & \cdots & b_{1p} \\ b_{21} & b_{22} & \cdots & b_{2j} & \cdots & b_{2p} \\ \vdots & \vdots & & \vdots & & \vdots \\ b_{n1} & b_{n2} & \cdots & b_{nj} & \cdots & b_{np} \end{bmatrix}$$

(i행, j열)

$$=\begin{bmatrix} c_{11} & c_{12} & \cdots & c_{1j} & \cdots & c_{1p} \\ c_{21} & c_{22} & \cdots & c_{2j} & \cdots & c_{2p} \\ \vdots & \vdots & & \vdots & & \vdots \\ c_{i1} & c_{i2} & \cdots & c_{ij} & \cdots & c_{ip} \\ \vdots & \vdots & & \vdots & & \vdots \\ c_{m1} & c_{m2} & \cdots & c_{mj} & \cdots & c_{mp} \end{bmatrix}$$

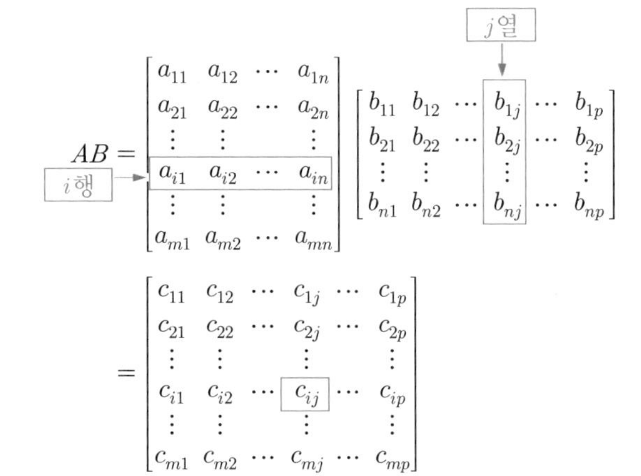

$m\times n$행렬 A의 한 행의 성분의 개수와 $n\times p$행렬 B의 한 열의 성분의 개수가 같고 A의 i행의 성분을 오른쪽으로 차례로 B의 j열의 성분을 위에서 아래로 차례로 각각 곱한 n개의 수의 합이 $m\times p$행렬 $C(=AB)$의 (i, j)성분이 된다.

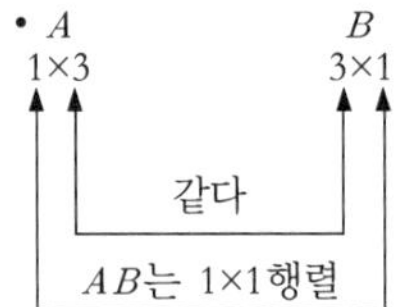

예제 1.2-5 두 행렬 $A=[1\ \ 2\ \ 3]$와 $B=\begin{bmatrix} -2 \\ -4 \\ 5 \end{bmatrix}$의 곱 AB를 구하여라.

풀이 1×3행렬 A와 3×1행렬 B의 곱 AB는 1×1행렬이다.

$$AB=[1\ \ 2\ \ 3]\begin{bmatrix} -2 \\ -4 \\ 5 \end{bmatrix}$$

$$=[1\cdot(-2)+2\cdot(-4)+3\cdot 5]=[5]$$ ■

예제 1.2-5와 다음 예제 1.2-6의 결과는 1×1행렬과 3×3행렬을 비교하는 것으로 흥미로운 일이다.

예제 1.2-6 예제 1.2-5의 행렬 A, B에 대하여 BA를 구하여라.

풀이 3×1행렬 B와 1×3행렬 A의 곱 BA는 3×3행렬이다.

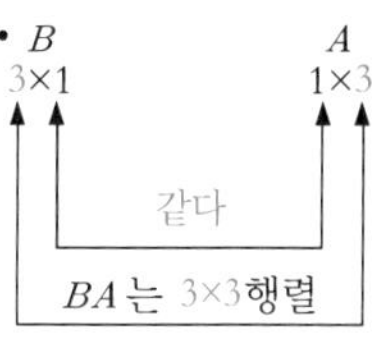

$$BA=\begin{bmatrix}-2\\-4\\5\end{bmatrix}\begin{bmatrix}1&2&3\end{bmatrix}$$

$$=\begin{bmatrix}(-2)\cdot 1&(-2)\cdot 2&(-2)\cdot 3\\(-4)\cdot 1&(-4)\cdot 2&(-4)\cdot 3\\5\cdot 1&5\cdot 2&5\cdot 3\end{bmatrix}$$

$$=\begin{bmatrix}-2&-4&-6\\-4&-8&-12\\5&10&15\end{bmatrix}$$ ■

예제 1.2-7 두 행렬 $A=\begin{bmatrix}1&2&-3\\0&-1&-2\end{bmatrix}$와 $B=\begin{bmatrix}2&4\\-1&5\\7&3\end{bmatrix}$가 주어져 있다.

이때 곱 AB, BA를 각각 구하여라.

풀이

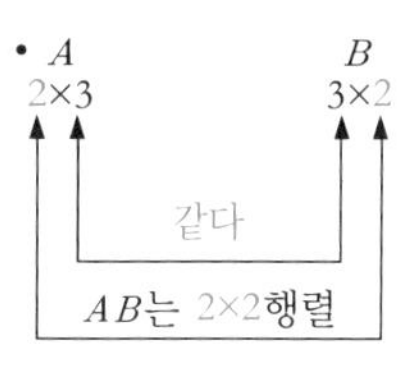

$$AB=\begin{bmatrix}1&2&-3\\0&-1&-2\end{bmatrix}\begin{bmatrix}2&4\\-1&5\\7&3\end{bmatrix}$$

(1행)×(1열) (1행)×(2열)

$$=\begin{bmatrix}1\cdot 2+2\cdot(-1)+(-3)\cdot 7&1\cdot 4+2\cdot 5+(-3)\cdot 3\\0\cdot 2+(-1)\cdot(-1)+(-2)\cdot 7&0\cdot 4+(-1)\cdot 5+(-2)\cdot 3\end{bmatrix}$$

(2행)×(1열) (2행)×(2열)

$$=\begin{bmatrix}2-2-21&4+10-9\\0+1-14&0-5-6\end{bmatrix}$$

$$=\begin{bmatrix}-21&5\\-13&-11\end{bmatrix}$$

• B 3×2, A 2×3, 같다, BA는 3×3행렬

$$BA=\begin{bmatrix}2&4\\-1&5\\7&3\end{bmatrix}\begin{bmatrix}1&2&-3\\0&-1&-2\end{bmatrix}$$

(1행)×(1열) (1행)×(2열) (1행)×(3열)

$$=\begin{bmatrix}2\cdot 1+4\cdot 0&2\cdot 2+4\cdot(-1)&2\cdot(-3)+4\cdot(-2)\\(-1)\cdot 1+5\cdot 0&(-1)\cdot 2+5\cdot(-1)&(-1)\cdot(-3)+5\cdot(-2)\\7\cdot 1+3\cdot 0&7\cdot 2+3\cdot(-1)&7\cdot(-3)+3\cdot(-2)\end{bmatrix}$$

(3행)×(1열) (3행)×(2열) (3행)×(3열)
(2행)×(1열) (2행)×(2열) (3행)×(2열)

$$=\begin{bmatrix}2+0&4-4&-6-8\\-1+0&-2-5&3-10\\7+0&14-3&-21-6\end{bmatrix}$$

$$=\begin{bmatrix}2&0&-14\\-1&-7&-7\\7&11&-27\end{bmatrix}$$ ■

예제 1.2-5, 6, 7에서 행렬의 곱셈에 대한 교환법칙은 성립하지 않는다는 성질을 알 수 있다. 즉

$$AB \neq BA$$

이다.

• A와 B의 크기가 같아야 $A+B$를 구할 수 있다.

예제 1.2-8 두 행렬 $A=\begin{bmatrix} -1 & -2 \\ 2 & -3 \\ 4 & 1 \end{bmatrix}$와 $B=\begin{bmatrix} 1 & 3 & 5 & 6 \\ -2 & 0 & -1 & 1 \end{bmatrix}$가 있다.

이때 $A+B$, BA를 각각 계산할 수 있는가?

그리고 AB는 어떠한가?

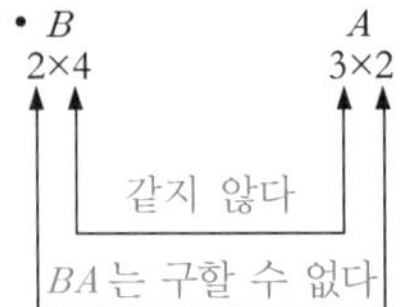

풀이 ① $A+B$; 행렬 A의 크기는 3×2, B의 크기는 2×4로 크기가 서로 다르다. 따라서 $A+B$는 계산할 수 없다.

② BA ; 행렬 B의 열의 수는 4, A의 행의 수는 3으로 다르다. 따라서 BA는 계산할 수 없다.

③ AB ; A는 3×2행렬, B는 2×4행렬로 A의 열의 수와 B의 행의 수가 2로 같다.

그러므로 AB는 계산할 수 있으며 3×4행렬이 된다. 즉

$$AB=\begin{bmatrix} -1 & -2 \\ 2 & -3 \\ 4 & 1 \end{bmatrix}\begin{bmatrix} 1 & 3 & 5 & 6 \\ -2 & 0 & -1 & 1 \end{bmatrix}$$

$$=\begin{bmatrix} (-1)\cdot 1+(-2)\cdot(-2) & (-1)\cdot 3+(-2)\cdot 0 & (-1)\cdot 5+(-2)\cdot(-1) & (-1)\cdot 6+(-2)\cdot 1 \\ 2\cdot 1+(-3)\cdot(-2) & 2\cdot 3+(-3)\cdot 0 & 2\cdot 5+(-3)\cdot(-1) & 2\cdot 6+(-3)\cdot 1 \\ 4\cdot 1+1\cdot(-2) & 4\cdot 3+1\cdot 0 & 4\cdot 5+1\cdot(-1) & 4\cdot 6+1\cdot 1 \end{bmatrix}$$

$$=\begin{bmatrix} 3 & -3 & -3 & -8 \\ 8 & 6 & 13 & 9 \\ 2 & 12 & 19 & 25 \end{bmatrix}$$

이다. ■

• A 4×2, B 2×3 — 같다 — AB는 구할 수 있다

AB는 4×3행렬

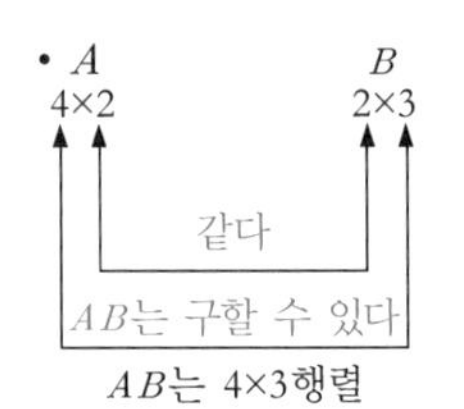

예제 1.2-9 $A=\begin{bmatrix} -3 & 3 \\ -4 & 4 \end{bmatrix}$, $B=\begin{bmatrix} 5 & 7 \\ 5 & 7 \end{bmatrix}$일 때 AB를 구하여라.

풀이 $AB=\begin{bmatrix} -3 & 3 \\ -4 & 4 \end{bmatrix}\begin{bmatrix} 5 & 7 \\ 5 & 7 \end{bmatrix}=\begin{bmatrix} 0 & 0 \\ 0 & 0 \end{bmatrix}=O$ ■

예제 1.2-9에서 $A \neq O$, $B \neq O$이라도 $AB=O$임을 알 수 있다.

행렬의 곱셈에 대하여 다음 성질이 성립한다.

정리 1.2-2

다음 행렬의 크기가 아래 연산이 정의될 수 있는 크기라 가정한다. 그러면 행렬 A, B, C와 실수 k에 대하여

(1) $(AB)C = A(BC)$ (곱셈에 대한 결합법칙)

(2) $A(B+C) = AB+AC$ (곱셈에 대한 분배법칙)

$(A+B)C = AC+BC$

(3) $k(AB) = (kA)B = A(kB)$ (실수배의 결합법칙)

(4) $AO = O$, $OA = O$

(5) $AI_n = A$, $I_m A = A$, 단 A는 $m\times n$행렬

• 행렬의 곱셈에서 교환법칙은 성립하지 않는다. $AB \neq BA$

증명 (1) A를 $m\times n$행렬이라 하고 B를 $n\times p$행렬이라 하면 AB는 $m\times p$행렬이다. C를 $p\times r$행렬이라 하면 $(AB)C$는 $m\times r$행렬이다. 그리고 BC는 $n\times r$행렬이고 $A(BC)$는 $m\times r$행렬이다.

즉, $(AB)C$와 $A(BC)$는 $m\times r$행렬로 크기가 같다.

$A=[a_{ij}]$, $B=[b_{ij}]$, $C=[c_{ij}]$라 하자. 행렬의 곱셈의 정의에 따르면

$$\begin{aligned}(AB)C\text{의 } (i,j)\text{성분} &= \sum_{\ell=1}^{p}\left(\sum_{k=1}^{n} a_{ik}b_{k\ell}\right)c_{\ell j} = \sum_{\ell=1}^{p}\sum_{k=1}^{n}(a_{ik}b_{k\ell})c_{\ell j} \\ &= \sum_{k=1}^{n}\sum_{\ell=1}^{p}(a_{ik}b_{k\ell})c_{\ell j} = \sum_{k=1}^{n}\sum_{\ell=1}^{p}a_{ik}(b_{k\ell}c_{\ell j}) \\ &= \sum_{k=1}^{n}a_{ik}\left(\sum_{\ell=1}^{p}b_{k\ell}c_{\ell j}\right) = A(BC)\text{의 } (i,j)\text{성분}\end{aligned}$$

이다. 크기가 같고 대응하는 성분이 모두 같으므로

$$(AB)C = A(BC)$$

이다.

(3) A를 $m\times n$행렬, B를 $n\times p$행렬로 하면 $k(AB)$, $(kA)B$은 $m\times p$행렬이고

$$\begin{aligned}k(AB)\text{의 } (i, j\text{성분}) &= k\sum_{\ell=1}^{n}a_{i\ell}b_{\ell j} = \sum_{\ell=1}^{n}k(a_{i\ell}b_{\ell j}) \\ &= \sum_{\ell=1}^{n}(ka_{i\ell})b_{\ell j} = (kA)B\text{의 } (i,j)\text{성분}\end{aligned}$$

이다. ■

• $AO=O$의 좌변에서 A가 $m\times n$행렬이고 O가 $n\times p$영행렬이면 우변의 O는 $m\times p$영행렬이다.

• $OA=O$의 좌변에서 O가 $r\times m$영행렬이고 A가 $m\times n$행렬이면 우변의 O는 $r\times n$영행렬이다.

• $\sum_{k=1}^{n}a_{ik}b_{k\ell}$은 행렬 AB의 (i,ℓ)성분

• $\sum_{\ell=1}^{p}b_{k\ell}c_{\ell j}$는 행렬 BC의 (k,j)성분

• 정리 1.2-2의 (2), (4), (5)의 증명은 연습문제로 남겨둔다.

일반적으로 A가 정사각행렬일 때 $A^n = AA\cdots A$로 정의한다.

$$A^0 = I,\ A^1 = A,\ A^2 = AA,\ A^3 = AAA,\ \cdots$$

• $\begin{bmatrix} a & b & c \\ d & e & f \end{bmatrix}^t = \begin{bmatrix} a & d \\ b & e \\ c & f \end{bmatrix}$

앞절 1.1에서 어떤 행렬의 열과 행을 바꾸어 놓은 행렬을 그 행렬의 전치행렬이라 정의했다. 일반적으로 나타내면 $m\times n$행렬 $A=[a_{ij}]$에 대하여 $A^t=[a_{ji}]$이고 $n\times m$행렬이다.

$$\begin{bmatrix} a_{11} & a_{12} & \cdots & a_{1n} \\ a_{21} & a_{22} & \cdots & a_{2n} \\ \vdots & \vdots & & \vdots \\ a_{m1} & a_{m2} & \cdots & a_{mn} \end{bmatrix}^t = \begin{bmatrix} a_{11} & a_{21} & \cdots & a_{m1} \\ a_{12} & a_{22} & \cdots & a_{m2} \\ \vdots & \vdots & & \vdots \\ a_{1n} & a_{2n} & \cdots & a_{mn} \end{bmatrix}$$

전치행렬에 대하여 다음 성질이 성립한다.

정리 1.2-3

A가 $m\times n$행렬이고 k는 상수일 때 다음이 성립한다.

(1) $(A^t)^t=A$

(2) $(kA)^t=kA^t$

(3) B가 $m\times n$행렬이면 $(A+B)^t=A^t+B^t$

(4) B가 $n\times p$행렬이면 $(AB)^t=B^tA^t$

A : $m\times n$ 행렬
A^t : $n\times m$ 행렬
$(A^t)^t$: $m\times n$ 행렬

(2) $(kA)^t=(k[a_{ij}])^t = [ka_{ij}]^t=[ka_{ji}] = k[a_{ji}]=k[a_{ij}]^t = kA^t$

• $\sum_{k=1}^{n} b_{ki}a_{jk}$에서 b_{ki}는 B^t의 (i, k)성분 a_{jk}는 A^t의 (k, j)성분

증명 (1) $(A^t)^t$는 $m\times n$행렬이다. 그리고

$$[(A^t)^t\text{의 } (i, j)\text{성분}] = [A^t\text{의 } (j, i)\text{성분}] = [A\text{의 } (i, j)\text{성분}]$$

이므로 $(A^t)^t=A$이다.

(3) $(A+B)^t$은 $n\times m$행렬이고 A^t+B^t도 $n\times m$행렬이다. $A=[a_{ij}]$, $B=[b_{ij}]$라 하면 $A^t=[a_{ji}]$, $B^t=[b_{ji}]$이고

$$[(A+B)^t\text{의 } (j, i)\text{성분}] = [a_{ji}+b_{ji}] = [A^t\text{의 } (j, i)\text{성분}] + [B^t\text{의 } (j, i)\text{성분}]$$

이므로 $(A+B)^t=A^t+B^t$이다.

(4) $(AB)^t$와 B^tA^t는 $p\times m$행렬이다. $A=[a_{ij}]$, $B=[b_{ij}]$라 하면

$$[(AB)^t\text{의 } (i, j)\text{성분}] = [AB\text{의 } (j, i)\text{성분}] = \left[\sum_{k=1}^{n} a_{jk}b_{ki}\right] = \left[\sum_{k=1}^{n} b_{ki}a_{jk}\right] = [B^tA^t\text{의 } (i, j)\text{성분}]$$

이므로 $(AB)^t=B^tA^t$이다. ■

이제 널리 사용되는 몇 가지 기본적인 행렬을 정의하여 보자.

행렬 $A=[a_{ij}]$가 정사각행렬이고 $A^t=A$, 즉 $a_{ij}=a_{ji}(i, j=1, 2, \cdots, n)$일 때 A를 대칭행렬(symmetric matrix)이라 한다.

• n차 정사각행렬 A가 대칭행렬일 때, 이 A를 n차 대칭행렬(n-square symmetric matrix)이라고도 한다.

또 $A^t=-A$, 즉 $a_{ji}=-a_{ij}(i, j=1, 2, \cdots, n)$일 때 A를 반대칭행렬(skew symmetric matrix)이라 한다.

예를 들어 $A=\begin{bmatrix} 1 & -3 & 2 \\ -3 & 5 & 6 \\ 2 & 6 & -7 \end{bmatrix}$, $I_3=\begin{bmatrix} 1 & 0 & 0 \\ 0 & 1 & 0 \\ 0 & 0 & 1 \end{bmatrix}$은 대칭행렬이고, $B=\begin{bmatrix} 0 & -3 & 2 \\ 3 & 0 & 4 \\ -2 & -4 & 0 \end{bmatrix}$은 반대칭행렬이다.

• 반대칭행렬을 교대행렬(alternating matrix)이라고도 한다.

예제 1.2-10 A가 n차 정사각행렬일 때, 다음을 각각 증명하여라.

(1) $A+A^t$은 대칭행렬이다.

(2) AA^t은 대칭행렬이다.

(3) $A-A^t$은 반대칭행렬이다.

증명 (1) (방법 1) $B=[b_{ij}]=A+A^t$, $A=[a_{ij}]$라 하자.

A의 (i, j)성분은 a_{ij}이고 A^t의 (i, j)성분은 a_{ji}이므로

$$b_{ij}=a_{ij}+a_{ji}$$

이고 또 A의 (j, i)성분은 a_{ji}이고 A^t의 (j, i)성분은 a_{ij}이므로

$$b_{ji}=a_{ji}+a_{ij}$$

$b_{ij}=b_{ji}$이다.

그러므로 B, 즉 $A+A^t$은 대칭행렬이다.

(방법 2) $(A+A^t)^t=A^t+(A^t)^t=A^t+A$이므로 $A+A^t$은 대칭행렬이다.

(2) $(AA^t)^t=(A^t)^tA^t=AA^t$이므로

AA^t은 대칭행렬이다.

• $(AB)^t=B^tA^t$

(3) $(A-A^t)^t=A^t-(A^t)^t=A^t-A$

$=-(A-A^t)$

이므로 $A-A^t$은 반대칭행렬이다. ■

연습문제 1.2

• $\begin{bmatrix} a & b \\ c & d \end{bmatrix} = \begin{bmatrix} p & q \\ r & s \end{bmatrix}$
$\Leftrightarrow a = p,\ b = q$
$c = r,\ d = s$

1. 다음 등식이 성립하는 a, b, c, d의 값을 정하여라.

(1) $\begin{bmatrix} a & 2 \\ 2c+1 & d+3 \end{bmatrix} = \begin{bmatrix} -1 & b-1 \\ 5 & -7 \end{bmatrix}$

(2) $\begin{bmatrix} a+b & 2 \\ -4 & 2a+b \end{bmatrix} = \begin{bmatrix} 1 & c+d \\ 3c+d & 5 \end{bmatrix}$

• $B+B+B=3B$

2. $A = \begin{bmatrix} 3 & 1 & -2 \\ 2 & -4 & 0 \end{bmatrix}$, $B = \begin{bmatrix} -1 & 2 & -2 \\ 5 & 6 & -3 \end{bmatrix}$일 때 다음을 구하여라.

(1) $A+B$

(2) $A-B$

(3) $-2A+3B$

3. $A = \begin{bmatrix} 2 & 5 \\ 1 & 6 \\ 3 & 4 \end{bmatrix}$, $B = \begin{bmatrix} -3 & 2 \\ 5 & -4 \\ -1 & -7 \end{bmatrix}$일 때 $A+B+C=O$이 성립하는 행렬 C를 정하여라.

• $A = [a_{ij}]$일 때
$-A = [-a_{ij}]$

4. $A = \begin{bmatrix} 2 & 1 & 0 & -1 \\ 3 & -2 & 5 & 4 \\ 1 & 0 & -3 & 6 \end{bmatrix}$, $B = \begin{bmatrix} -3 & 0 & -2 & 4 \\ -2 & 4 & -1 & -6 \\ 5 & 1 & 2 & -4 \end{bmatrix}$일 때 $A+B$와 $A-B$, $-A$, $2B$를 각각 구하여라.

• (1×3행렬)×(3×1행렬)
=(1×1행렬)
• (3×1) · (1×3) → (3×3)
• (1×3) · (3×4) → (1×4)
• (2×3) · (3×1) → (2×1)
• (2×3) · (3×2) → (2×2)

5. 다음을 계산하여라.

(1) $\begin{bmatrix} 5 & 4 & 2 \end{bmatrix} \begin{bmatrix} 3 \\ 2 \\ -6 \end{bmatrix}$

(2) $\begin{bmatrix} 3 \\ 2 \\ -6 \end{bmatrix} \begin{bmatrix} 5 & 4 & 2 \end{bmatrix}$

(3) $\begin{bmatrix} -2 & 3 & -1 \end{bmatrix} \begin{bmatrix} 2 & 0 & -1 & 3 \\ -2 & 4 & -2 & 1 \\ 1 & 3 & -5 & 2 \end{bmatrix}$

(4) $\begin{bmatrix} -2 & 1 & 3 \\ 4 & -5 & 6 \end{bmatrix} \begin{bmatrix} 4 \\ 3 \\ 2 \end{bmatrix}$

(5) $\begin{bmatrix} 2 & 6 & 4 \\ 3 & -1 & -2 \end{bmatrix} \begin{bmatrix} 1 & 2 \\ -1 & 3 \\ -2 & 2 \end{bmatrix}$

6. 정리 1.2-1의 (3), (5)~(8)을 각각 증명하여라.

7. 정리 1.2-2의 (2), (4), (5)를 각각 증명하여라.

8. $A=\begin{bmatrix}1 & -1\\ 0 & 1\end{bmatrix}$일 때 다음을 각각 구하여라.

$$A^2,\ A^3,\ A^n$$

9. $A=\begin{bmatrix}0 & 1 & 0\\ 0 & 0 & 1\\ 0 & 0 & 0\end{bmatrix}$일 때 다음을 각각 구하여라.

$$A^2,\ A^3,\ A^4$$

10. $(A+B)^2 \neq A^2+2AB+B^2$,

$(A+B)(A-B) \neq A^2-B^2$

임을 예를 들어 $A=\begin{bmatrix}1 & 2\\ 3 & -4\end{bmatrix}$, $B=\begin{bmatrix}-2 & 3\\ 2 & -1\end{bmatrix}$라 하고 설명하여라.

$(A-B)^2=A^2-2AB+B^2$의 경우도 설명하여라.

- $(A+B)^2$
  $=(A+B)(A+B)$
  $=A(A+B)+B(A+B)$
  $=A^2+AB+BA+B^2$
- $(A+B)(A-B)$
  $=A(A-B)+B(A-B)$
  $=A^2-AB+BA-B^2$

11. 다음 행렬 A, B는 대칭행렬이다. 각각 a, b, c의 값을 구하여라.

$$A=\begin{bmatrix}3 & 2a+3b & b\\ a & -5 & -c\\ c-a & 2 & -2\end{bmatrix},$$

$$B=\begin{bmatrix}6 & -5a-3b & a+b\\ 2a+c & 3 & -1\\ -c & -b-c & 7\end{bmatrix}$$

12. A, B가 정사각행렬이고 반대칭행렬이라 하면 $A+B$도 반대칭행렬임을 증명하여라.

13. A가 반대칭행렬일 때 A의 주대각선성분은 모두 0임을 증명하여라.

14. A, B가 반대칭 $n\times n$행렬일 때 다음을 증명하여라.

(1) $(AB)^t=BA$

(2) AB가 대칭행렬이기 위한 필요충분조건은 $AB=BA$이다.

15. A가 n차 정사각행렬일 때 다음을 각각 증명하여라.

(1) $\dfrac{1}{2}(A+A^t)$는 대칭행렬

(2) $\dfrac{1}{2}(A-A^t)$는 반대칭행렬

16. 임의의 정사각행렬은 대칭행렬과 반대칭행렬의 합으로 유일하게 나타낼 수 있음을 증명하여라.

17. 한 행렬이 대칭행렬이며 반대칭행렬이면 이 행렬은 영행렬임을 증명하여라.

• $(AB)^t = B^t A^t$

18. (1) 행렬 A, B, C에 대하여 다음이 성립함을 증명하여라.

$$(ABC)^t = C^t B^t A^t$$

(여기서 A, B, C의 크기는 위 등식을 만족하는 것이라 가정한다)

(2) n이 양의 정수일 때, 다음 등식이 성립함을 증명하여라.

$$(A^n)^t = (A^t)^n$$

(단, A는 정사각행렬이다.)

19. A가 m차의 정사각행렬이고 P는 $m \times n$행렬이라 할 때 다음을 각각 증명하여라.

(1) A가 대칭행렬이면 $P^t AP$도 대칭행렬이다.

(2) A가 반대칭행렬이면 $P^t AP$도 반대칭행렬이다.

1.3 행렬의 분할

$m\times n$행렬 $A=[a_{ij}]$와 $n\times p$행렬 $B=[b_{ij}]$의 곱 AB의 계산을 위하여 행렬 A와 B를 다음과 같이 점선을 이용하여 분할하여 보자.

• 행렬을 분할할 경우 계산이 간편하도록 분할한다.

$$A=\left[\begin{array}{c:c:c} [m_1\times n_1] & [m_1\times n_2] & [m_1\times n_3] \\ \hdashline [m_2\times n_1] & [m_2\times n_2] & [m_2\times n_3] \end{array}\right]$$

$$B=\left[\begin{array}{c:c} [n_1\times p_1] & [n_1\times p_2] \\ \hdashline [n_2\times p_1] & [n_2\times p_2] \\ \hdashline [n_3\times p_1] & [n_3\times p_2] \end{array}\right]$$

여기서 $[m_1\times n_1]$을 $m_1\times n_1$행렬이고 A_{11}으로 나타내자. 같은 방법으로 $A_{12}, A_{13}, \cdots, B_{11}, B_{12}, \cdots$ 등으로 나타내어 A, B를 다시쓰면 다음과 같다.

$$A=\begin{bmatrix} A_{11} & A_{12} & A_{13} \\ A_{21} & A_{22} & A_{23} \end{bmatrix},$$

$$B=\begin{bmatrix} B_{11} & B_{12} \\ B_{21} & B_{22} \\ B_{31} & B_{32} \end{bmatrix}$$

• $A_{11}, A_{12}, \cdots, B_{11}, \cdots$ 등은 곱 AB가 계산될 수 있도록 선택한다.

이때,

$$m_1+m_2=m,$$

$$n_1+n_2+n_3=n,$$

$$p_1+p_2=p$$

이고 AB는 $m\times p$행렬로 다음과 같다.

$$\begin{aligned} AB &= \begin{bmatrix} A_{11} & A_{12} & A_{13} \\ A_{21} & A_{22} & A_{23} \end{bmatrix} \begin{bmatrix} B_{11} & B_{12} \\ B_{21} & B_{22} \\ B_{31} & B_{32} \end{bmatrix} \\ &= \begin{bmatrix} A_{11}B_{11}+A_{12}B_{21}+A_{13}B_{31} & A_{11}B_{12}+A_{12}B_{22}+A_{13}B_{32} \\ A_{21}B_{11}+A_{22}B_{21}+A_{23}B_{31} & A_{21}B_{12}+A_{22}B_{22}+A_{23}B_{32} \end{bmatrix} \end{aligned}$$

위와 같이 AB를 계산하는 것을 분할에 의한 곱(multiplication by partitioning)이라 하고 $A_{11}, A_{12}, \cdots, B_{11}, B_{12}, \cdots$ 등을 블록행렬(block matrix)이라 한다.

예를 들면

$$\left[\begin{array}{cc:c} 1 & -2 & 3 \\ 4 & 2 & 5 \\ -1 & -3 & 0 \\ \hdashline 6 & 2 & -4 \end{array}\right] = \begin{bmatrix} A_{11} & A_{12} \\ A_{21} & A_{22} \end{bmatrix}$$

와 같이 주어진 행렬을 분할하였다면

$$A_{11} = \begin{bmatrix} 1 & -2 \\ 4 & 2 \\ -1 & -3 \end{bmatrix}, \quad A_{12} = \begin{bmatrix} 3 \\ 5 \\ 0 \end{bmatrix}, \quad A_{21} = [6 \quad 2], \quad A_{22} = [-4]$$

임을 알 수 있다.

일반적으로 $m \times n$행렬 A와 $n \times p$행렬 B의 곱 AB를 A와 B를 분할하여 계산할 때, A의 열을 분할하는 경우와 B의 행을 분할하는 경우, 또 A의 행과 B의 열을 분할하는 경우가 각각 같아야 한다.

• $A_{11}, A_{12}, \cdots, A_{1t}$의 열의 수를 각각 $n_1, n_2, \cdots, n_t$라 할 때, A의 열의 수는 이들의 합, 즉 $n_1 + n_2 + \cdots n_t = n$이고 이것은 $B_{11}, B_{21}, \cdots B_{t1}$의 행의 수 $n_1, n_2, \cdots, n_t$의 합과 같다.

$$A = \begin{bmatrix} A_{11} & A_{12} & \cdots & A_{1t} \\ A_{21} & A_{22} & \cdots & A_{2t} \\ \vdots & \vdots & & \vdots \\ A_{s1} & A_{s2} & \cdots & A_{st} \end{bmatrix},$$

(열 위의 표시: n_1, n_2, n_t)

$$B = \begin{bmatrix} B_{11} & B_{12} & \cdots & B_{1r} \\ B_{21} & B_{22} & \cdots & B_{2r} \\ \vdots & \vdots & & \vdots \\ B_{t1} & B_{t2} & \cdots & B_{tr} \end{bmatrix} \begin{matrix} \leftarrow n_1 \\ \leftarrow n_2 \\ \\ \leftarrow n_t \end{matrix}$$

$$n_1 + n_2 + \cdots + n_t = n$$

$C = AB$라 하고 AB를 계산하여 다음을 얻었다고 하자.

$$AB = \begin{bmatrix} C_{11} & C_{12} & \cdots & C_{1r} \\ C_{21} & C_{22} & \cdots & C_{2r} \\ \vdots & \vdots & & \vdots \\ C_{s1} & C_{s2} & \cdots & C_{sr} \end{bmatrix}$$

이때

$$C_{ij} = A_{i1}B_{1j} + A_{i2}B_{2j} + \cdots + A_{it}B_{tj}$$
$$(i = 1, 2, \cdots, s \; ; \; j = 1, 2, \cdots, r)$$

이다.

예제 1.3-1 행렬 A, B의 곱 AB를 행렬의 분할을 이용하여 계산하여라.

$$A=\begin{bmatrix}1 & -2 & 3\\ 2 & -3 & -2\\ 4 & -1 & 1\end{bmatrix},\ B=\begin{bmatrix}-3 & 2 & 1 & 0\\ 1 & 1 & 0 & 2\\ 2 & -1 & 1 & 3\end{bmatrix}$$

풀이 분할을 다음과 같이 하여 AB를 계산할 수 있다.

$$A=\begin{bmatrix}A_{11} & A_{12}\\ A_{21} & A_{22}\end{bmatrix}=\left[\begin{array}{cc:c}1 & -2 & 3\\ 2 & -3 & -2\\ \hdashline 4 & -1 & 1\end{array}\right]$$

$$B=\begin{bmatrix}B_{11} & B_{12}\\ B_{21} & B_{22}\end{bmatrix}=\left[\begin{array}{ccc:c}-3 & 2 & 1 & 0\\ 1 & 1 & 0 & 2\\ \hdashline 2 & -1 & 1 & 3\end{array}\right]$$

$$\begin{aligned}AB&=\begin{bmatrix}A_{11} & A_{12}\\ A_{21} & A_{22}\end{bmatrix}\begin{bmatrix}B_{11} & B_{12}\\ B_{21} & B_{22}\end{bmatrix}\\
&=\begin{bmatrix}A_{11}B_{11}+A_{12}B_{21} & A_{11}B_{12}+A_{12}B_{22}\\ A_{21}B_{11}+A_{22}B_{21} & A_{21}B_{12}+A_{22}B_{22}\end{bmatrix}\\
&=\begin{bmatrix}\begin{bmatrix}1 & -2\\ 2 & -3\end{bmatrix}\begin{bmatrix}-3 & 2 & 1\\ 1 & 1 & 0\end{bmatrix}+\begin{bmatrix}3\\ -2\end{bmatrix}[2\ \ -1\ \ 1] & \begin{bmatrix}1 & -2\\ 2 & -3\end{bmatrix}\begin{bmatrix}0\\ 2\end{bmatrix}+\begin{bmatrix}3\\ -2\end{bmatrix}[3]\\ [4\ \ -1]\begin{bmatrix}-3 & 2 & 1\\ 1 & 1 & 0\end{bmatrix}+[1][2\ \ -1\ \ 1] & [4\ \ -1]\begin{bmatrix}0\\ 2\end{bmatrix}+[1][3]\end{bmatrix}\\
&=\begin{bmatrix}\begin{bmatrix}-5 & 0 & 1\\ -9 & 1 & 2\end{bmatrix}+\begin{bmatrix}6 & -3 & 3\\ -4 & 2 & -2\end{bmatrix} & \begin{bmatrix}-4\\ -6\end{bmatrix}+\begin{bmatrix}9\\ -6\end{bmatrix}\\ [-13\ \ 7\ \ 4]+[2\ \ -1\ \ 1] & [-2]+[3]\end{bmatrix}\\
&=\begin{bmatrix}\begin{bmatrix}1 & -3 & 4\\ -13 & 3 & 0\end{bmatrix} & \begin{bmatrix}5\\ -12\end{bmatrix}\\ [-11\ \ 6\ \ 5] & [1]\end{bmatrix}=\begin{bmatrix}1 & -3 & 4 & 5\\ -13 & 3 & 0 & -12\\ -11 & 6 & 5 & 1\end{bmatrix}\end{aligned}$$

■

예제 1.3-2 A_{11}, B_{11}이 m차의 정사각행렬이고, A_{22}, B_{22}가 n차의 정사각행렬일 때 다음을 계산하여라.

• O는 영행렬

$$\begin{bmatrix}A_{11} & O\\ O & A_{22}\end{bmatrix}\begin{bmatrix}B_{11} & O\\ O & B_{22}\end{bmatrix}$$

풀이

$$\begin{aligned}\begin{bmatrix}A_{11} & O\\ O & A_{22}\end{bmatrix}\begin{bmatrix}B_{11} & O\\ O & B_{22}\end{bmatrix}&=\begin{bmatrix}A_{11}B_{11}+O & A_{11}O+OB_{22}\\ OB_{11}+A_{22}O & O+A_{22}B_{22}\end{bmatrix}\\
&=\begin{bmatrix}A_{11}B_{11} & O\\ O & A_{22}B_{22}\end{bmatrix}\end{aligned}$$

■

연습문제 1.3

1. 행렬 A, B가 다음과 같을 때 분할을 이용하여 AB를 구하여라.

(1) $A=\begin{bmatrix}1&0&0&-3\\0&1&0&1\\0&0&1&4\end{bmatrix}$, $B=\begin{bmatrix}1&0&0\\0&1&0\\0&0&1\\2&-4&1\end{bmatrix}$

(2) $A=\begin{bmatrix}1&2&4&3&1\\0&-1&2&1&-3\\3&0&1&-1&1\end{bmatrix}$, $B=\begin{bmatrix}-1&3\\0&2\\-2&1\\1&-1\\-3&2\end{bmatrix}$

2. 다음 행렬의 곱을 주어진 분할에 따라 계산하여라.

(1) $\left[\begin{array}{cc|c}1&0&1\\0&1&2\\\hline 0&0&3\end{array}\right]\left[\begin{array}{cc|c}1&0&0\\0&1&0\\\hline -2&-3&0\end{array}\right]$

(2) $\left[\begin{array}{cc|cc}4&3&0&0\\1&0&0&0\\\hline 0&0&2&1\\0&0&-2&-3\end{array}\right]\left[\begin{array}{cc|cc}0&0&1&0\\0&0&0&2\\\hline 1&0&0&0\\0&1&0&0\end{array}\right]$

3. A_1, B_1, C_1이 m차의 정사각행렬이고 A_2, B_2, C_2가 n차의 정사각행렬일 때 다음을 계산하여라(O은 영행렬이다).

$$\begin{bmatrix}A_1&O\\O&A_2\end{bmatrix}\begin{bmatrix}B_1&O\\O&B_2\end{bmatrix}\begin{bmatrix}C_1&O\\O&C_2\end{bmatrix}$$

• I_mA는 ($m\times m$ 행렬)×($m\times n$ 행렬)

4. $m\times n$행렬 A에 대하여 $\begin{bmatrix}I_m&A\\O&I_n\end{bmatrix}^P$을 계산하여라($P$는 양의 정수).

02 행렬과 연립일차방정식

行列, 聯立一次方程式

Matrix & System of Linear Equations

2.1 기본변형

다음 연립일차방정식

$$\text{(i)}\quad \begin{cases} 2x+3y=5 \\ x-2y=-8 \end{cases}$$

• $\begin{cases} 2x+3y=5 & :(\text{제1식}) \\ x-2y=-8 & :(\text{제2식}) \end{cases}$

을 풀 때 그 과정을 자세히 나타내어 보자.

$$\text{(ii)}\quad \begin{cases} 7y=21 \\ x-2y=-8 \end{cases}$$ [(i)의 제1식]+[(i)의 제2식]×(⁻2)

$$\text{(iii)}\quad \begin{cases} y=3 \\ x-2y=-8 \end{cases}$$ [(ii)의 제1식]×$\frac{1}{7}$

$$\text{(iv)}\quad \begin{cases} y=3 \\ x=-2 \end{cases}$$ [(iii)식의 제2식]+[(iii)의 제1식]×2

$$\text{(v)}\quad \begin{cases} x=-2 \\ y=3 \end{cases}$$ (iv)의 제1식과 제2식을 바꾸어 쓴다.

주어진 연립일차방정식 (i)의 해를 위와 같이 변형하여 구하였다. 이 과정을 관찰하면 연립일차방정식의 풀이 과정에서 나타난 기본변형을 아래와 같이 정리할 수 있다.

(1) 한 식에 0이 아닌 수를 곱한다. <(ii) → (iii)>
(2) 두 식을 서로 바꾸어 쓴다. <(iv) → (v)>
(3) 한 식에 실수배하고 다른 식에 더한다. <(i) → (ii), (iii) → (iv)>

이러한 연립방정식의 풀이 과정에서 취급한 기본변형의 개념을 행렬에 적용하여 해를 구하여 보자.

위의 연립일차방정식 (i) $\begin{cases} 2x+3y=5 \\ x-2y=-8 \end{cases}$에서 x, y의 계수로 이루어진 행렬

$$\begin{bmatrix} 2 & 3 \\ 1 & -2 \end{bmatrix}$$

를 (i)의 계수행렬(coefficient matrix)이라 한다.

그리고 연립일차방정식 (i)의 계수는 물론 상수항도 포함하여

$$\left[\begin{array}{cc|c} 2 & -3 & 5 \\ 1 & -2 & -8 \end{array}\right]$$

과 같이 나타낸 행렬을 첨가행렬(augmented matrix), 또는 확대계수행렬이라 한다.

앞에서 푼 연립방정식의 풀이과정을 확대계수행렬과 비교하여 나타내면 다음과 같다.

• (제1식)+(제2식)×2
; $R_1 + 2R_2$

(제1식)×$\frac{1}{7}$
; $R_1 \times \frac{1}{7}$

(i) $\begin{cases} 2x + 3y = 5 \\ x - 2y = -8 \end{cases}$ (i) $\left[\begin{array}{cc|c} 2 & 3 & 5 \\ 1 & -2 & -8 \end{array}\right]$ $R_1 + (-2)R_2 \to R_1$

(ii) $\begin{cases} 7y = 21 \\ x - 2y = -8 \end{cases}$ (ii) $\left[\begin{array}{cc|c} 0 & 7 & 21 \\ 1 & -2 & -8 \end{array}\right]$ $R_1 \times \frac{1}{7} \to R_1$

(iii) $\begin{cases} y = 3 \\ x - 2y = -8 \end{cases}$ (iii) $\left[\begin{array}{cc|c} 0 & 1 & 3 \\ 1 & -2 & -8 \end{array}\right]$ $2R_1 + R_2 \to R_2$

(iv) $\begin{cases} y = 3 \\ x = -2 \end{cases}$ (iv) $\left[\begin{array}{cc|c} 0 & 1 & 3 \\ 1 & 0 & -2 \end{array}\right]$ $R_1 \rightleftarrows R_2$

(v) $\begin{cases} x = -2 \\ y = 3 \end{cases}$ (v) $\left[\begin{array}{cc|c} 1 & 0 & -2 \\ 0 & 1 & 3 \end{array}\right]$

• R_1 : 제1행
R_2 : 제2행

여기서 $R_1 + (-2)R_2 \to R_1$은 (i)의 확대계수행렬 제1행(R_1)과 (i)의 제2행(R_2)에 (-2)배한 것을 합하여 다음 (ii)의 행렬의 제1행(R_1)으로 하고 (ii)의 제2행은 (i)의 제2행과 같게 변형한다는 의미이다.

또 $R_1 \times \left(\frac{1}{7}\right) \to R_1$은 (ii)의 행렬 제1행에 $\frac{1}{7}$배한 것을 (iii)의 제1행으로 하고 나머지 행은 그대로 두는 변형을 의미한다.

$2R_1 + R_2 \to R_2$는 (iii)의 1행을 2배한 것과 (iii)의 2행을 합하여 다음 (iv)의 2행으로 하고 나머지 행은 그대로 두는 변형을 의미한다.

그리고 $R_1 \rightleftarrows R_2$는 (iv)의 1행은 다음 (v)의 2행으로, (iv)의 2행은 (v)의 1행으로 서로 행을 바꾸는 변형을 의미한다.

결국 (iv)의 행렬의 제1행과 제2행을 서로 바꾸어 (v)의 행렬로 변형한다는 의미이다.

위에서 주어진 연립일차방정식을 풀 때, 이 연립일차방정식의 확대계수행렬(첨가행렬)의 행을 변형하여 해를 구하였다.

이상을 정리하면 다음과 같다.

(1) 한 행에 0이 아닌 수를 곱한다.

(2) 두 행을 서로 바꾼다.

(3) 한 행의 실수배를 다른 행에 더한다.

이와 같은 변형을 행렬의 기본행변형(elementary row operation) 또는 기본행연산이라 한다.

열을 변형하였을 경우 기본열변형(elementary column operation) 또는 기본열연산이라 한다.

이 둘을 통틀어 행렬의 기본변형(elementary operation)이라 한다.

• $\left[\begin{array}{cc|c} 1 & 0 & -2 \\ 0 & 1 & 3 \end{array}\right] \to \left[\begin{array}{c} x \quad = -2 \\ \quad y = 3 \end{array}\right]$

따라서 해는

$\begin{cases} x = -2 \\ y = 3 \end{cases}$

예제 2.1-1 다음 연립일차방정식을 확대계수행렬의 기본(행)변형을 이용하여 풀어라.

$$\begin{cases} 2x+3y+\ z=1 \\ x+2y-2z=-5 \\ x+\ y+\ z=2 \end{cases}$$

• 기본변형을 elementary transformation이라고도 한다.

• 기본열변형은 다루지 않기로 한다.

풀이

$$\left[\begin{array}{ccc|c} 2 & 3 & 1 & 1 \\ 1 & 2 & -2 & -5 \\ 1 & 1 & 1 & 2 \end{array}\right] \quad R_1+R_3\times(-2)\to R_1$$

$$\left[\begin{array}{ccc|c} 0 & 1 & -1 & -3 \\ 1 & 2 & -2 & -5 \\ 1 & 1 & 1 & 2 \end{array}\right] \quad R_2+R_3\times(-1)\to R_2$$

$$\left[\begin{array}{ccc|c} 0 & 1 & -1 & -3 \\ 0 & 1 & -3 & -7 \\ 1 & 1 & 1 & 2 \end{array}\right] \quad R_1+R_2\times(-1)\to R_1$$

$$\left[\begin{array}{ccc|c} 0 & 0 & 2 & 4 \\ 0 & 1 & -3 & -7 \\ 1 & 1 & 1 & 2 \end{array}\right] \quad R_1\times\left(\frac{1}{2}\right)\to R_1$$

$$\left[\begin{array}{ccc|c} 0 & 0 & 1 & 2 \\ 0 & 1 & -3 & -7 \\ 1 & 1 & 1 & 2 \end{array}\right] \quad R_2+R_1\times 3\to R_2$$

$$\left[\begin{array}{ccc|c} 0 & 0 & 1 & 2 \\ 0 & 1 & 0 & -1 \\ 1 & 1 & 1 & 2 \end{array}\right] \quad R_3+R_1\times(-1)\to R_3$$

$$\left[\begin{array}{ccc|c} 0 & 0 & 1 & 2 \\ 0 & 1 & 0 & -1 \\ 1 & 1 & 0 & 0 \end{array}\right] \quad R_3+R_2\times(-1)\to R_3$$

$$\left[\begin{array}{ccc|c} 0 & 0 & 1 & 2 \\ 0 & 1 & 0 & -1 \\ 1 & 0 & 0 & 1 \end{array}\right] \quad R_1 \leftrightarrow R_3$$

$$\left[\begin{array}{ccc|c} 1 & 0 & 0 & 1 \\ 0 & 1 & 0 & -1 \\ 0 & 0 & 1 & 2 \end{array}\right]$$

$$\begin{cases} x \qquad\quad = 1 \\ \quad y \qquad = -1, \\ \qquad\quad z = 2 \end{cases} \quad 즉 \begin{cases} x = 1 \\ y = -1 \\ z = 2 \end{cases}$$

■

연습문제 2.1

1. 다음 연립일차방정식을 확대계수행렬로 나타내고 행렬의 기본(행)변형을 이용하여 풀어라.

(1) $\begin{cases} 2x+3y=3 \\ x-2y=5 \end{cases}$

(2) $\begin{cases} 2x_1-x_2=7 \\ 3x_1+4x_2=-6 \end{cases}$

(3) $\begin{cases} 2x-y+2z=-1 \\ x+3y+3z=8 \\ x+y-z=6 \end{cases}$

(4) $\begin{cases} 3x_1-2x_2-x_3=4 \\ x_1+2x_2-2x_3=-9 \\ x_1-x_2-3x_3=-6 \end{cases}$

2. 다음 연립일차방정식을 확대계수행렬로 나타내고 행렬의 기본(행)변형을 이용하여 풀어라.

(1) $\begin{bmatrix} 1 & 2 \\ 2 & 3 \end{bmatrix}\begin{bmatrix} x \\ y \end{bmatrix}=\begin{bmatrix} -5 \\ -6 \end{bmatrix}$

(2) $\begin{bmatrix} 3 & -2 \\ 1 & 3 \end{bmatrix}\begin{bmatrix} x_1 \\ x_2 \end{bmatrix}=\begin{bmatrix} 1 \\ -7 \end{bmatrix}$

(3) $\begin{bmatrix} 2 & 1 & -4 \\ 3 & 2 & -1 \\ 1 & -4 & -2 \end{bmatrix}\begin{bmatrix} x \\ y \\ z \end{bmatrix}=\begin{bmatrix} 8 \\ 3 \\ -5 \end{bmatrix}$

(4) $\begin{bmatrix} 2 & 3 & 1 \\ 3 & -1 & 4 \\ 1 & -2 & 3 \end{bmatrix}\begin{bmatrix} x_1 \\ x_2 \\ x_3 \end{bmatrix}=\begin{bmatrix} 1 \\ 2 \\ -1 \end{bmatrix}$

2.2 연립일차방정식

일반적으로 n개의 미지수 $x_1, x_2, x_3, \cdots, x_n$을 갖고 m개의 일차방정식으로 구성된

• 미지수(unknown)
• 일차방정식 (linear equation)

$$\begin{array}{ccccccccc} a_{11}x_1 + & a_{12}x_2 + & a_{13}x_3 + & \cdots & + & a_{1n}x_n & = b_1 \\ a_{21}x_1 + & a_{22}x_2 + & a_{23}x_3 + & \cdots & + & a_{2n}x_n & = b_2 \\ a_{31}x_1 + & a_{32}x_2 + & a_{33}x_3 + & \cdots & + & a_{3n}x_n & = b_3 \\ \vdots & \vdots & \vdots & & & \vdots & \vdots \\ a_{m1}x_1 + & a_{m2}x_2 + & a_{m3}x_3 + & \cdots & + & a_{mn}x_n & = b_m \end{array}$$

을 $(m \times n)$ 연립일차방정식(system of m equations in n unknowns)이라 하고 $m \times n$행렬 A를, 그리고 X, B를 각각

$$A = \begin{bmatrix} a_{11} & a_{12} & a_{13} & \cdots & a_{1n} \\ a_{21} & a_{22} & a_{23} & \cdots & a_{2n} \\ a_{31} & a_{32} & a_{33} & \cdots & a_{3n} \\ \vdots & \vdots & \vdots & & \vdots \\ a_{m1} & a_{m2} & a_{m3} & \cdots & a_{mn} \end{bmatrix}, \quad X = \begin{bmatrix} x_1 \\ x_2 \\ x_3 \\ \vdots \\ x_n \end{bmatrix}, \quad B = \begin{bmatrix} b_1 \\ b_2 \\ b_3 \\ \vdots \\ b_m \end{bmatrix}$$

으로 하면 A는 계수행렬이고 확대계수행렬은 $[A \mid B]$이며, 위 연립일차방정식은 간단히

• 연립방정식은 $AX = B$ 확대계수행렬은 $[A \mid B]$

$$AX = B$$

로 나타낼 수 있다. 여기서 상수가 모두 0인 경우, 즉 $b_1 = b_2 = b_3 = \cdots = b_m = 0$인 경우를 동차연립일차방정식(homogeneous system of linear equations)이라 하고 동차연립일차방정식이 아닌 경우를 비동차연립일차방정식(nonhomogeneous system of linear equations)이라 한다.

이제 동차가 아닌 연립방정식부터 예를 들어 그 풀이과정을 관찰하고 해를 구하도록 하자.

앞의 예제 2.1-1에서 3개의 미지수 x, y, z를 갖고 3개의 일차방정식으로 구성된 연립일차방정식의 해가 유일하다는 것을 알았다.

3개의 미지수와 3개의 일차방정식으로 된 연립일차방정식의 해가 예제 2.1-1의 경우와 달리 무수히 많은 경우, 해가 없는 경우도 있다.

예제 2.2-1 다음 연립일차방정식을 행렬의 기본(행)변형을 이용하여 풀어라.

$$\begin{cases} 2x_1 + x_2 + x_3 = 7 \\ x_1 - 2x_2 - 7x_3 = -4 \\ 4x_1 + 3x_2 + 5x_3 = 17 \end{cases}$$

풀이

$$\left[\begin{array}{ccc|c} 2 & 1 & 1 & 7 \\ 1 & -2 & -7 & -4 \\ 4 & 3 & 5 & 17 \end{array}\right] \quad R_1 \rightleftarrows R_2$$

$$\left[\begin{array}{ccc|c} 1 & -2 & -7 & -4 \\ 2 & 1 & 1 & 7 \\ 4 & 3 & 5 & 17 \end{array}\right] \quad R_2 + R_1 \times (-2) \to R_2$$

$$\left[\begin{array}{ccc|c} 1 & -2 & -7 & -4 \\ 0 & 5 & 15 & 15 \\ 4 & 3 & 5 & 17 \end{array}\right] \quad R_2 \times \frac{1}{5} \to R_2$$

$$\left[\begin{array}{ccc|c} 1 & -2 & -7 & -4 \\ 0 & 1 & 3 & 3 \\ 4 & 3 & 5 & 17 \end{array}\right] \quad R_1 + R_2 \times 2 \to R_1$$

$$\left[\begin{array}{ccc|c} 1 & 0 & -1 & 2 \\ 0 & 1 & 3 & 3 \\ 4 & 3 & 5 & 17 \end{array}\right] \quad R_3 + R_1 \times (-4) \to R_3$$

$$\left[\begin{array}{ccc|c} 1 & 0 & -1 & 2 \\ 0 & 1 & 3 & 3 \\ 0 & 3 & 9 & 9 \end{array}\right] \quad R_3 + R_2 \times (-3) \to R_3$$

$$\left[\begin{array}{ccc|c} 1 & 0 & -1 & 2 \\ 0 & 1 & 3 & 3 \\ 0 & 0 & 0 & 0 \end{array}\right]$$

$$\begin{cases} x_1 - \qquad x_3 = 2 \\ \qquad x_2 + 3x_3 = 3 \end{cases}, \quad \text{즉} \begin{cases} x_1 = x_3 + 2 \\ x_2 = -3x_3 + 3 \end{cases} \text{이다.}$$

• $x_3 = 0$이면 해는 $(2,\ 3,\ 0)$
$x_3 = 1$이면 해는 $(3,\ 0,\ 1)$
$x_3 = 2$이면 해는 $(4,\ -3,\ 2)$
⋮

이것은 임의의 x_3에 대하여 x_1, x_2가 정하여진다. 해를 순서쌍 $(x_1,\ x_2,\ x_3)$로 나타내면 주어진 연립일차방정식의 해는 $(x_3+2,\ -3x_3+3,\ x_3)$로, x_3의 값만 임의로 정하면 그 때마다 해가 있게 되어 결국 해는 무수히 많다.
$x_3 = t$라 하면 $x_1 = t+2$, $x_2 = -3t+3$이므로 임의의 t에 대하여 해는

$$(x_1,\ x_2,\ x_3) = (t+2,\ -3t+3,\ t)$$

■

예제 2.2-2 다음 연립일차방정식을 행렬의 기본(행)변형을 이용하여 풀어라.

$$\begin{cases} 2x_1 + x_2 + x_3 = 7 \\ x_1 - 2x_2 - 7x_3 = -4 \\ 4x_1 + 3x_2 + 5x_3 = 22 \end{cases}$$

풀이

$$\left[\begin{array}{ccc|c} 2 & 1 & 1 & 7 \\ 1 & -2 & -7 & -4 \\ 4 & 3 & 5 & 22 \end{array}\right] \quad R_1 \rightleftarrows R_2$$

$$\left[\begin{array}{ccc|c} 1 & -2 & -7 & -4 \\ 2 & 1 & 1 & 7 \\ 4 & 3 & 5 & 22 \end{array}\right] \quad R_2 + R_1 \times (-2) \to R_2$$

$$\left[\begin{array}{ccc|c} 1 & -2 & -7 & -4 \\ 0 & 5 & 15 & 15 \\ 4 & 3 & 5 & 22 \end{array}\right] \quad R_2 \times \frac{1}{5} \to R_2$$

$$\left[\begin{array}{ccc|c} 1 & -2 & -7 & -4 \\ 0 & 1 & 3 & 3 \\ 4 & 3 & 5 & 22 \end{array}\right] \quad R_1 + R_2 \times 2 \to R_1$$

$$\left[\begin{array}{ccc|c} 1 & 0 & -1 & 2 \\ 0 & 1 & 3 & 3 \\ 4 & 3 & 5 & 22 \end{array}\right] \quad R_3 + R_1 \times (-4) \to R_3$$

$$\left[\begin{array}{ccc|c} 1 & 0 & -1 & 2 \\ 0 & 1 & 3 & 3 \\ 0 & 3 & 9 & 14 \end{array}\right] \quad R_3 + R_2 \times (-3) \to R_3$$

$$\left[\begin{array}{ccc|c} 1 & 0 & -1 & 2 \\ 0 & 1 & 3 & 3 \\ 0 & 0 & 0 & 5 \end{array}\right]$$

$$\therefore \begin{cases} x_1 + 0x_2 + (-1)x_3 = 2 \\ 0x_1 + x_2 + 3x_3 = 3 \\ 0x_1 + 0x_2 + 0x_3 = 5 \end{cases}$$

세 번째 방정식

$$0x_1 + 0x_2 + 0x_3 = 5$$

에서 등식이 성립하지 않는다.

즉 $$0x_1 + 0x_2 + 0x_3 = 5$$

$$0(x_1 + x_2 + x_3) = 5$$

이것을 만족하는 $x_1 + x_2 + x_3$는 없다.

그러므로 주어진 연립일차방정식은 해를 갖지 않는다. ■

- $R_1 \rightleftarrows R_2$: 1행과 2행을 맞바꾼다.
- $R_2 + R_1 \times (-2)$: 2행에 (1행)×(−2)를 더하고 그 결과를 다음 행렬의 2행으로 한다.
- $R_2 \times \frac{1}{5} \to R_2$: 2행에 $\frac{1}{5}$ 배하고 그 결과를 다음 행렬의 2행으로 한다.
- $0 \neq 5$

예제 2.2-2와 같은 연립일차방정식은 해가 없다(be inconsistent)라고 말한다.

예제 2.1-1, 예제 2.2-2 연립일차방정식의 계수행렬을 차례로 A_1, A_2라 하고 이들이 기본(행)변형에 의하여 간략하게 변형 된 마지막 행렬을 차례로 L_1, L_2라 하고 순서대로 나타내면 다음과 같다.

$$A_1 = \begin{bmatrix} 2 & 3 & 1 \\ 1 & 2 & -2 \\ 1 & 1 & 1 \end{bmatrix}, \quad L_1 = \begin{bmatrix} 1 & 0 & 0 \\ 0 & 1 & 0 \\ 0 & 0 & 1 \end{bmatrix}$$

$$A_2 = \begin{bmatrix} 2 & 1 & 1 \\ 1 & -2 & -7 \\ 4 & 3 & 5 \end{bmatrix}, \quad L_2 = \begin{bmatrix} 1 & 0 & -1 \\ 0 & 1 & 3 \\ 0 & 0 & 0 \end{bmatrix}$$

이때의 L_1, L_2는 행렬 A_1, A_2의 행을 간략하게 사다리꼴 모양으로 나타낸 것이다.

일반적으로 다음과 같이 요약할 수 있다.

(i) 0으로만 된 행은 행렬의 마지막 행으로 둔다.
(ii) 한 행에서 처음 0이 아닌 수는 1이다.
(iii) 위아래로 이웃한 두 행이 0으로만 되지 않았다면 아래행의 처음 1은 위행의 처음 1보다 오른쪽에 있다.
(iv) 한 행의 처음 1을 포함하는 열은 그 1 이외에는 모두 0이다.

이와 같이 간략히 변형한 행렬을 기약행사다리꼴(reduced row echelon form) 행렬이라 한다.

L_1, L_2는 A_1, A_2의 기약행사다리꼴 행렬이다.

기약행사다리꼴 행렬을 예를 들어 나타내면 다음과 같다.

$$\begin{bmatrix} 0 & 1 & 2 & 0 & 3 \\ 0 & 0 & 0 & 1 & -1 \\ 0 & 0 & 0 & 0 & 0 \end{bmatrix}, \quad \begin{bmatrix} 1 & 0 & 0 & 3 & 5 & 0 & -6 \\ 0 & 0 & 1 & -2 & -3 & 0 & 1 \\ 0 & 0 & 0 & 0 & 0 & 1 & 4 \end{bmatrix},$$

$$\begin{bmatrix} 0 & 1 & 0 & 6 & 2 \\ 0 & 0 & 0 & 0 & 0 \\ 0 & 0 & 0 & 0 & 0 \end{bmatrix},$$

$$\begin{bmatrix} 0 & 0 & 1 & 7 & 4 & 0 & 3 \\ 0 & 0 & 0 & 0 & 0 & 1 & 0 \\ 0 & 0 & 0 & 0 & 0 & 0 & 0 \end{bmatrix}, \quad \begin{bmatrix} 1 & 0 \\ 0 & 1 \end{bmatrix},$$

$$\begin{bmatrix} 1 & 0 & 0 & 0 \\ 0 & 1 & 0 & 0 \\ 0 & 0 & 0 & 1 \end{bmatrix}, \quad \begin{bmatrix} 1 & 0 & 0 & 0 & 3 \\ 0 & 0 & 0 & 1 & 5 \end{bmatrix}$$

☒**예제 2.2-3** 행렬의 기본(행)변형을 이용하여 다음 행렬을 기약행사다리꼴 행렬로 변형하여라.

(1) $\begin{bmatrix} 0 & 0 & 3 & 6 & 0 & 1 \\ 0 & 0 & 0 & 0 & 1 & -5 \\ 0 & 0 & 0 & 0 & 0 & 0 \end{bmatrix}$　　(2) $\begin{bmatrix} 1 & 0 & 0 & 3 & 4 \\ 0 & 0 & 0 & 0 & 0 \\ 0 & 0 & 1 & 2 & -3 \end{bmatrix}$

(3) $\begin{bmatrix} 1 & 3 & 2 & 1 & 3 \\ 0 & 0 & 1 & 0 & -2 \\ 0 & 0 & 0 & 0 & 1 \end{bmatrix}$　　(4) $\begin{bmatrix} 0 & 0 & 0 & 1 & -2 \\ 0 & 0 & 1 & 0 & 3 \\ 1 & 2 & 0 & 0 & 4 \end{bmatrix}$

풀이 (1) 한 행에서 처음 0이 아닌 수는 1이기 때문에 주어진 행렬의 1행에 $\frac{1}{2}$배 한다.

$$\begin{bmatrix} 0 & 0 & 1 & 2 & 0 & \frac{1}{2} \\ 0 & 0 & 0 & 0 & 1 & -5 \\ 0 & 0 & 0 & 0 & 0 & 0 \end{bmatrix}$$

(2) 모두 0으로 된 행은 마지막 행이어야 하므로 2행과 3행을 맞바꾼다.

$$\begin{bmatrix} 1 & 0 & 0 & 3 & 4 \\ 0 & 0 & 1 & 2 & -3 \\ 0 & 0 & 0 & 0 & 0 \end{bmatrix}$$

(3) 한 행의 처음 1이 있는 열은 1 이외에는 모두 0이므로 1행에 (2행)×(−2)를 더한다.

$$\begin{bmatrix} 1 & 3 & 0 & 1 & 7 \\ 0 & 0 & 1 & 0 & -2 \\ 0 & 0 & 0 & 0 & 1 \end{bmatrix}$$

(4) 아래행의 처음 1이 위행의 처음 1보다 오른쪽에 있어야 하므로 1행과 3행을 맞바꾼다.

$$\begin{bmatrix} 1 & 2 & 0 & 0 & 4 \\ 0 & 0 & 1 & 0 & 3 \\ 0 & 0 & 0 & 1 & -2 \end{bmatrix}$$

■

예제 2.2-3은 기본(행)변형을 1회 실행하여 기약행사다리꼴 행렬로 변형하였다.

일반적으로 한 행렬을 기본(행)변형을 여러 번 실행하여 기약행사다리꼴 행렬로 변형할 수 있다. 연립일차방정식 풀이에서 계수행렬에 대하여 이 과정이 사용된다.

예제 2.2-4 다음 연립일차방정식을 행렬의 기본(행)변형을 이용하여 풀어라.

$$\begin{cases} 2x_1 - 6x_2 - 8x_3 = 10 \\ 3x_1 - 8x_2 - 14x_3 = 8 \\ 4x_1 - 11x_2 - 17x_3 = 15 \end{cases}$$

풀이

$$\left[\begin{array}{ccc|c} 2 & -6 & -8 & 10 \\ 3 & -8 & -14 & 8 \\ 4 & -11 & -17 & 15 \end{array}\right] \quad R_1 \times \frac{1}{2} \to R_1$$

$$\left[\begin{array}{ccc|c} 1 & -3 & -4 & 5 \\ 3 & -8 & -14 & 8 \\ 4 & -11 & -17 & 15 \end{array}\right] \quad R_2 + R_1 \times (-3) \to R_2$$

$$\left[\begin{array}{ccc|c} 1 & -3 & -4 & 5 \\ 0 & 1 & -2 & -7 \\ 4 & -11 & -17 & 15 \end{array}\right] \quad R_3 + R_1 \times (-4) \to R_3$$

$$\left[\begin{array}{ccc|c} 1 & -3 & -4 & 5 \\ 0 & 1 & -2 & -7 \\ 0 & 1 & -1 & -5 \end{array}\right] \quad R_3 + R_2 \times (-1) \to R_3$$

$$\left[\begin{array}{ccc|c} 1 & -3 & -4 & 5 \\ 0 & 1 & -2 & -7 \\ 0 & 0 & 1 & 2 \end{array}\right]$$

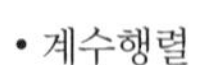

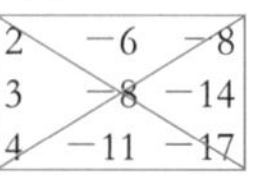

을 기본변형에 의하여 기약행사다리꼴 행렬로 변형하는 방법을 Gauss-Jordan소거법(elimination)이라 한다.

• 계수행렬을 기약행사다리꼴 행렬로 변형하고 미지수에 대하여 역대입법으로 미지수를 찾는 방법을 가우스소거법(Gaussian elimination)이라 한다.

$$\therefore \begin{cases} x_1 - 3x_2 - 4x_3 = 5 & \cdots ① \\ \quad\quad x_2 - 2x_3 = -7 & \cdots ② \\ \quad\quad\quad\quad x_3 = 2 & \cdots ③ \end{cases}$$

③의 $x_3 = 2$를 ②에 대입하면

$$x_2 - 2 \cdot 2 = -7$$
$$\therefore x_2 = -3$$

이 $x_2 = -3$과 $x_3 = 2$를 ①에 대입하면

$$x_1 - 3 \cdot (-3) - 4 \cdot 2 = 5$$
$$\therefore x_1 = 4$$

따라서 주어진 연립일차방정식의 해는

$$\begin{cases} x_1 = 4 \\ x_2 = -3 \\ x_3 = 2 \end{cases}$$

이다. ■

풀이과정의 ①, ②, ③에서 ③을 ②에 대입하고 다시 그 결과들을 ①에 대입하는 과정을 역대입법(back substitution)이라 한다.

⊠예제 **2.2-5** 다음 연립방정식을 행렬의 기본(행)변형을 이용하여 풀어라.

$$\begin{cases} x_1+2x_2-6x_3+\ \ x_4=7 \\ 3x_1+\ \ x_2+2x_3-2x_4=11 \end{cases}$$

풀이

$$\left[\begin{array}{cccc|c} 1 & 2 & -6 & 1 & 7 \\ 3 & 1 & 2 & -2 & 11 \end{array}\right] \quad R_2+R_1\times(-3)\to R_2$$

$$\left[\begin{array}{cccc|c} 1 & 2 & -6 & 1 & 7 \\ 0 & -5 & 20 & -5 & -10 \end{array}\right] \quad R_2\times\left(-\frac{1}{5}\right)\to R_2$$

$$\left[\begin{array}{cccc|c} 1 & 2 & -6 & 1 & 7 \\ 0 & 1 & -4 & 1 & 2 \end{array}\right] \quad R_1+R_2\times(-2)\to R_1$$

$$\left[\begin{array}{cccc|c} 1 & 0 & 2 & -1 & 3 \\ 0 & 1 & -4 & 1 & 2 \end{array}\right]$$

$$\therefore \begin{cases} x_1 \quad +2x_3-x_4=3 \\ \quad x_2-4x_3+x_4=2 \end{cases}, \quad 즉 \begin{cases} x_1=3-2x_3+x_4 \\ x_2=2+4x_3-x_4 \end{cases}$$

따라서 임의의 x_3, x_4에 대하여 x_1, x_2의 값이 정하여진다. 그러므로 주어진 연립일차방정식의 해를 순서쌍 $(x_1,\ x_2,\ x_3,\ x_4)$로 나타내면 $(3-2x_3+x_4,\ 2+4x_3-x_4,\ x_3,\ x_4)$이어서, x_3, x_4의 임의의 값을 택할 때마다 해가 있게 된다. 즉, 해는 무수히 많다. ■

- $x_3=1,\ x_4=2$이면 해는 (3, 4, 1, 2)
- $x_3=0,\ x_4=-1$이면 (2, 3, 0, −1)

⋮

지금까지 풀어본 결과에 의하여 연립일차방정식이 어떠한 해를 갖는지 정리하여 보자.

m개의 일차방정식과 n개의 미지수로 된 연립일차방정식

$$\begin{cases} a_{11}x_1+a_{12}x_2+a_{13}x_3+\cdots+a_{1n}x_n=b_1 \\ a_{21}x_1+a_{22}x_2+a_{23}x_3+\cdots+a_{2n}x_n=b_2 \\ \quad\vdots \qquad\quad \vdots \qquad\quad \vdots \qquad\qquad\qquad \vdots \qquad\ \vdots \\ a_{m1}x_1+a_{m2}x_2+a_{m3}x_3+\cdots+a_{mn}x_n=b_m \end{cases} \quad \cdots\cdots (*)$$

에서 기본(행)변형을 실행하여 확대계수행렬을 기약행사다리꼴 행렬 모양으로 변형한다. 이때 $a_{11}=0$이면 다른 행과 맞바꾸어서 x_1의 계수가 0이 아니도록 변형하여 새로운 확대계수행렬을 설정한다. 새로운 확대계수행렬의 첫행의 x_1의 계수의 역수를 첫행에 곱하여 x_1의 계수(확대계수행렬의 (1, 1)성분)가 1이 되게 한다.

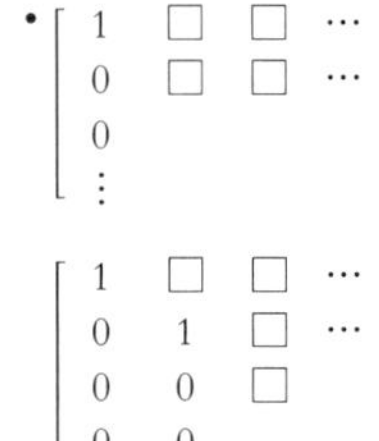

다음 일차방정식부터 x_1의 항을 소거한다. 즉 확대계수행렬의 제2행부터 (2, 1)성분, (3, 1)성분, …을 기본(행)변형으로 0이 되게 한다. 같은 방법으로 다음은 x_2의 계수를 1이 되게 하고 그 다음 일차방정식부터 x_2의 항을 소거한다. 즉 확대계수행렬의 제3행부터 (3, 2)성분, (4, 2)성분, …을 기본(행)변형으로 0이 되게 한다.

이러한 과정을 거쳐 확대계수행렬을 기약행사다리꼴 행렬로 변형하여 간략히 한 행렬(이 과정의 마지막 행렬)에서 주어진 연립일차방정식이 마지막으로 변형되어 다시 나타낸 연립일차방정식을 관찰할 때 연립일차방정식의 해에 대하여 다음과 같이 정리할 수 있다.

• (1), (2)에서 해가 무수히 많은 경우는 풀이과정에서 또는 주어진 초기의 일차방정식의 개수보다 미지수의 개수가 많은 경우에 발생한다.

(1) 상수 k에 대하여 마지막 일차방정식이 $x_n = k$이면 주어진 연립일차방정식의 해는 유일하거나 무수히 많다.

(2) 마지막 일차방정식의 미지수가 적어도 2개이면 주어진 연립일차방정식의 해는 무수히 많다.

(3) 마지막 일차방정식이 $0 = k(k \neq 0)$꼴이면 주어진 연립일차방정식의 해는 없다.

여기서 (1), (2)의 경우는 해를 갖고 (3)의 경우는 해를 갖지 않는다. (1), (2)의 경우의 연립방정식을 해를 갖는 연립방정식(consistent system), (3)의 경우의 연립방정식을 해를 갖지 않는, 또는 해가 없는 연립방정식(inconsistent system)이라 한다.

앞의 연립일차방정식(*)에서 각 일차방정식의 상수항 $b_1, b_2, b_3, \cdots, b_m$이 모두 0인 경우를 동차연립일차방정식이라 하고 이것을 나타내면 다음과 같다.

$$\begin{cases} a_{11}x_1 + a_{12}x_2 + a_{13}x_3 + \cdots + a_{1n}x_n = 0 \\ a_{21}x_1 + a_{22}x_2 + a_{23}x_3 + \cdots + a_{2n}x_n = 0 \\ a_{31}x_1 + a_{32}x_2 + a_{33}x_3 + \cdots + a_{3n}x_n = 0 \\ \quad\vdots \qquad\quad \vdots \qquad\quad \vdots \qquad\qquad\quad \vdots \qquad\quad \vdots \\ a_{m1}x_1 + a_{m2}x_2 + a_{m3}x_3 + \cdots + a_{mn}x_n = 0 \end{cases} \quad \cdots\cdots (**)$$

• 자명한 해를 zero solution이라고도 한다.

동차연립방정식은 $x_1 = 0,\ x_2 = 0,\ x_3 = 0,\ \cdots,\ x_n = 0$인 해를 항상 갖는데 이 해를 자명한 해(trivial solution)라 한다. 다른 해가 있다면 이 해를 자명하지 않은 해(nontrivial solution)라 한다.

따라서 동차연립일차방정식(**)은 다음 (i), (ii) 중 어느 하나에 해당하는 해를 갖는다.

(i) 오직 자명한 해 하나

(ii) 자명한 해를 포함한 무수히 많은 해

이제 예제를 통하여 앞의 설명을 확인하여 보자.

예제 2.2-6 다음 연립일차방정식을 행렬의 기본(행)변형을 이용하여 풀어라.

$$\begin{cases} 3x_1 - 5x_2 + 5x_3 = 0 \\ 2x_1 - 4x_2 + 6x_3 = 0 \\ 4x_1 - 7x_2 + 9x_3 = 0 \end{cases}$$

풀이

$$\left[\begin{array}{ccc|c} 3 & -5 & 5 & 0 \\ 2 & -4 & 6 & 0 \\ 4 & -7 & 9 & 0 \end{array}\right] \quad R_1 \rightleftarrows R_2$$

$$\left[\begin{array}{ccc|c} 2 & -4 & 6 & 0 \\ 3 & -5 & 5 & 0 \\ 4 & -7 & 9 & 0 \end{array}\right] \quad R_1 \times \frac{1}{2} \to R_1$$

$$\left[\begin{array}{ccc|c} 1 & -2 & 3 & 0 \\ 3 & -5 & 5 & 0 \\ 4 & -7 & 9 & 0 \end{array}\right] \quad \begin{array}{l} R_2 + R_1 \times (-3) \to R_2 \\ R_3 + R_1 \times (-4) \to R_3 \end{array}$$

$$\left[\begin{array}{ccc|c} 1 & -2 & 3 & 0 \\ 0 & 1 & -4 & 0 \\ 0 & 1 & -3 & 0 \end{array}\right] \quad \begin{array}{l} R_1 + R_2 \times 2 \to R_1 \\ R_3 + R_2 \times (-1) \to R_3 \end{array}$$

$$\left[\begin{array}{ccc|c} 1 & 0 & -5 & 0 \\ 0 & 1 & -4 & 0 \\ 0 & 0 & 1 & 0 \end{array}\right] \quad \begin{array}{l} R_1 + R_3 \times 5 \to R_1 \\ R_2 + R_3 \times 4 \to R_2 \end{array}$$

$$\left[\begin{array}{ccc|c} 1 & 0 & 0 & 0 \\ 0 & 1 & 0 & 0 \\ 0 & 0 & 1 & 0 \end{array}\right]$$

$$\begin{cases} x_1 \qquad\qquad = 0 \\ \qquad x_2 \qquad = 0 \\ \qquad\qquad x_3 = 0 \end{cases}, \text{ 즉 해는 } \begin{cases} x_1 = 0 \\ x_2 = 0 \\ x_3 = 0 \end{cases} \text{로 유일하다.}$$

다시 말하여 주어진 연립일차방정식은 자명한 해

$$\begin{cases} x_1 = 0 \\ x_2 = 0 \\ x_3 = 0 \end{cases}$$

만 갖는다. ■

☒예제 2.2-7 다음 연립방정식을 풀어라.

$$\begin{cases} 2x_1 + 3x_2 + 8x_3 = 0 \\ x_1 + \ \ x_2 + 2x_3 = 0 \\ 5x_1 + \ \ x_2 - 6x_3 = 0 \end{cases}$$

풀이 확대계수행렬을 기본(행)변형하여 해를 구한다.

$$\left[\begin{array}{ccc|c} 2 & 3 & 8 & 0 \\ 1 & 1 & 2 & 0 \\ 5 & 1 & -6 & 0 \end{array}\right] \quad R_1 \rightleftarrows R_2$$

$$\left[\begin{array}{ccc|c} 1 & 1 & 2 & 0 \\ 2 & 3 & 8 & 0 \\ 5 & 1 & -6 & 0 \end{array}\right] \quad R_2 + R_1 \times (-2) \to R_2$$

$$\left[\begin{array}{ccc|c} 1 & 1 & 2 & 0 \\ 0 & 1 & 4 & 0 \\ 5 & 1 & -6 & 0 \end{array}\right] \quad R_3 + R_1 \times (-5) \to R_3$$

$$\left[\begin{array}{ccc|c} 1 & 1 & 2 & 0 \\ 0 & 1 & 4 & 0 \\ 0 & -4 & -16 & 0 \end{array}\right] \quad R_1 + R_2 \times (-1) \to R_1$$

$$\left[\begin{array}{ccc|c} 1 & 0 & -2 & 0 \\ 0 & 1 & 4 & 0 \\ 0 & -4 & -16 & 0 \end{array}\right] \quad R_3 \times \left(-\frac{1}{4}\right) \to R_3$$

$$\left[\begin{array}{ccc|c} 1 & 0 & -2 & 0 \\ 0 & 1 & 4 & 0 \\ 0 & 1 & 4 & 0 \end{array}\right] \quad R_3 + R_2 \times (-1) \to R_3$$

$$\left[\begin{array}{ccc|c} 1 & 0 & -2 & 0 \\ 0 & 1 & 4 & 0 \\ 0 & 0 & 0 & 0 \end{array}\right]$$

$$\therefore \begin{cases} x_1 \qquad - 2x_3 = 0 \\ \qquad x_2 + 4x_3 = 0 \end{cases},$$

즉 $\begin{cases} x_1 = \ \ 2x_3 \\ x_2 = -4x_3 \end{cases}$

이므로 x_3의 값이 정하여지면 x_1, x_2의 값이 정하여진다.

$x_3 = 0$이면 $x_1 = 0$, $x_2 = 0$가 되어 자명한 해를 갖는다.

주어진 연립방정식의 해를 순서쌍 (x_1, x_2, x_3)로 나타내면 $(2x_3, -4x_3, x_3)$이므로 임의의 x_3에 대하여 해가 존재하므로 구하는 해는 자명한 해를 포함하여 무수히 많다. ■

• $\left[\begin{array}{ccc|c} 1 & 0 & -2 & 0 \\ 0 & 1 & 4 & 0 \\ 0 & 0 & 0 & 0 \end{array}\right]$
의 3행에서
$0x_1 + 0x_2 + 0x_3 = 0$
$0(x_1 + x_2 + x_3) = 0$
이므로 이것은
$x_1 + x_2 + x_3$의 모든 실수 값에서 성립한다.

다음 예제는 일차방정식의 개수보다 미지수의 개수가 많은 동차연립일차방정식의 풀이이다. 이 경우 해는 무수히 많다.

예제 2.2-8 다음 연립방정식을 풀어라.

$$\begin{cases} 2x_1 + 2x_2 + \ \ x_3 = 0 \\ 2x_1 - 6x_2 - 5\,x_3 = 0 \end{cases}$$

풀이 확대계수행렬을 기본(행)변형에 의하여 기약행사다리꼴 행렬로 변형한다.

$$\left[\begin{array}{ccc|c} 2 & 2 & 1 & 0 \\ 2 & -6 & -5 & 0 \end{array}\right] \quad R_1 \times \frac{1}{2} \to R_1$$

$$\left[\begin{array}{ccc|c} 1 & 1 & \frac{1}{2} & 0 \\ 2 & -6 & -5 & 0 \end{array}\right] \quad R_2 + R_1 \times (-2) \to R_2$$

$$\left[\begin{array}{ccc|c} 1 & 1 & \frac{1}{2} & 0 \\ 0 & -8 & -6 & 0 \end{array}\right] \quad R_2 \times \left(-\frac{1}{8}\right) \to R_2$$

$$\left[\begin{array}{ccc|c} 1 & 1 & \frac{1}{2} & 0 \\ 0 & 1 & \frac{3}{4} & 0 \end{array}\right] \quad R_1 + R_2 \times (-1) \to R_1$$

$$\left[\begin{array}{ccc|c} 1 & 0 & -\frac{1}{4} & 0 \\ 0 & 1 & \frac{3}{4} & 0 \end{array}\right]$$

$$\therefore \begin{cases} x_1 \qquad - \frac{1}{4}x_3 = 0 \\ \qquad x_2 + \frac{3}{4}x_3 = 0 \end{cases}$$

따라서 구하는 해를 순서쌍$(x_1,\ x_2,\ x_3)$로 나타내면 $\left(\frac{1}{4}x_3,\ -\frac{3}{4}x_3,\ x_3\right)$로 해는 무수히 많다. ■

• $\left(\frac{1}{4}x_3,\ -\frac{3}{4}x_3,\ x_3\right)$는
$x_3 = 0$일 때 (0, 0, 0)
$x_3 = 1$일 때 $\left(\frac{1}{4},\ -\frac{3}{4},\ 1\right)$
$x = 2$일 때 $\left(\frac{1}{2},\ -\frac{3}{2},\ 2\right)$
$x = 4$일 때 (1, −3, 4)
⋮

동차연립일차방정식 (**)에서 일차방정식의 개수보다 미지수의 개수가 많으면 이 연립방정식은 무수히 많은 해를 갖는다는 사실을 알았다.

이것을 정리하면 다음과 같다.

정리 2.2-1

동차연립방정식 (**)은 $n > m$이면 무수히 많은 해를 갖는다.

연습문제 2.2

1. 다음 연립방정식을 풀어라.

(1) $\begin{cases} 2x_1 + x_2 = -2 \\ 3x_1 + 2x_2 = -1 \end{cases}$ (2) $\begin{cases} 2x_1 + 3x_2 = 1 \\ 4x_1 - 9x_2 = -8 \end{cases}$

(3) $\begin{cases} x_1 + 2x_2 + x_3 = 4 \\ 2x_1 - x_2 + 2x_3 = 3 \\ 3x_1 + 4x_2 - x_3 = -6 \end{cases}$ (4) $\begin{cases} 3x_1 + 4x_2 + x_3 = 2 \\ 4x_1 - 2x_2 - 7x_3 = 9 \\ x_1 + 3x_2 + 2x_3 = -1 \end{cases}$

• $0 \cdot x = 0$에서 x는 모든 실수이다.
• $0 \cdot x = 3$에서 x는 없다.

2. 다음 연립방정식을 풀어라.

(1) $\begin{cases} x_1 - 2x_2 = 2 \\ 2x_1 - 4x_2 = 1 \end{cases}$ (2) $\begin{cases} x_1 + 3x_2 - 3x_3 = -4 \\ 2x_1 + 3x_2 - 12x_3 = 2 \\ x_1 - x_2 - 11x_3 = 8 \end{cases}$

3. 다음 행렬을 기약행사다리꼴로 변형하여라.

(1) $\begin{bmatrix} 0 & 1 & 5 & 0 & 4 \\ 2 & 4 & -8 & 6 & 10 \\ 0 & 0 & 0 & 3 & -9 \end{bmatrix}$ (2) $\begin{bmatrix} 0 & 0 & 0 & -3 & 0 & -9 \\ 0 & 2 & -2 & 6 & 0 & 1 \\ 0 & 4 & -4 & 13 & 3 & 3 \end{bmatrix}$

4. 다음 연립일차방정식의 계수행렬을 기약행사다리꼴로 변형하여 풀어라.

(1) $\begin{cases} x_1 + 2x_2 + x_3 = -1 \\ 2x_1 + 3x_2 + 2x_3 = -4 \\ x_1 - x_2 - 4x_3 = -2 \end{cases}$ (2) $\begin{cases} x_1 + x_2 + 2x_3 = 1 \\ 3x_1 - x_2 + 8x_3 = -5 \\ x_1 + 3x_2 + x_3 = 5 \end{cases}$

(3) $\begin{cases} x_1 + 2x_2 - x_3 = 1 \\ 2x_1 + 3x_2 - x_3 = 3 \\ 3x_1 + x_2 + 2x_3 = 13 \end{cases}$ (4) $\begin{cases} x_1 + 2x_3 + x_4 = -3 \\ 3x_2 - x_3 - x_4 = 5 \\ 2x_1 + x_2 + 3x_3 + 2x_4 = -1 \\ 3x_1 - 2x_2 - 2x_3 - x_4 = -5 \end{cases}$

5. 다음 연립방정식을 풀어라.

(1) $\begin{cases} 3x_1 - 6x_2 + 9x_3 = 0 \\ 2x_1 + 3x_2 - 4x_3 = 0 \\ 4x_1 - x_2 - 2x_3 = 0 \end{cases}$ (2) $\begin{cases} 2x_1 + 4x_2 + 2x_3 = 0 \\ 4x_1 - 4x_2 - 5x_3 = 0 \\ 2x_1 + 8x_2 + 5x_3 = 0 \end{cases}$

(3) $\begin{cases} x_1 - 2x_3 = 0 \\ 3x_2 + x_3 = 0 \end{cases}$ (4) $\begin{cases} x_1 + 2x_2 + 3x_3 - 2x_4 = 0 \\ 3x_1 + 4x_2 + 3x_3 - 5x_4 = 0 \\ 4x_1 - 2x_2 + 6x_3 - 11x_4 = 0 \end{cases}$

2.3 역행렬

정사각행렬의 역행렬을 다음과 같이 정의한다.

> **정의 2.3-1 역행렬**
>
> $n \times n$ 정사각행렬 A에 대하여
>
> $$AB = BA = I_n$$
>
> 이 성립하는 $n \times n$ 정사각행렬 B가 존재할 때, B를 A의 역행렬(inverse matrix)이라 하고
>
> $$A^{-1}$$
>
> 로 나타낸다. 따라서 다음과 같이 나타낼 수 있다.
>
> $$AA^{-1} = A^{-1}A = I_n$$
>
> A가 역행렬을 가질 때 A는 가역(invertible)이라 한다.

A가 역행렬을 가질 때 행렬 A를 가역행렬(invertible matrix)이라 한다.

정사각행렬이라고 모두 가역은 아니다. 역행렬을 갖지 않는 정사각행렬도 있다.

이것을 예제를 들어 설명한다.

예제 2.3-1 행렬 $A = \begin{bmatrix} 2 & 4 \\ 1 & 3 \end{bmatrix}$가 역행렬 A^{-1}를 가지면 그것을 구하여라.

풀이 $A^{-1} = \begin{bmatrix} a & b \\ c & d \end{bmatrix}$라 하면 $AA^{-1} = \begin{bmatrix} 2 & 4 \\ 1 & 3 \end{bmatrix}\begin{bmatrix} a & b \\ c & d \end{bmatrix} = \begin{bmatrix} 1 & 0 \\ 0 & 1 \end{bmatrix} = I_2$이다.

$$\therefore \begin{bmatrix} 2a+4c & 2b+4d \\ a+3c & b+3d \end{bmatrix} = \begin{bmatrix} 1 & 0 \\ 0 & 1 \end{bmatrix} \quad \therefore \begin{cases} 2a+4c=1 \\ a+3c=0 \end{cases}, \begin{cases} 2b+4d=0 \\ b+3d=1 \end{cases}$$

이 연립일차방정식을 풀면

$$a = \frac{3}{2},\ b = -2,\ c = -\frac{1}{2},\ d = 1$$

$$\therefore A^{-1} = \begin{bmatrix} \frac{3}{2} & -2 \\ -\frac{1}{2} & 1 \end{bmatrix}$$ 이다.

이때 실제로 계산하면 $AA^{-1} = A^{-1}A = I_2$이다. ■

- AA^{-1}
  $= \begin{bmatrix} 2 & 4 \\ 1 & 3 \end{bmatrix}\begin{bmatrix} \frac{3}{2} & -2 \\ -\frac{1}{2} & 1 \end{bmatrix}$
  $= \begin{bmatrix} 1 & 0 \\ 0 & 1 \end{bmatrix} = I_2$
- $A^{-1}A$
  $= \begin{bmatrix} \frac{3}{2} & -2 \\ -\frac{1}{2} & 1 \end{bmatrix}\begin{bmatrix} 2 & 4 \\ 1 & 3 \end{bmatrix}$
  $= \begin{bmatrix} 1 & 0 \\ 0 & 1 \end{bmatrix} = I_2$
- 연립방정식의 해는 확대계수행렬을 변형하여 구한다.
- $\begin{bmatrix} \frac{3}{2} & -2 \\ -\frac{1}{2} & 1 \end{bmatrix}$
  $= \frac{1}{2}\begin{bmatrix} 3 & -4 \\ -1 & 2 \end{bmatrix}$

예제 2.3-2 행렬 $B=\begin{bmatrix}-3 & -6\\ 2 & 4\end{bmatrix}$가 역행렬 B^{-1}를 가지면 그것을 구하여라.

풀이 $B^{-1}=\begin{bmatrix}a & b\\ c & d\end{bmatrix}$라 하면 $BB^{-1}=\begin{bmatrix}-3 & -6\\ 2 & 4\end{bmatrix}\begin{bmatrix}a & b\\ c & d\end{bmatrix}=\begin{bmatrix}1 & 0\\ 0 & 1\end{bmatrix}=I_2$

에서 $\begin{bmatrix}-3a-6c & -3b-6d\\ 2a+4c & 2b+4d\end{bmatrix}=\begin{bmatrix}1 & 0\\ 0 & 1\end{bmatrix}$이다.

$$\therefore \begin{cases}-3a-6c=1\\ 2a+4c=0\end{cases} \cdots ①, \qquad \begin{cases}-3b-6d=0\\ 2b+4d=1\end{cases} \cdots ②$$

확대계수행렬을 기본변형하여 ①, ②를 풀면

$$\left[\begin{array}{cc|c}-3 & -6 & 1\\ 2 & 4 & 0\end{array}\right] \quad R_1\times\left(-\frac{1}{3}\right)\to R_1 \quad \left[\begin{array}{cc|c}-3 & -6 & 0\\ 2 & 4 & 1\end{array}\right]$$

$$\left[\begin{array}{cc|c}1 & 2 & -\frac{1}{3}\\ 2 & 4 & 0\end{array}\right] \quad R_2+R_1\times(-2)\to R_2 \quad \left[\begin{array}{cc|c}1 & 2 & 0\\ 2 & 4 & 1\end{array}\right]$$

$$\left[\begin{array}{cc|c}1 & 2 & -\frac{1}{3}\\ 0 & 0 & \frac{2}{3}\end{array}\right] \qquad \left[\begin{array}{cc|c}1 & 2 & 0\\ 0 & 0 & 1\end{array}\right]$$

이다. 그러므로 ①, ②는 해가 없다. 즉, B^{-1}가 존재하지 않는다. B는 역행렬을 갖지 않는다는 뜻이다. ■

이제 역행렬에 대한 몇 가지 성질을 정리로 관찰한다.

• (A가 가역이면) =(A가 역행렬을 가지면)

> **정리 2.3-1**
> 정사각행렬 A가 가역이면 A의 역행렬은 오직 하나이다.

증명 A와 같은 크기의 행렬 B, C가 A의 역행렬이라 가정하면

$$AB=BA=I$$
$$AC=CA=I$$

그리고

$$B(AC)=BI=B$$
$$(BA)C=IC=C$$

이다. 행렬의 곱셈에 대한 결합법칙에 의하면 $B(AC)=(BA)C$이므로

$$B=C$$

즉, A가 가역이면 A의 역행렬은 유일하다. ■

정리 2.3-2

$n \times n$행렬 A, B가 가역일 때, AB도 가역이고 다음이 성립한다.

$$(AB)^{-1} = B^{-1}A^{-1}$$

- $AA^{-1} = A^{-1}A = I$이므로 $(AB)(AB)^{-1} = (AB)^{-1}(AB) = I$ 즉, $(AB)(B^{-1}A^{-1}) = I$, $(B^{-1}A^{-1})(AB) = I$ 임을 밝히면 된다.

증명

$$(AB)(B^{-1}A^{-1}) = A(BB^{-1})A^{-1} = AIA^{-1} = AA^{-1} = I$$

$$(B^{-1}A^{-1})(AB) = B^{-1}(A^{-1}A)B = B^{-1}IB = B^{-1}B = I$$

따라서 AB도 가역이고

$$(AB)^{-1} = B^{-1}A^{-1}$$

이다. ■

정리 2.3-3

2×2행렬 $A = \begin{bmatrix} a_{11} & a_{12} \\ a_{21} & a_{22} \end{bmatrix}$에 대하여 다음이 성립한다.

(1) A가 가역이기 위한 필요충분조건은 $a_{11}a_{22} - a_{12}a_{21} \neq 0$이다.

(2) $a_{11}a_{22} - a_{12}a_{21} \neq 0$이면 $A^{-1} = \dfrac{1}{a_{11}a_{22} - a_{12}a_{21}} \begin{bmatrix} a_{22} & -a_{12} \\ -a_{21} & a_{11} \end{bmatrix}$

- $A = \begin{bmatrix} a_{11} & a_{12} \\ a_{21} & a_{22} \end{bmatrix}$에서 $a_{11}a_{22} - a_{12}a_{21} = 0$ 이면 A의 역행렬은 존재하지 않는다.

증명 $a_{11}a_{22} - a_{12}a_{21} \neq 0$이고 $B = \dfrac{1}{a_{11}a_{22} - a_{12}a_{21}} \begin{bmatrix} a_{22} & -a_{12} \\ -a_{21} & a_{11} \end{bmatrix}$이라 하면

$$\begin{aligned} AB &= \begin{bmatrix} a_{11} & a_{12} \\ a_{21} & a_{22} \end{bmatrix} \frac{1}{a_{11}a_{22} - a_{12}a_{21}} \begin{bmatrix} a_{22} & -a_{12} \\ -a_{21} & a_{11} \end{bmatrix} \\ &= \frac{1}{a_{11}a_{22} - a_{12}a_{21}} \begin{bmatrix} a_{11} & a_{12} \\ a_{21} & a_{22} \end{bmatrix} \begin{bmatrix} a_{22} & -a_{12} \\ -a_{21} & a_{11} \end{bmatrix} \\ &= \frac{1}{a_{11}a_{22} - a_{12}a_{21}} \begin{bmatrix} a_{11}a_{22} - a_{12}a_{21} & 0 \\ 0 & -a_{21}a_{12} + a_{22}a_{11} \end{bmatrix} = \begin{bmatrix} 1 & 0 \\ 0 & 1 \end{bmatrix} \end{aligned}$$

즉, $AB = I$이다. 같은 방법으로 $BA = I$이다. 그러므로 A는 가역이다.

$a_{11}a_{22} - a_{12}a_{21} \neq 0$이라 하고 $A^{-1} = \begin{bmatrix} x & y \\ z & w \end{bmatrix}$라 놓으면

$$\begin{bmatrix} a_{11} & a_{12} \\ a_{21} & a_{22} \end{bmatrix} \begin{bmatrix} x & y \\ z & w \end{bmatrix} = \begin{bmatrix} 1 & 0 \\ 0 & 1 \end{bmatrix}$$

- 연립방정식 $\begin{cases} a_{11}x + a_{12}z = 1 \\ a_{21}x + a_{22}z = 0 \end{cases}$ $\begin{cases} a_{11}y + a_{12}w = 0 \\ a_{21}y + a_{22}w = 1 \end{cases}$ 을 풀어 x, y, z, w를 구한다.

이다. 여기서 x, y, z, w를 구하여 정리하면

$$A^{-1} = \frac{1}{a_{11}a_{22} - a_{12}a_{21}} \begin{bmatrix} a_{22} & -a_{12} \\ -a_{21} & a_{11} \end{bmatrix}$$

이때 $AA^{-1} = A^{-1}A = I$이므로 A는 가역이다. ■

예제 2.3-3 예제 2.3-1. 2.3-2의 행렬 A, B에 대하여 정리 2.3-3을 적용하여 가역성과 역행렬을 조사하여라.

풀이 $A=\begin{bmatrix}2 & 4\\ 1 & 3\end{bmatrix}$는 $2\times3-4\times1=2\neq0$이므로 가역이고, 역행렬은

$$A^{-1}=\frac{1}{2\times3-4\times1}\begin{bmatrix}3 & -4\\ -1 & 2\end{bmatrix}=\frac{1}{2}\begin{bmatrix}3 & -4\\ -1 & 2\end{bmatrix}=\begin{bmatrix}\frac{3}{2} & -2\\ -\frac{1}{2} & 1\end{bmatrix}$$

이다. $B=\begin{bmatrix}-3 & -6\\ 2 & 4\end{bmatrix}$는 $(-3)\times4-(-6)\times2=0$이므로 가역이 아니다.

따라서 B의 역행렬은 존재하지 않는다. ■

연습문제 2.3

• $A=\begin{bmatrix}a & b\\ c & d\end{bmatrix}$
$ad-bc\neq0$일 때
$A^{-1}=\frac{1}{ad-bc}\begin{bmatrix}d & -b\\ -c & a\end{bmatrix}$

1. 행렬 $A=\begin{bmatrix}2 & 3\\ 1 & 4\end{bmatrix}$, $B=\begin{bmatrix}3 & -4\\ 2 & 2\end{bmatrix}$의 역행렬을 구하고, $(AB)^{-1}=B^{-1}A^{-1}$임을 밝혀라.

2. 행렬 $\begin{bmatrix}\cos\theta & \sin\theta\\ -\sin\theta & \cos\theta\end{bmatrix}$의 역행렬을 구하여라.

3. 정사각행렬 A, B, C가 가역일 때 $(ABC)^{-1}=C^{-1}B^{-1}A^{-1}$임을 증명하여라.

4. 정사각행렬 A에 대하여 $A^n=\overbrace{AA\cdots A}^{(n개)}$($n$은 양의 정수), $A^0=I$라 정의하고 A가 가역일 때 $A^{-n}=(A^{-1})^n=\underbrace{A^{-1}A^{-1}\cdots A^{-1}}_{(n개)}$로 정의한다.

A가 가역일 때 다음을 증명하여라($n=0,\ 1,\ 2,\ \cdots\ ;k\neq0$).

(1) (A^{-1})도 가역이며 $(A^{-1})^{-1}=A$이다.

(2) A^n도 가역이며 $(A^n)^{-1}=(A^{-1})^n$이다.

(3) kA도 가역이며 $(kA)^{-1}=\frac{1}{k}A^{-1}$이다.

5. 대각행렬 $A=\begin{bmatrix}a_{11} & 0 & 0 & \cdots & 0\\ 0 & a_{22} & 0 & \cdots & 0\\ \vdots & \vdots & \vdots & & \vdots\\ 0 & 0 & 0 & \cdots & a_{nn}\end{bmatrix}$가 가역이기 위한 필요충분조건은 대각성분이 어느 하나도 0이 아니다($a_{11}a_{22}a_{33}\cdots a_{nn}\neq0$). 이것을 증명하고 A^{-1}를 구하여라.

2.4 기본행렬과 역행렬

주어진 정사각행렬의 가역성을 조사하고 그 역행렬을 구하기 위하여 기본행렬을 정의하고 몇 가지 정리를 관찰하기로 한다.

• 행렬의 기본(행)변형
(1) 한 행에 0이 아닌 수를 곱한다.
(2) 두 행을 서로 바꾼다.
(3) 한 행의 실수배를 다른 행에 더한다.

정의 2.4-1 기본행렬

$n\times n$단위행렬 I_n을 오직 한 번(1회) 기본행변형하여 얻어진 $n\times n$행렬을 기본행렬(elementary matrix)이라 하고 E로 나타낸다.

예제 2.4-1 다음 행렬은 기본행렬이다. 단위행렬에 기본행변형 3가지 중 어느 것을 적용한 것인지를 설명하여라.

• $I_2=\begin{bmatrix}1&0\\0&1\end{bmatrix}$

$I_3=\begin{bmatrix}1&0&0\\0&1&0\\0&0&1\end{bmatrix}$

$I_4=\begin{bmatrix}1&0&0&0\\0&1&0&0\\0&0&1&0\\0&0&0&1\end{bmatrix}$

(1) $\begin{bmatrix}2&0\\0&1\end{bmatrix}$ (2) $\begin{bmatrix}1&0&0\\0&0&1\\0&1&0\end{bmatrix}$

(3) $\begin{bmatrix}1&-3&0\\0&1&0\\0&0&1\end{bmatrix}$ (4) $\begin{bmatrix}1&0&0&0\\0&1&0&0\\4&0&1&0\\0&0&0&1\end{bmatrix}$

풀이 (1) I_2의 1행에 2를 곱(2배)하였다.

(2) I_3의 2행과 3행을 서로 바꾸었다.

(3) I_3의 1행에 2행의 (-3)배를 더하였다.

(4) I_4의 3행에 1행의 4배를 더하였다. ■

예제 2.4-1 (3)의 기본행렬을 E라 하자. 3×4행렬 $A=\begin{bmatrix}1&2&-3&-1\\5&-2&4&3\\2&1&-4&-5\end{bmatrix}$라 하고 EA를 계산하면 다음과 같다.

$$EA=\begin{bmatrix}1&-3&0\\0&1&0\\0&0&1\end{bmatrix}\begin{bmatrix}1&2&-3&-1\\5&-2&4&3\\2&1&-4&-5\end{bmatrix}$$

$$=\begin{bmatrix}-14&8&-15&-10\\5&-2&4&3\\2&1&-4&-5\end{bmatrix} \qquad \cdots ①$$

- EA : A의 왼쪽에 E를 곱한다.

I_3의 1행에 2행의 (-3)배를 더하여 E를 얻은 것과 동일한 기본행변형을 행렬 A에 적용하자.

$$\begin{bmatrix} 1 & 2 & -3 & -1 \\ 5 & -2 & 4 & 3 \\ 2 & 1 & -4 & -5 \end{bmatrix} \quad R_1 + R_2 \times (-3) \to R_1$$

$$\begin{bmatrix} -14 & 8 & -15 & -10 \\ 5 & -2 & 4 & 3 \\ 2 & 1 & -4 & -5 \end{bmatrix} \quad \cdots ②$$

①과 ②를 비교하면 I_3에 기본행변형을 한 번 실행하여 얻은 기본행렬 E를 얻고 이때 3×4행렬 A에 대하여 EA는 A에 동일한 기본행변형을 실행하여 얻은 3×4행렬과 같다는 것을 알 수 있다.

이것을 정리하면 다음과 같다.

- A의 크기 : $m \times n$
  I_m의 크기 : $m \times m$
  E의 크기 : $m \times m$
  EA의 크기 : $m \times n$

> **정리 2.4-1**
> $m \times n$행렬 A에 기본행변형을 실행하는 것은 I_m에서 같은 기본행변형으로 얻은 기본행렬 E를 A의 왼쪽에 곱하는 것과 동일하다.

예제 2.4-2 앞의 3×4행렬 $A = \begin{bmatrix} 1 & 2 & -3 & -1 \\ 5 & -2 & 4 & 3 \\ 2 & 1 & -4 & -5 \end{bmatrix}$에 대하여 I_3에서 다음의 기본행변형으로 기본행렬을 얻었을 때, 앞의 ①, ②의 경우를 비교하여라.

(1) 1행과 2행을 바꾼다. (2) 2행을 3배한다.

- $I_3 = \begin{bmatrix} 1 & 0 & 0 \\ 0 & 1 & 0 \\ 0 & 0 & 1 \end{bmatrix}$

풀이 (1) $E = \begin{bmatrix} 0 & 1 & 0 \\ 1 & 0 & 0 \\ 0 & 0 & 1 \end{bmatrix}$

$$\therefore EA = \begin{bmatrix} 0 & 1 & 0 \\ 1 & 0 & 0 \\ 0 & 0 & 1 \end{bmatrix} \begin{bmatrix} 1 & 2 & -3 & -1 \\ 5 & -2 & 4 & 3 \\ 2 & 1 & -4 & -5 \end{bmatrix} = \begin{bmatrix} 5 & -2 & 4 & 3 \\ 1 & 2 & -3 & -1 \\ 2 & 1 & -4 & -5 \end{bmatrix}$$

EA는 A의 1행과 2행을 바꾼 것과 동일하다.

(2) $E = \begin{bmatrix} 1 & 0 & 0 \\ 0 & 3 & 0 \\ 0 & 0 & 1 \end{bmatrix}$

$$\therefore EA = \begin{bmatrix} 1 & 0 & 0 \\ 0 & 3 & 0 \\ 0 & 0 & 1 \end{bmatrix} \begin{bmatrix} 1 & 2 & -3 & -1 \\ 5 & -2 & 4 & 3 \\ 2 & 1 & -4 & -5 \end{bmatrix} = \begin{bmatrix} 1 & 2 & -3 & -1 \\ 15 & -6 & 12 & 9 \\ 2 & 1 & -4 & -5 \end{bmatrix}$$

EA는 A의 2행을 3배한 것과 동일하다. ■

I_3에서 한 기본변형으로 얻은 기본행렬과 그 기본변형을 역으로 실행하여 얻은 기본행렬의 곱을 예를 들어 계산하면 다음과 같다.

(1) 2행에 0이 아닌 수 k를 곱한 기본행렬과 $\frac{1}{k}$배한 기본행렬의 곱을 계산한다.

$$\begin{bmatrix} 1 & 0 & 0 \\ 0 & k & 0 \\ 0 & 0 & 1 \end{bmatrix}\begin{bmatrix} 1 & 0 & 0 \\ 0 & \frac{1}{k} & 0 \\ 0 & 0 & 1 \end{bmatrix} = \begin{bmatrix} 1 & 0 & 0 \\ 0 & 1 & 0 \\ 0 & 0 & 1 \end{bmatrix}$$

• $\begin{bmatrix} 1 & 0 & 0 \\ 0 & \frac{1}{k} & 0 \\ 0 & 0 & 1 \end{bmatrix}\begin{bmatrix} 1 & 0 & 0 \\ 0 & k & 0 \\ 0 & 0 & 1 \end{bmatrix} = \begin{bmatrix} 1 & 0 & 0 \\ 0 & 1 & 0 \\ 0 & 0 & 1 \end{bmatrix} = I_3$

(2) 1행과 2행을 바꾼 기본행렬의 곱을 계산한다.

$$\begin{bmatrix} 0 & 1 & 0 \\ 1 & 0 & 0 \\ 0 & 0 & 1 \end{bmatrix}\begin{bmatrix} 0 & 1 & 0 \\ 1 & 0 & 0 \\ 0 & 0 & 1 \end{bmatrix} = \begin{bmatrix} 1 & 0 & 0 \\ 0 & 1 & 0 \\ 0 & 0 & 1 \end{bmatrix}$$

(3) 3행과 1행에 k배한 것을 더한 기본행렬, 3행과 1행에 $(-k)$배한 것을 더한 기본행렬, 이 두 기본행렬을 곱한다.

$$\begin{bmatrix} 1 & 0 & 0 \\ 0 & 1 & 0 \\ k & 0 & 1 \end{bmatrix}\begin{bmatrix} 1 & 0 & 0 \\ 0 & 1 & 0 \\ -k & 0 & 1 \end{bmatrix} = \begin{bmatrix} 1 & 0 & 0 \\ 0 & 1 & 0 \\ 0 & 0 & 1 \end{bmatrix}$$

• $\begin{bmatrix} 1 & 0 & 0 \\ 0 & 1 & 0 \\ -k & 0 & 1 \end{bmatrix}\begin{bmatrix} 1 & 0 & 0 \\ 0 & 1 & 0 \\ k & 0 & 1 \end{bmatrix} = \begin{bmatrix} 1 & 0 & 0 \\ 0 & 1 & 0 \\ 0 & 0 & 1 \end{bmatrix} = I_3$

(1), (2), (3)에서 각각의 두 기본행렬의 곱은 단위행렬 I_3이 되었다. 즉 각 기본행렬은 가역임을 알 수 있다.

(1), (2), (3) 각각의 기본변형은 서로 역으로 이룬 변형이다. 이것을 역변형(inverse operation)이라 한다.

• $EE^{-1} = E^{-1}E = I$

• I에서 교환으로 얻은 기본행렬의 역행렬은 자기 자신이다.

• $I \to E \to I$

(k)배	$\left(\frac{1}{k}\right)$배
i행과 j행 교환	
k배 더한다.	$-k$배 더한다.

이상을 정리하여 나타내면 다음과 같다.

	$E(I \to E)$	EA	$E^{-1}(E \to I)$	$E^{-1}A$
곱셈	I의 i행에 k를 곱한다.	A의 i행에 k배한 것이다.	E의 i행에 $\frac{1}{k}$을 곱한다.	A의 i행에 $\frac{1}{k}$배한 것이다.
교환	I의 i행과 j행을 바꾼다.	A의 i행과 j행을 바꾼 것이다.	E의 i행과 j행을 바꾼다.	A의 i행과 j행을 바꾼 것이다.
덧셈	I의 j행에 i행의 k배를 더한다.	A의 j행에 i행의 k배를 더한 것이다.	E의 j행에 i행의 $(-k)$배를 더한다.	A의 j행에 i행의 $(-k)$배를 더한 것이다.

정리 2.4-2

각 기본행렬은 가역이고 기본행렬의 역행렬은 기본행렬이다.

• $\begin{bmatrix}1&0&0\\0&k&0\\0&0&1\end{bmatrix}\begin{bmatrix}1&0&0\\0&\frac{1}{k}&0\\0&0&1\end{bmatrix}$
$=\begin{bmatrix}1&0&0\\0&1&0\\0&0&1\end{bmatrix}=I$

• $F=E^{-1}$

증명 I에 한 기본변형을 실행하여 얻어진 기본행렬을 E라 하고 I에 그 기본변형의 역변형을 실행하여 얻어진 행렬을 F라 하면 $EF=I,\ FE=I$
즉 F도 어느 한 기본변형을 실행하여 얻은 기본행렬이다. ■

정리 2.4-3

한 정사각행렬이 가역이기 위한 필요충분조건은 그 정사각행렬은 기본행렬 유한 개의 곱이다.

증명 기본행렬 $E_i(i=1,\ 2,\ \cdots,\ \ell)$에 대하여 정사각행렬 A를

$$A=E_1E_2\cdots\ E_\ell$$

이라 가정하자. 그러면 E_i는 가역이므로 A도 가역이고

$$A^{-1}=(E_1E_2\cdots\ E_\ell)^{-1}=E_\ell^{-1}E_{\ell-1}^{-1}\cdots\ E_2^{-1}E_1^{-1}$$

• 연립방정식 풀이에서 계수행렬에 기본변형을 유한회 실행하여 기약행사다리꼴 행렬로 변형하였다고 하자. 이때 계수행렬이 정사각행렬이고 가역이면 기본변형을 유한회 실행하여 얻은 기약행사다리꼴 행렬은 단위행렬이 된다.

이제 $n\times n$정사각행렬 A를 가역이라 가정하자.
그러면 A에 기본변형을 유한회(n번) 실행하면 단위행렬 I가 된다. 이때의 기본변형을 유한회(n번) 실행한 기본행렬을

$$E_1,\ E_2,\ E_3,\ \cdots,\ E_n$$

이라 하면

$$E_nE_{n-1}\cdots E_3E_2E_1A=I_n,\ \ E_nE_{n-1}\cdots E_3E_2E_1=A^{-1}$$
$$A=(A^{-1})^{-1}=(E_nE_{n-1}\cdots E_3E_2E_1)^{-1}$$
$$=E_1^{-1}E_2^{-1}E_3^{-1}\cdots E_{n-1}^{-1}E_n^{-1}$$

이다. E_i^{-1}도 기본행렬이므로 A는 유한개의 기본행렬의 곱이다. ■

일반적으로 한 행렬 A에 기본변형을 유한회 실행하여 행렬 A_0가 얻어졌다면, A_0에 그 기본변형의 역변형을 역순으로 실행하여 A가 얻어진다.

이때 A와 A_0는 행동치(row equivalent)(되었다)라고 한다.

위 정리 2.4-3의 증명과정에서 A에 기본변형을 유한회 실행하면 I가 되고 I에 그 기본변형의 역변형을 역순으로 유한회 실행하면 A가 된다는 것을 알았다. 이 경우 A와 I는 행동치이다.

정리 2.4-3에서 가역인 정사각행렬 A의 왼쪽에 기본행렬을 유한회 곱하면 단위행렬 I가 된다. 이것은 행렬 A에 기본변형을 그 횟수만큼 유한회 실행하면 I가 된다는 것과 같다.

그리고 A의 역행렬 A^{-1}는 그 기본행렬의 유한회 곱이다. 이것은 A의 역행렬을 구하려면 I에 같은 기본변형을 그 횟수만큼 유한회 실행하면 된다는 것과 같다.

이러한 성질에 의하여 정사각행렬의 역행렬을 구하여 보자.

• $E_\ell E_{\ell-1}\cdots E_2E_1A = I$
$E_\ell E_{\ell-1}\cdots E_2E_1AA^{-1} = IA^{-1}$
$E_\ell E_{\ell-1}\cdots E_2E_1I = A^{-1}$
$E_\ell E_{\ell-1}\cdots E_2E_1 = A^{-1}$

• $[A \mid I]$
⇩ ← 기본변형
$[I \mid A^{-1}]$

예제 2.4-3 행렬 $A=\begin{bmatrix} 1 & 2 & 3 \\ 1 & -1 & 1 \\ -2 & 1 & -3 \end{bmatrix}$의 역행렬을 구하여라.

풀이 $[A \mid I_3]$을 아래와 같이 나타낸 다음 기본변형에 의하여 $[I_3 \mid A^{-1}]$의 꼴로 변형한다.

$$\left[\begin{array}{ccc|ccc} 1 & 2 & 3 & 1 & 0 & 0 \\ 1 & -1 & 1 & 0 & 1 & 0 \\ -2 & 1 & -3 & 0 & 0 & 1 \end{array}\right] \quad \begin{array}{l} R_2+R_1\times(-1)\to R_2 \\ R_3+R_1\times 2\to R_3 \end{array}$$

$$\left[\begin{array}{ccc|ccc} 1 & 2 & 3 & 1 & 0 & 0 \\ 0 & -3 & -2 & -1 & 1 & 0 \\ 0 & 5 & 3 & 2 & 0 & 1 \end{array}\right] \quad R_2+R_3\to R_2$$

$$\left[\begin{array}{ccc|ccc} 1 & 2 & 3 & 1 & 0 & 0 \\ 0 & 2 & 1 & 1 & 1 & 1 \\ 0 & 5 & 3 & 2 & 0 & 1 \end{array}\right] \quad R_2\times\frac{1}{2}\to R_2$$

$$\left[\begin{array}{ccc|ccc} 1 & 2 & 3 & 1 & 0 & 0 \\ 0 & 1 & \frac{1}{2} & \frac{1}{2} & \frac{1}{2} & \frac{1}{2} \\ 0 & 5 & 3 & 2 & 0 & 1 \end{array}\right] \quad R_3+R_2\times(-5)\to R_3$$

$$\left[\begin{array}{ccc|ccc} 1 & 2 & 3 & 1 & 0 & 0 \\ 0 & 1 & \frac{1}{2} & \frac{1}{2} & \frac{1}{2} & \frac{1}{2} \\ 0 & 0 & \frac{1}{2} & -\frac{1}{2} & -\frac{5}{2} & -\frac{3}{2} \end{array}\right] \quad \begin{array}{l} R_1+R_2\times(-2)\to R_1 \\ R_3\times 2\to R_3 \end{array}$$

$$\left[\begin{array}{ccc|ccc} 1 & 0 & 2 & 0 & -1 & -1 \\ 0 & 1 & \frac{1}{2} & \frac{1}{2} & \frac{1}{2} & \frac{1}{2} \\ 0 & 0 & 1 & -1 & -5 & -3 \end{array}\right] \quad \begin{array}{l} R_1+R_3\times(-2)\to R_1 \\ R_2+R_3\times\left(-\frac{1}{2}\right)\to R_2 \end{array}$$

$$\left[\begin{array}{ccc|ccc} 1 & 0 & 0 & 2 & 9 & 5 \\ 0 & 1 & 0 & 1 & 3 & 2 \\ 0 & 0 & 1 & -1 & -5 & -3 \end{array}\right]$$

$$\therefore A^{-1}=\begin{bmatrix} 2 & 9 & 5 \\ 1 & 3 & 2 \\ -1 & -5 & -3 \end{bmatrix}$$

■

• 계산이 옳은지 검토한다.

AA^{-1}
$=\begin{bmatrix} 1 & 2 & 3 \\ 1 & -1 & 1 \\ -2 & 1 & -3 \end{bmatrix}\begin{bmatrix} 2 & 9 & 5 \\ 1 & 3 & 2 \\ -1 & -5 & -3 \end{bmatrix}$
$=\begin{bmatrix} 1 & 0 & 0 \\ 0 & 1 & 0 \\ 0 & 0 & 1 \end{bmatrix}=I_3$

$A^{-1}A$
$=\begin{bmatrix} 2 & 9 & 5 \\ 1 & 3 & 2 \\ -1 & -5 & -3 \end{bmatrix}\begin{bmatrix} 1 & 2 & 3 \\ 1 & -1 & 1 \\ -2 & 1 & -3 \end{bmatrix}$
$=\begin{bmatrix} 1 & 0 & 0 \\ 0 & 1 & 0 \\ 0 & 0 & 1 \end{bmatrix}=I_3$

예제 2.4-4 행렬 $A=\begin{bmatrix}1 & -3 & 2\\ 2 & -10 & 1\\ 3 & 3 & 15\end{bmatrix}$의 역행렬을 구하여라.

풀이 $\left[\begin{array}{ccc|ccc}1 & -3 & 2 & 1 & 0 & 0\\ 2 & -10 & 1 & 0 & 1 & 0\\ 3 & 3 & 15 & 0 & 0 & 1\end{array}\right]$ $R_2+R_1\times(-2)\to R_1$, $R_3\times\frac{1}{3}\to R_3$

$\left[\begin{array}{ccc|ccc}1 & -3 & 2 & 1 & 0 & 0\\ 0 & -4 & -3 & -2 & 1 & 0\\ 1 & 1 & 5 & 0 & 0 & \frac{1}{3}\end{array}\right]$ $R_3+R_1\times(-1)\to R_3$

$\left[\begin{array}{ccc|ccc}1 & -3 & 2 & 1 & 0 & 0\\ 0 & -4 & -3 & -2 & 1 & 0\\ 0 & 4 & 3 & -1 & 0 & \frac{1}{3}\end{array}\right]$ $R_3+R_2\to R_3$

• 한 행이 모두 0인 행렬의 기본행변형은 의미가 없다.

$\left[\begin{array}{ccc|ccc}1 & -3 & 2 & 1 & 0 & 0\\ 0 & -4 & -3 & -2 & 1 & 0\\ 0 & 0 & 0 & -3 & 1 & \frac{1}{3}\end{array}\right]$

A의 변형된 행렬의 한 행이 모두 0이면 기본변형을 더 이상 실행할 필요가 없다. 따라서 A는 가역이 아니다. 즉, A의 역행렬은 없다. ■

이제 연립일차방정식과 역행렬에 대하여 관찰하여 보자.

m개의 일차방정식과 n개의 미지수로 된 연립일차방정식

• 연립일차방정식의 해를 이 연립일차방정식의 계수행렬의 가역성에 따라 조사할 수 있다.

$$\begin{cases} a_{11}x_1 + a_{12}x_2 + a_{13}x_3 + \cdots + a_{1n}x_n = b_1 \\ a_{21}x_1 + a_{22}x_2 + a_{23}x_3 + \cdots + a_{2n}x_n = b_2 \\ a_{31}x_1 + a_{32}x_2 + a_{33}x_3 + \cdots + a_{3n}x_n = b_3 \\ \vdots \qquad\quad \vdots \qquad\quad \vdots \qquad\qquad\quad \vdots \qquad \vdots \\ a_{m1}x_1 + a_{m2}x_2 + a_{m3}x_3 + \cdots + a_{mn}x_n = b_m \end{cases}$$

의 계수, 미지수, 상수로 구성된 $m\times n$, $n\times 1$, $m\times 1$ 행렬을 각각 A, X, B로 나타내자. 즉

$$A=\begin{bmatrix} a_{11} & a_{12} & a_{13} & \cdots & a_{1n} \\ a_{21} & a_{22} & a_{23} & \cdots & a_{2n} \\ a_{31} & a_{32} & a_{33} & \cdots & a_{3n} \\ \vdots & \vdots & \vdots & & \vdots \\ a_{m1} & a_{m2} & a_{m3} & \cdots & a_{mn} \end{bmatrix},\quad X=\begin{bmatrix} x_1 \\ x_2 \\ x_3 \\ \vdots \\ x_n \end{bmatrix},\quad B=\begin{bmatrix} b_1 \\ b_2 \\ b_3 \\ \vdots \\ b_m \end{bmatrix}$$

라 하자.

그러면 주어진 연립일차방정식은 다음과 같이 나타낼 수 있다.

$$AX = B$$

이것에 연관된 동차연립일차방정식은 $AX = O$이다.

계수행렬의 가역성과 연립일차방정식의 해에 대하여 다음 정리가 성립한다.

> **정리 2.4-4**
>
> 한 연립일차방정식의 계수행렬 A가 가역이고 크기가 $n \times n$이면, 상수행렬 B가 $n \times 1$ 행렬일 때 이 연립일차방정식
>
> $$AX = B$$
>
> 는 오직 한 개의 해 $X = A^{-1}B$를 갖는다.

증명 A가 가역이라 가정하자. $AX = B$의 양변의 왼쪽에 각각 A^{-1}를 곱하면

$$A^{-1}AX = A^{-1}B, \quad IX = A^{-1}B$$
$$\therefore X = A^{-1}B$$

이제 해가 오직 한 개임을 밝히기 위하여 Y를 $AY = B$를 만족하는 해라고 가정하고 A^{-1}를 이 등식의 왼쪽에 곱하면

$$A^{-1}AY = A^{-1}B, \quad IY = A^{-1}B$$
$$Y = A^{-1}B$$

이므로 $Y = X$이다. 즉 이 연립일차방정식의 해는 오직 한 개이다.

예제 2.4-5 연립일차방정식 $\begin{cases} x_1 + 2x_2 + 3x_3 = 1 \\ x_1 - x_2 + x_3 = -5 \\ -2x_1 + x_2 - 3x_3 = 9 \end{cases}$의 해를 역행렬을 이용하여 구하여라.

풀이 예제 2.4-3에 의하면 계수행렬 A의 역행렬 A^{-1}는 $A^{-1} = \begin{bmatrix} 2 & 9 & 5 \\ 1 & 3 & 2 \\ -1 & -5 & -3 \end{bmatrix}$이므로 $X = A^{-1}B$ 즉 $\begin{bmatrix} x_1 \\ x_2 \\ x_3 \end{bmatrix} = \begin{bmatrix} 2 & 9 & 5 \\ 1 & 3 & 2 \\ -1 & -5 & -3 \end{bmatrix}\begin{bmatrix} 1 \\ -5 \\ 9 \end{bmatrix} = \begin{bmatrix} 2 \\ 4 \\ -3 \end{bmatrix}$이므로 구하는 해는 $x_1 = 2, x_2 = 4, x_3 = -3$이다. ■

연습문제 2.4

- 행렬의 기본변형
(1) 한 행에 0이 아닌 수를 곱한다.
(2) 두 행을 서로 바꾼다.
(3) 한 행의 실수배를 다른 행에 더한다.

1. 다음은 기본행렬이다. 3가지 기본행변형 중 어느 것을 적용하였는지를 설명하여라.

(1) $\begin{bmatrix} 1 & 0 & 0 \\ 0 & 5 & 0 \\ 0 & 0 & 1 \end{bmatrix}$ (2) $\begin{bmatrix} 0 & 0 & 1 \\ 0 & 1 & 0 \\ 1 & 0 & 0 \end{bmatrix}$

(3) $\begin{bmatrix} 1 & 0 & 0 \\ 0 & 1 & 4 \\ 0 & 0 & 1 \end{bmatrix}$ (4) $\begin{bmatrix} 1 & 0 & 0 & 0 \\ 0 & 1 & 0 & 0 \\ 0 & 0 & 1 & 0 \\ 0 & -2 & 0 & 1 \end{bmatrix}$

2. 행렬 $A = \begin{bmatrix} 3 & 1 & -2 & 0 \\ 2 & -3 & 5 & 4 \\ 1 & -4 & 3 & 2 \end{bmatrix}$가 있다. 다음 기본행변형을 EA로 나타내어라.

(1) A의 1행과 2행을 바꾼다.

(2) A의 3행에 -3을 곱한다.

(3) A의 3행에 1행의 2배를 더한다.

3. 다음 행렬의 역행렬을 구하여라.

(1) $\begin{bmatrix} -2 & -3 & 2 \\ 3 & 5 & -4 \\ 1 & 2 & -1 \end{bmatrix}$ (2) $\begin{bmatrix} 2 & 4 & 1 \\ -3 & -6 & -1 \\ 1 & 3 & 2 \end{bmatrix}$

(3) $\begin{bmatrix} 1 & 1 & 2 \\ 1 & 2 & 3 \\ 2 & 3 & 4 \end{bmatrix}$ (4) $\begin{bmatrix} 0 & 1 & 0 & 1 \\ -2 & 1 & 0 & -1 \\ 1 & 0 & -1 & 0 \\ 3 & 0 & -1 & 1 \end{bmatrix}$

(5) $\begin{bmatrix} 1 & 1 & 1 & 1 \\ 1 & 1 & 1 & 0 \\ 1 & 1 & 0 & 0 \\ 1 & 0 & 0 & 0 \end{bmatrix}$

- $AX = B \Rightarrow X = A^{-1}B$

4. 역행렬을 이용하여 다음 연립일차방정식의 해를 구하여라.

(1) $\begin{bmatrix} 1 & 1 & 1 \\ 1 & 2 & 3 \\ 2 & -1 & -3 \end{bmatrix} \begin{bmatrix} x_1 \\ x_2 \\ x_3 \end{bmatrix} = \begin{bmatrix} 2 \\ 1 \\ 8 \end{bmatrix}$

(2) $\begin{bmatrix} 1 & -3 & 0 \\ 0 & 3 & 1 \\ 2 & -1 & 2 \end{bmatrix} \begin{bmatrix} x_1 \\ x_2 \\ x_3 \end{bmatrix} = \begin{bmatrix} 4 \\ -1 \\ 7 \end{bmatrix}$

- $I^t = I$
- $AB = BA = I$
  $B = A^{-1}$

5. A가 가역이면 A^t도 가역이고 $(A^t)^{-1} = (A^{-1})^t$임을 증명하여라.

03 행렬식

行列式, Determinant

3.1 행렬식

2×2행렬 $A = \begin{bmatrix} a_{11} & a_{12} \\ a_{21} & a_{22} \end{bmatrix}$의 행렬식(determinant of A)를 $\det A$ 또는 $|A|$로 나타내고

$$\det A = |A| = \begin{vmatrix} a_{11} & a_{12} \\ a_{21} & a_{22} \end{vmatrix} = a_{11}a_{22} - a_{12}a_{21}$$

• $A = \begin{bmatrix} a & b \\ c & d \end{bmatrix}$
$|A| = ad - bc$
$|A| \neq 0$일 때 A의 역행렬이 존재한다.

으로 정의하고 이것을 2×2행렬식(2×2 determinant)라고도 한다.

앞의 정리 2.3-3에서 2×2행렬 A가 가역이기 위한 필요충분조건은 $\det A \neq 0$임을 알았다.

예제 3.1-1 2×2행렬 $A = \begin{bmatrix} -2 & -3 \\ 3 & 1 \end{bmatrix}$, $B = \begin{bmatrix} 1 & 3 \\ 2 & 6 \end{bmatrix}$의 행렬식을 계산하여라.

풀이

$$|A| = \begin{vmatrix} -2 & -3 \\ 3 & 1 \end{vmatrix} = (-2) \cdot 1 - (-3) \cdot 3 = 7$$

$$|B| = \begin{vmatrix} 1 & 3 \\ 2 & 6 \end{vmatrix} = 1 \cdot 6 - 3 \cdot 2 = 0$$

■

다음은 3×3행렬식을 정의한다.

정의 3.1-1

3×3행렬 $A = \begin{bmatrix} a_{11} & a_{12} & a_{13} \\ a_{21} & a_{22} & a_{23} \\ a_{31} & a_{32} & a_{33} \end{bmatrix}$에 대하여

$$\det A = |A| = \begin{vmatrix} a_{11} & a_{12} & a_{13} \\ a_{21} & a_{22} & a_{23} \\ a_{31} & a_{32} & a_{33} \end{vmatrix} = a_{11}a_{22}a_{33} - a_{11}a_{23}a_{32} + a_{12}a_{23}a_{31} - a_{12}a_{21}a_{33} + a_{13}a_{21}a_{32} - a_{13}a_{22}a_{31}$$

앞의 3×3행렬식 A 즉 $|A|$를 구하기 위하여 아래와 같이 처음 두 열을 더 쓰고 3개의 성분씩 곱한 6개의 곱에 화살표 방향에 제시한 부호를 각각 붙여 합한 것이 $|A|$이다.

$$\begin{vmatrix} a_{11} & a_{12} & a_{13} \\ a_{21} & a_{22} & a_{23} \\ a_{31} & a_{32} & a_{33} \end{vmatrix} \begin{matrix} a_{11} & a_{12} \\ a_{21} & a_{22} \\ a_{31} & a_{32} \end{matrix}$$

− − − + + +

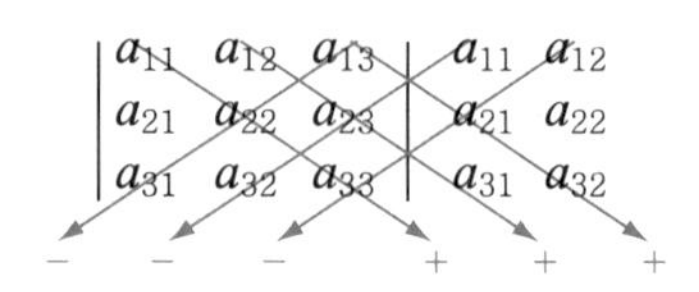

예제 3.1-2 3×3행렬 $A = \begin{bmatrix} 3 & 2 & 4 \\ -2 & 0 & -1 \\ 1 & -2 & 5 \end{bmatrix}$의 행렬식을 계산하여라.

풀이 $|A| = \begin{vmatrix} 3 & 2 & 4 \\ -2 & 0 & -1 \\ 1 & -2 & 5 \end{vmatrix}$

$= 3 \cdot 0 \cdot 5 - 3 \cdot (-1) \cdot (-2) + 2 \cdot (-1) \cdot 1$

$\qquad - 2 \cdot (-2) \cdot 5 + 4 \cdot (-2) \cdot (-2) - 4 \cdot 0 \cdot 1$

$= 0 - 6 - 2 + 20 + 16 - 0$

$= 28$ ■

$$\begin{vmatrix} 3 & 2 & 4 \\ -2 & 0 & -1 \\ 1 & -2 & 5 \end{vmatrix} \begin{matrix} 3 & 2 \\ -2 & 0 \\ 1 & -2 \end{matrix}$$

− − − + + +

정의 3.1-1에서

$$\det A = |A| = \begin{vmatrix} a_{11} & a_{12} & a_{13} \\ a_{21} & a_{22} & a_{23} \\ a_{31} & a_{32} & a_{33} \end{vmatrix}$$

$$= a_{11}a_{22}a_{33} - a_{11}a_{23}a_{32} + a_{12}a_{23}a_{31} - a_{12}a_{21}a_{33} + a_{13}a_{21}a_{32} - a_{13}a_{22}a_{31}$$

$$= a_{11}(a_{22}a_{33} - a_{23}a_{32}) - a_{12}(a_{21}a_{33} - a_{23}a_{31}) + a_{13}(a_{21}a_{32} - a_{22}a_{31})$$

$$= a_{11}\begin{vmatrix} a_{22} & a_{23} \\ a_{32} & a_{33} \end{vmatrix} - a_{12}\begin{vmatrix} a_{21} & a_{23} \\ a_{31} & a_{33} \end{vmatrix} + a_{13}\begin{vmatrix} a_{21} & a_{22} \\ a_{31} & a_{32} \end{vmatrix}$$

앞의 계산을 알기쉽게 그림으로 나타내어 보면 다음과 같다.

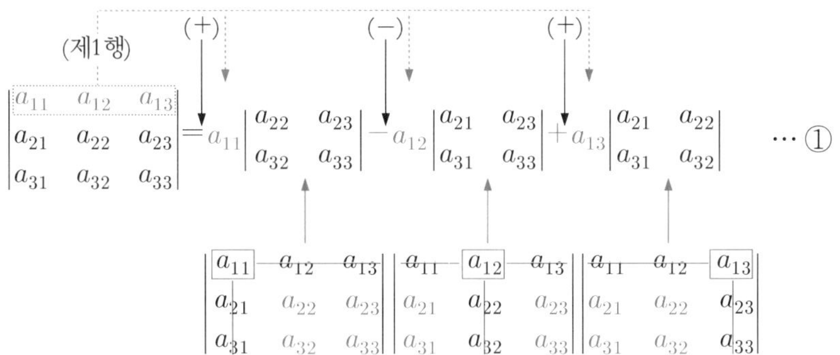

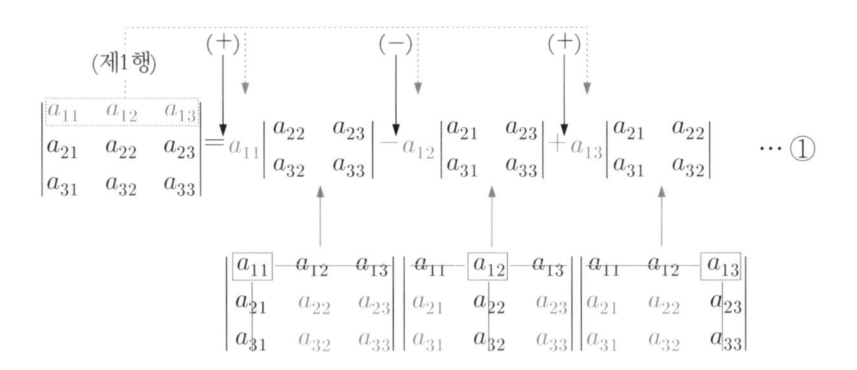

• 제1행을 기준하여 나타낸다.

• $a_{11}\begin{vmatrix} a_{22} & a_{23} \\ a_{32} & a_{33} \end{vmatrix}$ 제1행, 1열을 제외한 성분으로 된 행렬식

• $a_{12}\begin{vmatrix} a_{21} & a_{23} \\ a_{31} & a_{33} \end{vmatrix}$ 제1행, 2열을 제외한 성분으로 된 행렬식

• $a_{13}\begin{vmatrix} a_{21} & a_{22} \\ a_{31} & a_{32} \end{vmatrix}$ 제1행, 3열을 제외한 성분으로 된 행렬식

예제 3.1-3 행렬 $A=\begin{bmatrix} 2 & 4 & -3 \\ 3 & 1 & -2 \\ 4 & -3 & -5 \end{bmatrix}$, $B=\begin{bmatrix} 3 & -2 & 5 \\ 1 & 0 & 2 \\ -2 & 1 & 4 \end{bmatrix}$이 있다.

$|A|$, $|B|$를 각각 계산하여라.

풀이

$$|A|=\begin{vmatrix} 2 & 4 & 3 \\ 3 & 1 & -2 \\ 4 & -3 & -5 \end{vmatrix}$$

$$=2\begin{vmatrix} 1 & -2 \\ -3 & -5 \end{vmatrix}-4\begin{vmatrix} 3 & -2 \\ 4 & -5 \end{vmatrix}+3\begin{vmatrix} 3 & 1 \\ 4 & -3 \end{vmatrix}$$

$$=2(-11)-4(-7)+3(-13)=-33$$

$$|B|=\begin{vmatrix} 3 & -2 & 5 \\ 1 & 0 & 2 \\ -2 & 1 & 4 \end{vmatrix}$$

$$=3\begin{vmatrix} 0 & 2 \\ 1 & 4 \end{vmatrix}-(-2)\begin{vmatrix} 1 & 2 \\ -2 & 4 \end{vmatrix}+5\begin{vmatrix} 1 & 0 \\ -2 & 1 \end{vmatrix}$$

$$=3(-2)+2(8)+5(1)=15$$ ■

위 ①에서 제1행 성분을 차례로 그 성분이 해당되는 행과 열을 제외한 나머지 성분으로 된 2×2행렬식으로 3×3행렬식을 계산하였다.

이 계산은 제1행만이 아니고 다른 행과 열에 대하여도 동일한 방법으로 계산할 수 있다.

제1열에 대하여 계산하면 다음과 같다.

$$\begin{vmatrix} a_{11} & a_{12} & a_{13} \\ a_{21} & a_{22} & a_{23} \\ a_{31} & a_{32} & a_{33} \end{vmatrix}=a_{11}\begin{vmatrix} a_{22} & a_{23} \\ a_{32} & a_{33} \end{vmatrix}-a_{21}\begin{vmatrix} a_{12} & a_{13} \\ a_{32} & a_{33} \end{vmatrix}+a_{31}\begin{vmatrix} a_{12} & a_{13} \\ a_{22} & a_{23} \end{vmatrix} \quad \cdots ②$$

제2열에 대하여 계산하면 다음과 같다.

$$\begin{vmatrix} a_{11} & a_{12} & a_{13} \\ a_{21} & a_{22} & a_{23} \\ a_{31} & a_{32} & a_{33} \end{vmatrix} = -a_{12}\begin{vmatrix} a_{12} & a_{23} \\ a_{31} & a_{33} \end{vmatrix} + a_{22}\begin{vmatrix} a_{11} & a_{13} \\ a_{31} & a_{33} \end{vmatrix} - a_{32}\begin{vmatrix} a_{11} & a_{13} \\ a_{21} & a_{23} \end{vmatrix} \quad \cdots ③$$

이렇게 3×3행렬식 계산은 ①, ②, ③ 등과 같이 여러 가지이다. 그러나 그 결과는 모두 같다.

앞의 ①에서 3×3행렬 $A = \begin{bmatrix} a_{11} & a_{12} & a_{13} \\ a_{21} & a_{22} & a_{23} \\ a_{31} & a_{32} & a_{33} \end{bmatrix}$에 대하여 2×2행렬

$\begin{bmatrix} a_{22} & a_{23} \\ a_{32} & a_{33} \end{bmatrix}$는 A에서(a_{11}이 속한) 제1행, 1열을 제외한 행렬,

$\begin{bmatrix} a_{21} & a_{23} \\ a_{31} & a_{33} \end{bmatrix}$는 A에서(a_{12}가 속한) 제1행, 2열을 제외한 행렬,

$\begin{bmatrix} a_{21} & a_{22} \\ a_{31} & a_{32} \end{bmatrix}$는 A에서(a_{13}가 속한) 제1행, 3열을 제외한 행렬

임을 알 수 있다.

- $A_{11} = |M_{11}|$
  $A_{12} = |M_{12}|$
  $A_{13} = |M_{13}|$

이 2×2행렬을 차례로 M_{11}, M_{12}, M_{13}로 나타내고

$$A_{11} = \det M_{11},\ A_{12} = -\det M_{12},\ A_{13} = \det M_{13}$$

으로 표시하여 이들로 ①을 다시 쓰면 다음과 같다.

- $|A| = a_{11}A_{11} + a_{12}A_{12} + a_{13}A_{13}$를 $\det A$의 1행에 대한 전개식(expansion)이라 한다.

$$\det A = |A| = a_{11}A_{11} + a_{12}A_{12} + a_{13}A_{13}$$

- M_{ij}를 a_{ij}의 소행렬이라 한다.

정의 3.1-2 소행렬식

일반적으로 $n\times n$행렬 $A=[a_{ij}]$에 대하여 A의 제i행, j열을 제외하고 얻은 $(n-1)\times(n-1)$행렬식 $|M_{ij}|=[a_{ij}]$를 A의(또는 a_{ij}의) 소행렬식(minor)이라 한다.

- $|M_{ij}| = ij$th minor (a_{ij}의 소행렬식)

예제 3.1-4 3×3행렬 $A = \begin{bmatrix} 3 & -1 & 4 \\ 0 & 2 & 1 \\ 5 & -3 & -2 \end{bmatrix}$에서 $|M_{21}|$, $|M_{32}|$를 구하여라.

- M_{32}는 A에서 제3행, 2열을 제외한 소행렬이다.

풀이 $|M_{21}|$은 A에서 제2행, 1열을 제외한 소행렬식 $\therefore |M_{21}| = \begin{vmatrix} -1 & 4 \\ -3 & -2 \end{vmatrix} = 14$

$|M_{32}|$는 A에서 제3행, 2열을 제외한 소행렬식 $\therefore |M_{32}| = \begin{vmatrix} 3 & 4 \\ 0 & 1 \end{vmatrix} = 3$ ■

정의 3.1-3 여인수

$n\times n$ 행렬 $A=[a_{ij}]$에 대하여 다음과 같은 A_{ij}를 A의(또는 a_{ij}의) 여인수(cofactor)라 한다.

$$A_{ij}=(-1)^{i+j}|M_{ij}|$$

- A_{ij}: ijth cofactor
- $(-1)^{i+j} = \begin{cases} 1 & (i+j)\text{가 짝수} \\ -1 & (i+j)\text{가 홀수} \end{cases}$

예제 3.1-5 행렬 $A=\begin{bmatrix} 4 & 1 & 3 \\ 2 & 0 & -2 \\ 1 & 3 & 2 \end{bmatrix}$가 있다. A_{13}, A_{32}를 구하여라.

풀이 $A_{13}=(-1)^{1+3}|M_{13}|=\begin{vmatrix} 2 & 0 \\ 1 & 3 \end{vmatrix}=6$

$A_{32}=(-1)^{3+2}|M_{32}|=(-1)\begin{vmatrix} 4 & 3 \\ 2 & -2 \end{vmatrix}=14$ ■

- 3×3행렬식을 여인수전개할 때 $|M_{ij}|$ 앞의 부호

$$\begin{vmatrix} + & - & + \\ - & + & - \\ + & - & + \end{vmatrix}$$

정의 3.1-4 $n\times n$ 행렬식

$n\times n$ 행렬 $A=[a_{ij}]$의 $n\times n$ 행렬식($n\times n$ determinant)은 다음과 같다.

$$\det A=|A|=a_{11}A_{11}+a_{12}A_{12}+\cdots+a_{1n}A_{1n}$$
$$=\sum_{k=1}^{n}a_{1k}A_{1k}$$

이것을 제1행에 대한 여인수전개(expansion of cofactor)라 한다.

- 일반적으로 i행에 대한 여인수전개

$$|A|=\sum_{k=1}^{n}a_{ik}A_{ik}$$
$(i=1, 2, \cdots, n)$

j열에 대한 여인수전개

$$|A|=\sum_{k=1}^{n}a_{kj}A_{kj}$$
$(j=1, 2, \cdots, n)$

예제 3.1-6 행렬식 $|A|=\begin{vmatrix} 2 & -2 & 0 \\ 1 & -3 & 2 \\ -1 & 3 & 1 \end{vmatrix}$을 (1) 제3행, (2) 제2열에 대한 여인수전개로 각각 계산하여라.

풀이 (1) $|A|=(-1)\cdot(-1)^{3+1}\begin{vmatrix} -2 & 0 \\ -3 & 2 \end{vmatrix}+3\cdot(-1)^{3+2}\begin{vmatrix} 2 & 0 \\ 1 & 2 \end{vmatrix}+1\cdot(-1)^{3+3}\begin{vmatrix} 2 & -2 \\ 1 & -3 \end{vmatrix}$

$=(-1)(-4)-3(4)-4$

$=-12$

(2) $|A|=(-2)\cdot(-1)^{1+2}\begin{vmatrix} 1 & 2 \\ -1 & 1 \end{vmatrix}+(-3)\cdot(-1)^{2+2}\begin{vmatrix} 2 & 0 \\ -1 & 1 \end{vmatrix}+3\cdot(-1)^{3+2}\begin{vmatrix} 2 & 0 \\ 1 & 2 \end{vmatrix}$

$=2(3)-3(2)-3(4)$

$=-12$ ■

연습문제 3.1

1. 다음 행렬식을 계산하여라.

(1) $\begin{vmatrix} 5 & -2 \\ 4 & 3 \end{vmatrix}$ (2) $\begin{vmatrix} 3 & -6 \\ -4 & 5 \end{vmatrix}$

(3) $\begin{vmatrix} -3 & 2 \\ 6 & -4 \end{vmatrix}$ (4) $\begin{vmatrix} -1 & 4 \\ 3 & 2 \end{vmatrix}$

2. 다음 행렬식을 계산하여라.

(1) $\begin{vmatrix} 2 & 5 & 1 \\ 0 & 3 & -2 \\ 4 & -1 & -3 \end{vmatrix}$ (2) $\begin{vmatrix} 3 & 1 & -5 \\ 2 & -2 & -3 \\ -1 & 4 & 2 \end{vmatrix}$

(3) $\begin{vmatrix} 1 & 3 & -2 \\ 2 & 1 & 0 \\ 4 & -3 & 3 \end{vmatrix}$ (4) $\begin{vmatrix} 2 & 1 & 3 \\ -1 & -2 & 1 \\ 4 & 2 & 6 \end{vmatrix}$

(5) $\begin{vmatrix} 2 & 1 & 4 \\ 0 & -3 & -2 \\ 0 & 0 & 1 \end{vmatrix}$

• 4×4행렬식을 여인수전개할 때 $|M_{ij}|$ 앞의 부호

$\begin{vmatrix} + & - & + & - \\ - & + & - & + \\ + & - & + & - \\ - & + & - & + \end{vmatrix}$

3. 다음 행렬식을 계산하여라.

(1) $\begin{vmatrix} 2 & 1 & 3 & 5 \\ -1 & 3 & 4 & 2 \\ -3 & 7 & 1 & 6 \\ 4 & 2 & -1 & 8 \end{vmatrix}$ (2) $\begin{vmatrix} -2 & 1 & 3 & 5 \\ -3 & 2 & 4 & -6 \\ 0 & 7 & -2 & 1 \\ 1 & -3 & 1 & 4 \end{vmatrix}$

(3) $\begin{vmatrix} -4 & -1 & 0 & -3 \\ 0 & 2 & 5 & 4 \\ 0 & 0 & -2 & 7 \\ 0 & 0 & 0 & 3 \end{vmatrix}$

• 주대각선 성분의 아래 또는 윗부분 성분이 모두 0인 정사각행렬을 삼각행렬(triangular matrix)이라 한다. 아래가 모두 0이면 상(위)삼각행렬(upper triangular matrix), 위가 모두 0이면 하(아래)삼각행렬(lower triangular matrix)이라 한다.

4. 다음 행렬 A, B는 삼각행렬이다. $\det A$, $\det B$를 계산하여라.

$$A = \begin{bmatrix} a_{11} & 0 & 0 & 0 \\ a_{21} & a_{22} & 0 & 0 \\ a_{31} & a_{32} & a_{33} & 0 \\ a_{41} & a_{42} & a_{43} & a_{44} \end{bmatrix}, \quad B = \begin{bmatrix} b_{11} & b_{12} & b_{13} & b_{14} \\ 0 & b_{22} & b_{23} & b_{24} \\ 0 & 0 & b_{33} & b_{34} \\ 0 & 0 & 0 & b_{44} \end{bmatrix}$$

이상에서 $n \times n$행렬 A가 삼각행렬이면 $\det A$는 주대각선성분 모두의 곱, 즉 $\det A = |A| = a_{11}a_{22}a_{33} \cdots a_{nn}$임을 알 수 있다.

3.2 행렬식의 성질

행렬식은 몇 가지 성질을 갖고 있다. 이 성질들을 행렬식 계산에 적용하면 그 계산을 더욱 수월하게 할 수 있다.

일반적으로 $n\times n$행렬 $A=[a_{ij}](i=1, 2, \cdots, n\ ;\ j=1, 2, \cdots, n)$의 행렬식 $\det A$는 다음과 같이 계산한다고 정리할 수 있다.

A의 어느 한 행(i행)에 대하여 여인수전개를 하면

$$\det A = a_{i1}A_{i1}+a_{i2}A_{i2}+\cdots+a_{in}A_{in}=\sum_{k=1}^{n}a_{ik}A_{ik}$$

이고, A의 어느 한 열(j열)에 대하여 여인수전개를 하면

$$\det A = a_{1j}A_{1j}+a_{2j}A_{2j}+\cdots+a_{nj}A_{nj}=\sum_{k=1}^{n}a_{kj}A_{kj}$$

임을 알았다.

이상을 적용하여 행렬식의 성질을 정리로 설명하면 다음과 같다.

• A_{ik}은 a_{ik}에 대한 여인수(cofactor)

• $\begin{vmatrix} a_{11} & ka_{12} & a_{13} \\ a_{21} & ka_{22} & a_{23} \\ a_{31} & ka_{32} & a_{33} \end{vmatrix}$
$= ka_{12}(-1)^{1+2}\begin{vmatrix} a_{21} & a_{23} \\ a_{31} & a_{33} \end{vmatrix} + ka_{22}(-1)^{2+2}\begin{vmatrix} a_{11} & a_{13} \\ a_{31} & a_{33} \end{vmatrix} + ka_{32}(-1)^{3+2}\begin{vmatrix} a_{11} & a_{13} \\ a_{21} & a_{23} \end{vmatrix}$
$= k\left\{-a_{12}\begin{vmatrix} a_{21} & a_{23} \\ a_{31} & a_{33} \end{vmatrix} + a_{22}\begin{vmatrix} a_{11} & a_{13} \\ a_{31} & a_{33} \end{vmatrix} - a_{32}\begin{vmatrix} a_{11} & a_{13} \\ a_{21} & a_{23} \end{vmatrix}\right\}$
$= k\begin{vmatrix} a_{11} & a_{12} & a_{13} \\ a_{21} & a_{22} & a_{23} \\ a_{31} & a_{32} & a_{33} \end{vmatrix}$

정리 3.2-1

$n\times n$행렬식의 어떤 행(열)에 상수 k를 곱한 행렬식은 원래의 행렬식의 k배이다.

증명

$$|A|=\begin{vmatrix} a_{11} & a_{12} & \cdots & a_{1n} \\ a_{21} & a_{22} & \cdots & a_{2n} \\ \vdots & \vdots & & \vdots \\ a_{i1} & a_{i2} & \cdots & a_{in} \\ \vdots & \vdots & & \vdots \\ a_{n1} & a_{n2} & \cdots & a_{nn} \end{vmatrix},\ |B|=\begin{vmatrix} a_{11} & a_{12} & \cdots & a_{1n} \\ a_{21} & a_{22} & \cdots & a_{2n} \\ \vdots & \vdots & & \vdots \\ ka_{i1} & ka_{i2} & \cdots & ka_{in} \\ \vdots & \vdots & & \vdots \\ a_{n1} & a_{n2} & \cdots & a_{nn} \end{vmatrix}$$

이라 하고 $|B|$를 i행에 대하여 여인수전개를 하면

$$\begin{aligned} \det B = |B| &= ka_{i1}A_{i1}+ka_{i2}A_{i2}+\cdots+ka_{in}A_{in} \\ &= k(a_{i1}A_{i1}+a_{i2}A_{i2}+\cdots+a_{in}A_{in}) \\ &= k|A| \\ &= k\det A \end{aligned}$$

■

$$\bullet \begin{vmatrix} 1 & 8 & -4 \\ 3 & -12 & -3 \\ -2 & 20 & 1 \end{vmatrix} = 4\begin{vmatrix} 1 & 2 & -4 \\ 3 & -3 & -3 \\ -2 & 5 & 1 \end{vmatrix} = 4\cdot 3\begin{vmatrix} 1 & 2 & -4 \\ 1 & -1 & -1 \\ -2 & 5 & 1 \end{vmatrix} = 12\begin{vmatrix} 1 & 2 & -4 \\ 1 & -1 & -1 \\ -2 & 5 & 1 \end{vmatrix}$$

예제 3.2-1 $|A| = \begin{vmatrix} 3 & -1 & 2 \\ 2 & -3 & 1 \\ 1 & 0 & 4 \end{vmatrix}$, $|B| = \begin{vmatrix} 3 & -1 & 2 \\ 6 & -9 & 3 \\ 1 & 0 & 4 \end{vmatrix}$일 때 $|A|$와 $|B|$ 사이의 관계가 어떠한지를 말하여라.

풀이

$$\begin{aligned} |B| &= \begin{vmatrix} 3 & -1 & 2 \\ 6 & -9 & 3 \\ 1 & 0 & 4 \end{vmatrix} \\ &= \begin{vmatrix} 3 & -1 & 2 \\ 3\cdot 2 & 3(-3) & 3\cdot 1 \\ 1 & 0 & 4 \end{vmatrix} \\ &= 3\begin{vmatrix} 3 & -1 & 2 \\ 2 & -3 & 1 \\ 1 & 0 & 4 \end{vmatrix} \\ &= 3|A| \end{aligned}$$

즉 $|B|$는 $|A|$의 3배이다. ■

> 정리 3.2-2
>
> $n \times n$행렬 A의 한 행(열)의 성분이 모두 0이면 $\det A = 0$이다.

증명 $n \times n$행렬 $A = [a_{ij}]$$(i = 1, 2, \cdots, n\ ;\ j = 1, 2, \cdots, n)$이라 하고, A의 i행 성분이 모두 0, 즉

$$a_{ij} = 0 \quad (j = 1, 2, \cdots, n)$$

이라고 가정한다.

$\det A$를 계산하기 위하여 i행에 대한 여인수전개를 하면

$$\begin{aligned} \det A &= a_{i1}A_{i1} + a_{i2}A_{i2} + \cdots + a_{in}A_{in} \\ &= 0A_{i1} + 0A_{i2} + \cdots + 0A_{in} = 0 + 0 + \cdots + 0 \\ &= 0 \end{aligned}$$

■

예제 3.2-2 $|A| = \begin{vmatrix} -1 & 4 & 2 \\ 0 & 0 & 0 \\ 3 & -2 & 1 \end{vmatrix} = 0$, $|B| = \begin{vmatrix} 3 & 1 & 0 & 2 \\ 4 & 5 & 0 & -6 \\ -1 & -2 & 0 & 3 \\ 7 & 8 & 0 & -4 \end{vmatrix}$ 일 때

$|A| = 0$, $|B| = 0$임을 설명하여라.

풀이 정리 3.2-2에 의하면 $|A|$에서 행렬 A의 2행 성분이 모두 0이므로 $|A| = 0$

$|B|$에서 행렬 B의 3열 성분이 모두 0이므로 $|B| = 0$. ■

정리 3.2-3

$n\times n$행렬식의 두 행(열)을 서로 바꾼 행렬식은 원래의 행렬식에 -1을 곱한 것과 같다.

증명 $n\times n$행렬 A의 i행과 $i+1$행을 바꾸어 놓은 행렬을 B라 하면, 즉

$$A=\begin{bmatrix} a_{11} & a_{12} & \cdots & a_{1n} \\ a_{21} & a_{22} & \cdots & a_{2n} \\ \vdots & \vdots & & \vdots \\ a_{i1} & a_{i2} & \cdots & a_{in} \\ a_{(i+1)1} & a_{(i+1)2} & \cdots & a_{(i+1)n} \\ \vdots & \vdots & & \vdots \\ a_{n1} & a_{n2} & \cdots & a_{nn} \end{bmatrix},\ B=\begin{bmatrix} a_{11} & a_{12} & \cdots & a_{1n} \\ a_{21} & a_{22} & \cdots & a_{2n} \\ \vdots & \vdots & & \vdots \\ a_{(i+1)1} & a_{(i+1)2} & \cdots & a_{(i+1)n} \\ a_{i1} & a_{i2} & \cdots & a_{in} \\ \vdots & \vdots & & \vdots \\ a_{n1} & a_{n2} & \cdots & a_{nn} \end{bmatrix}$$

여기서 $|A|$는 i행에 대하여, $|B|$는 $i+1$행에 대하여 여인수전개를 하면

$$\det A=|A|=a_{i1}A_{i1}+a_{i2}A_{i2}+\cdots+a_{in}A_{in} \qquad \cdots ①$$

$$\det B=|B|=a_{i1}B_{(i+1)1}+a_{i2}B_{(i+1)2}+\cdots+a_{in}B_{(i+1)n} \qquad \cdots ②$$

이때, $A_{ij}=(-1)^{i+j}|M_{ij}|$

이고, $n\times n$행렬 B에서 $i+1$행, j열의 성분을 제외한 $(n-1)\times(n-1)$행렬은 $n\times n$행렬 A에서 i행, j열의 성분을 제외한 $(n-1)\times(n-1)$행렬 M_{ij}와 같다. 따라서

$$\begin{aligned} B_{(i+1)j}&=(-1)^{i+1+j}|M_{ij}| \\ &=(-1)(-1)^{i+j}|M_{ij}| \\ &=(-1)A_{ij}=-A_{ij} \qquad \cdots ③ \end{aligned}$$

①, ②, ③에서 $\det B=-\det A$ ■

• $\begin{vmatrix} a_{11} & a_{12} & a_{13} \\ a_{31} & a_{32} & a_{33} \\ a_{21} & a_{22} & a_{23} \end{vmatrix} = -\begin{vmatrix} a_{11} & a_{12} & a_{13} \\ a_{21} & a_{22} & a_{23} \\ a_{31} & a_{32} & a_{33} \end{vmatrix}$

• $\begin{vmatrix} c & b & a \\ f & e & d \\ k & h & g \end{vmatrix} = -\begin{vmatrix} a & b & c \\ d & e & f \\ g & h & k \end{vmatrix}$

• 두 열을 서로 바꾼 경우도 같은 이치로 밝힐 수 있다.

예제 3.2-3 $A=\begin{bmatrix} 2 & -3 & 3 \\ -1 & 6 & -2 \\ -4 & 2 & 5 \end{bmatrix}$에 대하여

(1) $\begin{vmatrix} 2 & -6 & 3 \\ -1 & 12 & -2 \\ -4 & 4 & 5 \end{vmatrix}$, (2) $\begin{vmatrix} 2 & 3 & -3 \\ -1 & -2 & 6 \\ -4 & -5 & 2 \end{vmatrix}$를 각각 A로 나타내어라.

풀이 (1)은 A의 2열의 성분을 모두 2배,

(2)는 2열과 3열을 바꾸어 놓은 행렬식이므로

(1)은 $2|A|$, (2)는 $-|A|$이다. ■

- $\begin{vmatrix} a & b & c \\ d & e & f \\ a & b & c \end{vmatrix} = 0$
- $\begin{vmatrix} x_1 & y_1 & x_1 \\ x_2 & y_2 & x_2 \\ x_3 & y_3 & x_3 \end{vmatrix} = 0$

정리 3.2-4

$n\times n$행렬식에서 두 행(열)의 성분이 같으면 이 행렬식은 0이다.

증명 앞의 정리 3.2-3의 $n\times n$행렬 A, B에 대하여

$$\det B = -\det A$$

임을 알고 있다.

이때 A의 i행과 j행이 같다고 가정한다.

그러면 두 행을 바꾼 A와 B는 같다.

$$\det A = \det B = -\det A,\ \ 2\det A = 0$$

$$\therefore\ \det A = 0$$

■

- $\begin{vmatrix} a & b & c \\ d & e & f \\ 5a & 5b & 5c \end{vmatrix} = 0$
- $\begin{vmatrix} x_1 & 3x_1 & x_3 \\ y_1 & 3y_1 & y_3 \\ z_1 & 3z_1 & z_3 \end{vmatrix} = 0$

정리 3.2-5

$n\times n$행렬 A의 한 행(열)이 다른 행(열)의 상수배와 같으면 $\det A = 0$이다.

증명 j행이 i행의 k배와 같다고 하면 정리 3.2-1과 정리 3.2-4에 의하여($A=[a_{ij}]$은 $n\times n$행렬로 한다.)

$$\det A = \begin{vmatrix} a_{11} & a_{12} & \cdots & a_{1n} \\ a_{21} & a_{22} & \cdots & a_{2n} \\ \vdots & \vdots & & \vdots \\ a_{i1} & a_{i2} & \cdots & a_{in} \\ \vdots & \vdots & & \vdots \\ ka_{i1} & ka_{i2} & \cdots & ka_{in} \\ \vdots & \vdots & & \vdots \\ a_{n1} & a_{n2} & \cdots & a_{nn} \end{vmatrix} = k\begin{vmatrix} a_{11} & a_{12} & \cdots & a_{1n} \\ a_{21} & a_{22} & \cdots & a_{2n} \\ \vdots & \vdots & & \vdots \\ a_{i1} & a_{i2} & \cdots & a_{in} \\ \vdots & \vdots & & \vdots \\ a_{i1} & a_{i2} & \cdots & a_{in} \\ \vdots & \vdots & & \vdots \\ a_{n1} & a_{n2} & \cdots & a_{nn} \end{vmatrix} = k\cdot 0 = 0$$

← j행

■

예제 3.2-4 다음 행렬 A, B, C에 대한 행렬식을 각각 구하여라.

$$A = \begin{vmatrix} 1 & -3 & 2 & 4 \\ 0 & 7 & -5 & 1 \\ 1 & -3 & 2 & 4 \\ 3 & 6 & 5 & -2 \end{vmatrix},\ B = \begin{vmatrix} -2 & 5 & 4 \\ 0 & 3 & -1 \\ 4 & -10 & -8 \end{vmatrix},\ C = \begin{vmatrix} 3 & 4 & 7 & 12 \\ 0 & -1 & 1 & -3 \\ -1 & 2 & 5 & 6 \\ 4 & 3 & 4 & 9 \end{vmatrix}$$

풀이 A는 두 행이 같고

B는 3행이 1행에 (-2)배,

C는 4열이 2열의 3배이므로 정리 3.2-4와 3.2-5에 따라

$$|A| = 0,\ |B| = 0,\ |C| = 0$$

■

정리 3.2-6

$n\times n$행렬 A, B, C가 있다. i행(열)을 제외한 나머지 성분은 모두 같고 C의 i행(열)의 성분은 A와 B의 i행의 성분을 차례로 더한 것이라 하면 다음이 성립한다.

$$\det C = \det A + \det B$$

증명

• 정리 3.2-6의 열의 경우도 같은 방법으로 증명할 수 있다.

$$A=\begin{bmatrix} a_{11} & a_{12} & \cdots & a_{1n} \\ a_{21} & a_{22} & \cdots & a_{2n} \\ \vdots & \vdots & & \vdots \\ a_{i1} & a_{i2} & \cdots & a_{in} \\ \vdots & \vdots & & \vdots \\ a_{n1} & a_{n2} & \cdots & a_{nn} \end{bmatrix},\quad B=\begin{bmatrix} a_{11} & a_{12} & \cdots & a_{1n} \\ a_{21} & a_{22} & \cdots & a_{2n} \\ \vdots & \vdots & & \vdots \\ b_1 & b_2 & \cdots & b_n \\ \vdots & \vdots & & \vdots \\ a_{n1} & a_{n2} & \cdots & a_{nn} \end{bmatrix} \leftarrow i\text{행}$$

$$C=\begin{bmatrix} a_{11} & a_{12} & \cdots & a_{1n} \\ a_{21} & a_{22} & \cdots & a_{2n} \\ \vdots & \vdots & & \vdots \\ a_{i1}+b_1 & a_{i2}+b_2 & \cdots & a_{in}+b_n \\ \vdots & \vdots & & \vdots \\ a_{n1} & a_{n2} & \cdots & a_{nn} \end{bmatrix}$$ 이라 한다.

C의 i행에 대한 여인수전개를 하여 $\det C$를 구하면

$$\begin{aligned}\det C &= (a_{i1}+b_1)A_{i1}+(a_{i2}+b_2)A_{i2}+\cdots+(a_{in}+b_n)A_{in} \\ &= a_{i1}A_{i1}+a_{i2}A_{i2}+\cdots+a_{in}A_{in} \\ &\qquad\qquad + b_1A_{i1}+b_2A_{i2}+\cdots+b_nA_{in} \\ &= \det A + \det B\end{aligned}$$

■

예제 3.2-5 $A=\begin{bmatrix} 3 & -2 & 5 \\ 1 & 2 & 4 \\ 2 & -3 & 0 \end{bmatrix}$, $B=\begin{bmatrix} 3 & 1 & 5 \\ 1 & -4 & 4 \\ 2 & 6 & 0 \end{bmatrix}$,

$$C=\begin{bmatrix} 3 & (-2)+1 & 5 \\ 1 & 2+(-4) & 4 \\ 2 & (-3)+6 & 0 \end{bmatrix}=\begin{bmatrix} 3 & -1 & 5 \\ 1 & -2 & 4 \\ 2 & 3 & 0 \end{bmatrix}$$

이라 할 때, $\det A$, $\det B$, $\det C$를 구하고 정리 3.2-6을 확인하여라.

풀이 $|A|=5\begin{vmatrix} 1 & 2 \\ 2 & -3 \end{vmatrix}-4\begin{vmatrix} 3 & -2 \\ 2 & -3 \end{vmatrix}+0=-15$,

$|B|=5\begin{vmatrix} 1 & -4 \\ 2 & 6 \end{vmatrix}-4\begin{vmatrix} 3 & 1 \\ 2 & 6 \end{vmatrix}+0=6$,

$|C|=5\begin{vmatrix} 1 & -2 \\ 2 & 3 \end{vmatrix}-4\begin{vmatrix} 3 & -1 \\ 2 & 3 \end{vmatrix}+0=-9$

$$\therefore \det C = \det A + \det B$$

■

정리 3.2-7

$n\times n$행렬 A의 한 행(열)에 상수배한 것을 다른 행(열)에 더한 것이 그 행의 성분이고 나머지 성분은 모두 A의 성분과 같은 행렬의 행렬식은 원래의 행렬식($\det A$)과 같다.

증명 $A=[a_{ij}]$의 i행에 k배한 것을 j행에 더한 값들을 그 차례로 j행의 성분으로 하는 행렬을 B라 하면 정리 3.2-5와 정리 3.2-6에 의하여 다음과 같은 계산이 이루어진다.

$$\det B=\begin{vmatrix} a_{11} & a_{12} & \cdots & a_{1n} \\ a_{21} & a_{22} & \cdots & a_{2n} \\ \vdots & \vdots & & \vdots \\ a_{i1} & a_{i2} & \cdots & a_{in} \\ \vdots & \vdots & & \vdots \\ a_{j1}+ka_{i1} & a_{j2}+ka_{i2} & \cdots & a_{jn}+ka_{in} \\ \vdots & \vdots & & \vdots \\ a_{n1} & a_{n2} & \cdots & a_{nn} \end{vmatrix}$$

• 정리 3.2-7에서 열의 경우도 같은 방법으로 증명할 수 있다.

$$=\begin{vmatrix} a_{11} & a_{12} & \cdots & a_{1n} \\ a_{21} & a_{22} & \cdots & a_{2n} \\ \vdots & \vdots & & \vdots \\ a_{i1} & a_{i2} & \cdots & a_{in} \\ \vdots & \vdots & & \vdots \\ a_{j1} & a_{j2} & \cdots & a_{jn} \\ \vdots & \vdots & & \vdots \\ a_{n1} & a_{n2} & \cdots & a_{nn} \end{vmatrix}+\begin{vmatrix} a_{11} & a_{12} & \cdots & a_{1n} \\ a_{21} & a_{22} & \cdots & a_{2n} \\ \vdots & \vdots & & \vdots \\ a_{i1} & a_{i2} & \cdots & a_{in} \\ \vdots & \vdots & & \vdots \\ ka_{i1} & ka_{i2} & \cdots & ka_{in} \\ \vdots & \vdots & & \vdots \\ a_{n1} & a_{n2} & \cdots & a_{nn} \end{vmatrix}$$

$$=\det A+0$$

$$=\det A$$

■

예제 3.2-6 $A=\begin{vmatrix} 4 & 2 & 3 \\ -3 & 4 & -2 \\ 1 & -3 & -2 \end{vmatrix}$,

$$B=\begin{bmatrix} 4 & 2 & 3 \\ (-3)+1\times 3 & 4+(-3)\times 3 & (-2)+(-2)\times 3 \\ 1 & -3 & -2 \end{bmatrix}=\begin{bmatrix} 4 & 2 & 3 \\ 0 & -5 & -8 \\ 1 & -3 & -2 \end{bmatrix}$$

일 때, $\det A$와 $\det B$를 각각 구하고 비교하여라.

풀이 $|A|=4\begin{vmatrix} 4 & -2 \\ -3 & -2 \end{vmatrix}-(-3)\begin{vmatrix} 2 & 3 \\ -3 & -2 \end{vmatrix}+1\begin{vmatrix} 2 & 3 \\ 4 & -2 \end{vmatrix}=-57$

$|B|=4\begin{vmatrix} -5 & -8 \\ -3 & -2 \end{vmatrix}+0+\begin{vmatrix} 2 & 3 \\ -5 & -8 \end{vmatrix}=-57$

$$\therefore \det A=\det B$$

■

연습문제 3.1의 4에서 $n \times n$행렬 A가 삼각행렬이면

$$\det A = |A| = a_{11} a_{22} a_{33} \cdots \ a_{nn}$$

즉, 주대각선성분의 곱임을 알았다.

• 주대각선성분의 위(아래) 성분이 모두 0인 정사각행렬을 위(아래)삼각행렬이라 하고 간단히 삼각행렬이라 한다.

한 행렬식은 이제까지 정리한 행렬식의 성질에 따라 삼각행렬식으로 변형하여 계산하면 매우 간편하다.

예제 3.2-7 다음 행렬의 행렬식을 계산하여라.

$$A = \begin{bmatrix} 1 & 3 & -2 \\ 2 & 4 & -1 \\ 3 & 1 & -3 \end{bmatrix}, \quad B = \begin{bmatrix} 1 & 3 & 2 & -1 \\ -2 & -7 & -1 & -5 \\ 2 & -3 & 1 & -5 \\ 3 & 5 & 7 & -4 \end{bmatrix}$$

풀이

$$|A| = \begin{vmatrix} 1 & 3 & -2 \\ 2 & 4 & -1 \\ 3 & 1 & -3 \end{vmatrix} \qquad \begin{matrix} R_2 + R_1 \times (-2) \to R_2 \\ R_3 + R_1 \times (-3) \to R_3 \end{matrix}$$

$$= \begin{vmatrix} 1 & 3 & -2 \\ 0 & -2 & 3 \\ 0 & -8 & 3 \end{vmatrix} \qquad R_3 + R_2 \times (-4) \to R_3$$

$$= \begin{vmatrix} 1 & 3 & -2 \\ 0 & -2 & 3 \\ 0 & 0 & -9 \end{vmatrix} = 1 \times (-2) \times (-9) = 18$$

$$|B| = \begin{vmatrix} 1 & 3 & 2 & -1 \\ -2 & -7 & -1 & -5 \\ 2 & -3 & 1 & -5 \\ 3 & 5 & 7 & -4 \end{vmatrix} \qquad \begin{matrix} R_2 + R_1 \times 2 \to R_2 \\ R_3 + R_1 \times (-2) \to R_3 \\ R_4 + R_1 \times (-3) \to R_4 \end{matrix}$$

$$= 3 \begin{vmatrix} 1 & 3 & 2 & 1 \\ 0 & -1 & 3 & -7 \\ 0 & -3 & -1 & -1 \\ 0 & -4 & 1 & -1 \end{vmatrix} \qquad \begin{matrix} R_3 + R_2 \times (-3) \to R_3 \\ R_4 + R_2 \times (-4) \to R_4 \end{matrix}$$

$$= 3 \begin{vmatrix} 1 & 3 & 2 & -1 \\ 0 & -1 & 3 & -7 \\ 0 & 0 & -10 & 20 \\ 0 & 0 & -11 & 27 \end{vmatrix}$$

$$= 3 \cdot 10 \begin{vmatrix} 1 & 3 & 2 & -1 \\ 0 & -1 & 3 & -7 \\ 0 & 0 & -1 & 2 \\ 0 & 0 & -11 & 27 \end{vmatrix} \qquad R_4 + R_3 \times (-11) \to R_4$$

$$= 3 \cdot 10 \begin{vmatrix} 1 & 3 & 2 & -1 \\ 0 & -1 & 3 & -7 \\ 0 & 0 & -1 & 2 \\ 0 & 0 & 0 & 5 \end{vmatrix}$$

$$= 3 \cdot 10 \cdot 1 \cdot (-1) \cdot (-1) \cdot 5 = 150$$

■

• 행렬의 기본행변형
(1) 한행에 0이 아닌 수를 곱한다.
(2) 두 행을 서로 바꾼다.
(3) 한 행의 실수배를 다른 행에 더한다.

단위행렬 I_n을 단 1회 기본변형한 $n\times n$행렬을 기본행렬 E라 했다. $\det E$를 이제까지 다룬 행렬식의 성질에 따라 정리로 관찰하여 보자.

> **정리 3.2-8**
> (1) E가 I_n의 한 행에 $k(k\neq 0)$를 곱한 것이면 $\det E=k$
> (2) E가 I_n의 두 행을 서로 바꾼 것이면 $\det E=-1$
> (3) E가 I_n의 한 행에 k배하여 다른 행에 더한 것이면 $\det E=1$

$\det I_2=\begin{vmatrix}1&0\\0&1\end{vmatrix}=1$

$\det I_3=\begin{vmatrix}1&0&0\\0&1&0\\0&0&1\end{vmatrix}=1$

$\det I_4=1$

$\vdots$

$\det I_n=1$

증명 $\det I_n=1$

(1) 정리 3.2-1에 의하면

$$\det E=\det(kI_n)=k\det I_n=k\cdot 1=k$$

(2) 정리 3.2-3에 의하면

$$\det E=(-1)\det I_n=(-1)\cdot 1=-1$$

(3) 정리 3.2-7에 의하면

$$\det E=\det I_n=1$$ ■

> **정리 3.2-9**
> A는 $n\times n$행렬이고 E는 기본행렬이다. 이때 다음이 성립한다.
> $$\det EA=\det E\det A$$

증명 (1) 한 행에 0이 아닌 수 k를 곱한 경우

$$\begin{aligned}\det EA&=\det(kI_nA)=\det\{k(I_nA)\}\\&=\det kA=k\det A\\&=\det E\det A\qquad(\because \text{ 이 경우 } \det E=k)\end{aligned}$$

(2) 두 행을 서로 바꾼 경우

$$\begin{aligned}\det EA&=(-1)\det A\\&=\det E\det A\qquad(\because \text{ 이 경우 } \det E=-1)\end{aligned}$$

(3) 한 행의 k배를 다른 행에 더하는 경우

$$\begin{aligned}\det EA&=\det A=1\cdot\det A\\&=\det E\det A\qquad(\because \text{ 이 경우 } \det E=1)\end{aligned}$$ ■

다음은 삼각행렬의 가역성과 행렬식의 관계를 살펴본다.

삼각행렬 U를 다음과 같이 나타내자.

$$U = \begin{bmatrix} a_{11} & a_{12} & a_{13} & \cdots & a_{1n} \\ 0 & a_{22} & a_{23} & \cdots & a_{2n} \\ 0 & 0 & a_{33} & \cdots & a_{3n} \\ \vdots & \vdots & \vdots & & \vdots \\ 0 & 0 & 0 & \cdots & a_{nn} \end{bmatrix}$$

$$\begin{bmatrix} 1 & \frac{a_{12}}{a_{11}} & \frac{a_{13}}{a_{11}} \cdots & & \frac{a_{1n}}{a_{11}} \\ 0 & 1 & \frac{a_{23}}{a_{22}} \cdots & & \frac{a_{2n}}{a_{22}} \\ 0 & 0 & 1 \cdots & & \frac{a_{3n}}{a_{33}} \\ \vdots & \vdots & \vdots & & \vdots \\ 0 & 0 & 0 \cdots & 1 & \frac{a_{n-1}}{a_{(n-1)(n-1)}} \\ 0 & 0 & 0 \cdots & 0 & 1 \end{bmatrix}$$

이때 $\det U = a_{11}a_{22}a_{33} \cdots a_{nn}$ 임을 알고 있다.

여기서 $\det U \neq 0$ 이면 주대각성분은 모두 0이 아니고 또 기본(행)변형에 의하여 주대각선성분을 모두 1로 변형할 수 있다. 그리고 1이 있는 열의 1 위(또는 아래)의 성분을 모두 0으로 변형할 수 있다. 즉, 단위행렬로 변형될 수 있다는 뜻이다. U의 기약행사다리꼴 행렬은 단위행렬 I_n이 된다. 그러므로 이 삼각행렬 U는 가역이다.

이제 $\det U = 0$ 이라 가정하자.

그러면 U의 주대각선성분들 중 적어도 하나는 0이다. $a_{ii} = 0$ 이라 하고 방정식이 $i-1$개, 미지수가 i개인 동차연립일차방정식을 다음과 같이 나타내면

$$\begin{aligned} a_{11}x_1 + a_{12}x_2 + \cdots + a_{1(i-1)}x_{i-1} + a_{1i}x_i &= 0 \\ a_{22}x_2 + \cdots + a_{2(i-1)}x_{i-1} + a_{2i}x_i &= 0 \\ &\vdots \\ a_{(i-1)(i-1)}x_{i-1} + a_{(i-1)i}x_i &= 0 \end{aligned}$$

와 같은데 이것은 자명한 해를 갖지 않는다.

즉 연립방정식에서 계수행렬을 $U(a_{ii} = 0)$, 미지수의 행렬을 X라 하면

$$UX = O$$

에서 U가 가역이 아니라는 것이다. 따라서 삼각행렬 U가 가역이면 $\det T \neq 0$ 이다. 이상을 정리하면 다음과 같다.

정리 3.2-10

$n \times n$삼각행렬이 가역이기 위한 필요충분조건은 그 행렬식이 0이 아닌 것이다.

• U가 가역이다.
=(U가 역행렬을 갖는다)

다시 말하자면 삼각행렬을 U라 할 때 U가 가역이기 위한 필요충분조건은 $\det U \neq 0$ 이다.

일반적으로 정리 3.2-10을 정리하면 중요한 다음과 같은 성질을 얻는다.

정리 3.2-11

$n\times n$ 행렬 A가 가역이기 위한 필요충분조건은 $\det A \neq 0$이다.

증명 기본행변형을 ℓ 회 실시한 기본행렬 $E_1, E_2, \cdots, E_\ell$과 삼각행렬 U에 대하여 $n\times n$ 행렬 A를 다음과 같이 나타낸다고 하자.

$$A = E_1 E_2 \cdots E_\ell U \qquad \cdots ①$$

그러면 $\det A = \det(E_1 E_2 \cdots E_\ell U)$

정리 3.2-9에 의하여

$$\begin{aligned}\det A &= \det\{E_1(E_2 \cdots E_\ell)U\}\\ &= \det E_1 \det(E_2 E_3 \cdots E_\ell U)\\ &= \det E_1 \det\{E_2(E_3 E_4 \cdots E_\ell U)\}\\ &= \det E_1 \det E_2 \det(E_3 E_4 \cdot E_\ell U)\\ &\ \ \vdots\\ &= \det E_1 \det E_2 \det E_3 \cdots \det(E_\ell U)\\ &= \det E_1 \det E_2 \det E_3 \cdots \det E_\ell \det U \qquad \cdots ②\end{aligned}$$

- 모든 기본행렬은 가역이다.
- $E_1, E_2, \cdots, E_\ell$은 가역이다.

A가 가역이라 가정하면 $E_1, E_2, \cdots, E_\ell$은 가역이므로 ①에서 U는 가역행렬의 곱, 즉

$$U^{-1} = (E_1 E_2 \cdots E_\ell)^{-1} A$$

으로 나타낼 수 있으므로 U는 가역이다.

정리 3.2-5에 의하여

$$\det E_i \neq 0$$

정리 3.2-10에 의하여

$$\det U \neq 0$$

이므로 ②에서

$$\det A \neq 0$$

역으로 $\det A \neq 0$이라 가정하면 $\det E_i \neq 0$이므로 ②에서

$$\det U \neq 0$$

따라서 정리 3.2-10에 의하여 삼각행렬 U는 가역이다.

E_i는 가역이므로 ①에서 가역행렬들의 곱이 A임을 알 수 있다.

A는 가역이다. ■

정리 3.2-12

두 $n\times n$행렬 A, B에 대하여 다음이 성립한다.

$$\det AB = \det A\ \det B$$

증명 세 가지 경우로 나누어 생각하자.

(i) $\det A = 0,\ \det B = 0$일 때

정리 3.2-11에 의하여 $\det B = 0$이므로 B는 가역이 아니다. 그러므로 동차연립일차방정식 $BX = O$을 만족하고 성분이 모두 0이 아닌 $n\times 1$행렬 $X(X\neq 0)$가 존재한다($BX = O$를 만족하는 해는 자명한 해가 아니다).

$$ABX = (AB)X = A(BX) = AO = O,\ 즉\ (AB)X = O$$

이것도 동차연립일차방정식으로 자명한 해를 갖지 않으므로 $n\times n$행렬 AB도 가역이 아니다.

$$\therefore \det AB = 0 = 0\cdot 0 = \det A\ \det B$$

(ii) $\det A = 0,\ \det B \neq 0$일 때

정리 3.2-11에 의하여 $\det A = 0$이므로 A는 가역이 아니다. 그러므로 동차연립일차방정식 $AY = O$를 만족하는 영행렬이 아닌 $n\times 1$행렬 $Y(Y\neq O)$가 존재한다. 그리고 $\det B\neq 0$이므로 B는 가역이고 연립일차방정식 $BX = Y$를 만족하는 영행렬이 아닌 유일한 해 $X(X\neq O)$가 존재한다.

$$ABX = A(BX) = AY = O$$

이므로 행렬 AB는 가역이 아니다. 즉

$$\det AB = 0 = 0\cdot \det B = \det A\ \det B$$

(iii) $\det A\neq 0$일 때

행렬 A는 가역이다. 따라서 A는 유한회(ℓ회) 기본변형으로 얻은 ℓ개의 기본행렬의 곱으로 나타낼 수 있다. 즉

$$A = E_1 E_2 E_3 \cdots E_\ell$$

$$\therefore AB = E_1 E_2 E_3 \cdots E_\ell B$$

$$\begin{aligned}\therefore \det AB &= \det(E_1 E_2 E_3 \cdots E_\ell B)\\ &= \det E_1\ \det E_2\ \det E_3 \cdots \det E_\ell\ \det B\\ &= \det(E_1 E_2)\det E_3 \cdots \det E_\ell\ \det B\\ &\ \ \vdots\\ &= \det(E_1 E_2 E_3 \cdot E_\ell)\det B\\ &= \det A\ \det B\end{aligned}$$

■

• 동차연립일차방정식

$$AX = O$$

에서 $X = O$인 자명한 해를 가지면 A는 가역이고 이 역도 성립한다. 즉

$$AX = O$$
$$A^{-1}AX = A^{-1}O$$
$$\therefore X = O$$

자명한 해이다.

• $$BX = Y$$
$$B^{-1}BX = B^{-1}Y$$
$$\therefore X = B^{-1}Y$$

- $\begin{vmatrix} a & b \\ c & d \end{vmatrix} = ad - bc$

예제 3.2-8 두 행렬 $A = \begin{bmatrix} a_{11} & a_{12} \\ a_{21} & a_{22} \end{bmatrix}$, $B = \begin{bmatrix} b_{11} & b_{12} \\ b_{21} & b_{22} \end{bmatrix}$에 대하여 $\det A$, $\det B$, $\det AB$를 각각 구하고 다음이 성립함을 설명하여라.

$$\det AB = \det A \det B$$

- $n \times n$행렬 A, B에 대하여 $\det AB = \det A \det B$ $\det kA = k^n \det A$가 성립한다. 그러나 $\det(A+B)$는 $\det A + \det B$가 절대 아니다. $\det(A+B)$는 마땅히 성립하는 경우가 없다.

풀이 $AB = \begin{bmatrix} a_{11} & a_{12} \\ a_{21} & a_{22} \end{bmatrix}\begin{bmatrix} b_{11} & b_{12} \\ b_{21} & b_{22} \end{bmatrix} = \begin{bmatrix} a_{11}b_{11} + a_{12}b_{21} & a_{11}b_{12} + a_{12}b_{22} \\ a_{21}b_{11} + a_{22}b_{21} & a_{21}b_{12} + a_{22}b_{22} \end{bmatrix}$

$\det A = a_{11}a_{22} - a_{12}a_{21}$

$\det B = b_{11}b_{22} - b_{12}b_{21}$

$$\begin{aligned}
\det AB &= (a_{11}b_{11} + a_{12}b_{21})(a_{21}b_{12} + a_{22}b_{22}) - (a_{11}b_{12} + a_{12}b_{22})(a_{21}b_{11} + a_{22}b_{21}) \\
&= a_{11}b_{11}a_{21}b_{12} + a_{11}b_{11}a_{22}b_{22} + a_{12}b_{21}a_{21}b_{12} + a_{12}b_{21}a_{22}b_{22} \\
&\qquad - a_{11}b_{12}a_{21}b_{11} - a_{11}b_{12}a_{22}b_{21} - a_{12}b_{22}a_{21}b_{11} - a_{12}b_{22}a_{22}b_{21} \\
&= a_{11}a_{22}b_{11}b_{22} + a_{12}a_{21}b_{21}b_{12} - a_{11}a_{22}b_{12}b_{21} - a_{12}a_{21}b_{22}b_{11} \\
&= a_{11}a_{22}(b_{11}b_{22} - b_{12}b_{21}) - a_{12}a_{21}(b_{11}b_{22} - b_{12}b_{21}) \\
&= (a_{11}a_{22} - a_{12}a_{21})(b_{11}b_{22} - b_{12}b_{21}) \\
&= \det A \det B
\end{aligned}$$

■

- $k\begin{bmatrix} a & b & c \\ d & e & f \\ g & h & m \end{bmatrix} = \begin{bmatrix} ka & kb & kc \\ kd & ke & kf \\ kg & kh & km \end{bmatrix}$
- $\begin{vmatrix} a & b & c \\ kd & ke & kf \\ g & h & m \end{vmatrix} = k\begin{vmatrix} a & b & c \\ d & e & f \\ g & h & m \end{vmatrix}$

예제 3.2-9 $n \times n$행렬 A에 대하여 다음이 성립함을 설명하여라.

$$\det kA = k^n \det A$$

풀이 $A = [a_{ij}]\,(i = 1, 2, \cdots, n\,;\, j = 1, 2, \cdots, n)$이라 하면 $kA = k[a_{ij}] = [ka_{ij}]$로 kA는 A의 모든 성분을 k배하여 그것을 성분으로 하는 행렬이다.

$$\therefore |kA| = \begin{vmatrix} ka_{11} & ka_{12} & \cdots & ka_{1n} \\ ka_{21} & ka_{22} & \cdots & ka_{2n} \\ \vdots & \vdots & & \vdots \\ ka_{n1} & ka_{n2} & \cdots & ka_{nn} \end{vmatrix} = k\begin{vmatrix} a_{11} & a_{12} & \cdots & a_{1n} \\ ka_{21} & ka_{22} & \cdots & ka_{2n} \\ \vdots & \vdots & & \vdots \\ ka_{n1} & ka_{n2} & \cdots & ka_{nn} \end{vmatrix}$$

$$= k \cdot k\begin{vmatrix} a_{11} & a_{12} & \cdots & a_{1n} \\ a_{21} & a_{22} & \cdots & a_{2n} \\ ka_{31} & ka_{32} & \cdots & ka_{3n} \\ \vdots & \vdots & & \vdots \\ ka_{n1} & ka_{n2} & \cdots & ka_{nn} \end{vmatrix} = \cdots$$

$$= k^n\begin{vmatrix} a_{11} & a_{12} & \cdots & a_{1n} \\ a_{21} & a_{22} & \cdots & a_{2n} \\ \vdots & \vdots & & \vdots \\ a_{n1} & a_{n2} & \cdots & a_{nn} \end{vmatrix}$$

$$= k^n|A|$$

■

연습문제 3.2

1. 다음 행렬식을 계산하여라(행렬식의 성질을 적용하여).

(1) $\begin{vmatrix} 9 & 6 \\ 1 & 3 \end{vmatrix}$　　(2) $\begin{vmatrix} 1 & 3 \\ 9 & 6 \end{vmatrix}$

(3) $\begin{vmatrix} -2 & 0 \\ -3 & 0 \end{vmatrix}$　　(4) $\begin{vmatrix} 1 & 2 \\ -4 & -8 \end{vmatrix}$

• $\begin{vmatrix} ka & kb \\ c & d \end{vmatrix} = k\begin{vmatrix} a & b \\ c & d \end{vmatrix}$

2. 다음에서 $|A|$를 계산하고 $|B|, |C|, |D|, |G|, |H|$를 $|A|$로 나타내고 계산하여라.

$$|A| = \begin{vmatrix} 1 & -3 & 2 \\ 0 & 4 & -5 \\ 3 & -2 & -4 \end{vmatrix},\quad |B| = \begin{vmatrix} 1 & -3 & 2 \\ 0 & 4 & -5 \\ 12 & -8 & -16 \end{vmatrix},$$

$$|C| = \begin{vmatrix} -6 & -3 & 2 \\ 0 & 4 & -5 \\ -18 & -2 & -4 \end{vmatrix},\quad |D| = \begin{vmatrix} 3 & -2 & -4 \\ 0 & 4 & -5 \\ 1 & -3 & 2 \end{vmatrix}$$

$$|G| = \begin{vmatrix} -3 & 1 & 2 \\ 4 & 0 & -5 \\ -2 & 3 & -4 \end{vmatrix},$$

$$|H| = \begin{vmatrix} 1 & -3 & 2 \\ 0 & 4 & 5 \\ 3+2 & (-2)+(-6) & -4+4 \end{vmatrix}$$

• $\begin{vmatrix} a & kb \\ c & kd \end{vmatrix} = k\begin{vmatrix} a & b \\ c & d \end{vmatrix}$

3. 다음 행렬식을 계산하여라.

(1) $\begin{vmatrix} -3 & 1 & 2 \\ 2 & 6 & 5 \\ -3 & 0 & 0 \end{vmatrix}$　　(2) $\begin{vmatrix} 3 & 0 & -1 \\ 4 & -2 & -7 \\ 6 & 0 & -3 \end{vmatrix}$　　(3) $\begin{vmatrix} 4 & 3 & 5 \\ -3 & 0 & -7 \\ 1 & -2 & -1 \end{vmatrix}$

(4) $\begin{vmatrix} 2 & 1 & 4 & 3 \\ 5 & -2 & 3 & -4 \\ 0 & -3 & 0 & 0 \\ 4 & 6 & 2 & -3 \end{vmatrix}$　　(5) $\begin{vmatrix} 1 & -2 & 1 & 3 \\ 0 & 0 & 5 & 2 \\ 3 & -3 & 4 & 1 \\ 2 & 0 & -2 & -3 \end{vmatrix}$

(6) $\begin{vmatrix} 1 & 2 & 0 & 0 \\ 3 & -4 & 0 & 0 \\ 0 & 0 & 3 & -2 \\ 0 & 0 & 5 & -3 \end{vmatrix}$　　(7) $\begin{vmatrix} 2 & 1 & 3 & 0 & 0 \\ 4 & 3 & 5 & 0 & 0 \\ -2 & -1 & 4 & 0 & 0 \\ 0 & 0 & 0 & -3 & 2 \\ 0 & 0 & 0 & 5 & -4 \end{vmatrix}$

• $\begin{vmatrix} 1 & 2 & 0 & 0 \\ 3 & -4 & 0 & 0 \\ 0 & 0 & 3 & -2 \\ 0 & 0 & 5 & -3 \end{vmatrix} = \begin{vmatrix} 1 & 2 \\ 3 & -4 \end{vmatrix}\begin{vmatrix} 3 & -2 \\ 5 & -3 \end{vmatrix}$

(8) $\begin{vmatrix} 0 & 0 & a & 0 \\ c & 0 & 0 & 0 \\ 0 & d & 0 & 0 \\ 0 & 0 & 0 & b \end{vmatrix}$　　(9) $\begin{vmatrix} 0 & d & 0 & 0 & 0 \\ 0 & 0 & b & 0 & 0 \\ a & 0 & 0 & 0 & 0 \\ 0 & 0 & 0 & 0 & c \\ 0 & 0 & 0 & e & 0 \end{vmatrix}$

• $\begin{vmatrix} a & kb & c \\ d & ke & f \\ g & kh & m \end{vmatrix} = k\begin{vmatrix} a & b & c \\ d & e & f \\ g & h & m \end{vmatrix}$

4. $\begin{vmatrix} a_{11} & a_{12} & a_{13} \\ a_{21} & a_{22} & a_{23} \\ a_{31} & a_{32} & a_{33} \end{vmatrix} = t$일 때 다음 행렬식의 값을 구하여라.

(1) $\begin{vmatrix} a_{13} & a_{12} & a_{11} \\ a_{23} & a_{22} & a_{21} \\ a_{33} & a_{32} & a_{31} \end{vmatrix}$ (2) $\begin{vmatrix} a_{21} & a_{22} & a_{33} \\ a_{31} & a_{32} & a_{33} \\ a_{11} & a_{12} & a_{13} \end{vmatrix}$

(3) $\begin{vmatrix} 4a_{31} & 4a_{32} & 4a_{33} \\ a_{21} & a_{22} & a_{23} \\ a_{11} & a_{12} & a_{13} \end{vmatrix}$ (4) $\begin{vmatrix} a_{11} & -2a_{12} & a_{13} \\ a_{21} & -2a_{22} & a_{23} \\ a_{31} & -2a_{32} & a_{33} \end{vmatrix}$

(5) $\begin{vmatrix} a_{12} & a_{11} & a_{13}-2a_{11} \\ a_{22} & a_{21} & a_{23}-2a_{21} \\ a_{32} & a_{31} & a_{33}-2a_{31} \end{vmatrix}$ (6) $\begin{vmatrix} 3a_{11} & 3a_{12} & 3a_{13} \\ -5a_{21} & -5a_{22} & -5a_{23} \\ 4a_{31} & 4a_{32} & 4a_{33} \end{vmatrix}$

(7) $\begin{vmatrix} a_{31} & a_{32} & a_{33} \\ 3a_{21}-4a_{11} & 3a_{22}-4a_{12} & 3a_{23}-4a_{13} \\ a_{11} & a_{12} & a_{13} \end{vmatrix}$

(8) $\begin{vmatrix} 2a_{11}-5a_{21} & 2a_{12}-5a_{22} & 2a_{13}-5a_{23} \\ a_{21} & a_{22} & a_{23} \\ 3a_{31}-4a_{21} & 3a_{32}-4a_{22} & 3a_{33}-4a_{23} \end{vmatrix}$

5. $n\times n$행렬 A와 그 전치행렬 A^t의 행렬식은 같다. 즉

$$\det A = \det A^t$$

• $n\times n$행렬 A에 대하여 $A^k = -A$일 때 A를 반대칭행렬(skew-symmetrix matrix)이라 한다.

6. A가 $n\times n$반대칭행렬이면 $\det A = (-1)^n \det A$임을 증명하여라.

7. (1) $\begin{vmatrix} 1 & x_1 & x_1^2 \\ 1 & x_2 & x_2^2 \\ 1 & x_3 & x_3^2 \end{vmatrix} = (x_2-x_1)(x_3-x_1)(x_3-x_2)$임을 증명하여라.

• $\begin{vmatrix} 1 & 1 & 1 \\ x_1 & x_2 & x_3 \\ x_1^2 & x_2^2 & x_3^2 \end{vmatrix}$의 계산도 그 결과가 7의 (1)과 같다.

(2) $\begin{vmatrix} 1 & x_1 & x_1^2 & x_1^3 \\ 1 & x_2 & x_2^2 & x_2^3 \\ 1 & x_3 & x_3^2 & x_3^3 \\ 1 & x_4 & x_4^2 & x_4^3 \end{vmatrix} = \begin{matrix} (x_2-x_1)(x_3-x_1)(x_4-x_1) \\ \times(x_3-x_2)(x_4-x_2) \\ \times(x_4-x_3) \end{matrix}$ 임을 증명하여라.

• $\prod_{k=1}^{n} a_k = a_1 a_2 a_3 \cdots a_n$

(3) $\begin{vmatrix} 1 & x_1 & x_1^2 & x_1^3 & \cdots & x_1^{n-1} \\ 1 & x_2 & x_2^2 & x_2^3 & \cdots & x_2^{n-1} \\ 1 & x_3 & x_3^2 & x_3^3 & \cdots & x_3^{n-1} \\ \vdots & \vdots & \vdots & \vdots & & \vdots \\ 1 & x_n & x_n^2 & x_n^3 & \cdots & x_n^{n-1} \end{vmatrix}$을 (1), (2)의 계산에 의하여 그 결과를 나타내어라.

(이 행렬식을 Vandermonde 행렬식이라 한다.)

3.3 행렬식과 역행렬

한 행렬이 역행렬을 가질 때(가역일 때) 그 역행렬을 행렬식을 이용하여 구할 수 있다. 역행렬을 구하기 위하여 필요한 용어를 정의하고 정리 몇 가지를 관찰하도록 한다.

정리 3.3-1

$n \times n$행렬 A가 가역이면 $\det A \neq 0$이고 $\det A^{-1} = \dfrac{1}{\det A}$이다.

증명 (i) 「A가 가역이면 $\det A \neq 0$이다.」는 정리 3.2-11에서 증명하였다.

(ii) 「A가 가역이면 $\det A^{-1} = \dfrac{1}{\det A}$이다.」를 증명하자.

$\det I_n = 1$, $I_n = AA^{-1}$이므로

$$\begin{aligned}\det I_n &= \det AA^{-1} \\ &= \det A \det A^{-1} \quad (\because \text{ 정리 3.2-12에 따라})\end{aligned}$$

• (정리 3.2-12) $n \times n$행렬 A, B에 대하여 $\det AB = \det A \det B$

즉 $$1 = \det A \det A^{-1}$$

$$\therefore \det A^{-1} = \frac{1}{\det A}$$ ■

정의 3.3-1 수반행렬

• $A_{ij} = (-1)^{i+j}|M_{ij}|$

• 여인수행렬은 cofactor matrix, 수반행렬은 adjoint matrix로도 쓴다.

A_{ij}가 $n \times n$행렬 A의 여인수라 할 때 행렬 $[A_{ij}]$, 즉

$$\begin{bmatrix} A_{11} & A_{12} & \cdots & A_{1n} \\ A_{21} & A_{22} & \cdots & A_{2n} \\ \vdots & \vdots & & \vdots \\ A_{n1} & A_{n2} & \cdots & A_{nn} \end{bmatrix}$$

을 A의 여인수행렬(matrix of cofactor from A)라고 하고 이 여인수행렬의 전치행렬을 A의 수반행렬(adjoint of a matrix A)이라 하고 $adjA$로 나타낸다.

$$adjA = \begin{bmatrix} A_{11} & A_{12} & \cdots & A_{1n} \\ A_{21} & A_{22} & \cdots & A_{2n} \\ \vdots & \vdots & & \vdots \\ A_{n1} & A_{n2} & \cdots & A_{nn} \end{bmatrix}^t = \begin{bmatrix} A_{11} & A_{21} & \cdots & A_{n1} \\ A_{12} & A_{22} & \cdots & A_{n2} \\ \vdots & \vdots & & \vdots \\ A_{1n} & A_{2n} & \cdots & A_{nn} \end{bmatrix}$$

• $\begin{bmatrix} a & b \\ c & d \end{bmatrix}^t = \begin{bmatrix} a & c \\ b & d \end{bmatrix}$

$\begin{bmatrix} 1 & 2 & 3 \\ 4 & 5 & 6 \end{bmatrix}^t = \begin{bmatrix} 1 & 4 \\ 2 & 5 \\ 3 & 6 \end{bmatrix}$

$\begin{bmatrix} 1 & 2 & 3 \\ 4 & 5 & 6 \\ 7 & 8 & 9 \end{bmatrix}^t = \begin{bmatrix} 1 & 4 & 7 \\ 2 & 5 & 8 \\ 3 & 6 & 9 \end{bmatrix}$

예제 3.3-1 다음 행렬의 수반행렬을 구하여라.

(1) $B=\begin{bmatrix} b_{11} & b_{12} \\ b_{21} & b_{22} \end{bmatrix}$ (2) $A=\begin{bmatrix} 2 & 1 & -3 \\ -1 & 2 & -2 \\ 1 & 0 & 4 \end{bmatrix}$

풀이 (1) $adjB=\begin{bmatrix} B_{11} & B_{12} \\ B_{21} & B_{22} \end{bmatrix}^t$

$$=\begin{bmatrix} B_{11} & B_{21} \\ B_{12} & B_{22} \end{bmatrix}=\begin{bmatrix} b_{22} & -b_{12} \\ -b_{21} & b_{11} \end{bmatrix}$$

- $A_{ij}=(-1)^{i+j}|M_{ij}|$
- $|M_{ij}|$는 A의 i행, j열을 제외한 성분으로 된 행렬식

(2) $adjA=\begin{bmatrix} A_{11} & A_{12} & A_{13} \\ A_{21} & A_{22} & A_{23} \\ A_{31} & A_{32} & A_{33} \end{bmatrix}^t$

$$=\begin{bmatrix} A_{11} & A_{21} & A_{31} \\ A_{12} & A_{22} & A_{32} \\ A_{13} & A_{23} & A_{33} \end{bmatrix}$$

각 성분을 구하면

$A_{11}=(-1)^{1+1}\begin{vmatrix} 2 & -2 \\ 0 & 4 \end{vmatrix}=8,$ $A_{12}=(-1)^{1+2}\begin{vmatrix} -1 & -2 \\ 1 & 4 \end{vmatrix}=2$

$A_{13}=(-1)^{1+3}\begin{vmatrix} -1 & 2 \\ 1 & 0 \end{vmatrix}=-2,$ $A_{21}=(-1)^{2+1}\begin{vmatrix} 1 & 3 \\ 0 & 4 \end{vmatrix}=-4$

$A_{22}=(-1)^{2+2}\begin{vmatrix} 2 & 3 \\ 1 & 4 \end{vmatrix}=5,$ $A_{23}=(-1)^{2+3}\begin{vmatrix} 2 & 1 \\ 1 & 0 \end{vmatrix}=1$

$A_{31}=(-1)^{3+1}\begin{vmatrix} 1 & 3 \\ 2 & -2 \end{vmatrix}=-8,$ $A_{32}=(-1)^{3+2}\begin{vmatrix} 2 & 3 \\ -1 & -2 \end{vmatrix}=1$

$A_{33}=(-1)^{3+3}\begin{vmatrix} 2 & 1 \\ -1 & 2 \end{vmatrix}=5$

따라서 A의 여인수행렬은

$$\begin{bmatrix} 8 & 2 & -2 \\ -4 & 5 & 1 \\ -8 & 1 & 5 \end{bmatrix}$$

- 한 행렬 A의 행과 열을 바꾸어 놓은 행렬을 그 행렬 A의 전치행렬이라 하고 A^t로 나타낸다.

이고 구하는 수반행렬($adjA$)은 이 여인수행렬의 전치행렬이므로

$$adjA=\begin{bmatrix} 8 & -4 & -8 \\ 2 & 5 & 1 \\ -2 & 1 & 5 \end{bmatrix}$$ ■

3×3행렬의 수반행렬을 구하려면 9개의 2×2행렬식 계산이 필요하다.
4×4행렬의 수반행렬을 구하려면 16개의 3×3행렬식 계산이 필요하다.

정리 3.3-2

$n\times n$행렬 A가 가역이면 그 역행렬은 $A^{-1}=\dfrac{1}{\det A}adj\,A$이다.

증명 먼저 $A(adjA)=(\det A)I_n$임을 증명한다.

$$A(adjA)=\begin{bmatrix} a_{11} & a_{12} & \cdots & a_{1n} \\ a_{21} & a_{22} & \cdots & a_{2n} \\ \vdots & \vdots & & \vdots \\ a_{n1} & a_{n2} & \cdots & a_{nn} \end{bmatrix}\begin{bmatrix} A_{11} & A_{21} & \cdots & A_{n1} \\ A_{12} & A_{22} & \cdots & A_{n2} \\ \vdots & \vdots & & \vdots \\ A_{1n} & A_{2n} & \cdots & A_{nn} \end{bmatrix} \quad \cdots ①$$

$A(adj\,A)$의 $(i,\,j)$성분, 즉 A의 i행과 $adj\,A$의 j열의 곱은

$$a_{i1}A_{j1}+a_{i2}A_{j2}+\cdots+a_{in}A_{jn} \quad \cdots ②$$

여기서 $i=j$일 때 ②는

$$a_{i1}A_{i1}+a_{i2}A_{i2}+\cdots\ a_{in}A_{in}=\det A \quad \cdots ③$$

$i\neq j$일 때

$$A^*=\begin{bmatrix} a_{11} & a_{12} & \cdots & a_{1n} \\ a_{21} & a_{22} & \cdots & a_{2n} \\ \vdots & \vdots & & \vdots \\ a_{i1} & a_{i2} & \cdots & a_{in} \\ \vdots & \vdots & & \vdots \\ a_{i1} & a_{i2} & \cdots & a_{in} \\ \vdots & \vdots & & \vdots \\ a_{n1} & a_{n2} & \cdots & a_{nn} \end{bmatrix} \leftarrow j\text{행}$$

라고 하면(두 행이 같다면) $\det A^*=0$이다.

$\det A^*$를 계산할 때 A^*의 j행에 대하여 여인수전개하면 j행을 제외한 나머지 성분은 모두 A^*와 A가 같으므로 ②는

$$a_{i1}A_{j1}+a_{i2}A_{j2}+\cdots+a_{in}A_{jn}=\det A^*=0 \quad \cdots ④$$

③, ④를 ①에 적용하여 계산하면

$$A(adjA)=\begin{bmatrix} \det A & 0 & \cdots & 0 \\ 0 & \det A & \cdots & 0 \\ \vdots & \vdots & & \vdots \\ 0 & 0 & \cdots & \det A \end{bmatrix}=(\det A)I_n \quad \cdots ⑤$$

A가 가역이므로 $\det A\neq 0$, ⑤에서 $\dfrac{1}{\det A}A(adj\,A)=I_n$

양변의 왼쪽에 A^{-1}를 곱하면 $A^{-1}\left\{\dfrac{1}{\det A}A(adj\,A)\right\}=A^{-1}I_n$

$$\frac{1}{\det A}A^{-1}A(adj\,A)=A^{-1} \qquad \therefore\ A^{-1}=\frac{1}{\det A}adj\,A$$

■

- $A=\begin{bmatrix} a_{11} & a_{12} & \cdots & a_{1n} \\ a_{21} & a_{22} & \cdots & a_{2n} \\ \vdots & \vdots & & \vdots \\ a_{n1} & a_{n2} & \cdots & a_{nn} \end{bmatrix}$
- $a_{i1}A_{j1}+a_{i2}A_{j2}+\cdots+a_{in}A_{jn}=\begin{cases} \det A & (i=j) \\ 0 & (j\neq j) \end{cases}$

같은 이치로

$a_{i1}A_{1j}+a_{2i}A_{2j}+\cdots+a_{ni}A_{nj}=\begin{cases} \det A & (j=j) \\ 0 & (i\neq j) \end{cases}$

- $\begin{bmatrix} k & 0 & 0 \\ 0 & k & 0 \\ 0 & 0 & k \end{bmatrix}=k\begin{bmatrix} 1 & 0 & 0 \\ 0 & 1 & 0 \\ 0 & 0 & 1 \end{bmatrix}$

예제 3.3-2 다음 행렬의 역행렬을 구하여라.

(1) $A=\begin{bmatrix} 1 & 2 & 3 \\ -2 & 1 & 4 \\ 2 & 3 & 2 \end{bmatrix}$　　(2) $B=\begin{bmatrix} 2 & 4 & 1 \\ 1 & -2 & 1 \\ 0 & 5 & -1 \end{bmatrix}$

풀이 (1) $A_{ij}=(-1)^{i+j}|M_{ij}|$에서

$$A_{11}=\begin{vmatrix} 1 & 4 \\ 3 & 2 \end{vmatrix}=-10, \quad A_{12}=-\begin{vmatrix} -2 & 4 \\ 2 & 2 \end{vmatrix}=12,$$

$$A_{13}=\begin{vmatrix} -2 & 1 \\ 2 & 3 \end{vmatrix}=-8, \quad A_{21}=-\begin{vmatrix} 2 & 3 \\ 3 & 2 \end{vmatrix}=5,$$

$$A_{22}=\begin{vmatrix} 1 & 3 \\ 2 & 2 \end{vmatrix}=-4, \quad A_{23}=-\begin{vmatrix} 1 & 2 \\ 2 & 3 \end{vmatrix}=1,$$

$$A_{31}=\begin{vmatrix} 2 & 3 \\ 1 & 4 \end{vmatrix}=5, \quad A_{32}=-\begin{vmatrix} 1 & 3 \\ -2 & 4 \end{vmatrix}=-10,$$

$$A_{33}=\begin{vmatrix} 1 & 2 \\ -2 & 1 \end{vmatrix}=5$$

따라서 여인수행렬은

$$\begin{bmatrix} -10 & 12 & -8 \\ 5 & -4 & 1 \\ 5 & -10 & 5 \end{bmatrix} \quad \therefore adj\,A=\begin{bmatrix} -10 & 5 & 5 \\ 12 & -4 & -10 \\ -8 & 1 & 5 \end{bmatrix}$$

또 $\det A=\begin{vmatrix} 1 & 2 & 3 \\ -2 & 1 & 4 \\ 2 & 3 & 2 \end{vmatrix}=-10$

$$\therefore A^{-1}=\frac{1}{\det A}adj\,A$$

$$=-\frac{1}{10}\begin{bmatrix} -10 & 5 & 5 \\ 12 & -4 & -10 \\ -8 & 1 & 5 \end{bmatrix}$$

(2) $$adj\,B=\begin{bmatrix} \begin{vmatrix} -2 & 1 \\ 5 & -1 \end{vmatrix} & -\begin{vmatrix} 1 & 1 \\ 0 & -1 \end{vmatrix} & \begin{vmatrix} 1 & -2 \\ 0 & 5 \end{vmatrix} \\ -\begin{vmatrix} 4 & 1 \\ 5 & -1 \end{vmatrix} & \begin{vmatrix} 2 & 1 \\ 0 & -1 \end{vmatrix} & -\begin{vmatrix} 2 & 4 \\ 0 & 5 \end{vmatrix} \\ \begin{vmatrix} 4 & 1 \\ -2 & 1 \end{vmatrix} & -\begin{vmatrix} 2 & 1 \\ 1 & 1 \end{vmatrix} & \begin{vmatrix} 2 & 4 \\ 1 & -2 \end{vmatrix} \end{bmatrix}^t$$

$$=\begin{bmatrix} -3 & 9 & 6 \\ 1 & -2 & -1 \\ 5 & -10 & -8 \end{bmatrix}$$

$$\det B=2\begin{vmatrix} -2 & 1 \\ 5 & -1 \end{vmatrix}-1\begin{vmatrix} 4 & 1 \\ 5 & -1 \end{vmatrix}=3$$

$$\therefore B^{-1}=\frac{1}{\det B}adj\,B=\frac{1}{3}\begin{bmatrix} -3 & 9 & 6 \\ 1 & -2 & -1 \\ 5 & -10 & -8 \end{bmatrix}$$ ■

• $\begin{vmatrix} 1 & 2 & 3 \\ -2 & 1 & 4 \\ 2 & 3 & 2 \end{vmatrix}$
$=1\cdot\begin{vmatrix} 1 & 4 \\ 3 & 2 \end{vmatrix}-2\begin{vmatrix} -2 & 4 \\ 2 & 2 \end{vmatrix}+3\begin{vmatrix} -2 & 1 \\ 2 & 3 \end{vmatrix}$
$=(-10)-2(-12)+3(-8)$
$=-10$

(검토)

(1) $\begin{vmatrix} 1 & 2 & 3 \\ -2 & 1 & 4 \\ 2 & 3 & 2 \end{vmatrix}\times\left(-\frac{1}{10}\right)\begin{bmatrix} -10 & 5 & 5 \\ 12 & -4 & -10 \\ -8 & 1 & 5 \end{bmatrix}$
$=\begin{bmatrix} 1 & 0 & 0 \\ 0 & 1 & 0 \\ 0 & 0 & 1 \end{bmatrix}=I$

(2) $\begin{bmatrix} 2 & 4 & 1 \\ 1 & -2 & 1 \\ 0 & 5 & -1 \end{bmatrix}\times\frac{1}{3}\begin{bmatrix} -3 & 9 & 6 \\ 1 & -2 & -1 \\ 5 & -10 & -8 \end{bmatrix}$
$=\begin{bmatrix} 1 & 0 & 0 \\ 0 & 1 & 0 \\ 0 & 0 & 1 \end{bmatrix}=I$

(1)의 결과에서

$-\frac{1}{10}\begin{bmatrix} -10 & 5 & 5 \\ 12 & -4 & -10 \\ -8 & 1 & 5 \end{bmatrix}$
$=-\frac{1}{10}\cdot 5\begin{bmatrix} -2 & 1 & 1 \\ 12 & -4 & -10 \\ -8 & 1 & 5 \end{bmatrix}$
$=-\frac{1}{10}\cdot 5\cdot(-2)\begin{bmatrix} -2 & 1 & 1 \\ -6 & 2 & 5 \\ -8 & 1 & 5 \end{bmatrix}$
$=\begin{bmatrix} -2 & 1 & 1 \\ -6 & 2 & 5 \\ -8 & 1 & 5 \end{bmatrix}$

이제까지 다룬 행렬식의 성질, 행렬식과 역행렬 등을 이용하여 연립일차방정식의 해를 구한다.

n개의 미지수와 n개의 방정식으로 된 다음 연립일차방정식에서

$$\begin{cases} a_{11}x_1 + a_{12}x_2 + \cdots + a_{1n}x_n = b_1 \\ a_{21}x_1 + a_{22}x_2 + \cdots + a_{2n}x_n = b_2 \\ \quad\vdots \qquad\quad \vdots \qquad\qquad\quad \vdots \qquad \vdots \\ a_{n1}x_1 + a_{n2}x_2 + \cdots + a_{nn}x_n = b_n \end{cases} \qquad \cdots ①$$

$$A = \begin{bmatrix} a_{11} & a_{12} & \cdots & a_{1n} \\ a_{21} & a_{22} & \cdots & a_{2n} \\ \vdots & \vdots & & \vdots \\ a_{n1} & a_{n2} & \cdots & a_{nn} \end{bmatrix}, \quad X = \begin{bmatrix} x_1 \\ x_2 \\ \vdots \\ x_n \end{bmatrix}, \quad B = \begin{bmatrix} b_1 \\ b_2 \\ \vdots \\ b_n \end{bmatrix} \qquad \cdots ②$$

와 같이 놓으면 ①은 행렬로

$$AX = B \qquad \cdots ③$$

로 나타낸다는 것을 알고 있다.

$\det A \neq 0$이면 A^{-1}가 존재하고 이 A^{-1}를 ③의 양변 왼쪽에 곱하면

• $A^{-1}AX = IX = X$

$$A^{-1}AX = A^{-1}B, \text{ 즉 } X = A^{-1}B$$

가 되고 이 X는 ③의 유일한 해이다.

여기서 A의 i열 성분을 B의 성분으로 바꾸어 놓은 행렬을 A_i라 하면 새로운 n개의 행렬 $A_1, A_2, \cdots, A_i, \cdots, A_n$이 정의된다. 즉

$$\overset{(1\text{열})}{\ } \qquad\qquad\qquad\qquad \overset{(2\text{열})}{\ }$$

$$A_1 = \begin{bmatrix} b_1 & a_{12} & a_{13} & \cdots & a_{1n} \\ b_2 & a_{22} & a_{23} & \cdots & a_{2n} \\ \vdots & \vdots & \vdots & & \vdots \\ b_n & a_{n2} & a_{n3} & \cdots & a_{nn} \end{bmatrix}, \quad A_2 = \begin{bmatrix} a_{11} & b_1 & a_{13} & \cdots & a_{1n} \\ a_{21} & b_2 & a_{23} & \cdots & a_{2n} \\ \vdots & \vdots & \vdots & & \vdots \\ a_{n1} & b_n & a_{n3} & \cdots & a_{nn} \end{bmatrix}, \cdots$$

$$\cdots, A_i = \begin{bmatrix} a_{11} & a_{12} & \cdots & b_1 & \cdots & a_{1n} \\ a_{21} & a_{22} & \cdots & b_2 & \cdots & a_{2n} \\ \vdots & \vdots & & \vdots & & \vdots \\ a_{n1} & a_{n2} & \cdots & b_n & \cdots & a_{nn} \end{bmatrix}, \cdots, A_n = \begin{bmatrix} a_{11} & a_{12} & a_{13} & \cdots & b_1 \\ a_{21} & a_{22} & a_{23} & \cdots & b_2 \\ \vdots & \vdots & \vdots & & \vdots \\ a_{n1} & a_{n2} & a_{n3} & \cdots & b_n \end{bmatrix}$$

$$(i\text{열}) \qquad\qquad\qquad\qquad (n\text{열})$$

기본(행)변형을 하거나 A^{-1}을 계산하지 않고 ①의 유일한 해를 구하는 새로운 방법에 대하여 설명하기로 한다.

• $\det A_i = |A_i|$
$\det A = |A|$로 나타내면
$x_i = \frac{|A_i|}{|A|}$

정리 3.3-3 크래머법칙

A는 $n \times n$행렬이고 $\det A \neq 0$이다. 미지수 $x_i (i = 1, 2, \cdots, n)$의 일차방정식으로 된 연립일차방정식

$$AX = B$$

의 유일한 해는

$$x_i = \frac{\det A_i}{\det A}, \ (i = 1, 2, \cdots, n)$$

이다. A_i는 A의 i열의 성분을 B의 성분으로 바꾸어 놓은 행렬이다.

증명 앞의 ①, ②, ③에 따라 연립일차방정식 $AX = B$의 해는 $X = A^{-1}B$이다.

$$A^{-1}B = \frac{1}{\det A}(adj\,A)B = \frac{1}{\det A}\begin{bmatrix} A_{11} & A_{21} & \cdots & A_{n1} \\ A_{12} & A_{22} & \cdots & A_{n2} \\ \vdots & \vdots & & \vdots \\ A_{1j} & A_{2j} & \cdots & A_{nj} \\ \vdots & \vdots & & \vdots \\ A_{1n} & A_{2n} & \cdots & A_{nn} \end{bmatrix}\begin{bmatrix} b_1 \\ b_2 \\ \vdots \\ b_n \end{bmatrix} \quad \cdots ④$$

여기서 $n \times 1$행렬 $(adjA)B$의 j성분은

$$A_{1j}b_1 + A_{2j}b_2 + \cdots + A_{nj}b_n \quad \cdots ⑤$$

• A_j에서 b_i의 여인수는 A_{ij}

그리고 A_j는 A의 j열 성분으로 B의 성분으로 바꾼 $n \times n$행렬, 즉

$$A_j = \begin{bmatrix} a_{11} & a_{12} & \cdots & b_1 & \cdots & a_{1n} \\ a_{21} & a_{22} & \cdots & b_2 & \cdots & a_{2n} \\ \vdots & \vdots & & \vdots & & \vdots \\ a_{31} & a_{32} & \cdots & b_n & \cdots & b_{nn} \end{bmatrix}$$

(j열)

$\det A_j$를 j열에 대하여 여인수전개를 하면 이것은 A의 수반행렬의 j행 $(A_{1j}\, A_{2j} \cdots A_{nj})$과 B의 곱, 즉 ⑤와 같다.

따라서 $$\det A_j = b_1 A_{1j} + b_2 A_{2j} + \cdots + b_n A_{nj}$$

그러므로 $$X = A^{-1}B = \frac{1}{\det A}(adj\,A)B = \frac{1}{\det A}\begin{bmatrix} \det A_1 \\ \det A_2 \\ \vdots \\ \det A_n \end{bmatrix},$$

즉 $$x_i = \frac{\det A_i}{\det A} = \frac{|A_i|}{|A|}$$ ■

정리 3.3-3과 같이 연립방정식의 해를 구하는 방법을 크래머법칙(Cramer's rule)이라 한다.

예제 3.3-3 크래머법칙을 이용하여 다음 연립방정식을 풀어라.

(1) $\begin{cases} 2x_1 - x_2 = 7 \\ 3x_1 + 4x_2 = 5 \end{cases}$ (2) $\begin{cases} 2x_1 + x_2 + 3x_3 = 4 \\ x_1 - 2x_2 - 5x_3 = 3 \\ 3x_1 + 2x_2 - 2x_3 = -2 \end{cases}$

풀이 (1) $A = \begin{bmatrix} 2 & -1 \\ 3 & 4 \end{bmatrix}$, $X = \begin{bmatrix} x_1 \\ x_2 \end{bmatrix}$, $B = \begin{bmatrix} 7 \\ 5 \end{bmatrix}$라 하면 주어진 연립방정식은

$$AX = B$$

$$|A| = \begin{vmatrix} 2 & -1 \\ 3 & 4 \end{vmatrix} = 11$$

$$|A_1| = \begin{vmatrix} 7 & -1 \\ 5 & 4 \end{vmatrix} = 33, \ |A_2| = \begin{vmatrix} 2 & 7 \\ 3 & 5 \end{vmatrix} = -11$$

• $\begin{cases} ax_1 + bx_2 = e \\ cx_1 + dx_2 = f \end{cases}$

$x_1 = \dfrac{|A_1|}{|A|} = \dfrac{\begin{vmatrix} e & b \\ f & d \end{vmatrix}}{\begin{vmatrix} a & b \\ c & d \end{vmatrix}}$

$x_2 = \dfrac{|A_2|}{|A|} = \dfrac{\begin{vmatrix} a & e \\ c & f \end{vmatrix}}{\begin{vmatrix} a & b \\ c & d \end{vmatrix}}$

따라서 구하는 해는

$$x_1 = \frac{|A_1|}{|A|} = \frac{33}{11} = 3, \ x_2 = \frac{|A_2|}{|A|} = \frac{-11}{11} = -1$$

(2) $A = \begin{bmatrix} 2 & 1 & 3 \\ 1 & -2 & -5 \\ 3 & 2 & -2 \end{bmatrix}$, $X = \begin{bmatrix} x_1 \\ x_2 \\ x_3 \end{bmatrix}$, $B = \begin{bmatrix} 4 \\ 3 \\ -2 \end{bmatrix}$라 하면 주어진 연립방정식은

$$AX = B$$

$$|A| = \begin{vmatrix} 2 & 1 & 3 \\ 1 & -2 & -5 \\ 3 & 2 & -2 \end{vmatrix}$$

$$= 2\begin{vmatrix} -2 & -5 \\ 2 & -2 \end{vmatrix} - \begin{vmatrix} 1 & -5 \\ 3 & -2 \end{vmatrix} + 3\begin{vmatrix} 1 & -2 \\ 3 & 2 \end{vmatrix} = 39$$

$$|A_1| = \begin{vmatrix} 4 & 1 & 3 \\ 3 & -2 & -5 \\ -2 & 2 & -2 \end{vmatrix}$$

$$= 4\begin{vmatrix} -2 & -5 \\ 2 & -2 \end{vmatrix} - \begin{vmatrix} 3 & -5 \\ -2 & -2 \end{vmatrix} + 3\begin{vmatrix} 3 & -2 \\ -2 & 2 \end{vmatrix} = 78$$

$$|A_2| = \begin{vmatrix} 2 & 4 & 3 \\ 1 & 3 & -5 \\ 3 & -2 & -2 \end{vmatrix}$$

$$= 2\begin{vmatrix} 3 & -5 \\ -2 & -2 \end{vmatrix} - 4\begin{vmatrix} 1 & -5 \\ 3 & -2 \end{vmatrix} + 3\begin{vmatrix} 1 & 3 \\ 3 & -2 \end{vmatrix} = -117$$

$$|A_3| = \begin{vmatrix} 2 & 1 & 4 \\ 1 & -2 & 3 \\ 3 & 2 & -2 \end{vmatrix}$$

$$= 2\begin{vmatrix} -2 & 3 \\ 2 & -2 \end{vmatrix} - \begin{vmatrix} 1 & 3 \\ 3 & -2 \end{vmatrix} + 4\begin{vmatrix} 1 & -2 \\ 3 & 2 \end{vmatrix} = 39$$

$$\therefore x_1 = \frac{|A_1|}{|A|} = 2, \ x_2 = \frac{|A_2|}{|A|} = -3, \ x_3 = \frac{|A_3|}{|A|} = 1$$

■

연습문제 3.3

- 수반행렬은 여인수행렬의 전치행렬
- $A_{ij}=(-1)^{i+j}|M_{ij}|$
- $A^{-1}=\dfrac{1}{\det A}adj\,A$
- A^{-1}의 계산이 잘 되었는지는 $AA^{-1}=I$로 확인하자.

1. 다음 행렬의 수반행렬을 구하여라.

(1) $A=\begin{bmatrix} 2 & -5 \\ 3 & 4 \end{bmatrix}$ (2) $B=\begin{bmatrix} 0 & 2 & 3 \\ 1 & -4 & -1 \\ 2 & 6 & 5 \end{bmatrix}$ (3) $C=\begin{bmatrix} -1 & 0 & 4 \\ 2 & 3 & 5 \\ -3 & -2 & 1 \end{bmatrix}$

2. 수반행렬을 이용하여 다음 행렬의 역행렬을 구하여라.

(1) $\begin{bmatrix} 1 & -4 \\ 2 & -7 \end{bmatrix}$ (2) $\begin{bmatrix} -3 & 5 \\ 3 & -4 \end{bmatrix}$ (3) $\begin{bmatrix} 0 & 1 \\ 2 & 3 \end{bmatrix}$

(4) $\begin{bmatrix} 0 & 1 & 2 \\ 2 & 0 & 1 \\ 1 & 2 & 0 \end{bmatrix}$ (5) $\begin{bmatrix} 3 & -3 & -1 \\ 6 & -5 & -3 \\ -2 & 2 & 1 \end{bmatrix}$

(6) $\begin{bmatrix} 1 & 1 & 1 & 1 \\ 1 & 1 & 2 & 3 \\ 1 & 2 & 1 & 3 \\ 1 & 3 & 1 & 2 \end{bmatrix}$ (7) $\begin{bmatrix} 1 & -2 & 1 & 1 \\ 2 & 0 & -1 & 0 \\ -1 & 1 & 2 & -1 \\ -1 & 0 & 2 & 0 \end{bmatrix}$

3. 크래머법칙을 이용하여 다음 연립방정식의 해를 구하여라.

- $x_i=\dfrac{|A_i|}{|A|}\,(i=1,2)$
- $x_i=\dfrac{|A_i|}{|A|}\,(i=1,2,3)$

(1) $\begin{cases} 2x_1-3x_2=4 \\ x_1+2x_2=-5 \end{cases}$ (2) $\begin{cases} x_1-2x_2=-7 \\ 3x_1+4x_2=-1 \end{cases}$

(3) $\begin{cases} x_1+2x_2+3x_3=1 \\ 3x_1+x_2+2x_3=0 \\ 2x_1+3x_2+x_3=5 \end{cases}$ (4) $\begin{cases} x_2+2x_3=-1 \\ 2x_1+x_3=4 \\ x_1+2x_2=7 \end{cases}$

(5) $\begin{cases} x_1-x_4=-3 \\ 3x_2+x_3=1 \\ 2x_3+3x_4=2 \\ 3x_1-x_2=-4 \end{cases}$

4. $n\times n$행렬 A에 대하여 다음을 각각 증명하여라.

(1) $A(adj\,A)=(adj\,A)A$

(2) $\det(adj\,A)=(\det A)^{n-1}$, 즉 $|adj\,A|=|A|^{n-1}$

5. $n\times n$행렬 A, B에 대하여 다음이 성립함을 증명하여라.

$$adj\,AB=(adj\,B)(adj\,A)$$

04 벡터

Vector

4.1 평면의 벡터

일반적으로 물리적인 양은 질량, 온도, 길이, 넓이, 부피, 시간, 속력 등과 같이 측정 단위를 정하면 그 크기를 한 실수로 나타낼 수 있는 양과 평행이동, 속도, 가속도, 힘과 같이 크기와 방향을 동시에 나타내는 양이 있다.

이렇게 크기만을 나타내는 양을 스칼라(scalar), 크기와 방향을 동시에 나타내는 양을 벡터(vector)라 한다.

벡터는 화살표 모양으로 크기와 방향이 있는 유향선분(directed line segment)과 대응시켜 나타낸다.

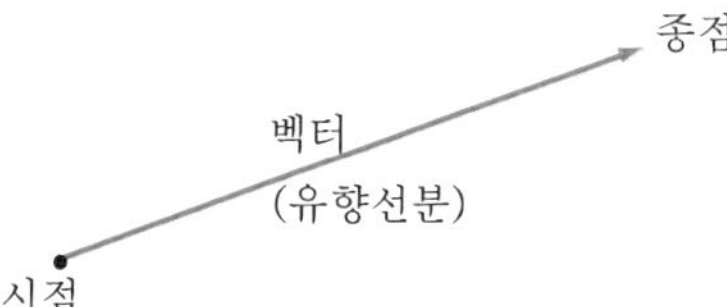

이 유향선분이 시작되는 점을 벡터의 시점(initial point), 끝점을 종점(terminal point)이라 한다.

벡터는 크기와 방향을 나타내는 양이므로 아래 그림과 같이 유향선분 PQ에서 시점 P의 위치는 무관하고 크기와 방향만을 생각하여 이 유향선분 PQ를 벡터 PQ라 하고 기호로

• 벡터는 $\vec{u}$, $\vec{v}$, $\vec{w}$, $\vec{a}$, $\vec{b}$, $\vec{c}$, … 또는 굵은 글자 **u**, **v**, **w**, **a**, **b**, **c**, …로 나타낸다.

$$\overrightarrow{PQ}, \text{ 또는 } \vec{v}, \text{ 또는 } \mathbf{v}$$

와 같이 나타낸다.

Q
$\vec{v}$
$|\overrightarrow{PQ}| = |\mathbf{v}|$
P

이때 유향선분 PQ의 길이를 벡터 $\overrightarrow{PQ}$의 크기(magnitude of length of vector PQ)라 하고 기호로는

$$|\overrightarrow{PQ}|, \text{ 또는 } |\vec{v}| \text{ 또는 } |\mathbf{v}|$$

와 같이 나타낸다.

크기가 1인 벡터를 단위벡터(unit vector)라 하고, 크기가 0인 벡터를 영벡터(zero vector)라 한다.

• 영벡터는 시점과 종점이 일치하는 벡터이다.
• 영벡터의 크기는 0이고 방향은 임의로 한다.

영벡터는 $\vec{0}$ 또는 **O**으로 나타낸다.

벡터는 평면, 공간 어디에서나 다룰 수 있다.

이때, 평면에서 다루는 경우의 벡터를 평면벡터(vector in the plane), 공간에서 다루는 경우의 벡터를 공간벡터(vector in space)라고도 한다.

벡터 $\overrightarrow{PQ}$를 평행이동하여 오른쪽 그림과 같이 벡터 $\overrightarrow{AB}$, 벡터 $\overrightarrow{CD}$가 되었다고 하면 이 벡터들은 시점이 다를 수 있으나 크기와 방향이 모두 같다. 즉

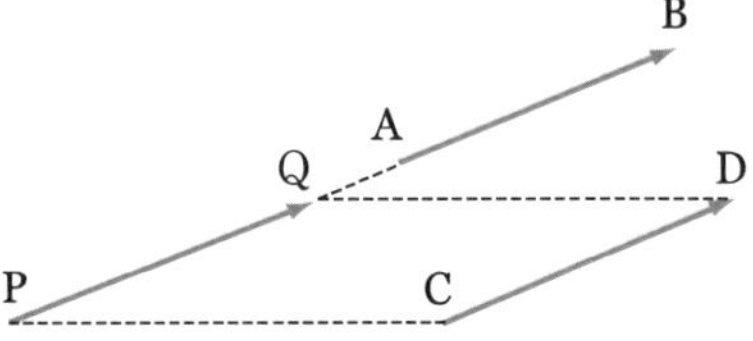

$$\overrightarrow{PQ} = \overrightarrow{AB} = \overrightarrow{CD}$$

이다. 이와 같이 두 벡터가 크기와 방향이 같으면 시점의 위치에 관계없이 두 벡터는 서로 같다(equivalent)고 한다.

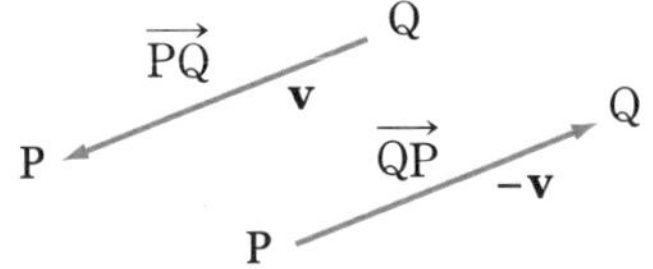

크기가 같고 방향이 반대인 두 벡터에 대하여 한 벡터를 $\mathbf{v}$라 하면 다른 벡터는

$$-\mathbf{v}$$

로 나타낸다. 이때

$$|\mathbf{v}| = |-\mathbf{v}|$$

임을 알 수 있다.

두 벡터 $\mathbf{u}$, $\mathbf{v}(\mathbf{u} \neq \mathbf{0},\ \mathbf{v} \neq \mathbf{0})$가 방향이 같거나 반대일 때 이 두 벡터는 평행이라 하고 $\mathbf{u} /\!/ \mathbf{v}$와 같이 나타낸다.

• 평행사변형 ABCD에서

A D
B C

$\overrightarrow{AB} /\!/ \overrightarrow{CD}$
$\overrightarrow{AD} /\!/ \overrightarrow{BC}$
$\overrightarrow{AB} /\!/ \overrightarrow{DC}$
$\overrightarrow{AD} /\!/ \overrightarrow{BC}$
$\overrightarrow{AB} /\!/ -\overrightarrow{CD}$

예제 4.1-1 오른쪽 직사각형 ABCD에서 $\overline{AB}=1$, $\overline{BC}=2$이다. $|\overrightarrow{AD}|$, $|\overrightarrow{CD}|$, $|\overrightarrow{AC}|$를 각각 구하여라.

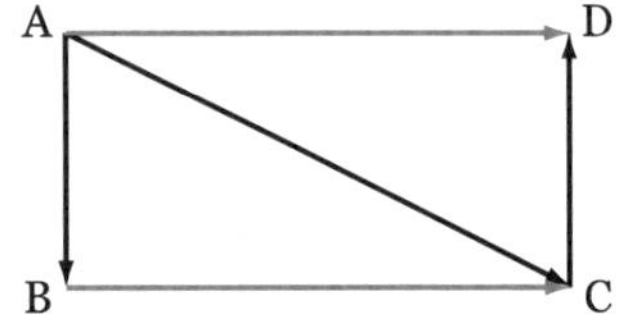

풀이 $|\overrightarrow{AD}| = |\overrightarrow{BC}| = 2$

$|\overrightarrow{CD}| = |-\overrightarrow{AB}| = |\overrightarrow{AB}| = 1$

$|\overrightarrow{AC}| = \sqrt{|\overrightarrow{AB}|^2 + |\overrightarrow{BC}|^2} = \sqrt{1^2+2^2} = \sqrt{5}$ ■

예제 4.1-1의 직사각형 그림에서

$$\overrightarrow{AB} /\!/ \overrightarrow{CD},\ \overrightarrow{AD} /\!/ \overrightarrow{BC}$$

또
$$\overrightarrow{BC} = \overrightarrow{AD},\ \overrightarrow{BC} = -\overrightarrow{DA}$$

이다. 그리고 $|\overrightarrow{AB}| = 1$, $|\overrightarrow{CD}| = 1$이므로 $\overrightarrow{AB}$, $\overrightarrow{CD}$는 단위벡터이다.

정의 4.1-1 벡터의 합(*sum of vectors*)

두 벡터 $\mathbf{u}$와 $\mathbf{v}$의 합은 $\mathbf{u}$의 종점과 $\mathbf{v}$의 시점을 일치시키고 $\mathbf{u}$의 시점을 시점, $\mathbf{v}$의 종점을 종점으로 하는 벡터이고

$$\mathbf{u}+\mathbf{v}$$

로 나타낸다.

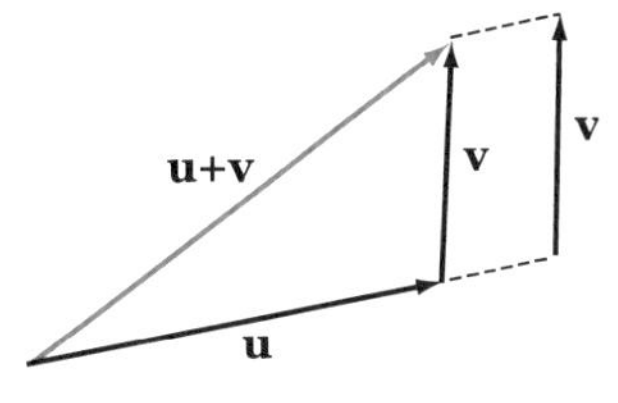

벡터의 뺄셈은 두 벡터 $\mathbf{u}$와 $-\mathbf{v}$의 합, 즉

$$\mathbf{u}+(-\mathbf{v})=\mathbf{u}-\mathbf{v}$$

로 정의한다.

두 벡터 $\mathbf{u}$와 $\mathbf{v}$의 합은 오른쪽 그림과 같이 $\mathbf{u}$와 $\mathbf{v}$의 시점을 일치시키고 $\mathbf{u}$, $\mathbf{v}$가 이웃하는 두 변인 평행사변형을 생각할 때 이 평행사변형의 대각선이 시점을 $\mathbf{u}$, $\mathbf{v}$와 같게 하는 벡터

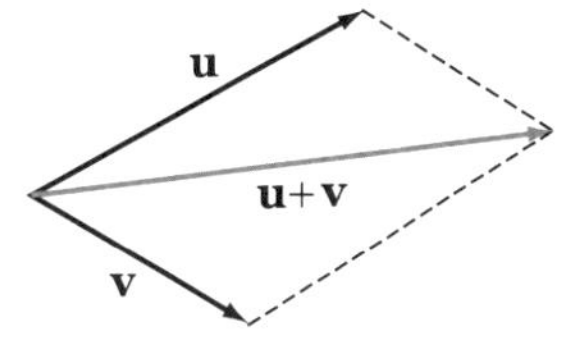

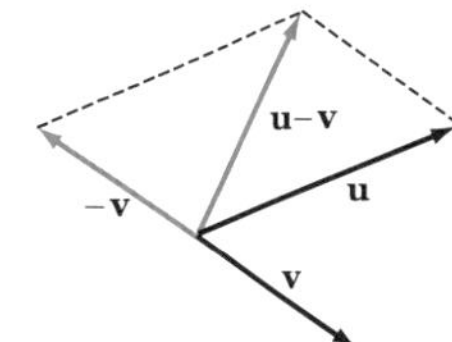

$$\mathbf{u}+\mathbf{v}$$

이다.

정의 4.1-2 스칼라배(*scalar multiple*)

벡터 $\mathbf{v}$와 실수 α에 대하여 벡터 $\mathbf{v}$와 α의 곱

$$\alpha\mathbf{v}$$

를 $\mathbf{v}$의 스칼라배(또는 실수배)라 하고

$\alpha\mathbf{v}$는 (1) $\alpha>0$일 때 방향은 $\mathbf{v}$와 같고 크기는 $\alpha|\mathbf{v}|$,

(2) $\alpha<0$일 때 방향은 $\mathbf{v}$와 반대이고 크기는 $-\alpha|\mathbf{v}|$,

(3) $\alpha=0$이거나 $\mathbf{v}=0$일 때 $\alpha\mathbf{v}=0$이다.

예제 4.1-2

$2\mathbf{v}$는 크기가 $\mathbf{v}$의 2배이고 방향이 $\mathbf{v}$와 같은 벡터

$\frac{1}{2}\mathbf{v}$는 크기가 $\mathbf{v}$의 절반이고 방향이 $\mathbf{v}$와 같은 벡터

$-2\mathbf{v}$는 크기가 $\mathbf{v}$의 2배이고 방향이 $\mathbf{v}$와 반대인 벡터

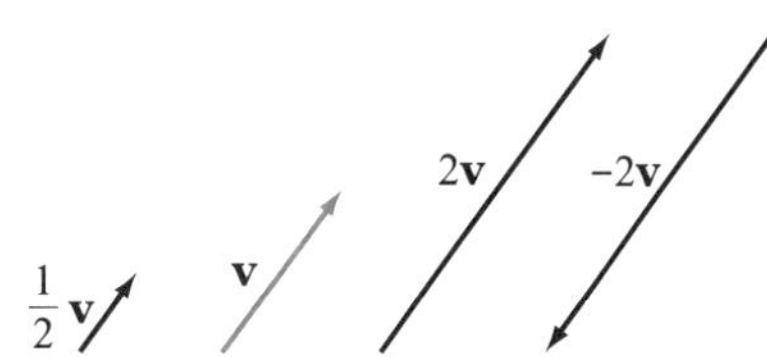

일반적으로 벡터의 합과 스칼라배에 대하여 다음 성질이 성립한다.

> **정리 4.1-1**
>
> $\mathbf{u}$, $\mathbf{v}$, $\mathbf{w}$는 벡터이고, α, β는 스칼라이다.
>
> (1) $\mathbf{u}+\mathbf{v}=\mathbf{v}+\mathbf{u}$ (교환법칙)
>
> (2) $\mathbf{u}+(\mathbf{v}+\mathbf{w})=(\mathbf{u}+\mathbf{v})+\mathbf{w}$ (결합법칙)
>
> (3) $\mathbf{u}+0=0+\mathbf{u}=\mathbf{u}$
>
> (4) $\mathbf{v}+(-\mathbf{v})=(-\mathbf{v})+\mathbf{v}=0$
>
> (5) $\alpha\mathbf{v}=\mathbf{v}\alpha$
>
> (6) $\alpha(\beta\mathbf{v})=(\alpha\beta)\mathbf{v}$
>
> (7) $(\alpha+\beta)\mathbf{v}=\alpha\mathbf{v}+\beta\mathbf{v}$
>
> (8) $\alpha(\mathbf{u}+\mathbf{v})=\alpha\mathbf{u}+\alpha\mathbf{v}$
>
> (9) $1\mathbf{v}=\mathbf{v}$

• $\overrightarrow{OR}=\overrightarrow{OP}+\overrightarrow{PQ}$

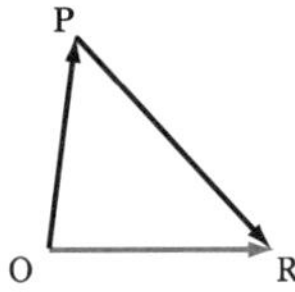

• $\overrightarrow{OR}=\overrightarrow{OQ}+\overrightarrow{QR}$

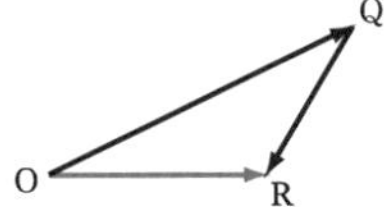

• 정리 4.1-1의 (2), (8) 이외도 같은 방법으로 쉽게 증명할 수 있다.

증명 (2) 오른쪽 그림에서

$$\overrightarrow{OP}=\mathbf{u},\ \ \overrightarrow{PQ}=\mathbf{v},\ \ \overrightarrow{QR}=\mathbf{w}$$

라 하면

$$\overrightarrow{OQ}=\overrightarrow{OP}+\overrightarrow{PQ}=\mathbf{u}+\mathbf{v}$$
$$\overrightarrow{PR}=\overrightarrow{PQ}+\overrightarrow{QR}=\mathbf{v}+\mathbf{w}$$

이제 $\overrightarrow{OR}=\overrightarrow{OP}+\overrightarrow{PR}=\mathbf{u}+(\mathbf{v}+\mathbf{w})$

또 $\overrightarrow{OR}=\overrightarrow{OQ}+\overrightarrow{QR}=(\mathbf{u}+\mathbf{v})+\mathbf{w}$

$\therefore\ \mathbf{u}+(\mathbf{v}+\mathbf{w})=(\mathbf{u}+\mathbf{v})+\mathbf{w}$

(8) 오른쪽 아래 그림에서 $\overrightarrow{OP}=\mathbf{u}$, $\overrightarrow{PQ}=\mathbf{v}$라 한다.

그러면 $\overrightarrow{OQ}=\overrightarrow{OP}+\overrightarrow{PQ}=\mathbf{u}+\mathbf{v}$

이제 $\overrightarrow{OR}=\alpha\overrightarrow{OP}=\alpha\mathbf{u}$, $\overrightarrow{PS}=\alpha\overrightarrow{PQ}=\alpha\mathbf{v}$가 되도록 점 R, S를 정하면

$\overrightarrow{PQ}\,/\!/\,\overrightarrow{RS}$이므로

$$\overrightarrow{OS}=\alpha\overrightarrow{OQ}$$
$$\therefore\ \overrightarrow{OR}+\overrightarrow{RS}=\alpha(\overrightarrow{OP}+\overrightarrow{PQ})$$
$$\therefore\ \alpha\mathbf{u}+\alpha\mathbf{v}=\alpha(\mathbf{u}+\mathbf{v})$$

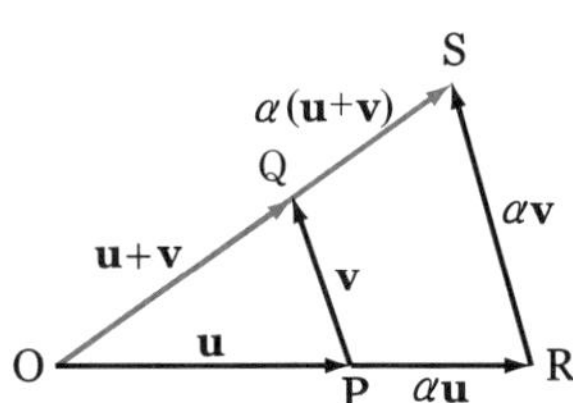

즉, $\alpha(\mathbf{u}+\mathbf{v})=\alpha\mathbf{u}+\alpha\mathbf{v}$

좌표평면에서 벡터의 여러 가지 성질을 이해하도록 한다.

평면에서 한 점 O를 고정하여 임의의 벡터 $\mathbf{u}$가 되는 점 P, 즉 $\overrightarrow{OP}=\mathbf{u}$인 점 P가 하나 정해진다. 역으로 점 P에 대하여 $\mathbf{u}=\overrightarrow{OP}$인 벡터 $\mathbf{u}$가 하나 정해진다.

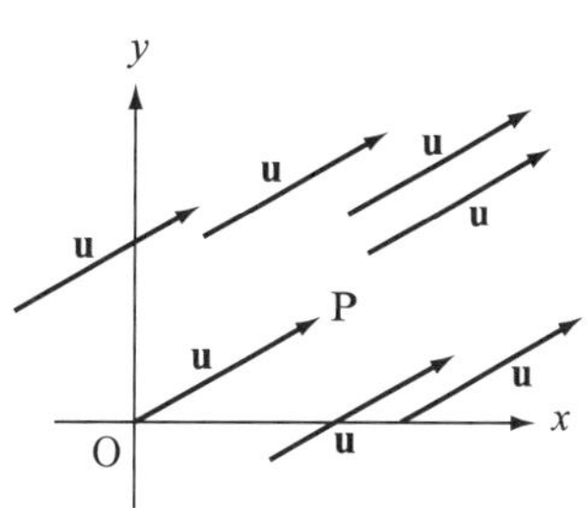

이렇게 점 O를 고정하였을 때 벡터 $\overrightarrow{OP}$를 점 O에 대한 점 P의 위치벡터(position vector)라 한다.

• n개의 실수의 모든 순서쌍$(x_1, x_2, \cdots, x_n)$의 집합을 $\mathbb{R}^n$으로 나타낸다.

• 실수 전체의 집합은 $\mathbb{R}$로 나타내고 두 실수의 모든 순서쌍(x_1, x_2)의 집합을 $\mathbb{R}^2$로 나타낸다.

• 좌표평면(coordinate plane)을 xy평면이라고도 한다.

이때 위치벡터의 시점 O를 좌표평면($\mathbb{R}^2$)에서 원점으로 한다.

좌표평면에서 위치벡터와 좌표 사이의 관계에 대하여 알아본다.

• 두 실수의 순서쌍(x_1, x_2)를 ordered pair라 한다.

좌표평면에서 두 점 $E_1(1, 0)$, $E_2(0, 1)$의 원점에 대한 위치벡터 $\overrightarrow{OE}_1$, $\overrightarrow{OE}_2$를

$$\overrightarrow{OE}_1=\mathbf{i},\ \overrightarrow{OE}_2=\mathbf{j}$$

라 하면 $|\mathbf{i}|=1$, $|\mathbf{j}|=1$이므로 $\mathbf{i}$, $\mathbf{j}$는 단위벡터이다.

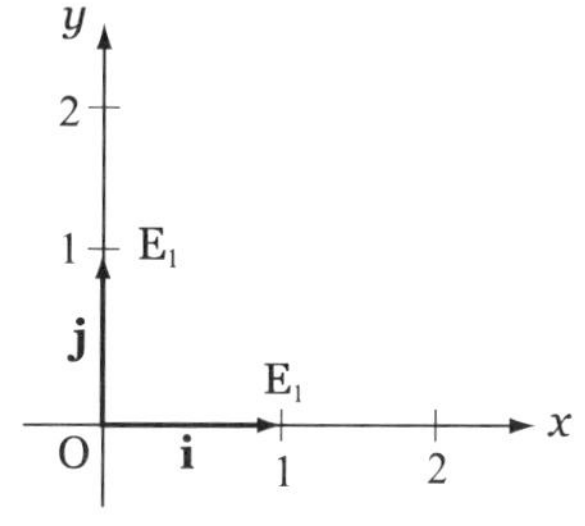

• $\mathbf{i}=(1, 0)$, $\mathbf{j}=(0, 1)$을 표준단위벡터(standard unit vectors)라고도 한다.

벡터 $\mathbf{u}$가 $\overrightarrow{OP}=\mathbf{u}$인 위치벡터로 나타내어질 때 점 P의 좌표를 (a_1, b_1)이라 한다. 그리고 벡터 $\overrightarrow{OP}$의 x축, y축에 내린 정사영을 $\overrightarrow{OP}_1$, $\overrightarrow{OP}_2$라 하면 $\overrightarrow{OP}_1=a_1\mathbf{i}$, $\overrightarrow{OP}_2=b_1\mathbf{j}$이고, 또 $\mathbf{u}=\overrightarrow{OP}_1+\overrightarrow{OP}_2$이므로 $\mathbf{u}=a_1\mathbf{i}+b_1\mathbf{j}$로 나타내어진다.

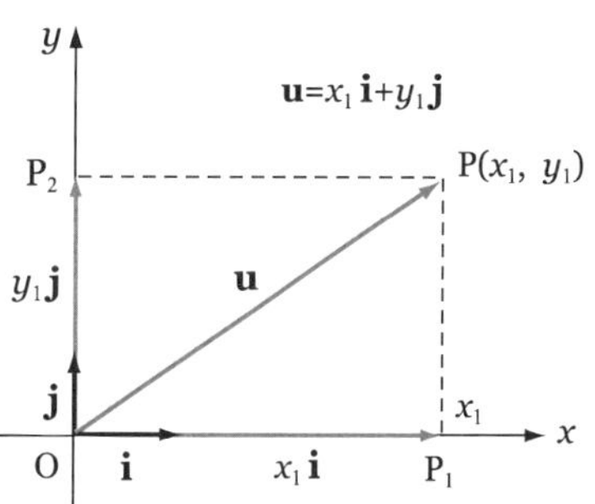

• $\mathbf{u}=x_1\mathbf{i}+y_1\mathbf{j}=(x_1, y_1)$

• $|\mathbf{i}|=1$, $|\mathbf{j}|=1$

$|\overrightarrow{OP}_1|^2=|a_1\mathbf{i}|^2=a_1^2|\mathbf{i}|^2=a_1^2$

$|\overrightarrow{OP}_2|^2=|b_1\mathbf{j}|^2=b_1^2|\mathbf{j}|^2=b_1^2$

여기서 실수 a_1, b_1을 벡터 $\mathbf{u}$의 성분(components of vector $\mathbf{u}$)라 하고 a_1을 x성분, b_1을 y성분이라 한다.

이때 벡터 $\mathbf{u}=a_1\mathbf{i}+b_1\mathbf{j}$를 순서쌍으로도 $\mathbf{u}=(a_1, b_1)$와 같이 나타내는데 이것은 좌표평면에서 벡터 $\mathbf{u}$를 성분 표시한 것이다.

그리고 벡터 $\mathbf{u}$의 크기는 $\overrightarrow{OP}$의 길이이므로

$$|\mathbf{u}|=|\overrightarrow{OP}|=\sqrt{|\overrightarrow{OP}_1|^2+|\overrightarrow{OP}_2|^2}$$
$$=\sqrt{a_1^2+b_1^2}$$

두 벡터 $\mathbf{u}=(a_1, b_1)$, $\mathbf{v}=(a_2, b_2)$가 있다.

$\mathbf{u}=\mathbf{v}$이기 위한 필요충분조건은 $x_1=x_2$, $y_1=y_2$이다.

$$\begin{aligned}\mathbf{u}+\mathbf{v}&=(a_1, b_1)+(a_2, b_2)=(a_1\mathbf{i}+b_1\mathbf{j})+(a_2\mathbf{i}+b_2\mathbf{j})\\&=(a_1+a_2)\mathbf{i}+(b_1+b_2)\mathbf{j}=(a_1+a_2,\ b_1+b_2)\end{aligned}$$

• $\mathbf{u}-\mathbf{v}$
$=(x_1, y_1)-(x_2, y_2)$
$=(x_1\mathbf{i}+y_1\mathbf{j})-(x_2\mathbf{i}+y_2\mathbf{j})$
$=(x_1-x_2)\mathbf{i}+(y_1-y_2)\mathbf{j}$
$=(x_1-x_2,\ y_1-y_2)$

마찬가지로 $\mathbf{u}-\mathbf{v}=(a_1-a_2,\ b_1-b_2)$

또 실수 α에 대하여

$$\begin{aligned}\alpha\mathbf{u}&=\alpha(a_1, b_1)=\alpha(a_1\mathbf{i}+b_1\mathbf{j})=\alpha a_1\mathbf{i}+\alpha b_1\mathbf{j}\\&=(\alpha a_1,\ \alpha b_1)\end{aligned}$$

좌표평면에서 두 점 $\mathrm{P}(a_1, b_1)$, $\mathrm{Q}(a_2, b_2)$에 대한 위치벡터를 각각 $\overrightarrow{\mathrm{OP}}=\mathbf{u}$, $\overrightarrow{\mathrm{OQ}}=\mathbf{v}$라 하면

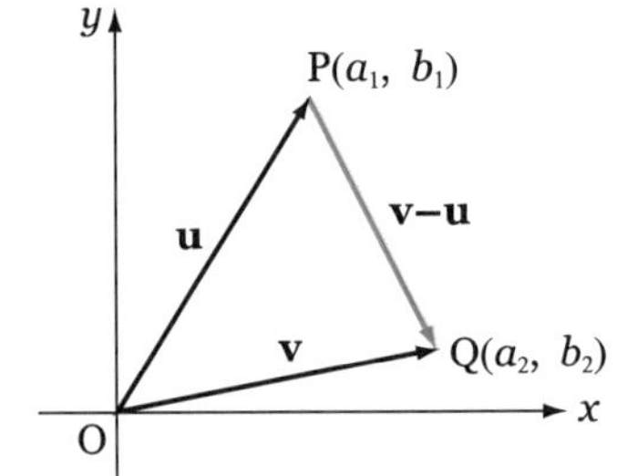

$$\begin{aligned}\overrightarrow{\mathrm{PQ}}&=\overrightarrow{\mathrm{OQ}}-\overrightarrow{\mathrm{OP}}\ (=\mathbf{v}-\mathbf{u})\\&=(a_2, b_2)-(a_1, b_1)\\&=(a_2-a_1,\ b_2-b_1)\end{aligned}$$

이므로 두 점 P와 Q 사이의 거리는

$$|\overrightarrow{\mathrm{PQ}}|=|\mathbf{v}-\mathbf{u}|=\sqrt{(a_2-a_1)^2+(b_2-b_1)^2}$$

이다.

길이가 1인 벡터를 단위벡터라 했다. 예를 들어 $\mathbf{u}=\dfrac{\sqrt{3}}{2}\mathbf{i}+\dfrac{1}{2}\mathbf{j}$일 때

$$|\mathbf{u}|=\sqrt{\left(\frac{\sqrt{3}}{2}\right)^2+\left(\frac{1}{2}\right)^2}=1$$

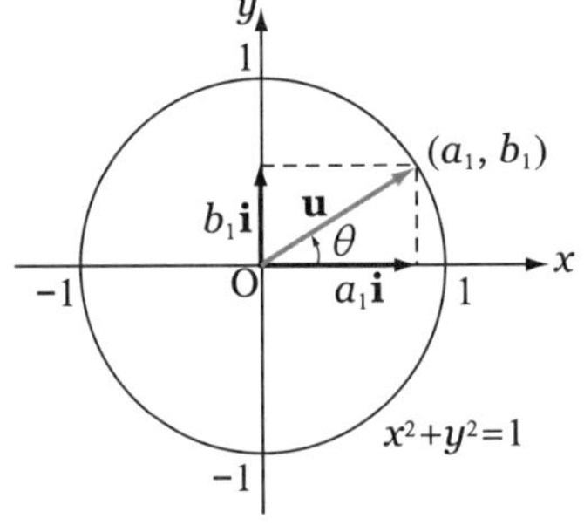

이므로 $\mathbf{u}$는 단위벡터이다. $\mathbf{u}=a_1\mathbf{i}+b_1\mathbf{j}$가 단위벡터라 하면 $|\mathbf{u}|=\sqrt{a_1^2+b_1^2}=1$이므로

$$a_1^2+b_1^2=1$$

이다. 따라서 $\mathbf{u}$는 중심이 원점, 반지름이 1인 단위원의 원주에 있는 점으로 나타낼 수 있는 벡터이다.

• $\mathbf{u}=(\cos\theta)\mathbf{i}+(\sin\theta)\mathbf{j}$ 일 때
$|\mathbf{u}|=\sqrt{\cos^2\theta+\sin^2\theta}$
$=1$

벡터 $\mathbf{u}$가 x축과 이룬 양의 방향의 각의 크기를 θ라 하면 그림에서 알 수 있는 것과 같이 $\mathbf{u}$는

$$\mathbf{u}=(\cos\theta)\mathbf{i}+(\sin\theta)\mathbf{j}$$

임의의 벡터 $\mathbf{v}=a\mathbf{i}+b\mathbf{j}\,(\neq 0)$가 있다. 이 $\mathbf{v}$와 방향이 같은 단위벡터를 $\mathbf{u}$라 하면 $\mathbf{u}$는 $\mathbf{v}$의 각 성분을 $\mathbf{v}$의 크기로 나눈 값을 성분으로 하는 벡터이다. 즉

$$\mathbf{u}=\frac{a}{\sqrt{a^2+b^2}}\mathbf{i}+\frac{b}{\sqrt{a^2+b^2}}\mathbf{j}$$

이다. 따라서 영벡터(0)가 아닌 벡터 $\mathbf{v}$와 방향이 같은 단위벡터는 $\dfrac{\mathbf{v}}{|\mathbf{v}|}$이다.

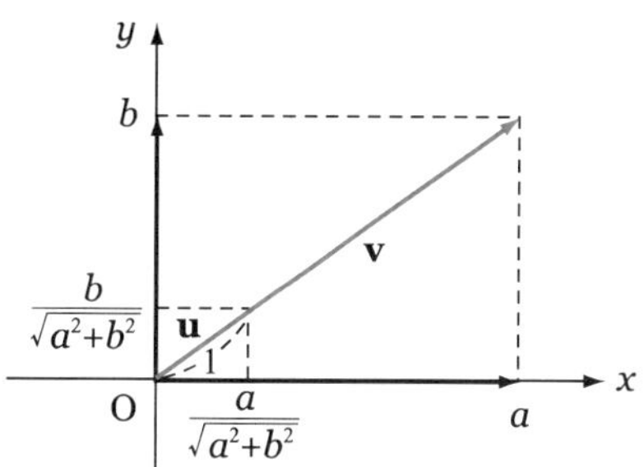

• $|\mathbf{u}|=\left(\frac{a}{\sqrt{a^2+b^2}}\right)^2+\left(\frac{b}{\sqrt{a^2+b^2}}\right)^2=1$이므로 $\mathbf{u}$는 단위벡터

예제 4.1-3 다음 벡터와 방향이 같은 단위벡터를 각각 구하여라.

(1) $\mathbf{v}=\mathbf{i}+\mathbf{j}$ (2) $\mathbf{v}=3\mathbf{i}-4\mathbf{j}$

풀이 (1) $|\mathbf{v}|=\sqrt{1^2+1^2}=\sqrt{2}$이므로 구하는 단위벡터는

$$\frac{\mathbf{v}}{|\mathbf{v}|}=\frac{1}{\sqrt{2}}\mathbf{i}+\frac{1}{\sqrt{2}}\mathbf{j}$$

(2) $|\mathbf{v}|=\sqrt{3^2+(-4)^2}=5$이므로 구하는 단위벡터는

$$\frac{\mathbf{v}}{|\mathbf{v}|}=\frac{3}{5}\mathbf{i}-\frac{4}{5}\mathbf{j}$$ ■

예제 4.1-4 벡터 $\mathbf{v}=-2\mathbf{i}+4\mathbf{j}$가 x축과 이룬 각의 크기를 $\theta(0\le\theta\le\pi)$라 할 때 $\cos\theta$와 $\sin\theta$를 각각 구하여라.

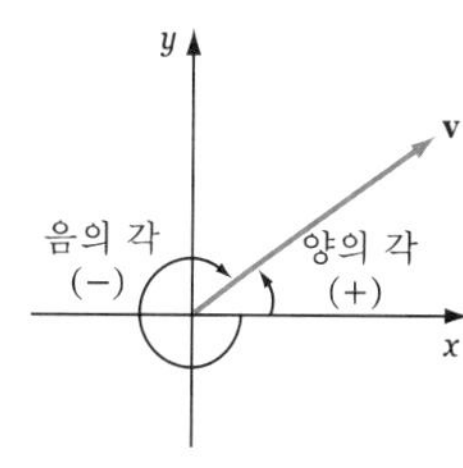

풀이 $\mathbf{v}$ 방향의 단위벡터는 $(\cos\theta)\mathbf{i}+(\sin\theta)\mathbf{j}$이고, 또

$$\frac{\mathbf{v}}{|\mathbf{v}|}=\frac{-2}{\sqrt{(-2)^2+4^2}}\mathbf{i}+\frac{4}{\sqrt{(-2)^2+4^2}}\mathbf{j}=-\frac{1}{\sqrt{5}}\mathbf{i}+\frac{2}{\sqrt{5}}\mathbf{j}$$ 이므로

$$\cos\theta=-\frac{1}{\sqrt{5}},\ \sin\theta=\frac{2}{\sqrt{5}}$$ ■

두 벡터 $\mathbf{u}$와 $\mathbf{v}$가 이루는 각의 크기를 θ라 하면 $\mathbf{u}$와 $\mathbf{v}$의 시점이 원점일 때 θ는 음이 아닌 작은 값의 각을 의미한다. 따라서 θ는

$$0\le\theta\le\pi$$

로 한다.

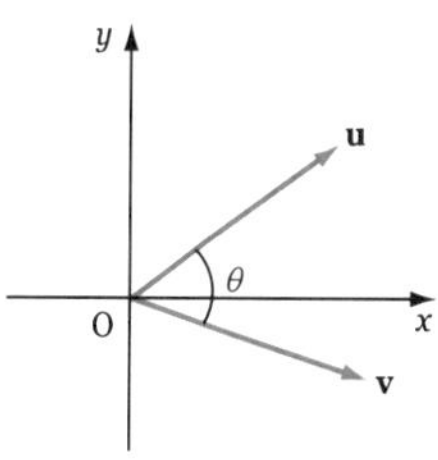

벡터의 내적에 대하여 정의하고 여러 가지 성질을 알아본다.

• 내적을 scalar product라고도 한다.

정의 4.1-3 내적

두 벡터 **u**와 **v**가 이루는 각의 크기가 $\theta(0 \le \theta \le \pi)$일 때 **u**와 **v**의 내적(inner product, dot product)을 $\mathbf{u} \cdot \mathbf{v}$로 나타내고 다음과 같이 정의한다.

$$\mathbf{u} \cdot \mathbf{v} = |\mathbf{u}||\mathbf{v}|\cos\theta$$

• $\mathbf{u} \cdot \mathbf{u} = |\mathbf{u}|^2$
$|\mathbf{u}| = \sqrt{\mathbf{u} \cdot \mathbf{u}}$

$\mathbf{u}=0$ 또는 $\mathbf{v}=0$일 때 $\mathbf{u} \cdot \mathbf{v}=0$으로 한다.

같은 두 벡터의 내적은 두 벡터가 이룬 각의 크기가 0이므로

$$\mathbf{u} \cdot \mathbf{u} = |\mathbf{u}||\mathbf{u}|\cos 0 = |\mathbf{u}||\mathbf{u}| \cdot 1$$

즉 $$\mathbf{u} \cdot \mathbf{u} = |\mathbf{u}|^2, \text{ 또 } |\mathbf{u}| = \sqrt{\mathbf{u} \cdot \mathbf{u}}$$

• 영벡터가 아닌 두 벡터 사이의 각이 $\frac{\pi}{2}$일 때 이 두 벡터는 수직(orthogonal, perpendicular)이라 한다.

영벡터가 아닌 두 벡터 **u**와 **v**가 수직이면 $\mathbf{u} \perp \mathbf{v}$와 같이 나타내고 두 벡터 사이의 각이 $\pi/2$로 $\cos(\pi/2)=0$이므로

$$\mathbf{u} \cdot \mathbf{v} = 0$$

이다. 역으로 영벡터가 아닌 두 벡터 **u**, **v**에 대하여 $\mathbf{u} \cdot \mathbf{v}=0$이면 $\cos\theta=0$, $0 \le \theta \le \pi$에서 $\theta=\pi/2$, 즉

$$\mathbf{u} \perp \mathbf{v}$$

이것을 정리하면 다음과 같다.

• $\mathbf{u} \perp \mathbf{v} \Leftrightarrow \mathbf{u} \cdot \mathbf{v} = 0$

영벡터가 아닌 두 벡터 **u**와 **v**가 수직이기 위한 필요충분조건은

$$\mathbf{u} \cdot \mathbf{v} = 0$$

이다.

• 영벡터가 아닌 두 벡터 사이의 각이 0 또는 π일 때, 이 두 벡터는 평행(parallel)이라 한다.
• 평행인 두 벡터는 방향이 같거나 반대이다.

영벡터가 아닌 두 벡터 **u**, **v**가 평행이면 두 벡터 사이의 각 θ는 $\theta=0$ 또는 $\theta=\pi$이므로

$$\mathbf{u} \cdot \mathbf{v} = |\mathbf{u}||\mathbf{v}|\cos 0 = |\mathbf{u}||\mathbf{v}|$$

또는 $$\mathbf{u} \cdot \mathbf{v} = |\mathbf{u}||\mathbf{v}|\cos\pi = -|\mathbf{u}||\mathbf{v}|$$

• $\mathbf{u} /\!/ \mathbf{v} \Leftrightarrow \mathbf{u} \cdot \mathbf{v} = \pm|\mathbf{u}||\mathbf{v}|$

역으로 $\mathbf{u} \cdot \mathbf{v} = |\mathbf{u}||\mathbf{v}|$ 또는 $\mathbf{u} \cdot \mathbf{v} = -|\mathbf{u}||\mathbf{v}|$이면 $\cos\theta=1$ 또는 $\cos\theta=-1$이므로 $\theta=0$ 또는 π, 즉 **u**와 **v**는 평행이다.

이것을 정리하면 다음과 같다.

영벡터가 아닌 두 벡터 **u**와 **v**가 평행이기 위한 필요충분조건은

$$\mathbf{u}\cdot\mathbf{v}=|\mathbf{u}||\mathbf{v}| \text{ 또는 } \mathbf{u}\cdot\mathbf{v}=-|\mathbf{u}||\mathbf{v}|$$

이다.

벡터의 내적을 벡터의 성분으로 나타내자. 영벡터가 아닌 두 벡터 **u**, **v**에 대하여 $\overrightarrow{OP}=\mathbf{u}$, $\overrightarrow{OQ}=\mathbf{v}$, $\angle POQ=\theta$라 한다.

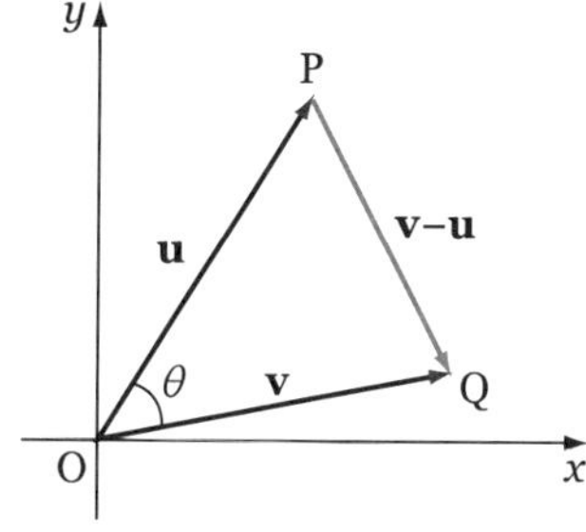

$$\mathbf{u}\cdot\mathbf{v}=|\mathbf{u}||\mathbf{v}|\cos\theta$$
$$=|\overrightarrow{OP}||\overrightarrow{OQ}|\cos\theta \quad \cdots ①$$

$\triangle POQ$에서 코사인법칙을 적용하면

$$|\overrightarrow{PQ}|^2=|\overrightarrow{OP}|^2+|\overrightarrow{OQ}|^2-2|\overrightarrow{OP}||\overrightarrow{OQ}|\cos\theta \quad \cdots ②$$

또 $\overrightarrow{PQ}=\overrightarrow{OQ}-\overrightarrow{OP}=\mathbf{v}-\mathbf{u}$ $\cdots$ ③

①, ②, ③에서 $|\mathbf{v}-\mathbf{u}|^2=|\mathbf{u}|^2+|\mathbf{v}|^2-2\mathbf{u}\cdot\mathbf{v}$ $\cdots$ ④

이제 좌표평면에서 두 벡터 **u**, **v**를 $\mathbf{u}=(a_1, a_2)$, $\mathbf{v}=(b_1, b_2)$라 하면 ④에서

$$(b_1-a_1)^2+(b_2-a_2)^2=(a_1^2+a_2^2)+(b_1^2+b_2^2)-2\mathbf{u}\cdot\mathbf{v}$$

그러므로

$$\boxed{\mathbf{u}\cdot\mathbf{v}=a_1b_1+a_2b_2}$$

• 코사인법칙

A, B, C, a, b, c

$a^2=b^2+c^2-2bc\cos A$
$b^2=c^2+a^2-2ca\cos B$
$c^2=a^2+b^2-2ab\cos C$

• $\mathbf{v}-\mathbf{u}=(b_1-a_1, b_2-a_2)$

예제 4.1-5 $\mathbf{u}=(-1, 5)$, $\mathbf{v}=(3, 2)$일 때 $\mathbf{u}\cdot\mathbf{v}=(-1)\cdot3+5\cdot2=7$이다.■

영벡터가 아닌 두 벡터 **u**와 **v**의 내적 $\mathbf{u}\cdot\mathbf{v}=|\mathbf{u}||\mathbf{v}|\cos\theta$에서 **u**와 **v**가 이루는 각 θ는

$$\boxed{\cos\theta=\frac{\mathbf{u}\cdot\mathbf{v}}{|\mathbf{u}||\mathbf{v}|}}$$

로 그 크기를 구할 수 있다.

• $\cos\theta=\frac{\mathbf{u}\cdot\mathbf{v}}{|\mathbf{u}||\mathbf{v}|}$
$\Rightarrow \theta=\cos^{-1}\frac{\mathbf{u}\cdot\mathbf{v}}{|\mathbf{u}||\mathbf{v}|}$

예제 4.1-6 다음과 같은 두 벡터 **u**와 **v**가 이룬 각을 구하여라.

(1) $\mathbf{u}=(-1, 3)$, $\mathbf{v}=(3, -9)$ (2) $\mathbf{u}=(-2, 5)$, $\mathbf{v}=(-5, -2)$

풀이 (1) $\cos\theta=\frac{\mathbf{u}\cdot\mathbf{v}}{|\mathbf{u}||\mathbf{v}|}=\frac{(-1)3+3(-9)}{\sqrt{(-1)^2+3^2}\sqrt{3^2+(-9)^2}}$

$$=\frac{-30}{\sqrt{10}\cdot3\sqrt{10}}=\frac{-30}{3\cdot10}=-1$$

따라서 두 벡터 $\mathbf{u}\cdot\mathbf{v}$ 사이의 각은 π이고 방향은 반대이다.

(2) $\mathbf{u}\cdot\mathbf{v}=(-2)(-5)+5(-2)=0$이므로 $\cos\theta=0$이다. 따라서 $\theta=\pi/2$ 즉, 두 벡터 **u**, **v**는 수직이다. ■

예제 4.1-7 두 벡터 $\mathbf{u}=(1, 3)$, $\mathbf{v}=(3, -5)$ 사이의 각을 구하여라.

풀이 구하는 각을 θ라 하면

$$\cos\theta = \frac{\mathbf{u}\cdot\mathbf{v}}{|\mathbf{u}||\mathbf{v}|} = \frac{1\cdot 3+3(-5)}{\sqrt{1^2+3^2}\sqrt{3^2+(-5)^2}} = \frac{-12}{\sqrt{10}\sqrt{34}}$$

$$= \frac{-12}{\sqrt{340}} \doteqdot \frac{-12}{18.4391} \doteqdot -0.6508$$

$$\therefore\ \theta \doteqdot \cos^{-1}(-0.6508) \doteqdot 130.6015^\circ\ (0.7256\pi)$$ ■

벡터의 내적에 대하여 다음 성질이 성립한다.

• (1) $\mathbf{u}\cdot\mathbf{u}=|\mathbf{u}||\mathbf{u}|\cos 0$
$=|\mathbf{u}||\mathbf{u}|\cdot 1$
$=|\mathbf{u}|^2 \geq 0$
(등호는 $\mathbf{u}=0$일 때)

정리 4.1-2

벡터 $\mathbf{u}$, $\mathbf{v}$, $\mathbf{w}$와 실수 α에 대하여

(1) $\mathbf{u}\cdot\mathbf{u}=|\mathbf{u}|^2 \geq 0$

($\mathbf{u}\cdot\mathbf{u}=0 \Leftrightarrow \mathbf{u}=0$)

(2) $\mathbf{u}\cdot\mathbf{v}=\mathbf{v}\cdot\mathbf{u}$ (교환법칙)

(3) $\alpha\mathbf{u}\cdot\mathbf{v}=\mathbf{u}\cdot\alpha\mathbf{v}=\alpha(\mathbf{u}\cdot\mathbf{v})$

(4) $\mathbf{u}\cdot(\mathbf{v}+\mathbf{w})=\mathbf{u}\cdot\mathbf{v}+\mathbf{u}\cdot\mathbf{w}$ (분배법칙)

$(\mathbf{u}+\mathbf{v})\cdot\mathbf{w}=\mathbf{u}\cdot\mathbf{w}+\mathbf{v}\cdot\mathbf{w}$

증명 (2) $\mathbf{u}=(a_1, a_2)$, $\mathbf{v}=(b_1, b_2)$라 하면

$$\begin{aligned}\mathbf{u}\cdot\mathbf{v} &= (a_1, a_2)\cdot(b_1, b_2)\\ &= a_1b_1+a_2b_2\\ &= b_1a_1+b_2a_2\\ &= (b_1, b_2)\cdot(a_1, a_2)\\ &= \mathbf{v}\cdot\mathbf{u}\end{aligned}$$

• $a_1b_1+a_2b_2$
$=(a_1, a_2)\cdot(b_1, b_2)$
$=\mathbf{u}\cdot\mathbf{v}$

• $a_1c_1+a_2c_2$
$=(a_1, a_2)\cdot(c_1, c_2)$
$=\mathbf{u}\cdot\mathbf{w}$

• 정리 4.1-2의 (3)도 같은 방법으로 쉽게 증명된다.

(4) $\mathbf{u}=(a_1, a_2)$, $\mathbf{v}=(b_1, b_2)$, $\mathbf{w}=(c_1, c_2)$라 하면

$$\begin{aligned}\mathbf{u}\cdot(\mathbf{v}+\mathbf{w}) &= (a_1, a_2)\cdot\{(b_1, b_2)+(c_1, c_2)\}\\ &= (a_1, a_2)\cdot(b_1+c_1, b_2+c_2)\\ &= a_1(b_1+c_1)+a_2(b_2+c_2)\\ &= a_1b_1+a_2b_2+a_1c_1+a_2c_2\\ &= \mathbf{u}\cdot\mathbf{v}+\mathbf{u}\cdot\mathbf{w}\end{aligned}$$ ■

예제 4.1-8 다음을 각각 증명하여라.

(1) $|\mathbf{u}+\mathbf{v}|^2=|\mathbf{u}|^2+2\mathbf{u}\cdot\mathbf{v}+|\mathbf{v}|^2$ (2) $|\mathbf{u}\cdot\mathbf{v}|\le|\mathbf{u}||\mathbf{v}|$

증명 (1)

$$\begin{aligned}|\mathbf{u}+\mathbf{v}|^2&=(\mathbf{u}+\mathbf{v})\cdot(\mathbf{u}+\mathbf{v})\\&=(\mathbf{u}+\mathbf{v})\cdot\mathbf{u}+(\mathbf{u}+\mathbf{v})\cdot\mathbf{v}\\&=\mathbf{u}\cdot\mathbf{u}+\mathbf{v}\cdot\mathbf{u}+\mathbf{u}\cdot\mathbf{v}+\mathbf{v}\cdot\mathbf{v}\\&=|\mathbf{u}|^2+\mathbf{u}\cdot\mathbf{v}+\mathbf{u}\cdot\mathbf{v}+|\mathbf{v}|^2\\&=|\mathbf{u}|^2+2\mathbf{u}\cdot\mathbf{v}+|\mathbf{v}|^2\end{aligned}$$

• $|\mathbf{u}|^2=\mathbf{u}\cdot\mathbf{u}$
$|\mathbf{v}|^2=\mathbf{v}\cdot\mathbf{v}$

(2) $|\mathbf{u}\cdot\mathbf{v}|=|\mathbf{u}||\mathbf{v}||\cos\theta|$에서

(i) $\mathbf{v}$가 $\mathbf{u}$의 스칼라배가 아니면 $\theta\neq0$이므로

$$|\cos\theta|<1$$

$$\therefore\ |\mathbf{u}\cdot\mathbf{v}|=|\mathbf{u}||\mathbf{v}||\cos\theta|<|\mathbf{u}||\mathbf{v}|$$

(ii) $\mathbf{v}$가 $\mathbf{u}$의 스칼라배이면 $\theta=0$이므로

$$|\cos\theta|=1$$

$$\therefore\ |\mathbf{u}\cdot\mathbf{v}|=|\mathbf{u}||\mathbf{v}|$$

(i), (ii)에 의하여 $|\mathbf{u}\cdot\mathbf{v}|\le|\mathbf{u}||\mathbf{v}|$ ■

연습문제 4.1

1. 오른쪽 그림의 정육각형에서 다음 벡터에 해당하는 벡터를 모두 말하여라.

(1) $\overrightarrow{AB}$와 같은(방향, 크기) 벡터

(2) $\overrightarrow{CF}$와 평행이고 방향이 같은 벡터

(3) $\overrightarrow{BE}$와 평행이고 방향이 반대인 벡터

(4) 2배하여 $\overrightarrow{CF}$와 같은 벡터

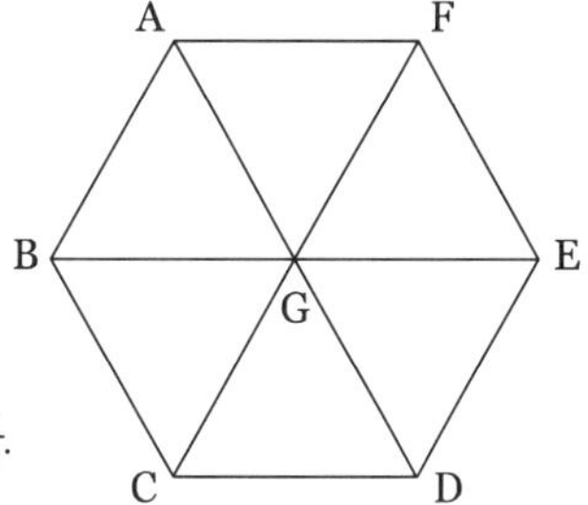

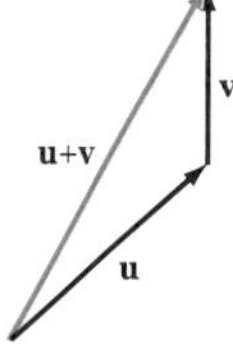

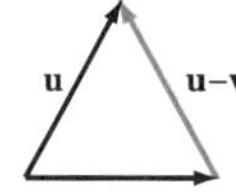

2. 문제 1의 정육각형에서 다음과 같은 벡터를 찾아라.

(1) $\overrightarrow{BA}+\overrightarrow{AG}$

(2) $2(\overrightarrow{CD}+\overrightarrow{DG})$

(3) $\overrightarrow{BA}+\overrightarrow{AF}$ (4) $\overrightarrow{CD}-\overrightarrow{ED}$

(5) $\overrightarrow{BA}+\overrightarrow{AF}+\overrightarrow{FE}$ (6) $\overrightarrow{CD}-\overrightarrow{ED}-\overrightarrow{FE}$

• $\mathbf{v}=(a,\ b)$
$|\mathbf{v}| = \sqrt{a^2+b^2}$

3. 다음 벡터의 크기를 각각 구하여라.

(1) $\mathbf{v}=(2\sqrt{3},\ 2)$ (2) $\mathbf{v}=(-3,\ 3)$

(3) $\mathbf{v}=(-2,\ -6)$ (4) $\mathbf{v}=(4,\ -3)$

4. $\mathbf{u}=(-2,\ 3)$, $\mathbf{v}=(4,\ -5)$일 때 다음 벡터를 각각 구하여라.

(1) $-4\mathbf{u}$ (2) $\mathbf{u}+\mathbf{v}$

(3) $\mathbf{u}-\mathbf{v}$ (4) $2\mathbf{v}-3\mathbf{u}$

5. $\mathbf{i}$, $\mathbf{j}$를 성분으로 나타내고 단위벡터임을 보여라.

• $\dfrac{\mathbf{v}}{|\mathbf{v}|}$: 단위벡터

6. 다음 벡터와 방향이 같은 단위벡터를 구하여라.

(1) $\mathbf{v}=(3,\ -3\sqrt{3})$ (2) $\mathbf{v}=-\mathbf{i}+\mathbf{j}$

(3) $\mathbf{v}=(-4,\ 2)$ (4) $\mathbf{v}=2\alpha\mathbf{i}+2\alpha\mathbf{j}\ \ (\alpha \neq 0)$

• $\dfrac{\mathbf{v}}{|\mathbf{v}|}=(\cos\theta)\mathbf{i}+(\sin\theta)\mathbf{j}$

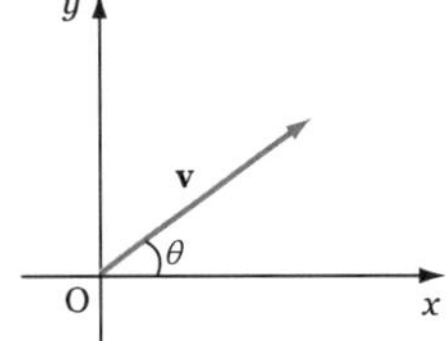

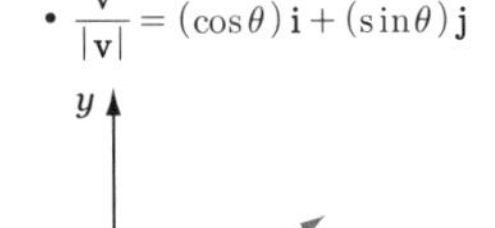

7. 다음 벡터가 x축과 이룬 각의 크기를 $\theta(0 \leq \theta \leq \pi)$라 할 때 $\cos\theta$와 $\sin\theta$의 값을 각각 구하여라.

(1) $\mathbf{v}=\mathbf{i}-\mathbf{j}$ (2) $\mathbf{v}=-2\mathbf{i}+3\mathbf{j}$

(3) $\mathbf{v}=2\mathbf{i}+\mathbf{j}$ (4) $\mathbf{v}=-\sqrt{3}\mathbf{i}-\mathbf{j}$

8. 다음 두 벡터 사이의 각을 θ라 할 때, 두 벡터의 내적과 $\cos\theta$의 값을 각각 구하여라.

• $\cos\theta = \dfrac{\mathbf{u}\cdot\mathbf{v}}{|\mathbf{u}||\mathbf{v}|}$

(1) $\mathbf{u}=\mathbf{i}+\mathbf{j}$, $\mathbf{u}=-\mathbf{i}+\mathbf{j}$ (2) $\mathbf{u}=\alpha\mathbf{i}$, $\mathbf{v}=\beta\mathbf{j}\ \ (\alpha \neq 0,\ \beta \neq 0)$

(3) $\mathbf{u}=4\mathbf{i}+2\mathbf{j}$, $\mathbf{v}=2\mathbf{i}+4\mathbf{j}$ (4) $\mathbf{u}=3\mathbf{i}+5\mathbf{j}$, $\mathbf{v}=-2\mathbf{i}+4\mathbf{j}$

(5) $\mathbf{u}=4\mathbf{i}+3\mathbf{j}$, $\mathbf{v}=-2\mathbf{i}-4\mathbf{j}$

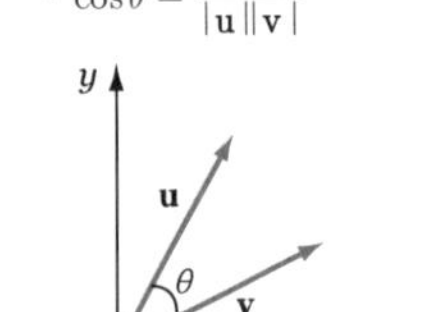

9. 두 벡터 $\mathbf{u}=3\mathbf{i}-4\mathbf{j}$, $\mathbf{v}=2\mathbf{i}+a\mathbf{j}$에 대하여 다음을 만족하는 실수 a의 값을 정하여라.

(1) $\mathbf{u}$와 $\mathbf{v}$는 수직이다. (2) $\mathbf{u}$와 $\mathbf{v}$는 평행이다.

(3) $\mathbf{u}$와 $\mathbf{v}$의 사이의 각은 $\pi/4$이다. (4) $\mathbf{u}$와 $\mathbf{v}$의 사이의 각은 $\pi/3$이다.

• $\mathbf{u}+\mathbf{v} \Leftrightarrow \mathbf{u}\cdot\mathbf{v}=0$
• $\mathbf{u}/\!/\mathbf{v} \Leftrightarrow \mathbf{u}\cdot\mathbf{v}=\pm|\mathbf{u}||\mathbf{v}|$
• $|\mathbf{v}|^2=\mathbf{v}\cdot\mathbf{v}$

10. 두 벡터 $\mathbf{u}$, $\mathbf{v}$에 대하여 다음이 성립함을 증명하여라.

(1) $(\mathbf{u}+\mathbf{v})\cdot(\mathbf{u}-\mathbf{v})=|\mathbf{u}|^2-|\mathbf{v}|^2$

(2) $|\mathbf{u}+\mathbf{v}|^2+|\mathbf{u}-\mathbf{v}|^2=2(|\mathbf{u}|^2+|\mathbf{v}|^2)$

4.2 공간의 벡터

평면에서 벡터의 기본 성질은 공간에서도 성립한다. 오른쪽 직육면체의 그림에서

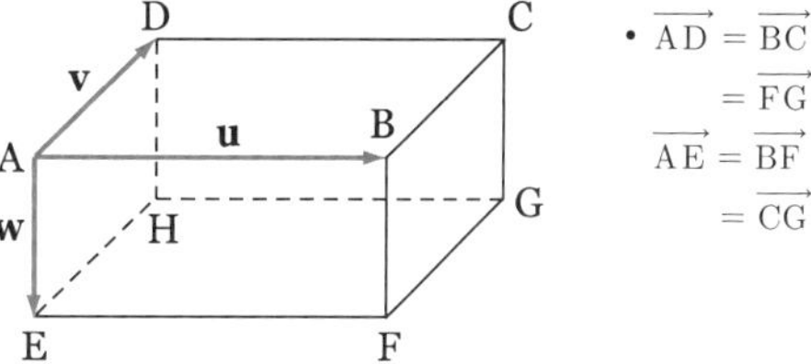

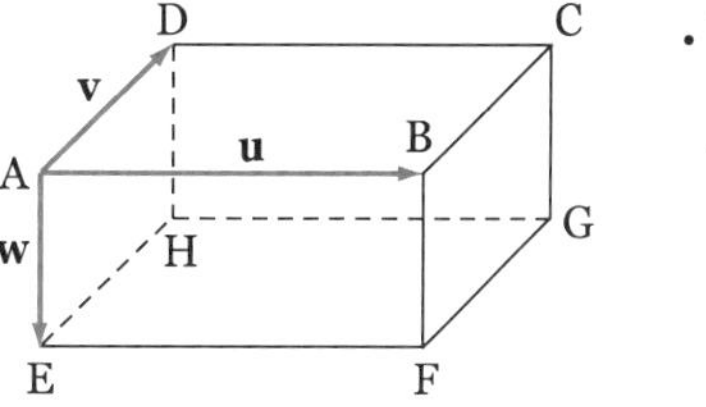

$$\overrightarrow{AB}=\mathbf{u},\ \overrightarrow{AD}=\mathbf{v},\ \overrightarrow{AE}=\mathbf{w}$$

• $\overrightarrow{AD}=\overrightarrow{BC}=\overrightarrow{FG}=\overrightarrow{EH}=\mathbf{v}$
$\overrightarrow{AE}=\overrightarrow{BF}=\overrightarrow{CG}=\overrightarrow{DH}=\mathbf{w}$

라 하면 $\overrightarrow{AB}=\overrightarrow{DC}=\overrightarrow{HG}=\overrightarrow{EF}=\mathbf{u}$이고, $\overrightarrow{AB}+\overrightarrow{AD}=\overrightarrow{AB}+\overrightarrow{BC}=\overrightarrow{AC}=\mathbf{u}+\mathbf{v}$이고, $\overrightarrow{AC}+\overrightarrow{CG}=\overrightarrow{AG}=\mathbf{u}+\mathbf{v}+\mathbf{w}$이다. 또 $\overrightarrow{AD}=-\overrightarrow{HE}$, $\overrightarrow{AD}\perp\overrightarrow{AE}$, $\overrightarrow{AB}\,/\!/\,\overrightarrow{DC}$이다. 그 밖에도 평면의 벡터와 같은 성질(정리 4.1-1)이 성립한다.

공간에서 한 점 O를 고정하고 $\overrightarrow{OP}=\mathbf{u}$인 점 P를 정할 때 벡터 $\overrightarrow{OP}$를 점 O에 대한 위치벡터(position vector)라 한다. 이때 이 위치벡터의 시점 O를 좌표공간($\mathbb{R}^3$)에서 원점으로 한다.

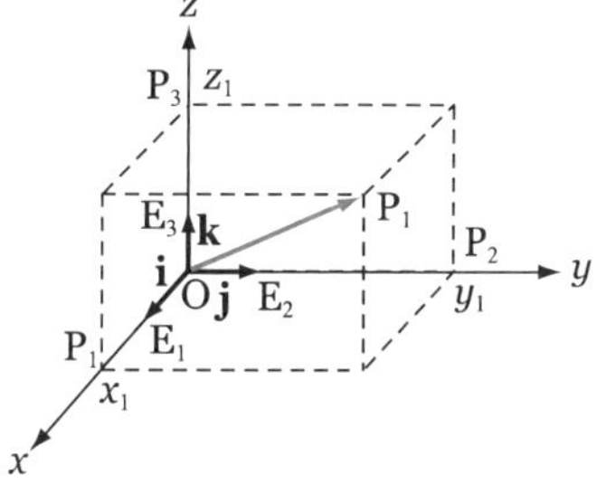

• 세 실수의 모든 순서쌍 $(x_1,\ x_2,\ x_3)$의 집합을 $\mathbb{R}^3$으로 나타낸다.

• 세 실수의 순서쌍$(x_1,\ x_2,\ x_3)$을 순서 세 짝, 즉 ordered triple이라 한다.

좌표공간에서 세 점 $E_1(1,0,0)$, $E_2(0,1,0)$, $E_3(0,0,1)$의 원점 O에 대한 위치벡터 $\overrightarrow{OE}_1$, $\overrightarrow{OE}_2$, $\overrightarrow{OE}_3$를 각각

$$\overrightarrow{OE}_1=\mathbf{i},\ \overrightarrow{OE}_2=\mathbf{j},\ \overrightarrow{OE}_3=\mathbf{k}$$

라 하면 $|\mathbf{i}|=1$, $|\mathbf{j}|=1$, $|\mathbf{k}|=1$이므로 $\mathbf{i}$, $\mathbf{j}$, $\mathbf{k}$는 단위벡터이다.

• 좌표공간은 세 개의 좌표평면(coordinate planes)으로 구성되었다. 즉 xy평면(xy-plane), yz평면(yz-plane), xz평면(xz-plane). 이 세 평면은 좌표공간을 8개의 공간(octants)으로 나눈다.

위치벡터 $\overrightarrow{OP}=\mathbf{u}$에서 P의 좌표를 (x_1,y_1,z_1)이라 하고 벡터 $\overrightarrow{OP}$의 x축, y축, z축에 내린 정사영을 $\overrightarrow{OP}_1$, $\overrightarrow{OP}_2$, $\overrightarrow{OP}_3$라 하면 $\overrightarrow{OP}_1=x_1\mathbf{i}$, $\overrightarrow{OP}_2=y_1\mathbf{j}$, $\overrightarrow{OP}_3=z_1\mathbf{k}$이고 $\overrightarrow{OP}=\overrightarrow{OP}_1+\overrightarrow{OP}_2+\overrightarrow{OP}_3$이므로

• $\mathbf{i}=(1,0,0)$, $\mathbf{j}=(0,1,0)$, $\mathbf{k}=(0,0,1)$을 $\mathbb{R}^3$의 표준단위벡터라고도 한다.

$$\overrightarrow{OP}=\mathbf{u}=x_1\mathbf{i}+y_1\mathbf{j}+z_1\mathbf{k}$$

로 나타내어진다. 여기서 실수 x_1, y_1, z_1은 벡터 $\mathbf{u}$의 성분으로 각각 x성분, y성분, z성분이라 하며 $\mathbf{u}=x_1\mathbf{i}+y_1\mathbf{j}+z_1\mathbf{k}$를 세 수의 순서쌍으로

$$\mathbf{u}=(x_1,y_1,z_1)$$

와 같이 좌표공간($\mathbb{R}^3$)에서 벡터 $\mathbf{u}$를 성분 표시한다.

• 앞에서 설명한 좌표계(coordinate system)를 직교좌표계(rectangular coordinate system or Cartesian coordinate system)이라 한다.

그리고 벡터 $\mathbf{u}=(x_1, y_1, z_1)$의 크기는 $\overrightarrow{OP}$의 길이이므로 앞의 그림에서

$$|\mathbf{u}|=|\overrightarrow{OP}|=\sqrt{|\overrightarrow{OP}_1|^2+|\overrightarrow{OP}_2|^2+|\overrightarrow{OP}_3|^2}$$
$$=\sqrt{x_1^2+y_1^2+z_1^2}$$

이다.

평면에서와 같이 좌표공간에서 두 벡터 $\mathbf{u}=(x_1, y_1, z_1)$, $\mathbf{v}=(x_2, y_2, z_2)$에 대하여 $\mathbf{u}=\mathbf{v}$이기 위한 필요충분조건은 $x_1=x_2$, $y_1=y_2$, $z_1=z_2$이다.

그리고

$$\mathbf{u}+\mathbf{v}=(x_1, y_1, z_1)+(x_2, y_2, z_2)$$
$$=x_1\mathbf{i}+y_1\mathbf{j}+z_1\mathbf{k}+x_2\mathbf{i}+y_2\mathbf{j}+z_2\mathbf{k}$$
$$=(x_1+x_2)\mathbf{i}+(y_1+y_2)\mathbf{j}+(z_1+z_2)\mathbf{k}$$
$$=(x_1+x_2, y_1+y_2, z_1+z_2)$$

마찬가지로 $\mathbf{u}-\mathbf{v}=(x_1-x_2,\ y_1-y_2,\ z_1-z_2)$

또 실수 α에 대하여

• 두 점 $P(x_1, y_1, z_1)$와 $Q(x_2, y_2, z_2)$ 사이의 거리는 $|\overrightarrow{PQ}|=\overline{PQ}=\sqrt{(x_2-x_1)^2+(y_2-y_1)^2+(z_2-z_1)^2}$

$$\alpha\mathbf{u}=\alpha(x_1,\ y_1,\ z_1)=\alpha(x_1\mathbf{i}+y_1\mathbf{j}+z_1\mathbf{k})$$
$$=\alpha x_1\mathbf{i}+\alpha y_1\mathbf{j}+\alpha z_1\mathbf{k}$$
$$=(\alpha x_1, \alpha y_1, \alpha z_1)$$

영벡터가 아닌 벡터 $\mathbf{v}$와 방향이 같은 단위벡터는 $\dfrac{\mathbf{v}}{|\mathbf{v}|}$로 평면에서와 같다.

예제 4.2-1 두 점 $P(-1, 3, 2)$, $Q(5, -3, 4)$가 있다. $\overrightarrow{OP}=\mathbf{u}$, $\overrightarrow{OQ}=\mathbf{v}$라 할 때 다음을 각각 구하여라.

(1) $\mathbf{u}+\mathbf{v}$ (2) $\mathbf{u}-\mathbf{v}$ (3) $-3\mathbf{u}$

(4) $|\overrightarrow{PQ}|$ (5) $\mathbf{v}$ 방향의 단위벡터

풀이 $\mathbf{u}=(-1, 3, 2)$, $\mathbf{v}=(5, -3, 4)$이므로

(1) $\mathbf{u}+\mathbf{v}=(-1+5, 3-3, 2+4)=(4, 0, 6)$

(2) $\mathbf{u}-\mathbf{v}=(-1-5, 3-(-3), 2-4)=(-6, 6, -2)$

(3) $-3\mathbf{u}=(3(-1), 3\cdot 3, 3\cdot 2)=(-3, 9, 6)$

(4) $|\overrightarrow{PQ}|=|\overrightarrow{OQ}-\overrightarrow{OP}|=|\mathbf{v}-\mathbf{u}|=|(6, -6, 2)|=\sqrt{6^2+(-6)^2+2^2}=\sqrt{76}$

(5) $\dfrac{\mathbf{v}}{|\mathbf{v}|}=\dfrac{(5, -3, 4)}{\sqrt{5^2+(-3)^2+4^2}}=\dfrac{(5, -3, 4)}{\sqrt{50}}=\dfrac{1}{5\sqrt{2}}(5\mathbf{i}-3\mathbf{j}+4\mathbf{k})$ ■

오른쪽 그림에서 벡터 $\mathbf{v}$와 x축, y축, z축 사이의 각을 차례로 α, β, γ라 한다. 이때 이 α, β, γ를 벡터 $\mathbf{v}$의 방향각(direction angles)이라 한다. 여기서 x, y, z축은 양의 부분이고 α, β, γ는 $[0, \pi]$에 속한다.

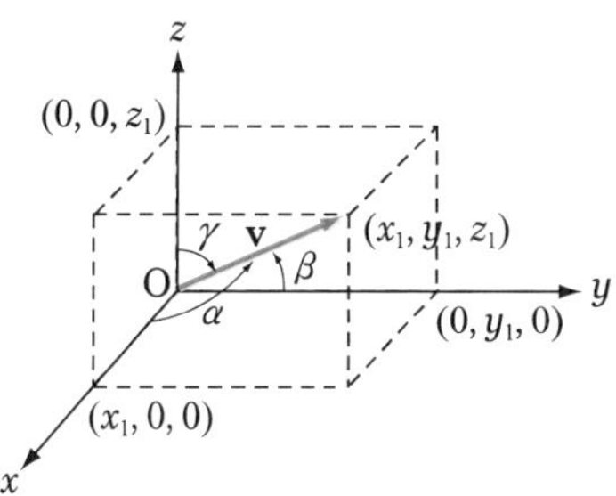

• $0 \le \alpha \le \pi$
$0 \le \beta \le \pi$
$0 \le \gamma \le \pi$

$\overrightarrow{OP} = \mathbf{v} = (x_1, y_1, z_1)$라 할 때 이 오른쪽 그림에서 다음과 같은 결과를 얻을 수 있다.

$$\cos\alpha = \frac{x_1}{|\mathbf{v}|}, \ \cos\beta = \frac{y_1}{|\mathbf{v}|}, \ \cos\gamma = \frac{z_1}{|\mathbf{v}|}$$

이것을 벡터 $\mathbf{v}$의 방향코사인(direction cosines)이라 한다.

여기서 $|\mathbf{v}|^2 = x_1^2 + y_1^2 + z_1^2$이므로

$$\cos^2\alpha + \cos^2\beta + \cos^2\gamma = 1$$

이다. α, β, γ가 0과 π 사이의 각이고 $\cos^2\alpha + \cos^2\beta + \cos^2\gamma = 1$이므로 벡터 $(\cos\alpha, \cos\beta, \cos\gamma)$는 단위벡터이다.

• $\cos^2\alpha + \cos^2\beta + \cos^2\gamma$
$= \frac{x_1^2 + y_1^2 + z_1^2}{|\mathbf{v}|^2}$
$= \frac{x_1^2 + y_1^2 + z_1^2}{x_1^2 + y_1^2 + z_1^2} = 1$

• $\mathbf{v} = (x_1, y_1, z_1)$, $|\mathbf{v}| \ne 1$일 때 x_1, y_1, z_1를 $\mathbf{v}$의 방향수(direction numbers)라 한다.

예제 4.2-2 벡터 $\mathbf{v} = (1, -2, 3)$의 방향코사인 $\cos\alpha, \cos\beta, \cos\gamma$를 구하여라. 또 α, β, γ도 구하여라.

풀이 $|\mathbf{v}| = \sqrt{1^2 + (-2)^2 + 3^2} = \sqrt{14} \doteqdot 3.7417$

$$\cos\alpha = \frac{1}{\sqrt{14}} \doteqdot \frac{1}{3.7417} \doteqdot 0.2673$$

$$\cos\beta = \frac{-2}{\sqrt{14}} \doteqdot \frac{-2}{3.7417} \doteqdot -0.5345$$

$$\cos\gamma = \frac{3}{\sqrt{14}} \doteqdot \frac{3}{3.7417} \doteqdot 0.8018$$

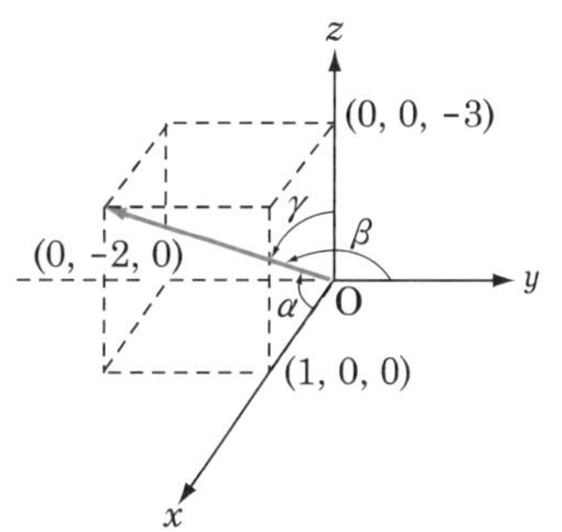

• $\cos\alpha, \cos\beta, \cos\gamma$에서 α, β, γ는 삼각함수표(수표)와 계산기를 사용하여 구한다.

$$\therefore \ \alpha = \cos^{-1}(0.2673) = 74.4930^\circ \ (\doteqdot 0.4139\pi)$$

$$\beta = \cos^{-1}(-0.5345) = 122.3130^\circ \ (\doteqdot 0.6795\pi)$$

$$\gamma = \cos^{-1}(0.8018) = 36.3077^\circ \ (\doteqdot 0.2017\pi)$$

■

공간에서 두 벡터 $\mathbf{u}$와 $\mathbf{v}$의 내적은 평면의 경우와 같이 정의한다. 즉

$$\mathbf{u}\cdot\mathbf{v}=|\mathbf{u}||\mathbf{v}|\cos\theta$$

θ는 두 벡터 $\mathbf{u}$와 $\mathbf{v}$ 사이의 각이고 $0\le\theta\le\pi$이다.

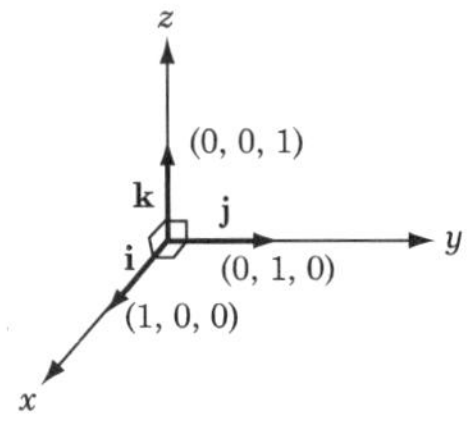

영벡터가 아닌 두 벡터 $\mathbf{u}$와 $\mathbf{v}$가 수직이기 위한 필요충분조건은

$$\mathbf{u}\cdot\mathbf{v}=0$$

이고, 평행이기 위한 필요충분조건은

$$\mathbf{u}\cdot\mathbf{v}=\pm|\mathbf{u}||\mathbf{v}|$$

따라서 $\mathbf{i}\cdot\mathbf{i}=1,\ \mathbf{j}\cdot\mathbf{j}=1,\ \mathbf{k}\cdot\mathbf{k}=1$

$$\mathbf{i}\cdot\mathbf{j}=0,\ \mathbf{j}\cdot\mathbf{k}=0,\ \mathbf{k}\cdot\mathbf{i}=0$$

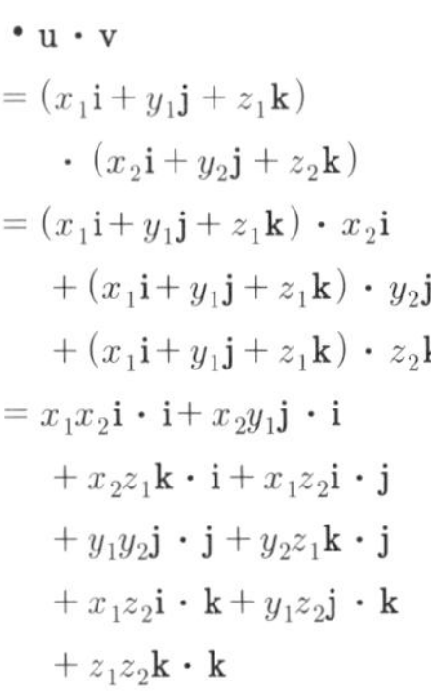
• $\mathbf{u}\cdot\mathbf{v}$
$=(x_1\mathbf{i}+y_1\mathbf{j}+z_1\mathbf{k})\cdot(x_2\mathbf{i}+y_2\mathbf{j}+z_2\mathbf{k})$
$=(x_1\mathbf{i}+y_1\mathbf{j}+z_1\mathbf{k})\cdot x_2\mathbf{i}+(x_1\mathbf{i}+y_1\mathbf{j}+z_1\mathbf{k})\cdot y_2\mathbf{j}+(x_1\mathbf{i}+y_1\mathbf{j}+z_1\mathbf{k})\cdot z_2\mathbf{k}$
$=x_1x_2\mathbf{i}\cdot\mathbf{i}+x_2y_1\mathbf{j}\cdot\mathbf{i}+x_2z_1\mathbf{k}\cdot\mathbf{i}+x_1z_2\mathbf{i}\cdot\mathbf{j}+y_1y_2\mathbf{j}\cdot\mathbf{j}+y_2z_1\mathbf{k}\cdot\mathbf{j}+x_1z_2\mathbf{i}\cdot\mathbf{k}+y_1z_2\mathbf{j}\cdot\mathbf{k}+z_1z_2\mathbf{k}\cdot\mathbf{k}$
$=x_1x_2+y_1y_2+z_1z_2$

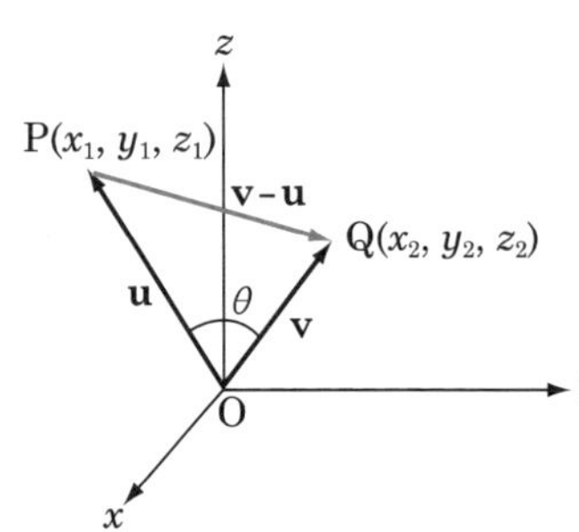

공간에서 두 벡터의 내적을 성분으로 나타내어 보자. 영벡터가 아닌 두 벡터 $\mathbf{u}$, $\mathbf{v}$에 대하여 오른쪽 그림과 같이 $\overrightarrow{OP}=\mathbf{u}$, $\overrightarrow{OQ}=\mathbf{v}$, $\angle POQ=\theta$라 하면

$$\mathbf{u}\cdot\mathbf{v}=|\mathbf{u}||\mathbf{v}|\cos\theta=|\overrightarrow{OP}||\overrightarrow{OQ}|\cos\theta \qquad \cdots ①$$

$$|\overrightarrow{PQ}|^2=|\overrightarrow{OP}|^2+|\overrightarrow{OQ}|^2-2|\overrightarrow{OP}||\overrightarrow{OQ}|\cos\theta \qquad \cdots ②$$

또 $$\overrightarrow{PQ}=\overrightarrow{OQ}-\overrightarrow{OP}=\mathbf{v}-\mathbf{u} \qquad \cdots ③$$

①, ②, ③에서 $|\mathbf{v}-\mathbf{u}|=|\mathbf{u}|^2+|\mathbf{v}|^2-2\mathbf{u}\cdot\mathbf{v}$

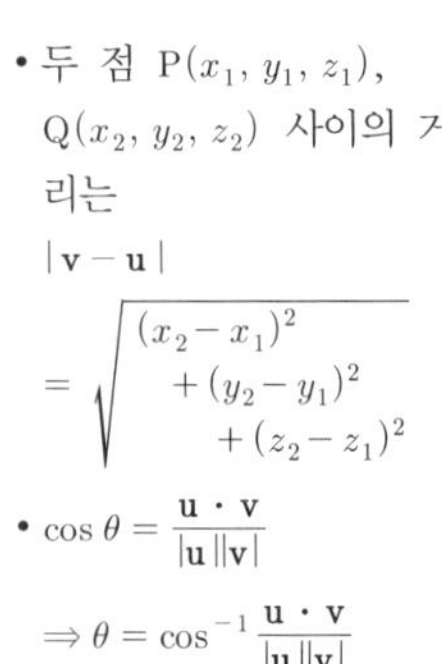
• 두 점 $P(x_1, y_1, z_1)$, $Q(x_2, y_2, z_2)$ 사이의 거리는
$|\mathbf{v}-\mathbf{u}|=\sqrt{(x_2-x_1)^2+(y_2-y_1)^2+(z_2-z_1)^2}$
• $\cos\theta=\dfrac{\mathbf{u}\cdot\mathbf{v}}{|\mathbf{u}||\mathbf{v}|}$
$\Rightarrow\theta=\cos^{-1}\dfrac{\mathbf{u}\cdot\mathbf{v}}{|\mathbf{u}||\mathbf{v}|}$

이제 $\mathbf{u}=(x_1, y_1, z_1)$, $\mathbf{v}=(x_2, y_2, z_2)$라 하면

$$(x_2-x_1)^2+(y_2-y_1)^2+(z_2-z_1)^2$$
$$=(x_1^2+y_1^2+z_1^2)+(x_2^2+y_2^2+z_2^2)-2\mathbf{u}\cdot\mathbf{v}$$

그러므로

$$\boxed{\mathbf{u}\cdot\mathbf{v}=x_1x_2+y_1y_2+z_1z_2}$$

예제 4.2-3 $\mathbf{u}=(-1, 5, 3)$, $\mathbf{v}=(3, 1, -2)$일 때

$\mathbf{u}\cdot\mathbf{v}=(-1)\cdot3+5\cdot1+3\cdot(-2)=-4$이다. ■

공간에서도 영벡터가 아닌 두 벡터 $\mathbf{u}$, $\mathbf{v}$의 내적은 $\mathbf{u}\cdot\mathbf{v}=|\mathbf{u}||\mathbf{v}|\cos\theta$에서 $\mathbf{u}$와 $\mathbf{v}$가 이루는 각 θ는

$$\boxed{\cos\theta=\frac{\mathbf{u}\cdot\mathbf{v}}{|\mathbf{u}||\mathbf{v}|}}$$

로 그 크기를 구한다.

예제 4.2-4 다음 두 벡터 u와 v의 사이의 각 θ를 각각 구하여라.

(1) $\mathbf{u} = -2\mathbf{i}+\mathbf{j}+3\mathbf{k},\ \mathbf{v} = 2\mathbf{i}-\mathbf{j}-3\mathbf{k}$

(2) $\mathbf{u} = 2\mathbf{i}+6\mathbf{j}-5\mathbf{k},\ \mathbf{v} = -4\mathbf{i}+3\mathbf{j}+2\mathbf{k}$

(3) $\mathbf{u} = -\mathbf{i}+2\mathbf{j}+3\mathbf{k},\ \mathbf{v} = 2\mathbf{i}+3\mathbf{j}+4\mathbf{k}$

• $\mathbf{v} = (a, b, c)$일 때 $|\mathbf{v}| = \sqrt{a^2+b^2+c^2}$

풀이 (1) $\cos\theta = \dfrac{\mathbf{u}\cdot\mathbf{v}}{|\mathbf{u}||\mathbf{v}|} = \dfrac{(-2)\cdot 2+1\cdot(-1)+3\cdot(-3)}{\sqrt{(-2)^2+1^2+3^2}\sqrt{2^2+(-1)^2+(-3)^2}} = \dfrac{-14}{14}$

$= -1$

(2) $\mathbf{u}\cdot\mathbf{v} = 2(-4)+6\cdot 3-5\cdot 2 = 0$이므로 $\cos\theta = 0$

$\therefore \theta = \dfrac{\pi}{2}$ (u와 v는 수직이다)

(3) $\cos\theta = \dfrac{\mathbf{u}\cdot\mathbf{v}}{|\mathbf{u}||\mathbf{v}|} = \dfrac{(-1)\cdot 2+2\cdot 3+3\cdot 4}{\sqrt{(-1)^2+2^2+32}\sqrt{2^2+3^2+4^2}}$

$= \dfrac{16}{\sqrt{14}\sqrt{29}} = \dfrac{16}{\sqrt{406}}$

$\doteqdot \dfrac{16}{20.1494} \doteqdot 0.7941$

$\therefore \theta = \cos^{-1}0.7941 \doteqdot 37.4245^\circ\ (\doteqdot 0.2079\pi \doteqdot 0.6528)$ ■

예제 4.2-3의 (3)에서

• 삼각함수표에서

$\cos 37^\circ = 0.7986$

$\cos 38^\circ = 0.7880$

$1^\circ\begin{bmatrix} 37^\circ & 0.7986 \\ x & 0.7941 \\ 38^\circ & 0.7880 \end{bmatrix}$ -0.0045, -0.0106

$\therefore 1 : x = 0.0106 : 0.0045$

$\therefore x = \dfrac{0.0045}{0.0106} \doteqdot 0.4245$

$\therefore \theta = 37+x = 37+0.4245 = 37.4245^\circ$

또

$37.4245\times\dfrac{\pi}{180} \doteqdot 0.2079\pi$

$= 0.2079\times 3.14$

$\doteqdot 0.6528$

공간에서도 벡터의 내적에 대하여 정리 4.1-2가 성립한다. 이것을 증명하는 방법은 평면의 경우와 동일하다. 예제로 정리 4.1-2의 (4)를 증명하자.

예제 4.2-5 공간에서도 다음이 성립함을 증명하여라.

$$\mathbf{u}\cdot(\mathbf{v}+\mathbf{w}) = \mathbf{u}\cdot\mathbf{v}+\mathbf{u}\cdot\mathbf{w}$$

증명 $\mathbf{u} = (x_1, y_1, z_1),\ \mathbf{v} = (x_2, y_2, z_2),\ \mathbf{w} = (x_3, y_3, z_3)$라 하면

$$\begin{aligned}\mathbf{u}\cdot(\mathbf{v}+\mathbf{w}) &= (x_1, y_1, z_1)\cdot\{(x_2, y_2, z_2)+(x_3, y_3, z_3)\}\\ &= (x_1, y_1, z_1)\cdot(x_2+x_3, y_2+y_3, z_2+z_3)\\ &= x_1(x_2+x_3)+y_1(y_2+y_3)+z_1(z_2+z_3)\\ &= x_1x_2+x_1x_3+y_1y_2+y_1y_3+z_1z_2+z_1z_3\\ &= x_1x_2+y_1y_2+z_1z_2+x_1x_3+y_1y_2+z_1z_3\\ &= \mathbf{u}\cdot\mathbf{v}+\mathbf{u}\cdot\mathbf{w}\end{aligned}$$ ■

다음은 벡터의 외적을 증명하고 그에 준한 성질들을 관찰한다.

• 벡터의 외적은 벡터이고, 내적은 스칼라이다.

정의 4.2-1 외적

두 벡터 $\mathbf{u}=x_1\mathbf{i}+y_1\mathbf{j}+z_1\mathbf{k}$, $\mathbf{v}=x_2\mathbf{i}+y_2\mathbf{j}+z_2\mathbf{k}$의 외적(cross product, 또는 vector product)을 $\mathbf{u}\times\mathbf{v}$로 나타내고 다음과 같이 정의한다.

$$\mathbf{u}\times\mathbf{v}=(y_1z_2-z_1y_2)\mathbf{i}+(z_1x_2-x_1z_2)\mathbf{j}+(x_1y_2-y_1x_2)\mathbf{k}$$

벡터의 외적은 행렬식을 이용하여 나타낼 수 있다.

정리 4.2-1

두 벡터 $\mathbf{u}=x_1\mathbf{i}+y_1\mathbf{j}+z_1\mathbf{k}$, $\mathbf{v}=x_2\mathbf{i}+y_2\mathbf{j}+z_2\mathbf{k}$의 외적은

$$\mathbf{u}\times\mathbf{v}=\begin{vmatrix}\mathbf{i} & \mathbf{j} & \mathbf{k}\\ x_1 & y_1 & z_1\\ x_2 & y_2 & z_2\end{vmatrix}$$

이다.

• $\mathbf{u}\times\mathbf{v}=\left(\begin{vmatrix}y_1 & z_1\\ y_2 & z_2\end{vmatrix}, -\begin{vmatrix}x_1 & z_1\\ x_2 & z_2\end{vmatrix}, \begin{vmatrix}x_1 & y_1\\ x_2 & y_2\end{vmatrix}\right)$

증명 $\begin{vmatrix}\mathbf{i} & \mathbf{j} & \mathbf{k}\\ x_1 & y_1 & z_1\\ x_2 & y_2 & z_2\end{vmatrix}$ (1행에 대하여 여인수전개를 한다.)

$$=\mathbf{i}\begin{vmatrix}y_1 & z_1\\ y_2 & z_2\end{vmatrix}-\mathbf{j}\begin{vmatrix}x_1 & z_1\\ x_2 & z_2\end{vmatrix}+\mathbf{k}\begin{vmatrix}x_1 & y_1\\ x_2 & y_2\end{vmatrix}$$

$$=(y_1z_2-z_1y_2)\mathbf{i}+(z_1x_2-x_1z_2)\mathbf{j}+(x_1y_2-y_1z_2)\mathbf{k}$$

$=\mathbf{u}\times\mathbf{v}$ (정의 4.2-1에 의하여) ■

• $\mathbf{w}=\mathbf{u}\times\mathbf{v}$ $\Rightarrow \mathbf{w}\perp\mathbf{u}$, $\mathbf{w}\perp\mathbf{v}$

예제 4.2-6 두 벡터 $\mathbf{u}=2\mathrm{i}+3\mathrm{j}-\mathrm{k}$, $\mathbf{v}=-\mathrm{i}-2\mathrm{j}+3\mathbf{k}$의 외적 $\mathbf{u}\times\mathbf{v}$를 구하고 $\mathbf{u}$, $\mathbf{v}$와 $\mathbf{u}\times\mathbf{v}$의 위치관계를 설명하여라.

풀이 $\mathbf{u}\times\mathbf{v}=\begin{vmatrix}\mathrm{i} & \mathrm{j} & \mathrm{k}\\ 2 & 3 & -1\\ -1 & -2 & 3\end{vmatrix}$

$$=\begin{vmatrix}3 & -1\\ -2 & 3\end{vmatrix}\mathbf{i}-\begin{vmatrix}2 & -1\\ -1 & 3\end{vmatrix}\mathbf{j}+\begin{vmatrix}2 & 3\\ -1 & -2\end{vmatrix}\mathbf{k}$$

$$=7\mathbf{i}-5\mathbf{j}-\mathbf{k}$$

$\mathbf{u}\cdot(\mathbf{u}\times\mathbf{v})=2\cdot7+3\cdot(-5)+(-1)\cdot(-1)=0$

$\mathbf{v}\cdot(\mathbf{u}\times\mathbf{v})=(-1)\cdot7+(-2)\cdot(-5)+3\cdot(-1)=0$

이므로 벡터 $\mathbf{u}\times\mathbf{v}$는 $\mathbf{u}$, $\mathbf{v}$와 각각 수직이다. ■

벡터의 외적에 관한 성질을 몇 가지 정리로 관찰한다.

정리 4.2-2

공간의 세 벡터 **u**, **v**, **w** 및 스칼라 α에 대하여 다음이 성립한다.

(1) $\mathbf{u}\times\mathbf{v}=-(\mathbf{v}\times\mathbf{u})$

(2) $\alpha(\mathbf{u}\times\mathbf{v})=(\alpha\mathbf{u})\times\mathbf{v}=\mathbf{u}\times(\alpha\mathbf{v})$

(3) $\mathbf{u}\times(\mathbf{v}+\mathbf{w})=(\mathbf{u}\times\mathbf{v})+(\mathbf{u}\times\mathbf{w})$

(4) $(\mathbf{u}+\mathbf{v})\times\mathbf{w}=(\mathbf{u}\times\mathbf{w})+(\mathbf{v}\times\mathbf{w})$

(5) $\mathbf{u}\times\mathbf{0}=\mathbf{0}\times\mathbf{u}=\mathbf{0}$

(6) $\mathbf{u}\times\mathbf{u}=\mathbf{0}$

증명 $\mathbf{u}=x_1\mathbf{i}+y_1\mathbf{j}+z_1\mathbf{k}$, $\mathbf{v}=x_2\mathbf{i}+y_2\mathbf{j}+z_2\mathbf{k}$, $\mathbf{w}=x_3\mathbf{i}+y_3\mathbf{j}+z_3\mathbf{k}$라 한다.

(1) $$\mathbf{u}\times\mathbf{v}=\begin{vmatrix}\mathbf{i}&\mathbf{j}&\mathbf{k}\\x_1&y_1&z_1\\x_2&y_2&z_2\end{vmatrix}=-\begin{vmatrix}\mathbf{i}&\mathbf{j}&\mathbf{k}\\x_2&y_2&z_2\\x_1&y_1&z_1\end{vmatrix}=-(\mathbf{v}\times\mathbf{w})$$

(3) $$\mathbf{u}\times(\mathbf{v}+\mathbf{w})=(x_1\mathbf{i}+y_1\mathbf{j}+z_1\mathbf{k})\times\{(x_2+x_3)\mathbf{i}+(y_2+y_3)\mathbf{j}+(z_2+z_3)\mathbf{k}\}$$

$$=\begin{vmatrix}\mathbf{i}&\mathbf{j}&\mathbf{k}\\x_1&y_1&z_1\\x_2+x_3&y_2+y_3&z_2+z_3\end{vmatrix}$$

$$=\begin{vmatrix}y_1&z_1\\y_2+y_3&z_2+z_3\end{vmatrix}\mathbf{i}-\begin{vmatrix}x_1&z_1\\x_2+x_3&z_2+z_3\end{vmatrix}\mathbf{j}+\begin{vmatrix}x_1&y_1\\x_2+x_3&y_2+y_3\end{vmatrix}\mathbf{k}$$

$$=\{y_1(z_2+z_3)-z_1(y_2+y_3)\}\mathbf{i}-\{x_1(z_2+z_3)-z_1(x_2+x_3)\}\mathbf{j}+\{x_1(y_2+y_3)-y_1(x_2+x_3)\}\mathbf{k}$$

$$=(y_1z_2-z_1y_2)\mathbf{i}+(y_1z_3-z_1y_3)\mathbf{i}-\{(x_1z_2-z_1x_2)\mathbf{j}+(x_1z_3-z_1x_3)\mathbf{j}\}+(x_1y_2-y_1x_2)\mathbf{k}+(x_1y_3-y_1x_3)\mathbf{k}$$

$$=(y_1z_1-z_1y_2)\mathbf{i}-(x_1z_2-z_1x_2)\mathbf{j}+(x_1y_2-y_1x_2)\mathbf{k}+(y_1z_3-z_1y_3)\mathbf{i}-(z_1z_3-z_1x_3)\mathbf{j}+(x_1y_3-y_1x_3)\mathbf{k}$$

$$=\begin{vmatrix}y_1&z_1\\y_2&z_2\end{vmatrix}\mathbf{i}-\begin{vmatrix}x_1&z_1\\x_2&z_2\end{vmatrix}\mathbf{j}+\begin{vmatrix}x_1&y_1\\x_2&y_2\end{vmatrix}\mathbf{k}+\begin{vmatrix}y_1&z_1\\y_3&z_3\end{vmatrix}\mathbf{i}-\begin{vmatrix}x_1&z_1\\x_3&z_3\end{vmatrix}\mathbf{j}+\begin{vmatrix}x_1&y_1\\x_3&y_3\end{vmatrix}\mathbf{k}$$

$$=\begin{vmatrix}\mathbf{i}&\mathbf{j}&\mathbf{k}\\x_1&y_1&z_1\\x_2&y_2&z_2\end{vmatrix}+\begin{vmatrix}\mathbf{i}&\mathbf{j}&\mathbf{k}\\x_1&y_1&z_1\\x_3&y_3&z_3\end{vmatrix}=(\mathbf{u}\times\mathbf{v})+(\mathbf{u}+\mathbf{w})$$ ■

• 행렬식에서 두 행(또는 열)을 서로 바꾸면 (-1)을 곱해야 먼저 행렬과 같다.

• (5) $\mathbf{O}=0\mathbf{i}+0\mathbf{j}+0\mathbf{k}$ 이므로

$$\mathbf{u}\times\mathbf{0}=\begin{vmatrix}\mathbf{i}&\mathbf{j}&\mathbf{k}\\x_1&y_1&z_1\\0&0&0\end{vmatrix}=\begin{vmatrix}y_1&z_1\\0&0\end{vmatrix}\mathbf{i}-\begin{vmatrix}x_1&z_1\\0&0\end{vmatrix}\mathbf{j}+\begin{vmatrix}x_1&y_1\\0&0\end{vmatrix}\mathbf{k}=0\mathbf{i}+0\mathbf{j}+0\mathbf{k}=\mathbf{0}$$

(6) $$\mathbf{u}\times\mathbf{u}=\begin{vmatrix}\mathbf{i}&\mathbf{j}&\mathbf{k}\\x_1&y_1&z_1\\x_1&y_1&z_1\end{vmatrix}=\begin{vmatrix}y_1&z_1\\y_1&z_1\end{vmatrix}\mathbf{i}-\begin{vmatrix}x_1&z_1\\x_1&z_1\end{vmatrix}\mathbf{j}+\begin{vmatrix}x_1&y_1\\x_1&y_1\end{vmatrix}\mathbf{k}=0\mathbf{i}+0\mathbf{j}+0\mathbf{k}=\mathbf{0}$$

정리 4.2-2의 (2), (4)도 같은 방법으로 쉽게 증명된다.

공간의 두 벡터 $\mathbf{u}=(x_1, y_1, z_1)$, $\mathbf{v}=(x_2, y_2, z_2)$의 외적은

$$\mathbf{u}\times\mathbf{v}=\left(\begin{vmatrix} y_1 & z_1 \\ y_2 & z_2 \end{vmatrix}, -\begin{vmatrix} x_1 & z_1 \\ x_2 & z_2 \end{vmatrix}, \begin{vmatrix} x_1 & y_1 \\ x_2 & y_2 \end{vmatrix}\right)$$

임을 알고 있다.

• 단위벡터 $\mathbf{i}$, $\mathbf{j}$, $\mathbf{k}$의 외적은 아래 원의 화살표 방향으로 생각하면 결과도 얻는다.

i
k j

• 단위벡터 $\mathbf{i}$, $\mathbf{j}$, $\mathbf{k}$를 표준단위벡터라고도 한다.

(표준)단위벡터 $\mathbf{i}=(1, 0, 0)$, $\mathbf{j}=(0, 1, 0)$, $\mathbf{k}=(0, 0, 1)$에 대하여

$$\mathbf{i}\times\mathbf{j}=\left(\begin{vmatrix} 0 & 0 \\ 1 & 0 \end{vmatrix}, -\begin{vmatrix} 1 & 0 \\ 0 & 0 \end{vmatrix}, \begin{vmatrix} 1 & 0 \\ 0 & 1 \end{vmatrix}\right)=(0, 0, 1)=\mathbf{k}$$

이다. 같은 방법 및 정리 4.2-2에 의하면 이 단위벡터 사이에 다음 관계가 성립함을 알 수 있다.

$$\begin{array}{lll} \mathbf{i}\times\mathbf{i}=0, & \mathbf{j}\times\mathbf{j}=0, & \mathbf{k}\times\mathbf{k}=0 \\ \mathbf{i}\times\mathbf{j}=\mathbf{k}, & \mathbf{j}\times\mathbf{k}=\mathbf{i}, & \mathbf{k}\times\mathbf{i}=\mathbf{j} \\ \mathbf{j}\times\mathbf{i}=-\mathbf{k}, & \mathbf{k}\times\mathbf{j}=-\mathbf{i}, & \mathbf{i}\times\mathbf{k}=-\mathbf{j} \end{array}$$

일반적으로 벡터의 외적에서 $\mathbf{u}\times(\mathbf{v}\times\mathbf{w})=(\mathbf{u}\times\mathbf{v})\times\mathbf{w}$이 성립하지 않는다. 예를 들어 보면

$$\mathbf{i}\times(\mathbf{k}\times\mathbf{k})=\mathbf{i}\times 0=\mathbf{O}$$

$$(\mathbf{i}\times\mathbf{k})\times\mathbf{k}=(-\mathbf{j})\times\mathbf{k}=-(\mathbf{j}\times\mathbf{k})=-\mathbf{i}$$

이므로 $\mathbf{i}\times(\mathbf{k}\times\mathbf{k})\neq(\mathbf{i}\times\mathbf{k})\times\mathbf{k}$

정리 4.2-3

공간의 두 벡터 $\mathbf{u}$와 $\mathbf{v}$에 대하여 다음이 성립한다.

(1) $\mathbf{u}\cdot(\mathbf{u}\times\mathbf{v})=\mathbf{v}\cdot(\mathbf{u}\times\mathbf{v})=0$

(2) $|\mathbf{u}\times\mathbf{v}|^2=|\mathbf{u}|^2|\mathbf{v}|^2-(\mathbf{u}\cdot\mathbf{v})^2$

증명 $\mathbf{u}=(x_1, y_1, z_1)$, $\mathbf{v}=(x_2, y_2, z_2)$라 한다.

(1) $\mathbf{u}\cdot(\mathbf{u}\times\mathbf{v})=(x_1, y_1, z_1)\cdot\left(\begin{vmatrix} y_1 & z_1 \\ y_2 & z_2 \end{vmatrix}, -\begin{vmatrix} x_1 & z_1 \\ x_2 & z_2 \end{vmatrix}, \begin{vmatrix} x_1 & y_1 \\ x_2 & y_2 \end{vmatrix}\right)$

$$=x_1(y_1z_2-z_1y_2)-y_1(x_1z_2-z_1x_2)+z_1(x_1y_2-y_1z_2)=0$$

같은 이치로 $\mathbf{v}\cdot(\mathbf{u}\times\mathbf{v})=0$

(2) $|\mathbf{u}\times\mathbf{v}|^2=(y_1z_2-z_1y_2)^2+(x_1z_2-z_1x_2)^2+(x_1y_2-y_1x_2)^2$ …①

$|\mathbf{u}|^2|\mathbf{v}|^2-(\mathbf{u}\cdot\mathbf{v})^2=(x_1^2+y_1^2+z_1^2)(x_2^2+y_2^2+z_2^2)$

$-(x_1x_2+y_1y_2+z_1z_2)^2$ …②

①, ②를 전개한 결과가 같다. ■

정리 4.2-3의 (1)에서 $\mathbf{u}\times\mathbf{v}$는 $\mathbf{u}$와 $\mathbf{v}$ 각각에 수직임을 알았다. 그리고 $\mathbf{u}\times\mathbf{v}$의 방향은 오른손 법칙(right-hand rule)에 의하여 결정된다.

오른쪽 그림에서 오른손 엄지 방향이 $\mathbf{u}\times\mathbf{v}$의 방향이고 그 반대 방향은

$$-(\mathbf{u}\times\mathbf{v})=\mathbf{v}\times\mathbf{u}$$

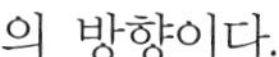

의 방향이다.

예를 들어 단위벡터 $\mathbf{i}$, $\mathbf{j}$, $\mathbf{k}$ 사이에

$$\mathbf{i}\times\mathbf{j}=\mathbf{k},\ \mathbf{j}\times\mathbf{k}=\mathbf{i},\ \mathbf{k}\times\mathbf{i}=\mathbf{j}$$

이 성립한다고 앞에서 다루었는데 이는 오른손 법칙을 잘 이해할 수 있는 예이다.

정리 4.2-4

세 벡터 $\mathbf{u}=(x_1, y_1, z_1)$, $\mathbf{v}=(x_2, y_2, z_2)$, $\mathbf{w}=(x_3, y_3, z_3)$에 대하여

(1) $\mathbf{u}\cdot(\mathbf{v}\times\mathbf{w})=\begin{vmatrix} x_1 & y_1 & z_1 \\ x_2 & y_2 & z_2 \\ x_3 & y_3 & z_3 \end{vmatrix}$

(2) $\mathbf{u}\cdot(\mathbf{v}\times\mathbf{w})=(\mathbf{u}\times\mathbf{v})\cdot\mathbf{w}$

• $\mathbf{u}\cdot(\mathbf{v}\times\mathbf{w})$를 스칼라삼중적(scalar triple product)이라 한다.

증명 (1) $\mathbf{u}\cdot(\mathbf{v}\times\mathbf{w})=(x_1, y_1, z_1)\cdot\left(\begin{vmatrix} y_2 & z_2 \\ y_3 & z_3 \end{vmatrix}, -\begin{vmatrix} x_2 & z_2 \\ x_3 & z_3 \end{vmatrix}, \begin{vmatrix} x_2 & y_2 \\ x_3 & y_3 \end{vmatrix}\right)$

$$=x_1(y_2z_3-z_2y_3)-y_1(x_2z_3-z_2x_3)+z_1(x_2y_3-y_2x_3)$$

$$=x_1\begin{vmatrix} y_2 & z_2 \\ y_3 & z_3 \end{vmatrix}-y_1\begin{vmatrix} x_2 & z_2 \\ x_3 & z_3 \end{vmatrix}+z_1\begin{vmatrix} x_2 & x_3 \\ y_2 & y_3 \end{vmatrix}=\begin{vmatrix} x_1 & y_1 & z_1 \\ x_2 & y_2 & z_2 \\ x_3 & y_3 & z_3 \end{vmatrix}$$

(2) $(\mathbf{u}\times\mathbf{v})\cdot\mathbf{w}=\left(\begin{vmatrix} y_1 & z_1 \\ y_2 & z_2 \end{vmatrix}, -\begin{vmatrix} x_1 & z_1 \\ x_2 & z_2 \end{vmatrix}, \begin{vmatrix} x_1 & y_1 \\ x_2 & y_2 \end{vmatrix}\right)\cdot(x_3, y_3, z_3)$

$$=(y_1z_2-z_1y_2)x_3-(x_1z_2-z_1x_2)y_3+(x_1y_2-y_1x_2)z_3$$

$$=x_1(y_2z_3-z_2y_3)-y_1(x_2z_3-z_2x_3)+z_1(x_2y_3-y_2x_3)$$

$$=\begin{vmatrix} x_1 & y_1 & z_1 \\ x_2 & y_2 & z_2 \\ x_3 & y_3 & z_3 \end{vmatrix}$$

(1)과 비교하면 $\mathbf{u}\cdot(\mathbf{v}\times\mathbf{w})=(\mathbf{u}\times\mathbf{v})\cdot\mathbf{w}$ ■

• 정리 4.2-4의 (2)는 $\mathbf{u}\cdot(\mathbf{v}\times\mathbf{w})=\mathbf{v}\cdot(\mathbf{w}\times\mathbf{u})=\mathbf{w}\cdot(\mathbf{u}\times\mathbf{v})$로 정리되며 같은 방법으로 증명할 수 있다.

> **정리 4.2-5**
>
> 공간에서 두 벡터 $\mathbf{u}$와 $\mathbf{v}$ 사이의 각을 θ라 하면
>
> $$|\mathbf{u}\times\mathbf{v}| = |\mathbf{u}||\mathbf{v}|\sin\theta$$

증명 정리 4.2-3에서

$$|\mathbf{u}\times\mathbf{v}|^2 = |\mathbf{u}|^2|\mathbf{v}|^2 - (\mathbf{u}\cdot\mathbf{v})^2$$

그런데 $\mathbf{u}\cdot\mathbf{v} = |\mathbf{u}||\mathbf{v}|\cos\theta$이므로

• $\cos^2\theta + \sin^2\theta = 1$

$$\begin{aligned}|\mathbf{u}\times\mathbf{v}|^2 &= |\mathbf{u}|^2|\mathbf{v}|^2 - |\mathbf{u}|^2|\mathbf{v}|^2\cos^2\theta \\ &= |\mathbf{u}|^2|\mathbf{v}|^2\ \ (1-\cos^2\theta) \\ &= |\mathbf{u}|^2|\mathbf{v}|^2\sin^2\theta \quad (0\le\theta\le\pi\text{에서 } \sin\theta\ge 0)\end{aligned}$$

$$\therefore\ |\mathbf{u}\times\mathbf{v}| = |\mathbf{u}||\mathbf{v}|\sin\theta$$ ■

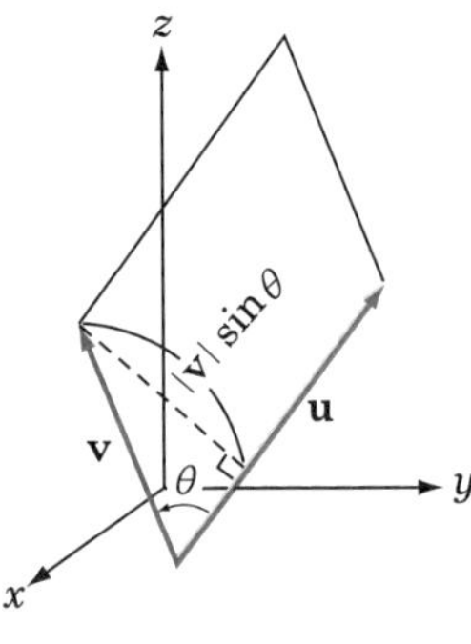

정리 4.2-5를 오른쪽 그림과 같이 나타내면 $|\mathbf{u}|$와 $|\mathbf{v}|$를 이웃하는 두 변으로 하는 평행사변형의 넓이가

임을 알 수 있다. 이 두 변의 사이의 각을 θ라 하면 $|\mathbf{u}|\cdot|\mathbf{v}|\sin\theta$가 이 평행사변형의 넓이, 즉 $|\mathbf{u}\times\mathbf{v}|$이 평행사변형의 넓이이다.

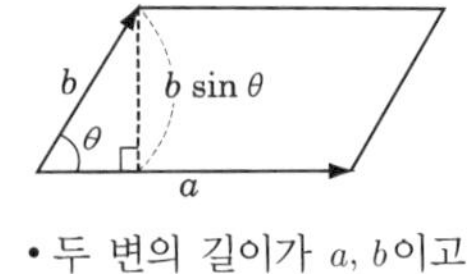

• 두 변의 길이가 a, b이고 두 사이의 각이 θ인 평행사변형의 넓이 S는

S = (밑변)×(높이) $= ab\sin\theta$

예제 4.2-7 세 점 P(3, −2, 2), Q(−1, 1, 4), R(2, 2, −3)에 대하여 $\overrightarrow{PQ}$, $\overrightarrow{PR}$이 이웃하는 두 변인 평행사변형의 넓이를 구하여라.

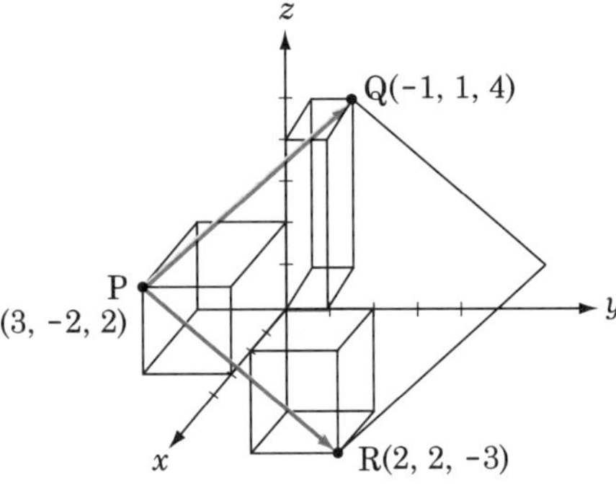

풀이

$$\overrightarrow{PQ} = \overrightarrow{OQ} - \overrightarrow{OP} = (-4,\ 3,\ 2)$$

$$\overrightarrow{PR} = \overrightarrow{OR} - \overrightarrow{OP} = (-1,\ 4,\ -5)$$

$$\overrightarrow{PQ}\times\overrightarrow{PR} = \begin{vmatrix}\mathbf{i} & \mathbf{j} & \mathbf{k} \\ -4 & 3 & 2 \\ -1 & 4 & -5\end{vmatrix} = -23\mathbf{i} - 22\mathbf{j} - 13\mathbf{k}$$

넓이는 $|\overrightarrow{PQ}\times\overrightarrow{PR}| = \sqrt{(-23)^2+(-22)^2+(-13)^2} = \sqrt{1182}$ ■

오른쪽 그림은 세 벡터 $\mathbf{u}$, $\mathbf{v}$, $\mathbf{w}$가 이웃하는 세 변인 평행육면체이다. $\mathbf{u}\times\mathbf{v}$는 $\mathbf{u}$와 $\mathbf{v}$의 외적으로 $\mathbf{u}$와 $\mathbf{v}$에 수직이므로 이 평행육면체의 높이 h는 $\mathbf{u}\times\mathbf{v}$로의 $\mathbf{w}$의 정사영의 길이이다.

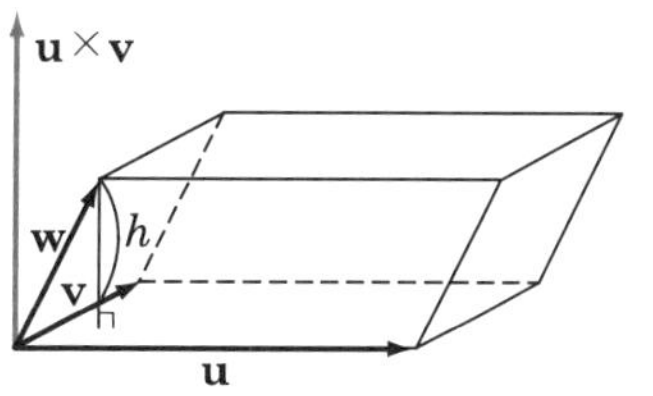

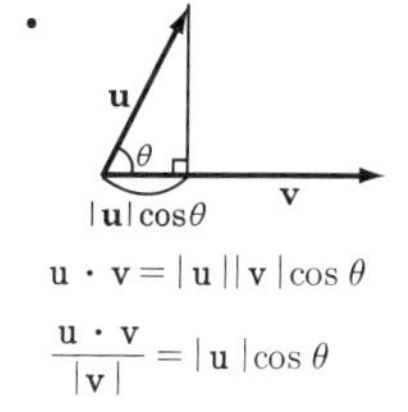

즉 $$h=\left|\frac{\mathbf{w}\cdot(\mathbf{u}\times\mathbf{v})}{|\mathbf{u}\times\mathbf{v}|}\right|$$

- $\mathbf{u}\cdot\mathbf{v}=|\mathbf{u}||\mathbf{v}|\cos\theta$

  $\dfrac{\mathbf{u}\cdot\mathbf{v}}{|\mathbf{v}|}=|\mathbf{u}|\cos\theta$

  이므로 $\left|\dfrac{\mathbf{u}\cdot\mathbf{v}}{|\mathbf{v}|}\right|$는 위 그림과 같이 $\mathbf{u}$의 $\mathbf{v}$로의 정사영의 길이($\mathbf{v}$ 방향의 $\mathbf{u}$의 성분)이다.

따라서 그림의 평행사변형의 부피는 밑넓이 $|\mathbf{u}\times\mathbf{v}|$와 높이 h의 곱이므로

$$|\mathbf{u}\times\mathbf{v}|\left\{\left|\frac{\mathbf{w}\cdot(\mathbf{u}\times\mathbf{v})}{|\mathbf{u}\times\mathbf{v}|}\right|\right\}=|\mathbf{w}\cdot(\mathbf{u}\times\mathbf{v})|$$

세 벡터 $\mathbf{u}$, $\mathbf{v}$, $\mathbf{w}$가 이웃하는 세 변인 평행육면체의 부피는 $\mathbf{u}$, $\mathbf{v}$, $\mathbf{w}$의 스칼라삼중적(scalar triple product)의 크기

$$|\mathbf{w}\cdot(\mathbf{u}\times\mathbf{v})|$$

이다.

- $|\mathbf{w}\cdot(\mathbf{u}\times\mathbf{v})|$
  $=|(\mathbf{u}\times\mathbf{v})\cdot\mathbf{w}|$

- 세 벡터가 한 평면 위에 있다(coplanar) ⇔ 세 벡터의 스칼라삼중적은 0이다(즉 $\mathbf{w}\cdot(\mathbf{u}\times\mathbf{v}=0)$.

연습문제 4.2

1. 다음 벡터의 크기와 방향코사인을 구하여라.

(1) $\mathbf{u}=-2\mathbf{i}$　　(2) $\mathbf{u}=3\mathbf{j}$

(3) $\mathbf{u}=2\mathbf{i}-4\mathbf{j}$　　(4) $\mathbf{u}=-3\mathbf{i}+4\mathbf{k}$

(5) $\mathbf{u}=-\mathbf{i}-\mathbf{j}-\mathbf{k}$　　(6) $\mathbf{u}=2\mathbf{i}-4\mathbf{j}+3\mathbf{k}$

- $\mathbf{u}=x_1\mathbf{i}+y_1\mathbf{j}+z_1\mathbf{k}$

  $|\mathbf{u}|=\sqrt{x_1^2+y_1^2+z_1^2}$

  $\cos\alpha=\dfrac{x_1}{|\mathbf{u}|}$

  $\cos\beta=\dfrac{y_1}{|\mathbf{u}|}$

  $\cos\gamma=\dfrac{z_1}{|\mathbf{u}|}$

2. 다음 두 점 사이의 거리를 각각 구하여라.

(1) $P(-1,\ 2,\ 5)$, $Q(-1,\ 2,\ 7)$　　(2) $P(3,\ 1,\ -4)$, $Q(3,\ 4,\ -4)$

(3) $P(6,\ -3,\ 7)$, $Q(3,\ -3,\ 4)$　　(4) $P(-1,\ -3,\ 3)$, $Q(-4,\ 1,\ 6)$

3. $\mathbf{u}=\mathbf{i}-3\mathbf{j}+2\mathbf{k}$, $\mathbf{v}=-2\mathbf{i}+3\mathbf{j}-4\mathbf{k}$, $\mathbf{w}=3\mathbf{i}-5\mathbf{j}-2\mathbf{k}$일 때, 다음을 계산하여라.

(1) $\mathbf{u}+\mathbf{v}$　　(2) $2\mathbf{u}-\mathbf{v}+\mathbf{w}$

(3) $-\mathbf{u}+2\mathbf{v}+3\mathbf{w}$　　(4) $|\mathbf{u}-\mathbf{v}-\mathbf{w}|$

(5) $\mathbf{u}\cdot\mathbf{v}$　　(6) $\mathbf{u}\cdot\mathbf{v}-\mathbf{u}\cdot\mathbf{w}$

- $\mathbf{v}$ 방향의 단위벡터는 $\dfrac{\mathbf{v}}{|\mathbf{v}|}$
- $\cos\theta = \dfrac{\mathbf{u}\cdot\mathbf{v}}{|\mathbf{u}||\mathbf{v}|}$

  $\theta = \cos^{-1}\dfrac{\mathbf{u}\cdot\mathbf{v}}{|\mathbf{u}||\mathbf{v}|}$
- $\mathbf{u} = (x_1, y_1, z_1)$

  $\mathbf{v} = (x_2, y_2, z_2)$

  $\mathbf{u}\times\mathbf{v} = \begin{vmatrix} \mathbf{i} & \mathbf{j} & \mathbf{k} \\ x_1 & y_1 & z_1 \\ x_2 & y_2 & z_2 \end{vmatrix}$

4. 다음과 같은 벡터 $\mathbf{v}$가 있다. $\mathbf{v}$와 방향이 같은 단위벡터를 구하여라.

(1) $\mathbf{v} = -3\mathbf{i}$ (2) $\mathbf{v} = 4\mathbf{j}$

(3) $\mathbf{v} = 2\mathbf{i} - 5\mathbf{j}$ (4) $\mathbf{v} = -3\mathbf{j} + 6\mathbf{k}$

(5) $\mathbf{v} = \mathbf{i} - 2\mathbf{j} + 4\mathbf{k}$ (6) $\mathbf{v} = 3\mathbf{i} - 3\mathbf{j} - 6\mathbf{k}$

5. 다음 두 벡터 $\mathbf{u}$와 $\mathbf{v}$의 사이의 각을 구하여라.

(1) $\mathbf{u} = 5\mathbf{i} - 6\mathbf{j} + 2\mathbf{k}$, $\mathbf{v} = -5\mathbf{i} + 6\mathbf{j} - 2\mathbf{k}$

(2) $\mathbf{u} = -3\mathbf{i} + 4\mathbf{j} - 7\mathbf{k}$, $\mathbf{v} = 6\mathbf{i} + 8\mathbf{j} + 2\mathbf{k}$

(3) $\mathbf{u} = 4\mathbf{i} - 3\mathbf{j} + \mathbf{k}$, $\mathbf{v} = 4\mathbf{i} + 3\mathbf{j} + \mathbf{k}$

6. 다음 두 벡터의 외적 $\mathbf{u}\times\mathbf{v}$를 각각 구하여라.

(1) $\mathbf{u} = 3\mathbf{i}$, $\mathbf{v} = -2\mathbf{k}$

(2) $\mathbf{u} = -2\mathbf{i} - 3\mathbf{j}$, $\mathbf{v} = \mathbf{i} + 2\mathbf{k}$

(3) $\mathbf{u} = -\mathbf{i} - \mathbf{j} - \mathbf{k}$, $\mathbf{v} = 2\mathbf{i} + 3\mathbf{j} - 2\mathbf{k}$

(4) $\mathbf{u} = 3\mathbf{i} + \mathbf{j} - 4\mathbf{k}$, $\mathbf{v} = 4\mathbf{i} - 3\mathbf{j} - 3\mathbf{k}$

- $|\overrightarrow{PQ}\times\overrightarrow{PR}|$

7. 다음 각 세 점 P, Q, R에 대하여 $\overrightarrow{PQ}$와 $\overrightarrow{PR}$를 두 이웃하는 변으로 된 평행사변형의 넓이를 구하여라.

(1) $P(1, -2, 4)$, $Q(-1, 3, -3)$, $R(2, -1, 2)$

(2) $P(0, 3, -2)$, $Q(3, 2, 1)$, $R(-2, 5, 4)$

(3) $P(-1, -1, -1)$, $Q(1, 1, 1)$, $R(-2, -3, -4)$

8. 네 점 $P(1, -2, 4)$, $Q(3, 2, 1)$, $R(-2, -3, -4)$, $S(2, -1, 2)$에 대하여 벡터 $\overrightarrow{PQ}$, $\overrightarrow{PR}$, $\overrightarrow{PS}$로 만들어진 평행육면체의 부피를 구하여라.

- $\mathbf{u}\times(\mathbf{v}\times\mathbf{w})$를 벡터삼중적(vector triple product, triple cross product)이라 한다.
- $\mathbf{u}\times(\mathbf{v}\times\mathbf{w}) \neq (\mathbf{u}\times\mathbf{v})\times\mathbf{w}$ 외적에서 결합법칙이 성립하지 않는다.

9. 정리 4.2-4의 (2)를 다시 나타내면

$$\mathbf{u}\cdot(\mathbf{v}\times\mathbf{w}) = \mathbf{v}\cdot(\mathbf{w}\times\mathbf{u}) = \mathbf{w}\cdot(\mathbf{u}\times\mathbf{v})$$

이다. 여기서 $\mathbf{u}\cdot(\mathbf{v}\times\mathbf{w}) = \mathbf{v}\cdot(\mathbf{w}\times\mathbf{u})$도 비교하여 증명하여라.

10. 공간의 세 벡터 $\mathbf{u}$, $\mathbf{v}$, $\mathbf{w}$에 대하여 다음이 성립함을 증명하여라.

(1) $\mathbf{u}\times(\mathbf{v}\times\mathbf{w}) = (\mathbf{u}\cdot\mathbf{w})\mathbf{v} - (\mathbf{u}\cdot\mathbf{v})\mathbf{w}$

(2) $(\mathbf{u}\times\mathbf{v})\times\mathbf{w} = (\mathbf{u}\cdot\mathbf{w})\mathbf{v} - (\mathbf{v}\cdot\mathbf{w})\mathbf{u}$

(3) $\mathbf{u}\times(\mathbf{v}\times\mathbf{w}) + \mathbf{v}\times(\mathbf{w}\times\mathbf{u}) + \mathbf{w}\times(\mathbf{u}\times\mathbf{v}) = \mathbf{O}$

4.3 공간의 직선과 평면

좌표공간에서 직선의 방정식을 벡터를 이용하여 나타내어 보자.

좌표공간의 점 $A(x_1, y_1, z_1)$를 지나고 영벡터가 아닌 벡터 $\mathbf{v}=(a, b, c)$에 평행한 직선 위의 임의의 점 $P(x, y, z)$에 대하여 $\overrightarrow{AP}$는

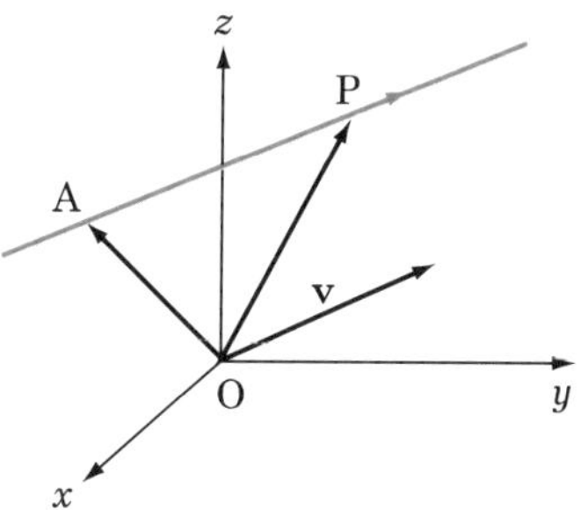

$$\overrightarrow{AP}=t\mathbf{v} \qquad \cdots ①$$

이다(t는 실수).

이때, ①을 이 직선의 벡터방정식(vector equation)이라 하고 $\mathbf{v}$를 이 직선의 방향벡터(direction vector)라 한다.

• t는 임의의 실수

$$\overrightarrow{AP}=\overrightarrow{OP}-\overrightarrow{OA}=(x, y, z)-(x_1, y_1, z_1)$$
$$=(x-x_1, y-y_1, z-z_1)$$
$$t\mathbf{v}=t(a, b, c)=(ta, tb, tc)$$

• $(x-x_1, y-y_1, z-z_1)=(ta, tb, tc)$
$\therefore \begin{cases} x-x_1=ta \\ y-y_1=tb \\ z-z_1=tc \end{cases}$

이므로 벡터방정식 ①은, 즉 이 직선은 다음과 같은 매개방정식(parametric equation)으로 나타낼 수 있다.

• 매개방정식을 매개변수 방정식이라고도 한다.

$$x=x_1+ta,\quad y=y_1+tb,\quad z=z_1+tc \qquad \cdots ②$$

$abc\neq 0$일 때 ②에서 t를 소거하면 다음과 같이 이 직선을 나타내는 직선의 대칭방정식(symmetric equations)을 얻는다.

$$\frac{x-x_1}{a}=\frac{y-y_1}{b}=\frac{z-z_1}{c} \qquad \cdots ③$$

• $ac\neq 0,\ b=0$이면 $\frac{x-x_1}{a}=\frac{z-z_1}{c}$, $y-y_1=0$ (xz평면에 평행)

$abc=0$일 때, a, b, c 중 하나가 0 또는 둘이 0인 경우이므로 (i) $ab\neq 0$, $c=0$인 경우

$$\frac{x-x_1}{a}=\frac{y-y_1}{b},\quad z-z_1=0$$

이다. 즉 점 $A(x_1, y_1, z_1)$을 지나 xy평면에 평행인 직선이다.

• $bc\neq 0,\ a=0$이면 $x-x_1=0$, $\frac{y-y_1}{b}=\frac{z-z_1}{c}$ (yz평면에 평행)

• $a=0,\ b\neq 0,\ c=0$인 경우와 $a=0,\ b=0,\ c\neq 0$인 경우는 같은 이치로 점$(x_1,\ y_1,\ z_1)$을 지나 y축, z축에 평행인 직선은

$x=x_1,\ z=z_1$

및 $x=x_1,\ y=y_1$

이다.

(ii) $a\neq 0,\ b=0,\ c=0$인 경우

$$y=y_1,\ z=z_1$$

이다. 즉 점 $A(x_1,\ y_1,\ z_1)$을 지나 x축에 평행인 직선이다.

그러나 이러한 $abc=0$일 때에도 대칭방정식 모양으로 쓰기로 한다면 일반적으로 직선의 방정식은

$$\frac{x-x_1}{a}=\frac{y-y_1}{b}=\frac{z-z_1}{c}$$

으로 나타낼 수 있다.

예제 4.3-1 다음 점 A를 지나고 **v**에 평행한 직선의 방정식을 구하여라.

(1) $A(2,\ -3,\ 1),\ \mathbf{v}=(-1,\ 2,\ -3)$　　(2) $A(-5,\ 1,\ 3),\ \mathbf{v}=(3,\ -2,\ 0)$

(3) $A(3,\ -2,\ -4),\ \mathbf{v}=(-2,\ 0,\ -1)$　　(4) $A(1,\ -2,\ -3),\ \mathbf{v}=(0,\ 3,\ 2)$

풀이 (1) $\dfrac{x-2}{-1}=\dfrac{y+3}{2}=\dfrac{z-1}{-3}$　　(2) $\dfrac{x+5}{3}=\dfrac{y-1}{-2},\ z=3$

(3) $\dfrac{x-3}{-2}=\dfrac{z+4}{-1},\ \ y=-2$　　(4) $\dfrac{y+2}{3}=\dfrac{z+3}{2},\ \ x=1$ ■

• 두 점 A, B를 지나는 직선의 방향벡터는 $\overrightarrow{AB}$이다. 또 $\overrightarrow{AB}=\overrightarrow{OB}-\overrightarrow{OA}$
$=(x_2,\ y_2,\ z_2)$
$-(x_1,\ y_1,\ z_1)$

두 점 $A(x_1,\ y_1,\ z_1),\ B(x_2,\ y_2,\ z_2)$를 지나는 직선의 방정식은 이 직선이 점 A를 지나고 벡터 $\overrightarrow{AB}=(x_2-x_1,\ y_2-y_1,\ z_2-z_1)$에 평행한 직선이다. 그러므로 $x_1\neq x_2,\ y_1\neq y_2,\ z_1\neq z_2$일 때 이 직선의 방정식은 다음과 같다.

$$\frac{x-x_1}{x_2-x_1}=\frac{y-y_1}{y_2-y_1}=\frac{z-z_1}{z_2-z_1}$$

예제 4.3-2 다음 두 점을 지나는 직선의 방정식을 구하여라.

(1) $A(2,\ -1,\ 3),\ B(4,\ 2,\ 1)$　　(2) $A(1,\ 2,\ 3),\ B(3,\ -1,\ 3)$

풀이 (1) $\dfrac{x-2}{4-2}=\dfrac{y-(-1)}{2-(-1)}=\dfrac{z-3}{1-3}$,　$\therefore\ \dfrac{x-2}{2}=\dfrac{y+1}{3}=\dfrac{z-3}{-2}$

(2) $\dfrac{x-1}{3-1}=\dfrac{y-2}{-1-2},\ \ z=3$　$\therefore\ \dfrac{x-1}{2}=\dfrac{y-2}{-3},\ \ z=3$ ■

방향벡터가 각각 **u**, **v**인 공간의 두 직선이 이루는 각 θ는 이 두 직선의 방향벡터가 이루는 각과 같으므로 θ를 $0 \leq \theta \leq \pi/2$로 하고 이 θ를 구하려면 $\mathbf{u} \cdot \mathbf{v} = |\mathbf{u}||\mathbf{v}|\cos\theta$에서

$$\cos\theta = \frac{|\mathbf{u} \cdot \mathbf{v}|}{|\mathbf{u}||\mathbf{v}|}$$

를 적용한다.

• 두 직선이 이루는 각 θ에서 θ는 그 각의 크기를 의미한다.

• 두 직선이 이루는 한 각을 α라 하면 다른 각은 $\pi-\alpha$인데 θ는 이 α와 $\pi-\alpha$ 중 작은 쪽의 각을 말한다.

예제 4.3-3 다음 두 직선이 이루는 각 θ를 각각 구하여라.$(0 \leq \theta \leq \pi/2)$

(1) $x-3=\dfrac{y+1}{3}=\dfrac{z+2}{-2}$, $\dfrac{x-1}{-2}=y-2=\dfrac{z-4}{-3}$

(2) $6(x-2)=4(y+1)=-3(z-4)$, $(x+3)=-2(y-2)=3(z+1)$

풀이 (1) 주어진 두 직선의 방향벡터를 $\mathbf{u}=(1,\ 3,\ -2)$, $\mathbf{v}=(-2,\ 1,\ -3)$으로 하면

$$\cos\theta = \frac{|\mathbf{u} \cdot \mathbf{v}|}{|\mathbf{u}||\mathbf{v}|} = \frac{|1\cdot(-2)+3\cdot1+(-2)\cdot(-3)|}{\sqrt{1^2+3^2+(-2)^2}\sqrt{(-2)^2+1^2+(-3)^2}} = \frac{7}{14} = \frac{1}{2}$$

$$\therefore\ \theta = \cos^{-1}\frac{1}{2} = \frac{\pi}{3} \qquad \left(0 \leq \theta \leq \frac{\pi}{2}\right)$$

(2) 첫째 직선은 각 변을 12로, 둘째 직선은 각 변을 6으로 나누면

$$\frac{x-2}{2}=\frac{y+1}{3}=\frac{z-4}{-4},\quad \frac{x+3}{6}=\frac{y-2}{-3}=\frac{z+1}{2}$$

두 직선의 두 방향벡터는 (2, 3, −4), (6, −3, 2)이므로

$$\cos\theta = \frac{|2\cdot6+3\cdot(-3)+(-4)\cdot2|}{\sqrt{2^2+3^2+(-4)^2}\sqrt{6^2+(-3)^2+2^2}} = \frac{5}{\sqrt{29}\sqrt{49}}$$

$$= \frac{5}{7\sqrt{29}} \doteqdot \frac{5}{37.6964} \doteqdot 0.1326$$

$$\therefore\ \theta = \cos^{-1}0.1326 \doteqdot 82.3815^\circ\ (\doteqdot 0.4577\pi \doteqdot 1.4372)$$ ■

• 수표(삼각함수표)와 계산기를 이용하여 θ의 값을 구한다.

두 직선 $\ell_1 : \dfrac{x-x_1}{a_1}=\dfrac{y-y_1}{b_1}=\dfrac{z-z_1}{c_1}$, $\ell_2 : \dfrac{x-x_2}{a_2}=\dfrac{y-y_2}{b_2}=\dfrac{z-z_2}{c_2}$ 가 수직 또는 평행이면 방향벡터가 수직 또는 평행이므로 이 두 직선이

수직$(\ell_1 \perp \ell_2)$이기 위한 필요충분조건은 $a_1a_2+b_1b_2+c_1c_2=0$

평행$(\ell_1 /\!/ \ell_2)$이기 위한 필요충분조건은 $\dfrac{a_1}{a_2}=\dfrac{b_1}{b_2}=\dfrac{c_1}{c_2}$

• $\mathbf{u}=(a_1,\ b_1,\ c_1)$
$\mathbf{v}=(a_2,\ b_2,\ c_2)$
$\mathbf{u}\perp\mathbf{v}$이면
$\cos\dfrac{\pi}{2}=0$이므로
$\mathbf{u}\cdot\mathbf{v}$
$=a_1a_2+b_1b_2+c_1c_2=0$
$\mathbf{u} /\!/ \mathbf{v}$이면
$\mathbf{u}=t\mathbf{v}$
$(a_1,\ b_1,\ c_1)=t(a_2,\ b_2,\ c_2)$
$a_1=a_2t,\ b_1=b_2t,\ c_1=c_2t$
$\therefore\ \dfrac{a_1}{a_2}=\dfrac{b_1}{b_2}=\dfrac{c_1}{c_2}\ (=t)$

좌표공간에서 평면의 방정식을 벡터를 이용하여 나타내어 보자.

오른쪽 그림은 점 A를 지나 영벡터가 아닌 벡터 $\mathbf{n}$에 수직인 평면을 나타낸 것이다. 이 평면 위의 임의의 점을 P라 하면 평면과 벡터 $\mathbf{n}$이 수직이므로

$$\overline{\mathrm{AP}} \cdot \mathbf{n} = 0$$

이다. 이 방정식을 점 A를 지나 벡터 $\mathbf{n}$에 수직인 평면의 벡터방정식이라 한다.

평면에 수직인 벡터 $\mathbf{n}$을 이 평면의 법선벡터(normal vector)라 한다.

이제 점의 좌표를 각각

• $\overrightarrow{\mathrm{AP}} = \overrightarrow{\mathrm{OP}} - \overrightarrow{\mathrm{OA}} = (x, y, z) - (x_1, y_1, z_1) = (x - x_1, y - y_1, z - z_1)$

$$\mathrm{A}(x_1, y_1, z_1),\ \mathrm{P}(x, y, z)$$

라 하고 $\mathbf{n} = (a, b, c)$로 정하여 평면의 벡터방정식을 구하면

$$(x - x_1, y - y_1, z - z_1) \cdot (a, b, c) = 0,$$

즉 $$a(x - x_1) + b(y - y_1) + c(z - z_1) = 0 \quad \cdots ④$$

이다. 다시 말하면 점 $\mathrm{A}(x_1, y_1, z_1)$을 지나 벡터 $\mathbf{n}$에 수직인(법선벡터가 $\mathbf{n}$) 평면의 방정식은 이 평면 위의 임의의 점 $\mathrm{P}(x, y, z)$에 대하여 ④와 같이 나타낸다.

④를 정리하면

$$ax + by + cz - (ax_1 + by_1 + cz_1) = 0$$

여기서 $-(ax_1 + by_1 + cz_1) = d$라 놓으면 평면의 방정식은

• $d = -(ax_1 + by_1 + cz_1) = -(a, b, c) \cdot (x_1, y_1, z_1) = -\mathbf{n} \cdot \overrightarrow{\mathrm{OA}}$

$$\boxed{ac + by + cz + d = 0} \quad \cdots ⑤$$

⑤를 평면의 표준방정식(standard equation of a plane)이라 한다. 다시 말하면 법선벡터가 $\mathbf{n} = (a, b, c)$인 평면의 방정식은 ⑤이다.

• ($\mathbf{n}$에 수직) =($\mathbf{n}$이 법선벡터)

예제 4.3-4 (1) 점 $\mathrm{A}(-3, 2, 1)$을 지나고 법선벡터가 $\mathbf{n} = (2, 1, -3)$, (2) 점 $\mathrm{A}(2, 4, -3)$을 지나고 $\mathbf{n} = (3, 0, 4)$에 수직인 평면의 방정식을 구하여라.

풀이 (1) $2(x+3) + 1(y-2) - 3(z-1) = 0 \quad \therefore 2x + y - 3z + 7 = 0$

(2) $3(x-2) + 0(y-4) + 4(z+3) = 0 \quad \therefore 3x + 4z + 6 = 0$ ■

예제 4.3-5 세 점 $P(2, -1, 3)$, $Q(1, 2, -1)$, $R(3, 0, 2)$을 지나는 평면 π의 방정식을 구하여라.

• 동일직선상에 있지 않은 공간의 세 점은 한 평면을 결정한다.

풀이 (방법 1) $\overrightarrow{PQ}=(-1, 3, -4)$, $\overrightarrow{QR}=(2, -2, 3)$는 구하는 평면 위에 있고 이 평면의 법선벡터는 $\mathbf{n}=\overrightarrow{PQ}\times\overrightarrow{QR}$이다.

$$\therefore\ \mathbf{n}=\overrightarrow{PQ}\times\overrightarrow{QR}=\begin{vmatrix} \mathbf{i} & \mathbf{j} & \mathbf{j} \\ -1 & 3 & -4 \\ 2 & -2 & 3 \end{vmatrix}$$

$$=\begin{vmatrix} 3 & -4 \\ -2 & 3 \end{vmatrix}\mathbf{i}-\begin{vmatrix} -1 & 4 \\ 2 & 3 \end{vmatrix}\mathbf{j}+\begin{vmatrix} -1 & 3 \\ 2 & -2 \end{vmatrix}\mathbf{k}$$

$$=\mathbf{i}-5\mathbf{j}-4\mathbf{k}$$

• 벡터 $\overrightarrow{PQ}\times\overrightarrow{QR}$은 두 벡터 $\overrightarrow{PQ}$, $\overrightarrow{QR}$에 수직이므로 $\overrightarrow{PQ}$, $\overrightarrow{QR}$로 된 평면 π에 수직이다. 즉 $\overrightarrow{PQ}\times\overrightarrow{QR}$는 평면 π의 법선벡터이다.

구하는 평면의 방정식은 법선벡터가 $\mathbf{n}=(1, -5, -4)$이고 한 점 $P(2, -1, 3)$을 지나는 평면이므로

$$\pi:\ 1(x-2)-5(y+1)-4(z-3)=0$$

즉

$$\pi:\ x-5y-4z+5=0$$

이다.

• $\overrightarrow{PQ}=\overrightarrow{OQ}-\overrightarrow{OP}$
$=(1, 2, -1)-(2, -1, 3)$
$\overrightarrow{QR}=\overrightarrow{OR}-\overrightarrow{OQ}$
$=(3, 0, 2)-(1, 2, -1)$

(방법 2) 구하는 평면의 방정식을

$$ax+by+cz+d=0 \qquad \cdots (*)$$

라 하고 세 점 P, Q, R의 좌표를 차례로 대입하면

$$\begin{cases} 2a-b+3c+d=0 & \cdots ① \\ a+2b-c+d=0 & \cdots ② \\ 3a+2c+d=0 & \cdots ③ \end{cases}$$

①×2+② $\qquad 5a+5c+3d=0 \qquad \cdots ④$

④×2−③×5 $\qquad -5a+d=0$

$$\therefore\ d=5a$$

$d=5a$를 ③에 대입하면

$$3a+2c+5a=0 \qquad \therefore\ c=-4a$$

$d=5a$, $c=-4a$를 ①에 대입하면

$$2a-b-12a+5a=0 \qquad \therefore\ b=-5a$$

$d=5a$, $c=-4a$, $b=-5a$를 평면의 방정식 (*)에 대입하면

$$ax+(-5a)y+(-4a)z+5a=0$$

양변을 a로 나누면 구하는 평면의 방정식은

$$x-5y-4z+5=0$$

이다. ■

세 좌표평면 xy평면, yz평면, xz평면의 방정식은 다음과 같다.

먼저 xy평면은 원점 O$(0, 0, 0)$를 지나고, z축이 법선이므로 이 xy평면에 수직인 최소의 벡터는 $\mathbf{k}=(0, 0, 1)$로 법선벡터이다.

따라서 xy평면의 방정식은

$$0(x-0)+0(y-0)+1(z-0)=0,\ \text{즉}\ z=0$$

이다. 같은 방법으로 yz평면의 방정식은 $x=0$

xz평면의 방정식은 $y=0$

임을 알 수 있다.

직선과 평면이 만난 점의 좌표, 평면과 평면이 만난 직선의 방정식을 예제로 구하여 보자.

⊠예제 4.3-6 다음 직선과 평면의 교점의 좌표를 구하여라.

$$\frac{x-1}{-1}=\frac{y-3}{-2}=\frac{z+2}{2} \quad \cdots ①, \qquad 3x-2y+z-4=0 \quad \cdots ②$$

풀이 $\frac{x-1}{-1}=\frac{y-3}{-2}=\frac{z+2}{2}=t$라 하면

$$x=-t+1,\ y=-2t+3,\ z=2t-2 \quad \cdots ③$$

③의 x, y, z를 ②에 대입하면

$$3(-t+1)-2(-2t+3)+(2t-2)-4=0$$

$$3t-9=0 \quad \therefore t=3$$

$t=3$을 ③에 대입하면 $x=-2, y=-3, z=4$

즉, 구하는 교점의 좌표는 $(-2, -3, 4)$ ■

- yz평면은 원점 O$(0, 0, 0)$를 지나고 법선벡터가 $\mathbf{i}=(1, 0, 0)$이고, xz평면은 원점을 지나고 법선벡터가 $\mathbf{j}=(0, 1, 0)$이다.

⊠예제 4.3-7 다음 두 평면의 교선의 방정식을 구하여라.

$$2x-y+z+1=0 \quad \cdots ①, \qquad x+2y-z+2=0 \quad \cdots ②$$

풀이 ①+② $\quad 3x+y+3=0, \quad \therefore y=-3(x+1) \quad \cdots ③$

①−②×② $\quad -5y+3z-3=0, \quad \therefore y=\frac{3(z-1)}{-5} \quad \cdots ④$

③, ④에서 $\quad -3(x+1)=y=\frac{3(z-1)}{-5}$

$$\therefore \frac{x+1}{-1}=\frac{y}{3}=\frac{z-1}{-5}$$ ■

오른쪽 그림에서 두 평면 π_1, π_2이 만날 때 각각의 법선벡터 $\mathbf{n}_1$, $\mathbf{n}_2$가 이루는 각을 α라 하면 이 두 평면 π_1과 π_2가 이루는 각 θ는 α와 $\pi-\alpha$ 중 작은 쪽의 각을 의미한다. 즉, $0 \le \theta \le \pi/2$이다.

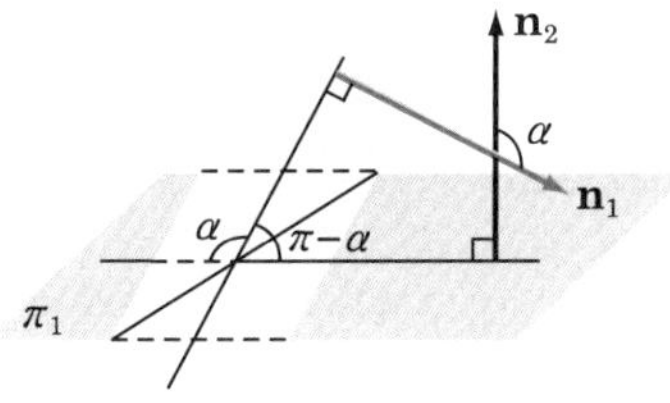

이때 $\cos\theta = |\cos\alpha|$

$|\mathbf{n}_1 \cdot \mathbf{n}_2| = |\mathbf{n}_1||\mathbf{n}_2||\cos\alpha|$이므로

$\cos\theta = \dfrac{|\mathbf{n}_1 \cdot \mathbf{n}_2|}{|\mathbf{n}_1||\mathbf{n}_2|}$이다.

따라서 두 평면 π_1과 π_2가 이루는 교각은 $\theta = \cos^{-1}\dfrac{|\mathbf{n}_1 \cdot \mathbf{n}_2|}{|\mathbf{n}_1||\mathbf{n}_2|}$이다.

예제 4.3-8 두 평면 $\begin{cases} x+2y+3z-2=0 \\ 3x-y+4z+5=0 \end{cases}$이 이루는 각 θ를 구하여라.

풀이 각각 법선벡터는 $\mathbf{n}_1=(1,\ 2,\ 3)$, $\mathbf{n}_2=(3,\ -1,\ 4)$이므로

$$\cos\theta = \frac{1\cdot 3+2\cdot(-1)+3\cdot 4}{\sqrt{1^2+2^2+3^3}\sqrt{3^2+(-1)^2+4^2}} = \frac{3-2+12}{\sqrt{14}\sqrt{26}}$$

$$= \frac{13}{\sqrt{364}} \doteqdot \frac{13}{19.0788} \doteqdot 0.6814$$

$$\therefore\ \theta = \cos^{-1}0.6814 \doteqdot 47.0262^\circ \quad (\doteqdot 0.2613\pi \doteqdot 0.8205)$$ ■

• $\cos^{-1}0.6814$는 수표(삼각함수표)와 계산기를 이용한다.

두 평면이 수직으로 만날 때(직교할 때) 두 평면의 법선벡터가 수직으로 만나고, 두 평면이 평행일 때 두 법선벡터가 평행이다.

$$\pi_1 : a_1x + b_1y + c_1z + d_1 = 0$$

$$\pi_2 : a_2x + b_2y + c_2z + d_2 = 0$$

• $\pi_1 \perp \pi_2$이면 $\mathbf{n}_1 \cdot \mathbf{n}_2 = 0$

따라서 두 평면의 법선벡터는 $\mathbf{n}_1 = (a_1, b_1, c_1)$, $\mathbf{n}_2 = (a_2, b_2, c_2)$이므로

$$\pi_1 \perp \pi_2 \Leftrightarrow a_1a_2 + b_1b_2 + c_1c_2 = 0$$

$$\pi_1 /\!/ \pi_2 \Leftrightarrow \frac{a_1}{a_2} = \frac{b_1}{b_2} = \frac{c_1}{c_2}$$

• 점 (x_1, y_1, z_1)을 지나고 법선벡터가 (a, b, c)인 평면의 방정식은
$a(x-x_1)$
$+b(y-y_1)$
$+(z-z_0)=0$

예제 4.3-9 (1) 점 $(-1, 2, -2)$를 지나고 평면 $4x+2y-3z-4=0$에 평행한 평면, (2) 점 $(-4, 1, -2)$를 지나고 두 평면 $4x-3y+2z-1=0$와 $3x-2y+z-5=0$에 각각 수직인 평면의 방정식을 각각 구하여라.

풀이 (1) 구하는 평면은 주어진 평면 $4x+2y-3z-4=0$와 평행이므로 법선벡터는 $\mathbf{n}=(4, 2, -3)$으로 같다.
따라서 구하는 평면은 점 $(-1, 2, -2)$를 지나고 법선벡터가 $\mathbf{n}=(4, 2, -3)$이므로 이 평면의 방정식은

$$4(x+1)+2(y-2)-3(z+2)=0$$
$$\therefore\ 4x+2y-3z-6=0$$

(2) 두 평면 $\begin{cases}\pi_1: 4x-3y+2z-1=0\\ \pi_2: 3x-2y+z-5=0\end{cases}$ 에 각각 수직인 평면은 이 두 평면의 법선벡터 $\mathbf{n}_1=(4, -3, 2)$, $\mathbf{n}_2=(3, -2, 1)$에 수직인 벡터를 법선벡터로 한다. 이 구하는 평면의 법선벡터를 $\mathbf{n}$으로 하면 $\mathbf{n}$이 $\mathbf{n}_1$, $\mathbf{n}_2$ 각각에 수직이므로 $\mathbf{n}$은 $\mathbf{n}_1$과 $\mathbf{n}_2$의 외적이다.

• $\begin{vmatrix} \mathbf{i} & \mathbf{j} & \mathbf{k} \\ 4 & -3 & 2 \\ 3 & -2 & 1 \end{vmatrix}$
$=\begin{vmatrix} -3 & 2 \\ -2 & 1 \end{vmatrix}\mathbf{i}$
$-\begin{vmatrix} 4 & 2 \\ 3 & 1 \end{vmatrix}\mathbf{j}$
$+\begin{vmatrix} 4 & -3 \\ 3 & -2 \end{vmatrix}\mathbf{k}$

$$\mathbf{n}=\mathbf{n}\times\mathbf{n}_2=\begin{vmatrix} \mathbf{i} & \mathbf{j} & \mathbf{k} \\ 4 & -3 & 2 \\ 3 & -2 & 1 \end{vmatrix}=\mathbf{i}+2\mathbf{j}+\mathbf{k}$$

구하는 평면은 점 $(-4, 1, 2)$를 지나고 법선벡터가 $\mathbf{n}=(1, 2, 1)$이므로

$$1\cdot(x+4)+2\cdot(y-1)+1\cdot(z+2)=0$$
$$\therefore\ x+2y+z+4=0$$ ■

주어진 평면 밖의 한 점과 이 평면 사이의 거리를 구할 수 있다.

$$\pi: ax+by+cz+d=0$$
$$\mathrm{A}(x_1, y_1, z_1)$$

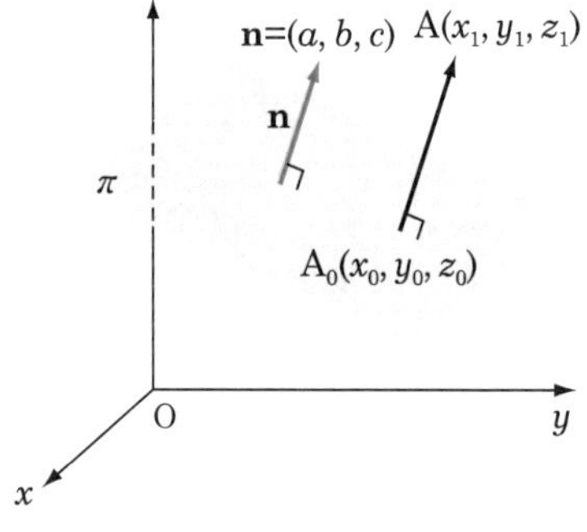

이라 한다. 점 A에서 평면 π에 내린 수선의 발을 $\mathrm{A}_0(x_0, y_0, z_0)$라 할 때

$$|\overrightarrow{\mathrm{A}_0\mathrm{A}}|$$

이 점 A와 평면 π 사이의 거리이다.

평면 $ax+by+cz+d=0$의 법선벡터는 $\mathbf{n}=(a, b, c)$이고 점 $\mathrm{A}_0(x_0, y_0, z_0)$는 이 평면 위의 점이므로

$$ax_0+by_0+cz_0+d=0, \quad ax_0+by_0+cz_0=-d$$

이다. 앞의 그림에서 $\overrightarrow{\mathrm{A}_0\mathrm{A}} \,/\!/\, \mathbf{n}$이므로 $\overrightarrow{\mathrm{A}_0\mathrm{A}} \cdot \mathbf{n} = \pm|\overrightarrow{\mathrm{A}_0\mathrm{A}}||\mathbf{n}|$이다.

• $\mathbf{u} /\!/ \mathbf{v}$이면 $\mathbf{u} \cdot \mathbf{v} = \pm|\mathbf{u}||\mathbf{v}|$

먼저 $\overrightarrow{\mathrm{A}_0\mathrm{A}} \cdot \mathbf{n}$을 구하면

$$\begin{aligned}
\overrightarrow{\mathrm{A}_0\mathrm{A}} \cdot \mathbf{n} &= (\overrightarrow{\mathrm{OA}}-\overrightarrow{\mathrm{OA}_0}) \cdot \mathbf{n} \\
&= \overrightarrow{\mathrm{AO}} \cdot \mathbf{n} - \overrightarrow{\mathrm{OA}_0} \cdot \mathbf{n} \\
&= (x_1, y_1, z_1) \cdot (a, b, c) - (x_0, y_0, z_0) \cdot (a, b, c) \\
&= ax_1+by_1+cz_1-(ax_0+by_0+cz_0) \\
&= ax_1+by_1+cz_1+d
\end{aligned}$$

그리고 $|\overrightarrow{\mathrm{A}_0\mathrm{A}} \cdot \mathbf{n}| = |\overrightarrow{\mathrm{A}_0\mathrm{A}}||\mathbf{n}|$이므로

$$|\overrightarrow{\mathrm{A}_0\mathrm{A}}| = \frac{|\overrightarrow{\mathrm{A}_0\mathrm{A}} \cdot \mathbf{n}|}{|\mathbf{n}|}$$

따라서 $$|\overrightarrow{\mathrm{A}_0\mathrm{A}}| = \frac{|ax_1+by_1+cz_1+d|}{\sqrt{a^2+b^2+c^2}}$$

이상을 정리하면 다음과 같다.

> 점 (x_1, y_1, z_1)과 평면 $ax+by+cz+d=0$ 사이의 거리는
>
> $$\frac{|ax_1+by_1+cz_1+d|}{\sqrt{a^2+b^2+c^2}}$$

✉예제 4.3-10 다음 주어진 점과 평면 사이의 거리를 구하여라.

(1) $A(-5, 0, 0)$, $x-2y+5z-10=0$

(2) $A(4, -3, -1)$, $3x-2y-6z+4=0$

• 원점에서 평면 $x-2y+5z-10=0$에 이르는 거리는 $\dfrac{|0-2 \cdot 0+5 \cdot 0-10|}{\sqrt{1^2+(-2)^2+5^2}} = \dfrac{10}{\sqrt{30}} = \dfrac{\sqrt{30}}{2}$

풀이 (1) $\dfrac{|(-5) \cdot 1+(-2) \cdot 0+5 \cdot 0-10|}{\sqrt{1^2+(-2)^2+5^2}} = \dfrac{15}{\sqrt{30}} = \dfrac{\sqrt{30}}{2}$

(2) $\dfrac{|3 \cdot 4+(-2) \cdot (-3)+(-6) \cdot (-1)+4|}{\sqrt{3^2+(-2)^2+(-6)^2}} = \dfrac{28}{\sqrt{49}} = 4$ ■

연습문제 4.3

• $A(x_1, y_1, z_1)$을 지나고 방향벡터가 $\mathbf{v}=(a, b, c)$인 직선의 방정식은 $\dfrac{x-x_1}{a}=\dfrac{y-y_1}{b}=\dfrac{z-z_1}{c}$ 이다.

1. 다음 직선의 방정식을 구하여라.

(1) 점 $(-1, -4, 3)$을 지나고 방향벡터가 $\mathbf{u}=2\mathbf{i}-3\mathbf{j}-\mathbf{k}$인 직선

(2) 점 $(2, -3, 1)$을 지나고 방향벡터가 $\mathbf{u}=2\mathbf{j}-3\mathbf{k}$인 직선

(3) 점 $(-3, 5, 6)$을 지나고 방향벡터가 $\mathbf{u}=4\mathbf{k}$인 직선

(4) 두 점 $(1, -1, 3)$, $(3, -4, 5)$를 지나는 직선

(5) 두 점 $(4, 2, 0)$, $(1, 5, 2)$를 지나는 직선

(6) 점 $(3, 2, 5)$를 지나고 직선 $\dfrac{x-1}{3}=\dfrac{y-4}{6}=\dfrac{z+1}{2}$에 평행인 직선

• 두 직선의 방향벡터가 $\mathbf{u}$, $\mathbf{v}$일 때 $\cos\theta=\dfrac{|\mathbf{u}\cdot\mathbf{v}|}{|\mathbf{u}||\mathbf{v}|}$ 이다.

2. 다음 두 직선이 이루는 각 $\theta(0\le\theta\le\pi/2)$를 구하여라.

(1) $\dfrac{x+2}{2}=\dfrac{y-1}{-3}=\dfrac{z-2}{-1}$, $\dfrac{x-2}{3}=\dfrac{y+1}{2}=\dfrac{z-2}{4}$

(2) $(x-1)=-3(y+2)=2(z-3)$, $4(x+2)=6(y-3)=3(z+4)$

3. (1) 두 직선 $\dfrac{x+1}{3}=\dfrac{y-2}{-2}=\dfrac{z+3}{-1}$과 $\dfrac{x-2}{a}=\dfrac{y+1}{b}=\dfrac{z-3}{3}$이 평행이 되게 a, b의 값을 정하여라.

(2) 두 직선 $\dfrac{x-1}{-4}=\dfrac{y}{-3}=z-2$와 $\dfrac{x+1}{a}=\dfrac{y-2}{1-a}=\dfrac{z+4}{4}$가 수직이 되게 a의 값을 정하여라.

• 점 (x_1, y_1, z_1)을 지나고 법선벡터가 $\mathbf{n}=(a, b, c)$인 평면 $a(x-x_1)+b(y-y_1)+c(z-z_1)=0$

4. 다음 평면의 방정식을 구하여라.

(1) 점 $(2, 1, 4)$를 지나고 법선벡터가 $\mathbf{n}=3\mathbf{i}-2\mathbf{j}+\mathbf{k}$인 평면

(2) 점 $(0, 0, 0)$를 지나고 법선벡터가 $\mathbf{n}=\mathbf{i}+\mathbf{j}$인 평면

(3) 세 점 $\mathrm{P}(2, -1, 4)$, $\mathrm{Q}(3, 2, 6)$, $\mathrm{R}(-1, -3, 3)$으로 결정되는 평면

(4) 세 점 $\mathrm{P}(3, 0, 1)$, $\mathrm{Q}(2, 1, 0)$, $\mathrm{R}(0, -1, 1)$로 결정되는 평면

(5) 세 점 $\mathrm{P}(\mathrm{a}, 0, 0)$, $\mathrm{Q}(0, \mathrm{b}, 0)$, $\mathrm{R}(0, 0, \mathrm{c})$로 결정되는 평면$(abc\neq 0)$

5. 직선 $6(x-1)=y+1=3(z-1)$, 평면 $3x-y+2z-4=0$의 교점을 구하여라.

6. 두 평면 $x-y+2z-1=0$, $2x+y-z+3=0$의 교선을 구하여라.

7. 점 $(-1, -1, 1)$에서 평면 $2x-3y+5z+6=0$에 이르는 거리를 구하여라.

5 벡터공간

벡터空間, Vector Space

5.1 벡터공간

먼저 벡터공간을 정의하고 벡터공간의 예와 기본성질을 관찰한다.

집합 V가 두 연산 합(addition, sum)과 스칼라배(scalar multiplication)로 정의된다고 할 때 V의 임의의 두 원소 $\mathbf{u}$, $\mathbf{v}$와 실수 α에 대하여 $\mathbf{u}$와 $\mathbf{v}$의 합은 $\mathbf{u}+\mathbf{v}$, α와 $\mathbf{u}$의 스칼라배는 $\alpha\mathbf{u}$와 같이 쓰기로 한다.

• $\mathbf{u}$와 $\mathbf{v}$의 합은 $\mathbf{u}+\mathbf{v}$에, α와 $\mathbf{u}$의 스칼라배는 $\alpha\mathbf{u}$에 대응시키는 연산이다.

정의 5.1-1

두 연산 덧셈과 스칼라배 그리고 벡터에 대하여 다음 공리를 만족하는 집합 V를 벡터공간(vector space)이라 한다.

〈벡터공간의 공리(axiom)〉

(1) V 위에 덧셈이 정의되어 있다. 즉

$$\mathbf{u}, \mathbf{v} \in V \Rightarrow \mathbf{u}+\mathbf{v} \in V$$

그리고 $\mathbf{u}, \mathbf{v}, \mathbf{w} \in V$에 대하여 다음이 성립한다.

A1 : $\mathbf{u}+\mathbf{v} = \mathbf{v}+\mathbf{u}$

A2 : $(\mathbf{u}+\mathbf{v})+\mathbf{w} = \mathbf{u}+(\mathbf{v}+\mathbf{w})$

A3 : 벡터 $\mathbf{0}$가 V에 존재해서 모든 $\mathbf{u} \in V$에 대하여

$$\mathbf{u}+\mathbf{0} = \mathbf{0}+\mathbf{u} = \mathbf{u}$$

A4 : 각 $\mathbf{u} \in V$에 대하여 $-\mathbf{u} \in V$가 오직 하나 존재해서

$$\mathbf{u}+(-\mathbf{u}) = (-\mathbf{u})+\mathbf{u} = \mathbf{0}$$

(2) V 위에 스칼라배가 정의되어 있다. 즉 임의의 스칼라 α에 대하여

$$\mathbf{u} \in V \Rightarrow \alpha\mathbf{u} \in V$$

그리고 $\mathbf{u}, \mathbf{v} \in V$, α, β는 스칼라일 때 다음이 성립한다.

M1 : $\alpha(\mathbf{u}+\mathbf{v}) = \alpha\mathbf{u}+\alpha\mathbf{v}$

M2 : $(\alpha+\beta)\mathbf{u} = \alpha\mathbf{u}+\beta\mathbf{u}$

M3 : $\alpha(\beta\mathbf{u}) = (\alpha\beta)\mathbf{u}$

M4 : $1\mathbf{u} = \mathbf{u}$

• 닫힘 성질

(1) 덧셈에 대한 닫힘(closure under addition) 성질

A1 : 교환법칙(commutative law of vector addition)

A2 : 결합법칙(associative law of vector addition)

A3 : $\mathbf{0}$은 영벡터(zero vector 또는 additive identity)

A4 : $-\mathbf{u}$는 덧셈에 대한 $\mathbf{u}$의 역원(additive inverse)

(2) 스칼라배에 대한 닫힘(closure under scalar multiplication)

M4 : 1은 곱셈에 대한 항등원(multiplicative identity)

여기서 말하는 벡터공간은 어떤 정하여진 조건에 맞는 집합을 의미한다. 그리고 벡터는 이 공간의 원소를 의미할 뿐이다.

벡터가 크기와 방향을 갖는 물리적인 대상만은 아니다.

이제, 벡터공간의 예를 들어 보자. 벡터공간에 대한 앞의 공리를 만족하는 집합이면 그 집합은 벡터공간이다.

예제 5.1-1 $\mathbb{R}^n$은 벡터공간이다.

• $V=\mathbb{R}^2$인 경우 $\mathbf{u}=(a_1, a_2)$, $\mathbf{v}=(b_1, b_2)$, α, β를 스칼라로 하면
(1) $\mathbf{u}+\mathbf{v}=(a_1+b_1, a_2+b_2)\in V$
(2) $\alpha\mathbf{u}=(\alpha a_1, \alpha a_2)\in V$
그리고 A1, A2, A3, A4, M1, M2, M3, M4를 만족한다. 따라서 $\mathbb{R}^2$는 벡터공간이다.

• 실수 $x_i(i=1, 2, \cdots, n)$에 대하여 $(x_1, x_2, \cdots, x_n)$을 n중순서쌍 또는 순서n짝(ordered n-tuple)이라 하고 이 순서쌍 전체의 집합을 유클리드공간(Euclidean space) 또는 n차원 유클리드공간이라 하고 $\mathbb{R}^n$으로 나타낸다.

풀이 $V=\mathbb{R}^n=\{(x_1, x_2, \cdots, x_n)\mid x_i\in\mathbb{R}\ ; i=1, 2, \cdots, n\}$이라 하면

$$\mathbf{u}=(a_1, a_2, \cdots, a_n),\ \mathbf{v}=(b_1, b_2, \cdots, b_n),\ \mathbf{w}=(c_1, c_2, \cdots, c_n)$$

이라 하면 $\mathbf{u}, \mathbf{v}, \mathbf{w}\in V$

$$\begin{aligned}\mathbf{u}+\mathbf{v}&=(a_1, a_2, \cdots, a_n)+(b_1, b_2, \cdots, b_n)\\&=(a_1+b_1, a_2+b_2, \cdots, a_n+b_n),\ (\in V)\\&=(b_1+a_1, b_2+a_2, \cdots, b_n+a_n)\\&=(b_1, b_2, \cdots, b_n)+(a_1, a_2, \cdots, a_n)=\mathbf{v}+\mathbf{u}\in V\end{aligned}$$

스칼라 α에 대하여

$$\begin{aligned}\alpha\mathbf{u}&=\alpha(a_1, a_2, \cdots, a_n)\\&=(\alpha a_1, \alpha a_2, \cdots, \alpha a_n)\in V\end{aligned}$$

이므로 V는 공리의 (1), A1, (2), M4를 만족한다.

$$\begin{aligned}(\mathbf{u}+\mathbf{v})+\mathbf{w}&=(a_1+b_1, a_2+b_2, \cdots, a_n+b_n)+(c_1, c_2, \cdots, c_n)\\&=((a_1+b_1)+c_1, (a_2+b_2)+c_2, \cdots, (a_n+b_n)+c_n)\\&=(a_1+(b_1+c_1), a_2+(b_2+c_2), \cdots, a_n+(b_n+c_n))\\&=(a_1, a_2, \cdots, a_n)+(b_1+c_1, b_2+c_2, \cdots, b_n+c_n)\\&=\mathbf{u}+(\mathbf{v}+\mathbf{w})\end{aligned}$$

$\mathbf{0}=(0, 0, \cdots, 0)$이므로 $\mathbf{u}+\mathbf{0}=\mathbf{0}+\mathbf{u}=\mathbf{u}$

$$\begin{aligned}-\mathbf{u}&=-(a_1, a_2, \cdots, a_n)=(-a_1, -a_2, \cdots, -a_n)\\\therefore\ \mathbf{u}+(-\mathbf{u})&=(a_1, a_2, \cdots, a_n)+(-a_1, -a_2, \cdots, -a_n)\\&=(a_1-a_1, a_2-a_2, \cdots, a_n-a_n)=(0, 0, \cdots, 0)=\mathbf{0}\end{aligned}$$

이므로 V는 공리의 A2, A3, A4를 만족한다.

그리고
$$\begin{aligned}\alpha(\mathbf{u}+\mathbf{v})&=\alpha(a_1+b_1, a_2+b_2, \cdots, a_n+b_n)\\&=(\alpha(a_1+b_1), \alpha(a_2+b_2), \cdots, \alpha(a_n+b_n))\\&=(\alpha a_1+\alpha b_1, \alpha a_2+\alpha b_2, \cdots, \alpha a_n+\alpha b_n)\\&=(\alpha a_1, \alpha a_2, \cdots, \alpha a_n)+(\alpha b_1, \alpha b_2, \cdots, \alpha b_n)\\&=\alpha(a_1, a_2, \cdots, a_n)+\alpha(b_1, b_2, \cdots, b_n)=\alpha\mathbf{u}+\alpha\mathbf{v}\end{aligned}$$

즉 V는 만족한다. 같은 이치로 V는 M2, M3, M4를 만족한다.

따라서 $V=\mathbb{R}^n$은 벡터공간이다. ■

예제 5.1-2 $\mathbb{R}^3$에서 원점을 지나는 평면 위의 점들의 집합은 벡터공간이다.

• 한 점 (x_1, y_1, z_1)을 지나고 법선벡터가 $\mathbf{n}=(a, b, c)$인 평면의 방정식은

$$a(x-x_1)+b(y-y_1)+c(z-z_1)=0$$

• 원점을 지나고 법선벡터가 $=(a, b, c)$인 평면의 방정식은

$$ax+by+cz=0$$

풀이 법선벡터가 $\mathbf{n}=(a, b, c)$인 평면 $ax+by+cz=d$이 원점 $O(0, 0, 0)$을 지나므로 $d=0$이다. 즉 원점을 지나는 평면은

$$ax+by+cz=0$$

이다. 이때 V를

$$V=\{(x, y, z)\mid ax+by+cz=0\}$$

라 하고, $\mathbf{u}=(x_1, y_1, z_1)$, $\mathbf{v}=(x_2, y_2, z_2)$일 때,

u, $\mathbf{v}\in V$라 한다. 그러면

$$\mathbf{u}+\mathbf{v}=(x_1, y_1, z_1)+(x_2, y_2, z_2)=(x_1+x_2, y_1+y_2, z_1+z_2) \quad \cdots ①$$

여기서
$$\begin{aligned}&a(x_1+x_2)+b(y_1+y_2)+c(z_1+z_2)\\&=ax_1+by_1+cz_1+ax_2+by_2+cz_2=0+0=0\end{aligned}$$

따라서 $\mathbf{u}+\mathbf{v}\in V$, 즉 공리의 (1)을 만족한다.

스칼라 α에 대하여

$$\alpha\mathbf{u}=\alpha(x_1, y_1, z_1)=(\alpha x_1, \alpha y_1, \alpha z_1)$$

여기서
$$\begin{aligned}&a(\alpha x_1)+b(\alpha y_1)+c(\alpha z_1)\\&=\alpha(ax_1+by_1+cz_1)=\alpha 0=0 \qquad \cdots ②\end{aligned}$$

따라서 $\alpha\mathbf{u}\in V$, 즉 공리의 (2)를 만족한다. ①에 의하여 $\mathbf{u}+\mathbf{v}=\mathbf{v}+\mathbf{u}$, 즉 공리의 A1을 만족한다. $ax_1+by_1+cz_1=0$의 양변에 (-1)을 곱하면

$$a(-x_1)+b(-y_1)+c(-z_1)=0$$

따라서 $-\mathbf{u}=(-x_1, -y_1, -z_1)\in V$이고 이것은 공리의 A4가 만족됨을 의미한다.

①, ②에 의하여 $\alpha(\mathbf{u}+\mathbf{v})=\alpha\mathbf{u}+\alpha\mathbf{v}$, 즉 공리의 M1을 만족한다.

②에 의하여 $1\mathbf{u}=\mathbf{u}$, 즉 공리의 M4를 만족한다.

공리의 A2, A3, M2, M3도 쉽게 밝힐 수 있다.

그러므로 V는 벡터공간이다. ■

예제 5.1-3 집합 $\{0\}$은 벡터공간이다.

풀이 $V=\{0\}$이라 하면 $0+0=0\in V$, $1\cdot 0=0\in V$,

$$0+(0+0)=(0+0)+0,\ \alpha(0+0)=\alpha\cdot 0+\alpha\cdot 0=0$$

이므로 V는 벡터공간이다. ■

예제 5.1-4 $m\times n$ 행렬의 집합 M_{mn}은 벡터공간이다.
(행렬의 성분은 실수이다)

풀이 $A, B \in M_{mn}$, 즉 A, B를 $m\times n$행렬이라 한다.
그리고

$$A=\begin{bmatrix} a_{11} & a_{12} & \cdots & a_{1n} \\ a_{21} & a_{22} & \cdots & a_{2n} \\ \vdots & \vdots & & \vdots \\ a_{m1} & a_{m2} & \cdots & a_{mn} \end{bmatrix},\ B=\begin{bmatrix} b_{11} & b_{12} & \cdots & b_{1n} \\ b_{21} & b_{22} & \cdots & b_{2n} \\ \vdots & \vdots & & \vdots \\ b_{m1} & b_{m2} & \cdots & b_{mn} \end{bmatrix}$$

이라 놓으면

$$A+B=\begin{bmatrix} a_{11}+b_{11} & a_{12}+b_{12} & \cdots & a_{1n}+b_{1n} \\ a_{21}+b_{21} & a_{22}+b_{22} & \cdots & a_{2n}+b_{2n} \\ \vdots & \vdots & & \vdots \\ a_{m1}+b_{m1} & a_{m2}+b_{m2} & \cdots & a_{mn}+b_{mn} \end{bmatrix} \in M_{mn}$$

그리고 정리 1.2-1에 의하면 공리 모두를 만족한다.
그러므로 M_{mn}은 벡터공간이다. ■

- 정리 1.2-1에서 A, B, C가 $m\times n$행렬일 때
(1) $A+B=B+A$
(2) $(A+B)+C=A+(B+C)$
(3) $A+O=O+A=A$
(4) $A+(-A)=(-A)+A=O$
(5) $(k\ell)A=k(\ell A)$
(6) $1A=A$
(7) $(k+\ell)A=kA+\ell A$
(8) $k(A+B)=kA+kB$

예제 5.1-5 집합 $\{1\}$은 벡터공간이 아니다.

풀이 $1+1\notin\{1\}$이므로 $\{1\}$은 벡터공간이 아니다. ■

예제 5.1-6 실변수 연속함수의 집합은 벡터공간이다.

풀이 두 함수 $f(x)$, $g(x)$에 대하여

$$f(x)+g(x)=(f+g)(x)=f+g$$
$$\alpha[f(x)]=(\alpha f)(x)=\alpha f$$

로 나타내고, 실변수 연속함수 전체의 집합을 V라 하면 알고 있는 연속함수의 성질에 의하여

$$f+g\in V,\ \alpha f\in V$$

이다. $\mathbf{0}$은 상수함수로 원점을 지나는 수평직선이고, 연속이며
$(-f)(x)=-f(x)$이므로 $f+(-f)=(-f)+f=\mathbf{0}$
따라서 공리의 (1), (2) 그리고 A4를 만족한다.
공리의 A1~A3, M1~M4를 만족함을 쉽게 밝힐 수 있다.
그러므로 V는 벡터공간이다. ■

- $\mathbf{0}(x)=0$: 상수함수로 연속함수

벡터공간에 대한 기본성질 몇 가지를 정리하면 다음과 같다.

정리 5.1-1

V를 벡터공간, $\mathbf{u} \in V$, α를 스칼라로 할 때 다음이 성립한다.

(1) $\alpha\mathbf{0} = \mathbf{0}$　　(2) $0 \cdot \mathbf{u} = \mathbf{0}$

(3) $(-1)\mathbf{u} = -\mathbf{u}$　　(4) $\alpha\mathbf{u} = \mathbf{0}$이면 $\alpha = 0$ 또는 $\mathbf{u} = \mathbf{0}$

증명 (1)
$$\mathbf{0}+\mathbf{0}=\mathbf{0} \qquad \text{(공리의 A3)}$$
양변에 α를 곱하면 $\quad \alpha(\mathbf{0}+\mathbf{0}) = \alpha\mathbf{0} \quad \cdots ①$

여기서 $\quad \alpha(\mathbf{0}+\mathbf{0}) = \alpha\mathbf{0}+\alpha\mathbf{0} \quad \cdots ②$ (공리의 M1)

①, ②에서 $\quad \alpha\mathbf{0}+\alpha\mathbf{0} = \mathbf{0} \quad \cdots ③$

③의 양변에 $-\alpha\mathbf{0}$를 더하면
$$[\alpha\mathbf{0}+\alpha\mathbf{0}]+(-\alpha\mathbf{0}) = \alpha\mathbf{0}+(-\alpha\mathbf{0})$$
$$\alpha\mathbf{0}+[\alpha\mathbf{0}+(-\alpha\mathbf{0})] = \alpha\mathbf{0}+(-\alpha\mathbf{0}) \qquad \text{(공리의 A2)}$$
$$\alpha\mathbf{0}+\mathbf{0}=\mathbf{0} \qquad \text{(공리의 A4)}$$
$$\alpha\mathbf{0}=\mathbf{0} \qquad \text{(공리의 A3)}$$

(2)
$$0 = 0+0 \qquad \text{(실수의 성질)}$$
$$0\mathbf{u} = (0+0)\mathbf{u}$$
$$= 0\mathbf{u}+0\mathbf{u} \qquad \text{(공리의 M1)}$$
$$0\mathbf{u}+(-0\mathbf{u}) = [0\mathbf{u}+0\mathbf{u}]+(-0\mathbf{u})$$
$$= 0\mathbf{u}+[0\mathbf{u}+(-0\mathbf{u})] \qquad \text{(공리의 A2)}$$
$$\mathbf{0} = 0\mathbf{u}+\mathbf{0} \qquad \text{(공리의 A4)}$$
$$= 0\mathbf{u} \qquad \text{(공리의 A3)}$$

(3)
$$\mathbf{u}+(-1)\mathbf{u} = 1\mathbf{u}+(-1)\mathbf{u} \qquad \text{(공리의 M4)}$$
$$= [1+(-1)]\mathbf{u} \qquad \text{(공리의 M2)}$$
$$= 0\mathbf{u} \qquad \text{(실수의 성질)}$$
$$= \mathbf{0} \qquad \text{(앞의 (2))}$$

$\mathbf{u}+(-1)\mathbf{u}=\mathbf{0}$의 양변에 $(-\mathbf{u})$를 더하고 공리의 A3에 의하면
$$(-1)\mathbf{u} = -\mathbf{u}$$

(4) $\alpha\mathbf{u}=\mathbf{0}$라 한다. $\alpha \neq 0$이라 하고 양변에 $1/\alpha$를 곱하면
$$(1/\alpha)\alpha\mathbf{u} = (1/\alpha)\mathbf{0}$$
$$= \mathbf{0} \qquad \text{(앞의 (1))}$$

$(1/\alpha)\alpha\mathbf{u} = 1\mathbf{u} = \mathbf{u}$ (공리의 M4)이므로 $\mathbf{u}=\mathbf{0}$

앞의 (2)와 함께 생각하면 「$\alpha\mathbf{0}=\mathbf{0}$이면 $\alpha=0$ 또는 $\mathbf{u}=\mathbf{0}$」 ■

다음은 벡터공간의 부분공간에 대하여 정리한다.

정의 5.1-2

집합 W가 벡터공간 V의 공집합이 아닌 부분집합이다. 즉 $\phi \neq W \subset V$이다. 여기서 W 자신이 벡터공간 V에서의 덧셈과 스칼라배가 정의되는 벡터공간일 때 W를 V의 부분공간(subspace)이라 한다.

• $\mathbf{u}+\mathbf{v}=\mathbf{v}+\mathbf{w}$는 V뿐만 아니라 $\phi \neq W \subset V$인 W에서도 당연히 성립하고 A2, M1～M4도 성립한다.

벡터공간 V의 부분집합 $W(\neq \phi)$가 V의 부분공간임을 밝히기 위하여 앞의 벡터공간의 공리 모두를 만족하는지 검토할 필요는 없다. W 자신이 V에서의 덧셈과 스칼라배가 정의되는 벡터공간이므로 공리의 (1), (2)를 만족한다면 공리의 다른 내용은 벡터공간 V와 공유하는 같은 의미를 갖는다. 따라서 공리의 (1), A3, A4, (2)를 검토하면 된다.

이러한 성질을 정리하여 증명하여 보면 다음과 같다.

• 정리 5.1-2에서 (1)이 성립하면 W는 덧셈에 대하여 닫혀 있다(closed under addition), (2)가 성립하면 W는 스칼라배에 대하여 닫혀 있다(closed under scalar multiplication)고 한다.

정리 5.1-2

집합 W가 벡터공간 V의 공집합이 아닌 부분집합이다. 이때 W가 V의 부분공간이기 위한 필요충분조건은 다음 두 조건(닫힘법칙 : closure rule)을 만족하는 것이다.

(1) $\mathbf{x} \in W$, $\mathbf{y} \in W$이면 $\mathbf{x}+\mathbf{y} \in W$

(2) 스칼라 α에 대하여, $\mathbf{x} \in W$이면 $\alpha\mathbf{x} \in W$

증명 W를 부분공간이라 가정하면 W는 벡터공간으로 분명히 두 조건 (1), (2)를 만족한다. 역으로 W가 두 조건 (1), (2)를 만족한다고 가정하면 W의 원소가 V의 원소이므로 W는 정의 5.1-1 공리의 A1, A2, M1～M2를 만족한다.

그리고 위 조건 (2)에 따라 $\mathbf{x} \in W$이면 $0\mathbf{x} \in W$

그런데 $0\mathbf{x}=\mathbf{0}$(정리 5.1-1의 (1))이므로

$$\mathbf{0} \in W$$

• 「벡터공간의 부분공간($\neq \phi$)은 $\mathbf{0}$을 포함한다」는 의미가 정리 5.1-2의 증명에 나타나 있다.

즉 $\mathbf{0}$가 W에 존재한다. 그래서 W는 공리의 A3을 만족한다.

또 위 조건 (2)에 따라 모든 $\mathbf{x} \in W$에 대하여

$$(-1)\mathbf{x} \in W$$

그런데 $-\mathbf{x}=(-1)\mathbf{x}$ (정리 5.1-1의 (3))이므로 $-\mathbf{x} \in W$

즉 $-\mathbf{x}$가 W에 존재한다. 그래서 W는 공리의 A4를 만족한다.

그러므로 W는 벡터공간이다. 즉 W는 V의 부분공간이다. ■

부분공간은 어떤 것이 있는지 몇 가지 예를 들어 관찰하기로 한다.

예제 5.1-7 한 벡터공간 V의 부분집합 $\{0\}$은 V의 부분공간이다.

• $\{0\}$를 자명한 부분공간(trivial subspace)이라고도 한다.

풀이 $0 \in \{0\}$와 모든 실수 α에 대하여

$$0+0=0 \in \{0\},$$
$$\alpha 0 = 0 \in \{0\}$$

이다.

따라서 $\{0\}$는 부분공간이다. ■

• $V \subset V$

예제 5.1-8 모든 벡터공간 V는 자기자신의 부분공간이다.

풀이 $\mathbf{u}, \mathbf{v} \in V$에 대하여 V가 벡터공간이므로 V는 공리 (1), (2)를 만족한다. 즉 $\mathbf{u}, \mathbf{v}$와 모든 실수 α에 대하여

$$\mathbf{u}+\mathbf{v} \in V, \ \alpha\mathbf{u} \in V$$

이므로 V는 자기자신의 부분집합이다.

따라서 V는 부분공간이다. ■

이 예제 5.1-7, 8에서 모든 벡터공간 V는 두 개의 부분공간 $\{0\}$와 자기자신인 V를 갖는다는 사실을 알 수 있다.

• $\{0\} \subset V$
$V \subset V$
즉, 벡터공간의 부분공간(공집합이 아닌)은 영벡터 0을 포함한다.

예제 5.1-9 좌표공간에서 원점을 지나는 평면의 집합은 $\mathbb{R}^3$의 부분공간이다.

풀이 $\mathbb{R}^3$은 예제 5.1-1에서 $n=3$인 경우로 벡터공간이다.

좌표공간에서 원점을 지나는 평면의 집합을 W라 하면 예제 5.1-2에서와 같이 W를

$$W=\{(x, y, z) \mid ax+by+cz=0\}$$

으로 나타낼 수 있다. 그리고 $W \subset \mathbb{R}^3$이다.

$\mathbf{x}, \mathbf{y} \in W$에 대하여 $\mathbf{x}+\mathbf{y}$는, $\mathbf{x}$와 $\mathbf{y}$를 품는 평면 위에서 $\mathbf{x}, \mathbf{y}$를 이웃하는 두 변으로 하는 평행사변형의 대각선이므로

• $\alpha\mathbf{x}$도 $\mathbf{x}$를 품는 평면 위에 있다. 즉 $\alpha\mathbf{x} \in W$

$$\mathbf{x}+\mathbf{y} \in W$$

또 실수 α에 대하여

$$\alpha\mathbf{x} \in W$$

그러므로 W는 $\mathbb{R}^3$의 부분공간이다. ■

예제 5.1-10 미지수 $x_i(i=1, 2, \cdots, n)$에 대한 동차일차방정식

$$a_1x_1+a_2x_2+\cdots+a_nx_n=0 \qquad \cdots ①$$

$(a_i(i=1, 2, \cdots, n)$ 중 적어도 하나는 0이 아니다)의 해집합

$$W=\{(x_1, x_2, \cdots, x_n\}$$

은 $\mathbb{R}^n$의 부분공간이다.

- $W=\{(x_1, x_2, \cdots, x_n) \mid a_1x_1+a_2x_2+\cdots+a_nx_n=0\}$

풀이 $(0, 0, \cdots, 0)\in W$이다. 즉 ①의 한 해이다. 따라서 $W\neq\phi$ 임의의 $\mathbf{u}, \mathbf{v}\in W$를 각각 $\mathbf{u}=(u_1, u_2, \cdots, u_n)$, $\mathbf{v}=(v_1, v_2, \cdots, v_n)$

그리고 스칼라 α에 대하여

$$a_1u_1+a_2u_2+\cdots+a_nu_n=0 \ \cdots ②, \qquad a_1v_1+a_2v_2+\cdots+a_nv_n=0 \ \cdots ③$$

이 두 식을 변끼리 더하면(②+③)

$$a_1(u_1+v_1)+a_2(u_2+v_2)+\cdots+a_n(u_v+v_u)=0$$

즉 $\qquad \mathbf{u}+\mathbf{v}=(u_1+v_1, u_2+v_2, \cdots, u_n+v_n)\in W$

②의 양변에 α를 곱하면

$$\alpha a_1u_1+\alpha a_2u_2+\cdots+\alpha a_nu_n=0 \quad \therefore a_1\alpha u_1+a_2\alpha u_2+\cdots+a_n\alpha u_n=0$$

즉 $\qquad \alpha\mathbf{u}=(\alpha u_1, \alpha u_2, \cdots, \alpha u_n)\in W$

그러므로 W는 $\mathbb{R}^n$의 부분공간이다. ■

- $(\alpha u_1, \alpha u_2, \cdots, \alpha u_n) = \alpha(u_1, u_2, \cdots, u_x) = \alpha\mathbf{u}$

이 예제 5.1-10의 부분공간 W를 동차일차방정식 $a_1x_1+a_2x_2+\cdots+a_nx_n=0$의 해공간(solution space)이라 한다.

벡터공간의 부분공간은 반드시 영벡터를 포함하므로 $x_i(i=1, 2, \cdots, n)$에 대한 일차방정식

$$a_1x_1+a_2x_2+\cdots+a_nx_n=b$$

에서 $a_i(i=1, 2, \cdots, n)$ 중 적어도 하나는 0이 아니고 $b\neq 0$일 때, 이 일차방정식의 해공간은 $\mathbb{R}^n$의 부분공간이 될 수 없다.

예제 5.1-11 가역이 $n\times n$행렬의 집합은 $n\times n$행렬 전체 집합의 부분공간이 아니다.

- 예제 5.1-4에 의하여 $n\times n$행렬을 M_{nn}이라 하면 이 M_{nn}은 벡터공간이다.

풀이 역행렬을 갖는 (가역) $n\times n$행렬의 집합에 $n\times n$영행렬은 속하지 않는다. 따라서 $n\times n$가역행렬의 집합은 $n\times n$행렬 전체의 집합인 벡터공간의 부분집합이 아니다. ■

정리 5.1-3

벡터공간 V가 있다. $W_1, W_2, \cdots, W_n$을 V의 부분공간이라 하면

$$W_1 \cap W_2 \cap \cdots \cap W_n$$

은(도) V의 부분공간이다.

증명 $W_1 \cap W_2 \cap \cdots \cap W_n$은 $\mathbf{0}$을 포함하기 때문에 공집합은 아니다.

여기서 $\mathbf{x} \in W_1 \cap W_2 \cap \cdots \cap W_n$, $\mathbf{y} = W_1 \cap W_2 \cap \cdots \cap W_n$이라 하면

$\mathbf{x}, \mathbf{y} \in W(i=1, 2, \cdots, n)$이고, W_i는 V의 부분공간이므로 스칼라 α, $\mathbf{x}$, $\mathbf{y}$에 대하여

$$\mathbf{x}+\mathbf{y} \in W_i, \quad \alpha\mathbf{x} \in W_i$$

따라서 $\mathbf{x}+\mathbf{y} \in W_1 \cap W_2 \cap \cdots \cap W_n$, $\alpha\mathbf{x} \in W_1 \cap W_2 \cap \cdots \cap W_n$

그러므로 $W_1 \cap W_2 \cap \cdots \cap W_n$은 V의 부분공간이다. ■

- $\{\mathbf{0}\} \subset V$
  $V \subset V$

예제 5.1-12 $\mathbb{R}^3$에서 $W_1 = \{(x, y, z) \mid x+y-z=0\}$, $W_2 = \{(x, y, z) \mid 3x+4y-6z=0\}$이다. $W_1 \cap W_2$은 무엇을 나타내는가? $W_1 \cap W_2$는 $\mathbb{R}^3$의 부분공간인가?

풀이 W_1, W_2는 각각 원점을 지나는 평면

$$x+y-z=0, \; 3x+4y-6z=0$$

위의 점들의 집합으로 예제 5.1-1, 5.1-9를 참고하면 $\mathbb{R}^3$의 부분공간임을 알 수 있다.

따라서 $W_1 \cap W_2$는 정리 5.1-3에 의하여 $\mathbb{R}^3$의 부분공간이다.

이 부분공간 $W_1 \cap W_2$는 동차연립방정식

$$\begin{cases} x+y-z=0 \\ 3x+4y-6z=0 \end{cases}$$

의 해공간이다. 연립방정식을 풀면

$$\left[\begin{array}{ccc|c} 1 & 1 & -1 & 0 \\ 3 & 4 & 6 & 0 \end{array}\right] \quad R_2+(-3)R_1 \to R_2$$

$$\left[\begin{array}{ccc|c} 1 & 1 & -1 & 0 \\ 0 & 1 & -3 & 0 \end{array}\right] \quad R_1+(-1)R_3 \to R_1$$

$$\left[\begin{array}{ccc|c} 1 & 0 & 2 & 0 \\ 0 & 1 & -3 & 0 \end{array}\right] \quad \therefore \begin{cases} x+2z=0 \\ y-3z=0 \end{cases}$$

$$\therefore W_1 \cap W_2 = \{(-2t, 3t, t) \mid t \in \mathbb{R}\}$$ ■

- $W_1 \cap W_2$는
  $x=-2t$
  $y=3t$
  $z=t$인 직선 위 벡터들의 집합이다.

연습문제 5.1

1. 다음 집합은 벡터공간인가? 아니면 공리의 어떤 것이 만족하지 않은지를 말하여라.

• $\begin{bmatrix} a & 0 \\ 0 & b \end{bmatrix} + \begin{bmatrix} a & 0 \\ 0 & b \end{bmatrix} = \begin{bmatrix} 2a & 0 \\ 0 & 2b \end{bmatrix}$

$\alpha \begin{bmatrix} a & 0 \\ 0 & b \end{bmatrix} = \begin{bmatrix} \alpha a & 0 \\ 0 & \alpha b \end{bmatrix}$

(1) 좌표평면에서 제1사분면에 있는 벡터들의 집합

(2) 순서쌍 $(x, x, \cdots, x)$ 형태인 $\mathbb{R}^3$의 벡터들의 집합

(3) 행렬의 연산인 덧셈과 스칼라배를 갖는 2×2행렬 $\begin{bmatrix} a & 0 \\ 0 & b \end{bmatrix}$의 집합

(4) (3)과 같은 연산을 갖는 2×2행렬 $\begin{bmatrix} a & 1 \\ 1 & b \end{bmatrix}$의 집합

(5) 합은 $(x_1, y_1)+(x_2, y_2)=(x_1+x_2, y_1+y_2)$, 스칼라배는 $\alpha(x_1, y_1)=(0, 0)$로 정의되는 순서쌍 (x, y)의 집합

(6) $\{(x, y) \mid y = mx\}$

(7) $V = P_n$(n차 다항식)
$P(x) = a_nx^n + a_{n-1}x^{n-1} + \cdots + a_2x^2 + a_1x + a_0$
$P(x) \in P_n$

(6) $\mathbb{R}^2$에서 원점을 지나는 직선들의 집합

(7) 계수가 실수인 n차 다항식의 집합

(8) $\mathbb{R}^3$에서 직선 $x=3t,\ y=2t-1,\ z=t+1$ 위의 점들의 집합

(9) $[a, b]$에서 연속인 두 함수 f, g에 대하여 $(f+g)(x)=f(x)+g(x)$, $(\alpha f)(x)=\alpha[f(x)]$로 정의할 때, $[a, b]$에서 미분가능인 함수들의 집합

(10)

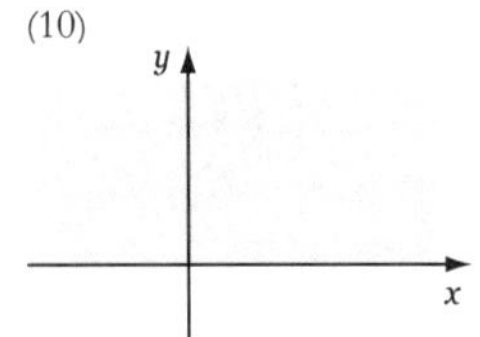

(10) $\mathbb{R}^2$에서 x축 위의 평면(상반평면), 즉 집합 $\{(x, y) \mid y \geq 0\}$

2. 다음을 증명하여라.

(1) 벡터공간에서 덧셈에 대한 항등원은 유일하다.

(2) 벡터공간에서 각 벡터는 덧셈에 대한 역원을 갖는다.

3. 다음 벡터공간 V의 부분집합 W가 V의 부분공간인가? 아니면 이유를 말하여라.

(1) $x=at,\ y=bt,\ z=ct$는 $\mathbb{R}^3$에서 원점을 지나는 직선

(1) $V=\mathbb{R}^3,\ W=\{(x, y, z) \mid x=at, y=bt, z=ct\}$ (a, b, c, t는 실수)

(2) n차 다항식의 집합을 P_n으로 나타낼 때, $V=P_n$, $0 \leq m < n$일 때 $W=P_m$

(3) $[0, 1]$에서 연속인 함수의 집합이 V, $W=\{f \in \mathrm{V} \mid f(0)=1\}$

• 정사각행렬 A에 대하여
$A = A^t$
일 때 A를 대칭행렬이라 한다.

(4) 2×2행렬의 집합을 M_{22}라 할 때 $V=M_{22}$, W는 $A=A^t$인 2×2행렬의 집합

(5) (3)과 같은 V, $W=\left\{f \in V \mid \int_0^1 f(x)dx=0\right\}$

(6) (5)와 같은 V, $W=\left\{f \in V \mid \int_0^1 f(x)dx=1\right\}$

(7) $V=\mathbb{R}^2,\ W=\{(x, y) \mid y=mx\}$

4. 다음을 증명하여라.

(1) $m\times n$행렬 A에 대하여 $W=\{\mathbf{x} \in \mathbb{R} \mid A\mathbf{x}=\mathbf{0}\}$은 $\mathbb{R}^n$의 부분공간이다.

(2) W_1, W_2가 벡터공간 V의 부분공간이다. 이때 $\mathbf{u}_1 \in W_1$, $\mathbf{u}_2 = W_2$에 대하여 $W_1+W_2=\{\mathbf{u} \mid \mathbf{u}=\mathbf{u}_1+\mathrm{u}_2\}$라 하면 W_1+W_2는 V의 부분공간이다.

5.2 일차독립과 일차종속

$\mathbb{R}^3$에서 벡터 $\mathbf{v}=(x_1, x_2, x_3)$를 $\mathbf{v}=x_1\mathbf{i}+x_2\mathbf{j}+x_3\mathbf{k}$로 나타낼 수 있다. 이때 $\mathbf{v}$는 세 벡터 $\mathbf{i}$, $\mathbf{j}$, $\mathbf{k}$의 일차결합이라 한다.

일반적으로 일차결합은 다음과 같이 정의한다.

정의 5.2-1

벡터 $\mathbf{v}_1, \mathbf{v}_2, \cdots, \mathbf{v}_n$이 벡터공간 V에 있다. 즉 $\{\mathbf{v}_1, \mathbf{v}_2, \cdots, \mathbf{v}_n\} \subset V$이다. $a_1, a_2, \cdots, a_n$이 스칼라일 때

$$\mathbf{v}=a_1\mathbf{v}_1+a_2\mathbf{v}_2+\cdots+a_n\mathbf{v}_n$$

으로 나타내지는 벡터 $\mathbf{v}$를 벡터 $\mathbf{v}_1, \mathbf{v}_2, \cdots, \mathbf{v}_n$의 일차결합(linear combination)이라 한다.

예제 5.2-1 $\mathbb{R}^3$에서 $\mathbf{v}_1=(-1, 2, 4)$, $\mathbf{v}_2=(6, -5, 3)$일 때,

(1) $\mathbf{v}=(-8, 9, 5)$는 $\mathbf{v}_1, \mathbf{v}_2$의 일차결합이고,

(2) $\mathbf{v}=(-9, 16, 6)$은 $\mathbf{v}_1, \mathbf{v}_2$의 일차결합이 아님을 설명하여라.

풀이 (1) $\mathbf{v}=a_1\mathbf{v}_1+a_2\mathbf{v}_2$ 즉

$$(-8, 9, 5)=a_1(-1, 2, 4)+a_2(6, -5, 3)$$

에서 연립방정식

$$\begin{cases} -a_1+6a_2=-8 \\ 2a_1-5a_2=9 \\ 4a_1+3a_2=5 \end{cases}$$

를 풀면 $a_1=2$, $a_2=-1$, 즉 $\mathbf{v}=2\mathbf{v}_1-\mathbf{v}_2$로 $\mathbf{v}$는 $\mathbf{v}_1, \mathbf{v}_2$의 일차결합이다.

(2) 같은 방법으로 $(-9, 16, 6)=a_1(-1, 2, 4)+a_2(6, -5, 3)$

에서 연립방정식

$$\begin{cases} -a_1+6a_2=-9 \\ 2a_1-5a_2=16 \\ 4a_1+3a_2=6 \end{cases}$$

을 풀면 a_1, a_2를 구할 수 없다.

그러므로 이 경우의 $\mathbf{v}$는 $\mathbf{v}_1, \mathbf{v}_2$의 일차결합이 아니다. ■

• $\begin{cases} -a_1+6a_2=-9 & \cdots ① \\ 2a_1-5a_2=16 & \cdots ② \\ 4a_1+3a_2=6 & \cdots ③ \end{cases}$

①×2+②

$7a_2=-2$

$a_2=-\frac{2}{7}$

a_2를 ③에 대입

$4a_1-\frac{6}{7}=6$

$\therefore a_1=\frac{12}{7}$

a_1, a_2를 ①에 대입

$-\frac{12}{7}+6\left(-\frac{2}{7}\right)\neq -9$

- $2x$
  $3-x+x^2$
  $1+2x-4x^2+5x^3$
  $\vdots$

예제 5.2-2 다항식을 일차결합으로 설명하여라.

풀이 모든 다항식은 단항식들(monomials)

$$1,\ x,\ x^2,\ \cdots,\ x^n$$

의 일차결합으로 나타낼 수 있다. ■

> **정의 5.2-2**
> 벡터 $\mathbf{v}_1, \mathbf{v}_2, \cdots, \mathbf{v}_n$은 벡터공간 V의 벡터이다. V의 모든 벡터가 이 벡터 $\mathbf{v}_1, \mathbf{v}_2, \cdots, \mathbf{v}_n$의 일차결합으로 나타낼 수 있을 때, 이 $\mathbf{v}_1, \mathbf{v}_2, \cdots, \mathbf{v}_n$은 V를 생성한다(span)고 한다.

- $\mathbb{R}^2$, $\mathbb{R}^3$은 벡터공간이다.

예제 5.2-3 (1) $\mathbb{R}^2$를 생성하는 것에 대하여 설명하여라.
(2) $\mathbb{R}^3$를 생성하는 것에 대하여 설명하여라.

풀이 (1) $\mathbf{i}=(1, 0)$, $\mathbf{j}=(0, 1)$은 $\mathbb{R}^2$를 생성한다.
$\mathbb{R}^2$의 모든 벡터 (a_1, a_2)는

$$(a_1, a_2)=a_1\mathbf{i}+a_2\mathbf{j}$$

즉, $\mathbf{i}$, $\mathbf{j}$의 일차결합으로 나타낼 수 있기 때문이다.

- 다항식의 집합 P_n은 벡터공간이다.

(2) $\mathbf{i}=(1, 0, 0)$, $\mathbf{j}=(0, 1, 0)$, $\mathbf{k}=(0, 0, 1)$은 $\mathbb{R}^3$를 생성한다.
$\mathbb{R}^3$의 모든 벡터 (a_1, a_2, a_3)는

$$(a_1, a_2, a_3)=a_1\mathbf{i}+a_2\mathbf{j}+a_3\mathbf{k}$$

즉, $\mathbf{i}$, $\mathbf{j}$, $\mathbf{k}$의 일차결합으로 나타낼 수 있기 때문이다. ■

예제 5.2-4 n차 다항식의 집합을 P_n으로 할 때, P_n을 생성하는 것에 대하여 설명하여라.

풀이 다음 단항식들은 P_n을 생성한다.

$$1,\ x,\ x^2,\ \cdots,\ x^n$$

이것은 P_n의 모든 다항식은 $a_0, a_1, a_2, \cdots, a_n$이 스칼라일 때

$$a_0+a_1x+a_2x^2+\cdots+a_nx^n$$

즉, $1, x, x^2, \cdots, x^n$의 일차결합으로 나타낼 수 있기 때문이다. ■

정리 5.2-1

$\mathbf{v}_1, \mathbf{v}_2, \cdots, \mathbf{v}_k$는 벡터공간 V의 벡터이다.

(1) $\mathbf{v}_1, \mathbf{v}_2, \cdots, \mathbf{v}_k$의 일차결합 전체의 집합 W는 V의 부분공간이다.

(2) W는 $\mathbf{v}_1, \mathbf{v}_2, \cdots, \mathbf{v}_k$를 포함하는 V의 모든 부분공간 중에서 가장 작다.

증명 (1) $\mathbf{u}, \mathbf{v} \in V$, $a_i, b_i (i=1, 2, \cdots, k)$가 스칼라

$$\mathbf{u} = a_1\mathbf{v}_1 + a_2\mathbf{v}_2 \cdots + a_k\mathbf{v}_k$$
$$\mathbf{v} = b_1\mathbf{v}_1 + b_2\mathbf{v}_2 \cdots + b_k\mathbf{v}_k$$

라 하면

$$\mathbf{u}+\mathbf{v} = (a_1+b_1)\mathbf{v}_1 + (a_2+b_2)\mathbf{v}_2 + \cdots + (a_k+b_k)\mathbf{v}_k$$

즉 $$\mathbf{u}+\mathbf{v} \in W$$

또 임의의 스칼라 α에 대하여

$$\alpha\mathbf{u} = \alpha a_1\mathbf{v}_1 + \alpha a_2\mathbf{v}_2 + \cdots + \alpha a_k\mathbf{v}_k$$

즉, $\alpha\mathbf{u} \in W$이다. 여기서 a_i+b_i, $\alpha a_i (i=1, 2, \cdots, k)$는 스칼라이다. 그러므로 W는 V의 부분공간이다.

• $\mathbf{u}+\mathbf{v} \in W$
$\alpha\mathbf{u} \in W$

• 정리 5.1-2에서 V가 벡터공간 $\phi \neq W \subset V$일 때
(1) $\mathbf{x}, \mathbf{y} \in W \Rightarrow \mathbf{x}+\mathbf{y} \in W$
(2) $\alpha\mathbf{x} \in W$ (α:스칼라)
이면 W는 V의 부분공간이다.

(2) $\mathbf{v}_1, \mathbf{v}_2, \cdots, \mathbf{v}_i, \cdots, \mathbf{v}_k (i=1, 2, \cdots, k)$에 대하여

$$\mathbf{v}_i = 0\mathbf{v}_1 + 0\mathbf{v}_2 + \cdots + 1\mathbf{v}_i + \cdots + 0\mathbf{v}_n$$

으로 나타낼 수 있으므로 벡터 $\mathbf{v}_i (i=1, 2, \cdots, k)$ 각각은 $\mathbf{v}_1, \mathbf{v}_2, \cdots, \mathbf{v}_k$의 일차결합임을 알 수 있다. 따라서 V의 부분공간 W에 대하여

$$\mathbf{v}_1, \mathbf{v}_2, \cdots, \mathbf{v}_k \in W$$

그리고 W_1이 V의 부분공간이면 임의의 스칼라 $c_1, c_2, \cdots, c_k$에 대하여

$$c_1\mathbf{v}_1 + c_2\mathbf{v}_2 + \cdots + c_k\mathbf{v}_k \in W_1$$

이므로 $W_1 \subset W$가 성립한다. ■

벡터공간 V의 k개의 벡터 $\mathbf{v}_1, \mathbf{v}_2, \cdots, \mathbf{v}_k$의 일차결합의 집합, 다시 말해서 $\mathbf{v}_1, \mathbf{v}_2, \cdots, \mathbf{v}_k$과 스칼라 $a_1, a_2, \cdots, a_k$에 대하여

$$\mathbf{v} = a_1\mathbf{v}_1 + a_2\mathbf{v}_2 + \cdots + a_n\mathbf{v}_n$$

을 원소로 하는 집합을 $S[\mathbf{v}_1, \mathbf{v}_2, \cdots, \mathbf{v}_k]$로 (편의상) 나타내자.

즉 $$S[\mathbf{v}_1, \mathbf{v}_2, \cdots, \mathbf{v}_k] = \{\mathbf{v} \mid \mathbf{v} = a_1\mathbf{v}_1 + a_2\mathbf{v}_2 + \cdots + a_k\mathbf{v}_k\}$$

예제 5.2-5 $\mathbb{R}^3$에서 평행이 아니고 영벡터가 아닌 두 벡터가 생성한 집합은 원점을 지나는 평면이다. 이것을 예를 들어 설명하여라.

- 법선벡터가 $\mathbf{n} = (a,\ b,\ c)$ 이고 한 점$(x_1,\ y_1,\ z_1)$ 을 지나는 평면은

  $a(x-x_1)+b(y-y_1)$
  $+c(z-z_1)=0$

- 법선벡터가 $\mathbf{n} = (a,\ b,\ c)$ 이고 원점을 지나는 평면은

  $ax+by+cz=0$

풀이 $\mathbf{v}_1 = (3, -2, 1)$, $\mathbf{v}_2 = (-4, 1, -2)$, 그리고 $\mathbf{v} = (x, y, z)$라 하자.

$$\begin{aligned} S[\mathbf{v}_1, \mathbf{v}_2] &= \{\mathbf{v} \mid \mathbf{v} = a_1\mathbf{v}_1 + a_2\mathbf{v}_2\} \\ &= \{(x, y, z) \mid (x, y, z) = a_1(3, -2, 1) + a_2(-4, 1, -2)\} \\ &= \{(x, y, z) \mid (x, y, z) = (3a_1 - 4a_2,\ -2a_1 + a_2,\ a_1 - 2a_2)\} \end{aligned}$$

$$\therefore\ 3a_1 + 4a_2 = x, \quad -2a_1 + a_2 = y, \quad a_1 - 2a_2 = z$$

$$\left[\begin{array}{rr|c} 3 & 4 & x \\ -2 & 1 & y \\ 1 & -2 & z \end{array}\right] \qquad R_3 \rightleftarrows R_1$$

$$\left[\begin{array}{rr|c} 1 & -2 & z \\ -2 & 1 & y \\ 3 & -4 & x \end{array}\right] \qquad \begin{array}{l} R_2 + 2R_1 \to R_2 \\ R_3 + (-3) \times R_1 \to R_3 \end{array}$$

$$\left[\begin{array}{rr|c} 1 & -2 & z \\ 0 & -3 & y+2z \\ 0 & 2 & x-3z \end{array}\right] \qquad \left(-\frac{1}{3}\right) \times R_2 \to R_2$$

$$\left[\begin{array}{rr|c} 1 & -2 & z \\ 0 & 1 & -\frac{1}{3}y - \frac{2}{3}z \\ 0 & 2 & x-3z \end{array}\right] \qquad R_3 + (-2) \times R_2 \to R_3$$

$$\left[\begin{array}{rr|c} 1 & -2 & z \\ 0 & 1 & -\frac{1}{3}y - \frac{2}{3}z \\ 0 & 0 & x + \frac{2}{2}y - \frac{5}{3}z \end{array}\right]$$

$\therefore\ x + \frac{2}{3}y - \frac{5}{3}z$, 즉

$$3x + 2y - 5z = 0$$

■

- 예제 5.2-6에서 V에 $\mathbf{v}_{n+1}$ 하나만 속하는 경우이나 하나 이상 더 많이 속하더라도 이 예제의 경우와 같이 성립한다.

예제 5.2-6 벡터공간 V의 $n+1$개 벡터 $\mathbf{v}_1, \mathbf{v}_2, \cdots, \mathbf{v}_n, \mathbf{v}_{n+1}$이 있다. $\mathbf{v}_1, \mathbf{v}_2, \cdots, \mathbf{v}_n$이 V를 생성하면 $\mathbf{v}_1, \mathbf{v}_2, \cdots, \mathbf{v}_n, \mathbf{v}_{n+1}$도 V를 생성한다. 이것을 밝혀라.

풀이 $\mathbf{v} \in V$인 $\mathbf{v}$를 스칼라 $a_1, a_2, \cdots, a_n$에 대하여

$\mathbf{v} = a_1\mathbf{v}_1 + a_2\mathbf{v}_2 + \cdots + a_n\mathbf{v}_n$이라 하면

$\mathbf{v} = a_1\mathbf{v}_1 + a_2\mathbf{v}_2 + \cdots + a_n\mathbf{v}_n + 0\mathbf{v}_{n+1}$과 같이 나타낼 수 있으므로

$\mathbf{v}_1, \mathbf{v}_2, \cdots, \mathbf{v}_n, \mathbf{v}_{n+1}$도 V를 생성한다. ■

다음은 일차독립과 일차종속에 대한 정의와 성질을 관찰한다.

두 벡터 $\mathbf{v}_1(2,\ -1)$, $\mathbf{v}_2=(-6,\ 3)$ 사이의 관계를 찾아보면 $(-3)\mathbf{v}_1=\mathbf{v}_2$ 임을 알 수 있다. 이것을 또한 다음과 같이 나타낼 수 있다.

$$3\mathbf{v}_1+\mathbf{v}_2=\mathbf{0}$$

영벡터 $\mathbf{0}$를 $\mathbf{v}_1$과 $\mathbf{v}_2$의 일차결합으로 나타낸 것이다.

이것은 두 벡터 $\mathbf{v}_1$과 $\mathbf{v}_2$의 관계는 임의의 두 벡터 사이의 관계보다 더 간략함을 알 수 있다. 다시 말하여 영벡터를 $\mathbf{v}_1$과 $\mathbf{v}_2$의 일차결합으로 나타낸 것 중에서 가장 작은 한 관계식임을 알 수 있다는 의미이다. 이상을 일반적으로 다음과 같이 정의한다.

• $(-3)\mathbf{v}_1=\mathbf{v}_2$

• $(-3)\mathbf{v}_1=\mathbf{v}_2$
⋮
$(-6)\mathbf{v}_1=2\mathbf{v}_2$
$(-9)\mathbf{v}_1=3\mathbf{v}_2$
$(-12)\mathbf{v}_1=4\mathbf{v}_2$
⋮

정의 5.2-3

V가 벡터공간이고, $\mathbf{v}_1,\ \mathbf{v}_2,\ \cdots,\ \mathbf{v}_n\in V$이다. 벡터방정식

$$\alpha\mathbf{v}_1+\alpha_2\mathbf{v}_2+\ \cdots\ +\alpha_n\mathbf{v}_n=\mathbf{0}$$

을 만족하는 스칼라 $\alpha_1,\ \alpha_2,\ \cdots,\ \alpha_n$ 중 적어도 하나가 0이 아닐 때(not all zero), 벡터 $\mathbf{v}_1,\ \mathbf{v}_2,\ \cdots,\ \mathbf{v}_n$은 일차종속(linearly dependent)이라 한다.

그리고 $\mathbf{v}_1,\ \mathbf{v}_2,\ \cdots,\ \mathbf{v}_n$이 일차종속이 아닐 때, 즉

$$\alpha_1\mathbf{v}_1+\alpha_2\mathbf{v}_2+\ \cdots\ +\alpha_n\mathbf{v}_n=\mathbf{0}$$

을 만족하면 $\alpha_1=\alpha_2=\cdots=\alpha_n=0$일 때, 벡터 $\mathbf{v}_1,\ \mathbf{v}_2,\ \cdots,\ \mathbf{v}_n$은 일차독립(linearly independent)이라 한다.

• 집합으로 나타내어 $\{a_1,\ a_2,\ \cdots,\ a_n\}$이 일차종속 $\{b_1,\ b_2,\ \cdots,\ b_n\}$이 일차독립이라고도 한다.

예제 5.2-7 두 벡터 $\mathbf{v}_1=(-2,\ 4,\ 6)$, $\mathbf{v}_2=(-1,\ 2,\ 3)$은 일차독립인가 일차종속인가?

풀이 $\mathbf{v}_1=2\mathbf{v}_2$임을 알 수 있다. 따라서 $\mathbf{v}_1-2\mathbf{v}_2=\mathbf{0}$

그러므로 $\mathbf{v}_1$과 $\mathbf{v}_2$는 일차종속이다. ■

• $\mathbf{v}_1=2\mathbf{v}_2$

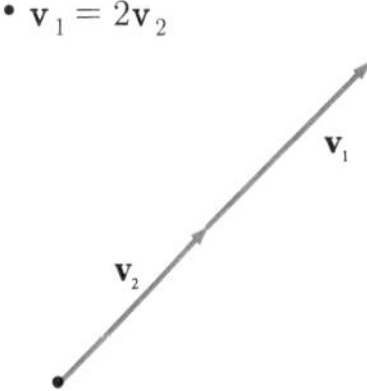

예제 5.2-8 $\mathbb{R}^3$에서 $\mathbf{i}=(1,\ 0,\ 0)$, $\mathbf{j}=(0,\ 1,\ 0)$, $\mathbf{k}=(0,\ 0,\ 1)$은 일차독립인가?

풀이 $\alpha_1\mathbf{i}+\alpha_2\mathbf{j}+\alpha_3\mathbf{k}=\mathbf{0}$에서

$$\alpha_1(1,\ 0,\ 0)+\alpha_2(0,\ 1,\ 0)+\alpha_3(0,\ 0,\ 1)=(0,\ 0,\ 0)$$

$$\therefore\ (\alpha_1,\ \alpha_2,\ \alpha_3)=(0,\ 0,\ 0),\ 즉\ \alpha_1=\alpha_2=\alpha_3=0$$

그러므로 $\mathbf{i}$, $\mathbf{j}$, $\mathbf{k}$는 일차독립이다. ■

• $\mathbb{R}^2$에서 $\mathbf{i}=(1,\ 0)$, $\mathbf{j}=(0,\ 1)$은
$\alpha_1\mathbf{i}+\alpha_2\mathbf{j}=\mathbf{0}$
$\alpha_1(1,\ 0)+\alpha_2(0,\ 1)=(0,\ 0)$
$\therefore\ (\alpha_1,\ \alpha_2)=(0,\ 0)$
$\therefore\ \alpha_1=0,\ \alpha_2=0$이므로 일차독립이다.

예제 5.2-9 벡터공간 V의 두 벡터가 일차종속이기 위한 필요충분조건은 한 벡터가 다른 벡터의 스칼라배임을 밝혀라.

• $\alpha_1\mathbf{v}_1+\alpha_2\mathbf{v}_2=\mathbf{0}$에서 $\mathbf{v}_1, \mathbf{v}_2$는
(1) $\alpha_1 \neq 0$, 또는 $\alpha_2 \neq 0$이면 일차종속
(2) $\alpha_1=\alpha_2=0$이면 일차독립

풀이 두 벡터를 $\mathbf{v}_1$, $\mathbf{v}_2$라 하고 0이 아닌 스칼라 α에 대하여

$$\mathbf{v}_2=\alpha\mathbf{v}_1$$

이 성립한다고 가정하면

$$\alpha\mathbf{v}_1-\mathbf{v}_2=\mathbf{0}\ (a \neq 0)$$

이므로 $\mathbf{v}_1$, $\mathbf{v}_2$는 일차종속이다.

역으로 $\mathbf{v}_1$, $\mathbf{v}_2$가 일차종속이라 가정하면 상수 $\alpha_1 \neq 0$, $\alpha_2 \neq 0$에 대하여

$$\alpha_1\mathbf{v}_1+\alpha_2\mathbf{v}_2=\mathbf{0}$$

이 성립한다.

$a_1 \neq 0$이라 하면 $\mathbf{v}_1=\dfrac{\alpha_2}{\alpha_1}\mathbf{v}_2=\mathbf{0}$ $\therefore\ \mathbf{v}_1=-\dfrac{\alpha_2}{\alpha_1}\mathbf{v}_2$, 즉 $\mathbf{v}_1$은 $\mathbf{v}_2$의 스칼라배이다. $\alpha_1=0$이라 가정하면 $\alpha_2 \neq 0$이고 $\mathbf{v}_2=\mathbf{0}=0\mathbf{v}_1$이다.

그러므로 두 벡터가 일차종속이기 위한 필요충분조건은 한 벡터가 다른 벡터의 스칼라배인 것이다. ■

예제 5.2-10 $\mathbf{v}_1=(1, 2, 3)$, $\mathbf{v}_2=(1, 3, 2)$, $\mathbf{v}_3=(-1, 0, -5)$은 일차독립인가?

풀이 $\alpha_1\mathbf{v}_1+\alpha_2\mathbf{v}_2+\alpha_3\mathbf{v}_3=\mathbf{0}$을 성분으로 나타내고 좌우변을 비교하면

$$\begin{cases} \alpha_1+\ \alpha_2-\ \alpha_3=0 \\ 2\alpha_1+3\alpha_2 \qquad\ =0 \\ 3\alpha_1+2\alpha_2-5\alpha_3=0 \end{cases}$$

이 연립방정식을 풀면

$$\left[\begin{array}{ccc|c} 1 & 1 & -1 & 0 \\ 2 & 3 & 0 & 0 \\ 3 & 2 & -5 & 0 \end{array}\right] \quad \begin{array}{l} R_2+(-2)\times R_1 \to R_2 \\ R_3+(-3)\times R_1 \to R_3 \end{array}$$

$$\left[\begin{array}{ccc|c} 1 & 1 & -1 & 0 \\ 0 & 1 & 2 & 0 \\ 0 & -1 & -2 & 0 \end{array}\right] \quad R_3+R_2 \to R_3$$

$$\left[\begin{array}{ccc|c} 1 & 1 & -1 & 0 \\ 0 & 1 & 2 & 0 \\ 0 & 0 & 0 & 0 \end{array}\right] \quad \therefore \begin{cases} \alpha_1+\alpha_2-\ \alpha_3=0 \\ \qquad \alpha_2+2\alpha_3=0 \end{cases}$$

임의의 실수 t에 대하여 $\alpha_3=t$라 하면 $\alpha_2+2t=0$, $\alpha_1+\alpha_2-t=0$

즉 $\alpha_1=3t$, $\alpha_2=-2t$, $\alpha_3=t$

$\alpha_1=\alpha_2=\alpha_3=0$인 해를 갖지 않는다.

그러므로 $\mathbf{v}_1$, $\mathbf{v}_2$, $\mathbf{v}_3$는 일차종속이다(일차독립이 아니다.) ■

예제 5.2-11 $\mathbf{v}_1=(3,-2,4)$, $\mathbf{v}_2=(-2,2,0)$, $\mathbf{v}_3=(2,1,5)$는 일차독립인가?

풀이 $\alpha_1\mathbf{v}_1+\alpha_2\mathbf{v}_2+\alpha_3\mathbf{v}_3=\mathbf{0}$을 성분으로 나타내면

$$\alpha_1(3,-2,4)+\alpha_2(-2,2,0)+\alpha_3(2,1,5)=(0,0,0)$$

좌변을 계산하고 우변과 비교하면

$$\begin{cases} 3\alpha_1-2\alpha_2+2\alpha_3=0 \\ -2\alpha_1+2\alpha_2+\alpha_3=0 \\ 4\alpha_1 \qquad\quad +5\alpha_3=0 \end{cases}$$

이 연립방정식을 풀면

$$\left[\begin{array}{ccc|c} 3 & -2 & 2 & 0 \\ -2 & 2 & 1 & 0 \\ 4 & 0 & 5 & 0 \end{array}\right] \quad R_1 \rightleftarrows R_2 \quad \left[\begin{array}{ccc|c} -2 & 2 & 1 & 0 \\ 3 & -2 & 2 & 0 \\ 4 & 0 & 5 & 0 \end{array}\right] \quad \left(-\frac{1}{2}\right)\times R_1 \to R_1$$

$$\left[\begin{array}{ccc|c} 1 & -1 & -\frac{1}{2} & 0 \\ 3 & -2 & 2 & 0 \\ 4 & 0 & 5 & 0 \end{array}\right] \quad \begin{array}{l} R_2+(-3)\times R_1 \to R_2 \\ R_3+(-4)\times R_1 \to R_3 \end{array} \quad \left[\begin{array}{ccc|c} 1 & -1 & -\frac{1}{2} & 0 \\ 0 & 1 & \frac{7}{2} & 0 \\ 0 & 4 & 7 & 0 \end{array}\right]$$

$$R_3+(-4)\times R_2 \to R_3 \quad \left[\begin{array}{ccc|c} 1 & -1 & -\frac{1}{2} & 0 \\ 0 & 1 & \frac{7}{2} & 0 \\ 0 & 0 & -7 & 0 \end{array}\right] \quad \begin{array}{l} \left(-\frac{1}{7}\right)\times R_3 \to R_3 \\ R_1+R_2 \to R_1 \end{array}$$

$$\left[\begin{array}{ccc|c} 1 & 0 & 3 & 0 \\ 0 & 1 & \frac{7}{2} & 0 \\ 0 & 0 & 1 & 0 \end{array}\right] \quad \begin{array}{l} R_1+(-3)\times R_3 \to R_1 \\ R_2+\left(-\frac{7}{2}\right)\times R_3 \to R_2 \end{array} \quad \left[\begin{array}{ccc|c} 1 & 0 & 0 & 0 \\ 0 & 1 & 0 & 0 \\ 0 & 0 & 1 & 0 \end{array}\right]$$

따라서 $\alpha_1=0$, $\alpha_2=0$, $\alpha_3=0$ 그러므로 $\mathbf{v}_1$, $\mathbf{v}_2$, $\mathbf{v}_3$은 일차독립이다. ■

• $\alpha_1\mathbf{v}_1+\alpha_2\mathbf{v}_2+\alpha_3\mathbf{v}_3=\mathbf{0}$에서 $\alpha_1=\alpha_2=\alpha_3=0$이므로 $\mathbf{v}_1$, $\mathbf{v}_2$, $\mathbf{v}_3$은 일차독립이다.

$\mathbb{R}^3$에서 $\mathbf{v}_1$, $\mathbf{v}_2$, $\mathbf{v}_3$가 일차종속이라 가정하면 다음 벡터방정식을 만족하는 적어도 하나는 0이 아닌 상수 α_1, α_2, α_3가 존재한다.

$$\alpha_1\mathbf{v}_1+\alpha_2\mathbf{v}_2+\alpha_3\mathbf{v}_3=\mathbf{0}$$

$\alpha_3\neq 0$이라 하고 양변을 α_3로 나눈 후 $(-\alpha_1/\alpha_3)=a$, $(-\alpha_2/\alpha_3)=b$로 하면

$$\mathbf{v}_3=a\mathbf{v}_1+b\mathbf{v}_2$$

$$\begin{aligned} \mathbf{v}_3\cdot(\mathbf{v}_1\times\mathbf{v}_2) &= (a\mathbf{v}_1+b\mathbf{v}_2)\cdot(\mathbf{v}_1\times\mathbf{v}_2) \\ &= a\{\mathbf{v}_1\cdot(\mathbf{v}_1\times\mathbf{v}_2)\}+b\{\mathbf{v}_2\cdot(\mathbf{v}_1\times\mathbf{v}_2)\} \\ &= a\cdot 0+b\cdot 0=0 \end{aligned}$$

• $\mathbf{v}_1\perp(\mathbf{v}_1\times\mathbf{v}_2)$
$\mathbf{v}_2\perp(\mathbf{v}_1\times\mathbf{v}_2)$

$\mathbf{v}_1$과 $\mathbf{v}_2$는 벡터 $\mathbf{v}_1 \times \mathbf{v}_2$에 각각 수직이다. 따라서 두 벡터 $\mathbf{v}_1$과 $\mathbf{v}_2$는 벡터 $\mathbf{v}_1 \times \mathbf{v}_2$에 수직이고 원점을 지나는 평면 위에 있다. 이 평면을 π라 하면 앞에서 $\mathbf{v}_3 \cdot (\mathbf{v}_1 \times \mathbf{v}_2) = 0$이므로 $\mathbf{v}_3$ 역시 $\mathbf{v}_1 \times \mathbf{v}_2$에 수직이어서 평면 π 위에 있다.

• coplanar : 동일평면상의

이상에서 벡터 $\mathbf{v}_1$, $\mathbf{v}_2$, $\mathbf{v}_3$가 일차종속이면 이 세 벡터는 한 평면 위에 있다는(coplanar) 것을 알 수 있다.

예제 5.2-10에서 세 벡터 $\mathbf{v}_1 = (1, 2, 3)$, $\mathbf{v}_2 = (1, 3, 2)$, $\mathbf{v}_3 = (-1, 0, -5)$은 일차종속이므로 오른쪽 그림과 같이 원점을 지나는 한 평면 위에 있다.

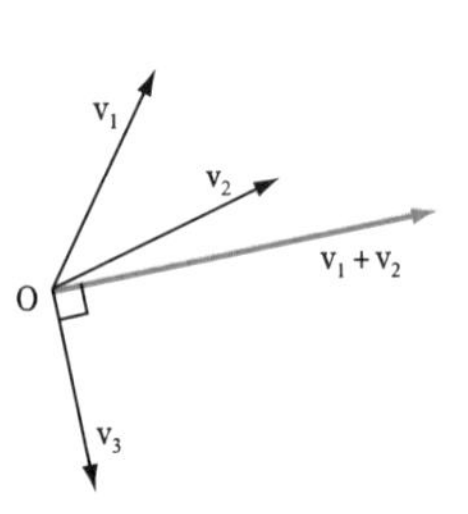

그렇지만 예제 5.2-11의 세 벡터 $\mathbf{v}_1$, $\mathbf{v}_2$, $\mathbf{v}_3$는 일차독립이므로 (일차종속이 아니므로) 이 경우의 세 벡터는 동일평면상에 있지 않다.

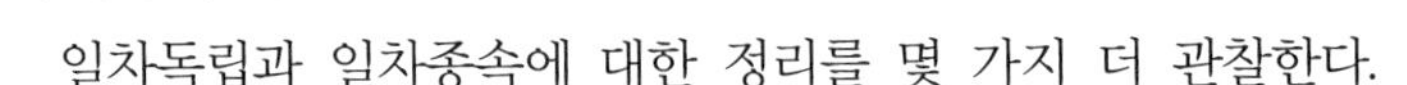

일차독립과 일차종속에 대한 정리를 몇 가지 더 관찰한다.

> 정리 5.2-2
>
> 벡터공간 V의 벡터 $\mathbf{v}_1, \mathbf{v}_2, \cdots, \mathbf{v}_n$이 일차종속이기 위한 필요충분조건은 $\mathbf{v}_1$, $\mathbf{v}_2$, $\cdots$, $\mathbf{v}_n$ 중 적어도 한 벡터는 나머지 $n-1$개 벡터의 일차결합으로 나타낼 수 있다는 것이다.

증명 적어도 하나가 0이 아닌 상수 $\alpha_1, \alpha_2, \cdots, \alpha_n$에 대하여

$$\alpha_1\mathbf{v}_1 + \alpha_2\mathbf{v}_2 + \cdots + \alpha_n\mathbf{v}_n = \mathbf{0}$$

• $\alpha_i(i= 1, 2, \cdots, n)$는 스칼라

을 만족하고 $\alpha_1 \neq 0$라 하면($\mathbf{v}_1, \mathbf{v}_2, \cdots, \mathbf{v}_n$이 일차종속이라면)

$$\mathbf{v}_1 = -\frac{\alpha_2}{\alpha_1}\mathbf{v}_2 - \frac{\alpha_3}{\alpha_1}\mathbf{v}_3 - \cdots - \frac{\alpha_n}{\alpha_1}\mathbf{v}_n$$

즉, $\mathbf{v}_1$은 나머지 $n-1$개 벡터의 일차결합으로 나타내어진다. 역으로 $\mathbf{v}_1$을 나머지 $n-1$개 벡터의 일차결합 $\mathbf{v}_1 = \alpha_2\mathbf{v}_2 + \alpha_3\mathbf{v}_3 + \cdots + \alpha_n\mathbf{v}_n$과 같다고 가정하면($\alpha_i$는 상수 $i = 2, 3, \cdots, n$)

$$(-1)\mathbf{v}_1 + \alpha_2\mathbf{v}_2 + \alpha_3\mathbf{v}_3 + \cdots + \alpha_n\mathbf{v}_n = \mathbf{0}$$

로 변형되어 $\alpha_1 = -1 \neq 0$으로

$$\alpha_1\mathbf{v}_1 + \alpha_2\mathbf{v}_2 + \alpha_3\mathbf{v}_3 + \cdots + \alpha_n\mathbf{v}_n = \mathbf{0}$$

에서 상수는 모두 0이 아니다. 즉, $\mathbf{v}_1, \mathbf{v}_2, \cdots, \mathbf{v}_n$은 일차종속이다. ■

정리 5.2-3

벡터 $\mathbf{v}_1, \mathbf{v}_2, \cdots, \mathbf{v}_n$이 일차독립이고 $\mathbf{v}, \mathbf{v}_1, \mathbf{v}_2, \cdots, \mathbf{v}_n$이 일차종속이면 $\mathbf{v}$는 $\mathbf{v}_1, \mathbf{v}_2, \cdots, \mathbf{v}_n$의 일차결합으로 나타낸다.

증명 적어도 하나가 0이 아닌 $n+1$개의 상수 $\alpha, \alpha_1, \alpha_2, \cdots, \alpha_n$에 대하여

$$\alpha\mathbf{v}+\alpha_1\mathbf{v}_1+\alpha_2\mathbf{v}_2+\cdots+\alpha_n\mathbf{v}_n=\mathbf{0} \qquad \cdots ①$$

이 성립한다. $\alpha=0$이라 가정하면 $\alpha_1, \alpha_2, \cdots, \alpha_n$ 중 적어도 하나가 0이 아니어서 $\alpha_1\mathbf{v}_1+\alpha_2\mathbf{v}_2+\cdots+\alpha_n\mathbf{v}_n=\mathbf{0}$이다. 이것은 $\mathbf{v}_1, \mathbf{v}_2, \cdots, \mathbf{v}_n$이 일차독립이라는 가정에 모순이다. 그러므로 $\alpha\neq 0$, ①에서 $\mathbf{v}$는

$$\mathbf{v}=-\frac{\alpha_1}{\alpha}\mathbf{v}_1-\frac{\alpha_2}{\alpha}\mathbf{v}_2-\cdots-\frac{\alpha_n}{\alpha}\mathbf{v}_n$$

즉, $\mathbf{v}$는 $\mathbf{v}_1, \mathbf{v}_2, \cdots, \mathbf{v}_n$의 일차결합이다. ■

• $\alpha_1\mathbf{v}_1+\alpha_2\mathbf{v}_2+\cdots+\alpha_n\mathbf{v}_n$: $\mathbf{v}_1, \mathbf{v}_2, \cdots, \mathbf{v}_n$의 일차결합

정리 5.2-4

$\mathbb{R}^n$에서 m개 벡터의 한 집합은 $m>n$이면 일차종속이다.

증명 $\mathbb{R}^n$에서 m개의 벡터를 $\mathbf{v}_1, \mathbf{v}_2, \cdots, \mathbf{v}_m$라 하고, $\mathbf{v}_1=(a_{11}, a_{12}, \cdots, a_{1n})$, $\mathbf{v}_2=(a_{21}, a_{22}, \cdots, a_{2n}), \cdots, \mathbf{v}_m=(a_{m1}, a_{m2}, \cdots, a_{mn})$으로 놓고 벡터방정식을 적어도 하나가 0이 아닌 상수 $\alpha_1, \alpha_2, \cdots, \alpha_m$에 대하여

$$\alpha_1\mathbf{v}_1+\alpha_2\mathbf{v}_2+\cdots+\alpha_m\mathbf{v}_m=\mathbf{0} \qquad \cdots ①$$

이라 한다. 이 방정식을 성분으로 나타내고 좌우변을 비교하면

$$\begin{aligned} a_{11}\alpha_1+a_{21}\alpha_2+\cdots+a_{m1}\alpha_m&=0\\ a_{12}\alpha_1+a_{22}\alpha_2+\cdots+a_{m2}\alpha_m&=0\\ \vdots \qquad \vdots \qquad\quad \vdots \qquad &\ \ \vdots\\ a_{1n}\alpha_1+a_{2n}\alpha_2+\cdots+a_{mn}\alpha_m&=0 \end{aligned} \qquad \cdots ②$$

이다. 이 연립방정식은 미지수 $\alpha_1, \alpha_2, \cdots, \alpha_m$($m$개)이고 이 $\alpha_i(i=1, 2, \cdots, m)$에 대한 일차방정식($n$개)으로 된 동차연립방정식이다. 조건에서 $m>n$이므로 방정식의 개수가 미지수의 개수보다 적다. 그러므로 ①에서 미지수 α_i는 적어도 하나는 0이 아님을 알 수 있다.

즉, $\{\mathbf{v}_1, \mathbf{v}_2, \cdots, \mathbf{v}_m\}$은 일차종속이다. ■

• 적어도 하나는 0이 아니다(not all zero).

• 방정식의 개수$=n$ 미지수의 개수$=m$ $m>n$이므로 미지수의 개수가 방정식의 개수보다 많다.

• 방정식의 개수가 미지수의 개수보다 적은 동차연립방정식은 무수히 많은 해를 갖는다.

• $\mathbf{v}_1, \mathbf{v}_2, \cdots, \mathbf{v}_m$은 일차종속을 집합으로 나타내어 $\{\mathbf{v}_1, \mathbf{v}_2, \cdots, \mathbf{v}_n\}$은 일차종속이라고도 한다.

정리 5.2-4에 의하면 $\mathbb{R}^n$에서 1차독립인 한 집합은 원소의 개수가 많아야 n이다.

정리 5.2-4에 의하면 $\mathbb{R}^2$에서 3개 이상 벡터들로 된 집합과 또 $\mathbb{R}^3$에서 4개 이상 벡터들로 된 집합은 각각 일차종속임을 알 수 있다.

• $\mathbb{R}^n$에서 일차독립인 집합의 원소의 개수는 많아야 n개=최대 원소의 개수는 n=원소 개수의 최대값은 n

그리고 이러한 성질은 $\mathbb{R}^n$에서 일차독립인 집합이 원소의 개수가 많아야 n개임을 의미한다.

그러므로 정리 5.2-4 증명에서 $\boldsymbol{\alpha} = (\alpha_1, \alpha_2, \cdots, \alpha_n)^t$으로 놓으면 동차연립방정식은 $A\boldsymbol{\alpha} = \mathbf{0}$($A$는 $m \times n$행렬로 계수행렬)가 된다.

이때 $\mathbf{v}_1, \mathbf{v}_2, \cdots, \mathbf{v}_n$이 일차종속이기 위한 필요충분조건은 벡터방정식 $A\boldsymbol{\alpha} = \mathbf{0}$가 자명한 해를 갖지 않는 것이다.

이상을 정리하면 다음과 같다.

정리 5.2-5

$\mathbf{v}_1, \mathbf{v}_2, \cdots, \mathbf{v}_n$은 $\mathbb{R}^n$의 벡터이고 $m \times n$행렬 A는 $\mathbf{v}_1, \mathbf{v}_2, \cdots, \mathbf{v}_n$의 성분을 행으로 한다. 이때 $\mathbf{v}_1, \mathbf{v}_2, \cdots, \mathbf{v}_n$이 일차독립이기 위한 필요충분조건은 동차연립방정식 $A\mathbf{x} = \mathbf{0}$가 자명한 해 $\mathbf{x} = \mathbf{0}$을 갖는 것이다.

정리 5.2-5의 증명은 정리 5.2-4와 위의 설명에서 $m = n$인 경우이다.

정리 5.2-6

$\mathbf{v}_1, \mathbf{v}_2, \cdots, \mathbf{v}_n$은 $\mathbb{R}^n$의 벡터이고 $n \times n$행렬 A는 $\mathbf{v}_1, \mathbf{v}_2, \cdots, \mathbf{v}_n$의 성분을 행으로 한다. 이때 $\det A \neq 0$이기 위한 필요충분조건은 $\mathbf{v}_1, \mathbf{v}_2, \cdots, \mathbf{v}_n$이 일차독립인 것이다.

증명 정리 2.4-4에 의하여

$n \times n$행렬 A가 가역이면 $n \times 1$행렬 B에 대하여 연립방정식

$$A\mathbf{x} = B$$

는 오직 하나의 해 $\mathbf{x} = A^{-1}B$를 갖는다.

또한 동차연립방정식 $A\mathbf{x} = \mathbf{0}$는 오직 하나의 해 $\mathbf{x} = A^{-1}\mathbf{0} = \mathbf{0}$을 갖는다.

정리 3.2-11에 의하여

$n \times n$행렬 A가 가역이기 위한 필요충분조건은 $\det A \neq 0$이다.

따라서 $\det A \neq 0 \iff A$가 가역이다

$\iff A\mathbf{x} = \mathbf{0}$가 자명한 해를 갖는다.

$\iff \mathbf{v}_1, \mathbf{v}_2, \cdots, \mathbf{v}_n$은 일차독립이다(정리 5.2-5). ■

벡터공간 V에 m개의 벡터 $\mathbf{v}_1,\ \mathbf{v}_2,\ \cdots,\ \mathbf{v}_m$이 있다. $m\times n$행렬 $A=[a_{ij}]$에 대하여 $(i=1,\ 2,\ \cdots,\ m\,;\ j=1,\ 2,\ \cdots,\ n)$

$$(\mathbf{v}_1,\ \mathbf{v}_2,\ \cdots,\ \mathbf{v}_m)A=(\mathbf{v}_1,\ \mathbf{v}_2,\ \cdots,\ \mathbf{v}_m)\begin{bmatrix} a_{11} & a_{12} & \cdots & a_{1n} \\ a_{21} & a_{22} & \cdots & a_{2n} \\ \vdots & \vdots & & \vdots \\ a_{m1} & a_{m2} & \cdots & a_{mn} \end{bmatrix}$$

$$\begin{aligned} &=(a_{11}\mathbf{v}_1+a_{21}\mathbf{v}_2+\cdots+a_{m1}\mathbf{v}_m, \\ &\quad a_{12}\mathbf{v}_1+a_{22}\mathbf{v}_2+\cdots+a_{m2}\mathbf{v}_m, \\ &\quad \cdots,\ a_{1n}\mathbf{v}_1+a_{2n}\mathbf{v}_2+\cdots+a_{mn}\mathbf{v}_m) \end{aligned}$$

과 같이 나타내기로 하자.

$\mathbf{v}_1,\ \mathbf{v}_2,\ \cdots,\ \mathbf{v}_m$이 일차독립이고 $m\times n$행렬 $A=[a_{ij}]$에 대하여 $(\mathbf{v}_1,\ \mathbf{v}_2,\ \cdots,\ \mathbf{v}_m)A=(\mathbf{0},\ \mathbf{0},\ \cdots,\ \mathbf{0})$이라 하고 좌우변의 제1성분을 비교하면

$$a_{11}\mathbf{v}_1+a_{21}\mathbf{v}_2+\cdots+a_{m1}\mathbf{v}_m=\mathbf{0} \qquad \cdots ①$$

이다. $\mathbf{v}_1,\ \mathbf{v}_2,\ \cdots,\ \mathbf{v}_m$이 일차독립이므로 $a_{11}=a_{21}=\cdots+a_{m1}=0$이다. 같은 이치로 ①의 좌우변의 각 성분을 비교하면

$$a_{ij}=0 \quad (i=1,\ 2,\ \cdots,\ m\,;\ j=1,\ 2,\ \cdots,\ n)$$

그러므로 $$A=O$$

연습문제 5.2

1. 다음에서 $\mathbf{v}_1=(-3,\ 1,\ 4)$, $\mathbf{v}_2=(1,\ -2,\ -1)$의 일차결합인 벡터를 선택하여라.

• $\mathbf{v}=a_1\mathbf{v}_1+a_2\mathbf{v}_2$

(1) $\mathbf{v}=(7,\ -4,\ -9)$ (2) $\mathbf{v}=(-7,\ -1,\ 9)$ (3) $\mathbf{v}=(-6,\ 2,\ 8)$

(4) $\mathbf{v}=(1,\ 5,\ -1)$ (5) $\mathbf{v}=(-2,\ -3,\ 2)$ (6) $\mathbf{v}=(0,\ 0,\ 0)$

2. 다음을 $\mathbf{v}_1=(-1,0,1)$, $\mathbf{v}_2=(0,-1,2)$, $\mathbf{v}_3=(1,2,3)$의 일차결합으로 나타내어라.

(1) $\mathbf{v}=(-1,\ 4,\ 1)$ (2) $\mathbf{v}=(-1,\ -7,\ -1)$

(3) $\mathbf{v}=(-4,\ -4,\ 4)$ (4) $\mathbf{v}=(0,\ 0,\ 0)$

3. 다음 다항식을 $P_1(x)=1+x+2x^2$, $P_2(x)=2-x-3x^2$, $P_3(x)=-1+3x+4x^2$의 일차결합으로 나타내어라.

• $P=a_1P_1(x)+a_2P_2(x)+a_3P_3(x)$

(1) $P=8-2x-4x^2$ (2) $P=4+3x-x^2$

(3) $P=-4+2x+6x^2$ (4) $P=0$

4. 2×2행렬의 집합을 M_{22}라 할 때, $\begin{bmatrix}1&0\\0&0\end{bmatrix}$, $\begin{bmatrix}0&1\\0&0\end{bmatrix}$, $\begin{bmatrix}0&0\\1&0\end{bmatrix}$, $\begin{bmatrix}0&0\\0&1\end{bmatrix}$은 M_{22}를 생성한다. 이것을 설명하여라.

5. $\mathbf{v}_1=(1,\ 1)$, $\mathbf{v}_2=(2,\ 2)$, $\mathbf{v}_3=(3,\ 3)$은 $\mathbb{R}^2$를 생성하는지, 그렇지 않은지를 설명하여라.

• $\mathbf{v}=a_1\mathbf{v}_1+a_2\mathbf{v}_2+a_3\mathbf{v}_3$인 $\mathbf{v}\in V$일 때, $a_1,\ a_2,\ a_3$를 정할 수 있는가?

6. 다음과 같이 주어진 벡터의 집합이 $\mathbb{R}^3$를 생성하는 것을 선택하여라.

(1) $\mathbf{v}_1=(1,\ 1,\ 1)$, $\mathbf{v}_2=(2,\ 2,\ 2)$, $\mathbf{v}_3=(3,\ 3,\ 3)$

(2) $\mathbf{v}_1=(1,\ 0,\ 0)$, $\mathbf{v}_2=(1,\ 1,\ 0)$, $\mathbf{v}_3=(1,\ 1,\ 1)$

(3) $\mathbf{v}_1=(1,\ 1,\ 2)$, $\mathbf{v}_2=(3,\ 2,\ 0)$, $\mathbf{v}_3=(2,\ 2,\ 4)$

(4) $\mathbf{v}_1=(1,\ -1,\ 2)$, $\mathbf{v}_2=(1,\ 1,\ 2)$, $\mathbf{v}_3=(0,\ 0,\ 1)$

• $\alpha_1\mathbf{v}_1+\alpha_2\mathbf{v}_2+\cdots+\alpha_n\mathbf{v}_n=0$에서 $\alpha_1=\alpha_2=\cdots=\alpha_n=0$이면 $\mathbf{v}_1,\ \mathbf{v}_2,\ \cdots,\ \mathbf{v}_n$은 일차독립
$\alpha_1,\ \alpha_2,\ \cdots,\ \alpha_n$ 중 적어도 하나가 0이 아니면 $\mathbf{v}_1,\ \mathbf{v}_2,\ \cdots,\ \mathbf{v}_n$은 일차종속

7. $\mathbf{v}_1=(x_1,\ y_1,\ z_1)$, $\mathbf{v}_2=(x_2,\ y_2,\ z_2)\in\mathbb{R}^3$가 있다. 상수 k에 대하여 $\mathbf{v}_2=k\mathbf{v}_1$이 성립하면 $\mathbf{v}_1,\ \mathbf{v}_2$이 생성하는 집합은 원점을 지나는 직선임을 설명하여라.

8. $\mathbb{R}^2$에서 다음과 같은 벡터의 집합이 일차종속임을 설명하여라.

(1) $(-1, 2), (-4, 8)$ (2) $(4, -3), (-5, 6), (9, 2)$

9. 다음과 같은 벡터의 집합은 일차종속인지 일차독립인지를 말하여라.

(1) $(-1, 2), (-2, 3)$ (2) $(3, -1, 4), (9, -3, 12)$

(3) $(1, 0, 0), (0, 1, 0), (0, 0, 1)$ (4) $(2, -3, 4), (-1, 3, -5), (1, 0, -1)$

(5) 이차다항식의 집합 P_2에서 $1+x,\ -x,\ 3-2x$

(6) 실수값 함수 전체의 집합에서 $x,\ \cos x,\ \cos 2x$

• $f,\ g,\ h$가 정해진 실수의 구간에서 연속함수이고 두 번 미분가능일 때
$W(x)=\begin{bmatrix}f(x)&g(x)&h(x)\\f'(x)&g'(x)&h'(x)\\f''(x)&g''(x)&h''(x)\end{bmatrix}$
를 론스키행렬식(Wronskian)이라 한다. 이때 $f,\ g,\ h$가 일차종속이면 $W(x)=0$이다(각자 증명하여라).

10. 영벡터가 아닌 세 벡터 $\mathbf{v}_1,\ \mathbf{v}_2,\ \mathbf{v}_3$가 있다. 이때 $\mathbf{v}_1$이 $\mathbf{v}_2$와 $\mathbf{v}_3$에 수직이고 $\mathbf{v}_2$와 $\mathbf{v}_3$가 수직이면 $\{\mathbf{v}_1,\ \mathbf{v}_2,\ \mathbf{v}_3\}$은 일차독립이다.

11. 다항식의 집합 P_n에서 $\{1,\ x,\ x^2,\ \cdots,\ x^n\}$은 일차독립이다.

12. $\mathbf{v}_1,\ \mathbf{v}_2,\ \mathbf{v}_3$가 일차독립이면 $\mathbf{v}_1+\mathbf{v}_2,\ \mathbf{v}_2+\mathbf{v}_3,\ \mathbf{v}_1+\mathbf{v}_3$도 일차독립이다.

13. 벡터공간 V의 벡터 $\mathbf{u}_1,\ \mathbf{u}_2,\ \cdots,\ \mathbf{u}_m$과 $\mathbf{v}_1,\ \mathbf{v}_2,\ \cdots,\ \mathbf{v}_n$이 있다. 이때 $m>n$이고 $\mathbf{u}_1,\ \mathbf{u}_2,\ \cdots,\ \mathbf{u}_m$의 각 벡터는 $\mathbf{v}_1,\ \mathbf{v}_2,\ \cdots,\ \mathbf{v}_n$의 일차결합으로 나타낼 수 있다면 $\mathbf{u}_1,\ \mathbf{u}_2,\ \cdots,\ \mathbf{u}_m$은 일차종속이다.

14. $\mathbb{R}^n$에서 n개의 일차독립인 벡터의 집합은 $\mathbb{R}^n$을 생성한다.

5.3 기저와 차원

V가 벡터공간이다. V의 벡터 $\mathbf{v}_1, \mathbf{v}_2, \cdots, \mathbf{v}_n$이 V를 생성한다는 것은 V의 모든 벡터를 $\mathbf{v}_1, \mathbf{v}_2, \cdots, \mathbf{v}_n$의 일차결합으로 나타낼 수 있다는 의미이다.

예를 들어 $\mathbb{R}^2$에서 $\mathbf{i}=(1, 0)$, $\mathbf{j}=(0, 1)$은 $\mathbb{R}^2$를 생성한다. $\mathbb{R}^2$의 임의의 벡터 (a_1, a_2)는

• 연습문제 5.2의 14 참조

$$(a_1, a_2) = a_1\mathbf{i} + a_2\mathbf{j}$$

와 같이 $\mathbf{i}, \mathbf{j}$의 이 일차결합으로, $\mathbb{R}^3$에서 $\mathbf{i}=(1, 0, 0)$, $\mathbf{j}=(0, 1, 0)$, $\mathbf{k}=(0, 0, 1)$은 $\mathbb{R}^3$를 생성한다. $\mathbb{R}^3$의 임의의 벡터 (a_1, a_2, a_3)는

$$(a_1, a_2, a_3) = a_1\mathbf{i} + a_2\mathbf{j} + a_3\mathbf{k}$$

와 같이 $\mathbf{i}, \mathbf{j}, \mathbf{k}$의 일차결합으로 나타낼 수 있음을 알고 있다.

정의 5.3-1

V가 벡터공간이다. 다음 조건 (i), (ii)를 만족하는 벡터의 집합 $\{\mathbf{v}_1, \mathbf{v}_2, \cdots, \mathbf{v}_n\}$을 V의 기저(basis)라 한다.

(i) $\{\mathbf{v}_1, \mathbf{v}_2, \cdots, \mathbf{v}_n\}$은 일차독립이다.

(ii) $\{\mathbf{v}_1, \mathbf{v}_2, \cdots, \mathbf{v}_n\}$은 V를 생성한다.

위의 예에서 $\{\mathbf{i}, \mathbf{j}\}$는 일차독립이므로 $\mathbb{R}^2$의 기저이고, $\{\mathbf{i}, \mathbf{j}, \mathbf{k}\}$은 일차독립이므로 $\mathbb{R}^3$의 기저이다.

• $\alpha_1\mathbf{i} + \alpha_2\mathbf{j} = 0 \Leftrightarrow \alpha_1 = \alpha_2 = 0$
• $\alpha_1\mathbf{i} + \alpha_2\mathbf{j} + \alpha_3\mathbf{k} = 0 \Leftrightarrow \alpha_1 = \alpha_2 = \alpha_3 = 0$

예제 5.3-1 $\mathbb{R}^n$에서 $(1, 0, 0, \cdots, 0)$, $(0, 1, 0, \cdots, 0)$, $\cdots$ $(0, 0, 0, \cdots, 1)$에 대하여 설명하여라.

풀이 $\mathbb{R}^n$에서 $\mathbf{e}_1=(1, 0, 0, \cdots, 0)$, $\mathbf{e}_2=(0, 1, 0, \cdots, 0)$, $\cdots$, $\mathbf{e}_n=(0, 0, 0, \cdots, 1)$이라 하면 $\{\mathbf{e}_1, \mathbf{e}_2, \cdots, \mathbf{e}_n\}$은 일차독립이다.

또 $\mathbb{R}^n$의 임의의 벡터 $\mathbf{v}=(x_1, x_2, \cdots, x_n)$에 대하여 $\mathbf{v}=x_1\mathbf{e}_1+x_2\mathbf{e}_2+\cdots+x_n\mathbf{e}_n$으로 나타낼 수 있으므로 $\{\mathbf{e}_1, \mathbf{e}_2, \cdots, \mathbf{e}_n\}$은 $\mathbb{R}^n$을 생성한다.

그러므로 $\{\mathbf{e}_1, \mathbf{e}_2, \cdots, \mathbf{e}_n\}$은 $\mathbb{R}^n$의 기저이다. ■

• $\alpha_1\mathbf{e}_1 + \alpha_2\mathbf{e}_2 + \cdots + \alpha_n\mathbf{e}_n = 0 \Leftrightarrow \alpha_1 = \alpha_2 = \cdots = \alpha_n = 0$

예제 5.3-2 n차 다항식의 집합을 P_n이라 할 때 단항식의 집합 $\{1, x, x^2, \cdots, x^n\}$은 P_n의 기저인가?

풀이 P_n의 임의의 한 다항식은 스칼라 $a_0, a_1, a_2, \cdots, a_n$에 대하여

$$a_0 + a_1x + a_2x^2 + \cdots + a_nx^n$$

과 같이 단항식 $1, x, x^2, \cdots, x^n$의 일차결합으로 나타낼 수 있다. 그러므로 $\{1, x, x^2, \cdots, x^n\}$은 P_n을 생성한다.(예제 5.2-4) 또 $\{1, x, x^2, \cdots, x^n\}$은 일차독립이다(연습문제 5.2의 11). 그러므로 $\{1, x, x^2, \cdots, x^n\}$은 P_n의 기저이다. ■

• $a_0 + a_1x + a_2x^2 + \cdots$
$\cdots + a_nx^n = 0$
$\Leftrightarrow a_0 = a_1 = a_2 = a_n = 0$

예제 5.3-1에서 $\{\mathbf{e}_1, \mathbf{e}_2, \cdots, \mathbf{e}_n\}$을 $\mathbb{R}^n$의 표준기저(standard basis), 또 예제 5.3-2에서 단항식의 집합 $\{1, x, x^2, \cdots, x^n\}$을 P_n의 표준기저라 한다. 2×2행렬의 집합 M_{22}에서 표준기저는 어떤 것인지 예제로 알아보자.

예제 5.3-3 $\begin{bmatrix}1 & 0\\0 & 0\end{bmatrix}, \begin{bmatrix}0 & 1\\0 & 0\end{bmatrix}, \begin{bmatrix}0 & 0\\1 & 0\end{bmatrix}, \begin{bmatrix}0 & 0\\0 & 1\end{bmatrix}$은 M_{22}의 기저인가?

풀이 M_{22}의 임의의 한 행렬 $\begin{bmatrix}a & b\\c & d\end{bmatrix}$는

$$a\begin{bmatrix}1 & 0\\0 & 0\end{bmatrix} + b\begin{bmatrix}0 & 1\\0 & 0\end{bmatrix} + c\begin{bmatrix}0 & 0\\1 & 0\end{bmatrix} + d\begin{bmatrix}0 & 0\\0 & 1\end{bmatrix}$$

와 같이 주어진 4개의 2×2행렬의 일차결합으로 나타낼 수 있다.
따라서 주어진 4개의 2×2행렬은 M_{22}를 생성한다.

또 $\alpha_1\begin{bmatrix}1 & 0\\0 & 0\end{bmatrix} + \alpha_2\begin{bmatrix}0 & 1\\0 & 0\end{bmatrix} + \alpha_3\begin{bmatrix}0 & 0\\1 & 0\end{bmatrix} + \alpha_4\begin{bmatrix}0 & 0\\0 & 1\end{bmatrix} = \begin{bmatrix}0 & 0\\0 & 0\end{bmatrix}$

라 하면 $\alpha_1 = \alpha_2 = \alpha_3 = \alpha_4 = 0$이다.
즉, 주어진 4개의 2×2행렬은 일차독립이다.
그러므로 2×2행렬

$$\begin{bmatrix}1 & 0\\0 & 0\end{bmatrix}, \begin{bmatrix}0 & 1\\0 & 0\end{bmatrix}, \begin{bmatrix}0 & 0\\1 & 0\end{bmatrix}, \begin{bmatrix}0 & 0\\0 & 1\end{bmatrix}$$

의 집합은 2×2행렬 전체의 집합 M_{22}의 기저이다. ■

예제 5.3-3의 기저를 집합 M_{22}의 표준기저(standard basis for M_{22})라 한다.

예제 5.3-4 평면 $\pi = \{(x, y, z) \mid x-2y+3z=0\}$ 위의 벡터의 집합이 있다. $\mathbb{R}^3$에서 이 집합의 기저를 구하여라.

풀이 임의의 $(x, y, z) \in \pi$에 대하여 $x-2y+3z=0$이다.

여기서 $x=2y-3z$이므로

$$\begin{aligned}(x, y, z) &= (2y-3z, y, z) \quad \cdots ① \\ &= (2y, y, 0)+(-3z, 0, z) \\ &= y(2, 1, 0)+z(-3, 0, 1)\end{aligned}$$

• ①에서 y, z는 임의의 값이므로 매우 간편한 값을 택하여 대입해도 된다.
$y=1, z=0$을 ①에 대입하면
$(2, 1, 0)$
$y=0, z=1$을 ①에 대입하면
$(-3, 0, 1)$
을 얻는다.

임의로 y, z을 정하면 $(x, y, z) \in \pi$가 정하여진다.

$$\mathbf{v}_1 = (2, 1, 0),\ \mathbf{v}_2 = (-3, 0, 1)$$

로 하면 어느 하나가 다른 것의 상수(스칼라)배로 나타낼 수 없다.

따라서 $\mathbf{v}_1, \mathbf{v}_2$는 일차독립이다.

또 $\{\mathbf{v}_1, \mathbf{v}_2\}$는 π를 생성한다.

그러므로 $\{\mathbf{v}_1, \mathbf{v}_2\} = \{(2, 1, 0), (-3, 0, 1)\}$은 구하는 기저이다. ■

정리 5.3-1

V는 벡터공간이다. $\mathbf{v} \in V$이고, $\{\mathbf{v}_1, \mathbf{v}_2, \cdots, \mathbf{v}_n\}$은 V의 기저이면

$$\mathbf{v} = \alpha_1\mathbf{v}_1 + \alpha_2\mathbf{v}_2 + \cdots + \alpha_n\mathbf{v}_n$$

을 만족하는 스칼라의 집합 $\{\alpha_i \mid i=1, 2, \cdots, n\}$은 유일하다.

증명 $\{\mathbf{v}_1, \mathbf{v}_2, \cdots, \mathbf{v}_n\}$은 V의 기저이므로 V를 생성한다. 따라서 $\mathbf{v}_1, \mathbf{v}_2, \cdots, \mathbf{v}_n$을 일차결합으로 나타내는 스칼라의 집합은 적어도 하나가 존재한다.

여기서 $\mathbf{v}$를 $\mathbf{v}_1, \mathbf{v}_2, \cdots, \mathbf{v}_n$의 일차결합으로 나타낼 때 스칼라 α_i, β_i $(i=1, 2, \cdots, n)$에 대하여 다음과 같이 두 가지 방법이 있다고 가정하자.

$$\mathbf{v} = \alpha_1\mathbf{v}_1 + \alpha_2\mathbf{v}_2 + \cdots + \alpha_n\mathbf{v}_n$$
$$\mathbf{v} = \beta_1\mathbf{v}_1 + \beta_2\mathbf{v}_2 + \cdots + \beta_n\mathbf{v}_n$$

이 두 식을 변끼리 빼면

$$(\alpha_1-\beta_1)\mathbf{v}_1 + (\alpha_2-\beta_2)\mathbf{v}_2 + \cdots + (\alpha_n-\beta_n)\mathbf{v}_n = \mathbf{0} \quad \cdots ①$$

정리의 조건에 의하면 $\{\mathbf{v}_1, \mathbf{v}_2, \cdots, \mathbf{v}_n\}$은 일차독립이다. ①에서

$\alpha_1-\beta_1=0,\ \alpha_2-\beta_2=0,\ \cdots,\ \alpha_n-\beta_n=0$, 즉 $\alpha_1=\beta_1, \alpha_2=\beta_2, \cdots, \alpha_n=\beta_n$

그러므로 조건을 만족하는 스칼라의 집합은 유일하다. ■

정리 5.3-2

$\{\mathbf{u}_1, \mathbf{u}_2, \cdots, \mathbf{u}_m\}$과 $\{\mathbf{v}_1, \mathbf{v}_2, \cdots, \mathbf{v}_n\}$이 벡터공간 V의 기저이면 $m=n$이다.

• 연습문제 5.2의 13 참조

증명 두 기저를 $B_1 = \{\mathbf{u}_1, \mathbf{u}_2, \cdots, \mathbf{u}_m\}$, $B_2 = \{\mathbf{v}_1, \mathbf{v}_2, \cdots, \mathbf{v}_n\}$이라 하면 B_2가 기저이므로 B_1의 각 벡터는 $\mathbf{v}_1, \mathbf{v}_2, \cdots, \mathbf{v}_n$의 일차결합으로 나타낼 수 있다.

$$\begin{aligned} \mathbf{u}_1 &= a_{11}\mathbf{v}_1 + a_{12}\mathbf{v}_2 + \cdots + a_{1n}\mathbf{v}_n \\ \mathbf{u}_2 &= a_{21}\mathbf{v}_1 + a_{22}\mathbf{v}_2 + \cdots + a_{2n}\mathbf{v}_n \\ &\vdots \\ \mathbf{u}_m &= a_{m1}\mathbf{v}_1 + a_{m2}\mathbf{v}_2 + \cdots + a_{mn}\mathbf{v}_n \end{aligned} \quad \cdots ①$$

이제 $\alpha_1, \alpha_2, \cdots, \alpha_m$ 중 적어도 하나는 0이 아님을 확인하기 위하여

$$\alpha_1\mathbf{u}_1 + \alpha_2\mathbf{u}_2 + \cdots + \alpha_m\mathbf{u}_m = \mathbf{0} \quad \cdots ②$$

이라 하고 ①의 $\mathbf{u}_1, \mathbf{u}_2, \cdots, \mathbf{u}_m$을 ②에 대입하면

$$\begin{aligned} &\alpha_1(a_{11}\mathbf{v}_1 + a_{12}\mathbf{v}_2 + \cdots + a_{1n}\mathbf{v}_n) \\ &\quad + \alpha_2(a_{21}\mathbf{v}_1 + a_{22}\mathbf{v}_2 + \cdots + a_{2n}\mathbf{v}_n) + \cdots \\ &\quad\quad \cdots + \alpha_m(a_{m1}\mathbf{v}_1 + a_{m2}\mathbf{v}_2 + \cdots + a_{mn}\mathbf{v}_n) = \mathbf{0} \end{aligned}$$

이것을 $\mathbf{v}_1, \mathbf{v}_2, \cdots, \mathbf{v}_n$에 대하여 정리하면

$$\begin{aligned} &(a_{11}\alpha_1 + a_{21}\alpha_2 + \cdots + a_{m1}\alpha_m)\mathbf{v}_1 \\ &\quad + (a_{12}\alpha_1 + a_{22}\alpha_2 + \cdots + a_{m2}\alpha_m)\mathbf{v}_2 + \cdots \\ &\quad\quad \cdots + (a_{1n}\alpha_1 + a_{2n}\alpha_2 + \cdots + a_{mn}\alpha_m)\mathbf{v}_\mathrm{n} = \mathbf{0} \end{aligned}$$

B_2가 기저이므로 $\{\mathbf{v}_1, \mathbf{v}_2, \cdots, \mathbf{v}_n\}$은 일차독립이다. 따라서 다음과 같은 동차연립방정식을 얻는다.

$$\begin{aligned} a_{11}\alpha_1 a_{21}\alpha_2 + \cdots + a_{m1}\alpha_m &= 0 \\ a_{12}\alpha_1 a_{22}\alpha_2 + \cdots + a_{m2}\alpha_m &= 0 \\ &\vdots \\ a_{1n}\alpha_1 a_{2n}\alpha_2 + \cdots + a_{mn}\alpha_m &= 0 \end{aligned} \quad \cdots ③$$

m개의 미지수 $\alpha_1, \alpha_2, \cdots, \alpha_m$와 n개의 α_i에 대한 방정식으로 되어 있다. 이때, $m > n$이면 ③의 해는 무수히 많으므로 ②의 $\alpha_1, \alpha_2, \cdots, \alpha_m$ 중 적어도 하나는 0이 아니다. 즉 $\{\mathbf{u}_1, \mathbf{u}_2, \cdots, \mathbf{u}_m\}$은 일차종속이다. 이것은 이 정리의 가정에 모순이다. 따라서 $\quad m \le n \quad \cdots ④$

• 벡터공간 V의 한 기저는 일차독립이고 V를 생성한다.

B_1과 B_2를 위와 같은 과정에서 바꾸어 생각하면 $m \ge n \quad \cdots ⑤$

④, ⑤에서 $\quad m = n$ ■

정리 5.3-2는 한 벡터공간 V의 임의의 두 기저는 같은 개수의 벡터를 갖는다는 의미이다.

예제 5.3-5 벡터공간 (1) $\mathbb{R}^n$, (2) P_n(n차 다항식의 집합)의 임의의 기저는 몇 개의 벡터를 갖는가?

풀이 (1) $\mathbb{R}^n$은 표준기저는 예제 5.3-1에서 알 수 있는 것과 같이 n개의 벡터로 되어 있다. 따라서 $\mathbb{R}^n$의 모든 기저는 n개의 벡터를 갖는다.

(2) P_n의 표준기저는 예제 5.3-2에서 알 수 있는 것과 같이 $n+1$개의 벡터로 되어 있다. 따라서 P_n의 기저는 $n+1$개의 벡터를 갖는다. ■

• $\mathbf{e}_1 = (1, 0, 0, \cdots, 0)$
$\mathbf{e}_2 = (0, 1, 0, \cdots, 0)$
$\vdots$
$\mathbf{e}_n = (0, 0, 0, \cdots, n)$
R^n의 기저는
$\{\mathbf{e}_1, \mathbf{e}_2, \cdots, \mathbf{e}_n\}$
P_n의 기저는
$\{1, x, x^2, \cdots, x^n\}$

$\mathbb{R}^2$에서 $\mathbf{i} = (1, 0)$, $\mathbf{j} = (0, 1)$은 일차독립이고 $\mathbb{R}^2$를 생성하므로 $\{\mathbf{i}, \mathbf{j}\}$는 $\mathbb{R}^2$의 기저이다.

또 $\mathbb{R}^3$에서 $\mathbf{i} = (1, 0, 0)$, $\mathbf{j} = (0, 1, 0)$, $\mathbf{k} = (0, 0, 1)$은 일차독립이고 $\mathbb{R}^3$를 생성하므로 $\{\mathbf{i}, \mathbf{j}, \mathbf{k}\}$는 $\mathbb{R}^3$의 기저이다.

$\mathbb{R}^2$의 기저는 2개의 벡터로, $\mathbb{R}^3$의 기저는 3개의 벡터로 되어 있다.

따라서 $\mathbb{R}^n$의 기저는 n개의 벡터로 되어 있다.

$\mathbb{R}^2$, $\mathbb{R}^3$는 평면, 공간으로 2차원, 3차원이라 한다. 이때의 2, 3은 기저의 벡터의 개수 2, 3과 같다.

일반적으로 차원은 다음과 같이 정의한다.

정의 5.3-2

벡터공간 V가 유한개의 벡터로 된 기저를 가질 때 V를 유한차원 벡터공간(finite dimensional vector space)이라 한다.

이 경우 벡터공간 V가 n개의 벡터로 된 기저를 가지면 V를 n차원 벡터공간(n-dimensional vector space)이라 하고 이 n을 벡터공간 V의 차원(dimension)이라 한다. 이것을 다음과 같이 나타내기로 한다.

$$\dim V = n$$

벡터공간 V가 유한차원이 아닐 때 V를 무한차원 벡터공간(infinite dimensional vector space)라고 한다.

$V = \{\mathbf{0}\}$일 때 공집합 ϕ를 V의 기저로 하고 $\dim V = 0$으로 한다.

• 영벡터공간 $\{\mathbf{0}\}$의 차원은 0이다.
즉, 영벡터공간은 0차원 벡터공간이다.

예제 5.3-6 (1) $\mathbb{R}^n$ (2) n차 다항식의 집합 P_n의 차원을 각각 말하여라.

- $\mathbb{R}^n = \{x_1, x_2, \cdots, x_n) \mid x_i \in \mathbb{R}\}$ 즉 n차원 벡터공간
- P_n은 $(n+1)$차원벡터공간

풀이 (1) $\mathbb{R}^n$은 n개의 일차독립인 벡터로 된 기저를 가지므로

$$\dim \mathbb{R}^n = n$$

(2) P_n은 $n+1$개의 일차독립인 벡터로 된 기저를 가지므로

$$\dim P_n = n+1$$

■

예제 5.3-7 2×2행렬의 집합 M_{22}는 몇 차원인가?

풀이 예제 5.3-1에서

$$\left\{\begin{bmatrix}1 & 0\\0 & 0\end{bmatrix}, \begin{bmatrix}0 & 1\\0 & 0\end{bmatrix}, \begin{bmatrix}0 & 0\\1 & 0\end{bmatrix}, \begin{bmatrix}0 & 0\\0 & 1\end{bmatrix}\right\}$$

은 M_{22}의 기저이므로 M_{22}는 2×2=4로 4차원 벡터공간이다. 따라서

$$\dim M_{22} = 4$$

■

예제 5.3-8 $m \times n$행렬의 집합을 M_{mn}이라 한다. 이때 M_{mn}, M_{nn}의 차원을 말하여라.

풀이 벡터공간 $M_{mn} = \{[a_{ij}] \mid 1 \le i \le m,\ 1 \le j \le n,\ a_{ij}\}$은 mn차원 벡터공간, $M_{nn} = \{[a_{ij}] \mid 1 \le i \le n,\ 1 \le j \le n\}$은 n^2차원 벡터공간이므로

$$\dim M_{mm} = mn,\ \dim M_{nn} = n^2$$

■

- 정리 5.3-3에서 $m > n$이면 $\mathbf{u}_1, \mathbf{u}_2, \cdots, \mathbf{u}_m$은 일차종속이다.

> **정리 5.3-3**
>
> V는 n차원 벡터공간이고 V의 $\mathbf{u}_1, \mathbf{u}_2, \cdots, \mathbf{u}_m$은 m개의 일차독립인 벡터이면 $m \le n$이다.

증명 $\{\mathbf{v}_1, \mathbf{v}_2, \cdots, \mathbf{v}_n\}$을 벡터공간 V의 기저라 하자.

정리 5.3-2의 증명에서 $m > n$이라 가정하면 $\alpha_1, \alpha_2, \cdots, \alpha_n$ 중 적어도 하나는 0이 아니다.

그러면 $\{\mathbf{u}_1, \mathbf{u}_2, \cdots, \mathbf{u}_m\}$은 일차종속이다.

이것은 일차독립이라는 조건에 모순이 된다. 즉 $m > n$이라는 가정은 모순이다.

$$\therefore m \le n$$

■

정리 5.3-4

V는 유한차원 벡터공간이고 W는 V의 부분공간이면 W는 유한차원이고 $\dim W \le \dim V$이다.

• $\dim W = 0 \Leftrightarrow W = \{\mathbf{0}\}$

증명 $\dim V = n$이라 하자.

그러면 W에서 일차독립인 한 집합은 V에서도 일차독립이다.

정리 5.3-3에 의하면 W에서 일차독립인 한 집합의 벡터의 개수는 n이하, 즉 많아야 n임을 알 수 있다. 그러므로 W는 유한차원이다.

그리고 W에서 기저는 일차독립이다. 따라서 $\dim W \le n$, 즉

$$\dim W \le \dim V$$

■

정리 5.3-5

V는 n차원의 벡터공간이다. V에서 일차독립인 n개의 벡터의 집합은 V의 기저이다.

증명 n개의 벡터를 $\mathbf{v}_1, \mathbf{v}_2, \cdots, \mathbf{v}_n$으로 한다.

• $\mathbf{v}_1, \mathbf{v}_2, \cdots, \mathbf{v}_3$가 V를 생성하면 $\{\mathbf{v}_1, \mathbf{v}_2, \cdots, \mathbf{v}_n\}$은 V의 기저이다.

S를 $\mathbf{v}_1, \mathbf{v}_2, \cdots, \mathbf{v}_n$이 생성한 집합이라 놓는다. 즉

$$S = \{\mathbf{v} \mid \mathbf{v} = \alpha_1\mathbf{v}_1 + \alpha_2\mathbf{v}_2 + \cdots + \alpha_n\mathbf{v}_n\}$$

$\mathbf{v}_1, \mathbf{v}_2, \cdots, \mathbf{v}_n$이 V를 생성하지 않는다고 가정하자.

그러면 $\mathbf{u} \neq S$인 $\mathbf{u} \in V$가 존재하여 $\mathbf{v}_1, \mathbf{v}_2, \cdots, \mathbf{v}_n, \mathbf{u}$는 일차독립이다.

$$\alpha_1\mathbf{v}_1 + \alpha_2\mathbf{v}_2 + \cdots + \alpha_n\mathbf{v}_n + \alpha_{n+1}\mathbf{u} = \mathbf{0} \qquad \cdots ①$$

• $\mathbf{v}_1, \mathbf{v}_2, \cdots, \mathbf{v}_n, \mathbf{u} \in V$이고 $\mathbf{v}_1, \mathbf{v}_2, \cdots, \mathbf{v}_n$이 일차독립일 때 W를 $\mathbf{v}_1, \mathbf{v}_2, \cdots, \mathbf{v}_n$이 생성한 집합으로 하면
(1) $\mathbf{u} \in W$
$\Leftrightarrow \mathbf{v}_1, \mathbf{v}_2, \cdots, \mathbf{v}_n$, $\mathbf{u}$는 일차종속이다.
(2) $\mathbf{u} \notin W$
$\Leftrightarrow \mathbf{v}_1, \mathbf{v}_2, \cdots, \mathbf{v}_n$, $\mathbf{u}$는 일차독립이다.

에서 $\alpha_{n+1} = 0$이어서 $\mathbf{u}$는 $\mathbf{v}_1, \mathbf{v}_2, \cdots, \mathbf{v}_n$의 일차결합으로 나타낼 수 없고, $\alpha_{n+1} = 0$으로 하면 ①에서 $\mathbf{v}_1, \mathbf{v}_2, \cdots, \mathbf{v}_n$이 일차독립이므로

$$\alpha_1 = \alpha_2 = \cdots = \alpha_n = 0$$

$\mathbf{v}_1, \mathbf{v}_2, \cdots, \mathbf{v}_n, \mathbf{u}$는 모두 V의 벡터이므로 이 벡터들이 생성하는 집합은 V의 부분공간이다. 이 부분공간을 W라 하면 $\mathbf{v}_1, \mathbf{v}_2, \cdots, \mathbf{v}_n, \mathbf{u}$가 일차독립이므로 W의 기저이다. 따라서 W의 차원은 $n+1$이다.

정리 5.3-4에 의하면 $\dim W \le \dim V$임에 맞지 않는다.

즉, 가정에 모순이다. 그러므로 $\mathbf{v}_1, \mathbf{v}_2, \cdots, \mathbf{v}_n$은 V를 생성하므로 V의 기저이다.

■

연습문제 5.3

1. n차 다항식의 집합을 P_n, $m\times n$행렬의 집합을 M_{mn}, 그리고 $\mathbb{R}^n$에 대하여 주어진 벡터의 집합이 기저인지를 설명하여라.

• 정리 5.3-1
정리 5.3-2 참조

(1) P_2에서 $\{x,\ 1+x+x^2\}$

(2) $\mathbb{R}^3$에서 $\{(0,\ 1,\ 0),\ (1,\ 0,\ 1)\}$

(3) $\mathbb{R}^2$에서 $\{(1,\ 0),\ (1,\ 2),\ (2,\ 3)\}$

(4) P_3에서 $\{1,\ x^2,\ 3+2x+x^3,\ 2-x,\ 4-x^2-x^3\}$

(5) M_{22}에서$\left\{\begin{bmatrix} a & 0 \\ 0 & 0 \end{bmatrix},\ \begin{bmatrix} 0 & 0 \\ b & 0 \end{bmatrix},\ \begin{bmatrix} 0 & c \\ 0 & 0 \end{bmatrix},\ \begin{bmatrix} 0 & 0 \\ 0 & d \end{bmatrix} \,\middle|\, abcd \neq 0\right\}$

2. (1) 평면 $\pi=\{(x,\ y,\ z)\,|\,3x+y-z=0\}$ 위의 벡터의 집합이 있다. $\mathbb{R}^3$에서 이 집합의 기저를 구하여라.

(2) 직선 $L=\left\{(x,\ y,\ z)\,|\,\dfrac{x}{1}=\dfrac{y}{-3}=\dfrac{z}{2}\right\}$ 위의 벡터의 집합이 있다. $\mathbb{R}^3$에서 이 집합의 기저를 구하여라.

3. 다음 동차연립방정식의 해공간의 기저와 차원을 구하여라.

(1) $\begin{cases} x_1-2x_2=0 \\ -3x_1+6x_2=0 \end{cases}$

(2) $\begin{cases} x_1+2x_2-x_3=0 \\ 3x_1+6x_2-3x_3=0 \\ -2x_1-4x_2+2x_3=0 \end{cases}$

(3) $\begin{cases} 4x_1+x_2-x_3-x_4=0 \\ 2x_1-x_2-x_3+x_4=0 \end{cases}$

(4) $\begin{cases} 2x_1-x_2+x_3-3x_4=0 \\ 6x_1-3x_2+3x_3-9x_4=0 \end{cases}$

(5) $\begin{cases} x_1+3x_2+x_3=0 \\ x_2+2x_3=0 \\ x_1-x_3=0 \end{cases}$

4. $n\times n$대각행렬의 집합을 D_n으로 나타낸다. D_n의 기저와 차수를 구하여라.

5. n차원 벡터공간 V가 있다. $\mathbf{v}_1, \mathbf{v}_2, \cdots, \mathbf{v}_m \in V$이고 이 m개의 벡터의 집합은 일차독립이고 $m<n$이면 $\{\mathbf{v}_1, \mathbf{v}_2, \cdots, \mathbf{v}_m, \mathbf{v}_{m+1}, \cdots, \mathbf{v}_n\}$이 V의 기저가 되는 $n-m$개의 벡터가 V에 존재한다.

6. W_1, W_2가 벡터공간 V의 부분공간이고 $\mathbf{u}\in W_1$, $\mathbf{v}\in W_2$에 대하여 $W_1+W_2=\{\mathbf{w}\,|\,\mathbf{w}=\mathbf{u}+\mathbf{v}\}$라 할 때, $W_1+W_2=\{\mathbf{0}\}$이면
$\dim(W_1+W_2)=\dim W_1+\dim W_2$이다.

5.4 행렬의 행공간과 열공간

한 정사각행렬이 가역이면 이 행렬의 행과 열들은 일차독립인 벡터들로 이루어진다. 한 행렬이 가역이 아니거나 정사각행렬이 아니면 이 행렬의 일차독립인 행과 열들의 개수를 말할 수 없다. 이에 따라 여기서는 행렬과 연관된 몇 가지 성질을 관찰하고 생성된 집합의 기저를 기본변형에 의하여 찾도록 한다.

• 정사각행렬 A에 대하여 A가 가역 $\Leftrightarrow \det A \neq 0$

정의 5.4-1

$m \times n$행렬

$$A = \begin{bmatrix} a_{11} & a_{12} & \cdots & a_{1n} \\ a_{21} & a_{22} & \cdots & a_{2n} \\ \vdots & \vdots & & \vdots \\ a_{m1} & a_{m2} & \cdots & a_{mn} \end{bmatrix}$$

에 대하여 A의 행으로 만들어지는 벡터를, 즉

$$\begin{aligned} \mathbf{r}_1 &= (a_{11}, a_{12}, \cdots, a_{1n}) \\ \mathbf{r}_2 &= (a_{21}, a_{22}, \cdots, a_{2n}) \\ &\vdots \\ \mathbf{r}_m &= (a_{m1}, a_{m2}, \cdots, a_{mn}) \end{aligned}$$

을 행벡터(row vector)라 하고, A의 열로 만들어지는 벡터를, 즉

$$\mathbf{c}_1 = \begin{bmatrix} a_{11} \\ a_{21} \\ \vdots \\ a_{m1} \end{bmatrix}, \mathbf{c}_2 = \begin{bmatrix} a_{12} \\ a_{22} \\ \vdots \\ a_{m2} \end{bmatrix}, \cdots, \mathbf{c}_n = \begin{bmatrix} a_{1n} \\ a_{2n} \\ \vdots \\ a_{mn} \end{bmatrix}$$

을 열벡터(column vector)라 한다.

이때 A의 행벡터 $\mathbf{r}_1, \mathbf{r}_2, \cdots, \mathbf{r}_m$으로 생성되는 $\mathbb{R}^n$의 부분공간을 A의 행공간(row space)이라 하고, A의 열벡터 $\mathbf{c}_1, \mathbf{c}_2, \cdots, \mathbf{c}_n$으로 생성되는 $\mathbb{R}^m$의 부분공간을 A의 열공간(column space)이라 한다.

예제 5.4-1 행렬 $A = \begin{bmatrix} 3 & 2 & -1 \\ 9 & -4 & -2 \end{bmatrix}$의 행벡터와 열벡터를 말하여라.

풀이 행벡터는 $\mathbf{r}_1 = (3, 2, -1), \mathbf{r}_2 = (0, -4, -2)$,

열벡터는 $\mathbf{c}_1 = \begin{bmatrix} 3 \\ 0 \end{bmatrix}, \mathbf{c}_2 = \begin{bmatrix} 2 \\ -4 \end{bmatrix}, \mathbf{c}_3 = \begin{bmatrix} -1 \\ -2 \end{bmatrix}$ ■

• 동차연립방정식은 계수행렬이 A일 때

$$A\mathbf{x}=\mathbf{0}$$

로 나타내고 해공간은

$$\{\mathbf{x} \mid A\mathbf{x}=\mathbf{0}\}$$

이다.

예제 5.4-2 다음 동차연립방정식의 해공간의 기저를 구하고 차원을 말하여라.

(1) $\begin{cases} x_1+3x_2+2x_3=0 \\ 2x_1-\ \ x_2-3x_3=0 \end{cases}$ (2) $\begin{cases} x_1-2x_2+3x_3=0 \\ -2x_1+4x_2-6x_3=0 \\ 3x_1-6x_2+9x_3=0 \end{cases}$

풀이 (1) 계수행렬은 $A=\begin{bmatrix} 1 & 3 & 2 \\ 2 & -1 & -3 \end{bmatrix}$이므로 행렬의 기본행변형에 의하면

$$\left[\begin{array}{ccc|c} 1 & 3 & 2 & 0 \\ 2 & -1 & -3 & 0 \end{array}\right] \quad R_2+R_1\times(-2)\to R_2$$

$$\left[\begin{array}{ccc|c} 1 & 3 & 2 & 0 \\ 0 & -7 & -7 & 0 \end{array}\right] \quad R_2\times\left(-\frac{1}{7}\right)\to R_2$$

$$\left[\begin{array}{ccc|c} 1 & 3 & 2 & 0 \\ 0 & 1 & 1 & 0 \end{array}\right] \quad R_1+R_2\times(-3)\to R_1$$

$$\left[\begin{array}{ccc|c} 1 & 0 & -1 & 0 \\ 0 & 1 & 1 & 0 \end{array}\right]$$

$$\therefore \begin{cases} x_1 \quad -x_3=0 \\ \quad x_2+x_3=0 \end{cases} \quad \therefore x_1=x_3,\ x_2=-x_3$$

• $x_1=x_3$, $x_2=-x_3$이므로 임의의 x_3에 대하여 x_1, x_2가 정하여진다. 해공간 $\{(x_1, x_2, x_3)\}$는 $\{(1, -1, 1)\}$로 생성되는 공간이다.

$$(x_1, x_2, x_3)=(x_3, -x_3, x_3)=x_3(1, -1, 1)$$

따라서 (1)의 해공간의 기저는 $\{(1, -1, 1)\}$, 이 해공간의 차원은 1차원

(2) 계수행렬은 $A=\begin{bmatrix} 1 & -2 & 3 \\ -2 & 4 & -6 \\ 3 & -6 & 9 \end{bmatrix}$이므로 행렬의 기본행변형에 의하면

$$\begin{bmatrix} 1 & -2 & 3 \\ -2 & 4 & -6 \\ 3 & -6 & 9 \end{bmatrix} \quad \begin{matrix} R_2+R_1\times 2\to R_2 \\ R_3+R_1\times(-3)\to R_3 \end{matrix} \quad \left[\begin{array}{ccc|c} 1 & -2 & 3 & 0 \\ 0 & 0 & 0 & 0 \\ 0 & 0 & 0 & 0 \end{array}\right]$$

이 연립방정식은 하나의 방정식 $x_1-2x_2+3x_3=0$이다.

$$\therefore x_1=2x_2+3x_3$$

해는 $(x_1, x_2, x_3)=(2x_2-3x_3, x_2, x_3)$

임의의 x_2, x_3에 대하여 성립하므로

• $(2x_2-3x_3, x_2, x_3)$
$=(2x_2, x_2, 0)$
$\quad+(-3x_3, 0, x_3)$
$=x_2(2, 1, 0)$
$\quad+x_3(-3, 0, 1)$

$$x_2=1,\ x_3=0\text{일 때, } (2, 1, 0)$$

$$x_2=0,\ x_3=1\text{일 때, } (-3, 0, 1)$$

따라서 해공간은 $\{(2, 1, 0), (-3, 0, 1)\}$로 생성되는 공간이다. 해공간의 기저는 $\{(2, 1, 0), (-3, 0, 1)\}$, 해공간의 차원은 2차원 ■

일반적으로 $m\times n$행렬 A에 대하여

$$\{\mathbf{x} \mid A\mathbf{x}=\mathbf{0}\}$$

을 행렬 A의 핵(kernel of A)이라 한다. 이때, $\mathbf{x}\in\mathbb{R}^n$이다.

$n \times n$ 행렬 A가 가역이기위한 필요충분조건은 $\det A \neq 0$이다. 따라서 동차 연립방정식 $A\mathbf{x}=\mathbf{0}$은 자명한 해 $\mathbf{x}=\mathbf{0}$을 갖는다. 이것은 A의 핵은

$$\{\mathbf{x} \mid A\mathbf{x}=\mathbf{0}\}=\{\mathbf{0}\}$$

임을 알 수 있다. 그러므로 A가 가역이기위한 필요충분조건은

$$\dim\{\mathbf{x} \mid A\mathbf{x}=\mathbf{0}\}=0$$

이라고 정리할 수 있다.

• $n \times n$ 행렬 A가 있다. A의 역행렬이 존재할 때 A를 가역이라 한다.

그리고 A가 $m \times n$ 행렬일 때 $\mathbf{y}_1,\ \mathbf{y}_2 \in \{\mathbf{y} \mid \mathbf{y}=A\mathbf{x},\ \mathbf{x} \in \mathbb{R}^n,\ \mathbf{y} \in \mathbb{R}^m\}$에 대하여 $\mathbf{y}_1=A\mathbf{x}_1,\ \mathbf{y}_2=A\mathbf{x}_2$인 벡터 $\mathbf{x}_1,\ \mathbf{x}_2$가 $\mathbb{R}^n$에 존재한다. 따라서 α가 스칼라일 때

$$\alpha\mathbf{y}_1=\alpha A\mathbf{x}_1=A(\alpha\mathbf{x}_1)$$
$$\mathbf{y}_1+\mathbf{y}_2=A\mathbf{x}_1+A\mathbf{x}_2=A(\mathbf{x}_1+\mathbf{x}_2)$$

이므로 $\alpha\mathbf{y}_1,\ \mathbf{y}_1+\mathbf{y}_2 \in \{\mathbf{y} \mid \mathbf{y}=A\mathbf{x}\}$이다. 여기서 $\mathbf{x} \in \mathbb{R}^n$에 대하여 $\mathbf{y} \in \mathbb{R}^m$이다. 결국 $\{\mathbf{y} \mid \mathbf{y}=A\mathbf{x}\}$는 $\mathbb{R}^m$의 부분공간이 된다.

$m \times n$ 행렬 A에 대하여 $\dim\{\mathbf{y} \mid \mathbf{y}=A\mathbf{x},\ \mathbf{x} \in \mathbb{R}^n,\ \mathbf{y} \in \mathbb{R}^m\}$을 A의 계수(rank of A)라 한다.

예제 5.4-3 예제 5.4-2의 (1)에서 행렬 $A=\begin{bmatrix}1 & 3 & 2\\ 2 & -1 & -3\end{bmatrix}$에 대하여 (1) A의 핵, (2) A의 핵의 차원, (3) $\dim\{\mathbf{y} \mid \mathbf{y}=A\mathbf{x}\}$을 각각 구하여라.

풀이 예제 5.4-2의 (1)에서 $A\mathbf{x}=\mathbf{0}$의 해공간의 기저는 $\{(1,\ -1,\ 1)\}$이다.

(1) A의 핵$=\{\mathbf{x} \mid A\mathbf{x}=\mathbf{0},\ \mathbf{x} \in \mathbb{R}^3\}$, 즉 $\{(1,\ -1,\ 1)\}$로 생성되는 공간이다.

(2) $\dim\{\mathbf{x} \mid A\mathbf{x}=\mathbf{0},\ \mathbf{x} \in \mathbb{R}^3\}=1$

(3) $\{\mathbf{y} \mid \mathbf{y}=A\mathbf{x},\ \mathbf{x} \in \mathbb{R}^3,\ \mathbf{y} \in \mathbb{R}^2\}=1$에 대하여 $\mathbf{y}=\begin{bmatrix}y_1\\ y_2\end{bmatrix}$, $\mathbf{x}=\begin{bmatrix}x_1\\ x_2\\ x_3\end{bmatrix}$라 하면 $\begin{bmatrix}1 & 3 & 2\\ 2 & -1 & -3\end{bmatrix}\begin{bmatrix}x_1\\ x_2\\ x_3\end{bmatrix}=\begin{bmatrix}y_1\\ y_2\end{bmatrix}$, $\left[\begin{array}{ccc|c}1 & 3 & 2 & y_1\\ 2 & -1 & -3 & y_2\end{array}\right]$를 기본행변형하면,

$$\left[\begin{array}{ccc|c}1 & 0 & -1 & (y_1+3y_2)/7\\ 0 & 1 & 1 & (2y_1-y_2)/7\end{array}\right],$$

$$\therefore x_1=x_3+\frac{y_1+3y_2}{7},\ x_2=-x_3+\frac{2y_1-y_2}{7}$$

모든 $\mathbf{y}=\begin{bmatrix}y_1\\ y_2\end{bmatrix}$에 대하여 $\mathbf{x}$는 무수히 많으므로 $\{\mathbf{y} \mid \mathbf{y}=A\mathbf{x}\}=\mathbb{R}^2$; 2차원

따라서 $$\dim\{\mathbf{y} \mid \mathbf{y}=A\mathbf{x}\}=2$$ ■

• $\left[\begin{array}{ccc|c}1 & 3 & 2 & y_1\\ 2 & -1 & -3 & y_2\end{array}\right]$

$R_2+R_1\times(-2) \to R_2$

$\left[\begin{array}{ccc|c}1 & 3 & 2 & y_1\\ 0 & -7 & -7 & y_2-2y_1\end{array}\right]$

$R_2\times\left(-\frac{1}{7}\right)$

$\left[\begin{array}{ccc|c}1 & 3 & 2 & y_1\\ 0 & 1 & 1 & \frac{2y_1-y_2}{7}\end{array}\right]$

$R_1+R_2\times(-3) \to R_1$

$\left[\begin{array}{ccc|c}1 & 0 & -1 & \frac{y_1+3y_2}{7}\\ 0 & 1 & 1 & \frac{2y_1-y_2}{7}\end{array}\right]$

• $\dim\{\mathbf{y} \mid \mathbf{y}=A\mathbf{x}\}=2$
즉 A의 계수=2

정리 5.4-1
한 행렬을 기본행변형하여 얻은 행렬의 행공간은 원래 행렬의 행공간과 같다.

증명 행렬 A를 기본행변형하여 행렬 B를 얻었다고 한다.

(i) A의 두 행을 서로 바꾸어 B를 얻었다면 A와 B의 행은 같으므로 A로 생성된 공간이나 B로 생성된 것이나 같다.
즉 A의 행공간과 B의 행공간은 같다.

(ii) A의 한 행에 α배하여 B를 얻었다면 B의 행은 A로 생성된 행에 속하고, 이것은 역으로 B의 한 행에 $1/\alpha$배하여 A를 얻을 수 있고 A의 행은 B로 생성된 행에 속한다.
그러므로 A의 행공간과 B의 행공간은 같다.

(iii) A의 i행에 α배하여 j행에 더하는 기본행변형으로 B를 얻었다면 B의 행은 A의 행의 일차결합으로 나타낼 수 있으므로 B의 행은 A로 생성된 행에 속하고 이것을 역으로 생각하면 같은 의미를 가진다.
그러므로 A의 행공간과 B의 행공간은 같다.

(i), (ii), (iii)에 의하여 증명되었다. ■

정리 5.4-1에 의하면 한 행렬 A를 기본행변형으로 얻은 행렬 B의 영벡터가 아닌 행벡터는 일차독립임을 알 수 있으므로 이 B의 영벡터가 아닌 행벡터는 A의 기저이다.

예제 5.4-4 다음 행렬의 계수와 행공간을 구하여라.

$$A=\begin{bmatrix}1 & -2 & 1\\ 2 & -3 & 1\\ 1 & 1 & -2\end{bmatrix}$$

• 기본행변형은 주대각선 성분은 1, 그 아래의 성분은 0이 되도록 변형 (가우스소거법 참조).

풀이

$$A=\begin{bmatrix}1 & -2 & 1\\ 2 & -3 & 1\\ 1 & 1 & -2\end{bmatrix} \qquad \begin{matrix}R_2+R_1\times(-2)\to R_2\\ R_3+R_1\times(-1)\to R_3\end{matrix}$$

$$\begin{bmatrix}1 & -2 & 1\\ 0 & 1 & -1\\ 0 & 3 & -3\end{bmatrix} \qquad R_3+R_2\times(-3)\to R_3$$

$$\begin{bmatrix}1 & -2 & 1\\ 0 & 1 & -1\\ 0 & 0 & 0\end{bmatrix}=B.$$

B는 기저가 $\{(1,-2,1),(0,1,-1)\}$이므로 이것은 A의 기저이다. 따라서 A의 계수는 B의 계수와 같고 2이며 $\{(1,-2,1),(0,1,-1)\}$로 생성되는 공간이 A의 행공간이다. ■

예제 5.4-5 다음 벡터 $\mathbf{v}_1, \mathbf{v}_2, \mathbf{v}_3, \mathbf{v}_4$로 생성되는 공간의 기저를 구하여라.

$$\mathbf{v}_1 = (1, -1, 3),\ \mathbf{v}_2 = (3, -1, 5),$$
$$\mathbf{v}_3 = (0, 3, -6),\ \mathbf{v}_4 = (-2, 2, -6)$$

풀이 각 벡터의 성분을 행으로 하는 행렬을 기본행변형한다.

$$\begin{bmatrix} 1 & -1 & 3 \\ 3 & -1 & 5 \\ 0 & 3 & -6 \\ -2 & 2 & -6 \end{bmatrix} \xrightarrow[R_4 + R_1 \times 2 \to R_4]{R_2 + R_1 \times (-3) \to R_2} \begin{bmatrix} 1 & -1 & 3 \\ 0 & 2 & -4 \\ 0 & 3 & -6 \\ 0 & 0 & 0 \end{bmatrix} \xrightarrow[R_3 \times \frac{1}{3} \to R_3]{R_2 \times \frac{1}{2} \to R_2}$$

$$\begin{bmatrix} 1 & -1 & 3 \\ 0 & 1 & -2 \\ 0 & 1 & -2 \\ 0 & 0 & 0 \end{bmatrix} \xrightarrow{R_3 + R_2 \times (-1) \to R_3} \begin{bmatrix} 1 & -1 & 3 \\ 0 & 1 & -2 \\ 0 & 0 & 0 \\ 0 & 0 & 0 \end{bmatrix}$$

따라서 구하는 기저는

$$\{(1, -1, 3), (0, 1, -2)\}$$

■

예제 5.4-6 다음 행렬 A의 핵의 차원의 수와 계수의 합을 구하여라.

(1) $A = \begin{bmatrix} 1 & 3 & 2 \\ 2 & -1 & -3 \end{bmatrix}$ (2) $\begin{bmatrix} 1 & -2 & 1 \\ 2 & -3 & 1 \\ 1 & 1 & -2 \end{bmatrix}$

풀이 (1) 예제 5.4-2, 5.4-3에 의하면 A의 핵의 차원은 1이고 A의 계수는 2이므로 구하는 합은

$$1 + 2 = 3.$$

(2) 예제 5.4-4에 의하면 A의 계수는 2이다.

$$\begin{bmatrix} 1 & -1 & 3 \\ 0 & 1 & -1 \\ 0 & 0 & 0 \end{bmatrix} \begin{bmatrix} x_1 \\ x_2 \\ x_3 \end{bmatrix} = \begin{bmatrix} 0 \\ 0 \\ 0 \end{bmatrix}$$

에서 $$\begin{cases} x_1 - x_2 + 3x_3 = 0 \\ \quad\ \ x_2 - \ \ x_3 = 0 \end{cases}$$

$$\therefore \begin{cases} x_1 = -2x_3 \\ x_2 = x_3 \end{cases}$$

$$\therefore (x_1, x_2, x_3) = (-2x_3, x_3, x_3)$$
$$= x_3(-2, 1, 1)$$

해공간의 기저는 $\{(-2, 1, 1)\}$이므로 핵의 차원은 1차원이다.
따라서 구하는 합은

$$2 + 1 = 3.$$

■

• 행렬 A의 핵(kernel)의 차원의 수는
$\dim\{\mathbf{x} \mid A\mathbf{x} = \mathbf{0}\}$

• 행렬 A의 계수(rank)는
$\dim\{\mathbf{y} \mid \mathbf{y} = A\mathbf{x}\}$

예제 5.4-6의 (1)에서 A는 크기가 2×3이다. 여기서 A의 핵의 차원의 수와 A의 계수의 합은 이 행렬의 열의 수 3이다.

예제 5.4-6의 ②에서 A의 크기가 3×3이므로 위와 같은 수의 합은 3이다.

일반적으로 $m\times n$행렬 A에 대하여 A의 핵의 차원의 수와 A의 계수의 합은 n이다.

> A가 $n\times n$행렬, 즉 n차 정사각행렬이라 하고 A가 가역이면 $\det A\neq 0$이다. 그리고 $\{\mathbf{x}\mid A\mathbf{x}=\mathbf{0}\}=\{\mathbf{0}\}$이므로 A의 핵의 차원($\dim\{\mathbf{x}\mid A\mathbf{x}=\mathbf{0}\}=0$)은 0차원이므로 A의 계수는 n이다.

• $\det A$가 0인가?

예제 5.4-7 $A=\begin{bmatrix}1&-2&4\\-3&0&-2\\-2&-1&3\end{bmatrix}$의 핵의 차원과 A의 계수를 말하여라.

풀이 $\det A\neq 0$이므로 $A\mathbf{x}=\mathbf{0}$은 자명한 해 $\mathbf{x}=\mathbf{0}$을 가지므로 A의 핵의 차원은 0차원이고 A의 크기가 3×3이므로 A의 계수는 3이다. ■

• A의 행공간의 차원, 또는 열공간의 차원이 A의 계수가 된다.

> **정리 5.4-2**
> 행렬 A의 행공간의 차원과 열공간의 차원은 같다.

이 정리 5.4-2의 증명은 연습문제 5.4 다음에 있다.

예제 5.4-8 행렬 $A=\begin{bmatrix}1&-1&0&1\\3&-2&-1&4\\1&-3&2&-1\end{bmatrix}$의 행공간과 열공간의 차원을 구하여라.

풀이 $A=\begin{bmatrix}1&-1&0&1\\3&-2&-1&4\\1&-3&2&-1\end{bmatrix}$ 기본행변형으로 $\begin{bmatrix}1&-1&0&1\\0&1&-1&1\\0&0&0&0\end{bmatrix}$을 얻는다.

기저는 $\{(1,-1,0,1),(0,1,-1,1)\}$이다. 따라서 A의 행공간은 2차원이다.

• A^t는 A의 열과 행을 바꾸어 놓은 A의 전치행렬이다.

$A^t=\begin{bmatrix}1&3&1\\-1&-2&-3\\0&-1&2\\1&4&-1\end{bmatrix}$을 기본행변형하여 $\begin{bmatrix}1&3&1\\0&1&-2\\0&0&0\\0&0&0\end{bmatrix}$을 얻는다.

따라서 A의 열공간도 2차원이다. ■

이상에서 A의 행(열)공간의 차원이 A의 계수(rank of matrix A)임을 알 수 있다.

m개의 방정식과 n개의 미지수로 된 연립방정식

$$\begin{matrix} a_{11}x_1 + a_{12}x_2 + \cdots + a_{1n}x_n = b_1 \\ a_{21}x_1 + a_{22}x_2 + \cdots + a_{2n}x_n = b_2 \\ \vdots \qquad \vdots \qquad\qquad \vdots \quad \vdots \\ a_{m1}x_1 + a_{m2}x_2 + \cdots + a_{mn}x_n = b_m \end{matrix} \quad \cdots ①$$

에서 계수행렬($m \times n$행렬)을 A, 미지수의 열벡터($n \times 1$행렬)를 $\mathbf{x}$, 상수의 열벡터($m \times 1$행렬)를 $\mathbf{b}$로 하면 연립방정식 ①은 $A\mathbf{x} = \mathbf{b}$로 나타낸다.

• $A = \begin{bmatrix} a_{11} & a_{12} & \cdots & a_{1n} \\ a_{21} & a_{22} & \cdots & a_{2n} \\ \vdots & \vdots & & \vdots \\ a_{m1} & a_{m2} & \cdots & a_{mn} \end{bmatrix}$

$\mathbf{x} = \begin{bmatrix} x_1 \\ x_2 \\ \vdots \\ x_n \end{bmatrix}$

$\mathbf{b} = \begin{bmatrix} b_1 \\ b_2 \\ \vdots \\ b_m \end{bmatrix}$

그리고 A에 $\mathbf{b}$를 첨가한 확대계수행렬(첨가행렬, $m \times (n+1)$행렬)을 $[A|\mathbf{b}]$로 나타내고 A의 열을 성분으로 하는 벡터는 $\mathbf{c}_1, \mathbf{c}_2, \cdots, \mathbf{c}_n$, 즉

$$\mathbf{c}_1 = \begin{bmatrix} a_{11} \\ a_{21} \\ \vdots \\ a_{m1} \end{bmatrix}, \quad \mathbf{c}_2 = \begin{bmatrix} a_{12} \\ a_{22} \\ \vdots \\ a_{m2} \end{bmatrix}, \quad \cdots, \quad \mathbf{c}_n = \begin{bmatrix} a_{1n} \\ a_{2n} \\ \vdots \\ a_{mn} \end{bmatrix}$$

이라 하면 연립방정식 ①은 다음과 같다.

$$x_1\mathbf{c}_1 + x_2\mathbf{c}_2 + \cdots + x_n\mathbf{c}_n = \mathbf{b} \quad \cdots ②$$

연립방정식 ②가 해를 가지려면 $\mathbf{b}$가 A의 열로 된 벡터들의 일차결합으로 나타낼 수 있어야 한다.

다시 말하여 $\mathbf{b}$는 A의 열공간에 속하여야 된다는 의미이다.

이제 A와 $[A|\mathbf{b}]$의 계수(rank)를 비교하여 보자.

• A의 열공간= A의 열로 생성된 벡터공간

먼저 A의 열공간에 $\mathbf{b}$가 속한다면 $[A|\mathbf{b}]$도 A와 같은 일차독립인 열을 가지므로 A의 계수와 $[A|\mathbf{b}]$의 계수는 같다.

A의 열공간에 $\mathbf{b}$가 속하지 않는다면 $[A|\mathbf{b}]$의 계수는 A의 계수보다 1이 더 많다. 즉 $[A|\mathbf{b}]$의 계수는 A의 계수에 1을 더한 것이다. 따라서 연립방정식 ①이 해를 가지려면 $\mathbf{b}$가 A의 열공간에 속하여야 한다.

이때 행렬 A의 계수와 행렬 $[A|\mathbf{b}]$의 계수는 같다.

이상을 정리하면 다음 정리를 얻는다.

정리 5.4-3

연립방정식 $A\mathbf{x} = \mathbf{b}$가 적어도 하나의 해를 갖기 위한 필요충분조건은 A의 열공간에 $\mathbf{b}$가 속하는 것이다.

또한 A의 계수(rank)와 $[A|\mathbf{b}]$의 계수는 같다.

예제 5.4-9 다음 연립방정식이 해를 갖는지 정리 5.4-3을 이용하여 설명하여라.

(1) $\begin{cases} x_1+2x_2+4x_3=1 \\ 2x_1+x_2-x_3=8 \\ 3x_1+x_2-3x_3=-12 \end{cases}$　　(2) $\begin{cases} x_1-2x_2+2x_3=3 \\ x_1-x_2-x_3=2 \\ 2x_1-3x_2+x_3=5 \end{cases}$

• A의 기본행변형은 $[A|\mathbf{b}]$의 경우와 같다.

풀이 (1) $A=\begin{bmatrix}1&2&4\\2&1&-1\\3&1&-3\end{bmatrix}$　$R_2+R_1\times(-2)\to R_2$, $R_3+R_1\times(-3)\to R_3$

$\begin{bmatrix}1&2&4\\0&-3&-9\\0&-5&-15\end{bmatrix}$　$R_2\times\left(-\frac{1}{3}\right)\to R_2$, $R_3\times\left(-\frac{1}{5}\right)\to R_3$

$\begin{bmatrix}1&2&4\\0&1&3\\0&1&3\end{bmatrix}$　$R_3+R_2\times(-1)\to R_3$　$\begin{bmatrix}1&2&4\\0&1&3\\0&0&0\end{bmatrix}$

A의 계수는 2이다.

$[A|\mathbf{b}]=\left[\begin{array}{ccc|c}1&2&4&1\\2&1&-1&8\\3&1&-3&-12\end{array}\right]$　$R_2+R_1\times(-2)\to R_2$, $R_3+R_1\times(-3)\to R_3$

$\left[\begin{array}{ccc|c}1&2&4&1\\0&-3&-9&6\\0&-5&-15&-15\end{array}\right]$　$R_2\times\left(-\frac{1}{3}\right)\to R_2$, $R_3\times\left(-\frac{1}{5}\right)\to R_3$

$\left[\begin{array}{ccc|c}1&2&4&1\\0&1&3&-2\\0&1&3&3\end{array}\right]$　$R_3+R_2\times(-1)\to R_3$

$\left[\begin{array}{ccc|c}1&2&4&1\\0&1&3&-2\\0&0&0&5\end{array}\right]$

마지막 행렬의 세 열벡터 $\begin{bmatrix}2\\1\\0\end{bmatrix}, \begin{bmatrix}4\\3\\0\end{bmatrix}, \begin{bmatrix}1\\-2\\5\end{bmatrix}$는 일차독립이다.

$[A|\mathbf{b}]$의 계수는 3이다.

그러므로 정리 5.4-3에 의하여 이 연립방정식은 해가 없다.

(2) $A=\begin{bmatrix}1&-2&2\\1&-1&-1\\2&-3&1\end{bmatrix}$은 (1)과 같이 기본행변형을 하면 $\begin{bmatrix}1&-2&2\\0&1&-3\\0&0&0\end{bmatrix}$

따라서 A의 계수는 2이다.

$[A|\mathbf{b}]=\left[\begin{array}{ccc|c}1&-2&2&3\\1&-1&-1&2\\2&-3&1&5\end{array}\right]$도 (1)과 같이 기본행변형을 하면

$$\left[\begin{array}{ccc|c}1&-2&2&3\\0&1&-3&-1\\0&0&0&0\end{array}\right]$$

따라서 $[A|\mathbf{b}]$의 계수도 2이다.

그러므로 이 연립방정식은 해를 갖는다. 이때 해는 무수히 많다. ■

이제까지 다룬 내용을 간추려 관찰하면 다음 정리를 얻는다.

정리 5.4-4

$n\times n$ 행렬 A에 대하여 다음 명제 (i)~(x)는 동치이다.

(i) A는 가역이다.

(ii) $A\mathbf{x}=\mathbf{0}$은 오직 자명한 해 $\mathbf{x}=\mathbf{0}$만 갖는다.

(iii) $A\mathbf{x}=\mathbf{b}$는 모든 $\mathbf{b}$ ($n\times 1$행렬)에 대하여 유일한 해를 갖는다.

(iv) A는 I_n과 행동치이다.

(v) A는 기본행렬의 곱으로 나타낼 수 있다.

(vi) $\det A \neq 0$

(vii) A의 계수는 n이다.

(viii) $\dim\{\mathbf{x} \mid A\mathbf{x}=\mathbf{0}\}=0$

(ix) A의 행벡터는 일차독립이다.

(x) A의 열벡터는 일차독립이다.

이 정리 5.4-4에서 몇 가지를 확인하고 이것으로 증명을 생략한다.

(1) (iv)를 가정하면 I_n은 영벡터가 아닌 n개의 행을 갖는다. 정리 5.4-1과 그에 따른 설명에 의하여 A의 행공간은 n차원이다. 따라서 A의 계수는 n이다(vii). [(iv) ⇒ (vii)]

(2) (vii)를 가정하면 A의 행공간은 n차원이고, 이것은 이 n개의 행벡터는 A의 행공간을 생성한다. 따라서 A의 행벡터는 일차독립이다(ix). [(vii) ⇒ (ix), 5.3절 참조(정리 5.3-5)]

(3) (ix)을 가정하면 A의 행공간은 n차원이고 정리 5.4-2에 의하면 A의 열공간도 n차원이다. n개의 열벡터는 A의 열공간을 생성하므로 A의 열벡터는 일차독립이다. [(ix) ⇒ (x)]

(4) (x)을 가정하면 (3)과 같은 방법으로 (x)이다. A의 행공간은 n차원이다. 이것은 A의 기약행사다리꼴 행렬이 영벡터가 아닌 n개의 행벡터를 갖는다는 의미이다.

이 기약행사다리꼴 행렬은 I_n이고 이것은 A와 행동치이다. [(x) ⇒ (iv)]

그리고 (iv)이면, 즉 A가 행동치이면 (i)이다. [(iv) ⇒ (i)]

이미 행렬과 연립일차방정식을 다룰 때, (i)이면 (ii), (iii), (v), (vi)이 성립하고 이 명제들은 동치임을 알고 있다.

이상으로 정리 5.4-4를 확인하였다.

- $I_n=\begin{bmatrix}1&0&0&\cdots&0\\0&1&0&\cdots&0\\0&0&1&\cdots&0\\\vdots&\vdots&\vdots&&\vdots\\0&0&0&\cdots&1\end{bmatrix}$ $n\times n$ 단위행렬.
- 행렬 A가 기본행변형에 의하여 행렬 B가 될 때, A와 B는 행동치(row equivalent)라 한다.
- $n\times n$ 행렬 A의 행벡터 $\mathbf{r}_1, \mathbf{r}_2, \cdots, \mathbf{r}_n$은 일차독립, 열벡터 $\mathbf{c}_1, \mathbf{c}_2, \cdots, \mathbf{c}_n$도 일차독립.
- 행렬 A를 기본행변형에 의하여 기약행사다리꼴 행렬로 변형했을 때 영벡터가 아닌 행벡터는 A의 행공간의 기저이다.

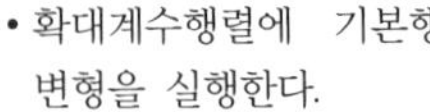

연습문제 5.4

• 확대계수행렬에 기본행변형을 실행한다.

• 기본행변형으로 행(열)공간의 차원을 생각한다.

1. 다음 연립방정식의 행공간의 기저를 구하고 차원을 정하여라.

(1) $\begin{cases} x_1 + x_2 - x_3 = 0 \\ 2x_1 + x_2 - 3x_3 = 0 \\ -4x_1 - 2x_2 + 6x_3 = 0 \end{cases}$

(2) $\begin{cases} 3x_1 + x_2 - 4x_3 = 0 \\ 9x_1 + 3x_2 - 12x_3 = 0 \\ -12x_1 - 4x_2 + 16x_3 = 0 \end{cases}$

• 행렬의 계수 =행공간의 차원 =행공간의 기저의 개수

2. 다음 행렬의 계수를 구하여라.

(1) $\begin{bmatrix} -2 & 3 & -1 \\ 6 & -9 & 3 \end{bmatrix}$

(2) $\begin{bmatrix} 1 & 3 & -2 \\ 1 & 4 & 2 \\ -2 & -5 & 8 \end{bmatrix}$

(3) $\begin{bmatrix} 3 & 2 \\ 1 & 2 \\ 2 & 5 \end{bmatrix}$

(4) $\begin{bmatrix} 1 & 0 & 1 & 3 \\ 2 & 1 & 1 & 6 \\ 3 & 1 & 3 & 11 \\ -2 & 1 & -2 & -4 \end{bmatrix}$

• 행렬의 기본행변형으로

3. 다음 벡터의 집합으로 생성되는 공간의 기저를 구하여라.

(1) $(1, -2, -4), (3, 1, 9), (2, 5, 19)$

(2) $(1, -2, 0, 3), (1, -1, -3, 5), (2, -3, -3, 4), (0, -3, 8, 2)$

(3) $(1, 0, 1), (2, 1, 0), (3, 1, 2), (3, 2, 0)$

(4) $(1, 0, 1, -2), (2, 1, 4, -4), (3, 2, 10, -7)$

• A는 계수행렬 $\mathbf{x} = \begin{bmatrix} x_1 \\ x_2 \end{bmatrix}$ 또는 $\mathbf{x} = \begin{bmatrix} x_1 \\ x_2 \\ x_3 \end{bmatrix}$

4. 다음 연립방정식을 $A\mathbf{x} = \mathbf{b}$로 나타낼 때 $\mathbf{b}$가 A의 열공간에 속하면 $\mathbf{b}$를 A의 열벡터의 일차결합으로 나타내어라.
A의 열벡터는 $\mathbf{c}_i$로 나타낸다. 각각 A와 $[A \mid \mathbf{b}]$의 계수를 비교하여라. 그리고 각 연립방정식은 해를 갖는가?

(1) $\begin{cases} x_1 - x_2 = 3 \\ 2x_1 + 3x_2 = -4 \end{cases}$

(2) $\begin{cases} x_1 + 2x_2 = 2 \\ -4x_1 - 8x_2 = 1 \end{cases}$

(3) $\begin{cases} x_1 - 3x_2 + 2x_3 = 1 \\ 2x_1 + x_2 - 2x_3 = -2 \\ -4x_1 + 12x_2 - 8x_3 = 3 \end{cases}$

(4) $\begin{cases} 2x_1 + x_2 - 2x_3 = -2 \\ x_1 - 2x_2 + 3x_3 = -10 \\ x_1 - 3x_3 = 0 \end{cases}$

• A^t는 A의 열과 행을 바꾸어 놓은 행렬(전치행렬)

5. 한 행렬 A에 대하여 A의 계수와 A^t의 계수가 같다.
이것을 증명하여라.

보충

정리 5.4-2의 증명

$m \times n$행렬 A를

$$A = \begin{bmatrix} a_{11} & a_{12} & \cdots & a_{1n} \\ a_{21} & a_{22} & \cdots & a_{2n} \\ \vdots & \vdots & & \vdots \\ a_{m1} & a_{m2} & \cdots & a_{mn} \end{bmatrix},$$

A의 행벡터를

$$\begin{aligned} \mathbf{r}_1 &= (a_{11}, a_{12}, \cdots, a_{1n}) \\ \mathbf{r}_2 &= (a_{21}, a_{22}, \cdots, a_{2n}) \\ &\vdots \\ \mathbf{r}_m &= (a_{m1}, a_{m2}, \cdots, a_{mn}) \end{aligned} \qquad \cdots ①$$

이라 한다.

A의 행공간을 ℓ차원, $\mathbf{b}_i = (b_{i1}, b_{i2}, \cdots, b_{in})$일 때 A의 행공간의 기저를

$$B = \{\mathbf{b}_1, \mathbf{b}_2, \cdots, \mathbf{b}_\ell\}$$

라 하면 A의 행벡터들은 $\mathbf{b}_1, \mathbf{b}_2, \cdots, \mathbf{b}_\ell$의 일차결합으로 다음과 같이 나타낼 수 있다.

$$\begin{aligned} \mathbf{r}_1 &= c_{11}\mathbf{b}_1 + c_{12}\mathbf{b}_2 + \cdots + c_{1\ell}\mathbf{b}_\ell \\ \mathbf{r}_2 &= c_{21}\mathbf{b}_1 + c_{22}\mathbf{b}_2 + \cdots + c_{2\ell}\mathbf{b}_\ell \\ &\vdots \\ \mathbf{r}_m &= c_{m1}\mathbf{b}_1 + c_{m2}\mathbf{b}_2 + \cdots + c_{m\ell}\mathbf{b}_\ell \end{aligned} \qquad \cdots ②$$

①에서 $\mathbf{r}_1, \mathbf{r}_2, \cdots, \mathbf{r}_m$ 각각의 j번째 성분은 $a_{1j}, a_{2j}, \cdots, a_{mj}$이다. 그리고 ②의 우변들을 $\mathbf{b}_i$의 성분을 사용하여 다시 쓰면

$$\begin{aligned} \mathbf{r}_1 = c_{11}&(b_{11}, b_{12}, \cdots, b_{1j}, \cdots, b_{1\ell}) \\ &+ c_{12}(b_{21}, b_{22}, \cdots, b_{2j}, \cdots, b_{2\ell}) + \cdots \\ &\quad + c_{1\ell}(b_{\ell 1}, b_{\ell 2}, \cdots, b_{\ell j}, \cdots, b_{\ell\ell}) \\ \mathbf{r}_2 = c_{21}&(b_{11}, b_{12}, \cdots, b_{1j}, \cdots, b_{1\ell}) \\ &+ c_{22}(b_{21}, b_{22}, \cdots, b_{2j}, \cdots, b_{2\ell}) + \cdots \\ &\quad + c_{2\ell}(b_{\ell 1}, b_{\ell 2}, \cdots, b_{\ell j}, \cdots, b_{\ell\ell}) \\ &\vdots \\ \mathbf{r}_m = c_{m1}&(b_{11}, b_{12}, \cdots, b_{1j}, \cdots, b_{1\ell}) \\ &+ c_{m2}(b_{21}, b_{22}, \cdots, b_{2j}, \cdots, b_{2\ell}) + \cdots \\ &\quad + c_{m\ell}(b_{\ell 1}, b_{\ell 2}, \cdots, b_{\ell j}, \cdots, b_{\ell\ell}) \end{aligned} \qquad \cdots ③$$

과 같다.

②의 좌변 벡터들의 j번째 성분은 ①에서 보면

$$a_{1j},\ a_{2j},\ \cdots,\ a_{mj}$$

이고 ②의 우변을 성분으로 나타낼 때 j번째 성분은 ③에서 보면

$$c_{11}b_{1j}+c_{12}b_{2j}+\cdots+c_{1\ell}b_{\ell j},\ c_{21}b_{1j}+c_{22}b_{2j}+\cdots,\ c_{2\ell}b_{\ell j},\ \cdots$$

이므로 다음과 같이 쓸 수 있다.

$$\begin{aligned} a_{1j} &= c_{11}b_{1j}+c_{12}b_{2j}+\cdots+c_{1\ell}b_{\ell j} \\ a_{2j} &= c_{21}b_{1j}+c_{22}b_{2j}+\cdots+c_{2\ell}b_{\ell j} \\ &\vdots \\ a_{mj} &= c_{m1}b_{1j}+c_{m2}b_{2j}+\cdots+c_{m\ell}b_{\ell j} \end{aligned}$$

이것을 행렬(열벡터)로 나타내면 다음과 같다.

$$\begin{bmatrix} a_{1j} \\ a_{2j} \\ \vdots \\ a_{mj} \end{bmatrix} = b_{1j}\begin{bmatrix} c_{11} \\ c_{21} \\ \vdots \\ c_{m1} \end{bmatrix} + b_{2j}\begin{bmatrix} c_{12} \\ c_{22} \\ \vdots \\ c_{m2} \end{bmatrix} + b_{\ell j}\begin{bmatrix} c_{1\ell} \\ c_{2\ell} \\ \vdots \\ c_{m\ell} \end{bmatrix} \qquad \cdots ④$$

④의 좌변의 열벡터는 ①의 행렬 A의 j번째 열벡터이다. ④에서 A의 각 열벡터는 ℓ개의 벡터로 생성되는 공간에 속함을 알 수 있다.
즉 A의 열공간의 차원은 ℓ 이하의 차원이다.
앞에서 행공간은 ℓ차원이므로

$$(A\text{의 행공간의 차원}) \geq (A\text{의 열공간의 차원}) \qquad \cdots ⑤$$

이것은 임의의 행렬 A에 대하여 성립하므로 A의 전치행렬 A^t에 대하여도 성립한다. 즉

$$(A^t\text{의 행공간의 차원}) \geq (A^t\text{의 열공간의 차원}) \qquad \cdots ⑥$$

그런데 A^t는 A의 행과 열을 바꾸어 놓은 행렬이므로 A^t의 행공간과 A의 열공간이 같고, A^t의 열공간이 A의 행공간과 같다.
그래서 ⑥은

$$(A\text{의 열공간의 차원}) \geq (A\text{의 행공간의 차원}) \qquad \cdots ⑦$$

으로 나타낼 수 있다.
⑤와 ⑦에서

$$(A\text{의 행공간의 차원}) = (A\text{의 열공간의 차원})$$

이상으로 정리 5.4-2는 증명되었다. ■

5.5 기저의 변경

$\mathbb{R}^2$에서 $\mathbf{u}_1 = \begin{bmatrix} 1 \\ 0 \end{bmatrix}$, $\mathbf{u}_2 = \begin{bmatrix} 0 \\ 1 \end{bmatrix}$라 할 때 $B_1 = \{\mathbf{u}_1, \mathbf{u}_2\}$는 $\mathbb{R}^2$의 표준기저이다.

$\mathbf{x} = \begin{bmatrix} x_1 \\ x_2 \end{bmatrix}$로 하면

$$\mathbf{x} = \begin{bmatrix} x_1 \\ x_2 \end{bmatrix} = x_1 \begin{bmatrix} 1 \\ 0 \end{bmatrix} + x_2 \begin{bmatrix} 0 \\ 1 \end{bmatrix} = x_1 \mathbf{u}_1 + x_2 \mathbf{u}_2 \qquad \cdots ①$$

• $\begin{bmatrix} x_1 \\ x_2 \end{bmatrix} = \begin{bmatrix} x_1 \\ 0 \end{bmatrix} + \begin{bmatrix} 0 \\ x_2 \end{bmatrix} = x_1 \begin{bmatrix} 1 \\ 0 \end{bmatrix} + x_2 \begin{bmatrix} 0 \\ 1 \end{bmatrix} = x_1 \mathbf{u}_1 + x_2 \mathbf{u}_2$

이다. 이것은 $\mathbf{x}$를 기저 B_1의 벡터들로 나타낸 것이며 기호로

$$[\mathbf{x}]_{B_1} = \begin{bmatrix} x_1 \\ x_2 \end{bmatrix} \quad (= x_1 \mathbf{u}_1 + x_2 \mathbf{u}_2) \qquad \cdots ②$$

와 같이 표시한다.

이제 예를 들어 $\mathbf{v}_1 = \begin{bmatrix} 1 \\ 1 \end{bmatrix}$, $\mathbf{v}_2 = \begin{bmatrix} 1 \\ -2 \end{bmatrix}$라 할 때 $\mathbf{v}_1$을 $\mathbf{v}_2$의 스칼라배로 나타낼 수 없으므로 $\mathbf{v}_1$, $\mathbf{v}_2$은 일차독립이어서 $B_2 = \{\mathbf{v}_1, \mathbf{v}_2\}$는 $\mathbb{R}^2$의 또 다른 기저이다. 따라서

$$\mathbf{x} = k_1 \mathbf{v}_1 + k_2 \mathbf{v}_2 \qquad \cdots ③$$

를 만족하는 스칼라 k_1, k_2가 존재하고 ②와 같이 표시하면 다음과 같다.

$$[\mathbf{x}]_{B_2} = \begin{bmatrix} k_1 \\ k_2 \end{bmatrix} \quad (= k_1 \mathbf{v}_1 + k_2 \mathbf{v}_2) \qquad \cdots ④$$

여기서 기저 B_1의 벡터 $\mathbf{u}_1$, $\mathbf{u}_2$를 각각 기저 B_2의 벡터 $\mathbf{v}_1$, $\mathbf{v}_2$로 나타내어 k_1, k_2를 정하도록 한다.

먼저 a, b, c, d에 대하여 $\mathbf{u}_1$, $\mathbf{u}_2$를 각각 $\mathbf{v}_1$, $\mathbf{v}_2$의 일차결합으로

$$\mathbf{u}_1 = a\mathbf{v}_1 + c\mathbf{v}_2, \quad \mathbf{u}_2 = b\mathbf{v}_1 + d\mathbf{v}_2$$

라 놓자. 그러면

$$\begin{bmatrix} 1 \\ 0 \end{bmatrix} = a \begin{bmatrix} 1 \\ 1 \end{bmatrix} + c \begin{bmatrix} 1 \\ -2 \end{bmatrix} = \begin{bmatrix} a + c \\ a - 2c \end{bmatrix}$$

$\begin{cases} a + \ \ c = 1 \\ a - 2c = 0 \end{cases}$을 풀면 $a = \dfrac{2}{3}$, $c = \dfrac{1}{3}$

또
$$\begin{bmatrix} 0 \\ 1 \end{bmatrix} = b \begin{bmatrix} 1 \\ 1 \end{bmatrix} + d \begin{bmatrix} 1 \\ -2 \end{bmatrix} = \begin{bmatrix} b + d \\ b - 2d \end{bmatrix}$$

$\begin{cases} b + d = 0 \\ b - 2c = 1 \end{cases}$을 풀면 $b = \dfrac{1}{3}$, $d = -\dfrac{1}{3}$

이므로
$$\mathbf{u}_1 = \frac{2}{3}\mathbf{v}_1 + \frac{1}{3}\mathbf{v}_2, \quad \mathbf{u}_2 = \frac{1}{3}\mathbf{v}_1 - \frac{1}{3}\mathbf{v}_2 \qquad \cdots ⑤$$

$\mathbf{u}_1$, $\mathbf{u}_2$를 각각 ②와 같이 기호로 나타내면 다음과 같다.

$$[\mathbf{u}_1]_{B_2} = \begin{bmatrix} a \\ c \end{bmatrix} = \begin{bmatrix} \frac{2}{3} \\ \frac{1}{3} \end{bmatrix}, \quad [\mathbf{u}_2]_{B_2} = \begin{bmatrix} b \\ d \end{bmatrix} = \begin{bmatrix} \frac{1}{3} \\ -\frac{1}{3} \end{bmatrix}$$

- $\mathbf{x} = x_1\mathbf{u}_1 + x_2\mathbf{u}_2$
  $= x_1(a\mathbf{v}_1 + c\mathbf{v}_2) + x_2(b\mathbf{v}_1 + d\mathbf{v}_2)$
  $= (ax_1 + bx_2)\mathbf{v}_1 + (cx_1 + dx_2)\mathbf{v}_2$
  $\therefore \begin{bmatrix} k_1 \\ k_2 \end{bmatrix} = \begin{bmatrix} ax_1 + bx_2 \\ cx_1 + dx_2 \end{bmatrix} = \begin{bmatrix} a & b \\ c & d \end{bmatrix}\begin{bmatrix} x_1 \\ x_2 \end{bmatrix}$
  $\begin{bmatrix} a & b \\ c & d \end{bmatrix} = A$라 하면
  $\begin{bmatrix} k_1 \\ k_2 \end{bmatrix} = A\begin{bmatrix} x_1 \\ x_2 \end{bmatrix}$
  $\therefore [\mathbf{x}]_{B_2} = A[\mathbf{x}]_{B_1}$

$\mathbf{x} = x_1\mathbf{u}_1 + x_2\mathbf{u}_2$에 ⑤를 대입하면

$$\begin{aligned} \mathbf{x} = x_1\mathbf{u}_1 + x_2\mathbf{u}_2 &= x_1\left(\frac{2}{3}\mathbf{v}_1 + \frac{1}{3}\mathbf{v}_2\right) + x_2\left(\frac{1}{3}\mathbf{v}_1 - \frac{1}{3}\mathbf{v}_2\right) \\ &= \left(\frac{2}{3}x_1 + \frac{1}{3}x_2\right)\mathbf{v}_1 + \left(\frac{1}{3}x_1 - \frac{1}{3}x_2\right)\mathbf{v}_2 \qquad \cdots ⑥ \end{aligned}$$

④와 ⑥을 비교하면

$$k_1 = \frac{2}{3}x_1 + \frac{1}{3}x_2, \; k_2 = \frac{1}{3}x_1 - \frac{1}{3}x_2$$

$$\begin{aligned} \therefore [\mathbf{x}]_{B_2} = \begin{bmatrix} k_1 \\ k_2 \end{bmatrix} &= \begin{bmatrix} \frac{2}{3}x_1 + \frac{1}{3}x_2 \\ \frac{1}{3}x_1 - \frac{1}{3}x_2 \end{bmatrix} = \begin{bmatrix} \frac{2}{3} & \frac{1}{3} \\ \frac{1}{3} & -\frac{1}{3} \end{bmatrix}\begin{bmatrix} x_1 \\ x_2 \end{bmatrix} \\ &= \begin{bmatrix} \frac{2}{3} & \frac{1}{3} \\ \frac{1}{3} & -\frac{1}{3} \end{bmatrix}[\mathbf{x}]_{B_1} \qquad \cdots ⑦ \end{aligned}$$

여기서 $\begin{bmatrix} \frac{2}{3} & \frac{1}{3} \\ \frac{1}{3} & -\frac{1}{3} \end{bmatrix} = A$라 하면 ⑦은 다음과 같이 표시된다.

$$[\mathbf{x}]_{B_2} = A[\mathbf{x}]_{B_1}$$

이때 행렬 A를 기저 B_1에서 B_2로의 추이행렬(transition matrix)이라 한다.

예제 5.5-1 $\mathbb{R}^2$에서 위의 두 기저 B_1, B_2로 하고 B_1에서 B_2로의 추이행렬을 위의 A로 한다. $[\mathbf{x}]_{B_1} = \begin{bmatrix} 3 \\ 2 \end{bmatrix}$일 때 $[\mathbf{x}]_{B_2}$를 구하여라.

풀이 $$[\mathbf{x}]_{B_2} = A[\mathbf{x}]_{B_1} = \begin{bmatrix} \frac{2}{3} & \frac{1}{3} \\ \frac{1}{3} & -\frac{1}{3} \end{bmatrix}\begin{bmatrix} 3 \\ 2 \end{bmatrix} = \begin{bmatrix} \frac{8}{3} \\ \frac{1}{3} \end{bmatrix}$$

예제 5.5-1을 좌표평면 위에 나타내면 다음 그림과 같다. ■

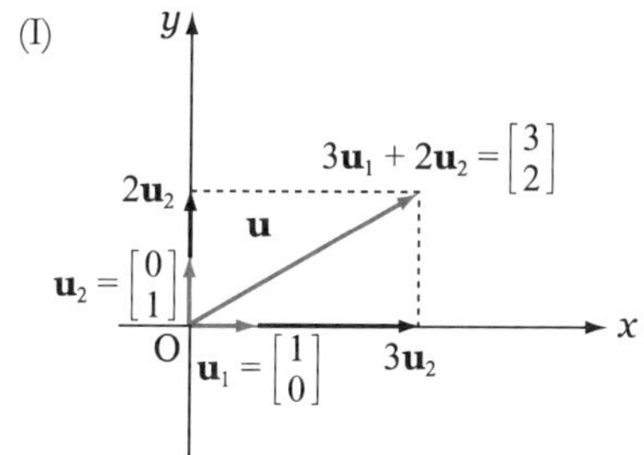

그림 (I)은 표준기저 $\{\mathbf{u}_1, \mathbf{u}_2\} = \left\{\begin{bmatrix} 1 \\ 0 \end{bmatrix}, \begin{bmatrix} 0 \\ 1 \end{bmatrix}\right\}$의 벡터 $\mathbf{u}_1$, $\mathbf{u}_2$의 일차결합으로, 그림 (II)는 기저 $\{\mathbf{v}_1, \mathbf{v}_2\} = \left\{\begin{bmatrix} 1 \\ 1 \end{bmatrix}, \begin{bmatrix} 1 \\ -2 \end{bmatrix}\right\}$의 벡터 $\mathbf{v}_1$, $\mathbf{v}_2$의 일차결합으로 각각 벡터 $\begin{bmatrix} 3 \\ 2 \end{bmatrix}$를 나타낸 것이다.

- $\begin{bmatrix} 3 \\ 2 \end{bmatrix} = 3\mathbf{u}_1 + 2\mathbf{u}_2 = 3\begin{bmatrix} 1 \\ 0 \end{bmatrix} + 2\begin{bmatrix} 0 \\ 1 \end{bmatrix}$
- $\begin{bmatrix} 3 \\ 2 \end{bmatrix} = \frac{8}{3}\mathbf{v}_1 + \frac{1}{3}\mathbf{v}_2 = \frac{8}{3}\begin{bmatrix} 1 \\ 1 \end{bmatrix} + \frac{1}{3}\begin{bmatrix} 1 \\ -2 \end{bmatrix}$

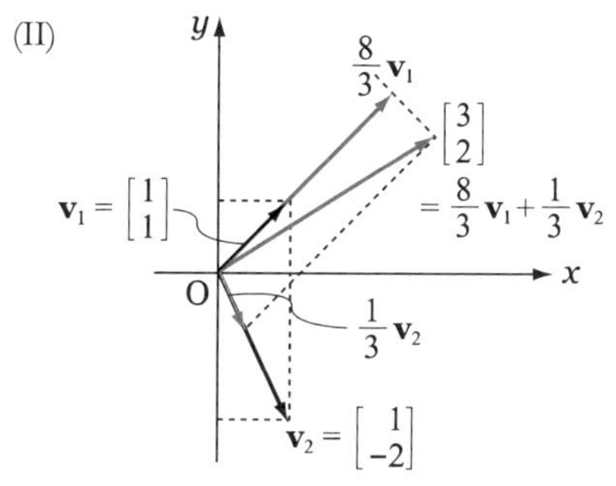

일반적으로 n차원 벡터공간 V의 두 기저 $B_1 = \{\mathbf{u}_1, \mathbf{u}_2, \cdots, \mathbf{u}_n\}$, $B_2 = \{\mathbf{v}_1, \mathbf{v}_2, \cdots, \mathbf{v}_n\}$이 있다. B_2가 기저이므로 B_1의 벡터 $\mathbf{u}_1, \mathbf{u}_2, \cdots, \mathbf{u}_n$ 각각은 B_2의 벡터 $\mathbf{v}_1, \mathbf{v}_2, \cdots, \mathbf{v}_n$의 일차결합으로 나타낼 수 있다. 따라서

$$\mathbf{u}_j = a_{1j}\mathbf{v}_1 + a_{2j}\mathbf{v}_2 + \cdots + a_{nj}\mathbf{v}_n \quad (i = 1, 2, \cdots, n) \qquad \cdots ⑧$$

를 만족하는 스칼라의 집합 $\{a_{1j}, a_{2j}, \cdots, a_{nj}\}$은 유일하다.

이것은 $\mathbf{u}_j$를 B_2의 벡터들로 나타낸 것이므로 기호로 나타내면

$$[\mathbf{u}_j]_{B_2} = \begin{bmatrix} a_{1j} \\ a_{2j} \\ \vdots \\ a_{nj} \end{bmatrix} \qquad \cdots ⑨$$

$j = 1, 2, \cdots, n$ 각각에 대하여 ⑨에서 얻은 열을 성분으로 하는 $n \times n$행렬 A를 기저 B_1에서 기저 B_2로의 추이행렬이라 하고 다음과 같이 나타낸다.

$$A = \begin{bmatrix} a_{11} & a_{12} & a_{13} & \cdots & a_{1n} \\ a_{21} & a_{22} & a_{23} & \cdots & a_{2n} \\ \vdots & \vdots & \vdots & & \vdots \\ a_{n1} & a_{n2} & a_{n3} & \cdots & a_{nn} \end{bmatrix} \qquad \cdots ⑩$$

$$\downarrow \quad \downarrow \quad \downarrow \quad \quad \downarrow$$

$$[\mathbf{u}_1]_{B_2} \quad [\mathbf{u}_2]_{B_2} \quad [\mathbf{u}_3]_{B_2} \quad \cdots \quad [\mathbf{u}_n]_{B_2}$$

$$= \left[[\mathbf{u}_1]_{B_2} \; [\mathbf{u}_2]_{B_2} \; [\mathbf{u}_3]_{B_2} \cdots \; [\mathbf{u}_n]_{B_2} \right]$$

b_i, $c_i (i = 1, 2, \cdots, n)$가 실수일 때, $\mathbf{x} \in V$를 다음과 같이 나타낸다고 하자.

- $b_1, b_2, \cdots, b_n$, $c_1, c_2, \cdots, c_n$은 실수

$$\begin{aligned} \mathbf{x} &= b_1\mathbf{u}_1 + b_2\mathbf{u}_2 + \cdots + b_n\mathbf{u}_n \\ \mathbf{x} &= c_1\mathbf{v}_1 + c_2\mathbf{v}_2 + \cdots + c_n\mathbf{v}_n \end{aligned} \qquad \cdots ⑪$$

앞의 ②, ④와 같이 $\mathbf{x}$를 기저 B_1 및 기저 B_2의 벡터들로 나타낸 것을 기호로 쓰면

$$[\mathbf{x}]_{B_1} = \begin{bmatrix} b_1 \\ b_2 \\ \vdots \\ b_n \end{bmatrix}, \ [\mathbf{x}]_{B_2} = \begin{bmatrix} c_1 \\ c_2 \\ \vdots \\ c_n \end{bmatrix} \qquad \cdots ⑫$$

이다.

이제 ⑪에서 $\mathbf{u}_1, \mathbf{u}_2, \cdots, \mathbf{u}_n$의 일차결합으로 나타낸 $\mathbf{x}$에 ⑧을 대입하여 정리하면

$$\begin{aligned} \mathbf{x} &= b_1\mathbf{u}_1 + b_2\mathbf{u}_2 + \cdots + b_n\mathbf{u}_n \\ &= b_1(a_{11}\mathbf{v}_1 + a_{21}\mathbf{v}_2 + \cdots + a_{n1}\mathbf{v}_n) \\ &\quad + b_2(a_{12}\mathbf{v}_1 + a_{22}\mathbf{v}_2 + \cdots + a_{n2}\mathbf{v}_n) + \cdots \\ &\quad + b_n(a_{1n}\mathbf{v}_1 + a_{2n}\mathbf{v}_2 + \cdots + a_{nn}\mathbf{v}_n) \\ &= (a_{11}b_1 + a_{12}b_2 + \cdots + a_{1n}b_n)\mathbf{v}_1 \\ &\quad + (a_{21}b_1 + a_{22}b_2 + \cdots + a_{2n}b_n)\mathbf{v}_2 + \cdots \\ &\quad + (a_{n1}b_1 + a_{n2}b_2 + \cdots + a_{nn}b_n)\mathbf{v}_n \end{aligned} \qquad \cdots ⑬$$

여기서 $a_{11}b_1 + a_{12}b_2 + \cdots + a_{1n}b_n = c_1$, $a_{21}b_1 + a_{22}b_2 + \cdots + a_{2n}b_n = c_2$, $\cdots$, $a_{n1}b_1 + a_{n2}b_2 + \cdots + a_{nn}b_n = c_n$으로 놓으면 ⑬은 다음과 같다.

$$\mathbf{x} = c_1\mathbf{v}_1 + c_2\mathbf{v}_2 + \cdots + c_n\mathbf{v}_n \qquad \cdots ⑭$$

⑫, ⑬, ⑭에 의하여

$$\begin{aligned} [\mathbf{x}]_{B_2} &= \begin{bmatrix} c_1 \\ c_2 \\ \vdots \\ c_n \end{bmatrix} = \begin{bmatrix} a_{11}b_1 + a_{12}b_2 + \cdots + a_{1n}b_n \\ a_{21}b_1 + a_{22}b_2 + \cdots + a_{2n}b_n \\ \vdots \qquad \vdots \qquad \vdots \\ a_{n1}b_1 + a_{n2}b_2 + \cdots + a_{nn}b_n \end{bmatrix} \\ &= \begin{bmatrix} a_{11} & a_{12} & \cdots & a_{1n} \\ a_{21} & a_{22} & \cdots & a_{2n} \\ \vdots & \vdots & & \vdots \\ a_{n1} & a_{n2} & \cdots & a_{nn} \end{bmatrix} \begin{bmatrix} b_1 \\ b_2 \\ \vdots \\ b_n \end{bmatrix} = A[\mathbf{x}]_{B_1} \end{aligned}$$

이상에서 다음 정리를 얻는다.

정리 5.5-1

벡터공간 V의 두 기저를 B_1, B_2라 하고 B_1에서 B_2로의 $(n \times n)$추이행렬을 A라 할 때, 모든 $\mathbf{x} \in V$에 대하여

$$[\mathbf{x}]_{B_2} = A[\mathbf{x}]_{B_1}$$

정리 5.5-2

기저 B_1에서 기저 B_2로의 추이행렬을 A라 하면 다음이 성립한다.

(1) A는 가역이다.

(2) 기저 B_2에서 기저 B_1으로의 추이행렬은 A^{-1}이다.

증명 P를 기저 B_2에서 B_1으로의 추이행렬이라 하면 정리 5.5-1에 따라 다음과 같이 나타낼 수 있다.

• 정리 5.5-2 증명의 $\mathbf{x}$는 한 벡터공간의 임의의 벡터이다.

$$[\mathbf{x}]_{B_1} = P[\mathbf{x}]_{B_2}$$

주어진 조건에서 $[\mathbf{x}]_{B_2} = A[\mathbf{x}]_{B_1}$이므로

$$[\mathbf{x}]_{B_1} = PA[\mathbf{x}]_{B_1} \qquad \cdots ①$$

여기서 $[\mathbf{x}]_{B_1} = PA[\mathbf{x}]_{B_1}$이기 위한 필요충분조건이 $PA = I$임을 밝히면 된다.

먼저 $PA = I$라 가정하면 $[\mathbf{x}]_{B_1} = I[\mathbf{x}]_{B_1} = PA[\mathbf{x}]_{B_1}$으로 성립한다.

이번에는 $[\mathbf{x}]_{B_1} = PA[\mathbf{x}]_{B_1}$이 성립한다고 가정하자.

$B_1 = \{\mathbf{u}_1, \mathbf{u}_2, \cdots, \mathbf{u}_n\}$으로 하고 PA를 다음과 같이 놓는다.

$$PA = \begin{bmatrix} c_{11} & c_{12} & \cdots & c_{1n} \\ c_{21} & c_{22} & \cdots & c_{2n} \\ \vdots & \vdots & & \vdots \\ c_{n1} & c_{n2} & \cdots & c_{nn} \end{bmatrix}$$

그러면

$$[\mathbf{u}_1]_{B_1} = \begin{bmatrix} 1 \\ 0 \\ \vdots \\ 0 \end{bmatrix} = PA\begin{bmatrix} 1 \\ 0 \\ \vdots \\ 0 \end{bmatrix} = (\text{행렬 } PA\text{의 제1열}) = \begin{bmatrix} c_{11} \\ c_{21} \\ \vdots \\ c_{n1} \end{bmatrix}$$

• $[\mathbf{u}_2]_{B_1} = \begin{bmatrix} 0 \\ 1 \\ \vdots \\ 0 \end{bmatrix} = PA\begin{bmatrix} 0 \\ 1 \\ \vdots \\ 0 \end{bmatrix} = (PA\text{의 제2열}) = \begin{bmatrix} c_{12} \\ c_{21} \\ \vdots \\ c_{n2} \end{bmatrix}$

$\vdots$

$[\mathbf{u}_n]_{B_1} = \begin{bmatrix} 0 \\ 0 \\ \vdots \\ 1 \end{bmatrix} = PA\begin{bmatrix} 0 \\ 0 \\ \vdots \\ 1 \end{bmatrix} = (PA\text{의 제}n\text{열}) = \begin{bmatrix} c_{1n} \\ c_{2n} \\ \vdots \\ c_{nn} \end{bmatrix}$

같은 이치로

$$\begin{bmatrix} c_{12} \\ c_{22} \\ \vdots \\ c_{n2} \end{bmatrix} = \begin{bmatrix} 0 \\ 1 \\ \vdots \\ 0 \end{bmatrix}, \begin{bmatrix} c_{13} \\ c_{23} \\ c_{33} \\ \vdots \\ c_{n3} \end{bmatrix} = \begin{bmatrix} 0 \\ 0 \\ 1 \\ \vdots \\ 0 \end{bmatrix}, \cdots, \begin{bmatrix} c_{n1} \\ c_{2n} \\ \vdots \\ c_{nn} \end{bmatrix} = \begin{bmatrix} 0 \\ 0 \\ \vdots \\ 1 \end{bmatrix}$$

이므로

$$PA = \begin{bmatrix} 1 & 0 & 0 & \cdots & 0 \\ 0 & 1 & 0 & \cdots & 0 \\ 0 & 0 & 1 & \cdots & 0 \\ \vdots & \vdots & \vdots & & \vdots \\ 0 & 0 & 0 & \cdots & 1 \end{bmatrix} = I$$

$$\therefore PA = I,\ PAA^{-1} = IA^{-1},\ PI = A^{-1} \quad \therefore P = A^{-1}$$ ■

예제 5.5-2 $\mathbb{R}^3$에서 $B_1=\{\mathbf{i},\mathbf{j},\mathbf{k}\}$, $B_2=\left\{\begin{bmatrix}1\\-1\\2\end{bmatrix},\begin{bmatrix}1\\2\\3\end{bmatrix},\begin{bmatrix}-1\\2\\-1\end{bmatrix}\right\}$일 때 $\mathbf{x}=\begin{bmatrix}x_1\\x_2\\x_3\end{bmatrix}$를 B_2의 벡터로 나타내어라.

- $\begin{vmatrix}1&1&-1\\-1&2&2\\2&3&-1\end{vmatrix}=2$
- $\left[\begin{array}{ccc|ccc}1&1&-1&1&0&0\\-1&2&2&0&1&0\\2&3&-1&0&0&1\end{array}\right]$ $\vdots$ $\left[\begin{array}{ccc|ccc}1&0&0&-4&-1&2\\0&1&0&\frac{3}{2}&\frac{1}{2}&-\frac{1}{2}\\0&0&1&-\frac{7}{2}&-\frac{1}{2}&\frac{3}{2}\end{array}\right]$

풀이 $P=\begin{bmatrix}1&1&-1\\-1&2&2\\2&3&-1\end{bmatrix}$이라 하면 $\det P=2\neq 0$이므로 B_2는 기저이다.

$B_1=\{\mathbf{i},\mathbf{j},\mathbf{k}\}=\left\{\begin{bmatrix}1\\0\\0\end{bmatrix},\begin{bmatrix}0\\1\\0\end{bmatrix},\begin{bmatrix}0\\0\\1\end{bmatrix}\right\}$이므로 행렬 P는 B_2에서 B_1으로의 추이행렬이다.

기저 B_1에서 기저 B_2로의 추이행렬을 A라 하면 $A=P^{-1}$이다.

여기서 P의 역행렬을 구하면

$$P^{-1}=\begin{bmatrix}-4&-1&2\\\frac{3}{2}&\frac{1}{2}&-\frac{1}{2}\\-\frac{7}{2}&-\frac{1}{2}&\frac{3}{2}\end{bmatrix}$$

$$[\mathbf{x}]_{B_1}=\begin{bmatrix}x_1\\x_2\\x_3\end{bmatrix}=x_1\begin{bmatrix}1\\0\\0\end{bmatrix}+x_2\begin{bmatrix}0\\1\\0\end{bmatrix}+x_3\begin{bmatrix}0\\0\\1\end{bmatrix}$$

$$[\mathbf{x}]_{B_2}=A\begin{bmatrix}x_1\\x_2\\x_3\end{bmatrix}=P^{-1}\begin{bmatrix}x_1\\x_2\\x_3\end{bmatrix}=\begin{bmatrix}-4&-1&2\\\frac{3}{2}&\frac{1}{2}&-\frac{1}{2}\\-\frac{7}{2}&-\frac{1}{2}&\frac{3}{2}\end{bmatrix}\begin{bmatrix}x_1\\x_2\\x_3\end{bmatrix}$$

$$=\begin{bmatrix}-4x_1-x_2+2x_3\\\frac{3}{2}x_1+\frac{1}{2}x_2-\frac{1}{2}x_3\\-\frac{7}{2}x_1-\frac{1}{2}x_2+\frac{3}{2}x_3\end{bmatrix}$$

$$\therefore\ \begin{bmatrix}x_1\\x_2\\x_3\end{bmatrix}=(-4x_1-x_2+2x_3)\begin{bmatrix}1\\-1\\2\end{bmatrix}+\left(\frac{3}{2}x_1+\frac{1}{2}x_2-\frac{1}{2}x_3\right)\begin{bmatrix}1\\2\\3\end{bmatrix}$$
$$+\left(-\frac{7}{2}x_1-\frac{1}{2}x_2+\frac{3}{2}x_3\right)\begin{bmatrix}-1\\2\\-1\end{bmatrix}$$ ■

- $\begin{bmatrix}2\\-3\\1\end{bmatrix}=2\begin{bmatrix}1\\0\\0\end{bmatrix}-3\begin{bmatrix}0\\1\\0\end{bmatrix}+1\begin{bmatrix}0\\0\\1\end{bmatrix}$

예제 5.5-2에서

$[\mathbf{x}]_{B_1}=\begin{bmatrix}2\\-3\\1\end{bmatrix}$이라 하면 $[\mathbf{x}]_{B_2}=\begin{bmatrix}-4&-1&2\\\frac{3}{2}&\frac{1}{2}&-\frac{1}{2}\\-\frac{7}{2}&-\frac{1}{2}&\frac{3}{2}\end{bmatrix}\begin{bmatrix}2\\-3\\1\end{bmatrix}=\begin{bmatrix}-3\\1\\-4\end{bmatrix}$이다.

따라서 $\begin{bmatrix}2\\-3\\1\end{bmatrix}=-3\begin{bmatrix}1\\-1\\2\end{bmatrix}+1\begin{bmatrix}1\\2\\3\end{bmatrix}-4\begin{bmatrix}-1\\2\\-1\end{bmatrix}$과 같이 나타낼 수 있다.

예제 5.5-3 이차다항식 전체의 집합 P_2에서 $B_1=\{1,\ x,\ x^2\}$은 표준기저이다. 다항식 $P=a_0+a_1x+a_2x^2$을 B_1과 다른 기저 $B_2=\{1-x^2,\ -x+3x^2,\ 2+x\}$의 각 원소로 나타내어라.

풀이 B_2에 대하여 $k_1(1-x^2)+k_2(-x+3x^2)+k_3(2+x)=0$이라 하고 이것을 정리하면

$$(k_1+2k_3)1+(-k_2+k_3)x+(-k_1+3k_2)x^2=0 \qquad \cdots①$$

$B_1=\{1,\ x,\ x^2\}$은 일차독립이므로 ①에서

$$\begin{aligned} k_1 \quad\ \ +2k_3 &= 0 \\ -k_2+k_3 &= 0 \\ -k_1+3k_2 \quad &= 0 \end{aligned} \qquad \cdots②$$

$k_i(i=0,\ 1,\ 2)$에 대한 동차연립방정식에서 $\begin{vmatrix} 1 & 0 & 2 \\ 0 & -1 & 1 \\ -1 & 3 & 0 \end{vmatrix}=-5\neq 0$

따라서 ②는 해 $k_1=k_2=k_3=0$을 갖는다.

B_2는 일차독립이고 P_2의 기저가 된다. 이제

$$[1-x^2]_{B_1}=\begin{bmatrix} 1 \\ 0 \\ -1 \end{bmatrix},\ [-x+3x^2]_{B_1}=\begin{bmatrix} 0 \\ -1 \\ 3 \end{bmatrix},\ [2+x]_{B_1}=\begin{bmatrix} 2 \\ 1 \\ 0 \end{bmatrix}$$

이므로 B_2에서 B_1으로의 추이행렬은 $P=\begin{bmatrix} 1 & 0 & 2 \\ 0 & -1 & 1 \\ -1 & 3 & 0 \end{bmatrix}$

이고 B_1에서 B_2로의 추이행렬은 $A=P^{-1}=\dfrac{1}{5}\begin{bmatrix} 3 & -6 & -2 \\ 1 & -2 & 1 \\ 1 & 3 & 1 \end{bmatrix}$

$$[a_0+a_1x+a_0x^2]_{B_1}=\begin{bmatrix} a_0 \\ a_1 \\ a_2 \end{bmatrix} \text{이므로}$$

$$[a_0+a_1x+a_0x^2]_{B_2}=\frac{1}{5}\begin{bmatrix} 3 & -6 & -2 \\ 1 & -2 & 1 \\ 1 & 3 & 1 \end{bmatrix}\begin{bmatrix} a_0 \\ a_1 \\ a_2 \end{bmatrix}=\frac{1}{5}\begin{bmatrix} 3x_0-6a_1-2a_2 \\ a_0-2a_1+a_2 \\ a_0+3a_1+a_2 \end{bmatrix}$$ ■

• $\left[\begin{array}{ccc|ccc} 1 & 0 & 2 & 1 & 0 & 0 \\ 0 & -1 & 1 & 0 & 1 & 0 \\ -1 & 3 & 0 & 0 & 0 & 1 \end{array}\right]$

↓

$\left[\begin{array}{ccc|ccc} 1 & 0 & 0 & \frac{3}{5} & -\frac{6}{5} & -\frac{2}{5} \\ 0 & 1 & 0 & \frac{1}{5} & -\frac{2}{5} & \frac{1}{5} \\ 0 & 0 & 1 & \frac{1}{5} & \frac{3}{5} & \frac{1}{5} \end{array}\right]$

즉, $a_0+a_1x+a_0x^2$

$=\frac{1}{5}\{(3a_0-6a_1-2a_2)(1-x^2)+(a_0-2a_1+a_2)(-x+3x^2)+(a_0+3a_1+a_2)(2+x)\}$

예제 5.5-3에서 $P=3-2x+4x^2$이라 하면

$$[3-2x+4x^2]_{B_2}=\frac{1}{5}\begin{bmatrix} -3 & -6 & -2 \\ 1 & -2 & 1 \\ 1 & 3 & 1 \end{bmatrix}\begin{bmatrix} 3 \\ -2 \\ 4 \end{bmatrix}=\frac{1}{5}\begin{bmatrix} 13 \\ 11 \\ 1 \end{bmatrix}=\begin{bmatrix} 13/5 \\ 11/5 \\ 1/5 \end{bmatrix}$$

즉 $$\begin{aligned} &3-2x+4x^2 \\ &=\frac{13}{5}(1-x^2)+\frac{11}{5}(-x+3x^2)+\frac{1}{5}(2+x) \end{aligned}$$

연습문제 5.5

- $\begin{bmatrix} x_1 \\ x_2 \end{bmatrix} = k_1\begin{bmatrix} 1 \\ 2 \end{bmatrix} + k_2\begin{bmatrix} -1 \\ 2 \end{bmatrix}$

1. $\mathbb{R}^2$에서 $\begin{bmatrix} x_1 \\ x_2 \end{bmatrix}$를 다음 각 기저로 나타내어라.

(1) $\left\{\begin{bmatrix} 1 \\ 2 \end{bmatrix}, \begin{bmatrix} -1 \\ 2 \end{bmatrix}\right\}$　　(2) $\left\{\begin{bmatrix} -2 \\ 1 \end{bmatrix}, \begin{bmatrix} 3 \\ 2 \end{bmatrix}\right\}$　　(3) $\left\{\begin{bmatrix} a \\ c \end{bmatrix}, \begin{bmatrix} b \\ d \end{bmatrix}\right\}$ $(ad-bc \neq 0)$

- $\begin{bmatrix} x_1 \\ x_2 \\ x_3 \end{bmatrix} = k_1\begin{bmatrix} 1 \\ 1 \\ 1 \end{bmatrix} + k_2\begin{bmatrix} 1 \\ 1 \\ 0 \end{bmatrix} + k_3\begin{bmatrix} 1 \\ 0 \\ 0 \end{bmatrix}$

2. $\mathbb{R}^3$에서 $\begin{bmatrix} x_1 \\ x_2 \\ x_3 \end{bmatrix}$를 다음 각 기저로 나타내어라.

(1) $\left\{\begin{bmatrix} 1 \\ 1 \\ 1 \end{bmatrix}, \begin{bmatrix} 1 \\ 1 \\ 0 \end{bmatrix}, \begin{bmatrix} 1 \\ 0 \\ 0 \end{bmatrix}\right\}$　　(2) $\left\{\begin{bmatrix} 1 \\ 2 \\ 3 \end{bmatrix}, \begin{bmatrix} -1 \\ 3 \\ -2 \end{bmatrix}, \begin{bmatrix} -1 \\ -4 \\ 2 \end{bmatrix}\right\}$

3. (1) 이차다항식 전체의 집합 P_2에서 $a_0 + a_1x + a_2x^2$을 기저 $\{1,\ 1+x,\ -x+x^2\}$으로 나타내어라.

(2) $2-3x-5x^2$을 (1)의 기저로 나타내어라.

4. (1) $\mathbb{R}^2$에서 두 기저 $B_1 = \left\{\begin{bmatrix} 1 \\ -1 \end{bmatrix}, \begin{bmatrix} 1 \\ 2 \end{bmatrix}\right\}$, $B_2 = \left\{\begin{bmatrix} 1 \\ 1 \end{bmatrix}, \begin{bmatrix} 3 \\ -2 \end{bmatrix}\right\}$가 있다.

$[\mathbf{x}]_{B_1} = \begin{bmatrix} x_1 \\ x_2 \end{bmatrix}$이라 할 때, $\mathbf{x}$를 B_2의 벡터로 나타내어라.

- $\mathbb{R}^2$에서 표준기저 B는 $B = \left\{\begin{bmatrix} 1 \\ 0 \end{bmatrix}, \begin{bmatrix} 0 \\ 1 \end{bmatrix}\right\}$이다.

(2) 표준기저로 나타낸 $\mathbf{x}$가 $\mathbf{x} = \begin{bmatrix} 5 \\ 4 \end{bmatrix}$일 때, (1)에 의하여 $\begin{bmatrix} 5 \\ 4 \end{bmatrix}_{B_1}$, $\begin{bmatrix} 5 \\ 4 \end{bmatrix}_{B_2}$를 각각 구하여라.

5. (1) $\mathbb{R}^3$에서 두 기저 $B_1 = \left\{\begin{bmatrix} 1 \\ 0 \\ 1 \end{bmatrix}, \begin{bmatrix} 0 \\ -1 \\ 1 \end{bmatrix}, \begin{bmatrix} -1 \\ 1 \\ 0 \end{bmatrix}\right\}$, $B_2 = \left\{\begin{bmatrix} 1 \\ 2 \\ 1 \end{bmatrix}, \begin{bmatrix} -1 \\ 1 \\ 2 \end{bmatrix}, \begin{bmatrix} 3 \\ 1 \\ -1 \end{bmatrix}\right\}$가 있다.

$[\mathbf{x}]_{B_1} = \begin{bmatrix} x_1 \\ x_2 \\ x_3 \end{bmatrix}$로 할 때, $\mathbf{x}$를 B_2의 벡터로 나타내어라.

(2) 표준기저로 나타낸 $\mathbf{x}$가 $\mathbf{x} = \begin{bmatrix} -2 \\ -4 \\ 5 \end{bmatrix}$일 때, (1)에 의하여 $\begin{bmatrix} -2 \\ -4 \\ 5 \end{bmatrix}_{B_1}$, $\begin{bmatrix} -2 \\ -4 \\ 5 \end{bmatrix}_{B_2}$를 각각 구하여라.

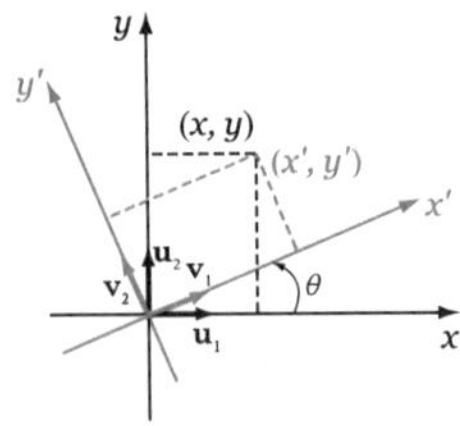

- xy좌표계 : 구좌표계
  $x'y'$좌표계 : 신좌표계

6. 왼쪽 그림에서 xy평면을 원점을 중심으로 θ만큼 시계바늘 반대방향으로 회전하여 $x'y'$평면, 즉 xy좌표계를 θ만큼 회전하여 $x'y'$좌표계를 얻었다. xy좌표계에서 기저를 $B_1 = \{\mathbf{u}_1, \mathbf{u}_2\}$, $x'y'$좌표계의 기저를 $B_2 = \{\mathbf{v}_1, \mathbf{v}_2\}$로 한다.

(1) $x'y'$과 x, y 사이의 관계를 찾아라. B_1에서 B_2로의 추이행렬을 찾아라.

(2) $\theta = \dfrac{\pi}{4}$일 때 점 $(-2, 4)$가 대응되는 신좌표계의 점의 좌표를 구하여라.

(3) 좌표공간에서 z축을 축으로 회전한 경우 B_1에서 B_2로의 추이행렬을 찾아라.

5.6 내적공간

$\mathbb{R}^n$에서 두 벡터의 곱의 결과가 스칼라가 되는 것을 알았다. 4.1절에서 이러한 곱을 두 벡터의 내적이라 했다.

두 벡터의 곱이 복소수가 되는 두 벡터의 내적에 대하여 다음을 정의한다. 이 경우 모든 실수도 복소수이므로 결과가 실수인 경우도 포함된다.

정의 5.6-1

벡터공간 V가 있다. V의 벡터 $\mathbf{u}$와 $\mathbf{v}$의 짝으로 된 수 $<\mathbf{u}, \mathbf{v}>$를 $\mathbf{u}$와 $\mathbf{v}$의 내적(inner product)이라 한다. 이때 벡터 $\mathbf{u}$와 $\mathbf{v}$에 대하여 $<\mathbf{u}, \mathbf{v}>$가 유일하게 존재하고, V의 $\mathbf{u}, \mathbf{v}, \mathbf{w}$와 스칼라 α에 대하여 다음을 만족한다.

(i) $<\mathbf{u}, \mathbf{v}> = <\mathbf{v}, \mathbf{u}>$ (대칭성, symmetry)

(ii) $<\mathbf{v}, \mathbf{v}> \geq 0$

(iii) $<\mathbf{v}, \mathbf{v}> = 0 \Leftrightarrow \mathbf{v} = \mathbf{0}$

(iv) $<\mathbf{u}, \mathbf{v}+\mathbf{w}> = <\mathbf{u}, \mathbf{v}>+<\mathbf{u}, \mathbf{w}>$ (가법성, additivity)

(v) $<\alpha\mathbf{u}, \mathbf{v}> = \alpha <\mathbf{u}, \mathbf{v}>$ (동질성, homogeneity)

이와 같은 성질을 갖는 벡터공간 V를 내적공간(inner product space)라 한다.

• 실수의 집합 $\mathbb{R}$에 대한 벡터공간을 실벡터공간(real vector space), 복소수의 집합 $\mathbb{C}$에 대한 벡터공간을 복소벡터공간(complex vector space)이라 한다.

• $<\ ,\ >$는 함수이다.

예제 5.6-1 $\mathbb{R}^n$은 내적공간임을 밝혀라. ($<\mathbf{u}, \mathbf{v}> = \mathbf{u} \cdot \mathbf{v}$로 한다.)

풀이 $\mathbb{R}^n$에서 $\mathbf{u} = (u_1, u_2, \cdots, u_n)$, $\mathbf{v} = (v_1, v_2, \cdots, v_n)$라 하면 내적은

(i) $<\mathbf{u}, \mathbf{v}> = \mathbf{u} \cdot \mathbf{v} = u_1v_1 + u_2v_2 + \cdots + u_nv_n$

$$= v_1u_1 + v_2u_2 + \cdots + v_nu_n = \mathbf{v} \cdot \mathbf{u} = <\mathbf{v}, \mathbf{u}>$$

(ii) $<\mathbf{v}, \mathbf{v}> = \mathbf{v} \cdot \mathbf{v} = v_1^2 + v_2^2 + \cdots + v_n^2 \geq 0$

(iii) $<\mathbf{v}, \mathbf{v}> = 0 \Leftrightarrow$ (ii)에서 $v_1 = v_2 = \cdots = v_n = 0$ 즉, $\mathbf{v} = (0, 0, \cdots, 0) = \mathbf{0}$

(iv) $\mathbf{w} = (w_1, w_2, \cdots, w_n)$으로 하면

$$<\mathbf{u}, \mathbf{v}+\mathbf{w}> = \mathbf{u} \cdot (\mathbf{v}+\mathbf{w})$$
$$= u_1(v_1+w_1) + u_2(v_2+w_2) + \cdots + u_n(v_n+w_n)$$
$$= u_1v_1 + u_2v_2 + \cdots + u_nv_n + u_1w_1 + u_2w_2 + \cdots + u_nw_n$$
$$= \mathbf{u} \cdot \mathbf{v} + \mathbf{u} \cdot \mathbf{w} = <\mathbf{u}, \mathbf{v}>+<\mathbf{u}, \mathbf{w}>$$

(v) $<\alpha\mathbf{u}, \mathbf{v}> = (\alpha\mathbf{u}) \cdot \mathbf{v} = \alpha u_1v_1 + \alpha u_2v_2 + \cdots + \alpha u_nv_n$

$$= \alpha(\mathbf{u} \cdot \mathbf{v}) = \alpha <\mathbf{u}, \mathbf{v}>$$

(i)~(v)를 만족하므로 $\mathbb{R}^n$은 내적 $<\mathbf{u}, \mathbf{v}> = \mathbf{u} \cdot \mathbf{v}$에서 내적공간이다. ■

• $<\mathbf{u}, \mathbf{v}> = \mathbf{u} \cdot \mathbf{v} = u_1v_1 + u_2v_2 + \cdots + u_nv_n$

• $u_1v_1 + u_2v_2 + \cdots + u_nv_n = v_1u_1 + v_2u_2 + \cdots + v_nu_n$: 실수의 곱셈에 대한 교환법칙에 의하여

• 내적 $<\mathbf{u}, \mathbf{v}> = \mathbf{u} \cdot \mathbf{v}$에서 (under the inner product $<\mathbf{u}, \mathbf{v}> = \mathbf{u} \cdot \mathbf{v}$)

⊠예제 5.6-2 구간 $[a, b]$에서 연속인 함수들의 공간을 $C[a, b]$로 나타내고 $C[a, b]$의 두 함수 f, g에 대하여 $< f, g > = \int_a^b f(x)g(x)dx \ (x \in [a, b], a < b)$ 라 할 때, $C[a, b]$는 내적공간임을 설명하여라.

풀이 (i) $< f, g > = \int_a^b f(x)g(x)dx = \int_a^b g(x)f(x)dx = < g, f >$

(ii) $< f, f > = \int_a^b f(x)f(x)dx = \int_a^b [f(x)]^2 dx \geq 0$

(iii) $< f, f > = \int_a^b [f(x)]^2 dx = 0 \Leftrightarrow f(x) = 0$

(iv) $< f, g+h > = \int_a^b f(x)\{g(x)+h(x)\}dx$

$= \int_a^b f(x)g(x)dx + \int_a^b f(x)h(x)dx = < f, g > + < f, h >$

(v) $< \alpha f, g > = \int_a^b \{\alpha f(x)\}g(x)dx = \alpha \int_a^b f(x)g(x)dx = \alpha < f, g >$

$C[a, b]$는 (i)~(v)를 만족하므로 내적공간이다. ■

• $h(x) \in C[a, b]$

• 정의 5.6-1, 예제 5.6-1, 2는 실벡터공간에서 관찰한 것이다.

• 스칼라의 집합은 복소수의 집합이라 할 수 있다.

• $\overline{z_1}$: z_1의 켤레복소수

• z_1, z_2, z_3 : 복소수

복소수 $c_i (i = 1, 2, \cdots, n)$에 대하여 $\mathbb{C}^n = \{(c_1, c_2, \cdots, c_n)\}$은 벡터공간이다. $c_i, z_i (i = 1, 2, \cdots, n)$이 복소수일 때 $\mathbf{c}, \mathbf{z} \in \mathbb{C}^n$을 다음과 같이 정한다.

$$\mathbf{c} = (c_1, c_2, \cdots, c_n), \ \mathbf{z} = (z_1, z_2, \cdots, z_n)$$

그리고 $$< \mathbf{c}, \mathbf{z} > = c_1\overline{z}_1 + c_1\overline{z}_2 + \cdots + c_n\overline{z}_n$$

로 정의하면 $< \mathbf{c}, \mathbf{c} > = c_1\overline{c}_1 + c_2\overline{c}_2 + \cdots + c_n\overline{c}_n = |c_1|^2 + |c_2|^2 + \cdots + |c_n|^2$ 이므로 (ii), (iii)을 만족하고, $z_1(z_2 + z_3) = z_1z_2 + z_1z_3$가 성립함을 적용하면 (iv)가 성립한다. 복소수 α에 대하여 (v)가 성립한다.

그리고 $\overline{z_1z_2} = \overline{z_1}\,\overline{z_2}$, $\overline{\overline{z_1}} = z_1$임을 적용하면

$$< \mathbf{c}, \mathbf{z} > = < \overline{\mathbf{z}, \mathbf{c}} >$$

$$< \mathbf{c}, \alpha\mathbf{z} > = < \overline{\alpha\mathbf{z}, \mathbf{c}} > = < \overline{\alpha\mathbf{z}}, \overline{\mathbf{c}} > = < \overline{\alpha}\overline{\mathbf{z}}, \overline{\mathbf{c}} > = \overline{\alpha} < \overline{\mathbf{z}}, \overline{\mathbf{c}} >$$

$$= \overline{\alpha} < \overline{\overline{\mathbf{c}}, \overline{\mathbf{z}}} > = \overline{\alpha} < \overline{\overline{\mathbf{c}}}, \overline{\overline{\mathbf{z}}} > = \overline{\alpha} < \mathbf{c}, \mathbf{z} >$$

그러므로 $\mathbb{C}^n$은 내적공간이다.

(vi) $< \mathbf{u}, \mathbf{v} > = < \overline{\mathbf{v}, \mathbf{u}} >$ (vii) $< \mathbf{u}, \alpha\mathbf{v} > = \overline{\alpha} < \mathbf{u}, \mathbf{v} >$

• $< \mathbf{u}, \mathbf{v} >$가 실수이면 $< \overline{\mathbf{u}, \mathbf{v}} > = < \mathbf{u}, \mathbf{v} >$이므로 (vi)에서 −를 제거하면 (i)이 된다.

• (vi), (vii)은 벡터공간을 복소벡터공간으로 확장하면 정의 5.6-1에 추가되는 성질이다.

• (vi)은 $< \mathbf{u}, \mathbf{v} >$가 실수일 때 (i)이 된다.

⊠예제 5.6-3 정의 5.6-1에 의하여 다음이 성립함을 설명하여라.

$$<\mathbf{u}+\mathbf{v}, \mathbf{w}> = <\mathbf{u}, \mathbf{w}>+<\mathbf{v}, \mathbf{w}>$$

풀이 $<\mathbf{u}+\mathbf{v}, \mathbf{w}> = <\mathbf{w}, \mathbf{u}+\mathbf{v}>$ ((i)에 의하여)

$= <\mathbf{w}, \mathbf{u}>+<\mathbf{w}, \mathbf{v}>$ ((iv)에 의하여)

$= <\mathbf{u}, \mathbf{w}>+<\mathbf{v}, \mathbf{w}>$ ((i)에 의하여) ■

• 예제 5.6-3은 실벡터공간에서 설명한 것이다. 예제 5.6-1을 참고하면 복소벡터공간에서도 같은 이치로 설명할 수 있다.

정의 5.6-2

V가 내적공간이면 벡터 $\mathbf{u}(\mathbf{u}\in V)$의 크기(norm, length)를 $\|\mathbf{u}\|$로 나타내고 다음과 같이 정의한다.

$$\|\mathbf{u}\| = <\mathbf{u}, \mathbf{u}>^{\frac{1}{2}} (= \sqrt{<\mathbf{u}, \mathbf{u}>})$$

• $\|\mathbf{u}\|$을 $|\mathbf{u}|$로도 쓴다.

⊠예제 5.6-4 다음 벡터의 크기를 말하여라.

(1) $\mathbf{u}=(x_1, x_2)\in\mathbb{R}^2$ (2) $\mathbf{v}=(x_1, x_2, x_3)\in\mathbb{R}^3$

풀이 (1) 평면에서 벡터의 길이이다. $\therefore \|\mathbf{u}\| = \sqrt{x_1^2+x_2^2}$

(2) 공간에서 벡터의 길이이다. $\therefore \|\mathbf{v}\| = \sqrt{x_1^2+x_2^2+x_3^2}$ ■

• $\|\mathbf{u}\|=<\mathbf{u}, \mathbf{u}>^{\frac{1}{2}} = \sqrt{\mathbf{u}\cdot\mathbf{u}} = \sqrt{(x_1, x_2)\cdot(x_1, x_2)} = \sqrt{x_1^2+x_2^2}$

• $\|\mathbf{v}\| = \sqrt{\mathbf{v}\cdot\mathbf{v}} = \sqrt{(x_1, x_2, x_3)\cdot(x_1, x_2, x_3)} = \sqrt{x_1^2+x_2^2+x_3^2}$

$\mathbb{R}^2$에서 표준기저는 $B=\{\mathbf{i}, \mathbf{j}\}=\left\{\begin{bmatrix}1\\0\end{bmatrix}, \begin{bmatrix}0\\1\end{bmatrix}\right\}$이고 $\mathbf{i}$와 $\mathbf{j}$는 수직이며 $\|\mathbf{i}\| = \|\mathbf{j}\| = 1$이므로

$$<\mathbf{i}, \mathbf{j}> = \mathbf{i}\cdot\mathbf{j}=0,\ <\mathbf{i}, \mathbf{j}> = \mathbf{i}\cdot\mathbf{i}=1,\ <\mathbf{j}, \mathbf{j}> = \mathbf{j}\cdot\mathbf{j}=1$$

이다. 또 $\mathbb{R}^3$에서 표준기저는 $B=\{\mathbf{i}, \mathbf{j}, \mathbf{k}\}$이고 $\mathbf{i}\perp\mathbf{j}$, $\mathbf{j}\perp\mathbf{k}$, $\mathbf{k}\perp\mathbf{j}$이며 $\|\mathbf{i}\| = \|\mathbf{j}\| = \|\mathbf{k}\| = 1$이므로

$$<\mathbf{i}, \mathbf{j}> = 0,\ <\mathbf{j}, \mathbf{k}> = 0,\ <\mathbf{k}, \mathbf{i}> = 0$$

$$<\mathbf{i}, \mathbf{i}> = 1,\ <\mathbf{j}, \mathbf{j}> = 1,\ <\mathbf{k}, \mathbf{k}> = 1$$

이것을 일반적으로 다음과 같이 정의한다.

• $<\mathbf{v}_i, \mathbf{v}_j> = \mathbf{v}_i\cdot\mathbf{v}_j$일 때 $\mathbf{v}_i$와 $\mathbf{v}_j$가 수직이면 $\mathbf{v}_i\cdot\mathbf{v}_j=0$

• $\mathbf{v}_i\cdot\mathbf{v}_i=\|\mathbf{v}_i\|^2=1$

• 각 벡터의 크기가 1인 직교집합은 정규직교(orthonoral)임을 알 수 있다. 즉, 서로 수직(orthogonal)이고 크기가 1인 벡터의 집합을 정규직교집합이라 한다.

정의 5.6-3

$\mathbb{R}^n$에서 벡터의 집합 $S=\{\mathbf{v}_1, \mathbf{v}_2, \cdots, \mathbf{v}_k\}$에 대하여

$$\text{(i)}\ <\mathbf{v}_i, \mathbf{v}_j> = 0\ (i\neq j),\ \text{(ii)}\ <\mathbf{v}_i, \mathbf{v}_j> = 1$$

일 때, 이 S를 정규직교집합(orthonormal set)이라 한다.

(i)만 만족하는 S는 직교집합(orthogonal set)이라 한다.

정리 5.6-1

$\mathbb{R}^n$에서 영벡터가 아닌 벡터의 집합 $S=\{\mathbf{v}_1, \mathbf{v}_2, \cdots, \mathbf{v}_k\}$가 직교집합이면 S는 일차독립이다. ($<\mathbf{u}, \mathbf{v}> = \mathbf{u}\cdot\mathbf{v}$로 한다.)

증명 임의의 $\mathbf{v}_i, \mathbf{v}_j\,(i\neq j)$는 수직이므로 $<\mathbf{v}_i, \mathbf{v}_j> = \mathbf{v}_i\cdot\mathbf{v}_j=0$

여기서 스칼라 $a_1, a_2, \cdots, a_n$에 대하여 다음이 성립한다고 가정하자.

$$a_1\mathbf{v}_1+a_2\mathbf{v}_2+\cdots+a_k\mathbf{v}_k=\mathbf{0}$$

- $\mathbf{v}_1$과 $\mathbf{v}_i$, $\mathbf{v}_2$와 $\mathbf{v}_i$, $\cdots$, $\mathbf{v}_k$와 $\mathbf{v}_i$는 수직이므로 그 값은 모두 0이다.
- $\mathbf{v}_i\cdot\mathbf{v}_i=\|\mathbf{v}\|^2$

그러면 $(a_1\mathbf{v}_1+a_2\mathbf{v}_2+\cdots+a_i\mathbf{v}_i+\cdots+a_k\mathbf{v}_k)\cdot\mathbf{v}_i=\mathbf{0}\cdot\mathbf{v}_i=0$

$$a_1(\mathbf{v}_1\cdot\mathbf{v}_i)+a_2(\mathbf{v}_2\cdot\mathbf{v}_i)+\cdots+a_i(\mathbf{v}_i\cdot\mathbf{v}_i)+\cdots+a_k(\mathbf{v}_k\cdot\mathbf{v}_i)=0$$

$$\therefore a_10+a_20+\cdots+a_i\|\mathbf{v}_i\|^2+\cdots+a_k0=0\ (i=1, 2, \cdots, k)$$

$$\therefore a_i\|\mathbf{v}_i\|^2=0$$

- 일반적으로 정리 5.6-1은 내적공간에서 성립한다.

$\mathbf{v}_i\neq 0$이고 $\|\mathbf{v}_i\|^2>0$이므로 $a_i=0\ (i=1, 2, \cdots, k)$

그러므로 주어진 집합 S는 일차독립이다. ■

정리 5.6-2

한 내적공간 V에서 $S=\{\mathbf{v}_1, \mathbf{v}_2, \cdots, \mathbf{v}_n\}$이 정규직교기저(orthonormal basis)이면 벡터 $\mathbf{u}\in V$는 다음과 같이 나타낼 수 있다.

$$\mathbf{u}=<\mathbf{u}, \mathbf{v}_1>\mathbf{v}_1+<\mathbf{u}, \mathbf{v}_2>\mathbf{v}_2+\cdots+<\mathbf{u}, \mathbf{v}_n>\mathbf{v}_n$$

증명 S가 기저이므로 $\mathbf{u}$는 스칼라 $a_i\,(i=1, 2, \cdots, n)$에 대하여 $\mathbf{v}_i\ (i=1, 2, \cdots, n)$의 일차결합으로 다음과 같이 나타낼 수 있다.

$$\mathbf{u}=a_1\mathbf{v}_1+a_2\mathbf{v}_2+\cdots+a_n\mathbf{v}_n \quad \cdots ①$$

$\mathbf{v}_i\in S$에 대하여 $<\mathbf{u}, \mathbf{v}_i>$는 정의 5.6-1을 적용하면

$$\begin{aligned}<\mathbf{u}, \mathbf{v}_i> &= <a_1\mathbf{v}_1+a_2\mathbf{v}_2+\cdots+a_n\mathbf{v}_n, \mathbf{v}_i>\\ &= <a_1\mathbf{v}_1, \mathbf{v}_i>+<a_2\mathbf{v}_2, \mathbf{v}_i>+\cdots+<a_n\mathbf{v}_n, \mathbf{v}_i>\\ &= a_1<\mathbf{v}_1, \mathbf{v}_i>+a_2<\mathbf{v}_2, \mathbf{v}_i>+\cdots+a_i<\mathbf{v}_i, \mathbf{v}_i>\\ &\quad +\cdots+a_n<\mathbf{v}_n, \mathbf{v}_i>\end{aligned}$$

S가 정규직교집합이므로, $<\mathbf{v}_j, \mathbf{v}_i>=0\ (j\neq i)$, $<\mathbf{v}_i, \mathbf{v}_i>=\|\mathbf{v}_i\|^2=1$

$\therefore <\mathbf{u}, \mathbf{v}_i> = a_10+a_20+\cdots+a_i1+\cdots+a_n0=a_i\ (i=1, 2, \cdots, n) \quad \cdots ②$

①, ②에서 $\mathbf{u}=<\mathbf{u}, \mathbf{v}_1>\mathbf{v}_1+<\mathbf{u}, \mathbf{v}_2>\mathbf{v}_2+\cdots+<\mathbf{u}, \mathbf{v}_n>\mathbf{v}_n$ ■

예제 5.6-5 $\mathbb{R}^3$에서 $\mathbf{v}_1=(0, 1, 0)$, $\mathbf{v}_2=\left(\frac{3}{5}, 0, -\frac{4}{5}\right)$, $\mathbf{v}_3=\left(\frac{4}{5}, 0, \frac{3}{5}\right)$이 있다. 다음에 답하여라. ($<\mathbf{u}, \mathbf{v}> = \mathbf{u}\cdot\mathbf{v}$로 한다)

(1) $S=\{\mathbf{v}_1, \mathbf{v}_2, \mathbf{v}_3\}$가 정규직교집합이다. 이것을 밝혀라.

(2) $\mathbf{v}_1, \mathbf{v}_2, \mathbf{v}_3$이 일차독립임을 설명하여라.

(3) S는 정규직교기저임을 설명하여라.

(4) $\mathbf{u}=(x_1, x_2, x_3)$를 $\mathbf{v}_1, \mathbf{v}_2, \mathbf{v}_3$의 일차결합으로 나타내어라.

풀이 (1) (i) $<\mathbf{v}_1, \mathbf{v}_2> = \mathbf{v}_1\cdot\mathbf{v}_2=(0, 1, 0)\cdot\left(\frac{3}{5}, 0, -\frac{4}{5}\right)=0$

$$<\mathbf{v}_2, \mathbf{v}_3> = \mathbf{v}_2\cdot\mathbf{v}_3=\left(\frac{3}{5}, 0, -\frac{4}{5}\right)\cdot\left(\frac{4}{5}, 0, \frac{3}{5}\right)=0$$

$$<\mathbf{v}_1, \mathbf{v}_3> = \mathbf{v}_1\cdot\mathbf{v}_3=(0, 1, 0)\cdot\left(\frac{4}{5}, 0, \frac{3}{5}\right)=0$$

그러므로 $\mathbf{v}_1, \mathbf{v}_2, \mathbf{v}_3$은 직교이다.

(ii) $\|\mathbf{v}_1\|=\sqrt{\mathbf{v}_1\cdot\mathbf{v}_1}=\sqrt{(0, 1, 0)\cdot(0, 1, 0)}=\sqrt{1}=1$

$$\|\mathbf{v}_2\|=\sqrt{\mathbf{v}_1\cdot\mathbf{v}_2}=\sqrt{\left(\frac{3}{5}, 0, -\frac{4}{5}\right)\cdot\left(\frac{3}{5}, 0, -\frac{4}{5}\right)}$$

$$=\sqrt{\left(\frac{3}{5}\right)^2+0^2+\left(-\frac{4}{5}\right)^2}=1$$

$$\|\mathbf{v}_3\|=\sqrt{\mathbf{v}_3\cdot\mathbf{v}_3}=\sqrt{\left(\frac{4}{5}, 0, \frac{3}{5}\right)\cdot\left(\frac{4}{5}, 0, \frac{3}{5}\right)}=\sqrt{\frac{16}{25}+0+\frac{9}{25}}=1$$

(2) $S=\{\mathbf{v}_1, \mathbf{v}_2, \mathbf{v}_3\}$은 (1)에 의하여 직교집합이다.

따라서 정리 5.6-1에 의하여 S는 일차독립이다.

(3) (1), (2)에 의하면 S는 정규직교기저이다.

(i), (ii)에 의하여 $S=\{\mathbf{v}_1, \mathbf{v}_2, \mathbf{v}_3\}$는 정규직교집합이다.

(4) 정리 5.6-2에 의하면

$$\mathbf{u}=<\mathbf{u}, \mathbf{v}_1>\mathbf{v}_1+<\mathbf{u}, \mathbf{v}_2>\mathbf{v}_2+<\mathbf{u}, \mathbf{v}_3>\mathbf{v}_3$$

$$=x_2\mathbf{v}_1+\left(\frac{3}{5}x_1-\frac{4}{5}x_2\right)\mathbf{v}_2+\left(\frac{4}{5}x_1+\frac{3}{5}x_2\right)\mathbf{v}_3$$ ■

• $\mathbf{u}=(u_1, u_2, u_3)$
$\mathbf{v}=(v_1, v_2, v_3)$
$\mathbf{u}\cdot\mathbf{v}=u_1v_1+u_2v_2+u_3v_3$

• $\mathbf{u}\perp\mathbf{v}\Leftrightarrow\mathbf{u}\cdot\mathbf{v}=0$

• $<\mathbf{u}, \mathbf{v}_1> = \mathbf{u}\cdot\mathbf{v}_1$
$=(x_1, x_2, x_3)\cdot(0, 1, 0)$
$=x_1 0+x_2 1+x_3 0$
$=x_2$

• $<\mathbf{u}, \mathbf{v}_2> = \mathbf{u}\cdot\mathbf{v}_2$
$=(x_1, x_2, x_3)\cdot\left(\frac{3}{5}, 0, -\frac{4}{5}\right)$
$=\frac{3}{5}x_1-\frac{4}{5}x_2$

• $<\mathbf{u}, \mathbf{v}_3> = \mathbf{u}\cdot\mathbf{v}_3$
$=(x_1, x_2, x_3)\cdot\left(\frac{4}{5}, 0, \frac{3}{5}\right)$
$=\frac{4}{5}x_1+\frac{3}{5}x_2$

한 내적공간의 영벡터가 아닌 벡터 $\mathbf{u}$에 대하여 벡터

$$\frac{1}{\|\mathbf{u}\|}\mathbf{u}$$

의 크기는

$$\left\|\frac{1}{\|\mathbf{u}\|}\mathbf{u}\right\|=\frac{1}{\|\mathbf{u}\|}\|\mathbf{u}\|=1$$

이다.

• 영벡터가 아닌 한 벡터에 이 벡터의 크기의 역수를 곱하는 과정을 그 벡터를 정규화(normalization)한다고 한다.

다음 정리를 그램쉬미트 정규직교화 과정(Gram-Schmidt orthonomalization process)이라 한다. 간단히 그램쉬미트 과정(Gram-Schmidt process)이라고도 한다.

> **정리 5.6-3**
> 모든 0차원이 아닌 유한차원의 내적공간은 정규직교기저를 갖는다.

• 일차독립인 벡터들의 집합은 영벡터를 포함하지 않는다.

증명 내적공간 V를 0차원이 아닌 n차원이라 하고 V에서

$$S=\{\mathbf{v}_1, \mathbf{v}_2, \cdots, \mathbf{v}_n\}$$

을 기저로 한다. 다음 과정에 따라 S의 벡터들로 V의 정규직교기저

$$\{\mathbf{u}_1, \mathbf{u}_2, \cdots, \mathbf{u}_n\}$$

을 만들도록 하자.

[1단계] $$\mathbf{u}_1=\frac{\mathbf{v}_1}{\|\mathbf{v}_1\|} \qquad \cdots ①$$

으로 하면 정의 5.6-1, 5.6-2를 적용하여

$$<\mathbf{u}_1, \mathbf{u}_1> = \left\langle \frac{\mathbf{v}_1}{\|\mathbf{v}_1\|}, \frac{\mathbf{v}_1}{\|\mathbf{v}_1\|} \right\rangle = \frac{1}{\|\mathbf{v}_1\|}\left\langle \mathbf{v}_1, \frac{\mathbf{v}_1}{\|\mathbf{v}_1\|} \right\rangle$$

$$=\frac{1}{\|\mathbf{v}\|^2}<\mathbf{v}_1, \mathbf{v}_1>$$

$$=\frac{1}{\|\mathbf{v}_1\|}\|\mathbf{v}_1\|^2=1$$

[2단계] $$\mathbf{w}_2=\mathbf{v}_2-<\mathbf{v}_2, \mathbf{u}_1>\mathbf{u}_1 \qquad \cdots ②$$

이라 하고 $<\mathbf{w}_2, \mathbf{u}_1>$을 계산하면

$$<\mathbf{w}_2, \mathbf{u}_1> = <\mathbf{v}_2-<\mathbf{v}_2, \mathbf{u}_1>\mathbf{u}_1, \mathbf{u}_1>$$

$$=<\mathbf{v}_2, \mathbf{u}_1>-<\mathbf{v}_2, \mathbf{u}_1><\mathbf{u}_1, \mathbf{u}_1>$$

$$=<\mathbf{v}_2, \mathbf{u}_1>-<\mathbf{v}_2, \mathbf{u}_1>$$

$$=0 \quad (1단계에서\ <\mathbf{u}_1, \mathbf{u}_1>=1)$$

그러므로 $\mathbf{w}_2$와 $\mathbf{u}_1$은 수직이고 정리 5.6-1에 의하여 일차독립이다.

$\mathbf{w}_2=\mathbf{0}$라 가정하고 ①을 대입하면

$$\mathbf{v}_2=<\mathbf{v}_2, \mathbf{u}_1>\mathbf{u}_1=<\mathbf{v}_2, \mathbf{u}_1>\frac{\mathbf{v}_1}{\|\mathbf{v}_1\|}$$

$$=\frac{<\mathbf{v}, \mathbf{u}_1>}{\|\mathbf{v}_1\|}\mathbf{v}_1$$

이므로 $\mathbf{v}_1, \mathbf{v}_2$가 일차독립인 것에 모순된다.

따라서 $$\mathbf{w}_2 \neq 0$$

[3단계] $\mathbf{u}_2 = \dfrac{\mathbf{w}_2}{\|\mathbf{w}_2\|}$, 즉 $\mathbf{u}_2 = \dfrac{\mathbf{v}_2 - <\mathbf{v}_2, \mathbf{u}_1>\mathbf{u}_1}{\|\mathbf{v}_2 - <\mathbf{v}_2, \mathbf{u}_1>\mathbf{u}_1\|}$

이라 하면

$$<\mathbf{u}_1, \mathbf{u}_2> = <\mathbf{u}_1, \frac{\mathbf{w}_2}{\|\mathbf{w}_2\|}> = \frac{1}{\|\mathbf{w}_2\|}<\mathbf{u}_1, \mathbf{w}_2>$$

• $\|\mathbf{u}_2\| = \left\|\dfrac{\mathbf{w}_2}{\|\mathbf{w}_2\|}\right\| = 1$

여기서

$$\begin{aligned} <\mathbf{u}_1, \mathbf{w}_2> &= <\mathbf{u}_1, \mathbf{v}_2 - <\mathbf{v}_2, \mathbf{u}_1>\mathbf{u}_1> \\ &= <\mathbf{u}_1, \mathbf{v}_2> - <\mathbf{v}_2, \mathbf{u}_1><\mathbf{u}_1, \mathbf{u}_1> \\ &= <\mathbf{u}_1, \mathbf{v}_2> - <\mathbf{v}_2, \mathbf{u}_1> \\ &= <\mathbf{u}_1, \mathbf{v}_2> - <\mathbf{u}_1, \mathbf{v}_2> \\ &= 0 \end{aligned}$$

이므로

$$<\mathbf{u}_1, \mathbf{u}_2> = 0$$

즉 $\mathbf{u}_1$과 $\mathbf{u}_2$는 직교한다. 따라서 $\{\mathbf{u}_1, \mathbf{u}_2\}$는 정규직교집합이다.

이제 위와 같은 방법으로 $k<n$인 k에 대하여 $\{\mathbf{u}_1, \mathbf{u}_2, \cdots, \mathbf{u}_k\}$가 정규직교집합이라고 가정한다. 그리고 $\mathbf{u}_{k+1}$을 만들어 보자.

[4단계] $\mathbf{w}_{k+1} = \mathbf{v}_{k+1} - <\mathbf{v}_{k+1}, \mathbf{u}_1>\mathbf{u}_1 - <\mathbf{v}_{k+1}, \mathbf{u}_2>\mathbf{u}_2 - \cdots$

$$\cdots - <\mathbf{v}_{k+1}, \mathbf{u}_k>\mathbf{u}_k$$

이라 하면 $i = 1, 2, \cdots, k$에 대하여

$$\begin{aligned} <\mathbf{w}_{k+1}, \mathbf{u}_i> = <\mathbf{v}_{k+1}, \mathbf{u}_i> &- <\mathbf{v}_{k+1}, \mathbf{u}_1><\mathbf{u}_1, \mathbf{u}_i> \\ &- <\mathbf{v}_{k+1}, \mathbf{u}_2><\mathbf{u}_2, \mathbf{u}_i> - \cdots \\ &- <\mathbf{v}_{k+1}, \mathbf{u}_i><\mathbf{u}_i, \mathbf{u}_i> - \cdots \\ &- <\mathbf{v}_{k+1}, \mathbf{u}_k><\mathbf{u}_k, \mathbf{u}_i> \end{aligned}$$

• $<\mathbf{u}_1, \mathbf{u}_i> = 0$
$<\mathbf{u}_2, \mathbf{u}_i> = 0$
$\vdots$
$<\mathbf{u}_i, \mathbf{u}_i> = 1$
$\vdots$
$<\mathbf{u}_k, \mathbf{u}_i> = 0$

여기서 $i \neq j$이면 $<\mathbf{u}_j, \mathbf{u}_i> = 0$이고 $<\mathbf{u}_i, \mathbf{u}_i> = 1$이므로

$$<\mathbf{w}_{k+1}, \mathbf{u}_i> = <\mathbf{v}_{k+1}, \mathbf{u}_i> - <\mathbf{v}_{k+1}, \mathbf{u}_i>1 = 0$$

그러므로 $\{\mathbf{u}_1, \mathbf{u}_2, \cdots, \mathbf{u}_k, \mathbf{w}_{k+1}\}$은 정규직교집합이고 $\mathbf{u}_1, \mathbf{u}_2, \cdots, \mathbf{u}_k, \mathbf{w}_{k+1}$은 일차독립이다. 그리고 2단계에서와 같이 $\mathbf{w}_{k+1} \neq \mathbf{0}$

[5단계] 3단계와 같은 이치로

$$\mathbf{u}_{k+1} = \frac{\mathbf{w}_{k+1}}{\|\mathbf{w}_{k+1}\|}$$

이라 하면 $\|\mathbf{u}_{k+1}\| = \left\|\dfrac{\mathbf{w}_{k+1}}{\|\mathbf{w}_{k+1}\|}\right\| = 1$이므로 $\{\mathbf{u}_1, \mathbf{u}_2, \cdots, \mathbf{u}_k, \mathbf{u}_{k+1}\}$은 정규직교집합이다.

위와 같은 과정을 $k+1=n$이도록 반복하면 $\{\mathbf{u}_1, \mathbf{u}_2, \cdots, \mathbf{u}_n\}$인 정규직교기저를 얻는다.

따라서 0차원이 아닌 유한차원의 내적공간은 정규직교기저를 갖는다. ■

정리 5.6-3의 증명에서 0차원이 아닌 n차원 내적공간 V의 기저 $S=\{\mathbf{v}_1, \mathbf{v}_2, \cdots, \mathbf{v}_n\}$의 벡터들로 V의 정규직교기저 $\{\mathbf{u}_1, \mathbf{u}_2, \cdots, \mathbf{u}_n\}$을 만들면 다음과 같다는 의미임을 알 수 있다.

$$\mathbf{u}_n=\frac{\mathbf{v}_n-<\mathbf{v}_n, \mathbf{u}_1>\mathbf{u}_1-<\mathbf{v}_n, \mathbf{u}_2>\mathbf{u}_2-\cdots-<\mathbf{v}_n, \mathbf{u}_{n-1}>\mathbf{u}_{n-1}}{\|\mathbf{v}_n-<\mathbf{v}_n, \mathbf{u}_1>\mathbf{u}_1-<\mathbf{v}_n, \mathbf{u}_2>\mathbf{u}_2-\cdots-<\mathbf{v}_n, \mathbf{u}_{n-1}>\mathbf{u}_{n-1}\|}$$

- $\mathbf{u}_1=\dfrac{\mathbf{v}_1}{\|\mathbf{v}_1\|}$

$\mathbf{u}_2=\dfrac{\mathbf{v}_2-<\mathbf{v}_2, \mathbf{u}_1>\mathbf{u}_1}{\|\mathbf{v}_2-<\mathbf{v}_2, \mathbf{u}_1>\mathbf{u}_1\|}$

$\mathbf{u}_3=\dfrac{\mathbf{v}_3-<\mathbf{v}_3, \mathbf{u}_1>\mathbf{u}_1-<\mathbf{v}_3, \mathbf{u}_2>\mathbf{u}_2}{\|\mathbf{v}_3-<\mathbf{v}_3, \mathbf{u}_1>\mathbf{u}_1-<\mathbf{v}_3, \mathbf{u}_2>\mathbf{u}_2\|}$

$\mathbf{u}_4=\dfrac{\mathbf{v}_4-<\mathbf{v}_4, \mathbf{u}_1>\mathbf{u}_1-<\mathbf{v}_4, \mathbf{u}_2>\mathbf{u}_2-<\mathbf{v}_4, \mathbf{u}_3>\mathbf{u}_3}{\|\mathbf{v}_4-<\mathbf{v}_4, \mathbf{u}_1>\mathbf{u}_1-<\mathbf{v}_4, \mathbf{u}_2>\mathbf{u}_2-<\mathbf{v}_4, \mathbf{u}_3>\mathbf{u}_3\|}$

$\vdots$

예제 5.6-6 $\mathbb{R}^3$에서 내적 $<\mathrm{u}, \mathrm{v}>=\mathbf{u}\cdot\mathbf{v}$가 정의되어 있다. 기저 $S=\{\mathbf{v}_1, \mathbf{v}_2, \mathbf{v}_3\}$, 즉

$$S=\{(1, 1, 1,), (0 ,1, 1), (1, 0, 1)\}$$

일 때 그램쉬미트 과정을 이용하여 정규직교기저를 구하여라.

- $\mathbb{R}^3$에서 내적은 $<\mathbf{v}_1, \mathbf{v}_2>=\mathbf{v}_1\cdot\mathbf{v}_2$를 말한다.
- $\mathbf{u}=(u_1, u_2, u_3)$, $\mathbf{v}=(v_1, v_2, v_3)$일 때 $\mathbf{u}\cdot\mathbf{v}=u_1v_1+u_2v_2+u_3v_3$

풀이 구하는 정규직교기저를 $\{\mathbf{u}_1, \mathbf{u}_2, \mathbf{u}_3\}$라 하면

$$\mathbf{v}_1=(1, 1, 1),\ \mathbf{v}_2=(0, 1, 1),\ \mathbf{v}_3=(1, 0, 1)$$

$$\therefore \mathbf{u}_1=\frac{\mathbf{v}}{\|\mathbf{v}_1\|}=\frac{(1, 1, 1)}{\sqrt{1^2+1^2+1^2}}=\left(\frac{1}{\sqrt{3}}, \frac{1}{\sqrt{3}}, \frac{1}{\sqrt{3}}\right)$$

$$\begin{aligned}&\mathbf{v}_2-<\mathbf{v}_2, \mathbf{u}_1>\mathbf{u}_1\\&=(0, 1, 1)-\left\{(0, 1, 1)\cdot\left(\frac{1}{\sqrt{3}}, \frac{1}{\sqrt{3}}, \frac{1}{\sqrt{3}}\right)\right\}\left(\frac{1}{\sqrt{3}}, \frac{1}{\sqrt{3}}, \frac{1}{\sqrt{3}}\right)\\&=(0, 1, 1)-\frac{2}{\sqrt{3}}\left(\frac{1}{\sqrt{3}}, \frac{1}{\sqrt{3}}, \frac{1}{\sqrt{3}}\right)=\left(-\frac{2}{3}, \frac{1}{3}, \frac{1}{3}\right)\end{aligned}$$

$$\begin{aligned}\therefore \mathbf{u}_2=\frac{\mathbf{v}_2-<\mathbf{v}_2, \mathbf{u}_1>\mathbf{u}_1}{\|\mathbf{v}_2-<\mathbf{v}_2, \mathbf{u}_1>\mathbf{u}_1\|}&=\left(-\frac{2}{3}, \frac{1}{3}, \frac{1}{3}\right)\Big/\sqrt{\frac{4}{9}+\frac{1}{9}+\frac{1}{9}}\\&=\left(-\frac{2\sqrt{3}}{3\sqrt{2}}, \frac{\sqrt{3}}{3\sqrt{2}}, \frac{\sqrt{3}}{3\sqrt{2}}\right)\end{aligned}$$

- $\left(-\dfrac{2\sqrt{3}}{3\sqrt{2}}, \dfrac{\sqrt{3}}{3\sqrt{2}}, \dfrac{\sqrt{3}}{3\sqrt{2}}\right)=\left(-\dfrac{2\sqrt{6}}{6}, \dfrac{\sqrt{6}}{6}, \dfrac{\sqrt{6}}{6}\right)$

같은 이치로

$$\mathbf{v}_3-<\mathbf{v}_3, \mathbf{u}_1>\mathbf{u}_1-<\mathbf{v}_3, \mathbf{u}_2>\mathbf{u}_2=\left(0, -\frac{1}{2}, \frac{1}{2}\right)$$

$$\therefore \mathbf{u}_3=\left(0, -\frac{1}{2}, \frac{1}{2}\right)\Big/\sqrt{0^2+\left(-\frac{1}{2}\right)^2+\left(\frac{1}{2}\right)^2}=\left(0, -\frac{\sqrt{2}}{2}, \frac{\sqrt{2}}{2}\right)$$

그러므로 $\{\mathbf{u}_1, \mathbf{u}_2, \mathbf{u}_3\}$

$$=\left\{\left(\frac{1}{\sqrt{3}}, \frac{1}{\sqrt{3}}, \frac{1}{\sqrt{3}}\right), \left(-\frac{\sqrt{6}}{3}, \frac{\sqrt{6}}{6}, \frac{\sqrt{6}}{6}\right), \left(0, \frac{\sqrt{2}}{2}, \frac{\sqrt{2}}{2}\right)\right\}$$ ■

정의 5.6-4

정규직교기저 $\{\mathbf{u}_1, \mathbf{u}_2, \cdots, \mathbf{u}_k\}$을 갖는 내적공간 V의 부분공간 W가 있다. $\mathbf{v} \in V$의 W로의 직교정사영(orthogonal projection)을 기호 $proj_W \mathbf{v}$로 나타내고 다음과 같이 정의한다.

$$proj_W \mathbf{v} = <\mathbf{v}, \mathbf{u}_1> \mathbf{u}_1 + <\mathbf{v}, \mathbf{u}_2> \mathbf{u}_2 + \cdots + <\mathbf{v}, \mathbf{u}_k> \mathbf{u}_k$$

$\mathbb{R}^n$에서 내적 $<\mathbf{v}, \mathbf{u}_1>$을 $\mathbf{v} \cdot \mathbf{u}_1$로 하면 $proj_W \mathbf{v} = (\mathbf{v} \cdot \mathbf{u}_1)\mathbf{u}_1 + (\mathbf{v} \cdot \mathbf{u}_2)\mathbf{u}_2 + \cdots + (\mathbf{v} \cdot \mathbf{u}_k)\mathbf{u}_k$로 나타낼 수 있다.

예제 5.6-7 평면 $\pi : \{(x, y, z) \mid x - y - 2z = 0\}$와 벡터 $\mathbf{v} = (2, 4, -3)$에 대하여 다음을 구하여라. (내적은 $<\mathbf{u}, \mathbf{v}> = \mathbf{u} \cdot \mathbf{v}$로 한다.)

(1) 기저(2차원 부분공간의) (2) 정규직교기저 (3) $proj_\pi \mathbf{v}$

풀이 (1) $y = x + 2z$에서 $(x, y, z) = (x, x+2z, z) = x(1, 1, 0) + z(0, 2, 1)$

$\{(1, 1, 0), (0, 2, 1)\}$은 π를 생성하고 일차독립이다.

따라서 구하는 기저는 $\{(1, 1, 0), (0, 2, 1)\}$

• $a_1(1, 1, 0) + a_2(0, 2, 1) = 0 \Leftrightarrow a_1 = a_2 = 0$

(2), (1)의 기저에서 $\mathbf{v}_1 = (1, 1, 0)$, $\mathbf{v}_2 = (0, 2, 1)$

$$\mathbf{u}_1 = \frac{\mathbf{v}_1}{\|\mathbf{v}_1\|} = \frac{(1, 1, 0)}{\sqrt{1^2 + 1^2 + 0^2}} = \frac{(1, 1, 0)}{\sqrt{2}} = \left(\frac{1}{\sqrt{2}}, \frac{1}{\sqrt{2}}, 0\right)$$

$$\begin{aligned}\mathbf{v}_2 - <\mathbf{v}_2, \mathbf{u}_1> \mathbf{u}_1 &= (0, 2, 1) - \left\{(0, 2, 1) \cdot \left(\frac{1}{\sqrt{2}}, \frac{1}{\sqrt{2}}, 0\right)\right\}\left(\frac{1}{\sqrt{2}}, \frac{1}{\sqrt{2}}, 0\right) \\ &= (0, 2, 1) - \sqrt{2}\left(\frac{1}{\sqrt{2}}, \frac{1}{\sqrt{2}}, 0\right) = (-1, 1, 1)\end{aligned}$$

$$\mathbf{u}_2 = \frac{\mathbf{v}_2 - <\mathbf{v}_2, \mathbf{u}_1> \mathbf{u}_1}{\|\mathbf{v}_2 - <\mathbf{v}_2, \mathbf{u}_1> \mathbf{u}_1\|} = \left(-\frac{1}{\sqrt{3}}, \frac{1}{\sqrt{3}}, \frac{1}{\sqrt{3}}\right)$$

• 예제 5.6-7에서(검토) 정규직교기저는
(i) 각각 크기가 1인가?
(ii) 벡터들은 서로 수직인가?
(iii) 평면 위의 점인가?

• $\mathbf{u}_2 = \dfrac{(-1, 1, 1)}{\sqrt{(-1)^2 + 1^2 + 1^2}}$

구하는 정규직교기저는 $\left\{\left(\frac{1}{\sqrt{2}}, \frac{1}{\sqrt{2}}, 0\right), \left(-\frac{1}{\sqrt{3}}, \frac{1}{\sqrt{3}}, \frac{1}{\sqrt{3}}\right)\right\}$

(3) $proj_\pi \mathbf{v} = (\mathbf{v} \cdot \mathbf{u}_1)\mathbf{u}_1 + (\mathbf{v} \cdot \mathbf{u}_2)\mathbf{u}_2$

$$\begin{aligned}&= \left\{(2, 4, -3) \cdot \left(\frac{1}{\sqrt{2}}, \frac{1}{\sqrt{2}}, 0\right)\right\}\left(\frac{1}{\sqrt{2}}, \frac{1}{\sqrt{2}}, 0\right) \\ &\quad + \left\{(2, 4, -3) \cdot \left(-\frac{1}{\sqrt{3}}, \frac{1}{\sqrt{3}}, \frac{1}{\sqrt{3}}\right)\right\}\left(-\frac{1}{\sqrt{3}}, \frac{1}{\sqrt{3}}, \frac{1}{\sqrt{3}}\right) \\ &= \frac{6}{\sqrt{2}}\left(\frac{1}{\sqrt{2}}, \frac{1}{\sqrt{2}}, 0\right) + \left(-\frac{1}{\sqrt{3}}\right)\left(-\frac{1}{\sqrt{3}}, \frac{1}{\sqrt{3}}, \frac{1}{\sqrt{3}}\right) \\ &= \left(\frac{10}{3}, \frac{8}{3}, -\frac{1}{3}\right)\end{aligned}$$

■

$\mathbb{R}^n$에서 $B=\{\mathbf{u}_1, \mathbf{u}_2, \cdots, \mathbf{u}_n\}$은 정규직교기저이면 내적을 $\mathbf{u}_i \cdot \mathbf{u}_j$로 할 때, $\mathbf{v} \in \mathbb{R}^n$에 대하여

$$\mathbf{v} = a_1\mathbf{u}_1 + a_2\mathbf{u}_2 + \cdots + a_n\mathbf{u}_n$$

와 같이 유일하게 나타낼 수 있다.

• $\mathbf{u}_1 \cdot \mathbf{u}_i = 0$
$\mathbf{u}_2 \cdot \mathbf{u}_i = 0$
$\vdots$
$\mathbf{u}_i \cdot \mathbf{u}_i = 1$
$\mathbf{u}_n \cdot \mathbf{u}_i = 0$

그러면 B는 기저이고 B의 벡터들은 서로 수직이므로

$$\begin{aligned}\mathbf{v} \cdot \mathbf{u}_i &= (a_1\mathbf{u}_1 + a_2\mathbf{u}_2 + \cdots + a_n\mathbf{u}_n) \cdot \mathbf{u}_i \\ &= a_1(\mathbf{u}_1 \cdot \mathbf{u}_i) + a_2(\mathbf{u}_2 \cdot \mathbf{u}_i) + \cdots + a_i(\mathbf{u}_i \cdot \mathbf{u}_i) + \cdots + a_n(\mathbf{u}_n \cdot \mathbf{u}_i)\end{aligned}$$

여기서 $\mathbf{u}_i \cdot \mathbf{u}_j = 0\ (i \neq j)$이고 $\mathbf{u}_i \cdot \mathbf{u}_i = 1$이므로

$$\mathbf{v} \cdot \mathbf{u}_i = a_1 0 + a_2 0 + \cdots + a_i 1 + \cdots + a_n = 0 = a_i$$

따라서 $\mathbf{v} = (\mathbf{v} \cdot \mathbf{u}_1)\mathbf{u}_1 + (\mathbf{v} \cdot \mathbf{u}_2)\mathbf{u}_2 + \cdots + (\mathbf{v} \cdot \mathbf{u}_n)\mathbf{u}_n$로 나타낸다.

즉 $$\mathbf{v} = proj_{\mathbb{R}^n}\mathbf{v}.$$

예제 5.6-8 예제 5.6-6의 정규직교기저에 대하여 $\mathbf{v} = (3, 2, -4)$를 나타내어라.

풀이 정규직교기저가

$\left\{\left(\frac{1}{\sqrt{3}}, \frac{1}{\sqrt{3}}, \frac{1}{\sqrt{3}}\right), \left(-\frac{\sqrt{6}}{3}, \frac{\sqrt{6}}{6}, \frac{\sqrt{6}}{6}\right), \left(0, \frac{\sqrt{2}}{2}, \frac{\sqrt{2}}{2}\right)\right\}$이므로

$$\begin{aligned}\mathbf{v} &= (3, 2, -4) \\ &= \left\{(3, 2, -4) \cdot \left(\frac{1}{\sqrt{3}}, \frac{1}{\sqrt{3}}, \frac{1}{\sqrt{3}}\right)\right\}\left(\frac{1}{\sqrt{3}}, \frac{1}{\sqrt{3}}, \frac{1}{\sqrt{3}}\right) \\ &\quad + \left\{(3, 2, -4) \cdot \left(-\frac{\sqrt{6}}{3}, \frac{\sqrt{6}}{6}, \frac{\sqrt{6}}{6}\right)\right\}\left(-\frac{\sqrt{6}}{3}, \frac{\sqrt{6}}{6}, \frac{\sqrt{6}}{6}\right) \\ &\quad + \left\{(3, 2, -4) \cdot \left\{\left(0, \frac{\sqrt{2}}{2}, \frac{\sqrt{2}}{2}\right)\right\}\right\}\left(0, \frac{\sqrt{2}}{2}, \frac{\sqrt{2}}{2}\right) \\ &= \left(\frac{3}{\sqrt{3}} + \frac{2}{\sqrt{3}} - \frac{4}{\sqrt{3}}\right)\left(\frac{1}{\sqrt{3}}, \frac{1}{\sqrt{3}}, \frac{1}{\sqrt{3}}\right) \\ &\quad + \left(-\frac{3\sqrt{6}}{3} + \frac{2\sqrt{6}}{6} - \frac{4\sqrt{6}}{6}\right)\left(-\frac{\sqrt{6}}{3}, \frac{\sqrt{6}}{6}, \frac{\sqrt{6}}{6}\right) \\ &\quad + (0 + \sqrt{2} - 2\sqrt{2})\left(0, \frac{\sqrt{2}}{2}, \frac{\sqrt{2}}{2}\right) \\ &= \frac{1}{\sqrt{3}}\left(\frac{1}{\sqrt{3}}, \frac{1}{\sqrt{3}}, \frac{1}{\sqrt{3}}\right) - \frac{4\sqrt{6}}{3}\left(-\frac{\sqrt{6}}{3}, \frac{\sqrt{6}}{6}, \frac{\sqrt{6}}{6}\right) \\ &\quad - \sqrt{2}\left(0, \frac{\sqrt{2}}{2}, \frac{\sqrt{2}}{2}\right)\end{aligned}$$ ■

연습문제 5.6

1. $\mathbb{R}^2$ 또는 $\mathbb{R}^3$의 내적에 대하여 다음이 정규직교집합인지를 설명하여라.

   (1) $\{(1, 0), (0, 1)\}$ (2) $\left\{\left(-\frac{1}{\sqrt{2}}, \frac{1}{\sqrt{2}}\right), \left(\frac{1}{\sqrt{2}}, \frac{1}{\sqrt{2}}\right)\right\}$

   (3) $\{(1, 0, 0), (0, 1, 0,), (0, 0, 1)\}$

   (4) $\left\{\left(\frac{1}{\sqrt{3}}, \frac{1}{\sqrt{3}}, \frac{1}{\sqrt{3}}\right), \left(\frac{1}{\sqrt{2}}, 0, -\frac{1}{\sqrt{2}}\right), \left(-\frac{1}{\sqrt{2}}, 0, \frac{1}{\sqrt{2}}\right)\right\}$

• $\mathbf{v}_i \cdot \mathbf{v}_j = 0 \ (i \neq j)$
$\mathbf{v}_i \cdot \mathbf{v}_i = 1$
인지를 확인한다.

2. 행렬 $A = \begin{bmatrix} a_1 & a_2 \\ a_3 & a_4 \end{bmatrix}$, $B = \begin{bmatrix} b_1 & b_2 \\ b_3 & b_4 \end{bmatrix}$에 대하여 $< A, B >$를

$$< A, B > = a_1b_1 + a_2b_2 + a_3b_3 + a_4b_4$$

   라 할 때, 2×2행렬의 집합 M_{22}는 내적공간임을 밝혀라.

• 정의 5.6-1의 각 조건을 만족하는가?

3. 이차다항식의 집합 P_2에서 임의의 두 벡터

$$\mathbf{p} = a_0 + a_1x + a_2x^2,\ \mathbf{q} = b_0 + b_1x + b_0x^2$$

   에 대하여 $< \mathbf{p}, \mathbf{q} >$를 다음과 같이 정의할 때 P_2는 내적공간임을 설명하여라.

$$< \mathbf{p}, \mathbf{q} > = a_0b_0 + a_1b_1 + a_2b_2$$

4. 문제 3의 내적 $< \mathbf{p}, \mathbf{q} >$에 대하여 $\mathbf{p} = 1 - 2x + 3x^2$, $\mathbf{q} = 3x + 2x^2$은 직교한다. 이를 설명하여라.

5. 내적공간 V의 벡터 $\mathbf{v}, \mathbf{u}_1, \mathbf{u}_2$가 있다. $\mathbf{v}$가 $\mathbf{u}_1, \mathbf{u}_2$와 직교하면 스칼라 α, β에 대하여 $\mathbf{v}$는 $\alpha\mathbf{u}_1 + \beta\mathbf{u}_2$와 또한 직교한다. 이를 설명하여라.

• $\mathbf{u}_1 = \frac{\mathbf{v}_1}{\|\mathbf{v}_1\|}$
$\mathbf{u}_2 = \frac{\mathbf{v}_2 - < \mathbf{v}_2, \mathbf{u}_1 > \mathbf{u}_1}{\|\mathbf{v}_2 - < \mathbf{v}_2, \mathbf{u}_1 > \mathbf{u}_1\|}$

6. $\mathbb{R}^3$에서 내적은 $< \mathbf{u}, \mathbf{v} > = \mathbf{u} \cdot \mathbf{v}$으로 한다. 기저 $S = \{\mathbf{v}_1, \mathbf{v}_2, \mathbf{v}_3\}$ 즉 $\mathbf{v}_1 = (1, 1, 0)$, $\mathbf{v}_2 = (1, 0, 1)$, $\mathbf{v}_3 = (0, 1, 1)$일 때 정규직교기저를 구하여라.

• $\mathbf{u} = (u_1, u_2, u_3)$
$\mathbf{v} = (v_1, v_2, v_3)$
$\mathbf{u} \cdot \mathbf{v} = u_1v_1 + u_2v_2 + u_3v_3$

7. $\mathbb{R}^3$에서 평면 $\pi : \{(x, y, z) \mid x - 2y + z = 0\}$ 위의 벡터들 집합의 정규직교기저를 구하여라.

8. $n \times n$행렬 G가 가역이고 $G^{-1} = G^t$, 즉 G의 역행렬과 전치행렬이 같을 때 이 G를 직교행렬(orthogonal matrix)이라 한다. $n \times n$행렬 G가 직교행렬이기 위한 필요충분조건은 G의 열벡터가 $\mathbb{R}^n$의 정규직교기저를 이루는 것임을 증명하여라.

• $G^{-1} = G^t$의 양변 오른쪽에 G를 곱하면
$G^{-1}G = G^tG$
G가 가역이므로
$G^{-1}G = I$
$\therefore G^tG = I$

9. 문제 6의 정규직교기저에 대하여 직교행렬을 만들어라.

10. 문제 7의 정규직교기저에 대하여 $\mathbf{v}=(-4, 2, -2)$일 때 $proj_{\pi}\mathbf{v}$를 구하여라.

11. $\mathbb{R}^3$에서 정규직교기저 $\{\mathbf{u}_1, \mathbf{u}_2, \mathbf{u}_3\}$에서 (문제 6의 정규직교기저)

$$\mathbf{u}_1=\left(\frac{1}{\sqrt{2}}, \frac{1}{\sqrt{2}}, 0\right),\ \mathbf{u}_2=\left(\frac{\sqrt{2}}{2\sqrt{3}}, -\frac{\sqrt{2}}{2\sqrt{3}}, \frac{\sqrt{2}}{\sqrt{3}}\right),\ \mathbf{u}_3=\left(-\frac{\sqrt{3}}{3}, \frac{\sqrt{3}}{3}, \frac{\sqrt{3}}{3}\right)$$

일 때, 벡터 $\mathbf{v}=(1, -3, 2)$를 $\mathbf{u}_1, \mathbf{u}_2, \mathbf{u}_3$의 일차결합으로 나타내어라.

$<\mathbf{u}, \mathbf{v}> = \mathbf{u}\cdot\mathbf{v}$로 한다.

• $\|\mathbf{u}\| = <\mathbf{u}, \mathbf{u}>^{\frac{1}{2}}$

12. 내적공간 V의 임의의 두 벡터 $\mathbf{u}, \mathbf{v}$에 대하여 다음이 성립한다.

(1) $$<\mathbf{u}, \mathbf{v}>^2 \le <\mathbf{u}, \mathbf{u}><\mathbf{v}, \mathbf{v}>$$

이 부등식을 코시슈바르츠 부등식(Cauchy-Schwartz inequality)이라 한다. 이것을 증명하여라.

(2) $$\|\mathbf{u}+\mathbf{v}\| \le \|\mathbf{u}\|+\|\mathbf{v}\|$$

이 부등식을 삼각부등식(triangle inequality)이라 한다. 이것을 증명하여라.

13. 다음 등식이 성립함을 증명하여라.

(1) $\|\mathbf{u}+\mathbf{v}\|^2+\|\mathbf{u}-\mathbf{v}\|^2=2(\|\mathbf{u}\|^2+\|\mathbf{v}\|^2)$

(2) $\mathbf{u}$와 $\mathbf{v}$가 직교하기 위한 필요충분조건은

$$\|\mathbf{u}+\mathbf{v}\|^2=\|\mathbf{u}\|^2+\|\mathbf{v}\|^2$$

(3) $\mathbf{u}+\mathbf{v}$와 $\mathbf{u}-\mathbf{v}$가 직교하기 위한 필요충분조건은

$$\|\mathbf{u}\|=\|\mathbf{v}\|$$

14. 내적공간 V가 있다. $\{\mathbf{u}_1, \mathbf{u}_2, \cdots, \mathbf{u}_n\}$이 V의 정규직교기저이고 V의 임의의 두 벡터 $\mathbf{u}, \mathbf{v}$를

$$\mathbf{u}=a_1\mathbf{u}_1+a_2\mathbf{u}_2+\cdots+a_n\mathbf{u}_n,\quad \mathbf{v}=b_1\mathbf{u}_1+b_2\mathbf{u}_2+\cdots+b_n\mathbf{u}_n$$

이라 할 때 $$<\mathbf{u}, \mathbf{v}> = a_1b_1+a_2b_2+\cdots+a_nb_n$$

임을 설명하여라.

15. 내적공간 V의 부분공간 S가 있다. W의 직교여공간(orthogonal complement)을 기호 $W^{\perp}$로 나타내며 다음과 같다.

$$W^{\perp}=\{\mathbf{u}\in V \mid \text{모든 } \mathbf{v}\in W\text{에 대하여 } <\mathbf{u}, \mathbf{v}> = 0\}$$

(1) $W^{\perp}$은 V의 부분공간임을 설명하여라.

(2) $W\cap W^{\perp}=\{\mathbf{0}\}$임을 밝혀라.

보충

> 정리 5.6-4
>
> W는 벡터공간 V의 부분공간이고 $\mathbf{v} \in V$이면 다음을 만족하는 단 한 쌍의 $\mathbf{w}_1, \mathbf{w}_2 (\mathbf{w}_1 \in W,\ \mathbf{w}_2 \in W^{\perp})$가 존재한다.
>
> $$\mathbf{v} = \mathbf{w}_1 + \mathbf{w}_2 = proj_W \mathbf{v} + proj_{W^{\perp}} \mathbf{v}$$

증명 $\mathbf{w}_1 = proj_W \mathbf{v}$, $\mathbf{w}_2 = \mathbf{v} - \mathbf{w}_1$이라 한다. 정의 5.6-4에 의하면 $\mathbf{w}_1 \in W$이다. $\{\mathbf{u}_1, \mathbf{u}_2, \cdots, \mathbf{u}_k\}$를 W의 기저라 하면

$$\mathbf{w}_1 = <\mathbf{v}, \mathbf{u}_1> \mathbf{u}_1 + <\mathbf{v}, \mathbf{u}_2> \mathbf{u}_2 + \cdots + <\mathbf{v}, \mathbf{u}_k> \mathbf{u}_k$$

$\mathbf{x} \in W$는 스칼라 $\alpha_1, \alpha_2, \cdots, \alpha_k$가 존재하여 다음과 같이 나타낼 수 있다.

$$\mathbf{x} = \alpha_1 \mathbf{u}_1 + \alpha_2 \mathbf{u}_2 + \cdots + \alpha_k \mathbf{u}_k$$

$$\begin{aligned}
\therefore <\mathbf{w}_2, \mathbf{x}> &= <\mathbf{v} - \mathbf{w}_1, \mathbf{x}> \\
&= <(\mathbf{v} - <\mathbf{v}, \mathbf{u}_1> \mathbf{u}_1 - <\mathbf{v}, \mathbf{u}_2> \mathbf{u}_2 - \cdots <\mathbf{v}, \mathbf{u}_k> \mathbf{u}_k), \\
&\qquad (\alpha_1 \mathbf{u}_1 + \alpha_2 \mathbf{u}_2 + \cdots + \alpha_k \mathbf{u}_k)> \\
&= <\mathbf{v}, (\alpha_1 \mathbf{u}_1 + \alpha_2 \mathbf{u}_2 + \cdots + \alpha_k \mathbf{u}_k)> \\
&\qquad - <<\mathbf{v}, \mathbf{u}_1> \mathbf{u}_1, (\alpha_1 \mathbf{u}_1 + \alpha_2 \mathbf{u}_2 + \cdots + \alpha_k \mathbf{u}_k)> \\
&\qquad - <<\mathbf{v}, \mathbf{u}_2> \mathbf{u}_2, (\alpha_1 \mathbf{u}_1 + \alpha_2 \mathbf{u}_2 + \cdots + \alpha_k \mathbf{u}_k)> \\
&\qquad \vdots \\
&\qquad - <<\mathbf{v}, \mathbf{u}_k> \mathbf{u}_k, (\alpha_1 \mathbf{u}_1 + \alpha_2 \mathbf{u}_2 + \cdots + \alpha_k \mathbf{u}_k)>
\end{aligned}$$

여기서 $i \neq j$이면 $<\mathbf{u}_i, \mathbf{u}_j> = 0$이고 $i = j$이면 $<\mathbf{u}_i, \mathbf{u}_j> = 1$이므로

$$<\mathbf{w}_2, \mathbf{x}> = \sum_{i=1}^{k} \alpha_i <\mathbf{v}, \mathbf{u}_i> - \sum_{i=1}^{k} \alpha_i <\mathbf{v}, \mathbf{u}_i> = 0 \quad \therefore \mathbf{w}_2 \in W^{\perp}$$

이제 $\mathbf{v} = proj_W \mathbf{v} + proj_{W^{\perp}} \mathbf{v}$임을 밝히자. V의 정규직교기저를 $\{\mathbf{u}_1, \mathbf{u}_2, \cdots, \mathbf{u}_k, \mathbf{u}_{k+1}, \cdots, \mathbf{u}_n\}$이라 하면 $\{\mathbf{u}_{k+1}, \mathbf{u}_{k+2}, \cdots, \mathbf{u}_n\}$은 $W^{\perp}$의 기저이다. 따라서

$$\begin{aligned}
\mathbf{v} &= <\mathbf{v}, \mathbf{u}_1> \mathbf{u}_1 + <\mathbf{v}, \mathbf{u}_2> \mathbf{u}_2 + \cdots + <\mathbf{v}, \mathbf{u}_k> \mathbf{u}_k \\
&\qquad + <\mathbf{v}, \mathbf{u}_{k+1}> \mathbf{u}_{k+1} + \cdots + <\mathbf{v}, \mathbf{u}_n> \mathbf{u}_n \\
&= proj_W \mathbf{v} + proj_{W^{\perp}} \mathbf{v}
\end{aligned}$$

$\mathbf{v} = \mathbf{w}_1 - \mathbf{w}_2 = \mathbf{w}_1{}' - \mathbf{w}_2{}'$인 $\mathbf{w}_1, \mathbf{w}_1{}' \in W$, $\mathbf{w}_2, \mathbf{w}_2{}' \in W^{\perp}$이 존재한다면 $\mathbf{w}_1 - \mathbf{w}_1{}' = \mathbf{w}_2 - \mathbf{w}_2{}'$. 여기서 $\mathbf{w}_1 - \mathbf{w}_1{}' \in W$, $\mathbf{w}_2 - \mathbf{w}_2{}' \in W^{\perp}$이므로

$$\mathbf{w}_1 - \mathbf{w}_1{}' \in W \cap W^{\perp} = \{0\} \quad \therefore \mathbf{w}_1 - \mathbf{w}_1{}' = 0,\ \mathbf{w}_2 - \mathbf{w}_2{}' = 0$$

그러므로 단 한 쌍의 $\mathbf{w}_1 \in W$, $\mathbf{w}_2 \in W^{\perp}$이 존재한다. ■

- $\mathbf{w}_1$은 W의 벡터 $\mathbf{w}_2$는 W에 수직인 벡터
- 연습문제 5.6의 15에서 $W^{\perp}$의 정의를 참조
- $\mathbf{w}_2 \in \mathbf{w}^{\perp}$: W_2가 W에 수직이다.
- 정리 5.6-4의 증명에서 먼저 $\mathbf{w}_2 \in W^{\perp}$, 즉 $\mathbf{w}_2$가 W에 수직임을 밝힌다.
- 정리 5.6-4를 사영정리 (projection theorem)라 한다.
- 임의의 $\mathbf{x} \in W$에 대하여 $<\mathbf{w}_2, \mathbf{x}> = 0$이므로 $\mathbf{w}_2$는 W에 수직이다.
- 연습문제 5.6에서 15의 (2)

예제 5.6-9 예제 5.6-7에서 정리 5.6-4의 $\mathbf{w}_2$를 구하여라.

풀이 $\mathbf{w}_1 = proj_\pi \mathbf{v} = \left(\frac{10}{3}, \frac{8}{3}, -\frac{1}{3}\right) \in \pi$이다.

그러므로

$$\begin{aligned}\mathbf{w}_2 &= \mathbf{v} - \mathbf{w}_1 = (2, 4, -3) - \left(\frac{10}{3}, \frac{8}{3}, -\frac{1}{3}\right)\\ &= \left(-\frac{4}{3}, \frac{4}{3}, -\frac{8}{3}\right)\end{aligned}$$

여기서 $\mathbf{w}_1 \cdot \mathbf{w}_2 = \left(\frac{10}{3}, \frac{8}{3}, -\frac{1}{3}\right) \cdot \left(-\frac{4}{3}, \frac{4}{3}, -\frac{8}{3}\right) = 0$임을 알 수 있다. ■

> **정리 5.6-5**
>
> W는 벡터공간 V의 부분공간이다. $\mathbf{v} \in V$, $\mathbf{w} \in W$일 때, W에서 $proj_W \mathbf{v}$는 다음 부등식을 만족하는 $\mathbf{v}$에 대한 최적근사(best approximation)이다.
>
> $$\| \mathbf{v} - proj_W \mathbf{v} \| < \| \mathbf{v} - \mathbf{w} \|$$
>
> 여기서 $\mathbf{w}$는 W에서 $proj_W \mathbf{v}$와 다른 벡터이다.

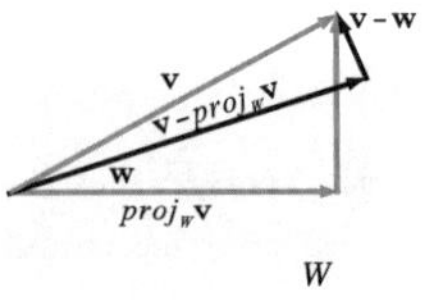

증명 정리 5.6-4에 의하면 $\mathbf{v} - proj_W \mathbf{v} \in W^\perp$ …①

$$\therefore \mathbf{v} - \mathbf{w} = \mathbf{v} - \mathbf{w} + proj_W \mathbf{v} - proj_W \mathbf{v}$$

$$= (\mathbf{v} - proj_W \mathbf{v}) + (proj_W \mathbf{v} - \mathbf{w}) \quad \cdots ②$$

여기서 $proj_W \mathbf{v} - \mathbf{w} \in W$ …③

①, ③에서

$$< \mathbf{v} - proj_W \mathbf{v},\ proj_W \mathbf{v} - \mathbf{w} > = 0$$

②에서

$$\begin{aligned}\| \mathbf{v} - \mathbf{w} \|^2 &= < \mathbf{v} - \mathbf{w}, \mathbf{v} - \mathbf{w} >\\ &= < (\mathbf{v} - proj_W \mathbf{v}) + (proj_W \mathbf{v} - \mathbf{w}),\\ &\qquad (\mathbf{v} - proj_W \mathbf{v}) + (proj_W \mathbf{v} - \mathbf{w}) >\\ &= < (\mathbf{v} - proj_W \mathbf{v}) + (proj_W \mathbf{v} - \mathbf{w}), (\mathbf{v} - proj_W \mathbf{v}) >\\ &\qquad + < (\mathbf{v} - proj_W \mathbf{v}) + (proj_W \mathbf{v} - \mathbf{w}), (proj_W \mathbf{v} - \mathbf{w}) >\\ &= \| \mathbf{v} - proj_W \mathbf{v} \|^2 + 2 < \mathbf{v} - proj_W \mathbf{v}, proj_W \mathbf{v} - \mathbf{w} >\\ &\qquad + \| proj_W \mathbf{v} - \mathbf{w} \|^2\\ &= \| \mathbf{v} - proj_W \mathbf{v} \|^2 + \| proj_W \mathbf{v} - \mathbf{w} \|^2\\ &\qquad > \| \mathbf{v} - proj_W \mathbf{v} \|^2 \quad (\because \| proj_W \mathbf{v} - \mathbf{w} \|^2 > 0.\ \text{조건에서})\end{aligned}$$

$$\therefore \| \mathbf{v} - \mathbf{w} \| > \| \mathbf{v} - proj_W \mathbf{v} \|$$ ■

6 선형변환

線型變換, Linear Transformation

6.1 선형변환

실수가 변수인 실변수함수(real-valued function)와 같이 벡터가 변수인 벡터변수함수(vector-valued function)는 독립변수 $\mathbf{v}$에 대응하는 종속변수 $\mathbf{w}$에 대하여 $\mathbf{w} = F(\mathbf{v})$와 같이 쓴다.

또 벡터공간 V와 W에 대하여 V의 각 벡터가 W의 벡터에 유일하게 대응하는 함수 F를 $F : V \to W$와 같이 나타낸다. 이때 $\mathbf{v} \in V$가 $\mathbf{w} \in W$에 대응하면 $\mathbf{w} = F(\mathbf{v})$로 쓴다.

A가 $m \times n$ 행렬이고 $\mathbf{x} \in \mathbb{R}^n$, $\mathbf{b} \in \mathbb{R}^m$일 때 연립방정식

$$A\mathbf{x} = \mathbf{b}$$

에서 $A(\mathbf{x}+\mathbf{y}) = A\mathbf{x} + A\mathbf{y}$, 스칼라 α에 대하여 $A(\alpha\mathbf{x}) = \alpha A\mathbf{x}$인 성질을 갖는 A를 한 함수로 생각할 수 있다.

이러한 성질을 다음과 같이 정의한다.

- 실변수함수
  $f(x) = 3x^2 - 1$
  $f(1) = 3 \cdot 1^2 - 1 = 2$
  $f(2) = 3 \cdot (2)^2 - 1 = 11$
  $f(\sqrt{3}) = 3 \cdot (\sqrt{3})^2 - 1 = 8$
  $f(-2) = 3(-2)^2 - 1 = 11$
  $\vdots$

- $A\mathbf{x} = \mathbf{b}$는 $\mathbb{R}^n$에서 $\mathbb{R}^m$으로 대응하는 한 함수로 생각할 수 있다.

정의 6.1-1

벡터공간 V에서 벡터공간 W로의 함수 T가 모든 벡터 $\mathbf{u}, \mathbf{v} \in V$와 스칼라 α에 대하여 다음을 만족할 때 T를 선형변환(또는 일차변환, linear transformation)이라 한다.

(i) $T(\mathbf{u}+\mathbf{v}) = T(\mathbf{u}) + T(\mathbf{v})$

(ii) $T(\alpha\mathbf{u}) = \alpha T(\mathbf{u})$

- 정의 6.1-1의 함수 T를 다음과 같이 기호로 나타낸다.
  $T : V \to W$

예제 6.1-1 $T : \mathbb{R}^2 \to \mathbb{R}^3$가 $T(x, y) = (x-y,\ x+y,\ 3x-2y)$로 정의할 때, T는 선형변환임을 설명하여라.

풀이 $\mathbf{u} = (x_1, y_1)$, $\mathbf{v} = (x_2, y_2)$로 놓으면 $\mathbf{u}+\mathbf{v} = (x_1+x_2,\ y_1+y_2)$이므로

$$\begin{aligned} T(\mathbf{u}+\mathbf{v}) &= (x_1+x_2-(y_1+y_2),\ x_1+x_2+y_1+y_2,\ 3(x_1+x_2)-2(y_1+y_2)) \\ &= (x_1-y_1,\ x_1+y_1,\ 3x_1-2y_1) + (x_2-y_2,\ x_2+y_2,\ 3x_2-2y_2) \\ &= T(\mathbf{u}) + T(\mathbf{v}) \end{aligned}$$

$$\begin{aligned} T(\alpha\mathbf{u}) &= T(\alpha x_1,\ \alpha y_1) = (\alpha x_1 - \alpha y_1,\ \alpha x_1 + \alpha y_1,\ 3\alpha x_1 - 2\alpha y_1) \\ &= \alpha(x_1-y_1,\ x_1+y_1,\ 3x_1-2y_1) = \alpha T(\mathbf{u}) \end{aligned}$$

그러므로 T는 선형변환이다. ■

- 선형변환을 선형작용소 또는 선형연산자(linear operator)라고도 한다.

예제 6.1-2 A가 $m \times n$행렬이고 $T : \mathbb{R}^n \to \mathbb{R}^m$이 $T(\mathbf{x}) = A\mathbf{x}$로 정의하면 T가 선형변환임을 설명하여라.

• $\mathbf{u}$, $\mathbf{v} \in \mathbb{R}^n$이므로 $\mathbf{u}$, $\mathbf{v}$는 $n \times 1$행렬로, $A\mathbf{u}$는 $m \times 1$행렬로 볼 수 있다.

풀이 $\mathbf{u}$, $\mathbf{v} \in \mathbb{R}^n$에 대하여

$$T(\mathbf{u}+\mathbf{v}) = A(\mathbf{u}+\mathbf{v}) = A\mathbf{u} + A\mathbf{v}$$
$$= T(\mathbf{u}) + T(\mathbf{v})$$

또 스칼라 α에 대하여

$$T(\alpha\mathbf{u}) = A(\alpha\mathbf{u}) = \alpha A\mathbf{u}$$
$$= \alpha T(\mathbf{u})$$

그러므로 T는 선형변환이다. ■

예제 6.1-3

(1) 벡터공간 V에서 벡터공간 W로의 $T : V \to W$가 V의 모든 벡터 $\mathbf{v}(\in V)$에 대하여

$$T(\mathbf{v}) = \mathbf{0}$$

로 정의된다. $\mathbf{u}$, $\mathbf{v} \in V$ 및 스칼라 α에 대하여

$$T(\mathbf{u}+\mathbf{v}) = \mathbf{0},\ T(\mathbf{u}) = \mathbf{0},\ T(\mathbf{v}) = \mathbf{0},\ T(\alpha\mathbf{u}) = \mathbf{0}$$

그러므로 $$T(\mathbf{u}+\mathbf{v}) = \mathbf{0} = \mathbf{0}+\mathbf{0} = T(\mathbf{u}) + T(\mathbf{v})$$
$$T(\alpha\mathbf{u}) = \mathbf{0} = \alpha\mathbf{0} = \alpha T(\mathbf{u})$$

따라서 T는 선형변환이다. 이때 T를 영변환(zero transformation)이라고도 한다.

(2) V가 벡터공간이고 $I : V \to V$가 모든 $\mathbf{v}(\in V)$에 대하여

$$I(\mathbf{v}) = \mathbf{v}$$

로 정의된다. 이때, $\mathbf{u}$, $\mathbf{v} \in V$ 및 스칼라 α에 대하여 $I(\mathbf{u}) = \mathbf{u}$, $I(\mathbf{u}+\mathbf{v}) = \mathbf{u}+\mathbf{v}$이므로

$$I(\mathbf{u}+\mathbf{v}) = \mathbf{u}+\mathbf{v} = I(\mathbf{u}) + I(\mathbf{v})$$
$$I(\alpha\mathbf{u}) = \alpha\mathbf{u} = \alpha I(\mathbf{u})$$

따라서 I는 선형변환이다. 이때 I를 항등변환(identity transformation)이라고도 한다.

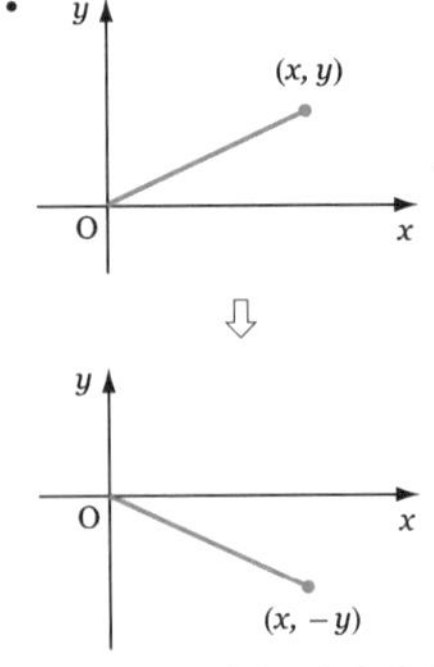

(3)의 선형변환을 반사변환(reflection transformation)이라고도 한다.

(3) $T : \mathbb{R}^2 \to \mathbb{R}^2$를 $T(x, y) = (x, -y)$로 정의하면

$$T((x_1, y_1) + (x_2, y_2)) = T(x_1 + x_2, y_1 + y_2) = (x_1 + x_2, -y_1 - y_2)$$
$$= (x_1, -y_1) + (x_2, -y_2) = T(x_1, y_1) + T(x_2, y_2)$$

$T(\alpha(x_1, y_1)) = T(\alpha x_1, \alpha y_1) = (\alpha x_1, -\alpha y_1) = \alpha(x_1, -y_1) = \alpha T(x_1, y_1)$이므로 T는 선형변환이다.

예제 6.1-4 xy평면 위의 벡터 $\mathbf{v}=(x, y)$를 시계반대방향으로 원점을 중심으로 하고 θ만큼 회전하여 벡터 $\mathbf{v}'=(x', y')$이 되었다. $\mathbf{v}$는 오른쪽 그림과 같이 x축 양의 부분과 이룬 각이 φ이고 $\|\mathbf{v}\|=r$이다.

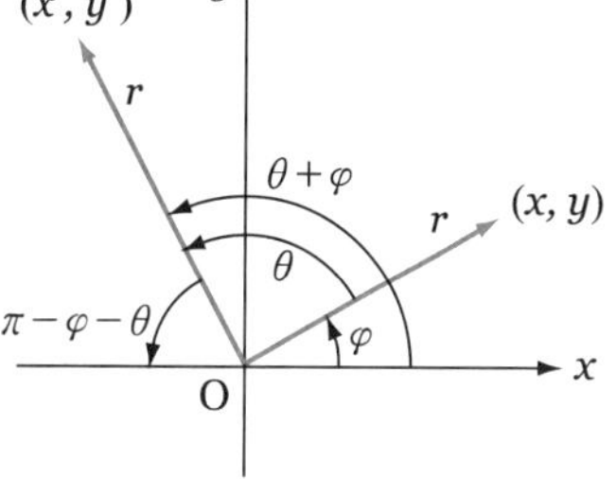

다음 물음에 답하여라.

(1) x', y'을 x, y, θ로 나타내어라.

(2) (1)의 관계를 행렬로 나타내어라.

(3) $T:\mathbb{R}^2\to\mathbb{R}^2$가 (2)와 같이 정의될 때 T는 선형변환인가?

풀이 (1) 위 그림에서 $\|\mathbf{v}\|=\sqrt{x^2+y^2}=r$이다.

$$x=r\cos\varphi,\quad y=r\sin\varphi \qquad \cdots ①$$

• $(x, y)=(\cos\theta, \sin\theta)$는 원점이 중심이고 반지름이 1인 단위원의 점이다.

또 $\|\mathbf{v}'\|=r$이므로

$$x'=r\cos(\theta+\varphi),\quad y'=r\sin(\theta+\varphi)$$

• $(x, y)=(r\cos\theta, r\sin\theta)$는 원점이 중심이고 반지름이 r인 원의 점이다.

여기서

$$\begin{aligned} x'&=r\cos(\theta+\varphi)=r\cos\theta\cos\varphi-r\sin\theta\sin\varphi \\ y'&=r\sin(\theta+\varphi)=r\sin\theta\cos\varphi+r\cos\theta\sin\varphi \end{aligned} \qquad \cdots ②$$

①, ②에서

$$\begin{aligned} x'&=x\cos\theta-y\sin\theta \\ y'&=x\sin\theta+y\cos\theta \end{aligned}$$

(2) (1)의 결과에서

$$\begin{bmatrix} x' \\ y' \end{bmatrix}=\begin{bmatrix} \cos\theta & -\sin\theta \\ \sin\theta & \cos\theta \end{bmatrix}\begin{bmatrix} x \\ y \end{bmatrix}$$

(3) (2)에서 행렬 $\begin{bmatrix} \cos\theta & -\sin\theta \\ \sin\theta & \cos\theta \end{bmatrix}$을 A로 하면

$$\mathbf{v}'=A\mathbf{v}$$

임을 알 수 있다.

$T:\mathbb{R}^2\to\mathbb{R}^2$을 $T(\mathbf{v})=A\mathbf{v}=\mathbf{v}'$으로 정의하면 예제 6.1-2에 의하여 T는 선형변환이다. ■

예제 6.1-4의 선형변환 T를 회전변환(rotation transformation)이라고도 한다.

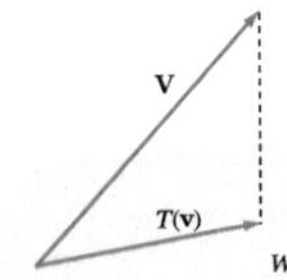

예제 6.1-5 V는 내적공간이고 W는 V의 유한차원 부분공간이고 W의 정규직교기저가 $\{\mathbf{u}_1, \mathbf{u}_2, \cdots, \mathbf{u}_k\}$이다. $T: V \to W$가 $\mathbf{v} \in V$에 대하여

$$T(\mathbf{v}) = proj_W \mathbf{v}$$

로 정의될 때 T는 선형변환임을 설명하여라.

풀이 $\mathbf{v} \in V$에 대하여

$$T(\mathbf{v}) = <\mathbf{v}, \mathbf{u}_1> \mathbf{u}_1 + <\mathbf{v}, \mathbf{u}_2> \mathbf{u}_2 + \cdots + <\mathbf{v}, \mathbf{u}_k> \mathbf{u}_k$$

이제 $\mathbf{v}_1, \mathbf{v}_2 \in V$와 스칼라 α에 대하여

• $<\mathbf{u}+\mathbf{v}, \mathbf{w}> = <\mathbf{u}, \mathbf{w}> + <\mathbf{v}, \mathbf{w}>$
$<\mathbf{u}, \mathbf{v}+\mathbf{w}> = <\mathbf{u}, \mathbf{v}> + <\mathbf{u}, \mathbf{w}>$

$$\begin{aligned} T(\mathbf{v}_1+\mathbf{v}_2) &= <\mathbf{v}_1+\mathbf{v}_2, \mathbf{u}_1> \mathbf{u}_1 + <\mathbf{v}_1+\mathbf{v}_2, \mathbf{u}_2> \mathbf{u}_2 + \cdots \\ &\qquad + <\mathbf{v}_1+\mathbf{v}_2, \mathbf{u}_k> \mathbf{u}_k \\ &= <\mathbf{v}_1, \mathbf{u}_1> \mathbf{u}_1 + <\mathbf{v}_1, \mathbf{u}_2> \mathbf{u}_2 + \cdots + <\mathbf{v}_1, \mathbf{u}_k> \mathbf{u}_k \\ &\qquad + <\mathbf{v}_2, \mathbf{u}_1> \mathbf{u}_1 + <\mathbf{v}_2, \mathbf{u}_2> \mathbf{u}_2 + \cdots + <\mathbf{v}_2, \mathbf{u}_k> \mathbf{u}_k \\ &= T(\mathbf{v}_1) + T(\mathbf{v}_2) \\ T(\alpha\mathbf{v}_1) &= <\alpha\mathbf{v}_1, \mathbf{u}_1> \mathbf{u}_1 + <\alpha\mathbf{v}_1, \mathbf{u}_2> \mathbf{u}_2 + \cdots + <\alpha\mathbf{v}_1, \mathbf{u}_k> \mathbf{u}_k \\ &= \alpha <\mathbf{v}_1, \mathbf{u}_1> \mathbf{u}_1 + \alpha <\mathbf{v}_1, \mathbf{u}_2> \mathbf{u}_2 + \cdots + \alpha <\mathbf{v}_1, \mathbf{u}_k> \mathbf{u}_k \\ &= \alpha(<\mathbf{v}_1, \mathbf{u}_1> \mathbf{u}_1 + <\mathbf{v}_1, \mathbf{u}_2> \mathbf{u}_2 + \cdots + <\mathbf{v}_1, \mathbf{u}_k> \mathbf{u}_k) \\ &= \alpha T(\mathbf{v}_1) \end{aligned}$$

따라서 T는 선형변환이다. ■

예제 6.1-5에서 W를 $\mathbb{R}^n$의 부분공간으로 하여

$$T(\mathbf{v}) = (\mathbf{v} \cdot \mathbf{u}_1)\mathbf{u}_1 + (\mathbf{v} \cdot \mathbf{u}_2)\mathbf{u}_2 + \cdots + (\mathbf{v} \cdot \mathbf{u}_k)\mathbf{u}_k$$

와 같이 T를 정리하면 위의 방법으로 T는 선형변환임을 알 수 있다.

예제 6.1-6 $m \times n$행렬의 집합을 M_{mn}으로 나타낼 때 $T: M_{mn} \to M_{nm}$을 $A \in M_{mn}$에 대하여 $T(A) = A^t$으로 정의할 때 T는 선형변환임을 설명하여라.

• A^t: A의 전치행렬

풀이 $A, B \in M_{mn}$에 대하여 $(A+B)^t \in M_{nm}$, $A^t \in M_{nm}$, $B^t \in M_{nm}$이다.

A, B, 스칼라 α에 대하여

$$T(A+B) = (A+B)^t = A^t + B^t = T(A) + T(B)$$
$$T(\alpha A) = (\alpha A)^t = \alpha A^t = \alpha T(A)$$

따라서 T는 선형변환이다. ■

예제 6.1-7 $C[0, 1]$을 구간 $[0, 1]$에서 연속인 모든 실변수함수의 벡터공간이고, S를 구간 $[0, 1]$에서 연속인 1계도함수를 갖는 모든 함수의 집합으로 하면 S는 $C[0, 1]$의 부분공간이다. 여기서 $D : S \to C[0, 1]$을

$$D(f) = f'$$

으로 정의하는 D가 선형변환임을 설명하여라.

• $D(f)$를 Df로 표기하기도 한다.

풀이 미분가능한 f, g와 실수 α에 대하여

$$D(f+g) = (f+g)' = f' + g' = D(f) + D(g)$$
$$D(\alpha f) = (\alpha f)' = \alpha f' = \alpha D(f)$$

따라서 D는 선형변환이다. ■

• 예제 6.1-7의 D를 미분작용소(differential operator)라 한다.

예제 6.1-8 예제 6.1-7의 $C[0, 1]$에 대하여 $J : C[0, 1] \to \mathbb{R}$을

$$J(f) = \int_0^1 f(x)dx$$

으로 정의하는 J가 선형변환임을 설명하여라.

• 예제 6.1-8의 J를 적분작용소(integral operator)라 한다.

풀이 연속인 f, g와 실수 α에 대하여

$$\begin{aligned} J(f+g) &= \int_0^1 \{f(x)+g(x)\}dx = \int_0^1 f(x)dx + \int_0^1 g(x)dx \\ &= J(f) + J(g) \end{aligned}$$

$$J(\alpha f) = \int_0^1 \alpha f(x)dx = \alpha \int_0^1 f(x)dx = \alpha J(f)$$

따라서 J는 선형변환이다. ■

모든 변환이 선형변환이 되는 것은 아니다. 변환 $T : \mathbb{R} \to \mathbb{R}$을

$$T(x) = ax + b \quad (b \neq 0)$$

으로 하면 T는 선형변환이 아니다. 왜냐하면

$$T(x_1 + x_2) = a(x_1 + x_2) + b = ax_1 + ax_2 + b$$
$$T(x_1) + T(x_2) = ax_1 + b + ax_2 + b = ax_1 + ax_2 + 2b$$

이므로

$$T(x_1 + x_2) \neq T(x_1) + T(x_2)$$

이기 때문이다.

이 경우의 T가 선형변환이기 위하여 $b = 0$인 조건이 있어야 한다.

따라서 일차함수 $T(x) = ax + b$가 선형변환이기 위한 필요충분조건은 $b = 0$이다.

연습문제 6.1

• 주어진 변환 T가 정의 6.1-1의 두 조건을 만족하면 선형(linear), 즉 선형변환이고, 만족하지 않으면 비선형(nonlinear), 즉 선형변환이 아니다.

1. 다음과 같이 주어진 변환 T는 선형변환인가? 선형변환이 아니면 그 이유를 설명하여라.

(1) $T : \mathbb{R}^2 \to \mathbb{R}^2\ ;\ T(x, y) = (0, y)$　　(2) $T : \mathbb{R}^2 \to \mathbb{R}^2\ ;\ T(x, y) = (x^2, y^2)$

(3) $T : \mathbb{R}^2 \to \mathbb{R}^2\ ;\ T(x, y) = (y, x)$

(4) $T : \mathbb{R}^2 \to \mathbb{R}^2\ ;\ T(x, y) = (x - y, x + y)$

(5) $T : \mathbb{R}^2 \to \mathbb{R}^2\ ;\ T(x, y) = (x + a, y + b),\quad (a \neq 0, b \neq 0)$

(6) $T : \mathbb{R}^2 \to \mathbb{R}^2\ ;\ T(x, y) = (\sqrt{x}, \sqrt{y})$

(7) $T : \mathbb{R}^2 \to \mathbb{R}^2\ ;\ T(x, y) = (ax, by)$

(8) $T : \mathbb{R}^3 \to \mathbb{R}^2\ ;\ T(x, y, z) = (x + y, y + z)$

(9) $T : \mathbb{R}^3 \to \mathbb{R}^2\ ;\ T(x, y, z) = (c, z),\quad (c \neq 0)$

(10) $T : \mathbb{R}^3 \to \mathbb{R}^2\ ;\ T(x, y, z) = (d, d),\quad (d \neq 0)$

(11) $T : \mathbb{R}^2 \to \mathbb{R}\ ;\ T(x, y) = xy$

(12) $T : \mathbb{R}^n \to \mathbb{R}\ ;\ T(x_1, x_2, \cdots, x_n) = x_1 + x_2 + \cdots + x_n$

2. P_n이 n차 다항식의 집합일 때, 다음 변환 T는 선형변환인가?

(1) $T : P_2 \to P_2\ ;\ T(a_0 + a_1 x + a_2 x^2) = a_0 + a_1(x-1) + a_2(x-1)^2$

(2) $T : P_2 \to P_2\ ;\ T(a_0 + a_1 x + a_2 x^2) = a_0 + b + a_1 x + a_2 x^2,\quad (b \neq 0)$

3. M_{mn}이 $m \times n$행렬의 집합일 때, 다음 변환 T는 선형변환인가?

(1) $T : M_{nn} \to M_{nn}\ ;\ T(A) = A^t A$　　(2) $T : M_{nn} \to M_{nn}\ ;\ T(A) = AB$

(3) $T : M_{22} \to \mathbb{R}\ ;\ T(A) = \det A$　　(4) $T : M_{nn} \to \mathbb{R}\ ;\ T(A) = \det A$

4. $C[0, 1]$이 $[0, 1]$에서 연속인 함수의 집합일 때 다음 변환 T는 선형변환인가?

(1) $T : C[0, 1] \to C[0, 1]\ ;\ T(f) = \{f(x)\}^3$

(2) $T : C[0, 1] \to C[0, 1]\ ;\ T(f) = f(x) + k,\quad (k \neq 0)$

(3) $T : C[0, 1] \to C[0, 1]\ ;\ T(f) = f(x+1)$

5. $T : \mathbb{R}^3 \to \mathbb{R}^3$가 다음과 같이 정의될 때 T를 좌표공간에서 설명하여라.

(1) $T(x, y, z) = (x, y, 0)$　　(2) $T(x, y, z) = (x, 0, z)$

6. $\mathbf{v}_0$가 내적공간 V의 한 고정벡터이다. $T : V \to \mathbb{R}$ 이 $T(\mathbf{v}) = \langle \mathbf{v}, \mathbf{v}_0 \rangle$로 정의될 때 T가 선형변환임을 밝혀라.

6.2 선형변환의 성질

선형변환의 정의에 따라 몇 가지 선형변환의 성질을 관찰하고 선형변환의 핵(kernel)과 치역(range)을 정의하며 그에 준한 예제를 풀어본다.

> 정리 6.2-1
>
> $T : V \to W$가 선형변환이면 모든 $\mathbf{u}$, $\mathbf{v} \in V$에 대하여
>
> (1) $T(\mathbf{0}) = \mathbf{0}$
>
> (2) $T(-\mathbf{v}) = -T(\mathbf{v})$
>
> (3) $T(\mathbf{u}-\mathbf{v}) = T(\mathbf{u}) - T(\mathbf{v})$

• 정리 6.2-1 (3)의 다른 증명

$T(\mathbf{0}) = T(\mathbf{0}+\mathbf{0})$

$= T(\mathbf{0}) + T(\mathbf{0})$

$\mathbf{0} = T(\mathbf{0}) - T(\mathbf{0})$

$= T(\mathbf{0}) + T(\mathbf{0}) - T(\mathbf{0})$

$= T(\mathbf{0})$

증명 (1) $0\mathbf{v} = \mathbf{0}$이므로

$$T(\mathbf{0}) = T(0\mathbf{v}) = 0\,T(\mathbf{v}) = \mathbf{0}$$

(2) $T(-\mathbf{v}) = T((-1)\mathbf{v}) = (-1)\,T(\mathbf{v}) = -T(\mathbf{v})$

(3) $T(\mathbf{u}-\mathbf{v}) = T(\mathbf{u}+(-1)\mathbf{v}) = T(\mathbf{u}) + T((-1)\mathbf{v})$

$= T(\mathbf{u}) + (-1)\,T(\mathbf{v}) = T(\mathbf{u}) - T(\mathbf{v})$ ■

• 정리 6.2-1의 (1) $T(\mathbf{0}) = \mathbf{0}$에서 좌변의 $\mathbf{0}$는 V의 영벡터이고, 우변의 $\mathbf{0}$은 W의 영벡터이다.

> 정리 6.2-2
>
> $T : V \to W$가 선형변환이면 $\mathbf{v}_i \in V$, 스칼라 $\alpha_i\,(i = 1, 2, \cdots, n)$에 대하여
>
> $$T(\alpha_1\mathbf{v}_1 + \alpha_2\mathbf{v}_2 + \cdots + \alpha_n\mathbf{v}_n) = \alpha_1 T(\mathbf{v}_1) + \alpha_2 T(\mathbf{v}_2) + \cdots + \alpha_n T(\mathbf{v}_n)$$

증명 (i) $n = 2$일 때

T가 선형변환이므로

$$T(\alpha_1\mathbf{v}_1 + \alpha_2\mathbf{v}_2) = T(\alpha_1\mathbf{v}_1) + T(\alpha_2\mathbf{v}_2) = \alpha_1 T(\mathbf{v}_1) + \alpha_2 T(\mathbf{v}_2)$$

(ii) $n = k$일 때 성립한다고 가정하면

$$T(\alpha_1\mathbf{v}_1 + \alpha_2\mathbf{v}_2 + \cdots + \alpha_k\mathbf{v}_k) = \alpha_1 \mathrm{T}(\mathbf{v}_1) + \alpha_2 T(\mathbf{v}_2) + \cdots + \alpha_k T(\mathbf{v}_k)$$

$$\begin{aligned} \therefore\ & T(\alpha_1\mathbf{v}_1 + \alpha_2\mathbf{v}_2 + \cdots + \alpha_k\mathbf{v}_k + \alpha_{k+1}\mathbf{v}_{k+1}) \\ &= T((\alpha_1\mathbf{v}_1 + \alpha_2\mathbf{v}_2 + \cdots + \alpha_k\mathbf{v}_k) + \alpha_{k+1}\mathbf{v}_{k+1}) \\ &= T(\alpha_1\mathbf{v}_1 + \alpha_2\mathbf{v}_2 + \cdots + \alpha_k\mathbf{v}_k) + T(\alpha_{k+1}\mathbf{v}_{k+1}) \\ &= \alpha_1\mathbf{v}_1 + \alpha_2\mathbf{v}_2 + \cdots + \alpha_k\mathbf{v}_k + \alpha_{k+1}\mathbf{v}_{k+1} \end{aligned}$$

그러므로 모든 n에 대하여 성립한다. ■

벡터공간 V는 유한차원이고 $\{\mathbf{u}_1, \mathbf{u}_2, \cdots, \mathbf{u}_n\}$은 V의 기저이다. n개의 벡터 $\mathbf{w}_i (i=1, 2, \cdots, n)$은 벡터공간 W의 벡터이다. 변환 $T : V \to W$를

$$T(\mathbf{u}_i) = \mathbf{w}_i \quad (i=1, 2, \cdots, n)$$

으로 정의하자. T를 $\mathbf{u} = \alpha_1\mathbf{u}_1 + \alpha_2\mathbf{u}_2 + \cdots \alpha_n\mathbf{u}_n$에 대하여

• $T(\mathbf{u}) = T(\alpha_1\mathbf{u}_1 + \alpha_2\mathbf{u}_2 + \cdots + \alpha_n\mathbf{u}_n) = \alpha_1\mathbf{w}_1 + \alpha_2\mathbf{w}_2 + \cdots + \alpha_n\mathbf{w}_n$

$$T(\mathbf{u}) = \alpha_1\mathbf{w}_1 + \alpha_2\mathbf{w}_2 + \cdots + \alpha_n\mathbf{w}_n$$

으로 놓으면 T는 기저가 $\{\mathbf{u}_1, \mathbf{u}_2, \cdots, \mathbf{u}_n\}$이므로 모든 $\mathbf{u} \in V$에서 정의되며 $T(\mathbf{u}) \in W$이다. 이제 $\mathbf{v} = \beta_1\mathbf{u}_1 + \beta_2\mathbf{u}_2 + \cdots + \beta_n\mathbf{u}_n$으로 잡으면

$$\begin{aligned} T(\mathbf{u}+\mathbf{v}) &= T((\alpha_1+\beta_1)\mathbf{u}_1 + (\alpha_2+\beta_2)\mathbf{u}_2 + \cdots + (\alpha_n+\beta_n)\mathbf{u}_n) \\ &= (\alpha_1+\beta_1)\mathbf{w}_1 + (\alpha_2+\beta_2)\mathbf{w}_2 + \cdots + (\alpha_n+\beta_n)\mathbf{w}_n \\ &= \alpha_1\mathbf{w}_1 + \alpha_2\mathbf{w}_2 + \cdots + \alpha_n\mathbf{w}_n + \beta_1\mathbf{w}_1 + \beta_2\mathbf{w}_2 + \cdots + \beta_n\mathbf{w}_n \\ &= T(\mathbf{u}) + T(\mathbf{v}) \qquad \cdots ① \end{aligned}$$

$$\begin{aligned} T(\alpha\mathbf{u}) &= T(\alpha\alpha_1\mathbf{u}_1 + \alpha\alpha_2\mathbf{u}_2 + \cdots + \alpha\alpha_n\mathbf{u}_n) \\ &= \alpha\alpha_1\mathbf{w}_1 + \alpha\alpha_2\mathbf{w}_2 + \cdots + \alpha\alpha_n\mathbf{w}_n = \alpha(\alpha_1\mathbf{w}_1 + \alpha_2\mathbf{w}_2 + \cdots + \alpha_n\mathbf{w}_n) \\ &= \alpha T(\mathbf{u}) \qquad \cdots ② \end{aligned}$$

이다. 그러므로 ①, ②에 의하여 T는 선형변환이다. … ③

여기서 V에서 W로의 선형변환이 $T_1(\mathbf{u}_i) = \mathbf{w}_i$, $T_2(\mathbf{u}_i) = \mathbf{w}_i$ $(i=1, 2, \cdots, n)$으로 T_1, T_2 두 개가 존재한다고 가정하자.

그러면 $\{\mathbf{u}_1, \mathbf{u}_2, \cdots, \mathbf{u}_n\}$은 V의 기저이므로 스칼라 $\alpha_1, \alpha_2, \cdots, \alpha_n$에 대하여 $\mathbf{u} = \alpha_1\mathbf{u}_1 + \alpha_2\mathbf{u}_2 + \cdots + \alpha_n\mathbf{u}_n$인 $\{\alpha_i \mid i=1, 2, \cdots, n\}$은 오직 하나이다. 그러면 정리 6.2-2에 의하여

$$\begin{aligned} T_1(\mathbf{u}) &= T_1(\alpha_1\mathbf{u}_1 + \alpha_2\mathbf{u}_2 + \cdots + \alpha_n\mathbf{u}_n) \\ &= \alpha_1 T_1(\mathbf{u}_1) + \alpha_2 T_1(\mathbf{u}_2) + \cdots + \alpha_n T_1(\mathbf{u}_n) \\ &= \alpha_1\mathbf{w}_1 + \alpha_2\mathbf{w}_2 + \cdots + \alpha_n\mathbf{w}_n \end{aligned}$$

또

$$\begin{aligned} T_2(\mathbf{u}) &= T_2(\alpha_1\mathbf{u}_1 + \alpha_2\mathbf{u}_2 + \cdots + \alpha_n\mathbf{u}_n) \\ &= \alpha_1 T_2(\mathbf{u}_1) + \alpha_2 T_2(\mathbf{u}_2) + \cdots + \alpha_n T_2(\mathbf{u}_n) \\ &= \alpha_1\mathbf{w}_1 + \alpha_2\mathbf{w}_2 + \cdots + \alpha_n\mathbf{w}_n \end{aligned}$$

• 유한차원 벡터공간 V의 기저를 알면 벡터공간 W에 대하여 선형변환 $T(T : V \to W)$를 정할 수 있다.

이므로 $T_1(\mathbf{u}) = T_2(\mathbf{u})$ 즉, ③의 선형변환이 ④와 같이 두 개 있다고 가정해도 ⑤에서 같다는 것이다. 다시 말해서 ③의 선형변환은 유일하다는 의미이다.

예제 6.2-1 평면 π를 $W=\{(x, y, z)\,|\,x-2y+3z=0\}$라 하고 $\mathbb{R}^2$의 표준기저를 사용하여 선형변환 $T:\mathbb{R}^2\to W$를 정하여라. 그리고 $T(4, 5)$의 값을 구하여라.

• $T:\mathbb{R}^2\to\mathbb{R}^3$

풀이 $x-2y+3z=0$에서 $x=2y-3z$
$(x, y, z)\in W$에 대하여

$$(x, y, z)=(2y-3z, y, z)$$
$$=y(2, 1, 0)+z(-3, 0, 1)$$

• $x-2y+3z=0$, 즉 $x=2y-3z$에서 임의의 y, z값에 대하여 x의 값을 정할 수 있다.

여기서 $\mathbf{w}_1=(2, 1, 0)$, $\mathbf{w}_2=(-3, 0, 1)$이라 하면 $\{\mathbf{w}_1, \mathbf{w}_2\}$는 W를 생성하고 일차독립이므로 W의 기저이다. 그러므로 W는 $\{\mathbf{w}_1, \mathbf{w}_2\}=\{(2, 1, 0), (-3, 0, 1)\}$을 기저로 하는 $\mathbb{R}^3$의 이차원 부분공간이다.
$\mathbb{R}^2$의 표준기저 $\{\mathbf{u}_1, \mathbf{u}_2\}=\{(1, 0), (0, 1)\}$을 사용하여

$$T(\mathbf{u}_1)=\mathbf{w}_1,\quad T(\mathbf{u}_2)=\mathbf{w}_2$$

즉 $T((1, 0))=(2, 1, 0)$, $T((0, 1))=(-3, 0, 1)$로 정하면 된다.

• $\mathbf{u}=4\mathbf{u}_1+5\mathbf{u}_2$
$T(\mathbf{u})=T(4\mathbf{u}_1+5\mathbf{u}_2)$
$=4T(\mathbf{u}_1)+5T(\mathbf{u}_2)$

$$T((4, 5))=T(4(1, 0)+5(0, 1))=4T((1, 0))+5T((0, 1))$$
$$=4(2, 1, 0)+5(-3, 0, 1)=(-7, 4, 5)$$ ■

예제 6.2-2 $\mathbf{u}_1=(1, 1, 0)$, $\mathbf{u}_2=(1, 0, 1)$, $\mathbf{u}_3=(0, 1, 1)$인 $\mathbb{R}^3$의 한 기저 $\{\mathbf{u}_1, \mathbf{u}_2, \mathbf{u}_3\}$가 있다. 이때 선형변환 $T:\mathbb{R}^3\to\mathbb{R}^2$을

$$T(\mathbf{u}_1)=(2, -3),\ T(\mathbf{u}_2)=(-4, 6),\ T(\mathbf{u}_3)=(-2, 4)$$

로 정의한다. $T((3, 5, -4))$를 구하여라.

풀이
$$\mathbf{u}=\alpha_1\mathbf{u}_1+\alpha_2\mathbf{u}_2+\alpha_3\mathbf{u}_3$$

즉 $$(3, 5, -4)=\alpha_1(1, 1, 0)+\alpha_2(1, 0, 1)+\alpha_3(0, 1, 1)$$

에서
$$\begin{cases}\alpha_1+\alpha_2 &=3\\ \alpha_1 \quad +\alpha_3 &=5\\ \quad \alpha_2+\alpha_3 &=-4\end{cases}$$

$$\therefore\ \alpha_1=6,\quad \alpha_2=-3,\quad \alpha_3=-1$$
$$\therefore\ \mathbf{u}=(3, 5, -4)=6\mathbf{u}_1-3\mathbf{u}_2-\mathbf{u}_3$$
$$\therefore\ T(\mathbf{u})=T((3, 5, -4))=6T(\mathbf{u}_1)-3T(\mathbf{u}_2)-T(\mathbf{u}_3)$$
$$=6(2, -3)-3(-4, 6)-(-2, 4)$$
$$=(26, -40)$$ ■

• 정리 6.2-1에 의하면 어떠한 선형변환 T에서도 $\mathbf{0} \in \ker T$이다($T(\mathbf{0}) = \mathbf{0}$이기 때문이다).

정의 6.2-1 선형변환의 핵과 치역

벡터공간 V, W에 대하여 $T : V \rightarrow W$은 선형변환이다.

(1) $T(\mathbf{v}) = \mathbf{0}$가 되는 V의 벡터 $\mathbf{v}$의 집합을 T의 핵(kernel), 또는 퇴화공간(null space)이라 하고 다음과 같이 나타낸다.

$$\ker T = \{\mathbf{v} \mid T(\mathbf{v}) = \mathbf{0},\ \mathbf{v} \in V\}$$

(2) $T(\mathbf{v}) = \mathbf{w}$가 되는 W의 벡터 $\mathbf{w}$의 집합을 T의 치역(range) 또는 치역공간(image space)이라 하고 다음과 같이 나타낸다. 이때 $\mathbf{v} \in V$

$$im\, T = \{\mathbf{w} \mid T(\mathbf{v}) = \mathbf{w},\ \mathbf{v} \in V,\ \mathbf{w} \in W\}$$

$T(\mathbf{v}) = \mathbf{w}$에서 $\mathbf{w}$, 즉 $T(\mathbf{v})$를 T에 의한 $\mathbf{v}$의 상(image)이라고도 한다. $im\, T$는 변환 T에 의한 V의 벡터의 상의 집합이란 의미 즉 상공간을 나타낸다.

정리 6.2-3

$T : V \rightarrow W$가 선형변환이면

(1) $\ker T$는 V의 부분공간이다. (2) $im\, T$는 W의 부분공간이다.

증명 (1) $\mathbf{v}_1$, $\mathbf{v}_2 \in \ker T$와 스칼라 α에 대하여

$$T(\mathbf{v}_1 + \mathbf{v}_2) = T(\mathbf{v}_1) + T(\mathbf{v}_2) = \mathbf{0} + \mathbf{0} = \mathbf{0} \quad (\because T\text{는 선형변환})$$

$$\therefore \mathbf{v}_1 + \mathbf{v}_2 \in \ker T$$

$$T(\alpha \mathbf{v}_1) = \alpha T(\mathbf{v}_1) = \alpha \mathbf{0} = \mathbf{0} \quad (\because T\text{는 선형변환})$$

$$\therefore \alpha \mathbf{v}_1 \in \ker T$$

따라서 $\ker T$는 V의 부분공간이다.

(2) $\mathbf{w}_1$, $\mathbf{w}_2 \in im\, T$에 대하여

$$T(\mathbf{u}_1) = \mathbf{w}_1,\ T(\mathbf{u}_2) = \mathbf{w}_2$$

를 만족하는 V의 벡터 $\mathbf{u}_1$, $\mathbf{u}_2$가 존재한다.

$$T(\mathbf{u}_1 + \mathbf{u}_2) = T(\mathbf{u}_1) + T(\mathbf{u}_2) = \mathbf{w}_1 + \mathbf{w}_2 \quad (\because T\text{는 선형변환})$$

$$\therefore \mathbf{w}_1 + \mathbf{w}_2 \in im\, T$$

또 스칼라 α에 대하여

$$T(\alpha \mathbf{u}_1) = \alpha T(\mathbf{u}_1) = \alpha \mathbf{w}_1 \quad (\because T\text{는 선형변환})$$

$$\therefore \alpha \mathbf{w}_1 \in im\, T$$

따라서 $im\, T$는 W의 부분공간이다. ■

⊠예제 6.2-3 다음 선형변환의 핵과 치역을 말하여라.

(1) 영변환 T　　　　(2) 항등변환 I

풀이 (1) T가 영변환이므로 모든 $\mathbf{v} \in V$에 대하여

$$T(\mathbf{v}) = \mathbf{0}$$

따라서　$\ker T = V,\ im\, T = \{\mathbf{0}\}$

(2) I가 항등변환이므로 모든 $\mathbf{v} \in V$에 대하여

$$I(\mathbf{v}) = \mathbf{v}$$

따라서　$\ker I = \{\mathbf{0}\},\ im I = V$ ■

• 정리 6.2-1의 (1) $T(\mathbf{0}) = \mathbf{0}$

정의 6.2-2

$T : V \to W$가 선형변환이다. 이때

(1) T의 핵의 차원을 T의 퇴화차수(nullity)라 하는데 이것은 T의 핵공간의 차원을 의미하며 다음과 같이 나타낸다.

$$n(T) = \dim(\ker T)$$

(2) T의 치역의 차원을 T의 계수(rank)라 하고 다음과 같이 나타낸다.

$$r(T) = \dim(im\, T)$$

⊠예제 6.2-4 $T : \mathbb{R}^2 \to \mathbb{R}^2$는 각 $\theta_0 (0 \le \theta_0 \le 2\pi)$만큼 원점을 중심으로 회전한 회전변환이다. $n(T)$, $r(T)$를 구하여라.

풀이 $\mathbb{R}^2$의 임의의 벡터 (x, y)가 T에 의하여 (x', y')에 대응했다면

$\begin{bmatrix} x' \\ y' \end{bmatrix} = \begin{bmatrix} \cos\theta_0 & -\sin\theta_0 \\ \sin\theta_0 & \cos\theta_0 \end{bmatrix} \begin{bmatrix} x \\ y \end{bmatrix}$로 역시 (x', y')은 $\mathbb{R}^2$의 벡터이고

$(0, 0) = \mathbf{0} \in \mathbb{R}^2$이므로 $im\, T \in \mathbb{R}^2$, $\ker T = \{\mathbf{0}\}$이다.

따라서　$n(T) = \dim(\ker T) = 0,\ r(T) = \dim(im\, T) = 2$ ■

⊠예제 6.2-5 n차 다항식의 집합이 P_n일 때, $T(p) = T(a_0 + a_1x + a_2x^2 + a_3x^3) = a_0 + a_1x + a_2x^2$으로 정의되는 T가 $T : P_3 \to P_2$이다. $n(T)$, $r(T)$를 구하여라.

풀이 $T(p) = 0$이면 모든 x에 대하여 $a_0 + a_1x + a_2x^2 = 0$이므로 $a_0 = a_1 = a_2 = 0$

$$\therefore \ker T = \{p \mid p(x) = a_3x^3 \in P_3\},\ im(T) = P_2$$

따라서　$n(T) = 1,\ r(T) = 3$ ■

연습문제 6.2

1. 다음과 같은 선형변환 T의 핵, 치역, 퇴화차수, 계수를 각각 구하여라.

(1) $T : \mathbb{R}^2 \to \mathbb{R}^2 ;\ T((x, y)) = (0, y)$

(2) $T : \mathbb{R}^2 \to \mathbb{R} ;\ T((x, y)) = -x - y$

(3) n차 다항식의 집합이 P_n일 때

$$T : P_2 \to P_3 ;\ T(p) = xp(x),\ \ p = p(x) \in P_2$$

(4) 구간 $[0, 1]$에서 연속인 함수의 집합이 $C[0, 1]$일 때

$$T : C[0, 1] \to \mathbb{R} ;\ T(f) = f(a),\ \ f \in C[0, 1],\ \ a \in [0, 1]$$

2. 선형변환 $T : V \to V$에서 V는 n차원 벡터공간이다. 다음과 같이 정의되는 T의 핵, 치역, 퇴화차수, 계수를 각각 구하여라.

(1) $T(\mathbf{v}) = \mathbf{0} \quad (\mathbf{v} \in V)$

(2) $T(\mathbf{v}) = \mathbf{v} \quad (\mathbf{v} \in V)$

(3) $T(\mathbf{v}) = 2\mathbf{v} \quad (\mathbf{v} \in V)$

3. 선형변환 $T : V \to W$에서 V의 기저가 $\{\mathbf{u}_1, \mathbf{u}_2, \cdots, \mathbf{u}_n\}$이다. 다음을 각각 증명하여라.

(1) $T(\mathbf{u}_i) = \mathbf{0} \quad (i = 1, 2, \cdots, n)$이면 T는 영변환이다.

(2) $T(\mathbf{u}_i) = \mathbf{u}_i \quad (i = 1, 2, \cdots, n)$이면 T는 항등변환이다.

• 벡터공간 V, W에서 $T : V \to W$가 모든 $\mathbf{v} \in V$에 대하여

$$T(\mathbf{v}) = \mathbf{0}$$

일 때 T를 영변환(zero transformation)이라하고 $I : V \to V$가 모든 $\mathbf{v} \in V$에 대하여

$$I(\mathbf{v}) = \mathbf{v}$$

일 때 I를 항등변환(identity transformation)이라 한다.

• $T : V \to W$가 선형변환이면

$$T(\alpha_1\mathbf{u}_1 + \alpha_2\mathbf{u}_2 + \cdots + \alpha_n\mathbf{u}_n) = \alpha_1 T(\mathbf{u}_1) + \alpha_2 T(\mathbf{u}_2) + \cdots + \alpha_n T(\mathbf{u}_n)$$

4. $\mathbb{R}^3$의 한 기저 $\{\mathbf{u}_1, \mathbf{u}_2, \mathbf{u}_3\}$에서 $\mathbf{u}_1 = (1, 1, 1)$, $\mathbf{u}_2 = (1, -2, -1)$, $\mathbf{u}_3 = (1, 0, 1)$이다. 이때 $T : \mathbb{R}^3 \to \mathbb{R}^2$이 $T(\mathbf{u}_1) = (1, 1)$, $T(\mathbf{u}_2) = (-1, 2)$, $T(\mathbf{u}_3) = (0, -2)$으로 정의된다. $T(3, -4, -3)$를 구하여라.

5. 평면 π를 $W = \{(x, y, z) \mid 2x - y + z = 0\}$라 할 때 $\mathbb{R}^2$의 표준기저를 사용하여 선형변환 $T : \mathbb{R}^2 \to W$를 정하여라. $T((3, -2))$를 구하여라.

6. P_n이 n차 다항식의 집합일 때 선형변환 $T : P_2 \to P_2$가

$$T(1) = 1 - x,\ \ T(x) = 2 - 3x^2,\ \ T(x^2) = -2 - 3x + x^2$$

으로 정의될 때, $T(3 - 2x + x^2)$을 구하여라.

보충

〈차원정리와 증명〉

> 정리 6.2-4
>
> 벡터공간 V에서 벡터공간 W로의 선형변환 $T: V \to W$에 대하여
>
> $$(T\text{의 퇴화차수}) + (T\text{의 계수}) = \dim V$$
>
> 즉 $$n(T) + r(T) = \dim V$$

- $T: V \to W$에서 $n(T) + r(T)$ $= \dim(\ker T) + \dim(im\, T)$ $= \dim V$
- $T: V \to W$에서 V가 n차원이면 $n(T) + r(T) = n$

증명

$$n(T) = (T\text{의 퇴화차수}) = \dim(\ker T) = k$$
$$r(T) = (T\text{의 계수}) = \dim(im\, T) = m$$

이라 하자.

$$\ker T\text{의 기저의 집합을 } \{\mathbf{u}_1, \mathbf{u}_2, \cdots, \mathbf{u}_k\}$$
$$im\, T\text{의 기저의 집합을 } \{\mathbf{v}_1, \mathbf{v}_2, \cdots, \mathbf{v}_m\}$$

이라 하고, V의 벡터 $\mathbf{u}_{k+1}, \mathbf{u}_{k+2}, \cdots, \mathbf{u}_{k+m}$을 각각

$$T(\mathbf{u}_{k+1}) = \mathbf{v}_1,\ T(\mathbf{u}_{k+2}) = \mathbf{v}_2,\ \cdots,\ T(\mathbf{u}_{k+m}) = \mathbf{v}_m \qquad \cdots ①$$

으로 놓는다. 이제 $k+m$개의 벡터

$$\mathbf{u}_1, \mathbf{u}_2, \cdots, \mathbf{u}_k, \mathbf{u}_{k+1}, \mathbf{u}_{k+2}, \cdots, \mathbf{u}_{k+m} \qquad \cdots ②$$

이 V의 기저가 됨을 보이면 된다.

(i) 먼저 ②가 V를 생성하는지를 보인다. V의 임의의 벡터 $\mathbf{u}$에 대하여

$$T(\mathbf{u}) \in im\, T$$

이므로 $b_i \in \mathbb{R}$에 대하여

$$T(\mathbf{u}) = b_1\mathbf{v}_1 + b_2\mathbf{v}_2 + \cdots + b_m\mathbf{v}_m$$

으로 나타낼 수 있다. 따라서

$$\begin{aligned} &T(\mathbf{u} - b_1\mathbf{u}_{k+1} - b_2\mathbf{u}_{k+2} - \cdots - b_m\mathbf{u}_{k+m}) \\ &= T(\mathbf{u}) - b_1T(\mathbf{u}_{k+1}) - b_2T(\mathbf{u}_{k+2}) - \cdots - b_mT(\mathbf{u}_{k+m}) \\ &= b_1\mathbf{v}_1 + b_2\mathbf{v}_2 + \cdots + b_m\mathbf{v}_m - b_1\mathbf{v}_1 - b_2\mathbf{v}_2 - \cdots - b_m\mathbf{v}_m = \mathbf{0} \end{aligned}$$

이므로 $\mathbf{u} - b_1\mathbf{u}_{k+1} - b_2\mathbf{u}_{k+2} - \cdots - b_m\mathbf{u}_{k+m} \in \ker T$

따라서 $a_i \in \mathbb{R}$에 대하여

$$\mathbf{u} - b_1\mathbf{u}_{k+1} - b_2\mathbf{u}_{k+2} - \cdots - b_m\mathbf{u}_{k+m} = a_1\mathbf{u}_1 + a_2\mathbf{u}_2 + \cdots + a_k\mathbf{u}_k$$

즉 $\mathbf{u} = a_1\mathbf{u}_1 + a_2\mathbf{u}_2 + \cdots + a_k\mathbf{u}_k + b_1\mathbf{u}_{k+1} + b_2\mathbf{u}_{k+2} + \cdots + b_m\mathbf{u}_{k+m}$

그러므로 ②는 V를 생성한다.

(ii) $k+m$개의 벡터

$$\mathbf{u}_1, \mathbf{u}_2, \cdots, \mathbf{u}_k, \mathbf{u}_{k+1}, \mathbf{u}_{k+2}, \cdots, \mathbf{u}_{k+m} \quad \cdots ②$$

이 일차독립임을 보인다. ②의 일차결합이 영벡터라 가정하자. 즉

$$a_1\mathbf{u}_1 + a_2\mathbf{u}_2 + \cdots + a_k\mathbf{u}_k + b_1\mathbf{u}_{k+1} + b_2\mathbf{u}_{k+2} + \cdots + b_m\mathbf{u}_{k+m} = \mathbf{0} \quad \cdots ③$$

양변에 선형변환 T를 적용하면 $i=1, 2, \cdots, k$에 대하여 $T(\mathbf{u}_i) = \mathbf{0}$이므로

• T가 선형변환이면 $T(\mathbf{0}) = \mathbf{0}$

$$T(a_1\mathbf{u}_1 + a_2\mathbf{u}_2 + \cdots + a_k\mathbf{u}_k + b_1\mathbf{u}_{k+1} + b_2\mathbf{u}_{k+2} + \cdots + b_m\mathbf{u}_{k+m}) = T(\mathbf{0}) = \mathbf{0}$$
$$b_1 T(\mathbf{u}_{k+1}) + b_2 T(\mathbf{u}_{k+2}) + \cdots + b_m T(\mathbf{u}_{k+m}) = \mathbf{0}$$

여기에 ①을 대입하면 $\quad b_1\mathbf{v}_1 + b_2\mathbf{v}_2 + \cdots + b_m\mathbf{v}_m = 0$

$\mathbf{v}_1, \mathbf{v}_2, \cdots, \mathbf{v}_m$은 일차독립이므로($im\,T$의 기저)

$$b_1 = b_2 = \cdots = b_m = 0 \quad \cdots ④$$

③, ④에서 $\quad a_1\mathbf{u}_1 + a_2\mathbf{u}_2 + \cdots + a_k\mathbf{u}_k = \mathbf{0}$

$\mathbf{u}_1, \mathbf{u}_2, \cdots, \mathbf{u}_k$는 일차독립이므로($\ker T$의 기저)

$$a_1 = a_2 = \cdots = a_k = 0$$

따라서 $\mathbf{u}_1, \mathbf{u}_2, \cdots, \mathbf{u}_k, \mathbf{u}_{k+1}, \mathbf{u}_{k+2}, \cdots, \mathbf{u}_{k+m}$은 일차독립이다.

(i), (ii)에 의하여 $k+m$개의 벡터 $\mathbf{u}_1, \mathbf{u}_2, \cdots, \mathbf{u}_k, \mathbf{u}_{k+1}, \mathbf{u}_{k+2}, \cdots, \mathbf{u}_{k+m}$은 V의 기저이다. 그러므로

$$\begin{aligned}\dim V = k+m &= \dim(\ker T) + \dim(im\,T) \\ &= n(T) + r(T)\end{aligned}$$

■

• (T의 퇴화차수) +(T의 계수) $= n$

정리 6.2-3의 선형변환 $T: V \to W$에서 V가 n차원 벡터공간이면

$$\boxed{n(T) + r(T) = \dim(\ker T) + \dim(im\,T) = n}$$

이다.

예제 6.2-6 다음 선형변환 T에 대하여 T의 퇴화차수를 말하여라.

• P_n은 n차 다항식의 집합

(1) $T: \mathbb{R}^5 \to \mathbb{R}^6$의 계수는 3이다. (2) $T: \mathbb{R}^7 \to \mathbb{R}^4$의 치역은 $\mathbb{R}^4$이다.

(3) $T: P_4 \to P_3$의 계수는 1이다.

풀이 (1) $n(T) + 3 = 5 \quad \therefore n(T) = 5-3 = 2$

(2) $n(T) + 4 = 7 \quad \therefore n(T) = 7-4 = 3$

(3) P_4는 5차원 $\quad \therefore n(T) = 5-1 = 4$

■

6.3 선형변환과 행렬

$m\times n$ 행렬 A에 대하여 $T:\mathbb{R}^n\to\mathbb{R}^m$이 $T(\mathbf{x})=A\mathbf{x}$로 정의될 때 T는 선형변환이다. 이것은 예제 6.1-2에서 설명하였다. $T(\mathbf{x})=A\mathbf{x}$에서 $T(\mathbf{x})$는 $\mathbf{x}\in\mathbb{R}^n$에 대하여 행렬의 곱셈으로 계산할 수 있음을 안다.

이제 선형변환 $T:\mathbb{R}^n\to\mathbb{R}^m$에 대하여 $T(\mathbf{x})=A\mathbf{x}\ (\mathbf{x}\in\mathbb{R}^n)$를 만족하는 $m\times n$ 행렬 A가 존재함을 설명하기로 한다.

$$\mathbf{e}_1,\ \mathbf{e}_2,\ \cdots,\ \mathbf{e}_n$$

을 $\mathbb{R}^n$의 표준기저라 하고 $\mathbf{w}_i=T(\mathbf{e}_i)\ \ (i=1,2,\cdots,n)$라 할 때 $\mathbf{w}_i$가 i열 열벡터인 $m\times n$ 행렬을 A라 한다. $i=1,2,\cdots,n$에 대하여

$$\mathbf{w}_i=\begin{bmatrix}a_{1i}\\a_{2i}\\\vdots\\a_{ni}\end{bmatrix},\ \text{즉}\ T(\mathbf{e}_i)=\begin{bmatrix}a_{1i}\\a_{2i}\\\vdots\\a_{ni}\end{bmatrix}\text{라 하면 } A=\begin{bmatrix}a_{11}&a_{12}&\cdots&a_{1n}\\a_{21}&a_{22}&\cdots&a_{2n}\\\vdots&\vdots&&\vdots\\a_{m1}&a_{m2}&\cdots&a_{mn}\end{bmatrix}\text{이다.}$$

$$\mathbf{x}=\begin{bmatrix}x_1\\x_2\\\vdots\\x_n\end{bmatrix}=x_1\begin{bmatrix}1\\0\\\vdots\\0\end{bmatrix}+x_2\begin{bmatrix}0\\1\\\vdots\\0\end{bmatrix}+\cdots+x_n\begin{bmatrix}0\\0\\\vdots\\1\end{bmatrix}=x_1\mathbf{e}_1+x_2\mathbf{e}_2+\cdots+x_n\mathbf{e}_n$$

에 대하여

$$\begin{aligned}T(\mathbf{x})&=T(x_1\mathbf{e}_1+x_2\mathbf{e}_2+\cdots+x_n\mathbf{e}_n)\\&=x_1T(\mathbf{e}_1)+x_2T(\mathbf{e}_2)+\cdots+x_nT(\mathbf{e}_n)\\&=x_1\mathbf{w}_1+x_2\mathbf{w}_2+\cdots+x_n\mathbf{w}_n\qquad\cdots①\end{aligned}$$

• T가 선형변환이면 $T(\alpha_1\mathbf{v}_1+\alpha_2\mathbf{v}_2+\cdots+\alpha_n\mathbf{v}_n)=\alpha_1T(\mathbf{v}_1)+\alpha_2T(\mathbf{v}_2)+\cdots+\alpha_nT(\mathbf{v}_n)$

그리고

$$\begin{aligned}A\mathbf{x}&=\begin{bmatrix}a_{11}&a_{12}&\cdots&a_{1n}\\a_{21}&a_{22}&\cdots&a_{2n}\\\vdots&\vdots&&\vdots\\a_{m1}&a_{m2}&\cdots&a_{mn}\end{bmatrix}\begin{bmatrix}x_1\\x_2\\\vdots\\x_n\end{bmatrix}=\begin{bmatrix}a_{11}x_1+a_{12}x_2+\cdots+a_{1n}x_n\\a_{21}x_1+a_{22}x_2+\cdots+a_{2n}x_n\\\vdots\\a_{m1}x_1+a_{m2}x_2+\cdots+a_{mn}x_n\end{bmatrix}\\&=x_1\begin{bmatrix}a_{11}\\a_{21}\\\vdots\\a_{m1}\end{bmatrix}+x_2\begin{bmatrix}a_{12}\\a_{22}\\\vdots\\a_{m2}\end{bmatrix}+\cdots+x_n\begin{bmatrix}a_{1n}\\a_{2n}\\\vdots\\a_{mn}\end{bmatrix}\\&=x_1T(\mathbf{e}_1)+x_2T(\mathbf{e}_2)+\cdots+x_nT(\mathbf{e}_n)\\&=x_1\mathbf{w}_1+x_2\mathbf{w}_2+\cdots+x_n\mathbf{w}_n\qquad\cdots②\end{aligned}$$

①, ②에서 $T(\mathbf{x})=A\mathbf{x}$를 만족하는 $m\times n$ 행렬 A가 존재한다. 이것은 선형변환 T는 행렬 A의 곱으로 나타냄을 의미한다.

선형변환 $T : \mathbb{R}^n \to \mathbb{R}^m$에서 모든 $\mathbf{x} \in \mathbb{R}^n$에 대하여 $T(\mathbf{x}) = A\mathbf{x}$인 $m \times n$ 행렬 A가 존재함을 알았다. 이때 A는 유일하다. 이것을 밝혀보자.

모든 $\mathbf{x} \in \mathbb{R}^n$에 대하여 $T(\mathbf{x}) = A\mathbf{x}$, $T(\mathbf{x}) = B\mathbf{x}$인 $m \times n$행렬이 A와 B가 존재한다고 가정하자.

- $T(\mathbf{x}) - T(\mathbf{x}) = T(\mathbf{x}-\mathbf{x}) = T(0) = \mathbf{0}$

$$A\mathbf{x} - B\mathbf{x} = T(\mathbf{x}) - T(\mathbf{x}) = \mathbf{0},\ (A-B)\mathbf{x} = \mathbf{0}$$

이것은 모든 $\mathbf{x}$에 대하여 성립한다. 특히 $(A-B)\mathbf{e}_i = \mathbf{0}$, $i = 1, 2, \cdots, n$이다.

앞의 설명에 의하면 $(A-B)\mathbf{e}_i$는 행렬 $A-B$의 i열을 의미하고 행렬 $A-B$의 n개의 열은 m개의 0을 성분으로 갖는 벡터이다.

$A-B=0$, 즉 행렬 $A-B$는 영행렬이다.

그러므로 $A=B$, 즉 $m \times n$행렬 A는 유일하게 존재한다.

이상을 정리하면 다음과 같은 정리를 얻는다.

> 정리 6.3-1
>
> $T : \mathbb{R}^n \to \mathbb{R}^m$은 선형변환이다. 이때 모든 $\mathbf{x} \in \mathbb{R}^n$에 대하여
>
> $$T(\mathbf{x}) = A\mathbf{x}$$
>
> 를 만족하는 $m \times n$행렬 A는 유일하게 존재한다.

앞의 설명에서 정리 6.3-1의 행렬 A는 열을 벡터 $T(\mathbf{e}_i)$로 하는 행렬임을 알았으므로 쉽게 구할 수 있다.

예제 6.3-1

$T : \mathbb{R}^3 \to \mathbb{R}^4$가 $T\left(\begin{bmatrix} x_1 \\ x_2 \\ x_3 \end{bmatrix}\right) = \begin{bmatrix} x_1 - x_2 \\ x_1 + x_3 \\ x_2 - x_3 \\ x_2 \end{bmatrix}$로 정의될 때 정리 6.3-1의 행렬 A를 구하여라.

- $T(\mathbf{e}_2) = T\left(\begin{bmatrix} 0 \\ 1 \\ 0 \end{bmatrix}\right)$
- $T(\mathbf{e}_3) = T\left(\begin{bmatrix} 0 \\ 0 \\ 1 \end{bmatrix}\right)$
- $A\begin{bmatrix} x_1 \\ x_2 \\ x_3 \end{bmatrix} = \begin{bmatrix} x_1 - x_2 \\ x_1 + x_3 \\ x_2 - x_3 \\ x_2 \end{bmatrix}$

풀이 $\begin{bmatrix} x_1 - x_2 \\ x_1 + x_3 \\ x_2 - x_3 \\ x_2 \end{bmatrix} = \begin{bmatrix} x_1 \\ x_1 \\ 0 \\ 0 \end{bmatrix} + \begin{bmatrix} -x_2 \\ 0 \\ x_2 \\ x_2 \end{bmatrix} + \begin{bmatrix} 0 \\ x_3 \\ -x_3 \\ 0 \end{bmatrix}$, $\mathbf{e}_1 = \begin{bmatrix} 1 \\ 0 \\ 0 \end{bmatrix}$, $\mathbf{e}_2 = \begin{bmatrix} 0 \\ 1 \\ 0 \end{bmatrix}$, $\mathbf{e}_3 = \begin{bmatrix} 0 \\ 0 \\ 1 \end{bmatrix}$이므로

$$T(\mathbf{e}_1) = T\left(\begin{bmatrix} 1 \\ 0 \\ 0 \end{bmatrix}\right) = \begin{bmatrix} 1 \\ 1 \\ 0 \\ 0 \end{bmatrix},\ T(\mathbf{e}_2) = \begin{bmatrix} -1 \\ 0 \\ 1 \\ 1 \end{bmatrix},\ T(\mathbf{e}_3) = \begin{bmatrix} 0 \\ 1 \\ -1 \\ 0 \end{bmatrix}$$

$$\therefore A = \begin{bmatrix} 1 & -1 & 0 \\ 1 & 0 & 1 \\ 0 & 1 & -1 \\ 0 & 1 & 0 \end{bmatrix}$$

■

정의 6.3-1

$T:\mathbb{R}^n\to\mathbb{R}^m$은 선형변환이다. 이때 모든 $\mathbf{x}\in\mathbb{R}^n$에 대하여 $T(\mathbf{x})=A\mathbf{x}$를 만족하는 $m\times n$행렬 A를 T와 같은 변환행렬(transformation matrix)이라 한다.

예제 6.3-1의 4×3행렬 A는 T의 변환행렬임을 알 수 있다.

선형변환 $T:\mathbb{R}^n\to\mathbb{R}^m$이 다음 $m\times n$행렬 A의 곱셈으로 정의된다면

$$A=\begin{bmatrix} a_{11} & a_{12} & \cdots & a_{1n} \\ a_{21} & a_{22} & \cdots & a_{2n} \\ \vdots & \vdots & & \vdots \\ a_{m1} & a_{m2} & \cdots & a_{mn} \end{bmatrix}$$

$$T(\mathbf{e}_i)=A\mathbf{e}_i=\begin{bmatrix} a_{11} & a_{12} & \cdots & a_{1n} \\ a_{21} & a_{22} & \cdots & a_{2n} \\ \vdots & \vdots & & \vdots \\ a_{m1} & a_{m2} & \cdots & a_{mn} \end{bmatrix}\begin{bmatrix} 0 \\ 0 \\ \vdots \\ 1 \\ 0 \\ \vdots \\ 0 \end{bmatrix}=\begin{bmatrix} a_{1i} \\ a_{2i} \\ \vdots \\ a_{mi} \end{bmatrix}$$

(i 번째 성분만 1)

에서 A의 열은 벡터 $T(\mathbf{e}_1)$, $T(\mathbf{e}_2)$, $\cdots$, $T(\mathbf{e}_n)$이다.

따라서 T의 변환행렬은

$$\left[\, T(\mathbf{e}_1) \;\vdots\; T(\mathbf{e}_2) \;\vdots\; \cdots \;\vdots\; T(\mathbf{e}_n) \,\right]=\begin{bmatrix} a_{11} & a_{12} & \cdots & a_{1n} \\ a_{21} & a_{22} & \cdots & a_{2n} \\ \vdots & \vdots & & \vdots \\ a_{m1} & a_{m2} & \cdots & a_{mn} \end{bmatrix}=A$$

즉 A 자신임을 알 수 있다.

- $\mathbf{e}_1=\begin{bmatrix}1\\0\\0\\\vdots\\0\end{bmatrix}$, $\mathbf{e}_2=\begin{bmatrix}0\\1\\0\\\vdots\\0\end{bmatrix}$, $\mathbf{e}_3=\begin{bmatrix}0\\0\\1\\\vdots\\0\end{bmatrix}$, $\mathbf{e}_i=\begin{bmatrix}0\\\vdots\\0\\0\\1\\0\\\vdots\\0\end{bmatrix}$ ← (i 번째) …

선형변환 T의 핵과 치역, 퇴화차수와 계수를 6.2에서 설명하였다.

이 선형변환과 일치하는 변환행렬 A의 핵, 치역, 퇴화차수, 계수는 선형변환 T의 핵, 치역, 퇴화차수, 계수로 설명이 가능할 것이다.

선형변환 $T:V\to W$의 변환행렬이 A일 때, $\mathbf{x}\in V$, $\mathbf{y}\in W$에 대하여

$$\ker T=\{\mathbf{x}\mid T(\mathbf{x})=\mathbf{0}\}=\{\mathbf{x}\mid A\mathbf{x}=\mathbf{0}\}=\ker A$$

$$im\,T=\{\mathbf{y}\mid T(\mathbf{x})=\mathbf{y}\}=\{\mathbf{y}\mid A\mathbf{x}=\mathbf{y}\}$$

$$n(T)=\dim(\ker T)=\dim(\ker A)=n(A)$$

$$r(T)=\dim(im\,T)=\dim(im\,A)=r(A)$$

와 같이 표기할 수 있다.

- $T:V\to W$
  ① T의 핵(kernel)은 $\ker T=\{\mathbf{v}\mid T(\mathbf{v})=\mathbf{0},\ \mathbf{v}\in V\}$
  ② T의 치역(range)은 $im\,T=\{\mathbf{w}\mid T(\mathbf{v})=\mathbf{w},\ \mathbf{v}\in V,\ \mathbf{w}\in W\}$
  ③ T의 퇴화차수(nullity)는 $n(T)=\dim(\ker T)$
  ④ T의 계수(rank)는 $r(T)=\dim(im\,T)$

예제 6.3-2 $T : \mathbb{R}^3 \to \mathbb{R}^4$를 다음과 같이 정의할 때 T의 변환행렬 A를 구하여라. 또 T의 핵, 치역, 퇴화차수, 계수도 각각 구하여라.

$$T\left(\begin{bmatrix} x_1 \\ x_2 \\ x_3 \end{bmatrix}\right) = \begin{bmatrix} x_1 + 2x_2 \\ x_2 - x_3 \\ x_1 - x_2 + 3x_3 \\ 2x_1 + x_2 + 2x_3 \end{bmatrix}$$

풀이 $\mathbb{R}^3$에서 $\mathbf{e}_1 = \begin{bmatrix} 1 \\ 0 \\ 0 \end{bmatrix}, \mathbf{e}_2 = \begin{bmatrix} 0 \\ 1 \\ 0 \end{bmatrix}, \mathbf{e}_3 = \begin{bmatrix} 0 \\ 0 \\ 1 \end{bmatrix}$이다. 그리고

$$\begin{bmatrix} x_1 + 2x_2 \\ x_2 - x_3 \\ x_1 - x_2 + 3x_3 \\ 2x_1 + x_2 - 2x_3 \end{bmatrix} = x_1 \begin{bmatrix} 1 \\ 0 \\ 1 \\ 2 \end{bmatrix} + x_2 \begin{bmatrix} 2 \\ 1 \\ -1 \\ 1 \end{bmatrix} + x_3 \begin{bmatrix} 0 \\ -1 \\ 3 \\ 2 \end{bmatrix}$$ 이다. 따라서

$$T(\mathbf{e}_1) = T\left(\begin{bmatrix} 1 \\ 0 \\ 0 \end{bmatrix}\right) = \begin{bmatrix} 1 \\ 0 \\ 1 \\ 2 \end{bmatrix}, \quad T(\mathbf{e}_2) = T\left(\begin{bmatrix} 0 \\ 1 \\ 0 \end{bmatrix}\right) = \begin{bmatrix} 2 \\ 1 \\ -1 \\ 1 \end{bmatrix},$$

$$T(\mathbf{e}_3) = T\left(\begin{bmatrix} 0 \\ 0 \\ 1 \end{bmatrix}\right) = \begin{bmatrix} 0 \\ -1 \\ 3 \\ 12 \end{bmatrix}$$

변환행렬은 $A = \begin{bmatrix} 1 & 2 & 0 \\ 0 & 1 & -1 \\ 1 & -1 & 3 \\ 2 & 1 & 2 \end{bmatrix}$, A에 기본행변형을 하면

$$\begin{bmatrix} 1 & 2 & 0 \\ 0 & 1 & -1 \\ 1 & -1 & 3 \\ 2 & 1 & 2 \end{bmatrix} \xrightarrow[R_4 + R_1 \times (-2) \to R_4]{R_3 + R_1 \times (-1) \to R_3} \begin{bmatrix} 1 & 2 & 0 \\ 0 & 1 & -1 \\ 0 & -3 & 3 \\ 0 & -3 & 2 \end{bmatrix} \xrightarrow[R_4 + R_2 \times 3 \to R_4]{R_3 + R_2 \times 3 \to R_3}$$

$$\begin{bmatrix} 1 & 2 & 0 \\ 0 & 1 & -1 \\ 0 & 0 & 0 \\ 0 & 0 & -1 \end{bmatrix} \xrightarrow{R_4 \times (-1) \to R_4} \begin{bmatrix} 1 & 2 & 0 \\ 0 & 1 & -1 \\ 0 & 0 & 0 \\ 0 & 0 & 1 \end{bmatrix} \xrightarrow{R_3 \rightleftarrows R_4} \begin{bmatrix} 1 & 2 & 0 \\ 0 & 1 & -1 \\ 0 & 0 & 1 \\ 0 & 0 & 0 \end{bmatrix}$$

마지막 행렬 $\begin{bmatrix} 1 & 2 & 0 \\ 0 & 1 & -1 \\ 0 & 0 & 1 \\ 0 & 0 & 0 \end{bmatrix}$의 R_1, R_2, R_3는 일차독립이고 4×3행렬이므로

$r(A) = 3$, $n(A) + r(A) = 3$에서 $n(A) = 3 - r(A) = 3 - 3 = 0$

$im\,T$는 $\begin{bmatrix} 1 \\ 0 \\ 1 \\ 2 \end{bmatrix}, \begin{bmatrix} 2 \\ 1 \\ -1 \\ 1 \end{bmatrix}, \begin{bmatrix} 0 \\ -1 \\ 3 \\ 2 \end{bmatrix}$으로 생성된 집합이고 $\ker T = \{\mathbf{0}\}$이다.

그러므로

$$(T\text{의 퇴화차수}) = n(T) = \dim(\ker T) = 0$$

$$(T\text{의 계수}) = r(T) = \dim(im\,T) = 3$$

■

- $\begin{vmatrix} 1 & 2 & 0 \\ 0 & 1 & -1 \\ 0 & 0 & 1 \end{vmatrix} = 1 \neq 0$
- A가 $m \times n$ 행렬이면 $r(A) + n(A) = n$
- $r(A) = \dim(range A)$
- $n(A) = \dim(A\text{의 핵})$

선형변환 $T : \mathbb{R}^n \to \mathbb{R}^m$과 같은 T의 변환행렬 A에 대하여 설명하였다.

여기서는 일반적으로 임의의 유한차원의 벡터공간 V와 W에 대한 선형변환 $T : V \to W$의 변환행렬을 설명하기로 한다. n차원 벡터공간 V와 m차원 벡터공간 W가 있다. $T : V \to W$은 선형변환이다. $B_1 = \{\mathbf{u}_1, \mathbf{u}_2, \cdots, \mathbf{u}_n\}$을 V의 기저, $B_2 = \{\mathbf{v}_1, \mathbf{v}_2, \cdots, \mathbf{v}_m\}$을 W의 기저라 한다.

$$T(\mathbf{u}_1) = \mathbf{w}_1,\ T(\mathbf{u}_2) = \mathbf{w}_2,\ \cdots,\ T(\mathbf{u}_n) = \mathbf{w}_n \qquad \cdots ①$$

라 하면 $\mathbf{w}_i \in W$이므로 $i = 1, 2, \cdots, n$에 대하여 $\mathbf{w}_i = a_{1i}\mathbf{v}_1 + a_{2i}\mathbf{v}_2 + \cdots + a_{mi}\mathbf{v}_m$을 만족하는 스칼라 $a_{1i},\ a_{2i},\ \cdots,\ a_{mi}$가 존재한다.

$$[\mathbf{w}_i]_{B_2} = \begin{bmatrix} a_{1i} \\ a_{2i} \\ \vdots \\ a_{mi} \end{bmatrix} \text{ 즉 } [\mathbf{w}_1]_{B_2} = \begin{bmatrix} a_{11} \\ a_{21} \\ \vdots \\ a_{m1} \end{bmatrix}, [\mathbf{w}_2]_{B_2} = \begin{bmatrix} a_{12} \\ a_{22} \\ \vdots \\ a_{m2} \end{bmatrix}, \cdots\ [\mathbf{w}_n]_{B_2} = \begin{bmatrix} a_{1n} \\ a_{2n} \\ \vdots \\ a_{mn} \end{bmatrix} \cdots ②$$

- $\mathbb{R}^2$에서 $\mathbf{u}_1 = \begin{bmatrix} 1 \\ 0 \end{bmatrix}$, $\mathbf{u}_2 = \begin{bmatrix} 0 \\ 1 \end{bmatrix}$로 할 때, $\{\mathbf{u}_1,\ \mathbf{u}_2\}$가 표준기저, $\mathbf{x} = \begin{bmatrix} x_1 \\ x_0 \end{bmatrix} = x_1\begin{bmatrix} 1 \\ 0 \end{bmatrix} + x_2\begin{bmatrix} 0 \\ 1 \end{bmatrix} = x_1\mathbf{u}_1 + x_2\mathbf{u}_2$ 을 기호 $[\mathbf{x}]_{B_1} = \begin{bmatrix} x_1 \\ x_2 \end{bmatrix}$로 나타낸다.
- $[\mathbf{w}_1]_{B_2} = \begin{bmatrix} a_{11} \\ a_{21} \\ \vdots \\ a_{m1} \end{bmatrix}$은 $\mathbf{w}_1 = a_{11}\mathbf{v}_1 + a_{21}\mathbf{v}_2 + \cdots + a_{m1}\mathbf{v}_m$을 의미한다.

$[\mathbf{w}_1]_{B_2}, [\mathbf{w}_2]_{B_2}, \cdots, [\mathbf{w}_n]_{B_2}$을 차례로 1열, 2열, $\cdots$, n열로 하는 행렬을 A라 하면

$$A = \begin{bmatrix} a_{11} & a_{12} & \cdots & a_{1n} \\ a_{21} & a_{22} & \cdots & a_{2n} \\ \vdots & \vdots & & \vdots \\ a_{m1} & a_{m2} & \cdots & a_{mn} \end{bmatrix}$$

$$[\mathbf{u}_1]_{B_1} = \begin{bmatrix} 1 \\ 0 \\ 0 \\ \vdots \\ 0 \end{bmatrix},\ [\mathbf{u}_2]_{B_1} = \begin{bmatrix} 0 \\ 1 \\ 0 \\ \vdots \\ 0 \end{bmatrix},\ \cdots,\ [\mathbf{u}_n]_{B_1} = \begin{bmatrix} 0 \\ 0 \\ \vdots \\ 0 \\ 1 \end{bmatrix}$$

이므로 $i = 1, 2, \cdots, n$에 대하여

$$A[\mathbf{u}_i]_{B_1} = \begin{bmatrix} a_{11} & a_{12} & \cdots & a_{1i} & \cdots & a_{1n} \\ a_{21} & a_{22} & \cdots & a_{2i} & \cdots & a_{2n} \\ \vdots & \vdots & & \vdots & & \vdots \\ a_{m1} & a_{m2} & \cdots & a_{mi} & \cdots & a_{mn} \end{bmatrix} \begin{bmatrix} 0 \\ 0 \\ \vdots \\ 1 \\ 0 \\ \vdots \\ 0 \end{bmatrix} = \begin{bmatrix} a_{1i} \\ a_{2i} \\ \vdots \\ a_{mi} \end{bmatrix} = [\mathbf{w}_i]_{B_2}$$

(i 번째 성분만 1)

따라서 A의 열은 벡터 $[\mathbf{w}_1]_{B_2}, [\mathbf{w}_2]_{B_2}, \cdots, [\mathbf{w}_n]_{B_2}$이다.

그러므로 주어진 T의 변환행렬 A는

$$A = \left[[\mathbf{w}_1]_{B_2} \,\vdots\, [\mathbf{w}_2]_{B_2} \,\vdots\, \cdots \,\vdots\, [\mathbf{w}_n]_{B_2} \right] = \begin{bmatrix} a_{11} & a_{12} & \cdots & a_{1n} \\ a_{21} & a_{22} & \cdots & a_{2n} \\ \vdots & \vdots & & \vdots \\ a_{m1} & a_{m2} & \cdots & a_{mn} \end{bmatrix}$$

임을 알 수 있다.

그리고 $\mathbf{x}$를 V의 벡터라 하면 다음을 만족하는 스칼라 $k_1, k_2, \cdots, k_n$이 존재 한다.

$$\mathbf{x} = k_1\mathbf{u}_1 + k_2\mathbf{u}_2 + \cdots + k_n\mathbf{u}_n, \quad [\mathbf{x}]_{B_1} = \begin{bmatrix} k_1 \\ k_2 \\ \vdots \\ k_n \end{bmatrix}$$

이때
$$A[\mathbf{x}]_{B_1} = \begin{bmatrix} a_{11} & a_{12} & \cdots & a_{1n} \\ a_{21} & a_{22} & \cdots & a_{2n} \\ \vdots & \vdots & & \vdots \\ a_{m1} & a_{m2} & \cdots & a_{mn} \end{bmatrix} \begin{bmatrix} k_1 \\ k_2 \\ \vdots \\ k_n \end{bmatrix}$$
$$= \begin{bmatrix} a_{11}k_1 + a_{12}k_2 + \cdots + a_{1n}k_n \\ a_{21}k_1 + a_{22}k_2 + \cdots + a_{2n}k_n \\ \vdots \\ a_{m1}k_1 + a_{m2}k_2 + \cdots + a_{mn}k_n \end{bmatrix}$$
$$= k_1 \begin{bmatrix} a_{11} \\ a_{21} \\ \vdots \\ a_{m1} \end{bmatrix} + k_2 \begin{bmatrix} a_{12} \\ a_{22} \\ \vdots \\ a_{m2} \end{bmatrix} + \cdots + k_n \begin{bmatrix} a_{1n} \\ a_{2n} \\ \vdots \\ a_{mn} \end{bmatrix} \quad \cdots ③$$

②, ③에서 $A[\mathbf{x}]_{B_1} = k_1[\mathbf{w}_1]_{B_2} + k_2[\mathbf{w}_2]_{B_2} + \cdots + k_n[\mathbf{w}_n]_{B_2}$ $\cdots$ ④

그런데
$$T(\mathbf{x}) = T(k_1\mathbf{u}_1 + k_2\mathbf{u}_2 + \cdots + k_n\mathbf{u}_n)$$
$$= k_1 T(\mathbf{u}_1) + k_2 T(\mathbf{u}_2) + \cdots + k_n T(\mathbf{u}_n) \quad \cdots ⑤$$

①, ⑤에서 $T(\mathbf{x}) = k_1\mathbf{w}_1 + k_2\mathbf{w}_2 + \cdots + k_n\mathbf{w}_n$ $\cdots$ ⑥

④, ⑥에서 $[T(\mathbf{x})]_{B_2} = A[\mathbf{x}]_{B_1}$

여기서 변환행렬 A는 유일하게 존재한다.

이것에 대한 증명은 정리 6.3-1을 정리하기전의 설명에서 밝혔으므로 참고하면 된다.

이상을 정리하면 다음과 같은 정리를 얻는다.

• 일반적으로 선형변환 $T : V \to W$에서 V, W는 유한차원 벡터공간이고 $\dim V = n$ 또 A가 T의 변환행렬일 때

$$r(T) = r(A)$$
$$n(T) = n(A)$$
$$r(T) + n(A) = n$$

정리 6.3-2

n차원 벡터공간 V와 m차원 벡터공간 W에 대하여 $T : V \to W$인 선형변환이 있다. B_1이 V의 기저이고 B_2가 W의 기저일 때 다음을 만족하는 변환행렬 A가 유일하게 존재한다.

$$[T(\mathbf{x})]_{B_2} = A[\mathbf{x}]_{B_1}$$

예제 6.3-3 $T: P_1 \to P_2$는 $T(p(x)) = xp(x)$로 정의한다. 변환행렬 A를 구하여라. P_1의 표준기저 $B_1 = \{1,\ x\}$, P_2의 표준기저 $B_2 = \{1,\ x,\ x^2\}$을 사용한다.

• P_n은 n차 다항식의 집합

풀이 $T(p(x)) = xp(x)$로부터

$$T(1) = x \cdot 1 = x,\ \ T(x) = x \cdot x = x^2$$

$$\therefore\ [T(1)]_{B_2} = \begin{bmatrix} 0 \\ 1 \\ 0 \end{bmatrix},\ [T(x)]_{B_2} = \begin{bmatrix} 0 \\ 0 \\ 1 \end{bmatrix}$$

그러므로

$$A = \left[[T(1)]_{B_2} \,\vdots\, [T(x)]_{B_2} \right] = \begin{bmatrix} 0 & 0 \\ 1 & 0 \\ 0 & 1 \end{bmatrix}$$

■

예제 6.3-4 $T: P_2 \to P_3$를 예제 6.3-3과 같이 정의할 때 변환행렬 A를 구하여라. P_2, P_3의 표준기저는 $B_1 = \{1,\ x,\ x^2\}$, $B_2 = \{1,\ x,\ x^2,\ x^3\}$을 사용한다.

풀이 $T(p(x)) = xp(x)$로부터

$$T(1) = x \cdot 1 = x,\ \ T(x) = x \cdot x = x^2,\ \ T(x^2) = x \cdot x^2 = x^3$$

$$\therefore\ [T(1)]_{B_2} = \begin{bmatrix} 0 \\ 1 \\ 0 \\ 0 \end{bmatrix},\ [T(x)]_{B_2} = \begin{bmatrix} 0 \\ 0 \\ 1 \\ 0 \end{bmatrix},\ [T(x^2)]_{B_2} = \begin{bmatrix} 0 \\ 0 \\ 0 \\ 1 \end{bmatrix}$$

그러므로

$$A = \left[[T(1)]_{B_2} \,\vdots\, [T(x)]_{B_2} \,\vdots\, [T(x^2)]_{B_2} \right]$$

$$= \begin{bmatrix} 0 & 0 & 0 \\ 1 & 0 & 0 \\ 0 & 1 & 0 \\ 0 & 0 & 1 \end{bmatrix}$$

■

• 예제 6.3-3에서 A의 행공간에 대한 기저는 $\left\{ \begin{bmatrix} 0 \\ 1 \\ 0 \end{bmatrix}, \begin{bmatrix} 0 \\ 0 \\ 1 \end{bmatrix} \right\}$이고, 예제 6.3-4에서 A의 행공간에 대한 기저는 $\left\{ \begin{bmatrix} 0 \\ 1 \\ 0 \\ 0 \end{bmatrix}, \begin{bmatrix} 0 \\ 0 \\ 1 \\ 0 \end{bmatrix}, \begin{bmatrix} 0 \\ 0 \\ 0 \\ 1 \end{bmatrix} \right\}$이다.

예제 6.3-3에서 $r(A) = r(T) = \dim(im\,T) = 2$, $im\,T$는 $\{x,\, x^2\}$으로 생성되는 집합이므로 $n(A) = n(T) = \dim(\ker T) = 2 - r(A) = 2$이다.

따라서 $$\ker T = \{\mathbf{0}\}$$

같은 이치로 예제 6.3-4에서 $r(A) = 3$, $im\,T$는 $\{x,\, x^2,\, x^3\}$으로 생성되는 집합으로 $n(A) = 3 - r(A) = 3$이다.

따라서 $$\ker T = \{\mathbf{0}\}$$

예제 6.3-5 예제 6.3-4에서 $\mathbf{x}=1+2x-3x^2 \in P_2$일 때 $T(\mathbf{x})$를 구하여라.

풀이 $[\mathbf{x}]_{B_1}=\begin{bmatrix}1\\2\\-3\end{bmatrix}$이므로 $B_2=\{\mathbf{v}_1, \mathbf{v}_2, \mathbf{v}_3, \mathbf{v}_4\}=\{1, x, x^2, x^3\}$으로 하면

$$[T(\mathbf{x})]_{B_2}=A[\mathbf{x}]_{B_1}=\begin{bmatrix}0&0&0\\1&0&0\\0&1&0\\0&0&1\end{bmatrix}\begin{bmatrix}1\\2\\-3\end{bmatrix}=\begin{bmatrix}0\\1\\2\\-3\end{bmatrix}$$

그러므로

$$\begin{aligned}T(\mathbf{x})&=0\mathbf{v}_1+1\mathbf{v}_2+2\mathbf{v}_3+(-3)\mathbf{v}_4\\&=0\cdot 1+1\cdot x+2\cdot x^2+(-3)\cdot x^3\\&=x+2x^2-3x^3\end{aligned}$$

■

예제 6.3-5에서 $T(p(x))=xp(x)$이므로

$$T(\mathbf{x})=T(1+2x-3x^2)=x(1+2x-3x^2)=x+2x^2-3x^3$$

와 같이 직접 계산한 것과 그 결과가 같음을 알 수 있다.

예제 6.3-6 $T:\mathbb{R}^2\to\mathbb{R}^2$이 다음과 같이 정의된다. $B_1=B_2=\left\{\begin{bmatrix}1\\-1\end{bmatrix}, \begin{bmatrix}1\\2\end{bmatrix}\right\}$ 일 때 T의 변환행렬 A를 구하여라.

$$T\left(\begin{bmatrix}x_1\\x_2\end{bmatrix}\right)=\begin{bmatrix}x_1-x_2\\-x_1+2x_2\end{bmatrix}$$

풀이 $T\left(\begin{bmatrix}1\\-1\end{bmatrix}\right)=\begin{bmatrix}1-(-1)\\-1+2(-1)\end{bmatrix}=\begin{bmatrix}2\\-3\end{bmatrix}$, $T\left(\begin{bmatrix}1\\2\end{bmatrix}\right)=\begin{bmatrix}1-2\\-1+2\cdot 2\end{bmatrix}=\begin{bmatrix}-1\\3\end{bmatrix}$

$\begin{bmatrix}2\\-3\end{bmatrix}=a_1\begin{bmatrix}1\\-1\end{bmatrix}+a_2\begin{bmatrix}1\\2\end{bmatrix}$에서 $a_1=\frac{7}{3}$, $a_2=-\frac{1}{3}$, 즉 $\begin{bmatrix}2\\-3\end{bmatrix}_{B_2}=\begin{bmatrix}\frac{7}{3}\\-\frac{1}{3}\end{bmatrix}$

또 $\begin{bmatrix}-1\\3\end{bmatrix}=a_3\begin{bmatrix}1\\-1\end{bmatrix}+a_4\begin{bmatrix}1\\2\end{bmatrix}$에서 $a_3=-\frac{5}{3}$, $a_4=\frac{2}{3}$, 즉 $\begin{bmatrix}-1\\3\end{bmatrix}_{B_2}=\begin{bmatrix}-\frac{5}{3}\\\frac{2}{3}\end{bmatrix}$

따라서 구하는 T의 변환행렬 A는

$$A=\begin{bmatrix}a_1&a_3\\a_2&a_4\end{bmatrix}=\begin{bmatrix}\frac{7}{3}&-\frac{5}{3}\\-\frac{1}{3}&\frac{2}{3}\end{bmatrix}$$

■

- $\begin{cases}a_1+a_2=2\\-a_1+2a_2=-3\end{cases}$
- $\begin{cases}a_3+a_4=-1\\-a_3+2a_4=3\end{cases}$

예제 6.3-7 예제 6.3-6의 T와 B_1, B_2, 변환행렬 A에 대하여 $T\left(\begin{bmatrix}-5\\17\end{bmatrix}\right)$을 계산하여라.

풀이 $\begin{bmatrix}-5\\17\end{bmatrix}=k_1\begin{bmatrix}1\\-1\end{bmatrix}+k_2\begin{bmatrix}1\\2\end{bmatrix}$에서

$$\begin{cases}k_1+\ \ k_2=-5\\-k_1+2k_2=17\end{cases}\quad\therefore k_1=-9,\ k_2=4$$

따라서 $\begin{bmatrix}-5\\17\end{bmatrix}=-9\begin{bmatrix}1\\-1\end{bmatrix}+4\begin{bmatrix}1\\2\end{bmatrix}$, 즉 $\begin{bmatrix}-5\\17\end{bmatrix}_{B_1}=\begin{bmatrix}-9\\4\end{bmatrix}$

이제 $\left[T\left(\begin{bmatrix}-5\\17\end{bmatrix}\right)\right]_{B_2}=A\begin{bmatrix}-5\\17\end{bmatrix}_{B_1}=A\begin{bmatrix}-9\\4\end{bmatrix}$

$$=\begin{bmatrix}\frac{7}{3}&-\frac{5}{3}\\-\frac{1}{3}&\frac{2}{3}\end{bmatrix}\begin{bmatrix}-9\\4\end{bmatrix}=\begin{bmatrix}-\frac{83}{3}\\\frac{17}{3}\end{bmatrix}$$

• $[T(\mathbf{x})]_{B_2}=A[\mathbf{x}]_{B_1}$

그러므로

$$T\left(\begin{bmatrix}-5\\17\end{bmatrix}\right)=-\frac{83}{3}\begin{bmatrix}1\\-1\end{bmatrix}+\frac{17}{3}\begin{bmatrix}1\\2\end{bmatrix}=\begin{bmatrix}-\frac{83}{3}+\frac{17}{3}\\\frac{83}{3}+\frac{34}{3}\end{bmatrix}=\begin{bmatrix}-22\\39\end{bmatrix}$$

이것은 주어진 $T\left(\begin{bmatrix}x_1\\x_2\end{bmatrix}\right)=\begin{bmatrix}x_1-x_2\\-x_1+2x_2\end{bmatrix}$에 따라 직접 계산한

$$T\left(\begin{bmatrix}-5\\17\end{bmatrix}\right)=\begin{bmatrix}-5-17\\-(-5)+2\cdot 17\end{bmatrix}=\begin{bmatrix}-22\\39\end{bmatrix}$$

과 그 결과가 같음을 알 수 있다. ■

유한차원의 벡터공간 V에 대하여 V의 한 기저 $B=\{\mathbf{u}_1,\mathbf{u}_2,\cdots,\mathbf{u}_n\}$이 있다. 항등변환 $I:V\to V$에서 $I(\mathbf{u}_1)=\mathbf{u}_1$, $I(\mathbf{u}_2)=\mathbf{u}_2$, $\cdots$, $I(\mathbf{u}_n)=\mathbf{u}_n$이므로

$$[I(\mathbf{u}_1)]_B=\begin{bmatrix}1\\0\\\vdots\\0\end{bmatrix},\ [I(\mathbf{u}_2)]_B=\begin{bmatrix}0\\1\\\vdots\\0\end{bmatrix},\ \cdots,\ [I(\mathbf{u}_n)]_B=\begin{bmatrix}0\\0\\\vdots\\1\end{bmatrix}$$

이 되어 I의 변환행렬은 $[[I(\mathbf{u}_1)]_B \mid [I(\mathbf{u}_2)]_B \mid \cdots \mid [I(\mathbf{u}_n)]_B]$

$=\begin{bmatrix}1&0&\cdots&0\\0&1&\cdots&0\\\vdots&\vdots&&\vdots\\0&0&\cdots&1\end{bmatrix}$이다. 즉 항등변환 I의 변환행렬은 $(n\times n)$단위행렬임을 알 수 있다.

선형변환 $T : \mathbb{R}^2 \to \mathbb{R}^2$을 기하학적으로 관찰하여 보자. 좌표평면 위에서 어떠한 의미를 갖는 변환인지를 살펴보자.

• 행렬 A가 가역이란 A가 역행렬을 갖는다는 뜻이다.

$\det A \neq 0$

선형변환 $T : \mathbb{R}^2 \to \mathbb{R}^2$의 변환행렬 A가 가역이면 T는 확대(expansion) 변환, 압축(compression) 변환, 반사(reflection) 변환, 층밀림(shear) 변환, 회전(rotation) 변환이 된다. 이 변환들을 차례로 설명하기로 하자.

(I) 확대변환(expansion transformation)

• x축 방향으로 확대 변환 행렬은

$\begin{bmatrix} k & 0 \\ 0 & 1 \end{bmatrix}$, $k > 1$

먼저 좌표평면에서 x축 방향으로 확대하는 확대변환은 $\mathbb{R}^2$의 벡터의 x성분(좌표)을 $k(k > 1)$배한 선형변환 $T : \mathbb{R}^2 \to \mathbb{R}^2$이다. 이것을 나타내면

$$T\left(\begin{bmatrix} x \\ y \end{bmatrix}\right) = \begin{bmatrix} kx \\ y \end{bmatrix}$$

따라서 $T\left(\begin{bmatrix} 1 \\ 0 \end{bmatrix}\right) = \begin{bmatrix} k \cdot 1 \\ 0 \end{bmatrix} = \begin{bmatrix} k \\ 0 \end{bmatrix}$, $T\left(\begin{bmatrix} 0 \\ 1 \end{bmatrix}\right) = \begin{bmatrix} k \cdot 0 \\ 1 \end{bmatrix} = \begin{bmatrix} 0 \\ 1 \end{bmatrix}$이므로 이 경우의 변환행렬은 $A = \begin{bmatrix} k & 0 \\ 0 & 1 \end{bmatrix}$로

$$T\left(\begin{bmatrix} x \\ y \end{bmatrix}\right) = A\begin{bmatrix} x \\ y \end{bmatrix} = \begin{bmatrix} k & 0 \\ 0 & 1 \end{bmatrix}\begin{bmatrix} x \\ y \end{bmatrix} = \begin{bmatrix} kx \\ y \end{bmatrix} \quad \cdots ①$$

그리고 y축 방향으로 확대하는 확대변환은 $\mathbb{R}^2$의 벡터의 y성분(좌표)을 $k(k > 1)$배한 선형변환 $T : \mathbb{R}^2 \to \mathbb{R}^2$이다. 이것을 나타내면

• y축 방향으로 확대 변환 행렬은

$\begin{bmatrix} 1 & 0 \\ 0 & k \end{bmatrix}$, $0 < k < 1$

$$T\left(\begin{bmatrix} x \\ y \end{bmatrix}\right) = \begin{bmatrix} x \\ ky \end{bmatrix}$$

따라서 $T\left(\begin{bmatrix} 1 \\ 0 \end{bmatrix}\right) = \begin{bmatrix} 1 \\ k \cdot 0 \end{bmatrix} = \begin{bmatrix} 1 \\ 0 \end{bmatrix}$, $T\left(\begin{bmatrix} 0 \\ 1 \end{bmatrix}\right) = \begin{bmatrix} 0 \\ k \cdot 1 \end{bmatrix} = \begin{bmatrix} 0 \\ k \end{bmatrix}$이므로 이 경우의 변환행렬은 $A = \begin{bmatrix} 1 & 0 \\ 0 & k \end{bmatrix}$로

$$T\left(\begin{bmatrix} x \\ y \end{bmatrix}\right) = A\begin{bmatrix} x \\ y \end{bmatrix} = \begin{bmatrix} 1 & 0 \\ 0 & k \end{bmatrix}\begin{bmatrix} x \\ y \end{bmatrix} = \begin{bmatrix} x \\ ky \end{bmatrix} \quad \cdots ②$$

아래 그림에서 (ii)는 x축 방향으로 (i)을 3배$(k = 3)$, (iii)은 y축 방향으로 (i)을 2배$(k = 2)$ 확대한 것이다. (ii)는 ①의 $k = 3$, (iii)은 ②의 $k = 2$인 경우이다.

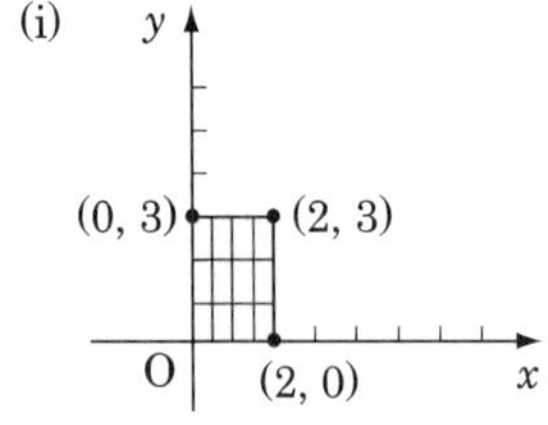

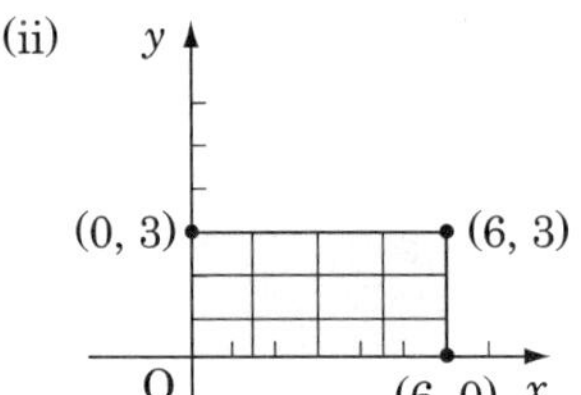

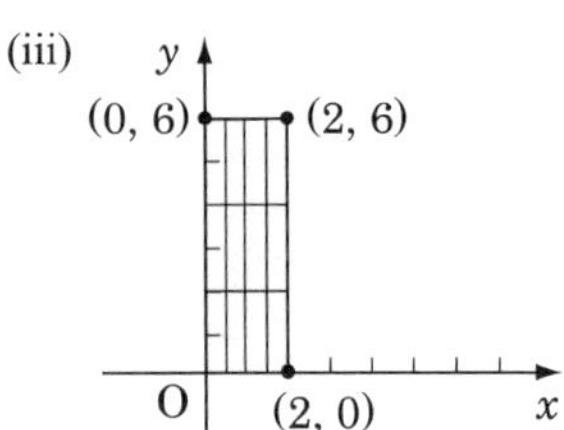

(II) 압축변환(compression transformation)

x축 방향으로 압축하는 압축변환은 $\mathbb{R}^2$의 벡터의 x성분(x좌표)을 확대하는 경우와 마찬가지로 k배한 선형변환 $T : \mathbb{R}^2 \to \mathbb{R}^2$인데 이때 k는 $0 < k < 1$이다. 따라서 압축 변환행렬은 $\begin{bmatrix} k & 0 \\ 0 & 1 \end{bmatrix}$이다.

같은 이치로 y축 방향으로 압축하는 압축 변환행렬은 $\begin{bmatrix} 1 & 0 \\ 0 & k \end{bmatrix}(0 < k < 1)$이다.

다음 그림에서 (ii)는 (i)을 x축 방향으로 $\frac{1}{3}\left(k = \frac{1}{3}\right)$, (iii)은 (i)을 y축 방향으로 $\frac{1}{2}\left(k = \frac{1}{2}\right)$로 압축한 것이다.

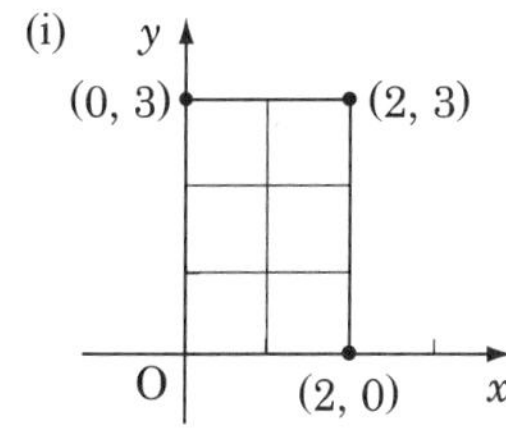

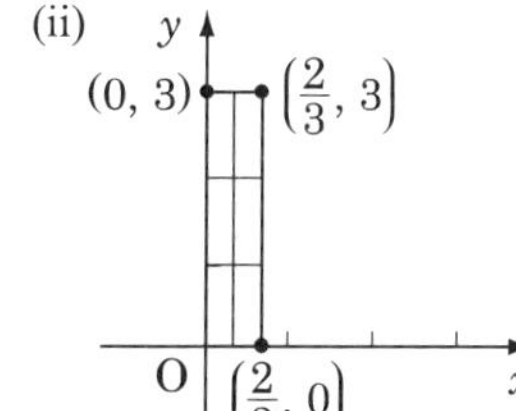

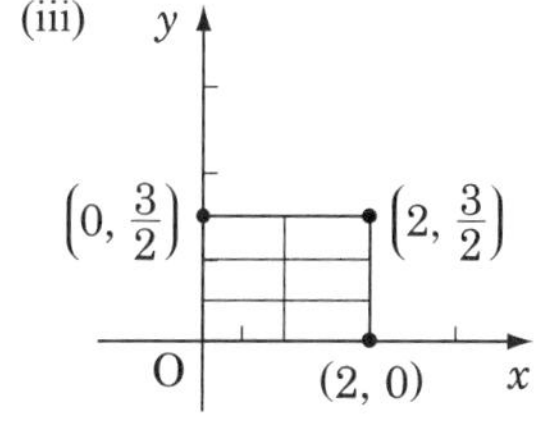

(III) 반사변환(reflection transformation)

먼저 x축에 대한 반사는 $\mathbb{R}^2$의 벡터의 y성분(y좌표) 부호가 반대인 선형변환으로 $T\left(\begin{bmatrix} x \\ y \end{bmatrix}\right) = \begin{bmatrix} x \\ -y \end{bmatrix}$, 따라서 $T\left(\begin{bmatrix} x \\ y \end{bmatrix}\right) = \begin{bmatrix} 1 & 0 \\ 0 & -1 \end{bmatrix}\begin{bmatrix} x \\ y \end{bmatrix} = \begin{bmatrix} x \\ -y \end{bmatrix}$로 변환행렬은 $\begin{bmatrix} 1 & 0 \\ 0 & -1 \end{bmatrix}$이고 마찬가지로 y축에 대한 반사는 x성분 부호가 반대이므로 $T\left(\begin{bmatrix} x \\ y \end{bmatrix}\right) = \begin{bmatrix} -x \\ y \end{bmatrix}$, 따라서 $T\left(\begin{bmatrix} x \\ y \end{bmatrix}\right) = \begin{bmatrix} -1 & 0 \\ 0 & 1 \end{bmatrix}\begin{bmatrix} -x \\ y \end{bmatrix}$로 변환행렬은 $\begin{bmatrix} -1 & 0 \\ 0 & 1 \end{bmatrix}$이다.

그리고 직선 $y = x$에 대한 반사는 $\mathbb{R}^2$의 벡터의 x, y성분을 바꾸어 놓은 선형변환으로 $T\left(\begin{bmatrix} x \\ y \end{bmatrix}\right) = \begin{bmatrix} y \\ x \end{bmatrix}$, 따라서 $T\left(\begin{bmatrix} x \\ y \end{bmatrix}\right) = \begin{bmatrix} 0 & 1 \\ 1 & 0 \end{bmatrix}\begin{bmatrix} x \\ y \end{bmatrix} = \begin{bmatrix} y \\ x \end{bmatrix}$로 변환행렬은 $\begin{bmatrix} 0 & 1 \\ 1 & 0 \end{bmatrix}$이다.

- x축에 대한 반사 변환행렬은 $\begin{bmatrix} 1 & 0 \\ 0 & -1 \end{bmatrix}$
- y축에 대한 반사 변환행렬은 $\begin{bmatrix} -1 & 0 \\ 0 & 1 \end{bmatrix}$
- 직선 $y = x$에 대한 반사 변환행렬은 $\begin{bmatrix} 0 & 1 \\ 1 & 0 \end{bmatrix}$

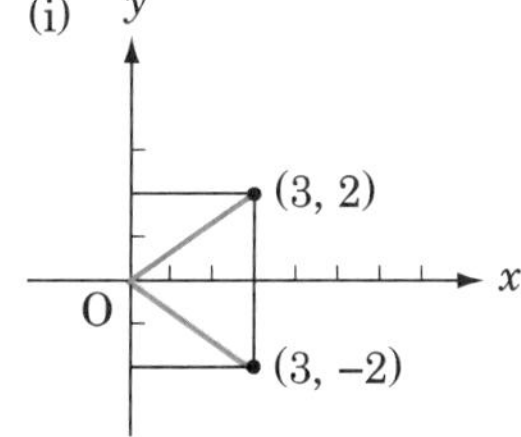

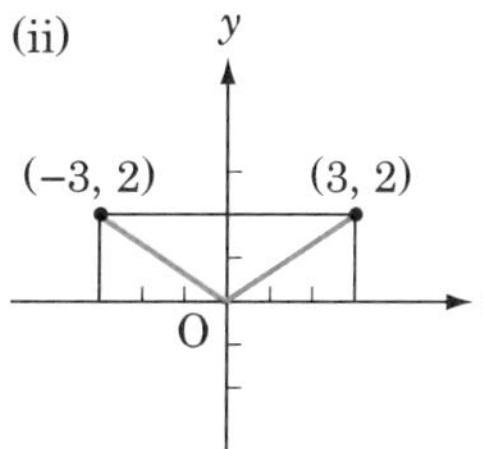

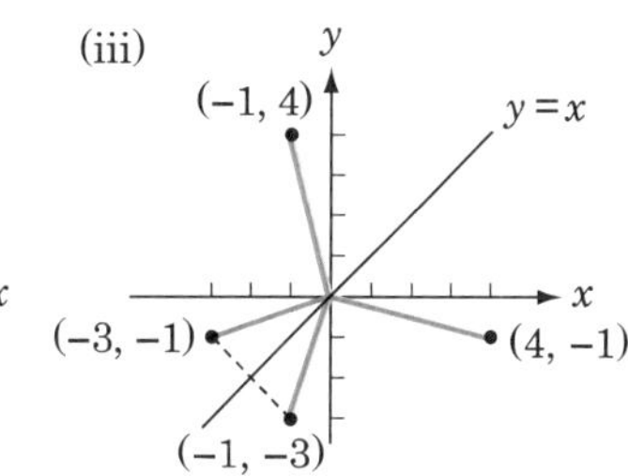

- 옆 그림에서
(i)은 x축에 대한 반사
(ii)은 y축에 대한 반사
(iii)은 직선 $y = x$에 대한 반사

(IV) 층밀림변환(shear transformation)

먼저 x축 방향으로 층밀림하는 층밀림변환은 k(상수)에 대하여 선형변환 $T\left(\begin{bmatrix} x \\ y \end{bmatrix}\right) = \begin{bmatrix} x+ky \\ y \end{bmatrix}$ 이다.

• 층밀림변환에서
$T\left(\begin{bmatrix} 1 \\ 0 \end{bmatrix}\right) = \begin{bmatrix} 1+k\cdot 0 \\ 0 \end{bmatrix} = \begin{bmatrix} 1 \\ 0 \end{bmatrix}$
$T\left(\begin{bmatrix} 0 \\ 1 \end{bmatrix}\right) = \begin{bmatrix} 0+k\cdot 1 \\ 1 \end{bmatrix} = \begin{bmatrix} k \\ 1 \end{bmatrix}$

$$T\left(\begin{bmatrix} x \\ y \end{bmatrix}\right) = \begin{bmatrix} 1 & k \\ 0 & 1 \end{bmatrix}\begin{bmatrix} x \\ y \end{bmatrix} = \begin{bmatrix} x+ky \\ y \end{bmatrix}$$

로 층밀림 변환행렬은 $\begin{bmatrix} 1 & k \\ 0 & 1 \end{bmatrix}$ 이다.

y축 방향으로 층밀림하는 층밀림변환은 같은 이치로 $T\left(\begin{bmatrix} x \\ y \end{bmatrix}\right) = \begin{bmatrix} x \\ y+kx \end{bmatrix}$ 이다.

$$T\left(\begin{bmatrix} x \\ y \end{bmatrix}\right) = \begin{bmatrix} 1 & 0 \\ k & 1 \end{bmatrix}\begin{bmatrix} x \\ y \end{bmatrix} = \begin{bmatrix} x \\ y+kx \end{bmatrix}$$

로 이 경우의 층밀림 변환행렬은 $\begin{bmatrix} 1 & 0 \\ k & 1 \end{bmatrix}$ 이다.

• x축 방향으로 층밀림 변환행렬은 $\begin{bmatrix} 1 & k \\ 0 & 1 \end{bmatrix}$
• y축 방향으로 층밀림 변환행렬은 $\begin{bmatrix} 1 & 0 \\ k & 1 \end{bmatrix}$

예제 6.3-8 오른쪽 그림을 다음과 같이 층밀림변환을 하는 경우를 좌표평면 그림으로 나타내어라.

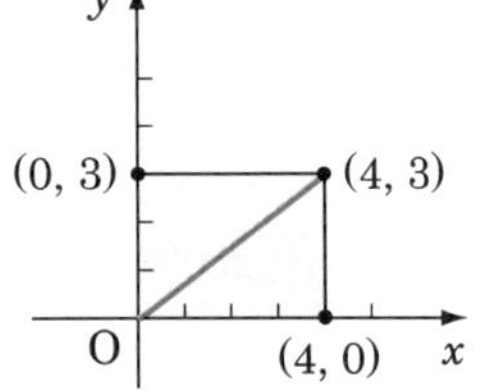

(1) $k=2$일 때 x축 방향으로
(2) $k=-2$일 때 x축 방향으로
(3) $k=3$일 때 y축 방향으로
(4) $k=-3$일 때 y축 방향으로

풀이 (1) $T\left(\begin{bmatrix} 0 \\ 3 \end{bmatrix}\right) = A\begin{bmatrix} 0 \\ 3 \end{bmatrix} = \begin{bmatrix} 1 & 2 \\ 0 & 1 \end{bmatrix}\begin{bmatrix} 0 \\ 3 \end{bmatrix} = \begin{bmatrix} 6 \\ 3 \end{bmatrix}$, $T\left(\begin{bmatrix} 4 \\ 3 \end{bmatrix}\right) = A\begin{bmatrix} 4 \\ 3 \end{bmatrix} = \begin{bmatrix} 1 & 2 \\ 0 & 1 \end{bmatrix}\begin{bmatrix} 4 \\ 3 \end{bmatrix} = \begin{bmatrix} 10 \\ 3 \end{bmatrix}$

$T\left(\begin{bmatrix} 4 \\ 0 \end{bmatrix}\right) = A\begin{bmatrix} 4 \\ 0 \end{bmatrix} = \begin{bmatrix} 1 & 2 \\ 0 & 1 \end{bmatrix}\begin{bmatrix} 4 \\ 0 \end{bmatrix} = \begin{bmatrix} 4 \\ 0 \end{bmatrix}$

(2) $T\left(\begin{bmatrix} 0 \\ 3 \end{bmatrix}\right) = A\begin{bmatrix} 0 \\ 3 \end{bmatrix} = \begin{bmatrix} 1 & -2 \\ 0 & 1 \end{bmatrix}\begin{bmatrix} 0 \\ 3 \end{bmatrix} = \begin{bmatrix} -6 \\ 3 \end{bmatrix}$,

$T\left(\begin{bmatrix} 4 \\ 3 \end{bmatrix}\right) = A\begin{bmatrix} 4 \\ 3 \end{bmatrix} = \begin{bmatrix} 1 & -2 \\ 0 & 1 \end{bmatrix}\begin{bmatrix} 4 \\ 3 \end{bmatrix} = \begin{bmatrix} -2 \\ 3 \end{bmatrix}$,

$T\left(\begin{bmatrix} 4 \\ 0 \end{bmatrix}\right) = A\begin{bmatrix} 4 \\ 0 \end{bmatrix} = \begin{bmatrix} 1 & -2 \\ 0 & 1 \end{bmatrix}\begin{bmatrix} 4 \\ 0 \end{bmatrix} = \begin{bmatrix} 4 \\ 0 \end{bmatrix}$

(3) $T\left(\begin{bmatrix} 0 \\ 3 \end{bmatrix}\right) = A\begin{bmatrix} 0 \\ 3 \end{bmatrix} = \begin{bmatrix} 1 & 0 \\ 3 & 1 \end{bmatrix}\begin{bmatrix} 0 \\ 3 \end{bmatrix} = \begin{bmatrix} 0 \\ 3 \end{bmatrix}$, $T\left(\begin{bmatrix} 4 \\ 3 \end{bmatrix}\right) = A\begin{bmatrix} 4 \\ 3 \end{bmatrix} = \begin{bmatrix} 1 & 0 \\ 3 & 1 \end{bmatrix}\begin{bmatrix} 4 \\ 3 \end{bmatrix} = \begin{bmatrix} 4 \\ 15 \end{bmatrix}$

$T\left(\begin{bmatrix} 4 \\ 0 \end{bmatrix}\right) = A\begin{bmatrix} 4 \\ 0 \end{bmatrix} = \begin{bmatrix} 1 & 0 \\ 3 & 1 \end{bmatrix}\begin{bmatrix} 4 \\ 0 \end{bmatrix} = \begin{bmatrix} 4 \\ 12 \end{bmatrix}$

(4) $A = \begin{bmatrix} 1 & 0 \\ -3 & 1 \end{bmatrix}$ 이므로 같은 방법으로 계산하면

$T\left(\begin{bmatrix} 0 \\ 3 \end{bmatrix}\right) = \begin{bmatrix} 0 \\ 3 \end{bmatrix}$, $T\left(\begin{bmatrix} 4 \\ 3 \end{bmatrix}\right) = \begin{bmatrix} 4 \\ -9 \end{bmatrix}$, $T\left(\begin{bmatrix} 4 \\ 0 \end{bmatrix}\right) = \begin{bmatrix} 4 \\ -12 \end{bmatrix}$

이상을 좌표평면에 나타내면 다음과 같다.

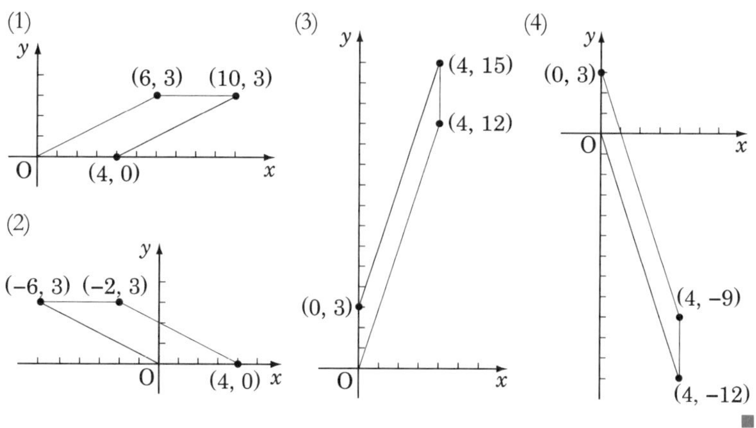

■

(V) 회전변환(rotation transformation)

$\mathbb{R}^2$에서 원점 O를 중심으로 시계바늘반대방향으로 θ만큼 회전한 회전변환은 선형변환 $T: \mathbb{R}^2 \to \mathbb{R}^2$,

$$T\left(\begin{bmatrix} x \\ y \end{bmatrix}\right) = \begin{bmatrix} \cos\theta & -\sin\theta \\ \sin\theta & \cos\theta \end{bmatrix}\begin{bmatrix} x \\ y \end{bmatrix} = \begin{bmatrix} x\cos\theta - y\sin\theta \\ x\sin\theta + y\cos\theta \end{bmatrix}$$

임을 알고 있다. 예제 6.1-4를 참고하면 된다.

• 원점 O를 중심으로 양의방향 θ만큼 회전한 회전 변환행렬은

$$\begin{bmatrix} \cos\theta & -\sin\theta \\ \sin\theta & \cos\theta \end{bmatrix}$$

예제 6.3-9 $\mathbb{R}^2$에서 원점 O를 중심으로 시계바늘반대방향으로 θ만큼 회전하고 x축 방향으로 k만큼 층밀림을 실행한 변환의 변환행렬을 구하여라.

풀이 점 (x, y)를 θ만큼 회전하여 점 (x_1, y_1)이 되었다면 회전 변환행렬이 $\begin{bmatrix} \cos\theta & -\sin\theta \\ \sin\theta & \cos\theta \end{bmatrix}$이므로

$$\begin{bmatrix} x_1 \\ y_1 \end{bmatrix} = \begin{bmatrix} \cos\theta & -\sin\theta \\ \sin\theta & \cos\theta \end{bmatrix}\begin{bmatrix} x \\ y \end{bmatrix}$$

이다. 그리고 점 (x_1, y_1)를 x축 방향으로 k만큼 층밀림을 실행하여 점 (x_2, y_2)가 되었다면

$$\begin{bmatrix} x_2 \\ y_2 \end{bmatrix} = \begin{bmatrix} 1 & k \\ 0 & 1 \end{bmatrix}\begin{bmatrix} x_1 \\ y_1 \end{bmatrix} = \begin{bmatrix} 1 & k \\ 0 & 1 \end{bmatrix}\begin{bmatrix} \cos\theta & -\sin\theta \\ \sin\theta & \cos\theta \end{bmatrix}\begin{bmatrix} x \\ y \end{bmatrix}$$

$$= \begin{bmatrix} \cos\theta + k\sin\theta & -\sin\theta + k\cos\theta \\ \sin\theta & \cos\theta \end{bmatrix}\begin{bmatrix} x \\ y \end{bmatrix}$$

그러므로 구하는 변환행렬은 $\begin{bmatrix} \cos\theta + k\sin\theta & -\sin\theta + k\cos\theta \\ \sin\theta & \cos\theta \end{bmatrix}$ ■

• 예제 6.3-9에서 회전 변환행렬을 A_1, 층밀림 변환행렬을 A_2라 하면 구하는 변환행렬 A는

$$A = A_2 A_1$$

이러한 변환을 차례로 m번 실행할 때 변환행렬이 A_1, A_2, …, A_m라 하면 구하는 변환행렬 A는

$$A = A_m A_{m-1} \cdots A_2 A_1$$

연습문제 6.3

• $T\left(\begin{bmatrix} x_1 \\ x_2 \end{bmatrix}\right) = \begin{bmatrix} ax_1 + bx_2 \\ cx_1 + dx_2 \end{bmatrix} = x_1\begin{bmatrix} a \\ c \end{bmatrix} + x_2\begin{bmatrix} b \\ d \end{bmatrix}$

$\therefore A = \begin{bmatrix} a & b \\ c & d \end{bmatrix}$

1. 다음과 같이 주어진 선형변환 T의 변환행렬 A를 구하여라.

(1) $T : \mathbb{R}^2 \to \mathbb{R}^2$; $T\left(\begin{bmatrix} x_1 \\ x_2 \end{bmatrix}\right) = \begin{bmatrix} -2x_1 + x_2 \\ x_1 - x_2 \end{bmatrix}$

(2) $T : \mathbb{R}^2 \to \mathbb{R}^3$; $T\left(\begin{bmatrix} x_1 \\ x_2 \end{bmatrix}\right) = \begin{bmatrix} -x_1 + x_2 \\ 2x_1 - x_2 \\ x_1 + 3x_2 \end{bmatrix}$

(3) $T : \mathbb{R}^3 \to \mathbb{R}^2$; $T\left(\begin{bmatrix} x_1 \\ x_2 \\ x_3 \end{bmatrix}\right) = \begin{bmatrix} x_1 + 2x_2 - x_3 \\ -x_1 - 3x_2 + 2x_3 \end{bmatrix}$

(4) $T : \mathbb{R}^3 \to \mathbb{R}^3$; $T\left(\begin{bmatrix} x_1 \\ x_2 \\ x_3 \end{bmatrix}\right) = \begin{bmatrix} -x_1 - 2x_2 + x_3 \\ 3x_1 + x_2 \\ x_1 - x_3 \end{bmatrix}$

2. 문제 1의 각 T에 대하여 T의 핵, 치역, 퇴화차수 $n(T)$, 계수 $r(T)$를 구하여라.

• P_n은 n차 다항식의 집합이다.

3. 선형변환 $T : P_2 \to P_4$를 $T(p(x)) = x^2 p(x)$로 정의할 때, P_2, P_4의 기저를 표준기저 $B_1 = \{1,\ x,\ x^2\}$, $B_2 = \{1,\ x,\ x^2,\ x^3,\ x^4\}$으로 한다. 변환행렬 A를 구하여라.

4. 선형변환 $T : P_2 \to P_3$를 다음과 같이 정의할 때 변환행렬 A를 구하여라.

$$T(a_0 + a_1 x + a_2 x^2) = (a_0 + a_1) - (a_1 + a_2)x + (a_0 + a_2)x^2 - 2a_2 x^3$$

여기서 P_2, P_3의 기저는 표준기저이다. 즉

$$B_1 = \{1,\ x,\ x^2\},\ B_2 = \{1,\ x,\ x^2,\ x^3\}$$

5. 문제 3의 선형변환 T에 대하여 P_2의 기저를

$$B_1 = \{1 + x,\ 2 - x + 3x^2,\ 2x - x^2\}$$

으로 하고 P_4의 기저를 표준기저 $B_2 = \{1,\ x,\ x^2,\ x^3,\ x^4\}$으로 할 때 변환행렬 A를 구하여라.

6. 점 (x, y)를 x축 방향으로 3배 확대하고 원점을 중심으로 양의 방향으로 60°만큼 회전한 다음 직선 y축 방향으로 $\frac{1}{2}$만큼 층밀림을 실행한 변환의 변환행렬 A를 구하여라.

7 고유값과 고유벡터

固有値, 固有벡터

Eigenvalue & Eigenvector

7.1 고유값과 고유벡터

선형변환 $T: V \to V$가 있다. $\mathbf{x} \in T$에 대하여 $T(\mathbf{x})$와 $\mathbf{x}$가 평행일 때 $\mathbf{x}$를 구하는 것은 매우 중요하다. 다시 말하면

$$T(\mathbf{x}) = \lambda \mathbf{x} \qquad \cdots ①$$

를 만족하는 $\mathbf{x} \in V$와 스칼라 λ를 찾는 것이 중요하다는 의미이다.

영벡터가 아닌 $\mathbf{x}$와 스칼라 λ가 ①을 만족할 때 λ를 T의 고유값(eigenvalue of T), $\mathbf{x}$를 λ에 대응하는 T의 고유벡터(eigenvector of T)라 한다. V가 유한차원일 때 이 선형변환 T를 변환행렬 A로 나타낼 수 있으므로 정사각행렬 A의 고유값과 고유벡터를 찾도록 설명하려고 한다.

> **정의 7.1-1**
>
> A는 $m \times n$행렬이고 $\mathbf{x}$는 $\mathbb{R}^n$의 영벡터가 아닌 벡터이다. 스칼라 λ에 대하여 $A\mathbf{x}$가 $\mathbf{x}$의 스칼라 λ배, 즉
>
> $$A\mathbf{x} = \lambda \mathbf{x}$$
>
> 일 때, λ를 A의 고유값(eigenvalue of A)이라 하고 $\mathbf{x}(\mathbf{x} \neq \mathbf{0})$를 λ에 대응하는 A의 고유벡터(eigenvector of A)라 한다.

- A의 성분은 실수이고 λ는 실수만이 아니고 복소수까지 확장 가능하다.
- eigen은 독일어로 영어의 one 또는 proper에 해당하는 뜻을 가지고 있다.
- eigenvalue는 proper value 또는 characteristic value라고도 하고 eigenvector는 proper vector 또는 characteristic vector라고도 한다.

예제 7.1-1

(1) $A = \begin{bmatrix} 7 & -3 \\ 6 & -2 \end{bmatrix}$, $\mathbf{x} = \begin{bmatrix} 1 \\ 2 \end{bmatrix}$에 대하여 $A\mathbf{x} = \lambda\mathbf{x}$를 만족하는 λ를 구하여라.

(2) $A = \begin{bmatrix} 3 & 4 \\ -3 & -5 \end{bmatrix}$, $\mathbf{x} = \begin{bmatrix} -2 \\ 3 \end{bmatrix}$에 대하여 $A\mathbf{x} = \lambda\mathbf{x}$를 만족하는 λ를 구하여라.

풀이 (1) $A\mathbf{x} = \begin{bmatrix} 7 & -3 \\ 6 & -2 \end{bmatrix}\begin{bmatrix} 1 \\ 2 \end{bmatrix} = \begin{bmatrix} 1 \\ 2 \end{bmatrix} = 1 \cdot \begin{bmatrix} 1 \\ 2 \end{bmatrix}$이므로

$$\lambda = 1 \qquad \left(\mathbf{x} = \begin{bmatrix} 1 \\ 2 \end{bmatrix}\text{에 대응하는 } \lambda = 1\right)$$

(2) $A\mathbf{x} = \begin{bmatrix} 3 & 4 \\ -3 & -5 \end{bmatrix}\begin{bmatrix} -2 \\ 3 \end{bmatrix} = \begin{bmatrix} 6 \\ -9 \end{bmatrix} = (-3) \cdot \begin{bmatrix} -2 \\ 3 \end{bmatrix}$이므로

$$\lambda = -3 \qquad \left(\mathbf{x} = \begin{bmatrix} -2 \\ 3 \end{bmatrix}\text{에 대응하는 } \lambda = -3\right)$$

■

A가 단위행렬 즉 $A = I$일 때 $\mathbf{x} \in \mathbb{R}^n$에 대하여 $A\mathbf{x} = I\mathbf{x} = \mathbf{x} = 1 \cdot \mathbf{x}$이므로 모든 $\mathbf{x}(\mathbf{x} \neq \mathbf{0})$에 대하여 A의 고유값은 1이고 I의 고유벡터는 $\mathbf{x}$이다.

A의 고유값을 λ라 하면 $A\mathbf{x} = \lambda\mathbf{x}$를 만족하는 영벡터가 아닌 벡터 $\mathbf{x}$가 존재한다. 이때

• I는 단위행렬

$$A\mathbf{x} = \lambda\mathbf{x} = \lambda I\mathbf{x}, \quad A\mathbf{x} - \lambda I\mathbf{x} = \mathbf{0}$$

$$(A - \lambda I)\mathbf{x} = \mathbf{0} \qquad \cdots ②$$

A를 $n \times n$행렬, $\mathbf{x} = \begin{bmatrix} x_1 \\ x_2 \\ \vdots \\ x_n \end{bmatrix}$으로 하면 ②는 미지수가 $x_1, x_2, \cdots, x_n$인 n개의 방정식으로 구성된 동차연립방정식이다. 이러한 연립방정식은 자명한 해를 갖지 않으므로

$$\det(A - \lambda I) = 0$$

임을 알 수 있다. 역으로 $\det(A - \lambda I) = 0$이면 ②는 자명하지 않은 해를 갖지 않으며 λ는 A의 고유값이 된다. 그리고 $\det(A - \lambda I) \neq 0$이라 하면 ②에서 λ는 A의 고유값이 아니고 $\mathbf{x} = \mathbf{0}$이다.

이상을 정리하면 다음 정리를 얻는다.

정리 7.1-1

A가 $n \times n$행렬일 때 A의 고유값이 λ이기 위한 필요충분조건은

$$\det(A - \lambda I) = 0 \qquad \cdots ③$$

이다.

• 벡터를 포함한 방정식, 미지의 벡터가 있는 등식을 벡터방정식(vector equation)이라 한다.

정리 7.1-1은 λ가 A의 고유값이기 위하여는 벡터방정식 $(A - \lambda I)\mathbf{x} = \mathbf{0}$이 영벡터가 아닌 해가 존재해야 하고 그러려면 $\det(A - \lambda I) = 0$이어야 한다는 의미이다. 이때의 방정식 ③을 A의 특성방정식(characteristic equation of A)이라 한다. $\det(A - \lambda I)$는 λ에 대한 n차 다항식이 된다. 이 다항식을 A의 특성다항식(characteristic polynomial)이라 한다. 즉 ③의 좌변은 λ에 대한 n차의 특성다항식이다.

예를 들어 2×2행렬 $A = \begin{bmatrix} a & b \\ c & d \end{bmatrix}$에 대하여

$$\det(A - \lambda I) = \det\left(\begin{bmatrix} a & b \\ c & d \end{bmatrix} - \lambda\begin{bmatrix} 1 & 0 \\ 0 & 1 \end{bmatrix}\right) = \det\left(\begin{bmatrix} a & b \\ c & d \end{bmatrix} - \begin{bmatrix} \lambda & 0 \\ 0 & \lambda \end{bmatrix}\right)$$

$$= \begin{vmatrix} a-\lambda & b \\ c & d-\lambda \end{vmatrix} = (a-\lambda)(d-\lambda) - bc$$

$$= \lambda^2 - (a+d)\lambda + (ad - bc)$$

이므로 이때 특성다항식은 λ에 대한 2차 다항식이다.

예제 7.1-2 다음 행렬 A의 고유값을 구하여라.

(1) $A=\begin{bmatrix}2 & 6\\1 & -3\end{bmatrix}$ (2) $A=\begin{bmatrix}-2 & 3\\4 & -6\end{bmatrix}$ (3) $A=\begin{bmatrix}1 & 1 & 2\\1 & 1 & -1\\3 & -3 & 0\end{bmatrix}$

풀이 (1) $\det(A-\lambda I)=\det\left(\begin{bmatrix}2 & 6\\1 & -3\end{bmatrix}-\lambda\begin{bmatrix}1 & 0\\0 & 1\end{bmatrix}\right)$

$$=\begin{vmatrix}2-\lambda & 6\\1 & -3-\lambda\end{vmatrix}$$

$$=(2-\lambda)(-3-\lambda)-6$$

$$=\lambda^2+\lambda-12$$

A의 특성방정식 $\lambda^2+\lambda-12=0$을 풀면

$$(\lambda+4)(\lambda-3)=0$$

$$\therefore \lambda=-4,\ 3$$

(2) $\det(A-\lambda I)=\det\left(\begin{bmatrix}-2 & 3\\4 & -6\end{bmatrix}-\lambda\begin{bmatrix}1 & 0\\0 & 1\end{bmatrix}\right)$

$$=\begin{vmatrix}-2-\lambda & 3\\4 & -6-\lambda\end{vmatrix}=(-2-\lambda)(-6-\lambda)-12$$

$$=\lambda^2+8\lambda$$

특성방정식 $\lambda^2+8\lambda=0$을 풀면

$$\lambda=0,\ -8$$

(3) $\det(A-\lambda I)=\det\left(\begin{bmatrix}1 & 1 & 2\\1 & 1 & -1\\3 & -3 & 0\end{bmatrix}-\lambda\begin{bmatrix}1 & 0 & 0\\0 & 1 & 0\\0 & 0 & 1\end{bmatrix}\right)$

$$=\begin{vmatrix}1-\lambda & 1 & 2\\1 & 1-\lambda & -1\\3 & -3 & 0-\lambda\end{vmatrix}$$

$$=(1-\lambda)\begin{vmatrix}1-\lambda & -1\\-3 & -\lambda\end{vmatrix}-\begin{vmatrix}1 & -1\\3 & -\lambda\end{vmatrix}+2\begin{vmatrix}1 & 1-\lambda\\3 & -3\end{vmatrix}$$

$$=(1-\lambda)[\{(1-\lambda)(-\lambda)-(-1)(-3)\}$$

$$-\{(1(-\lambda)-(-1)3\}+2\{1(-3)-(1-\lambda)3\}]$$

$$=(1-\lambda)(\lambda^2-\lambda-3)-(-\lambda+3)+(6\lambda-12)$$

$$=-\lambda^3+2\lambda^2+9\lambda-18=-(\lambda-2)(\lambda^2-9)$$

A의 특성방정식 $-(\lambda-2)(\lambda^2-9)=0$을 풀면

$$\lambda=2,\ -3,\ 3$$

■

• $\det(A-\lambda I)=0$에서 λ의 값을 구한다.

• (1) A의 고유값 λ는 $\lambda=-4,\ 3$

• (2) A의 고유값 λ는 $\lambda=0,\ -8$

• (3) A의 고유값 λ는 $\lambda=2,\ -3,\ 3$

> **정리 7.1-2**
> 서로 다른 고유값에 대응하는 고유벡터들은 일차독립이다.

- V는 벡터공간이고
- $\mathbf{v}_1, \mathbf{v}_2, \cdots, \mathbf{v}_n \in V$에 대하여 $\alpha_1\mathbf{v}_1 + \alpha_2\mathbf{v}_2 + \cdots + \alpha_n\mathbf{v}_n = \mathbf{0}$ 에서 $\alpha_1 = \alpha_2 = \cdots = \alpha_n = 0$ 일 때 $\mathbf{v}_1, \mathbf{v}_2, \cdots, \mathbf{v}_n$을 일차독립이라 한다.

증명 $n \times n$행렬 A의 고유벡터 $\mathbf{x}_1, \mathbf{x}_2, \cdots, \mathbf{x}_m$에 대응하는 서로 다른 고유값을 $\lambda_1, \lambda_2, \cdots, \lambda_m$이라 하고 수학적 귀납법으로 증명하여 보자.

(i) $m=2$인 경우

$$\alpha_1\mathbf{x}_1 + \alpha_2\mathbf{x}_2 = \mathbf{0} \qquad \cdots ①$$

라 하고 양변에 A를 곱한다. $A\mathbf{x}_1 = \lambda_1\mathbf{x}_1$, $A\mathbf{x}_2 = \lambda_2\mathbf{x}_2$라 하면

$$A(\alpha_1\mathbf{x}_1 + \alpha_2\mathbf{x}_2) = \alpha_1 A\mathbf{x}_1 + \alpha_2 A\mathbf{x}_2 = \alpha_1\lambda_1\mathbf{x}_1 + \alpha_2\lambda_2\mathbf{x}_2 = \mathbf{0} \qquad \cdots ②$$

①의 양변에 λ_1을 곱하고 ②를 변끼리 빼면

$$\alpha_2(\lambda_1 - \lambda_2)\mathbf{x}_2 = \mathbf{0}$$

여기서 $\mathbf{x}_2 \neq \mathbf{0}$, $\lambda_1 \neq \lambda_2$이므로 $\alpha_2 = 0$

$\alpha_2 = 0$을 ①에 대입하면 $\alpha_1 = 0$이다.

(ii) $m=k$인 경우

서로 다른 k개의 고유값에 대응하는 k개의 고유벡터가 일차독립이라고 한다.

$$\alpha_1\mathbf{x}_1 + \alpha_2\mathbf{x}_2 + \cdots + \alpha_k\mathbf{x}_k + \alpha_{k+1}\mathbf{x}_{k+1} = \mathbf{0} \qquad \cdots ③$$

이라 하고 양변에 A를 곱한다. $A\mathbf{x}_i = \lambda_i\mathbf{x}_i\,(i = 1, 2, \cdots, k+1)$라 하면

$$\alpha_1 A\mathbf{x}_1 + \alpha_2 A\mathbf{x}_2 + \cdots + \alpha_k A\mathbf{x}_k + \alpha_{k+1}A\mathbf{x}_{k+1} = \mathbf{0}$$

$$\alpha_1\lambda_1\mathbf{x}_1 + \alpha_2\lambda_2\mathbf{x}_2 + \cdots + \alpha_k\lambda_k\mathbf{x}_k + \alpha_{k+1}\lambda_{k+1}\mathbf{x}_{k+1} = \mathbf{0} \qquad \cdots ④$$

③의 양변에 λ_{k+1}을 곱하고 ④를 변끼리 빼면

$$\alpha_1(\lambda_{k+1} - \lambda_1)\mathbf{x}_1 + \alpha_2(\lambda_{k+1} - \lambda_2)\mathbf{x}_2 + \cdots + \alpha_k(\lambda_{k+1} - \lambda_k)\mathbf{x}_k = \mathbf{0}$$

여기서 $\mathbf{x}_i \neq \mathbf{0}$, $\lambda_{k+1} \neq \lambda_i\,(i = 1, 2, \cdots, k)$이므로

$$\alpha_1 = \alpha_2 = \cdots = \alpha_k = 0 \qquad \cdots ⑤$$

③, ⑤에서 $\alpha_{k+1} = 0$ 즉 $m = k+1$인 경우도 성립하므로 증명되었다. ■

λ가 $n \times n$행렬 A의 고유값이다. 이때, $\mathbf{x} \in \mathbb{R}^n$에 대하여

$$A\mathbf{x} = \lambda\mathbf{x}, \text{ 즉 } (A - \lambda I)\mathbf{x} = \mathbf{0}$$

이므로 $\{\mathbf{x} \mid A\mathbf{x} = \lambda\mathbf{x}\}$는 행렬 $A - \lambda I$의 핵(kernel)이다.

그리고 $\mathbf{x}_1$, $\mathbf{x}_2 \in \mathbb{R}^n$에 대하여

$$A(\mathbf{x}_1+\mathbf{x}_2)=A\mathbf{x}_1+A\mathbf{x}_2=\lambda\mathbf{x}_1+\lambda\mathbf{x}_2=\lambda(\mathbf{x}_1+\mathbf{x}_2)$$
$$A(\alpha\mathbf{x}_1)=\alpha A\mathbf{x}_1=\alpha(\lambda\mathbf{x}_1)=\lambda(\alpha\mathbf{x}_1)$$

이므로 $\{\mathbf{x} \mid A\mathbf{x}=\lambda\mathbf{x}\}$은 $\mathbb{R}^n$의 부분공간임을 알 수 있다. 여기서 $\{\mathbf{x} \mid A\mathbf{x}=\lambda\mathbf{x}\}$를 고유값 λ에 대응하는 A의 고유공간(eigenspace)이라 한다.

예제 7.1-3 예제 7.1-2의 각 행렬 A에 대하여 각 고유값 λ에 대응하는 A의 고유벡터와 고유공간을 구하여라.

풀이 (1) $A=\begin{bmatrix}2 & 6\\1 & -3\end{bmatrix}$의 고유값은 $\lambda=-4, 3$이다. $\lambda_1=-4$, $\lambda_2=3$으로 하자.

$\lambda_1=-4$일 때 $(A-\lambda I)\mathbf{x}=\mathbf{0}$에서

$$\left(\begin{bmatrix}2 & 6\\1 & -3\end{bmatrix}-(-4)\begin{bmatrix}1 & 0\\0 & 1\end{bmatrix}\right)\begin{bmatrix}x_1\\x_2\end{bmatrix}=\begin{bmatrix}0\\0\end{bmatrix},\ \begin{bmatrix}6 & 6\\1 & 1\end{bmatrix}\begin{bmatrix}x_1\\x_2\end{bmatrix}=\begin{bmatrix}0\\0\end{bmatrix}$$

$\lambda_1=-4$에 대응하는 고유벡터는 $x_1+x_2=0$을 만족하므로 한 고유벡터는 $\mathbf{x}_1=\begin{bmatrix}1\\-1\end{bmatrix}$이고 이때의 고유공간은 $\begin{bmatrix}1\\-1\end{bmatrix}$로 생성된 집합이다.

$\lambda_2=3$일 때 $(A-\lambda I)\mathbf{x}=\mathbf{0}$에서

$$\left(\begin{bmatrix}2 & 6\\1 & -3\end{bmatrix}-3\begin{bmatrix}1 & 0\\0 & 1\end{bmatrix}\right)\begin{bmatrix}x_1\\x_2\end{bmatrix}=\begin{bmatrix}0\\0\end{bmatrix},\ \begin{bmatrix}-1 & 6\\1 & -6\end{bmatrix}\begin{bmatrix}x_1\\x_2\end{bmatrix}=\begin{bmatrix}0\\0\end{bmatrix}$$

$\lambda_2=3$에 대응하는 고유벡터는 $-x_1+6x_2=0$을 만족하므로 한 고유벡터는 $\mathbf{x}_2=\begin{bmatrix}1\\-6\end{bmatrix}$이고 고유공간은 $\begin{bmatrix}1\\-6\end{bmatrix}$으로 생성된 집합이다.

• 예제 7.1-3(1)의 풀이에서 $\mathbf{x}_1=\begin{bmatrix}1\\-1\end{bmatrix}$, $\mathbf{x}_2=\begin{bmatrix}-1\\6\end{bmatrix}$은 일차독립이고 이 중 하나는 다른 것의 곱이 아닌 점에 유의한다.

(2) $A=\begin{bmatrix}-2 & 3\\4 & -6\end{bmatrix}$의 고유값은 $\lambda=0, -8$이다. $\lambda_1=0$, $\lambda_2=-8$이라 하자.

$\lambda_1=0$일 때 $(A-\lambda I)\mathbf{x}=\mathbf{0}$에서

$(A-0\cdot I)\mathbf{x}=\mathbf{0}$, $A\mathbf{x}=\mathbf{0}$, $\begin{bmatrix}-2 & 3\\4 & -6\end{bmatrix}\begin{bmatrix}x_1\\x_2\end{bmatrix}=\begin{bmatrix}0\\0\end{bmatrix}$이므로 $\lambda_1=0$에 대응하는 고유벡터는 A의 핵이다.

$$-2x_1+3x_2=0$$

에서 $\lambda_1=0$에 대응하는 한 고유벡터는 $\mathbf{x}_1=\begin{bmatrix}3\\2\end{bmatrix}$이고 고유공간은 $\begin{bmatrix}3\\2\end{bmatrix}$로 생성된 집합이다. $\lambda_2=-8$일 때 $(A-\lambda I)\mathbf{x}=\mathbf{0}$에서

• (2)의 풀이에서 $\mathbf{x}_1=\begin{bmatrix}3\\2\end{bmatrix}$, $\mathbf{x}_2=\begin{bmatrix}1\\-2\end{bmatrix}$는 일차독립이다.

$$\left(\begin{bmatrix}-2 & 3\\4 & -6\end{bmatrix}-(-8)\begin{bmatrix}1 & 0\\0 & 1\end{bmatrix}\right)\begin{bmatrix}x_1\\x_2\end{bmatrix}=\begin{bmatrix}0\\0\end{bmatrix},\ \begin{bmatrix}6 & 3\\4 & 2\end{bmatrix}\begin{bmatrix}x_1\\x_2\end{bmatrix}=\begin{bmatrix}0\\0\end{bmatrix}$$

$\lambda_2=-8$에 대응하는 고유벡터는 $6x_1+3x_2=0$을 만족하므로 한 고유벡터는 $\mathbf{x}_2=\begin{bmatrix}1\\-2\end{bmatrix}$이고 고유공간은 $\begin{bmatrix}1\\-2\end{bmatrix}$로 생성된 집합이다.

(3) $A=\begin{bmatrix}1&1&2\\1&1&-1\\3&-3&0\end{bmatrix}$의 고유값은 $\lambda=2,\ -3,\ 3$이다. $\lambda_1=2,\ \lambda_2=-3,\ \lambda_3=3$이라 하자.

$\lambda_1=2$일 때

$$(A-\lambda I)\mathbf{x}=\left(\begin{bmatrix}1&1&2\\1&1&-1\\3&-3&0\end{bmatrix}-2\begin{bmatrix}1&0&0\\0&1&0\\0&0&1\end{bmatrix}\right)\begin{bmatrix}x_1\\x_2\\x_3\end{bmatrix}=\mathbf{0}=\begin{bmatrix}0\\0\\0\end{bmatrix}\text{에서}$$

$$\left[\begin{array}{ccc|c}-1&1&2&0\\1&-1&-1&0\\3&-3&-2&0\end{array}\right]\xrightarrow{R_1\rightleftarrows R_2}\left[\begin{array}{ccc|c}1&-1&-1&0\\-1&1&2&0\\3&-3&-2&0\end{array}\right]\quad\begin{matrix}R_2+R_1\to R_2\\R_3+R_1\times(-3)\to R_3\end{matrix}$$

$$\left[\begin{array}{ccc|c}1&-1&-1&0\\0&0&1&0\\0&0&5&0\end{array}\right]\xrightarrow{R_3+R_2\times(-5)\to R_3}\left[\begin{array}{ccc|c}1&-1&-1&0\\0&0&1&0\\0&0&0&0\end{array}\right]$$

$$\begin{bmatrix}1&-1&-1\\0&0&1\\0&0&0\end{bmatrix}\begin{bmatrix}x_1\\x_2\\x_3\end{bmatrix}=\begin{bmatrix}0\\0\\0\end{bmatrix}\text{에서 } x_1-x_2-x_3=0,\ x_3=0$$

따라서 한 고유벡터는 $\mathbf{x}_1=\begin{bmatrix}1\\1\\0\end{bmatrix}$, $\lambda_1=2$에 대응하는 고유공간은 $\begin{bmatrix}1\\1\\0\end{bmatrix}$으로 생성된 집합이다.

$\lambda_2=-3$일 때 위와 같은 이치로

$$(A-\lambda I)\mathbf{x}=\left(\begin{bmatrix}1&1&2\\1&1&-1\\3&-3&0\end{bmatrix}-(-3)\begin{bmatrix}1&0&0\\0&1&0\\0&0&1\end{bmatrix}\right)\begin{bmatrix}x_1\\x_2\\x_3\end{bmatrix}=\mathbf{0}=\begin{bmatrix}0\\0\\0\end{bmatrix}\text{에서}$$

$$\left[\begin{array}{ccc|c}4&1&2&0\\1&4&-1&0\\3&-3&3&0\end{array}\right]\xrightarrow{R_3\times\frac{1}{3}\to R_3}\left[\begin{array}{ccc|c}4&1&2&0\\1&4&-1&0\\1&-1&1&0\end{array}\right]\quad R_1\rightleftarrows R_3$$

$$\left[\begin{array}{ccc|c}1&-1&1&0\\1&4&-1&0\\4&1&2&0\end{array}\right]\quad\begin{matrix}R_2+R_1\times(-1)\to R_2\\R_3+R_1\times(-4)\to R_3\end{matrix}$$

$$\left[\begin{array}{ccc|c}1&-1&1&0\\0&5&-2&0\\0&5&-2&0\end{array}\right]\xrightarrow{R_3+R_2\times(-1)\to R_3}\left[\begin{array}{ccc|c}1&-1&1&0\\0&5&-2&0\\0&0&0&0\end{array}\right]\text{에서}$$

$\begin{cases}x_1-\ x_2+\ x_3=0\\ \quad\ 5x_2-2x_3=0\end{cases}$, $x_3=5$로 하면

$x_2=2,\ x_1=-3$이므로 한 고유벡터는 $\mathbf{x}_2=\begin{bmatrix}-3\\2\\5\end{bmatrix}$이고 고유공간은 $\begin{bmatrix}-3\\2\\5\end{bmatrix}$로 생성된 집합이다.

$\lambda_3=3$일 때 위와 같이 구하면, $\lambda_2=3$에 대응하는 한 고유벡터는 $\mathbf{x}_3=\begin{bmatrix}1\\0\\1\end{bmatrix}$이고 고유공간은 $\begin{bmatrix}1\\0\\1\end{bmatrix}$로 생성된 집합이다. ■

- $\mathbf{x}=\begin{bmatrix}x_1\\x_2\\x_3\end{bmatrix}$
- 기본행변형을 실행한다.
- $\lambda_1=2$일 때

$\begin{cases}x_1-x_2-x_3=0\\ \qquad\quad\ \ x_3=0\end{cases}$

$x_1-x_2=0$

$x_1=x_2$

$x_1=1$로 하면

$\mathbf{x}_1=\begin{bmatrix}x_1\\x_2\\x_3\end{bmatrix}=\begin{bmatrix}1\\1\\0\end{bmatrix}$

- $\lambda_3=3$일 때

$\left[\begin{array}{ccc|c}-2&1&2&0\\1&-2&-1&0\\3&-3&-3&0\end{array}\right]$

$R_3\times\frac{1}{3}\to R_3$

$\left[\begin{array}{ccc|c}-2&1&2&0\\1&-2&-1&0\\1&-1&-1&0\end{array}\right]$

$R_1+R_3(2)\to R_1$
$R_2+R_3(-1)\to R_2$

$\left[\begin{array}{ccc|c}0&-1&0&0\\0&-1&0&0\\1&-1&-1&0\end{array}\right]$

$R_2+R_1(-1)\to R_2$

$\left[\begin{array}{ccc|c}0&-1&0&0\\0&0&0&0\\1&-1&-1&0\end{array}\right]$

$\begin{bmatrix}0&-1&0\\0&0&0\\1&-1&-1\end{bmatrix}\begin{bmatrix}x_1\\x_2\\x_3\end{bmatrix}=\begin{bmatrix}0\\0\\0\end{bmatrix}$

에서 $\begin{cases}\quad -x_2\qquad\ \ =0\\x_1-x_2-x_3=0\end{cases}$

$x_1=1,\ x_2=0,\ x_3=1$

$$A = \begin{bmatrix} a_{11} & a_{12} & \cdots & a_{1n} \\ a_{21} & a_{22} & \cdots & a_{2n} \\ \vdots & \vdots & & \vdots \\ a_{n1} & a_{n2} & \cdots & a_{nn} \end{bmatrix} \text{이면 } \det(A-\lambda I) = \begin{vmatrix} a_{11}-\lambda & a_{12} & \cdots & a_{1n} \\ a_{21} & a_{22}-\lambda & \cdots & a_{2n} \\ \vdots & \vdots & & \vdots \\ a_{n1} & a_{n2} & \cdots & a_{nn}-\lambda \end{vmatrix} = 0$$

에서 이것은 $k_i(i=1, 2, \cdots, n)$에 대하여 λ의 n차방정식

$$\lambda^n + k_{n-1}\lambda^{n-1} + k_{n-2}\lambda^{n-2} + \cdots + k_2\lambda^2 + k_1\lambda + k_0 = 0$$

으로 나타낼 수 있고 복소수까지 확장하면 n개의 근을 갖는다.

따라서 행렬 A의 고유값, 고유벡터, 고유공간은 복소수로 확장하여 구할 수 있다는 의미이다.

• 앞에서 다룬 내용은 복소수까지 확장하여 같은 정리와 이론을 적용할 수 있다.

예제 7.1-4 행렬 $A = \begin{bmatrix} -2 & 1 \\ -10 & 4 \end{bmatrix}$의 고유값을 구하고 각 고유값에 대응하는 고유벡터, 고유공간을 구하여라.

풀이 $\det(A-\lambda I) = \det\left(\begin{bmatrix} -2 & 1 \\ -10 & 4 \end{bmatrix} - \lambda\begin{bmatrix} 1 & 0 \\ 0 & 1 \end{bmatrix}\right) = \begin{vmatrix} -2-\lambda & 1 \\ -10 & 4-\lambda \end{vmatrix}$

$$= (-2-\lambda)(4-\lambda)+10 = \lambda^2 - 2\lambda + 2 = 0$$

$$\therefore \lambda = \frac{-2 \pm \sqrt{(-2)^2 - 4 \cdot 1 \cdot 2}}{2} = 1 \pm i$$

$\lambda_1 = 1+i,\ \lambda_2 = 1-i$로 하자.

$\lambda_1 = 1+i$일 때

$$(A-(1+i)I)\mathbf{x} = \begin{bmatrix} -2-(1+\mathrm{i}) & 1 \\ -10 & 4-(1+\mathrm{i}) \end{bmatrix}\begin{bmatrix} x_1 \\ x_2 \end{bmatrix}$$

$$= \begin{bmatrix} -3-i & 1 \\ -10 & 3-i \end{bmatrix}\begin{bmatrix} x_1 \\ x_2 \end{bmatrix} = \mathbf{0} = \begin{bmatrix} 0 \\ 0 \end{bmatrix}$$

$$(-3-i)x_1 + x_2 = 0,\ -10x_1 + (3-i)x_2 = 0$$

$x_2 = (3+i)x_1$에서 $x_1 = 1$이면 $x_2 = 3+i$이므로 고유벡터는 $\mathbf{x}_1 = \begin{bmatrix} 1 \\ 3+i \end{bmatrix}$이고 고유공간은 $\begin{bmatrix} 1 \\ 3+i \end{bmatrix}$로 생성되는 집합이다.

$\lambda_2 = 1-i$일 때 위와 같은 방법으로

$$(A-(1-i)I)\mathbf{x} = \begin{bmatrix} -3+i & 1 \\ -10 & 3+i \end{bmatrix}\begin{bmatrix} x_1 \\ x_2 \end{bmatrix} = \begin{bmatrix} 0 \\ 0 \end{bmatrix}$$

$$(-3+i)x_1 + x_2 = 0,\ -10x_1 + (3+i)x_2 = 0$$

$x_2 = (3-i)x_1$에서 $x_1 = 1$이면 $x_2 = 3-i$이므로 고유벡터는 $\mathbf{x}_2 = \begin{bmatrix} 1 \\ 3-i \end{bmatrix}$이고 고유공간은 $\begin{bmatrix} 1 \\ 3-i \end{bmatrix}$로 생성되는 집합이다. ■

• $\lambda_2 = 1-i$일 때 $-10x_1 + (3-i)x_2$에서 $10x_1 = (3-i)x_2$ $x_1 = 3-i$이면 $x_2 = 10$이다. 이 경우 $\begin{bmatrix} -3+i \\ -10 \end{bmatrix} = (-3+i)\begin{bmatrix} 1 \\ 3-i \end{bmatrix}$인 점에 유의한다.

연습문제 7.1

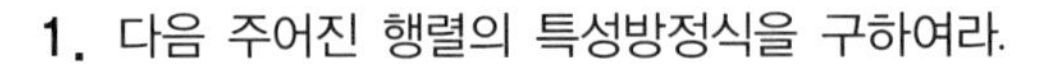

1. 다음 주어진 행렬의 특성방정식을 구하여라.

• $\det(A-\lambda I)=0$

(1) $\begin{bmatrix} 0 & 0 \\ 0 & 0 \end{bmatrix}$ (2) $\begin{bmatrix} 1 & 0 \\ 0 & 1 \end{bmatrix}$ (3) $\begin{bmatrix} 0 & 4 \\ 3 & 0 \end{bmatrix}$

(4) $\begin{bmatrix} 2 & \sqrt{2} \\ \sqrt{2} & 1 \end{bmatrix}$ (5) $\begin{bmatrix} 7 & -6 \\ 3 & -2 \end{bmatrix}$ (6) $\begin{bmatrix} 2 & -1 \\ 5 & -2 \end{bmatrix}$

(7) $\begin{bmatrix} 5 & -3 & 6 \\ 2 & 0 & 6 \\ -4 & 4 & -1 \end{bmatrix}$ (8) $\begin{bmatrix} 4 & 6 & 6 \\ 1 & 3 & 2 \\ -1 & -5 & -2 \end{bmatrix}$

(9) $\begin{bmatrix} 5 & 0 & 1 \\ 1 & 1 & 0 \\ -7 & 1 & 0 \end{bmatrix}$ (10) $\begin{bmatrix} 1 & 1 & 1 \\ 0 & 0 & 1 \\ 0 & -1 & 0 \end{bmatrix}$

• $\det(A-\lambda I)=0$에서 λ 값

• $(A-\lambda I)\mathbf{x}=\mathbf{0}$

2. 문제 1의 각 행렬의 고유값을 구하여라.

3. 문제 1의 각 행렬에 대하여 문제 2의 각 고유값에 대응하는 고유벡터를 구하여라.

4. 문제 2와 3을 참고로 하여 문제 1의 고유값에 대응하는 각 행렬의 고유공간은 어떠한 공간인가?

• P_2는 이차다항식의 집합

5. 선형변환 $T : P_2 \to P_2$를 다음과 같이 정의한다. 아래 물음에 답하여라.

$$T(p(x)) = p(1+2x)$$

(1) 변환행렬 A를 구하여라. (2) A의 특성방정식을 구하여라.

(3) A의 고유값을 구하여라.

(4) A의 고유값에 대응하는 고유벡터를 구하여라.

(5) (4)에 따라 고유공간을 구하여라.

6. 선형변환 $T : P_2 \to P_2$를 다음과 같이 정의할 때 변환행렬은 A이다. 아래 물음에 답하여라.

$$T(p(x)) = p(2x) + p'(x)$$

(1) A의 고유값을 구하여라. (2) A의 고유공간을 구하여라.

7. 행렬 A의 고유값을 $\lambda_1, \lambda_2, \cdots, \lambda_m$이라 할 때 다음이 성립함을 각각 증명하여라.

(1) 행렬 A^t의 고유값도 $\lambda_1, \lambda_2, \cdots, \lambda_m$이다.

(2) 행렬 $A+\alpha I$의 고유값은 $\lambda_1+\alpha, \lambda_2+\alpha, \cdots, \lambda_m+\alpha$이다.

(3) 행렬 αA의 고유값은 $\alpha\lambda_1, \alpha\lambda_2, \cdots, \alpha\lambda_m$이다.

(4) 행렬 A^2의 고유값은 $\lambda_1^2, \lambda_2^2, \cdots, \lambda_m^2$이다.

7.2 대각화

행렬의 대각화(diagonalization)와 이에 필요한 성질을 알아보자.

(I) 먼저 행렬의 닮음(또는 상사, similarity)에 대하여 설명하기로 한다.

정의 7.2-1

두 $n\times n$행렬 A와 B가 다음을 만족하는 가역인 $n\times n$행렬 P가 존재할 때 A와 B는 닮음 또는 닮았다(be similar)(이)라 한다.

$$B=P^{-1}AP$$

정의 7.2-1에서 행렬 A로부터 행렬 B로의 선형변환 T는

$$T(A)=P^{-1}AP$$

로 나타낼 수 있다. 이 변환을 닮음변환(similarity transformation)이라 한다.

예제 7.2-1 두 행렬 $A=\begin{bmatrix}-2 & -3\\ 4 & 5\end{bmatrix}$와 $B=\begin{bmatrix}-1 & -2\\ 3 & 4\end{bmatrix}$는 닮았는가?

• $T(A_1+A_2)$
$=P^{-1}(A_1+A_2)P$
$=P^{-1}A_1P+P^{-1}A_2P$
$=T(A_1)+T(A_2)$
또
$T(\alpha A)=P^{-1}(\alpha A)P$
$=\alpha P^{-1}AP=\alpha T(A)$
이므로 닮음변환 T는 선형변환이다.

풀이 $B=P^{-1}AP$를 만족하는 가역인 행렬 P가 존재하는지를 알아보아야 한다. $B=P^{-1}AP$의 양변의 왼쪽에 P를 곱하여

$$PB=AP$$

되는 P를 찾도록 하자.

$P=\begin{bmatrix}a & b\\ c & d\end{bmatrix}$라 하면 $\begin{bmatrix}a & b\\ c & d\end{bmatrix}\begin{bmatrix}-1 & -2\\ 3 & 4\end{bmatrix}=\begin{bmatrix}-2 & -3\\ 4 & 5\end{bmatrix}\begin{bmatrix}a & b\\ c & d\end{bmatrix}$

$$\begin{bmatrix}-a+3b & -2a+4b\\ -c+3d & -2c+4d\end{bmatrix}=\begin{bmatrix}-2a-3c & -2b-3d\\ 4a+5c & 4b+5d\end{bmatrix}$$

$$\therefore \begin{cases}-a+3b=-2a-3c\\ -2a+4b=-2b-3d\\ -c+3d=4a+5c\\ -2c+4d=4b+5d\end{cases} \quad \text{즉} \quad \begin{cases}a+3b+3c=0\\ 2a-6b-3d=0\\ 4a+6c-3d=0\\ 4b+2c+d=0\end{cases}$$

이 연립방정식에서 $b=0$, d를 임의의 실수로 할 때의 해는 $a=\frac{3}{2}d$, $b=0$, $c=-\frac{1}{2}d$, $d=k(k\neq 0$ 임의의 실수$)$로 $P=\begin{bmatrix}3d/2 & 0\\ -d/2 & d\end{bmatrix}=\begin{bmatrix}3k/2 & 0\\ -k/2 & k\end{bmatrix}$ $=\frac{k}{2}\begin{bmatrix}3 & 0\\ -1 & 2\end{bmatrix}$. 따라서 $k\neq 0$이면 P가 존재하고 $B=P^{-1}AP$가 성립하여 A와 B는 닮았다. ■

일반적으로 두 행렬이 닮았는지를 알아보기란 그렇게 쉬운 문제는 아니다. 그렇지만 다음 정리를 이해하면 두 닮은 행렬에 대하여 이해하는데 도움이 될 것이다.

• A의 특성방정식은 $\det(A-\lambda I)=0$

> **정리 7.2-1**
> 두 정사각행렬 A와 B가 닮았다면 A와 B는 특성방정식이 같다.

증명 A와 B가 닮았다고 하면 A의 특성방정식은 $|A-\lambda I|=0$, B의 특성방정식은 $|B-\lambda I|=0$이므로 $|A-\lambda I|=|B-\lambda I|$임을 증명하면 된다.

A와 B가 닮았으므로 $B=P^{-1}AP$를 만족하는 행렬 P가 존재하고

$$\lambda I=\lambda P^{-1}P=P^{-1}\lambda IP$$

가 성립한다. 따라서

$$\begin{aligned}\det(B-\lambda I)&=|B-\lambda I|=|P^{-1}AP-\lambda I|=|P^{-1}AP-P^{-1}\lambda IP|\\&=|P^{-1}(A-\lambda I)P|=|P^{-1}||A-\lambda I||P|\\&=|P^{-1}||P||A-\lambda I|=|P^{-1}P||A-\lambda I|\\&=|I||A-\lambda I|=|A-\lambda I|\\&=\det(A-\lambda I)\end{aligned}$$

그러므로 A와 B는 같은 특성방정식을 갖는다. ■

• 예제 7.2-2에서 A의 특성방정식은

$$\begin{vmatrix}-2-\lambda & -3\\ 4 & 5-\lambda\end{vmatrix}=0$$

$\therefore \lambda^2-3\lambda+2=0$

이고 B의 특성방정식은

$$\begin{vmatrix}-1-\lambda & -2\\ 3 & 4-\lambda\end{vmatrix}=0$$

예제 7.2-2 두 행렬 $A=\begin{bmatrix}-2 & -3\\ 4 & 5\end{bmatrix}$와 $B=\begin{bmatrix}1 & 2\\ 3 & 4\end{bmatrix}$는 닮았는가?

풀이 $A=\begin{bmatrix}-2 & -3\\ 4 & 5\end{bmatrix}$의 특성방정식은 $\det(A-\lambda I)=0$에서

$$\begin{vmatrix}-2-\lambda & -3\\ 4 & 5-\lambda\end{vmatrix}=0 \quad \therefore \lambda^2-3\lambda+2=0$$

또 $B=\begin{bmatrix}1 & 2\\ 3 & 4\end{bmatrix}$의 특성방정식은 $\det(B-\lambda I)=0$에서

$$\begin{vmatrix}1-\lambda & 2\\ 3 & 4-\lambda\end{vmatrix}=0, \ \therefore \lambda^2-5\lambda-2=0$$

따라서 특성방정식이 다르므로 행렬 A와 B는 닮은 행렬이 아니다. ■

예제 7.2-2는 정리 7.2-1의 대우명제로 풀이한 것이다. 두 행렬의 특성방정식이 같다고 이 두 행렬이 닮았다고 말할 수 없다. 즉 정리 7.2-1의 역은 성립하지 않는다.

예제 7.2-3 두 행렬 $A=\begin{bmatrix}3&0\\0&3\end{bmatrix}$과 $B=\begin{bmatrix}3&0\\2&3\end{bmatrix}$은 닮았는가?

풀이 두 행렬 A와 B의 특성방정식은

$$\det(A-\lambda I)=0,\ \det(B-\lambda I)=0$$

$$\begin{vmatrix}3-\lambda&0\\0&3-\lambda\end{vmatrix}=(3-\lambda)^2=0,\ \begin{vmatrix}3-\lambda&0\\2&3-\lambda\end{vmatrix}=(3-\lambda)^2=0$$

으로 같다.

$P=\begin{bmatrix}a&b\\c&d\end{bmatrix}$라 하면 $B=P^{-1}AP$, $PB=AP$에서

$$\begin{bmatrix}a&b\\c&d\end{bmatrix}\begin{bmatrix}3&0\\2&3\end{bmatrix}=\begin{bmatrix}3&0\\0&3\end{bmatrix}\begin{bmatrix}a&b\\c&d\end{bmatrix}$$

$$\begin{bmatrix}3a+2b&3b\\3c+2d&3d\end{bmatrix}=\begin{bmatrix}3a&3b\\3c&3d\end{bmatrix}$$

$$\begin{cases}3a+2b=3a\\3c+2d=3c\end{cases}$$

여기서 $b=0$, $d=0$ 즉, $P=\begin{bmatrix}a&0\\c&0\end{bmatrix}$

한 행 또는 열의 성분이 모두 0이므로 P는 가역이 아니다.

그러므로 A와 B는 닮은 행렬이 아니다. ■

• 예제 7.2-3에서

$$A=\begin{bmatrix}3&0&0\\0&3&0\\0&0&3\end{bmatrix}$$

$$B=\begin{bmatrix}3&0&0\\2&3&0\\0&0&3\end{bmatrix}$$

일 때에도 특성방정식이

$$(3-\lambda)^3=0$$

으로 같지만

$$B=P^{-1}AP,$$
즉 $PB=AP$

인 3×3행렬 P가 가역이 아니다.
그러므로 A와 B는 닮은 행렬이 아니다.

• $\det P=\begin{vmatrix}a&0\\c&0\end{vmatrix}=0$
이므로 P는 가역이 아니다.

(II) 행렬의 대각화에 대하여 설명하기로 한다.

> **정의 7.2-2**
> 대각행렬과 닮은 행렬을 대각화가능행렬(diagonalizable matrix)이라 한다. $n\times n$ 행렬 A가 대각행렬 D와 닮았을 때 A는 대각화가능하다(be diagonalizable)라 하고 A를 대각화가능행렬이라 한다.

정사각행렬 A가 대각화가능행렬이라는 것은

$$D=P^{-1}AP,\ \text{또는}\ A=P^{-1}DP$$

를 만족하는 가역행렬 P와 대각행렬 D가 존재한다는 의미이다.

> **정리 7.2-2**
> $n\times n$행렬 A가 대각화가능행렬이기 위한 필요충분조건은 A가 n개의 일차독립인 고유벡터를 갖는 것이다.

증명 $m \times n$행렬 A의 고유값을 $\lambda_1, \lambda_2, \cdots, \lambda_n$으로 할 때 A와 닮은 대각행렬 D는 다음과 같다.

$$D = \begin{bmatrix} \lambda_1 & 0 & \cdots & 0 \\ 0 & \lambda_2 & \cdots & 0 \\ \vdots & \vdots & & \vdots \\ 0 & 0 & \cdots & \lambda_n \end{bmatrix}$$

먼저 A가 고유값 $\lambda_1, \lambda_2, \cdots, \lambda_n$에 대응하는 n개의 일차독립인 고유벡터 $\mathbf{x}_1, \mathbf{x}_2, \cdots, \mathbf{x}_n$을 갖는다고 가정한다.

$$\mathbf{x}_1 = \begin{bmatrix} p_{11} \\ p_{21} \\ \vdots \\ p_{n1} \end{bmatrix}, \ \mathbf{x}_2 = \begin{bmatrix} p_{12} \\ p_{22} \\ \vdots \\ p_{n2} \end{bmatrix}, \ \cdots, \ \mathbf{x}_n = \begin{bmatrix} p_{1n} \\ p_{2n} \\ \vdots \\ p_{nn} \end{bmatrix}. \text{ 또 } P = \begin{bmatrix} p_{11} & p_{12} & \cdots & p_{1n} \\ p_{21} & p_{22} & \cdots & p_{2n} \\ \vdots & \vdots & & \vdots \\ p_{n1} & p_{n2} & \cdots & p_{nn} \end{bmatrix}$$

으로 하면 P의 열이 일차독립이므로 P는 가역이다.

• $(A - \lambda_i I)\mathbf{x}_i = \mathbf{0}$
$A\mathbf{x}_i - \lambda I\mathbf{x}_i = \mathbf{0}$
$A\mathbf{x}_i = \lambda_i I\mathbf{x}_i$
$= \lambda_i \mathbf{x}_i$

행렬 AP는 i번째열이 $A\begin{bmatrix} p_{1i} \\ p_{2i} \\ \vdots \\ p_{ni} \end{bmatrix} = A\mathbf{x}_i = \lambda_i \mathbf{x}_i$이므로

$$AP = \begin{bmatrix} \lambda_1 p_{11} & \lambda_2 p_{12} & \cdots & \lambda_n p_{1n} \\ \lambda_1 p_{21} & \lambda_2 p_{22} & \cdots & \lambda_n p_{2n} \\ \vdots & \vdots & & \vdots \\ \lambda_1 p_{n1} & \lambda_2 p_{n2} & \cdots & \lambda_n p_{nn} \end{bmatrix}$$

$$PD = \begin{bmatrix} p_{11} & p_{12} & \cdots & p_{1n} \\ p_{21} & p_{22} & \cdots & p_{2n} \\ \vdots & \vdots & & \vdots \\ p_{n1} & p_{n2} & \cdots & p_{nn} \end{bmatrix} \begin{bmatrix} \lambda_1 & 0 & \cdots & 0 \\ 0 & \lambda_2 & \cdots & 0 \\ \vdots & \vdots & & \vdots \\ 0 & 0 & \cdots & \lambda_n \end{bmatrix} = AP$$

즉, $PD = AP$이다. 양변의 오른쪽에 P^{-1}을 곱하면

$$D = P^{-1}AP$$

따라서 A가 일차독립인 n개 고유벡터를 가지면 A는 대각화가능하다.

역으로 A가 대각화가능행렬, 즉 가역인 행렬 P에 대하여

$$D = P^{-1}AP$$

가 성립한다고 가정한다. $D = P^{-1}AP$가 성립하면 대각행렬 D, 가역행렬 P가 존재하는데 D, P, $\mathbf{x}_i$를 위와 같이 놓으면 $PD = AP$이므로

$$[A\mathbf{x}_1, A\mathbf{x}_2, \cdots, A\mathbf{x}_n] = A[\mathbf{x}_1, \mathbf{x}_2, \cdots, \mathbf{x}_n] = AP$$

$$= PD = \begin{bmatrix} \lambda_1 p_{11} & \lambda_2 p_{12} & \cdots & \lambda_n p_{1n} \\ \lambda_1 p_{21} & \lambda_2 p_{22} & \cdots & \lambda_n p_{2n} \\ \vdots & \vdots & & \vdots \\ \lambda_1 p_{n1} & \lambda_2 p_{n2} & \cdots & \lambda_n p_{nn} \end{bmatrix} = [\lambda_1 \mathbf{x}_1, \lambda_2 \mathbf{x}_2, \cdots, \lambda_n \mathbf{x}_n]$$

따라서 $A\mathbf{x}_1 = \lambda_1 \mathbf{x}_1, A\mathbf{x}_2 = \lambda_2 \mathbf{x}_2, \cdots, A\mathbf{x}_n = \lambda_n \mathbf{x}_n$

이므로 $\mathbf{x}_1, \mathbf{x}_2, \cdots, \mathbf{x}_n$은 A의 고유벡터이다. P가 가역이므로 $|P| \neq 0$이므로 $\mathbf{x}_1, \mathbf{x}_2, \cdots, \mathbf{x}_n$은 일차독립이다. ■

예제 7.2-4 $A=\begin{bmatrix} 2 & -1 & 4 \\ 0 & 1 & 4 \\ -3 & 3 & -1 \end{bmatrix}$을 대각화하는 행렬 P를 구하여라.

풀이 A의 특성방정식은

$$\det(A-\lambda I)=\begin{vmatrix} 2-\lambda & -1 & 4 \\ 0 & 1-\lambda & 4 \\ -3 & 3 & -1-\lambda \end{vmatrix}=(2-\lambda)(1-\lambda)(1+\lambda)=0$$

이므로 $\lambda=-1,\ 1,\ 2$이다. $\lambda_1=-1,\ \lambda_2=1,\ \lambda_3=2$로 하면 각각에 대응하는

$$(A+I)\mathbf{x}_1=\mathbf{0},\ (A-I)\mathbf{x}_2=\mathbf{0},\ (A-2I)\mathbf{x}_3=\mathbf{0}$$

을 다음과 같이 놓고 A의 고유벡터 $\mathbf{x}_1,\ \mathbf{x}_2,\ \mathbf{x}_3$를 구하자.

$$\begin{bmatrix} 3 & -1 & 4 \\ 0 & 2 & 4 \\ -3 & 3 & 0 \end{bmatrix}\begin{bmatrix} p_{11} \\ p_{21} \\ p_{31} \end{bmatrix}=\begin{bmatrix} 0 \\ 0 \\ 0 \end{bmatrix},\ \begin{bmatrix} 1 & -1 & 4 \\ 0 & 0 & 4 \\ -3 & 3 & -2 \end{bmatrix}\begin{bmatrix} p_{12} \\ p_{22} \\ p_{32} \end{bmatrix}=\begin{bmatrix} 0 \\ 0 \\ 0 \end{bmatrix}$$

$\begin{bmatrix} 0 & -1 & 4 \\ 0 & -1 & 4 \\ -3 & 3 & -3 \end{bmatrix}\begin{bmatrix} p_{13} \\ p_{23} \\ p_{33} \end{bmatrix}=\begin{bmatrix} 0 \\ 0 \\ 0 \end{bmatrix}$으로부터 $\mathbf{x}_1=\begin{bmatrix} p_{11} \\ p_{21} \\ p_{31} \end{bmatrix},\ \mathbf{x}_2=\begin{bmatrix} p_{12} \\ p_{22} \\ p_{32} \end{bmatrix},\ \mathbf{x}_3=\begin{bmatrix} p_{13} \\ p_{23} \\ p_{33} \end{bmatrix}$는

$$\mathbf{x}_1=\begin{bmatrix} 2 \\ 2 \\ -1 \end{bmatrix},\ \mathbf{x}_2=\begin{bmatrix} 1 \\ 1 \\ 0 \end{bmatrix},\ \mathbf{x}_3=\begin{bmatrix} 3 \\ 4 \\ 1 \end{bmatrix}$$

• A의 고유공간은 $\lambda_1=-1,\ \lambda_2=1,\ \lambda_3=2$의 각각에 대응하는 $\mathbf{x}_1, \mathbf{x}_2, \mathbf{x}_3$으로 각각 생성되는 집합이므로 $a, b, c\in\mathbb{R}$에 대하여 λ_1에 대응하는 고유공간은 $\left\{a\begin{bmatrix} 2 \\ 2 \\ -1 \end{bmatrix}\right\}$, λ_2일 때에는 $\left\{b\begin{bmatrix} 1 \\ 1 \\ 0 \end{bmatrix}\right\}$, λ_3일 때에는 $\left\{c\begin{bmatrix} 3 \\ 4 \\ 1 \end{bmatrix}\right\}$이다.

여기서 $P=[\mathbf{x}_1 \vdots \mathbf{x}_2 \vdots \mathbf{x}_3]\begin{bmatrix} 2 & 1 & 3 \\ 2 & 1 & 4 \\ -1 & 0 & 1 \end{bmatrix}$으로 하는데 검토가 필요하다. P^{-1}을 구하면

$$P^{-1}=\begin{bmatrix} -1 & 1 & -1 \\ 6 & -5 & 2 \\ -1 & 1 & 0 \end{bmatrix}$$

이므로

$$\begin{aligned} P^{-1}AP &= \begin{bmatrix} -1 & 1 & -1 \\ 6 & -5 & 2 \\ -1 & 1 & 0 \end{bmatrix}\begin{bmatrix} 2 & -1 & 4 \\ 0 & 1 & 4 \\ -3 & 3 & -1 \end{bmatrix}\begin{bmatrix} 2 & 1 & 3 \\ 2 & 1 & 4 \\ -1 & 0 & 1 \end{bmatrix} \\ &= \begin{bmatrix} -1 & 0 & 0 \\ 0 & 1 & 0 \\ 0 & 0 & 2 \end{bmatrix}(=D) \end{aligned}$$

이다. 따라서 A를 대각화하는 행렬 P는

$$P=\begin{bmatrix} 2 & 1 & 3 \\ 2 & 1 & 4 \\ -1 & 0 & 1 \end{bmatrix}$$ ■

예제 7.2-5 다음 행렬은 대각화가 가능한지를 설명하여라.

(1) $A=\begin{bmatrix}-1 & -3\\ 3 & 5\end{bmatrix}$　　　(2) $A=\begin{bmatrix}1 & 3 & 2\\ 0 & -1 & 0\\ 1 & 2 & 0\end{bmatrix}$

풀이 (1) A의 특성방정식은

$$\det(A-\lambda I)=\begin{vmatrix}-1-\lambda & -3\\ 3 & 5-\lambda\end{vmatrix}=\lambda^2-4\lambda+4=(\lambda-2)^2=0$$

이므로 고유값 $\lambda=2$이다. 이 고유값에 대응하는 $(A-2I)\mathbf{x}=\mathbf{0}$에서

$$\begin{bmatrix}-3 & -3\\ 3 & 3\end{bmatrix}\begin{bmatrix}p_1\\ p_2\end{bmatrix}=\begin{bmatrix}0\\ 0\end{bmatrix},\ \begin{cases}-3p_1-3p_2=0\\ 3p_1+3p_2=0\end{cases}$$

이 연립방정식의 해는 $k\in\mathbb{R}$에 대하여 $p_1=1$이면 $p_2=-1$이므로 고유공간은 $\begin{bmatrix}1\\ -1\end{bmatrix}$로 생성되는 집합 즉 $\left\{k\begin{bmatrix}1\\ -1\end{bmatrix}\,\middle|\, k\in R\right\}$이고 한 고유벡터는 $\begin{bmatrix}1\\ -1\end{bmatrix}$이며 고유공간은 1차원이므로 A는 일차독립인 두 개의 고유벡터를 갖지 못하기 때문에 A는 대각화가 가능하지 않다.(대각화 불가능)

(2) A의 특성방정식은

$$\det(A-\lambda I)=\begin{vmatrix}1-\lambda & 3 & 2\\ 0 & -1-\lambda & 0\\ 1 & 2 & -\lambda\end{vmatrix}$$
$$=2(-1-\lambda)-(1-\lambda)(-1-\lambda)(-\lambda)$$
$$=(\lambda+1)^2(\lambda-2)=0$$

이므로 $\lambda=-1,\ 2$이다. $\lambda_1=-1,\ \lambda_2=2$로 고유공간을 구하자.

$\lambda_1=-1$일 때 $(A+I)\mathbf{x}_1=\mathbf{0}$에서

$$\begin{bmatrix}2 & 3 & 2\\ 0 & 0 & 0\\ 1 & 2 & 1\end{bmatrix}\begin{bmatrix}p_1\\ p_2\\ p_3\end{bmatrix}=\begin{bmatrix}0\\ 0\\ 0\end{bmatrix},\ \begin{cases}2p_1+3p_2+2p_3=0\\ p_1+2p_2+\ p_3=0\end{cases}$$

이 연립방정식의 해는 $p_2=0,\ p_1+p_3=0$에서 $p_1=1$로 하면 $p_3=-1$

따라서 $\lambda_1=-1$에 대응하는 한 고유벡터는 $\begin{bmatrix}1\\ 0\\ -1\end{bmatrix}$이다.

$\lambda_2=2$일 때 같은 방법으로 $(A-2I)\mathbf{x}_2=\mathbf{0}$에서

$$\begin{bmatrix}-1 & 3 & 2\\ 0 & -3 & 0\\ 1 & 2 & -2\end{bmatrix}\begin{bmatrix}p_1\\ p_2\\ p_3\end{bmatrix}=\begin{bmatrix}0\\ 0\\ 0\end{bmatrix}$$

• $\lambda_2=2$일 때

$\begin{bmatrix}-1 & 3 & 2\\ 0 & -3 & 0\\ 1 & 2 & -2\end{bmatrix}\begin{bmatrix}p_1\\ p_2\\ p_3\end{bmatrix}=\begin{bmatrix}0\\ 0\\ 0\end{bmatrix}$에서

$\begin{cases}-p_1+3p_2+2p_3=0\\ \quad -3p_2 \quad =0\\ p_1+2p_2-2p_3=0\end{cases}$

$p_2=0,\ p_1=2p_3$

$p_3=1$로 하면 $p_1=2$

$\therefore \begin{bmatrix}p_1\\ p_2\\ p_3\end{bmatrix}=\begin{bmatrix}2\\ 0\\ 1\end{bmatrix}$

여기서 한 고유벡터는 $\begin{bmatrix}2\\ 0\\ 1\end{bmatrix}$이다.

그러므로 3×3행렬 A가 3개가 아닌 2개의 일차독립인 고유벡터를 갖게 되므로 A는 대각화가 가능하지 않다. ■

정리 7.2-3

행렬 A의 서로 다른 고유값 $\lambda_1, \lambda_2, \cdots, \lambda_m$에 대응하는 고유벡터가 $\mathbf{x}_1, \mathbf{x}_2, \cdots, \mathbf{x}_m$일 때 $\mathbf{x}_1, \mathbf{x}_2, \cdots, \mathbf{x}_m$은 일차독립이다.

증명 $\mathbf{x}_1, \mathbf{x}_2, \cdots, \mathbf{x}_m$이 일차종속이라 가정하자.

고유벡터는 영벡터가 아니므로 $\{\mathbf{x}_1\}$은 일차독립이다. 그러므로 $\mathbf{x}_1, \mathbf{x}_2, \cdots, \mathbf{x}_k$가 일차독립인 가장 큰 정수 k가 존재한다. 가정에서 m개의 고유벡터가 일차종속이므로 $1 \le k < m$이다.

따라서 $\mathbf{x}_1, \mathbf{x}_2, \cdots, \mathbf{x}_k, \mathbf{x}_{k+1}$도 일차종속이므로 모두 0이 아닌 스칼라 α_i $(i=1, 2, \cdots, k+1)$가 존재하여 다음을 만족한다.

$$\alpha_1\mathbf{x}_1 + \alpha_2\mathbf{x}_2 + \cdots + \alpha_k\mathbf{x}_k + \alpha_{k+1}\mathbf{x}_{k+1} = \mathbf{0} \qquad \cdots ①$$

$A\mathbf{x}_i = \lambda_i\mathbf{x}_i\,(i=1, 2, \cdots, k+1)$이므로 ①에 A를 곱한 후 대입하면

$$\alpha_1\lambda_1\mathbf{x}_1 + \alpha_2\lambda_2\mathbf{x}_2 + \cdots + \alpha_k\lambda_k\mathbf{x}_k + \alpha_{k+1}\lambda_{k+1}\mathbf{x}_{k+1} = \mathbf{0} \qquad \cdots ②$$

②에서 ①의 양변에 λ_{k+1}을 곱하여 변끼리 빼면

$$\alpha_1(\lambda_1 - \lambda_{k+1})\mathbf{x}_1 + \alpha_2(\lambda_2 - \lambda_{k+1})\mathbf{x}_2 + \cdots + \alpha_k(\lambda_k - \lambda_{k+1})\mathbf{x}_k = \mathbf{0} \cdots ③$$

$\mathbf{x}_1, \mathbf{x}_2, \cdots, \mathbf{x}_k$는 일차독립이므로 ③에서

$$\alpha_1(\lambda_1 - \lambda_{k+1}) = \alpha_2(\lambda_2 - \lambda_{k+1}) = \cdots = \alpha_k(\lambda_k - \lambda_{k+1}) = 0$$

이고 조건에서 $\lambda_1, \lambda_2, \cdots, \lambda_k$는 서로 다르므로

$$\alpha_1 = \alpha_2 = \cdots = \alpha_k = 0 \qquad \cdots ④$$

①과 ④에서 $\alpha_{k+1}\mathbf{x}_{k+1} = \mathbf{0}$이므로 $\alpha_{k+1} = 0\ (\because\ \mathbf{x}_{k+1} \ne \mathbf{0})$

이것은 $\alpha_1, \alpha_2, \cdots, \alpha_{k+1}$이 모두 0이 아니라는 점에 모순이다.

$\mathbf{x}_1, \mathbf{x}_2, \cdots, \mathbf{x}_m$이 일차종속이라 가정한 것은 모순이다.

그러므로 $\mathbf{x}_1, \mathbf{x}_2, \cdots, \mathbf{x}_m$은 일차독립이다. ■

- V가 벡터공간이고 $\mathbf{v}_1, \mathbf{v}_2, \cdots, \mathbf{v}_n \in V$일 때 $\alpha_1\mathbf{v}_1 + \alpha_2\mathbf{v}_2 + \cdots + \alpha_n\mathbf{v}_n = \mathbf{0}$ 을 만족하는 모두 0이 아닌 스칼라 $\alpha_1, \alpha_2, \cdots, \alpha_n$이 존재할 때 $\mathbf{v}_1, \mathbf{v}_2, \cdots, \mathbf{v}_n$은 일차종속이라 한다. 일차종속이 아닐 때, 즉 $\alpha_1 = \alpha_2 = \cdots = \alpha_n = 0$ (α_i가 모두 0)일 때 $\mathbf{v}_1, \mathbf{v}_2, \cdots, \mathbf{v}_n$을 일차독립이라 한다.

- $(A - \lambda I)\mathbf{x}_i = \mathbf{0}$에서 $A\mathbf{x}_i = \lambda\mathbf{x}_i$

정리 7.2-2와 정리 7.2-3에 의하여 편리한 다음 정리를 얻는다.

즉, $n \times n$행렬 A의 서로 다른 고유값 $\lambda_1, \lambda_2, \cdots, \lambda_n$에 대응하는 고유벡터가 $\mathbf{x}_1, \mathbf{x}_2, \cdots, \mathbf{x}_n$이면 정리 7.2-3에 의하여 $\mathbf{x}_1, \mathbf{x}_2, \cdots, \mathbf{x}_n$은 일차독립이고, 정리 7.2-2에 의하여 A는 대각화가 가능하다는 것으로 다음 정리를 얻는다.

정리 7.2-4

$n \times n$행렬 A가 서로 다른 고유값을 가지면 A는 대각화가 가능한 행렬이다.

예제 7.2-4에서 3×3행렬 A는 서로 다른 3개의 고유값 $\lambda=-1, 1, 2$를 가지므로 간단히 특성방정식으로 A는 대각화가 가능하다는 것을 알 수 있다.

- 예제 7.2-5의 (1)에서 2×2 행렬 A의 고유값이 1개이므로 A는 대각화가 불가능이고, (2)에서 3×3 행렬 A의 서로 다른 고유값이 3개가 아닌 2개이므로 A는 대각화가 불가능이다.

(III) 행렬의 직교대각화에 대하여 설명하기로 한다.

행렬의 직교대각화를 정의하기 전에 몇가지 성질을 관찰하자.

n차원의 실수의 공간을 $\mathbb{R}^n$으로 나타낸 것과 같이 n차원의 복소수의 공간을 $\mathbb{C}^n$으로 나타낸다. 실수의 벡터를 실벡터, 복소수의 벡터를 복소벡터라 할 때, 실벡터의 내적은 5.6절에서 다루었으므로 여기서는 복소벡터의 내적을 정의하고 몇가지 성질을 파악하자.

두 복소벡터 $\mathbf{z}_1=\begin{bmatrix} z_1 \\ z_2 \\ \vdots \\ z_n \end{bmatrix}$, $\mathbf{z}_2=\begin{bmatrix} c_1 \\ c_2 \\ \vdots \\ c_n \end{bmatrix}$ $(z_i,\ c_i\ (i=1, 2, \cdots, n)$의 내적(inner product)을 $<\mathbf{z}_1, \mathbf{z}_2>$로 나타내고,

$$<\mathbf{z}_1, \mathbf{z}_2> = z_1\overline{c}_1+z_2\overline{c}_2+\cdots+z_n\overline{c}_n$$

으로 정의한다. $\overline{y}_i$는 y_i의 공액복소수이다.

- 복소수 $z=a+ib$에 대하여 $a-ib$를 $a+ib$의 공액복소수(또는 켤레복소수, conjugate complex number)라 하고 $\overline{z}$, $\overline{a+ib}$로 나타낸다. 즉
$$\overline{z}=\overline{a+ib}=a-ib.$$

그리고 $\mathbf{z}=\begin{bmatrix} z_1 \\ z_2 \\ \vdots \\ z_n \end{bmatrix}\in\mathbb{C}^n$의 크기(길이)는 $\|\mathbf{z}\|=\sqrt{|z_1|^2+|z_2|^2+\cdots+|z_n|^2}$으로 정의한다.

- $z=a+ib$의 크기(길이)는
$$|z|=\sqrt{a^2+b^2}$$
$$z\overline{z}=(a+ib)(a-ib)=a^2+b^2=z^2$$
$$\therefore |z|=\sqrt{z\overline{z}}$$

따라서 $<\mathbf{z}, \mathbf{z}> = z_1\overline{z}_1+z_2\overline{z}_2+\cdots+z_n\overline{z}_n=|z_1|^2+|z_2|^2+\cdots+|z_n|^2$ 이므로

$$\|\mathbf{z}\|=\sqrt{<\mathbf{z}, \mathbf{z}>}$$

- $z\overline{z}\geq 0$

또 차원이 같은 영벡터가 아닌 두 복소벡터 $\mathbf{z}_1$, $\mathbf{z}_2$에 대하여

$$<\mathbf{z}_1, \mathbf{z}_2> = \|\mathbf{z}_1\|\ \|\mathbf{z}\|\cos\theta$$

- z ; 실수 $\Leftrightarrow z=\overline{z}$
- $\overline{\overline{z}}=z$
- $\overline{z_1+z_2}=\overline{z_1}+\overline{z_2}$
- $\overline{z_1z_2}=\overline{z_1}\,\overline{z_2}$

를 만족하는 $\theta(0\leq\theta\leq\pi)$를 $\mathbf{z}_1$과 $\mathbf{z}_2$가 이루는 각이라 하고, $<\mathbf{z}_1, \mathbf{z}_2>=0$이면 $\theta=\dfrac{\pi}{2}$인 경우이므로 $\mathbf{z}_1$과 $\mathbf{z}_2$는 직교(orthogonal)한다고 한다.

예를 들어 $\mathbf{z}_1=\begin{bmatrix} 2 \\ 4i \\ -i \end{bmatrix}$, $\mathbf{z}_2=\begin{bmatrix} -3i \\ -2+i \\ 2 \end{bmatrix}$일 때 $<\mathbf{z}_1, \mathbf{z}_2>=2(\overline{-3i})+4i(\overline{-2+i})+(-i)\overline{2}=2(3i)+4i(-2-i)+(-i)2=4-4i$이다.

또 $\mathbf{z}_1=\begin{bmatrix} 1 \\ -i \\ 3i \end{bmatrix}$, $\mathbf{z}_2=\begin{bmatrix} 3+i \\ 5 \\ 2-i \end{bmatrix}$라 하면 $<\mathbf{z}_1, \mathbf{z}_2>=1(\overline{3+i})+(-i)\overline{5}+3i(\overline{2-i})=1(3-i)+(-i)5+3i(2+i)=0$이므로 이 경우의 복소벡터 $\mathbf{z}_1$과 $\mathbf{z}_2$는 직교한다.

복소벡터의 내적에 대하여 다음 성질이 성립한다.

> (1) $<\mathbf{z}, \mathbf{z}>$는 음이 아닌 실수이고 $<\mathbf{z}, \mathbf{z}> = 0 \Leftrightarrow \mathbf{z} = \mathbf{0}$
>
> (2) $<\mathbf{z}_1, \mathbf{z}_2> = \overline{<\mathbf{z}_2, \mathbf{z}_1>}$
>
> (3) $<\alpha\mathbf{z}_1, \mathbf{z}_2> = \alpha<\mathbf{z}_1, \mathbf{z}_2>$ (α는 실수 또는 복소수)
>
> (4) $<\mathbf{z}_1, \alpha\mathbf{z}_2> = \overline{\alpha}<\mathbf{z}_1, \mathbf{z}_2>$
>
> (5) $<\mathbf{z}_1+\mathbf{z}_2, \mathbf{z}_3> = <\mathbf{z}_1, \mathbf{z}_3>+<\mathbf{z}_2, \mathbf{z}_3>$

복소수의 행렬 $A=[c_{ij}]$((c_{ij})는 복소수)에서 (i, j)성분이 c_{ij}의 공액복소수 $\overline{c_{ij}}$인 행렬을 A의 공액행렬이라 하고 $\overline{A}$, 즉 $\overline{A}=[\overline{c}_{ij}]$로 나타낸다.

두 복소벡터 $\mathbf{z}_1 = \begin{bmatrix} z_1 \\ z_2 \\ \vdots \\ z_n \end{bmatrix}$, $\mathbf{z}_2 = \begin{bmatrix} c_1 \\ c_2 \\ \vdots \\ c_n \end{bmatrix}$에 대하여 $\mathbf{z}_1^t = [z_1, z_2, \cdots, z_n]$($\mathbf{z}_1$의 전치행렬)이므로

$$<\mathbf{z}_1, \mathbf{z}_2> = z_1\overline{c_1}+z_2\overline{c_2}+\cdots+z_n\overline{c_n} = [z_1, z_2, \cdots, z_n]\begin{bmatrix} \overline{c_1} \\ \overline{c_2} \\ \vdots \\ \overline{c_n} \end{bmatrix}$$

$$= [z_1, z_2, \cdots, z_n]\overline{\begin{bmatrix} c_1 \\ c_2 \\ \vdots \\ c_n \end{bmatrix}} = \mathbf{z}_1^t\overline{\mathbf{z}_2}$$

이다.

그리고 실수의 한 정사각행렬 A에 대하여 $A=A^t$일 때 A를 대칭행렬(symmetric matrix)라 한다.

A가 실수인 $n\times n$대칭행렬일 때 복소벡터 $\mathbf{z}_1, \mathbf{z}_2 \in \mathbb{C}^n$에 대하여

$$<A\mathbf{z}_1, \mathbf{z}_2> = (A\mathbf{z}_1)^t\overline{\mathbf{z}_2} = \mathbf{z}_1^t A^t\overline{\mathbf{z}_2} = \mathbf{z}_1^t(A^t\overline{\mathbf{z}_2})$$

$$= \mathbf{z}_1^t(A\overline{\mathbf{z}_2}) \quad (A\text{가 대칭행렬이므로 } A^t = A)$$

$$= \mathbf{z}_1^t(\overline{A}\overline{\mathbf{z}_2}) \quad (A\text{가 실수의 행렬이므로 } A = \overline{A})$$

$$= \mathbf{z}_1^t(\overline{A\mathbf{z}_2})$$

$$= <\mathbf{z}_1, A\mathbf{z}_2>$$

이다. 이것을 정리하면 다음과 같다.

> A가 실수인 $n\times n$대칭행렬일 때 복소벡터 $\mathbf{z}_1, \mathbf{z}_2 \in \mathbb{C}^n$에 대하여 다음이 성립한다.
>
> $$<A\mathbf{z}_1, \mathbf{z}_2> = <\mathbf{z}_1, A\mathbf{z}_2>$$

• (2) $\mathbf{z}_1 = \begin{bmatrix} z_1 \\ z_2 \\ \vdots \\ z_n \end{bmatrix}$, $\mathbf{z}_2 = \begin{bmatrix} c_1 \\ c_2 \\ \vdots \\ c_n \end{bmatrix}$일 때

$\overline{<\mathbf{z}_2, \mathbf{z}_1>}$
$= \overline{c_1\overline{z_1}+c_2\overline{z_2}+\cdots+c_n\overline{z_n}}$
$= \overline{c_1\overline{z_1}}+\overline{c_2\overline{z_2}}+\cdots+\overline{c_n\overline{z_n}}$
$= \overline{c_1}\,\overline{\overline{z_1}}+\overline{c_2}\,\overline{\overline{z_2}}+\cdots+\overline{c_n}\,\overline{\overline{z_n}}$
$= \overline{c_1}z_1+\overline{c_2}z_2+\cdots+\overline{c_2}z_n$
$= z_1\overline{c_1}+z_2\overline{c_2}+\cdots+z_n\overline{c_n}$
$= <\mathbf{z}_1, \mathbf{z}_2>$

(3) $<\alpha\mathbf{z}_1, \mathbf{z}_2>$
$= \alpha z_1\overline{c_1}+\alpha z_2\overline{c_2}+\cdots+\alpha z_n\overline{c_n}$
$= \alpha(z_1\overline{c_1}+z_2\overline{c_2}+\cdots+z_n\overline{c_n})$
$= \alpha<\mathbf{z}_1, \mathbf{z}_2>$

(4) $<\mathbf{z}_1, \alpha\mathbf{z}_2>$
$= z_1\overline{\alpha c_1}+z_2\overline{\alpha c_2}+\cdots+z_n\overline{\alpha c_n}$
$= z_1\overline{\alpha}\,\overline{c_1}+z_2\overline{\alpha}\,\overline{c_2}+\cdots+z_n\overline{\alpha}\,\overline{c_n}$
$= \overline{\alpha}(z_1\overline{c_1}+z_2\overline{c_2}+\cdots+z_n\overline{c_n})$
$= \overline{\alpha}<\mathbf{z}_1, \mathbf{z}_2>$

• A가 실수의 행렬이란 A의 성분이 모두 실수임을 의미한다.

> **정리 7.2-5**
>
> A가 실수의 $n \times n$대칭행렬이면 A의 고유값은 실수이다.

• $(A-\lambda I)\mathbf{x} = \mathbf{0}$에서
$A\mathbf{x} - \lambda I\mathbf{x} = \mathbf{0}$
$A\mathbf{x} - \lambda\mathbf{x} = \mathbf{0}$
$A\mathbf{x} = \lambda\mathbf{x}$

증명 λ를 A의 고유값, λ에 대응하는 고유벡터를 $\mathbf{x}$라 하면

$$\lambda < \mathbf{x}, \mathbf{x} > = < \lambda\mathbf{x}, \mathbf{x} > = < A\mathbf{x}, \mathbf{x} > \quad (\lambda\mathbf{x} = A\mathbf{x}\text{이므로})$$
$$= < \mathbf{x}, A\mathbf{x} > \quad (A\text{는 대칭행렬이므로})$$
$$= < \mathbf{x}, \lambda\mathbf{x} > \quad (A\mathbf{x} = \lambda\mathbf{x})$$
$$= \overline{\lambda} < \mathbf{x}, \mathbf{x} > \quad (\text{복소벡터의 내적의 성질 (4)})$$

따라서 $$\lambda < \mathbf{x}, \mathbf{x} > - \overline{\lambda} < \mathbf{x}, \mathbf{x} > = 0$$
$$(\lambda - \overline{\lambda}) < \mathbf{x}, \mathbf{x} > = 0$$

• 복소수 z에 대하여 $z = \overline{z}$이면 z는 실수이다.
$z = a + ib$라 하면
$z - \overline{z} = 0$에서
$(a+ib) - (a-ib)$
$= 2bi = 0$
$\therefore b = 0$
즉 $z = a$(실수)

$\mathbf{x}$가 A의 고유벡터이므로 $\mathbf{x} \neq \mathbf{0}$ 또한 $< \mathbf{x}, \mathbf{x} > \neq 0$

$$\therefore \lambda - \overline{\lambda} = 0 \quad \text{즉 } \lambda = \overline{\lambda}$$

그러므로 고유값 λ는 실수이다. ■

> **정리 7.2-6**
>
> A가 실수의 $n \times n$대칭행렬이다. A의 서로 다른 실수의 고유값 λ_1, λ_2에 대응하는 고유벡터가 $\mathbf{x}_1, \mathbf{x}_2$이면 $\mathbf{x}_1$과 $\mathbf{x}_2$는 직교한다.

증명
$$< A\mathbf{x}_1, \mathbf{x}_2 > = < \lambda_1\mathbf{x}_1, \mathbf{x}_2 > \quad ((A - \lambda_1 I)\mathbf{x}_1 = \mathbf{0}\text{에서})$$
$$= \lambda_1 < \mathbf{x}_1, \mathbf{x}_2 > \quad \cdots ①$$

또
$$< A\mathbf{x}_1, \mathbf{x}_2 > = < \mathbf{x}_1, A\mathbf{x}_2 > \quad (A\text{가 대칭행렬이므로})$$
$$= < \mathbf{x}_1, \lambda_2\mathbf{x}_2 > \quad ((A - \lambda_2 I)\mathbf{x}_2 = \mathbf{0}\text{에서})$$
$$= \overline{\lambda_2} < \mathbf{x}_1, \mathbf{x}_2 > \quad (\lambda_2\text{가 실수이므로 } \overline{\lambda_2} = \lambda_2)$$
$$= \lambda_2 < \mathbf{x}_1, \mathbf{x}_2 > \quad \cdots ②$$

①, ②에서 $$\lambda_1 < \mathbf{x}_1, \mathbf{x}_2 > = \lambda_2 < \mathbf{x}_1, \mathbf{x}_2 >$$
$$(\lambda_1 - \lambda_2) < \mathbf{x}_1, \mathbf{x}_2 > = 0$$

$\lambda_1 \neq \lambda_2$이므로 $< \mathbf{x}_1, \mathbf{x}_2 > = 0$ 따라서 $\mathbf{x}_1$과 $\mathbf{x}_2$는 직교한다. ■

실수의 $n \times n$행렬 P의 전치행렬 P^t가 역행렬 P^{-1}가 되는 즉 $P^{-1} = P^t$가 성립하는 P를 직교행렬(orthogonal matrix)이라 한다.

$PP^{-1} = PP^t$에서 $I = PP^t$, $P^{-1}P = P^tP$에서 $I = P^tP$이므로 $PP^t = P^tP = I$이다. 예를 들어 $\begin{bmatrix} 1 & 0 \\ 0 & 1 \end{bmatrix}$, $\begin{bmatrix} 0 & -1 \\ 1 & 0 \end{bmatrix}$, $\begin{bmatrix} \cos\theta & -\sin\theta \\ \sin\theta & \cos\theta \end{bmatrix}$ 등은 2차의 직교행렬이다.

정리 7.2-7

실수의 $n \times n$행렬 p에 대하여 다음 (1), (2), (3)은 동치이다.

(1) P는 직교행렬이다.

(2) P의 열벡터들은 정규직교집합을 이룬다.

(3) P의 행벡터들은 정규직교집합을 이룬다.

증명 실수의 $n \times n$행렬 P의 i열로 된 열벡터를 $\mathbf{p}_i$로 나타내면

$$P = [\mathbf{p}_1, \mathbf{p}_2, \cdots, \mathbf{p}_n]$$

이고

$$P^t = \begin{bmatrix} \mathbf{p}_1^t \\ \mathbf{p}_2^t \\ \vdots \\ \mathbf{p}_n^t \end{bmatrix}$$

이다.

$$P^tP = \begin{bmatrix} \mathbf{p}_1^t \\ \mathbf{p}_2^t \\ \vdots \\ \mathbf{p}_n^t \end{bmatrix} [\mathbf{p}_1, \mathbf{p}_2, \cdots, \mathbf{p}_n] = \begin{bmatrix} \mathbf{p}_1^t\mathbf{p}_2 & \mathbf{p}_1^t\mathbf{p}_2 & \cdots & \mathbf{p}_1^t\mathbf{p}_n \\ \mathbf{p}_2^t\mathbf{p}_1 & \mathbf{p}_2^t\mathbf{p}_2 & \cdots & \mathbf{p}_2^t\mathbf{p}_n \\ \vdots & \vdots & & \vdots \\ \mathbf{p}_n^t\mathbf{p}_1 & \mathbf{p}_n^t\mathbf{p}_2 & \cdots & \mathbf{p}_n^t\mathbf{p}_n \end{bmatrix}$$

$$= \begin{bmatrix} <\mathbf{p}_1, \mathbf{p}_1> & <\mathbf{p}_1, \mathbf{p}_2> & \cdots & <\mathbf{p}_1, \mathbf{p}_n> \\ <\mathbf{p}_2, \mathbf{p}_1> & <\mathbf{p}_2, \mathbf{p}_2> & \cdots & <\mathbf{p}_2, \mathbf{p}_n> \\ \vdots & \vdots & & \vdots \\ <\mathbf{p}_n, \mathbf{p}_1> & <\mathbf{p}_n, \mathbf{p}_2> & \cdots & <\mathbf{p}_n, \mathbf{p}_n> \end{bmatrix} \quad \cdots ①$$

(1) ⇒ (2)의 증명

P는 직교행렬이다라고 가정하면 $P^tP = I$이므로

$$\begin{bmatrix} <\mathbf{p}_1, \mathbf{p}_1> & <\mathbf{p}_1, \mathbf{p}_2> & \cdots & <\mathbf{p}_1, \mathbf{p}_n> \\ <\mathbf{p}_2, \mathbf{p}_1> & <\mathbf{p}_2, \mathbf{p}_2> & \cdots & <\mathbf{p}_2, \mathbf{p}_n> \\ \vdots & \vdots & & \vdots \\ <\mathbf{p}_n, \mathbf{p}_1> & <\mathbf{p}_n, \mathbf{p}_2> & \cdots & <\mathbf{p}_n, \mathbf{p}_n> \end{bmatrix} = \begin{bmatrix} 1 & 0 & \cdots & 0 \\ 0 & 1 & \cdots & 0 \\ \vdots & \vdots & & \vdots \\ 0 & 0 & \cdots & 1 \end{bmatrix} \cdots ②$$

두 행렬이 같으므로 대응하는 성분도 같다. 따라서

$$<\mathbf{p}_i, \mathbf{p}_j> = \begin{cases} 1 & (i=j) \\ 0 & (i \neq j) \end{cases} \quad (i, j = 1, 2, \cdots, n)$$

그러므로 $P = [\mathbf{p}_1, \mathbf{p}_2, \cdots, \mathbf{p}_n]$은 정규직교집합이다.

(2) ⇒ (1)의 증명

$P = [\mathbf{p}_1, \mathbf{p}_2, \cdots, \mathbf{p}_n]$이 정규직교집합이면 $i, j = 1, 2, \cdots, n$에 대하여
$<\mathbf{p}_i, \mathbf{p}_j> = \begin{cases} 1 & (i=j) \\ 0 & (i \neq j) \end{cases}$ 이므로 ②가 성립하고 ①, ②에서 $P^tP = I$,
$P^{-1}P^t = P^{-1}I$에서 $P^t = P^{-1}$이다. 그러므로 P는 직교행렬이다.

(1) ⇔ (3)도 위와 같은 이치로 증명된다. ■

• $\mathbb{R}^n$에서 벡터의 집합 $\{\mathbf{u}_1, \mathbf{u}_2, \cdots, \mathbf{u}_n\}$에 대하여
$\begin{cases} <\mathbf{u}_i, \mathbf{u}_j> = 0 \, (i \neq j) \\ <\mathbf{u}_i, \mathbf{u}_i> = 1 \end{cases}$
일 때 집합 $\{\mathbf{u}_1, \mathbf{u}_2, \cdots, \mathbf{u}_n\}$을 정규직교집합(ortonormal set)라 한다.

이제 행렬의 직교대각화를 정의하고 기본적인 성질을 설명하기로 하자.

- 정의 7.2-3에서 A를 직교대각화가능행렬 (orthogonally diagonalizable matrix)라 한다.
- A의 고유값은 $\lambda_1, \lambda_2, \cdots, \lambda_n$이고 $D = \begin{bmatrix} \lambda_1 & 0 & \cdots & 0 \\ 0 & \lambda_2 & \cdots & 0 \\ 0 & 0 & \cdots & \lambda_n \end{bmatrix}$ 인 대각행렬이 된다.

정의 7.2-3

$n \times n$행렬 A에 대하여 다음을 만족하는 직교행렬 P가 존재할 때, A는 직교대각화가 가능하다(be orthogonally diagonalizable)고 한다.

$$P^{-1}AP = D$$

정리 7.2-8

$n \times n$행렬 A에 대하여 다음 (1), (2), (3)은 동치(equivalence)이다.

(1) A는 직교대각화가 가능하다.

(2) A는 n개의 고유벡터의 정규직교집합을 갖는다.

(3) A는 대칭행렬이다.

증명 (I) (1) ⇒ (2)

A가 직교대각화가 가능하므로 정의 7.2-3에 의하여

$$P^{-1}AP$$

가 대각행렬이 되는 직교행렬 P가 존재한다. 그리고 정리 7.2-2에 의하면 P의 n개의 열벡터는 A의 고유벡터이고, P는 직교집합이므로 이 열벡터는 정규직교집합을 이룬다(정리 7.2-7). 그러므로 A는 n개의 고유벡터로 된 정규직교집합을 갖는다.

(II) (2) ⇒ (1)의 증명

A가 n개의 고유벡터의 정규직교집합을 갖는다면 정리 7.2-2에 의하여 n개의 고유벡터를 열벡터로 하는 행렬 P에 대하여 $P^{-1}AP$가 대각행렬이 된다.

즉 A는 대각화가능이다. 고유벡터들이 정규직교이므로 P는 정규직교이고 A의 정규직교화가 가능하다.

(III) (1) ⇒ (3)의 증명

(I)에서 대각행렬 D를 $D = P^{-1}AP$로 하면 $A = PDP^{-1}$이다. P가 직교행렬이므로 $A = PDP^t$이므로

$$A^t = (PDP^t)^t = (P^t)^t D^t P^t = PDP^t = A$$

따라서 A는 대칭행렬이다.

(IV) (3) ⇒ (1)의 증명은 생략한다. ■

- $D = P^{-1}AP$
  $PD = PP^{-1}AP = IAP = AP$
  또
  $PDP^{-1} = APP^{-1} = AI = A$
- $(ABC)^t = C^tB^tA^t$

예제 **7.2-6** 대칭행렬 $A=\begin{bmatrix}1 & 2\\ 2 & -2\end{bmatrix}$를 대각화하는 직교행렬 P와 $P^{-1}AP$를 구하여라.

풀이 A의 특성방정식 $\det(A-\lambda I)=\begin{vmatrix}1-\lambda & 2\\ 2 & -2-\lambda\end{vmatrix}=\lambda^2+\lambda-6=0$에서

$\lambda=-3,\ 2$이다. $\lambda_1=-3,\ \lambda_2=2$라 하자.

$\lambda_1=-3$일 때, $(A+3I)\mathbf{x}_1=\mathbf{0}$에서

$$\begin{bmatrix}4 & 2\\ 2 & 1\end{bmatrix}\begin{bmatrix}x_1\\ x_2\end{bmatrix}=\begin{bmatrix}0\\ 0\end{bmatrix}$$

$2x_1+x_2=0,\ x_1=1$로 하면 $x_2=-2$

$\lambda_1=-3$에 대응하는 고유공간은 $\begin{bmatrix}1\\ -2\end{bmatrix}$을 기저로 하는 $\left\{s\begin{bmatrix}1\\ -2\end{bmatrix}\middle|\, s\in\mathbb{R}\right\}$

즉, 한 고유벡터는 $\mathbf{x}_1=\begin{bmatrix}1\\ -2\end{bmatrix}$이다.

그램쉬미트 직교화 과정에 따라 $|\mathbf{x}_1|=\sqrt{1^2+(-2)^2}$이므로

$$\mathbf{u}_1=\frac{\mathbf{x}_1}{|\mathbf{x}_1|}=\frac{1}{\sqrt{5}}\begin{bmatrix}1\\ -2\end{bmatrix}$$

$\lambda_2=2$일 때, $(A-2I)\mathbf{x}_2=\mathbf{0}$에서

$$\begin{bmatrix}-1 & 2\\ 2 & -4\end{bmatrix}\begin{bmatrix}x_1\\ x_2\end{bmatrix}=\begin{bmatrix}0\\ 0\end{bmatrix}$$

$x_1-2x_2=0,\ x_2=1$로 하면 $x_1=2$

$\lambda_2=2$에 대응하는 한 고유벡터는 같은 방법으로 $\mathbf{x}_2=\begin{bmatrix}2\\ 1\end{bmatrix}$이다.

그램쉬미트 직교화 과정에 따라 $|\mathbf{x}_2|=\sqrt{2^2+1^2}=\sqrt{5}$이므로

$$\mathbf{u}_2=\frac{\mathbf{x}_2}{|\mathbf{x}_2|}=\frac{1}{\sqrt{5}}\begin{bmatrix}2\\ 1\end{bmatrix}$$

따라서 $P=\begin{bmatrix}\frac{1}{\sqrt{5}} & \frac{2}{\sqrt{5}}\\ -\frac{2}{\sqrt{5}} & \frac{1}{\sqrt{5}}\end{bmatrix}$로 하면 P^{-1}를 구하면 $P^{-1}=\begin{bmatrix}\frac{1}{\sqrt{5}} & -\frac{2}{\sqrt{5}}\\ \frac{2}{\sqrt{5}} & \frac{1}{\sqrt{5}}\end{bmatrix}$

이 되어 $P^{-1}=P^t$이 성립하므로 P는 직교행렬이다.

그리고 $P^{-1}AP$를 계산하면

$$P^{-1}AP=P^tAP=\begin{bmatrix}\frac{1}{\sqrt{5}} & -\frac{2}{\sqrt{5}}\\ \frac{2}{\sqrt{5}} & \frac{1}{\sqrt{5}}\end{bmatrix}\begin{bmatrix}1 & 2\\ 2 & -2\end{bmatrix}\begin{bmatrix}\frac{1}{\sqrt{5}} & \frac{2}{\sqrt{5}}\\ -\frac{2}{\sqrt{5}} & \frac{1}{\sqrt{5}}\end{bmatrix}=\begin{bmatrix}-3 & 0\\ 0 & 2\end{bmatrix}$$

이다. ■

- $\lambda_1=-3$에 대응하는 고유공간은 $\mathbf{x}_1=\begin{bmatrix}1\\ -2\end{bmatrix}$로 생성되는 집합이므로 $\left\{s\begin{bmatrix}1\\ -2\end{bmatrix}\middle|\, s\in\mathbb{R}\right\}$와 같이 나타낼 수 있다.
- $\langle \mathbf{x}_1, \mathbf{x}_2\rangle$
  $=\left\langle\begin{bmatrix}1\\ -2\end{bmatrix}, \begin{bmatrix}2\\ 1\end{bmatrix}\right\rangle$
  $=(1,-2)\cdot(2,1)$
  $=2+(-2)=0$
- $\lambda_2=2$일 때,
  $x_1-2x_2=0$에서
  $x_2=t$로 하면 $x_1=2t$
  $\begin{bmatrix}2t\\ t\end{bmatrix}=t\begin{bmatrix}2\\ 1\end{bmatrix}$로 $\lambda_2=2$에 대응하는 고유공간은 $\left\{t\begin{bmatrix}2\\ 1\end{bmatrix}\middle|\, t\in\mathbb{R}\right\}$이다.

예제 **7.2-7** 대칭행렬 $A=\begin{bmatrix}2&1&1\\1&2&1\\1&1&2\end{bmatrix}$를 대각화하는 직교행렬 P와 $P^{-1}AP$를 구하여라.

풀이 특성방정식 $\det(A-\lambda I)=\begin{vmatrix}2-\lambda&1&1\\1&2-\lambda&1\\1&1&2-\lambda\end{vmatrix}=(1-\lambda)^2(4-\lambda)=0$에서 $\lambda=1,\ 4$이다. $\lambda_1=1,\ \lambda_2=4$이라 하자.

$\lambda_1=1$일 때 $(A-I)\mathbf{x}=\mathbf{0}$에서

$$\begin{bmatrix}1&1&1\\1&1&1\\1&1&1\end{bmatrix}\begin{bmatrix}x_1\\x_2\\x_3\end{bmatrix}=\begin{bmatrix}0\\0\\0\end{bmatrix}$$

$x_1+x_2+x_3=0,\ x_1=s,\ x_2=t$로 하면 $x_3=-s-t$

$$\begin{bmatrix}x_1\\x_2\\x_3\end{bmatrix}=\begin{bmatrix}s\\t\\-s-t\end{bmatrix}=s\begin{bmatrix}1\\0\\-1\end{bmatrix}+t\begin{bmatrix}0\\1\\-1\end{bmatrix}$$

• $\lambda_1=1$일 때 A의 고유공간은 $\begin{bmatrix}1\\0\\-1\end{bmatrix},\ \begin{bmatrix}0\\1\\-1\end{bmatrix}$로 생성되는 집합이므로 $\left\{s\begin{bmatrix}1\\0\\-1\end{bmatrix}+t\begin{bmatrix}0\\1\\-1\end{bmatrix}\middle|\ s,\ t\in\mathbb{R}\right\}$와 같이 나타낼 수 있다.

따라서 일차독립인 고유벡터 $\mathbf{x}_1=\begin{bmatrix}1\\0\\-1\end{bmatrix},\ \mathbf{x}_2=\begin{bmatrix}0\\1\\-1\end{bmatrix}$을 얻는다.

그램슈미트 직교화 과정에 따라

$$\mathbf{u}_1=\frac{\mathbf{x}_1}{|\mathbf{x}_1|}=\frac{1}{\sqrt{2}}\begin{bmatrix}1\\0\\-1\end{bmatrix}$$

$$\mathbf{u}_2=\frac{\mathbf{x}_2-(\mathbf{x}_2\cdot\mathbf{u}_1)\mathbf{u}_1}{|\mathbf{x}_2-(\mathbf{x}_2\cdot\mathbf{u}_1)\mathbf{u}_1|}\text{에서}$$

$$\mathbf{x}_2-(\mathbf{x}_2\cdot\mathbf{u}_1)\mathbf{u}_1=\begin{bmatrix}0\\1\\-1\end{bmatrix}-\frac{1}{\sqrt{2}}\begin{bmatrix}\frac{1}{\sqrt{2}}\\0\\-\frac{1}{\sqrt{2}}\end{bmatrix}=\begin{bmatrix}-\frac{1}{2}\\1\\-\frac{1}{2}\end{bmatrix}\text{이므로}$$

$$\mathbf{u}_2=\frac{1}{\sqrt{\left(-\frac{1}{2}\right)^2+1^2+\left(-\frac{1}{2}\right)^2}}\begin{bmatrix}-\frac{1}{2}\\1\\-\frac{1}{2}\end{bmatrix}=\frac{2}{\sqrt{6}}\begin{bmatrix}-\frac{1}{2}\\1\\-\frac{1}{2}\end{bmatrix}$$

$\lambda_2=4$일 때 $(A-4I)\mathbf{x}=\mathbf{0}$에서

$$\begin{bmatrix}-2&1&1\\1&-2&1\\1&1&-2\end{bmatrix}\begin{bmatrix}x_1\\x_2\\x_3\end{bmatrix}=\begin{bmatrix}0\\0\\0\end{bmatrix},\ \text{즉}\ \begin{cases}-2x_1+x_2+x_3=0\\x_1-2x_2+x_3=0\\x_1+x_2-2x_3=0\end{cases}$$

이 경우의 고유벡터는 $\mathbf{x}_3=\begin{bmatrix}1\\1\\1\end{bmatrix}$이고 $\mathbf{u}_3=\dfrac{\mathbf{x}_3}{|\mathbf{x}_3|}=\dfrac{1}{\sqrt{3}}\begin{bmatrix}1\\1\\1\end{bmatrix}$이다.

그러므로 $P=\begin{bmatrix} \frac{1}{\sqrt{2}} & -\frac{1}{\sqrt{6}} & \frac{1}{\sqrt{3}} \\ 0 & \frac{2}{\sqrt{6}} & \frac{1}{\sqrt{3}} \\ -\frac{1}{\sqrt{2}} & -\frac{1}{\sqrt{6}} & \frac{1}{\sqrt{3}} \end{bmatrix}$, P^tP를 계산하면 $I=\begin{bmatrix} 1 & 0 & 0 \\ 0 & 1 & 0 \\ 0 & 0 & 1 \end{bmatrix}$ 이 된다. $|P|\neq 0$이므로 P^{-1}은 존재하며, P^{-1}를 계산하여 구하고 $P^{-1}P = P^tP=I$, 즉 $P^{-1}=P^t$가 되어 P는 직교행렬임을 알 수 있다.

$$P^{-1}AP=P^tAP=\begin{bmatrix} \frac{1}{\sqrt{2}} & 0 & -\frac{1}{\sqrt{2}} \\ -\frac{1}{\sqrt{6}} & \frac{2}{\sqrt{6}} & -\frac{1}{\sqrt{6}} \\ \frac{1}{\sqrt{3}} & \frac{1}{\sqrt{3}} & \frac{1}{\sqrt{3}} \end{bmatrix}\begin{bmatrix} 2 & 1 & 1 \\ 1 & 2 & 1 \\ 1 & 1 & 2 \end{bmatrix}\begin{bmatrix} \frac{1}{\sqrt{2}} & -\frac{1}{\sqrt{6}} & \frac{1}{\sqrt{3}} \\ 0 & \frac{2}{\sqrt{6}} & \frac{1}{\sqrt{3}} \\ -\frac{1}{\sqrt{2}} & -\frac{1}{\sqrt{6}} & \frac{1}{\sqrt{3}} \end{bmatrix}$$

$$=\begin{bmatrix} \frac{1}{\sqrt{2}} & 0 & -\frac{1}{\sqrt{2}} \\ -\frac{1}{\sqrt{6}} & \frac{2}{\sqrt{6}} & -\frac{1}{\sqrt{6}} \\ \frac{4}{\sqrt{3}} & \frac{4}{\sqrt{3}} & \frac{4}{\sqrt{3}} \end{bmatrix}\begin{bmatrix} \frac{1}{\sqrt{2}} & -\frac{1}{\sqrt{6}} & \frac{1}{\sqrt{3}} \\ 0 & \frac{2}{\sqrt{6}} & \frac{1}{\sqrt{3}} \\ -\frac{1}{\sqrt{2}} & -\frac{1}{\sqrt{6}} & \frac{1}{\sqrt{3}} \end{bmatrix}=\begin{bmatrix} 1 & 0 & 0 \\ 0 & 1 & 0 \\ 0 & 0 & 4 \end{bmatrix}$$

■

연습문제 7.2

1. 다음과 같이 주어진 두 행렬 A와 B는 닮았는가?

(1) $A=\begin{bmatrix} 2 & 4 \\ 4 & 2 \end{bmatrix}$, $B=\begin{bmatrix} 3 & 5 \\ 3 & 1 \end{bmatrix}$

(2) $A=\begin{bmatrix} 1 & 2 \\ 3 & 4 \end{bmatrix}$, $B=\begin{bmatrix} -1 & -2 \\ 3 & 4 \end{bmatrix}$

(3) $A=\begin{bmatrix} 2 & -1 & 4 \\ 0 & 1 & 4 \\ -3 & 3 & -1 \end{bmatrix}$, $B=\begin{bmatrix} -1 & 0 & 0 \\ 0 & 1 & 0 \\ 0 & 0 & 2 \end{bmatrix}$

• $B=P^{-1}AP$가 성립하는 가역인($|P|\neq 0$) 행렬 P가 존재하는지를 관찰한다.

2. 다음 행렬은 대각화가 가능하다. 각각 A와 B는 닮았는가?

(1) $A=\begin{bmatrix} 5 & -4 \\ 3 & -2 \end{bmatrix}$, $B=\begin{bmatrix} 4 & 3 \\ -2 & -1 \end{bmatrix}$

(2) $A=\begin{bmatrix} 1 & 1 & 2 \\ 1 & 1 & -1 \\ 3 & -3 & 0 \end{bmatrix}$, $B=\begin{bmatrix} 1 & 0 & 0 \\ 0 & 2 & 0 \\ 0 & 0 & -3 \end{bmatrix}$

• 특성방정식이 같은지를 관찰한다.

3. 다음 행렬 A는 대각화가 가능한가? 가능하면 $D=P^{-1}AP$가 성립하는 행렬 P를 구하여라(D는 A의 고유값이 대각선성분인 대각행렬이다).

(1) $\begin{bmatrix} 3 & -1 \\ -2 & 4 \end{bmatrix}$ (2) $\begin{bmatrix} -3 & -1 \\ 1 & -1 \end{bmatrix}$ (3) $\begin{bmatrix} -2 & 4 \\ 9 & 3 \end{bmatrix}$

(4) $\begin{bmatrix} -3 & -2 & -2 \\ 4 & 3 & 2 \\ 8 & 4 & 5 \end{bmatrix}$ (5) $\begin{bmatrix} 3 & -2 & 0 \\ -2 & 3 & 0 \\ 0 & 0 & 5 \end{bmatrix}$

• $A=\begin{bmatrix} a & 0 \\ 0 & b \end{bmatrix}$일 때
$A^n=\begin{bmatrix} a^n & 0 \\ 0 & b^n \end{bmatrix}$

4. 3번의 (1)에서 P를 구하였다. $D=P^{-1}AP$를 이용하여 $A=\begin{bmatrix} 3 & -1 \\ -2 & 4 \end{bmatrix}$에 대한 A^n을 구하여라(n은 양정수).

5. n이 양의 정수일 때 행렬 A와 행렬 B가 닮았으면 A^n과 B^n도 닮았다는 것을 밝혀라.

6. 다음과 같은 대칭행렬 A를 대각화하는 직교행렬 P(A를 직교대각화하는 행렬)와 $D=P^{-1}AP$를 각각 구하여라.

(1) $\begin{bmatrix} 3 & 1 \\ 1 & 3 \end{bmatrix}$ (2) $\begin{bmatrix} 1 & -1 \\ -1 & 1 \end{bmatrix}$ (3) $\begin{bmatrix} 4 & 3 \\ 3 & -4 \end{bmatrix}$

(4) $\begin{bmatrix} 4 & 2 & 2 \\ 2 & 4 & 2 \\ 2 & 2 & 4 \end{bmatrix}$ (5) $\begin{bmatrix} 1 & 2 & -1 \\ 2 & -2 & 2 \\ -1 & 2 & 1 \end{bmatrix}$

• $\mathbf{a}=\begin{bmatrix} a_1 \\ a_2 \\ \vdots \\ a_n \end{bmatrix}$, $\mathbf{b}=\begin{bmatrix} b_1 \\ b_2 \\ \vdots \\ b_n \end{bmatrix}$

$<\mathbf{a}, \mathbf{b}>$
$=(a_1, a_2, \cdots, a_n)\begin{bmatrix} b_1 \\ b_2 \\ \vdots \\ b_n \end{bmatrix}$
$=\begin{bmatrix} a_1 \\ a_2 \\ \vdots \\ a_n \end{bmatrix}^t \begin{bmatrix} b_1 \\ b_2 \\ \vdots \\ b_n \end{bmatrix}$
$=\mathbf{a}^t \boldsymbol{b}$

7. $n\times n$행렬 A는 대각화가능행렬이고 A의 고유값이 $\lambda_1, \lambda_2, \cdots, \lambda_n$일 때 다음이 성립함을 밝혀라.

$$\det A=\lambda_1, \lambda_2, \cdots, \lambda_n$$

8. 실수의 $n\times n$대칭행렬 A의 고유값이 $\lambda_1, \lambda_2\,(\in\mathbb{R}^n)$이고 λ_1, λ_2에 대응하는 고유벡터를 각각 $\mathbf{x}_1$, $\mathbf{x}_2$라 한다.
이때 $\mathbf{x}_1\neq\mathbf{x}_2$이면 $\mathbf{x}_1$과 $\mathbf{x}_2$는 직교함을 밝혀라.

9. 다음 2×2행렬 $A=\begin{bmatrix} a & b \\ c & d \end{bmatrix}$가 직교행렬이면 $b=\pm c$임을 설명하여라.

[참고] (1) 복소수의 $n\times n$행렬 A(성분이 복소수인 행렬)가 있다. A의 공액전치(conjugate transpose)인 행렬을 A^*로 나타낸다. 즉 $A^*=\overline{A}^t$

(2) 이때 다음이 성립하는 복소수의 $n\times n$행렬 A를 에르미트행렬(hermitian matrix)이라 한다.

$$A^*=A$$

(3) 그리고 다음이 성립하는 복소수의 행렬 A를 유니타리행렬(unitary matrix)이라 한다.

$$A^*=A^{-1}$$

08 응용I

應用 I, Applications I

8.1 미분방정식

함수와 이 함수의 도함수로 이루어진 방정식을 미분방정식(differential equation)이라 한다. 미분방정식은 물리학, 화학, 생물학뿐만 아니라 경제학에도 폭넓게 응용되고 있다. 여기서는 선형대수를 이용하여 풀 수 있는 한 가지 형태의 미분방정식을 설명할 것이다.

• 주어진 미분방정식을 성립시키는 함수 $f(x)$를 구하는 것을 '미분방정식을 푼다'고 하고 $f(x)$를 이 미분방정식의 해라고 한다.

함수 $y=f(t)$가 있다. 이 $f(t)$의 증감비율이 $f'(t)$임은 알고 있다. 어느 주어진 구간에서 $f(t)$에 대한 $f'(t)$의 증감비율은 $f'(t)/f(t)$로 나타난다. 이것이 상수 a로 일정하다면

$$\frac{f'(t)}{f(t)}=\frac{y'(t)}{y(t)}=a,\quad \text{즉 } y'(t)=ay(t) \qquad \cdots ①$$

로 미분방정식이 된다. 이 미분방정식은 무수히 많은 해를 갖는다. 즉 임의의 상수 c에 대하여

$$y(t)=ce^{at} \qquad \cdots ②$$

이 미분방정식의 해이다. ②에서

$$y'(t)=cae^{at}=ay(t)$$

임을 알 수 있다. 이때 ②를 ①의 일반해(general solution)라 한다. ②에서 $t=0$일 때 $y=2$라 하면

• 일반적으로 초기조건을 $y(0)=y_0$ 로 나타내고 특수해를 $y(t)=y_0e^{at}$ 으로 쓴다.

$$y(0)=2,\quad y(0)=ce^{a\cdot 0}=c=2$$

이므로 ②는

$$y(t)=2e^{at} \qquad \cdots ③$$

이다. 이것도 ①의 한 해이다. 이 ③을 ①의 특수해(particular solution)라 하고 주어진 조건 $y(0)=2$를 초기조건(initial condition)이라 한다.

미분방정식 ①을 풀어 하나의 미지의 함수 ②를 찾았다. 이제 n개의 미지의 함수로 된 n개의 미분방정식으로 이루어진 다음과 같은 연립미분방정식의 풀이를 생각하자.

$$\begin{aligned}
y_1{}'(t) &= a_{11}y_1(t)+a_{12}y_2(t)+\cdots+a_{1n}y_n(t)\\
y_2{}'(t) &= a_{21}y_1(t)+a_{22}y_2(t)+\cdots+a_{2n}y_n(t)\\
&\ \,\vdots\\
y_n{}'(t) &= a_{n1}y_1(t)+a_{n2}y_2(t)+\cdots+a_{nn}y_n(t)
\end{aligned} \qquad \cdots ④$$

④에서 a_{ij}는 상수이고 $y_1(t)=f_1(t),\ y_2(t)=f_2(t),\ \cdots,\ y_n(t)=f_n(t)$는 미지의 함수이다. ④를 $n \times n$ 일계선형연립미분방정식($n \times n$ first order system of linear differential equation)이라 한다.

이 연립미분방정식 ④는 행렬로 나타내면

$$Y(t)=\begin{bmatrix} y_1(t) \\ y_2(t) \\ \vdots \\ y_n(t) \end{bmatrix},\quad Y'(t)=\begin{bmatrix} y_1'(t) \\ y_2'(t) \\ \vdots \\ y_n'(t) \end{bmatrix},\quad A=\begin{bmatrix} a_{11} & a_{21} & \cdots & a_{n1} \\ a_{21} & a_{22} & \cdots & a_{n2} \\ \vdots & \vdots & & \vdots \\ a_{n1} & a_{n2} & \cdots & a_{nn} \end{bmatrix}$$

으로 할 때

$$Y'(t)=A\,Y(t)$$

와 같이 간단히 나타낼 수 있다.

예제 8.1-1 다음 연립미분방정식을 행렬로 나타내어라. 그리고 일반해와 초기조건 $y_1(0)=-1,\ y_2(0)=3,\ y_3(0)=-2$를 만족하는 특수해를 구하여라.

$$\begin{aligned} y_1' &= 2y_1 \\ y_2' &= -3y_2 \\ y_3' &= 4y_3 \end{aligned}$$

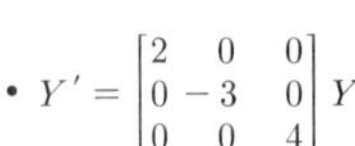

풀이 행렬로 나타내면

$$\begin{bmatrix} y_1' \\ y_2' \\ y_3' \end{bmatrix}=\begin{bmatrix} 2 & 0 & 0 \\ 0 & -3 & 0 \\ 0 & 0 & 4 \end{bmatrix}\begin{bmatrix} y_1 \\ y_2 \\ y_3 \end{bmatrix}$$

각 방정식은 한 개의 미지의 함수로 이루어져 있으므로 하나씩 별도로 풀 수 있어서 일반해는 임의의 상수 c_1, c_2, c_3에 대하여

• $Y=\begin{bmatrix} y_1 \\ y_2 \\ y_3 \end{bmatrix}=\begin{bmatrix} c_1e^{2t} \\ c_2e^{-3t} \\ c_3e^{4t} \end{bmatrix}$

$$\begin{aligned} y_1 &= c_1e^{2t} \\ y_2 &= c_2e^{-3t} \\ y_3 &= c_3e^{4t} \end{aligned}$$

주어진 초기조건에 따라 c_1, c_2, c_3을 구하면

• $Y=\begin{bmatrix} y_1 \\ y_2 \\ y_3 \end{bmatrix}=\begin{bmatrix} -e^{2t} \\ 3e^{-3t} \\ -2e^{4t} \end{bmatrix}$

$$\begin{aligned} y_1(0) &= c_1e^{2\cdot 0}=c_1=-1 \\ y_2(0) &= c_2e^{-3\cdot 0}=c_2=3 \\ y_3(0) &= c_3e^{4\cdot 0}=c_3=-2 \end{aligned}$$

이므로 구하는 특수해는

$$\begin{aligned} y_1 &= -e^{2t} \\ y_2 &= 3e^{-3t} \\ y_3 &= -2e^{4t} \end{aligned}$$

■

$Y' = AY$에서 예제 8.1-1과 같이 A가 대각행렬이면 풀이가 간단하지만 그렇지 않으면 먼저 A를 대각화하는 행렬을 구하고 A를 대각화한 행렬을 이용한 연립미분방정식으로 $Y' = AY$을 변형하여 해를 구해나가야 한다. 이것을 다음 예제로 설명하여 이해하자.

예제 8.1-2 행렬의 대각화를 이용하여 다음 연립미분방정식을 풀어라.

$$y_1'(t) = -y_1(t) + y_2(t)$$
$$y_2'(t) = 4y_1(t) + 2y_2(t)$$

풀이 주어진 연립방정식을 행렬로 나타내고 행렬의 대각화를 적용한다.

$$Y'(t) = \begin{bmatrix} y_1'(t) \\ y_2'(t) \end{bmatrix}, \quad A = \begin{bmatrix} -1 & 1 \\ 4 & 2 \end{bmatrix}, \quad Y(t) = \begin{bmatrix} y_1(t) \\ y_2(t) \end{bmatrix}$$

라 하면 주어진 연립미분방정식은 간단히 다음과 같이 나타낸다.

$$Y' = AY$$

• $Y'(t) = AY(t)$를 간단히 $Y' = AY$로 나타낸다.

$A = \begin{bmatrix} -1 & 1 \\ 4 & 2 \end{bmatrix}$를 대각화하는 행렬 P를 구하자.

$$\det(A - \lambda I) = \begin{vmatrix} -1-\lambda & 1 \\ 4 & 2-\lambda \end{vmatrix} = \lambda^2 - \lambda - 6 = 0 \quad \therefore \lambda = -2, 3$$

$\mathbf{x} = \begin{bmatrix} x_1 \\ x_2 \end{bmatrix}$에 대하여 $(\lambda I - A)\mathbf{x} = 0$, 즉

$$\begin{bmatrix} -1-\lambda & 1 \\ 4 & 2-\lambda \end{bmatrix} \begin{bmatrix} x_1 \\ x_2 \end{bmatrix} = \begin{bmatrix} 0 \\ 0 \end{bmatrix}$$

이 자명하지 않은 해를 가질 때 $\mathbf{x}$는 A의 고유벡터이다.

$\lambda = -2$인 경우

$$\begin{bmatrix} -1-(-2) & 1 \\ 4 & 2-(-2) \end{bmatrix} \begin{bmatrix} x_1 \\ x_2 \end{bmatrix} = \begin{bmatrix} 0 \\ 0 \end{bmatrix}, \quad \therefore \begin{bmatrix} 1 & 1 \\ 4 & 4 \end{bmatrix} \begin{bmatrix} x_1 \\ x_2 \end{bmatrix} = \begin{bmatrix} 0 \\ 0 \end{bmatrix}$$

$$x_1 + x_2 = 0$$

$x_1 = s$로 하면 $x_2 = -s$이므로

$$\mathbf{x} = \begin{bmatrix} x_1 \\ x_2 \end{bmatrix} = \begin{bmatrix} s \\ -s \end{bmatrix} = s\begin{bmatrix} 1 \\ -1 \end{bmatrix}. \text{ 따라서 } P_1 = \begin{bmatrix} 1 \\ -1 \end{bmatrix}$$

• $P_1 = \begin{bmatrix} 1 \\ -1 \end{bmatrix}$은 $\lambda = -2$일 때 고유공간의 기저이다.

$\lambda = 3$인 경우도 같은 방법으로

$$P_2 = \begin{bmatrix} \frac{1}{4} \\ 1 \end{bmatrix}$$

■

• A는 일차독립인 두 개의 고유벡터 $\begin{bmatrix} 1 \\ -1 \end{bmatrix}$, $\begin{bmatrix} \frac{1}{4} \\ 1 \end{bmatrix}$을 가지므로 대각화가 가능하다.

그러므로 $P = \begin{bmatrix} 1 & \frac{1}{4} \\ -1 & 1 \end{bmatrix}$

P^{-1}를 구하면

$$P^{-1} = \begin{bmatrix} \frac{4}{5} & -\frac{1}{5} \\ \frac{4}{5} & \frac{4}{5} \end{bmatrix}$$

$$D = P^{-1}AP = \begin{bmatrix} \frac{4}{5} & -\frac{1}{5} \\ \frac{4}{5} & \frac{4}{5} \end{bmatrix} \begin{bmatrix} -1 & 1 \\ 4 & 2 \end{bmatrix} \begin{bmatrix} 1 & \frac{1}{4} \\ -1 & 1 \end{bmatrix} = \begin{bmatrix} -2 & 0 \\ 0 & 3 \end{bmatrix}$$

여기서 $Y' = AY$의 해를 $Y = PQ$라고 가정하자. 행렬로

$$\begin{bmatrix} y_1(t) \\ y_2(t) \end{bmatrix} = \begin{bmatrix} 1 & \frac{1}{4} \\ -1 & 1 \end{bmatrix} \begin{bmatrix} q_1(t) \\ q_2(t) \end{bmatrix}$$

와 같이 나타낸다고 하자. 그러면 $Y' = PQ'$이다.

$Y = PQ$와 $Y' = PQ'$을 $Y' = AY$에 대입하면

$$PQ' = APQ$$

이고, 양변의 왼쪽에 P^{-1}를 곱하면

$$P^{-1}PQ' = P^{-1}APQ, \quad Q' = DQ$$

이다. 연립미분방정식 $Y' = AY$가 $Q' = DQ$로 변형되었다. 이것을 먼저 풀면 $Q' = DQ$, 즉 $\begin{bmatrix} q_1'(t) \\ q_2'(t) \end{bmatrix} = \begin{bmatrix} -2 & 0 \\ 0 & 3 \end{bmatrix} \begin{bmatrix} q_1(t) \\ q_2(t) \end{bmatrix}$이므로

$$\begin{aligned} q_1'(t) &= -2q_1(t) \\ q_2'(t) &= 3q_2(t) \end{aligned} \quad \text{에서} \quad \begin{aligned} q_1(t) &= c_1e^{-2t} \\ q_2(t) &= c_2e^{3t} \end{aligned}, \quad Q = \begin{bmatrix} c_1e^{-2t} \\ c_2e^{3t} \end{bmatrix}$$

Q와 P를 $Y = PQ$에 대입하면 구하는 일반해는

$$Y = \begin{bmatrix} y_1(t) \\ y_2(t) \end{bmatrix} = \begin{bmatrix} 1 & \frac{1}{4} \\ -1 & 1 \end{bmatrix} \begin{bmatrix} c_1e^{-2t} \\ c_2e^{3t} \end{bmatrix} = \begin{bmatrix} c_1e^{-2t} + \frac{1}{4}c_2e^{3t} \\ -c_1e^{-2t} + c_2e^{3t} \end{bmatrix}$$

따라서

$$\begin{aligned} y_1(t) &= c_1e^{-2t} + \frac{1}{4}c_2e^{3t} \\ y_2(t) &= -c_1e^{-2t} + c_2e^{3t} \end{aligned}$$

예제 8.1-2의 설명을 정리하면 연립미분방정식의 풀이 방법을 일반화할 수 있다.

대각화가 가능한 행렬 A가 있다. 연립미분방정식

$$Y' = AY$$

를 다음 순서로 일반해를 구한다.

(1) A를 대각화하는 행렬 P를 구한다.

(2) $P^{-1}AP$를 계산하여 대각행렬 D를 구한다.

(3) 연립미분방정식 $Q' = DQ$를 푼다.

(4) (1)의 P와 (3)의 Q를 $Y = PQ$에 대입하여 해를 구한다.

✉예제 8.1-3 다음 연립미분방정식을 풀어라.

$$\begin{aligned} y_1' &= 2y_1 - y_2 + 4y_3 \\ y_2' &= y_2 + 4y_3 \\ y_3' &= -3y_1 + 3y_2 - y_3 \end{aligned}$$

풀이 이 연립미분방정식을 $Y'(t) = AY(t)$인 행렬로 나타내면

$$\begin{bmatrix} y_1' \\ y_2' \\ y_3' \end{bmatrix} = \begin{bmatrix} 2 & -1 & 4 \\ 0 & 1 & 4 \\ -3 & 3 & -1 \end{bmatrix} \begin{bmatrix} y_1 \\ y_2 \\ y_3 \end{bmatrix}$$

$A = \begin{bmatrix} 2 & -1 & 4 \\ 0 & 1 & 4 \\ -3 & 3 & -1 \end{bmatrix}$을 대각화하는 행렬 P를 구하면 예제 7.2-4의 풀이에서

$$P = \begin{bmatrix} 2 & 1 & 3 \\ 2 & 1 & 4 \\ -1 & 0 & 1 \end{bmatrix}$$

이고 D는 $P^{-1}AP$를 계산하여

$$D = \begin{bmatrix} -1 & 0 & 0 \\ 0 & 1 & 0 \\ 0 & 0 & 2 \end{bmatrix}$$

를 얻었다. $Q' = DQ$를 풀면

$$\begin{bmatrix} q_1' \\ q_2' \\ q_3' \end{bmatrix} = \begin{bmatrix} -1 & 0 & 0 \\ 0 & 1 & 0 \\ 0 & 0 & 2 \end{bmatrix} \begin{bmatrix} q_1 \\ q_2 \\ q_3 \end{bmatrix}, \quad \text{즉} \quad \begin{aligned} q_1'(t) &= -q_1(t) \\ q_2'(t) &= q_2(t) \\ q_3'(t) &= 2q_3(t) \end{aligned}$$

■

• $\det(A - \lambda I)$

$= \begin{vmatrix} 2-\lambda & -1 & 4 \\ 0 & 1-\lambda & 4 \\ -3 & 3 & -1-\lambda \end{vmatrix}$

$= (2-\lambda)(1-\lambda)(1+\lambda)$

$= 0$

$\therefore \lambda = -1, 1, 2$

$\lambda = -1$일 때

$\begin{bmatrix} 3 & -1 & 4 \\ 0 & 2 & 4 \\ -3 & 3 & 0 \end{bmatrix} \begin{bmatrix} p_{11} \\ p_{21} \\ p_{31} \end{bmatrix} = \begin{bmatrix} 0 \\ 0 \\ 0 \end{bmatrix}$

에서

$X_1 = \begin{bmatrix} p_{11} \\ p_{21} \\ p_{31} \end{bmatrix} = \begin{bmatrix} 2 \\ 2 \\ -1 \end{bmatrix}$

$\lambda = 1$일 때 $X_2 = \begin{bmatrix} 1 \\ 1 \\ 0 \end{bmatrix}$

$\lambda = 2$일 때 $X_3 = \begin{bmatrix} 3 \\ 4 \\ 1 \end{bmatrix}$

그러므로 $$q_1(t) = c_1 e^{-t}$$ $$q_2(t) = c_2 e^{t}$$ $$q_3(t) = c_3 e^{2t}$$

따라서 구하는 해는 $Y = PQ$에 P, Q를 대입하여 얻는다.

$$\begin{bmatrix} y_1 \\ y_2 \\ y_3 \end{bmatrix} = \begin{bmatrix} 2 & 1 & 3 \\ 2 & 1 & 4 \\ -1 & 0 & 1 \end{bmatrix} \begin{bmatrix} c_1 e^{-t} \\ c_2 e^{t} \\ c_3 e^{2t} \end{bmatrix}$$

즉, $$y_1(t) = 2c_1 e^{-t} + c_2 e^{t} + 3c_3 e^{2t}$$ $$y_2(t) = 2c_1 e^{-t} + c_2 e^{t} + 4c_3 e^{2t}$$ $$y_3(t) = -c_1 e^{-t} + c_3 e^{2t}$$

연습문제 8.1

1. (1) 다음 연립미분방정식을 풀고, (2) 초기조건 $y_1(0) = -1$, $y_2(0) = 7$을 만족하는 해를 구하여라.

- $A = \begin{bmatrix} -3 & 1 \\ 2 & -2 \end{bmatrix}$

$$y_1'(t) = -3y_1(t) + y_2(t)$$ $$y_2'(t) = 2y_1(t) - 2y_2(t)$$

2. (1) 다음 연립미분방정식을 풀어라. (2) 초기조건이 $y_1(0) = 5$, $y_2(0) = -2$일 때 해를 구하여라.

- $A = \begin{bmatrix} 1 & -3 \\ -4 & 2 \end{bmatrix}$

$$y_1'(t) = y_1(t) - 3y_2(t)$$ $$y_2'(t) = -4y_1(t) + 2y_2(t)$$

3. (1) 다음 연립미분방정식을 풀어라. (2) 초기조건 $y_1(0) = y_3(0) = 0$, $y_2(0) = 2$를 만족하는 해를 구하여라.

- $A = \begin{bmatrix} 1 & 1 & -2 \\ -1 & 2 & 1 \\ 0 & 1 & -1 \end{bmatrix}$

$$y_1'(t) = y_1(t) + y_2(t) - 2y_3(t)$$ $$y_2'(t) = -y_1(t) + 2y_2(t) + y_3(t)$$ $$y_3'(t) = y_2(t) - y_3(t)$$

4. 이계미분방정식 $y'' + ay' + by = 0$가 있다.

(1) $y_1 = y$, $y_2 = y'$으로 놓고 주어진 미분방정식을 일계연립미분방정식으로 나타내고 $Y' = AY$ 모양의 행렬로 표시하여라.

(2) (1)의 A에 대한 특성방정식을 구하여라.

5. 문제 4를 이용하여 다음 이계미분방정식을 풀어라.

- $y_1 = y$, $y_1' = y'$
  $y_2 = y'$, $y_2' = y''$

$$y''(t) - y'(t) - 2y(t) = 0$$

8.2 최소제곱문제

H는 $\mathbb{R}^n$의 부분공간으로 원점을 지나고, 한 점 P에서 H에 수선을 내려 $\mathbf{u}=\overrightarrow{\mathrm{OP}}$라 한다. 그러면 점 P와 H 사이의 거리는

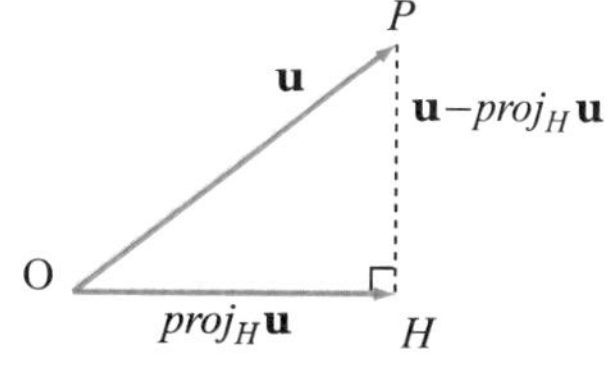

$$\| \mathbf{u}-proj_H \mathbf{u} \|$$

이다. H에 $\mathbf{u}$와 다른 벡터 $\mathbf{h}$가 있어서 $\|\mathbf{u}-\mathbf{h}\|$를 최소로 한다면 $\mathbf{u}$가 H 위에 없는 한 $\mathbf{u}-\mathbf{h}$는 영벡터가 아니다. 그러나

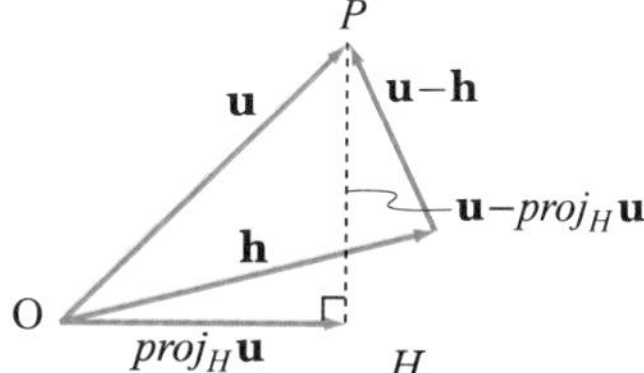

$$\mathbf{h}=proj_H \mathbf{u}$$

라 한다면

$$\| \mathbf{u}-\mathbf{h} \| = \| \mathbf{u}-proj_H \mathbf{u} \|$$

가 되어 $proj_H \mathbf{u}$는 $\mathbf{u}$의 H에 대한 최소의 근사(approximation)가 된다.

이때 $proj_H \mathbf{u}$를 H에 대한 $\mathbf{u}$의 최적근사(best approximation)라 한다.

• $proj_H \mathbf{u}$는 $\mathbf{u}$의 최적 근사이다.

위 그림에서

$$\mathbf{u}-\mathbf{h}=\mathbf{u}-proj_H \mathbf{u}+proj_H \mathbf{u}-\mathbf{h}$$

이고, 두 벡터 $\mathbf{u}-proj_H \mathbf{u}$와 $proj_H \mathbf{u}-\mathbf{h}$는 수직이므로

• $\mathbf{u}-proj_H \mathbf{u}$와 H는 수직이다.

$$\| \mathbf{u}-\mathbf{h} \|^2 = \| \mathbf{u}-proj_H \mathbf{u} \|^2 + \| proj_H \mathbf{u}-\mathbf{h} \|^2$$

이다. $proj_H \mathbf{u}-\mathbf{h} \neq \mathbf{0}$이면

$$\| \mathbf{u}-\mathbf{h} \|^2 > \| \mathbf{u}-proj_H \mathbf{u} \|^2$$

이다. 그러므로

$$\| \mathbf{u}-proj_H \mathbf{u} \| < \| \mathbf{u}-\mathbf{h} \|$$

이다. 이상을 정리하면 다음과 같다.

정리 8.2-1

H는 $\mathbb{R}^n$의 부분공간이고 $\mathbf{u}$가 $\mathbb{R}^n$의 벡터일 때 H의 벡터 $proj_H\mathbf{u}$는 $\mathbf{u}$의 H에 대한 최적근사이다. H의 또 다른 벡터를 $\mathbf{h}$라 할 때

$$\| \mathbf{u} - proj_H\mathbf{u} \| < \| \mathbf{u} - \mathbf{h} \|$$

이 정리 8.2-1을 최적근사정리(best approximation theorem)라 한다.

다음 연립일차방정식을 생각해 보자.

$$AX = B$$

이것이 어떤 과학적인 문제와 연관된다면 해가 정확한 값을 갖지 않고 근사적인 값을 갖는 경우가 있다.

여기서 $\|AX - B\|$가 최소화하는 X를 찾게 된다. $\|AX - B\| = 0$이면 X는 $AX = B$의 정확한 해이다. 그렇지 않다면 $AX = B$의 해는 $\|AX - B\|$를 최소로 하는 X이다. 이 때의 X를 $AX = B$의 최소제곱해(least squares solution)라 한다. 이제 최소제곱해를 구해 보자.

H를 A의 열공간이라 한다. $n \times 1$행렬 X에 대하여 AX는 A의 열벡터의 일차결합이다. 최적근사정리 8.2-1에 의하면 $AX = B$의 최소제곱해 X에 대하여

$$AX = proj_H B$$

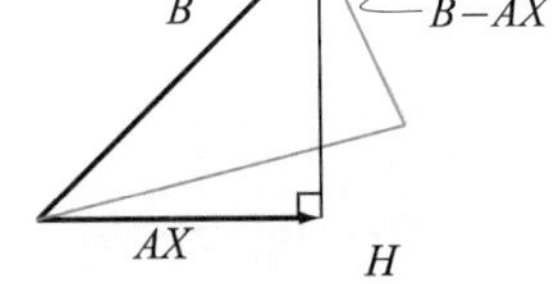

임을 알 수 있다.

최소제곱해를 X^*로 나타내면 모든 X에 대하여

$$AX \perp (B - AX^*)$$

이므로 $$AX \cdot (B - AX^*) = 0$$

이다. AX, $B - AX^*$는 n개의 성분을 갖는 열벡터이다. 그러므로

$$(AX)^t(B - AX^*) = 0$$
$$X^t A^t (B - AX^*) = 0$$
$$X^t (A^t B - A^t AX^*) = 0$$

이것은 모든 $X \in \mathbb{R}^n$에 대하여 성립하므로

$$A^t B - A^t AX^* = 0$$

이다. 따라서 $$X^* = (A^t A)^{-1} A^t B$$

- $A = \begin{bmatrix} a_{11} & a_{12} & \cdots & a_{1n} \\ a_{21} & a_{22} & \cdots & a_{2n} \\ \vdots & \vdots & & \vdots \\ a_{m1} & a_{m2} & \cdots & a_{mn} \end{bmatrix}$
- $X = \begin{bmatrix} x_1 \\ x_2 \\ \vdots \\ x_n \end{bmatrix}$
- $B = \begin{bmatrix} b_1 \\ b_2 \\ \vdots \\ b_m \end{bmatrix}$

- $\|AX - B\|$는 오차라 할 수 있다.
- $\|AX - B\|$에서 $AX - B$는 한 벡터이므로 크기를 $\| \cdot \|$으로 나타내었다.

- $\mathbf{a} = \begin{bmatrix} a_1 \\ a_2 \\ \vdots \\ a_n \end{bmatrix}$, $\mathbf{b} = \begin{bmatrix} b_1 \\ b_2 \\ \vdots \\ b_n \end{bmatrix}$이면

$\mathbf{a} \cdot \mathbf{b}$
$= a_1b_1 + a_2b_2 + \cdots + a_nb_n$

$\mathbf{a}^t\mathbf{b}$
$= (a_1, a_2, \cdots, a_n)\begin{bmatrix} b_1 \\ b_2 \\ \vdots \\ b_n \end{bmatrix}$
$= a_1b_1 + a_2b_2 + \cdots + a_nb_n$
이므로

$$\mathbf{a} \cdot \mathbf{b} = \mathbf{a}^t\mathbf{b}$$

이상을 정리하면 다음과 같다.

> **정리 8.2-2**
>
> 연립일차방정식 $AX=B$가 있다. $m\times n$ 행렬 A의 열벡터가 일차독립이면 $m\times 1$ 행렬 B에 대하여 이 연립일차방정식의 최소제곱해 X^*는
>
> $$X^* = (A^tA)^{-1}A^tB$$
>
> 이다.

• $A=\begin{bmatrix} a & b \\ c & d \\ e & f \end{bmatrix}$ 이면 $A^t=\begin{bmatrix} a & c & e \\ b & d & f \end{bmatrix}$

이 정리 8.2-2의 H가 A의 열공간이면 H로의 B의 정사영은

$$proj_H B = AX^* = A(A^tA)^{-1}A^tB$$

임을 알 수 있다.

예제 8.2-1 다음 연립방정식의 최소제곱해를 구하여라. A의 열공간으로의 B의 정사영도 구하여라.

• B는 열벡터이다.

$$\begin{aligned} 2x_1 - \ \ x_2 &= 1 \\ x_1 + 3x_2 &= -1 \\ 3x_1 - 4x_2 &= 2 \end{aligned}$$

풀이

$$A=\begin{bmatrix} 2 & -1 \\ 1 & 3 \\ 3 & -4 \end{bmatrix},\quad X=\begin{bmatrix} x_1 \\ x_2 \end{bmatrix},\quad B=\begin{bmatrix} 1 \\ -1 \\ 2 \end{bmatrix}$$

$$A^tA=\begin{bmatrix} 2 & 1 & 3 \\ -1 & 3 & -4 \end{bmatrix}\begin{bmatrix} 2 & -1 \\ 1 & 3 \\ 3 & -4 \end{bmatrix}=\begin{bmatrix} 14 & -11 \\ -11 & 26 \end{bmatrix}$$

$$(A^tA)^{-1}=\frac{1}{243}\begin{bmatrix} 26 & 11 \\ 11 & 14 \end{bmatrix}$$

$$A^tB=\begin{bmatrix} 2 & 1 & 3 \\ -1 & 3 & -4 \end{bmatrix}\begin{bmatrix} 1 \\ -1 \\ 2 \end{bmatrix}=\begin{bmatrix} 7 \\ -12 \end{bmatrix}$$

• $A^tAX=A^tB$

$\begin{bmatrix} 14 & -11 \\ -11 & 26 \end{bmatrix}\begin{bmatrix} x_1 \\ x_2 \end{bmatrix} = \begin{bmatrix} 7 \\ -12 \end{bmatrix}$, 즉

$14x_1 - 11x_2 = 7$
$-11x_1 + 26x_2 = -12$

을 연립하여 풀어도 된다.

그러므로 최소제곱해 X^*는

$$X^*=\begin{bmatrix} x_1^* \\ x_2^* \end{bmatrix}=(A^tA)^{-1}A^tB=\frac{1}{243}\begin{bmatrix} 26 & 11 \\ 11 & 14 \end{bmatrix}\begin{bmatrix} 7 \\ -12 \end{bmatrix}=\frac{1}{243}\begin{bmatrix} 50 \\ -91 \end{bmatrix}$$

즉, $\quad x_1^* = \dfrac{50}{243},\quad x_2^* = -\dfrac{91}{243}$

A의 열공간으로의 B의 정사영은

$$AX^*=\begin{bmatrix} 2 & -1 \\ 1 & 3 \\ 3 & -4 \end{bmatrix}\begin{bmatrix} \dfrac{50}{243} \\ -\dfrac{91}{243} \end{bmatrix}=\begin{bmatrix} 191/243 \\ -223/243 \\ 514/243 \end{bmatrix}$$

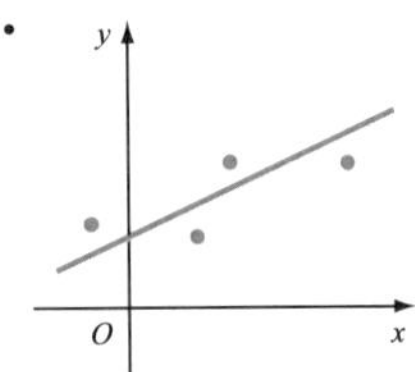

(1) $y=a+bx$

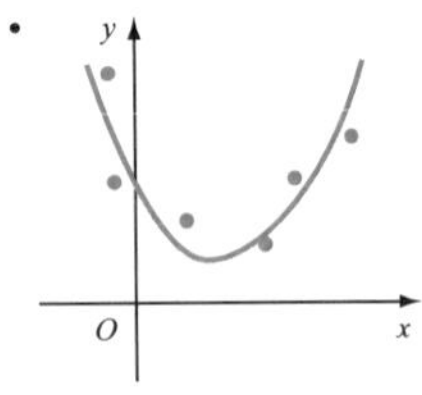

(2) $y=a+bx+cx^2$

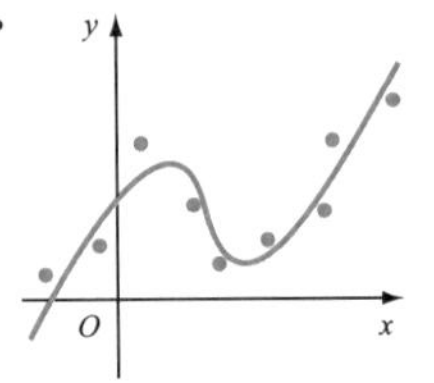

(3) $y=a+bx+cx^2+dx^3$

한 직선 또는 곡선 위에 있지 않은 몇 개의 점을 주고 이 점들에 가장 가까운 직선 또는 곡선을 찾는 문제를 해결해 보자. 찾으려는 직선과 곡선은 일반적으로 다음과 같이 세 가지 모양으로 나타낼 수 있다.

(1) 직선 : $y=a+bx$

(2) 이차다항식 : $y=a+bx+cx^2$

(3) 삼차다항식 : $y=a+bx+cx^2+dx^3$

먼저 직선에 대하여 다루어 보자.

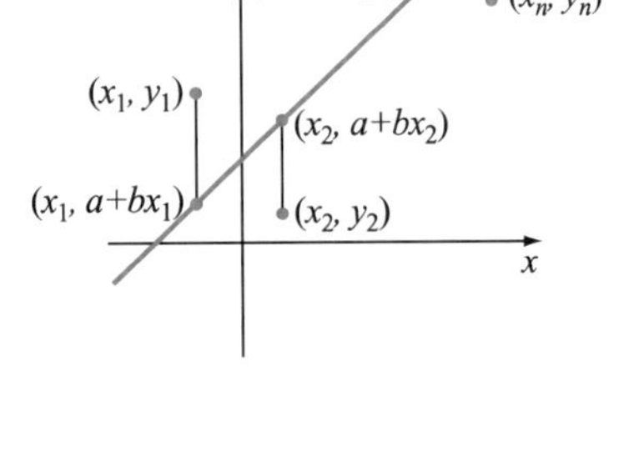

$$(x_1,\ y_1),\ (x_2,\ y_2),\ \cdots,\ (x_n,\ y_n)$$

인 점들이 주어지고 이 점들에 가장 가까운 직선을

$$y=a+bx$$

라 한다. 주어진 점들이 이 직선 위에 있다고 하면

$$\begin{aligned} y_1 &= a+bx_1 \\ y_2 &= a+bx_2 \\ &\vdots \\ y_n &= a+bx_n \end{aligned} \qquad \cdots ①$$

이다. 여기서 a, b에 가장 적합한 값을 정하면 된다. 이것을 행렬로 나타내면

$$\begin{bmatrix} y_1 \\ y_2 \\ \vdots \\ y_n \end{bmatrix} = \begin{bmatrix} 1 & x_1 \\ 1 & x_2 \\ \vdots & \vdots \\ 1 & x_n \end{bmatrix} \begin{bmatrix} a \\ b \end{bmatrix}$$

이다.

$$Y=\begin{bmatrix} y_1 \\ y_2 \\ \vdots \\ y_n \end{bmatrix},\quad A=\begin{bmatrix} 1 & x_1 \\ 1 & x_2 \\ \vdots & \vdots \\ 1 & x_n \end{bmatrix},\quad X=\begin{bmatrix} a \\ b \end{bmatrix}$$

로 하면 ①은

$$Y=AX$$

이고 이것을 만족하는 최소제곱해 X^*를 구하는 문제가 된다.

따라서 정리 8.2-2에 의하여

$$X^*=\begin{bmatrix} a^* \\ b^* \end{bmatrix}=(A^tA)^{-1}A^tY$$

임을 알 수 있다.

주어진 점들에 가장 근접한 직선은 $\|Y - AX\|$를 최소로 하는 X를 정하는 문제이다.

$$\|Y - AX\| = (y_1 - a - bx_1)^2 + (y_2 - a - bx_2)^2 + \cdots + (y_n - a - bx_n)^2$$

을 최소로 하는 a, b를 정하는 문제라는 뜻이다.

이렇게 정한 a^*, b^*에 대하여 점 $(x_1, y_1), (x_2, y_2), \cdots, (x_n, y_n)$에 가장 근접한 직선은 $y = a^* + b^* x$이고 이 직선을 최소제곱직선(least squares straight line)이라고도 한다.

예제 8.2-2 네 점 $(-1, -2), (0, 5), (1, 3), (2, 2)$에 가장 근접한 최적의 직선을 구하여라.

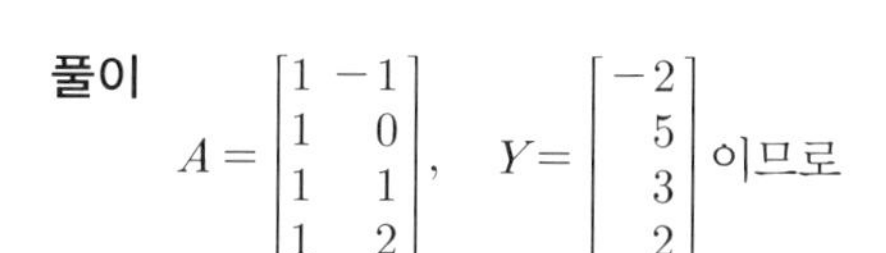

풀이

$$A = \begin{bmatrix} 1 & -1 \\ 1 & 0 \\ 1 & 1 \\ 1 & 2 \end{bmatrix}, \quad Y = \begin{bmatrix} -2 \\ 5 \\ 3 \\ 2 \end{bmatrix}$$ 이므로

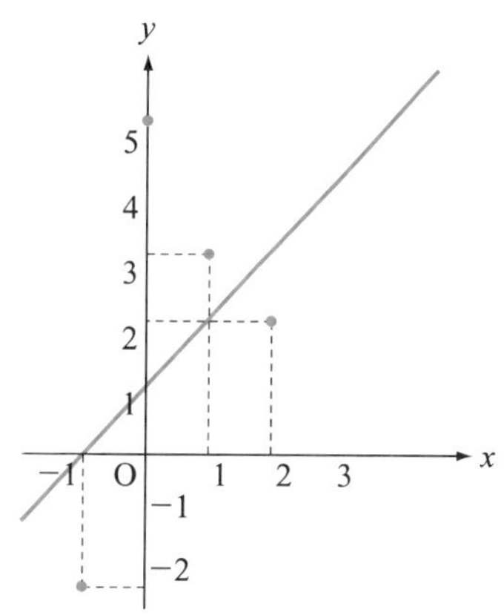

$$A^t A = \begin{bmatrix} 1 & 1 & 1 & 1 \\ -1 & 0 & 1 & 2 \end{bmatrix} \begin{bmatrix} 1 & -1 \\ 1 & 0 \\ 1 & 1 \\ 1 & 2 \end{bmatrix} = \begin{bmatrix} 4 & 2 \\ 2 & 6 \end{bmatrix}$$

$$(A^t A)^{-1} = \frac{1}{20} \begin{bmatrix} 6 & -2 \\ -2 & 4 \end{bmatrix}$$

$$A^t Y = \begin{bmatrix} 1 & 1 & 1 & 1 \\ -1 & 0 & 1 & 2 \end{bmatrix} \begin{bmatrix} -2 \\ 5 \\ 3 \\ 2 \end{bmatrix} = \begin{bmatrix} 8 \\ 9 \end{bmatrix}$$

$$\therefore (A^t A)^{-1} A^t Y = \frac{1}{20} \begin{bmatrix} 6 & -2 \\ -2 & 4 \end{bmatrix} \begin{bmatrix} 8 \\ 9 \end{bmatrix} = \frac{1}{20} \begin{bmatrix} 30 \\ 20 \end{bmatrix} = \begin{bmatrix} \frac{3}{2} \\ 1 \end{bmatrix}$$

• $A = \begin{bmatrix} a & b \\ c & d \end{bmatrix}$에서 $ad - bc \neq 0$일 때 $A^{-1} = \frac{1}{ad - bc} \begin{bmatrix} d & -b \\ -c & a \end{bmatrix}$

따라서 $Y = AX$의 최소제곱해는

$$X^* = \begin{bmatrix} a^* \\ b^* \end{bmatrix} = (A^t A)^{-1} A^t Y = \begin{bmatrix} \frac{3}{2} \\ 1 \end{bmatrix}$$

그러므로 구하는 최소제곱직선은

$$y = \frac{3}{2} + x$$

■

• $y=a+bx+cx^2$의 그래프는 포물선이다.

다음은 주어진 n개의 점 $(x_1, y_1), (x_2, y_2), \cdots, (x_n, y_n)$에 가장 근접한 최적의 이차다항식으로 나타내는 이차곡선(포물선)

$$y=a+bx+cx^2$$

을 구하는 방법을 생각하자. n개의 점이 포물선 위의 점이라 하면

$$\begin{aligned} y_1 &= a+bx_1+cx_1^2 \\ y_2 &= a+bx_2+cx_2^2 \\ &\vdots \\ y_n &= a+bx_n+cx_n^2 \end{aligned} \qquad \cdots②$$

이다. 여기서 a, b, c에 가장 적합한 값을 구하면 된다.

이것을 행렬로 나타내면

$$\begin{bmatrix} y_1 \\ y_2 \\ \vdots \\ y_n \end{bmatrix} = \begin{bmatrix} 1 & x_1 & x_1^2 \\ 1 & x_2 & x_2^2 \\ \vdots & \vdots & \vdots \\ 1 & x_n & x_n^2 \end{bmatrix} \begin{bmatrix} a \\ b \\ c \end{bmatrix}$$

이다.

$$Y=\begin{bmatrix} y_1 \\ y_2 \\ \vdots \\ y_n \end{bmatrix}, \quad A=\begin{bmatrix} 1 & x_1 & x_1^2 \\ 1 & x_2 & x_2^2 \\ \vdots & \vdots & \vdots \\ 1 & x_n & x_n^2 \end{bmatrix}, \quad X=\begin{bmatrix} a \\ b \\ c \end{bmatrix}$$

로 하면 ②는

$$Y=AX$$

이다. 주어진 n개의 점에 가장 근접한 포물선을 찾는 것은 $Y=AX$를 만족하는 최소제곱해

$$X^*=\begin{bmatrix} a^* \\ b^* \\ c^* \end{bmatrix}$$

를 구하는 문제가 된다. 따라서 정리 8.2-2에 의하여

• 3×3 행렬의 역행렬은 기본행 변형으로 구한다.

$$X^*=\begin{bmatrix} a^* \\ b^* \\ c^* \end{bmatrix}=(A^tA)^{-1}A^tY$$

임을 알 수 있다. 그러므로 구하는 최적의 포물선은

$$y=a^*+b^*x+c^*x^2$$

이다.

예제 8.2-3 네 점 (1, 6), (2, 1), (3, 2), (4, 5)에 가장 근접한 최적의 이차곡선(포물선)을 구하여라.

풀이

$$A=\begin{bmatrix}1 & x_1 & x_1^2\\1 & x_2 & x_2^2\\1 & x_3 & x_3^2\\1 & x_4 & x_4^2\end{bmatrix}=\begin{bmatrix}1 & 1 & 1\\1 & 2 & 4\\1 & 3 & 9\\1 & 4 & 16\end{bmatrix},\quad Y=\begin{bmatrix}y_1\\y_2\\y_3\\y_4\end{bmatrix}=\begin{bmatrix}6\\1\\2\\5\end{bmatrix}$$

$$A^tA=\begin{bmatrix}1 & 1 & 1 & 1\\1 & 2 & 3 & 4\\1 & 4 & 9 & 16\end{bmatrix}\begin{bmatrix}1 & 1 & 1\\1 & 2 & 4\\1 & 3 & 9\\1 & 4 & 16\end{bmatrix}=\begin{bmatrix}4 & 10 & 30\\10 & 30 & 100\\30 & 100 & 354\end{bmatrix}$$

$$(A^tA)^{-1}=\frac{1}{20}\begin{bmatrix}155 & -135 & 25\\-135 & 129 & -25\\25 & -25 & 5\end{bmatrix}$$

그리고

$$A^tY=\begin{bmatrix}1 & 1 & 1 & 1\\1 & 2 & 3 & 4\\1 & 4 & 9 & 16\end{bmatrix}\begin{bmatrix}6\\1\\2\\5\end{bmatrix}=\begin{bmatrix}14\\34\\108\end{bmatrix}$$

$$\therefore\ (A^tA)^{-1}A^tY=\frac{1}{20}\begin{bmatrix}155 & -135 & 25\\-135 & 129 & -25\\25 & -25 & 5\end{bmatrix}\begin{bmatrix}14\\34\\108\end{bmatrix}$$

$$=\frac{1}{20}\begin{bmatrix}280\\-204\\40\end{bmatrix}=\begin{bmatrix}14\\-10.2\\2\end{bmatrix}$$

따라서 $Y=AX$의 최소제곱해는

$$X^*=\begin{bmatrix}a^*\\b^*\\c^*\end{bmatrix}=(A^tA)^{-1}A^tY=\begin{bmatrix}14\\-10.2\\2\end{bmatrix}$$

이다. 그러므로 구하는 포물선은

$$y=14-10.2x+2x^2$$

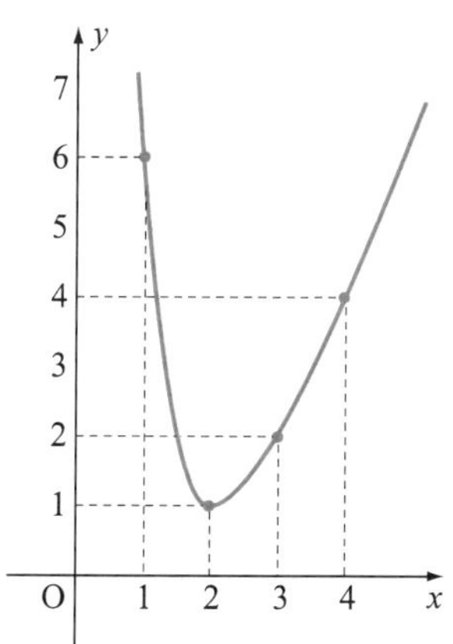

■

• $(A^tA)^{-1}$는 $\left[\begin{array}{ccc|ccc}4 & 10 & 30 & 1 & 0 & 0\\10 & 30 & 100 & 0 & 1 & 0\\30 & 100 & 354 & 0 & 0 & 1\end{array}\right]$을 기본행 변형하여 구한다.

• 예제 8.2-3에서 구하는 이차곡선을 최소제곱곡선(least squares curve)라고도 한다.

• 점을 4개, 5개, …를 주더라도 최소제곱 직선이나 곡선을 구하는 방법은 동일하다.

예제 8.2-1에서 주어진 연립방정식의 최적의 근사값을 갖는 해를 구하였다. 예제 8.2-2와 예제 8.2-3에서는 최적의 근사 직선과 최적의 근사 곡선(포물선)을 구하였다.

이제 구간 $[a, b]$에서 함수 $f(x)$의 최적의 근사 함수에 대하여 알아보도록 하자.

$[a, b]$에서 $f(x)$의 근사 함수가 $g(x)$라 하면 $x=\alpha$에서 오차(error)는

$$|f(\alpha)-g(\alpha)|$$

• $x\in[a, b]$
$\Sigma|f(x)-g(x)|$
$\to\int_a^b|f(x)-g(x)|dx$

이다. 이것은 $x=\alpha$에서 f와 g의 편차(deviation)라고도 한다. 구간 $[a, b]$에서의 오차는 $x\in[a, b]$에 대하여 $|f(x)-g(x)|$를 적분하여 얻을 수 있다. 즉 오차는

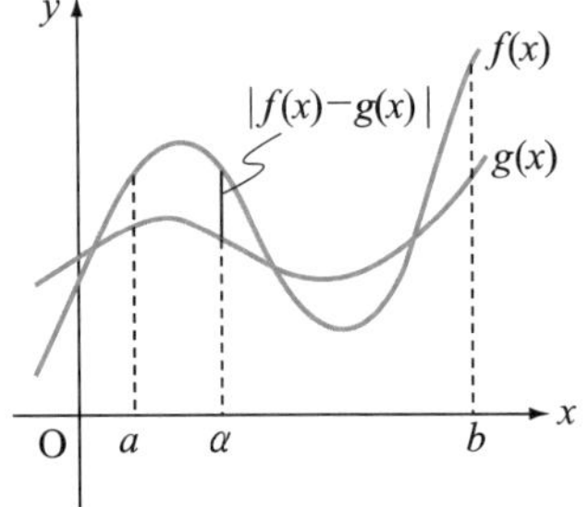

$$\int_a^b|f(x)-g(x)|dx$$

이다. 여기서 $|f(x)-g(x)|$를 계산하는 것보다 $[f(x)-g(x)]^2$을 계산하는 것이 편리하므로 구간 $[a, b]$에서 오차는 오차를 제곱한 것으로

$$\int_a^b[f(x)-g(x)]^2dx$$

와 같이 계산한다. 이것은 $[a, b]$에서 오차제곱의 평균(mean square error)을 의미한다.

W는 $[a, b]$에서 연속인 실변수 함수의 공간 $C[a, b]$의 부분공간이다. W의 모든 함수에 대하여

$$\int_a^b[f(x)-g(x)]^2dx$$

• f의 최소제곱근사를 편의상 최소제곱근사함수라고도 표현한다.

를 최소로 하는 W의 함수 $g(x)$를 W에 대한 f의 최소제곱근사(least square approximation)라 한다.

이때 부분공간 W가 $C[a, b]$이면(W가 전체 공간 $C[a, b]$이면) $f(x)=g(x)$, 즉 $\int_a^b[f(x)-g(x)]^2dx=0$이 된다.

예제 8.2-4 [0, 1]에서 $f(x)=e^x$의 최소제곱근사 $g(x)$를 구하여라. $g(x)$는 일차다항식으로 한다.

풀이 $g(x)=a+bx$라 하면

• $\int xe^x dx$
$= xe^x - \int e^x dx$
$= xe^x - e^x = e^x(x-1)$

$$\begin{aligned}
&\int_0^1 [f(x)-g(x)]^2 dx \\
&= \int_0^1 (e^x - a - bx)^2 dx \\
&= \int_0^1 (e^{2x} + a^2 + b^2x^2 - 2ae^x + 2abx - 2bxe^x) dx \\
&= \int_0^1 (e^{2x} - 2ae^x - 2bxe^x + a^2 + 2abx + b^2x^2) dx \\
&= \left[\frac{e^{2x}}{2} - 2ae^x - 2be^x(x-1) + a^2x + abx^2 + \frac{b^2x^2}{3} \right]_0^1 \\
&= \frac{e^2-1}{2} - 2a(e-1) - 2b + a^2 + ab + \frac{b^2}{3}
\end{aligned}$$

$J=\int_0^1 [f(x)-g(x)]^2 dx$라 하면 J는 변수 a와 b를 갖는 함수이므로 J를 최소로 하는 a, b의 값을 정하면 된다. 그러므로

$$\frac{\partial J}{\partial a} = -2(e-1) + 2a + b = 0$$

$$\frac{\partial J}{\partial b} = -2 + a + \frac{2b}{3} = 0$$

즉

$$2a + b = 2(e-1)$$

$$a + \frac{2b}{3} = 2$$

이다. 이것을 연립하여 풀면

$$a = 4e - 10$$

$$b = -6e + 18$$

이다. 따라서 구하는 일차다항식의 최소제곱근사 $g(x)$는

$$g(x) = 4e - 10 + (-6e + 18)x$$

이다. 근사값으로 $g(x)$를 나타내면

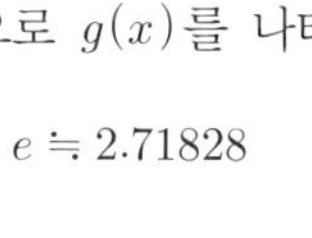

$$e \fallingdotseq 2.71828$$

이므로

$$g(x) \fallingdotseq 0.87312 + 1.69032x$$

■

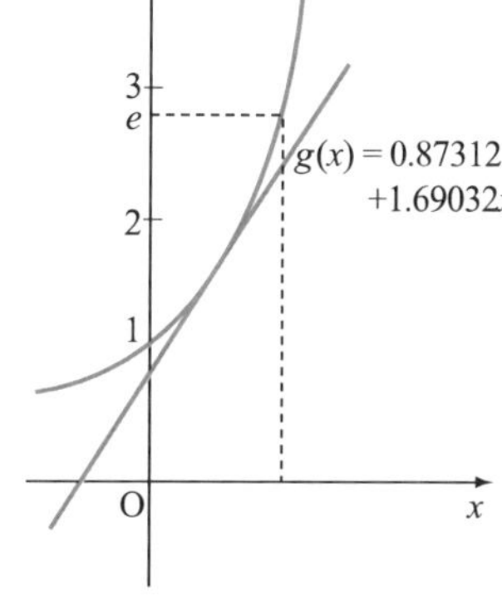

벡터공간에서 $\mathbf{f}$가 $[a, b]$에서 연속이고 $\mathbf{g}$는 $\mathbf{f}$를 근사시킨 함수라 하자. 이때 $\mathbf{f}$와 $\mathbf{g}$의 내적을

$$< \mathbf{f}, \mathbf{g} > = \int_a^b f(x)g(x)dx$$

로 하면 오차제곱의 평균을 최소로 한다는 것은

$$\| \mathbf{f} - \mathbf{g} \|^2 = < \mathbf{f} - \mathbf{g}, \mathbf{f} - \mathbf{g} > = \int_a^b [f(x) - g(x)]^2 dx$$

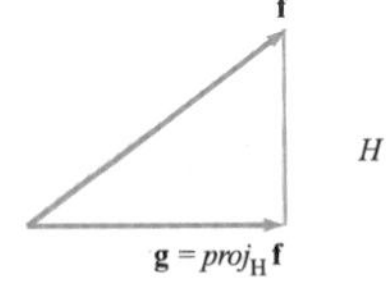

를 최소로 한다는 의미이다. 따라서 $\mathbf{f}$의 최적의 근사 함수 $\mathbf{g}$를 찾는다는 것은 $\| \mathbf{f} - \mathbf{g} \|^2$를 최소로 하는 $\mathbf{g}$를 찾는다는 것과 같다.

이와 같이 $\mathbf{f}$의 최소제곱근사(함수) $\mathbf{g}$를 찾는 문제를 최소제곱근사문제(least squares approximation problem)라 한다. 왼쪽 그림에서

$$\mathbf{g} = proj_H \mathbf{f}$$

임을 알 수 있다.

$\mathbf{g} = proj_H \mathbf{f}$는 H에서의 $\mathbf{f}$의 최소제급근사 함수이고 최소제곱근사문제의 해(solution of the least squares approximation problem)라 한다.

$$1, \cos x, \cos 2x, \cdots, \cos nx, \sin x, \sin 2x, \cdots, \sin nx \qquad \cdots ①$$

의 일차결합으로 나타내는 함수

$$\alpha_0 + \alpha_1 \cos x + \alpha_2 \cos 2x + \cdots + \alpha_n \cos nx$$
$$+ \beta_1 \sin x + \beta_2 \sin 2x + \cdots + \beta_n \sin nx$$

를 삼각다항식(trigonometric polynomial)이라 한다. $\alpha_n \neq 0$, $\beta_n \neq 0$이면 이 삼각다항식의 차수는 n이다. 예를 들어

$$3 + \cos x + 5\cos 3x - \sin x + \sin 2x - 4\sin 5x$$

는 5차의 삼각다항식이다. n차의 삼각다항식에 의하여 $[0, 2\pi]$에서 연속인 함수 $f(x)$의 최소제급근사 함수 $g(x)$를 구하여 보자.

H에서의 $\mathbf{f}$의 최소제곱근사 함수는 H로의 $\mathbf{f}$의 정사영이다. H에서 정규직교 기저를 $\mathbf{g}_0, \mathbf{g}_1, \mathbf{g}_2, \cdots, \mathbf{g}_n, \mathbf{g}_{n+1}, \cdots, \mathbf{g}_{2n}$이라 하면

$$proj_H \mathbf{f} = < \mathbf{f}, \mathbf{g}_0 > \mathbf{g}_0 + < \mathbf{f}, \mathbf{g}_1 > \mathbf{g}_1 + \cdots$$
$$+ < \mathbf{f}, \mathbf{g}_n > \mathbf{g}_n + \cdots + < \mathbf{f}, \mathbf{g}_{2n} > \mathbf{g}_{2n}$$

임을 알 수 있다.

내적

$$<\mathbf{f}, \mathbf{g}> = \int_0^{2\pi} f(x)g(x)dx$$

를 사용하여 ①에서 H에 대한 정규직교기저는

$$\mathbf{g}_0 = \frac{1}{\sqrt{2\pi}},\ \mathbf{g}_1 = \frac{1}{\sqrt{\pi}}\cos x,\ \mathbf{g}_2 = \frac{1}{\sqrt{\pi}}\cos 2x,\ \cdots,\ \mathbf{g}_n = \frac{1}{\sqrt{\pi}}\cos nx$$

$$\mathbf{g}_{n+1} = \frac{1}{\sqrt{\pi}}\sin x,\ \mathbf{g}_{n+2} = \frac{1}{\sqrt{\pi}}\sin 2x,\ \cdots,\ \mathbf{g}_{2n} = \frac{1}{\sqrt{\pi}}\sin nx$$

여기서 $$a_0 = \frac{2}{\sqrt{2\pi}}< \mathbf{f}, \mathbf{g}_0 >,\ a_1 = \frac{1}{\sqrt{\pi}}< \mathbf{f}, \mathbf{g}_1 >,$$

$$a_2 = \frac{1}{\sqrt{\pi}}< \mathbf{f}, \mathbf{g}_2 >,\ \cdots,\ a_n = \frac{1}{\sqrt{\pi}}< \mathbf{f}, \mathbf{g}_n >,$$

$$b_1 = \frac{1}{\sqrt{\pi}}< \mathbf{f}, \mathbf{g}_{n+1} >,\ b_2 = \frac{1}{\sqrt{\pi}}< \mathbf{f}, \mathbf{g}_{n+2} >,\ \cdots,\ b_n = \frac{1}{\sqrt{\pi}}< \mathbf{f}, \mathbf{g}_{2n} >$$

로 하면

$$a_0 = \frac{2}{\sqrt{2\pi}}< \mathbf{f}, \mathbf{g}_0 > = \frac{2}{\sqrt{2\pi}}\int_0^{2\pi} f(x)\frac{1}{\sqrt{2\pi}}dx = \frac{1}{\pi}\int_0^{2\pi} f(x)dx$$

$$a_1 = \frac{1}{\sqrt{\pi}}< \mathbf{f}, \mathbf{g}_1 > = \frac{1}{\sqrt{\pi}}\int_0^{2\pi} f(x)\frac{1}{\sqrt{\pi}}\cos xdx = \frac{1}{\pi}\int_0^{2\pi} f(x)\cos xdx$$

$$\vdots$$

$$a_n = \frac{1}{\sqrt{\pi}}< \mathbf{f}, \mathbf{g}_n > = \frac{1}{\sqrt{\pi}}\int_0^{2\pi} f(x)\frac{1}{\sqrt{\pi}}\cos nx = \frac{1}{\pi}\int_0^{2\pi} f(x)\cos nxdx$$

$$b_1 = \frac{1}{\sqrt{\pi}}< \mathbf{f}, \mathbf{g}_{n+1} > = \frac{1}{\sqrt{\pi}}\int_0^{2\pi} f(x)\frac{1}{\sqrt{\pi}}\sin xdx = \frac{1}{\pi}\int_0^{2\pi} f(x)\sin xdx$$

$$b_2 = \frac{1}{\sqrt{\pi}}< \mathbf{f}, \mathbf{g}_{n+2} > = \frac{1}{\sqrt{\pi}}\int_0^{2\pi} f(x)\frac{1}{\sqrt{\pi}}\sin 2xdx = \frac{1}{\pi}\int_0^{2\pi} f(x)\sin 2xdx$$

$$\vdots$$

$$b_n = \frac{1}{\sqrt{\pi}}< \mathbf{f}, \mathbf{g}_{2n} > = \frac{1}{\sqrt{\pi}}\int_0^{2\pi} f(x)\frac{1}{\sqrt{\pi}}\sin nxdx = \frac{1}{\pi}\int_0^{2\pi} f(x)\sin nxdx$$

이다.

이것을 일반적으로 나타내면

$$a_k = \frac{1}{\pi}\int_0^{2\pi} f(x)\cos kxdx, \quad b_k = \frac{1}{\pi}\int_0^{2\pi} f(x)\sin kxdx$$

인데 이 $a_k, b_k(a_0, a_1, a_2, \cdots, a_n, b_1, b_2, \cdots, b_n)$을 $\mathbf{f}$의 푸리에계수(Fourier coefficient)라 한다.

• $S = \left\{\frac{1}{\sqrt{2\pi}}, \frac{1}{\sqrt{\pi}}\cos x, \frac{1}{\sqrt{x}}\cos 2x, \cdots, \frac{1}{\sqrt{\pi}}\cos nx, \frac{1}{\sqrt{\pi}}\sin x, \frac{1}{\sqrt{\pi}}\sin 2x, \cdots, \frac{1}{\sqrt{\pi}}\sin nx\right\}$ 에서 $m \neq n$일 때 $\int_0^{2\pi}\cos mx\sin nxdx = 0$, $\int_0^{2\pi}\sin mx\sin nxdx = 0$ 이다. S는 정규직교집합임을 알 수 있다.

• ①에서 그램쉬미트 과정에 의하여 정규직교기저를 얻는다.

- $g(x) = proj_H f$
$= \frac{a_0}{2} + \sum_{k=1}^{n}(a_k \cos kx + b_k \sin kx)$
와 같이 간단히 쓸 수 있다.

따라서 f의 최소제곱근사 함수 $g(x)$는

$$g(x) = proj_H\mathbf{f} = \frac{a_0}{2} + a_1\cos x + a_2\cos 2x + \cdots + a_n\cos nx$$
$$+ b_1\sin x + b_2\sin 2x + \cdots + b_n\sin nx$$

로 나타낼 수 있다. $g(x)$를 f의 n차 푸리에근사(nth order Fourier approximation)이라고도 한다.

예제 8.2-5 $[0, 2\pi]$에서 4차의 삼각다항식에 의하여 $f(x) = x$의 최소제곱근사 함수 $g(x)$를 구하여라.

풀이

$$a_0 = \frac{1}{\pi}\int_0^{2\pi} f(x)dx = \frac{1}{\pi}\int_0^{2\pi} xdx = 2\pi$$

$k = 1, 2, \cdots$에 대하여

- 예제 8.2-4에서
$x \simeq \pi - 2\sin x - \sin 2x - \frac{2}{3}\sin 3x - \frac{1}{2}\sin 4x$
로 나타낼 수 있다.

$$a_k = \frac{1}{\pi}\int_0^{2\pi} f(x)\cos kx dx = \frac{1}{\pi}\int_0^{2\pi} x\cos kx dx = 0$$
$$b_k = \frac{1}{\pi}\int_0^{2\pi} f(x)\sin kx dx = \frac{1}{\pi}\int_0^{2\pi} x\sin kx dx = -\frac{2}{k}$$

$k = 1, 2, 3, 4$를 대입하여

$$g(x) = \frac{a_0}{2} + a_1\cos x + a_2\cos 2x + a_3\cos 3x + a_4\cos 4x$$
$$+ b_1\sin x + b_2\sin 2x + b_3\sin 3x + b_4\sin 4x$$
$$= \pi - 2\sin x - \sin 2x - \frac{2}{3}\sin 3x - \frac{1}{2}\sin 4x$$

n차의 삼각다항식에 의하여 $[0, 2\pi]$에서 $f(x) = x$의 최소제곱근사는

$$x \simeq \frac{a_0}{2} + a_1\cos x + a_2\cos 2x + \cdots + a_n\cos nx$$
$$+ b_1\sin x + b_2\sin 2x + \cdots + b_n\sin nx$$

이다. 여기에 예제 8.2-5에서 구한 a_0, a_k, b_k를 대입하면

$$x \simeq \pi - 2\left(\sin x + \frac{\sin 2x}{2} + \cdots + \frac{\sin nx}{n}\right)$$
$$= \pi - 2\sum_{k=1}^{n}\frac{\sin kx}{k}$$

임을 알 수 있다. ■

$y=x(f(x)=x)$의 최소제곱근사 함수는 $(g(x)=)y=\pi-2\sum_{k=1}^{n}\frac{\sin kx}{k}$ 이므로 $y=x$에 가까운 최적의 그래프는 삼각다항식으로 나타내어

$$y=\pi-2\sum_{k=1}^{n}\frac{\sin kx}{k}$$

임을 의미한다.

$n=1, 2, 3$인 경우를 그래프로 나타내어 보면

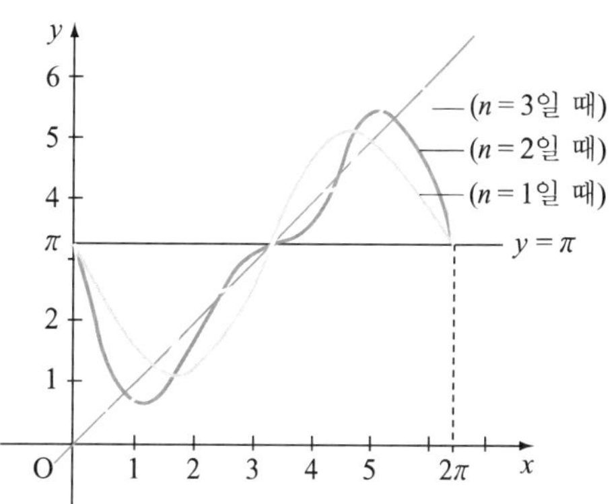

$$y=\pi-2\sin x \quad (n=1)$$

$$y=\pi-2\left(\sin x+\frac{\sin 2x}{2}\right) \quad (n=2)$$

$$y=\pi-2\left(\sin x+\frac{\sin 2x}{2}+\frac{\sin 3x}{3}\right) \quad (n=3)$$

이므로 오른쪽 그림과 같다.

일반적으로 $f(x)$의 최소제곱근사는

$$f(x)\simeq\frac{a_0}{2}+\sum_{k=1}^{n}(a_k\cos kx+b_k\sin kx)$$

로 나타낼 수 있는데 최소제곱근사의 항의 수가 많아지면 오차제곱의 평균은 점점 작아진다.

$n\to+\infty$일 때 오차제곱의 평균은 0에 가깝다.

따라서

$$f(x)=\frac{a_0}{2}+\sum_{k=1}^{\infty}(a_k\cos kx+b_k\sin kx)$$

로 나타낼 수 있다.

이 때의

$$\frac{a_0}{2}+\sum_{k=1}^{\infty}(a_k\cos kx+b_k\sin kx)$$

를 푸리에급수(Fourier series)라 한다.

연습문제 8.2

• $A = \begin{bmatrix} -3 & 1 \\ 1 & -2 \\ 4 & -1 \end{bmatrix}$

1. 다음 연립방정식의 최소제곱해를 구하여라. A의 열공간으로의 B의 정사영도 구하여라.

$$\begin{aligned} -3x_1 + \ \ x_2 &= 2 \\ x_1 - 2x_2 &= 2 \\ 4x_1 - \ \ x_2 &= -4 \end{aligned}$$

• $A = \begin{bmatrix} 1 & 1 \\ -2 & 1 \\ 1 & 2 \end{bmatrix}$

2. 다음 연립방정식의 최소제곱해를 구하고 그래프로 나타내어라.

$$\begin{aligned} x + \ \ y &= 10 \\ -2x + \ \ y &= 0 \\ x + 2y &= 5 \end{aligned}$$

• $Y = AX$의 최소제곱해를 구한다.

3. 다음 주어진 점들에 가장 근접한 최적의 직선(최소제곱직선)을 각각 구하여라.

(1) (0, 0), (1, 2), (2, 5)

(2) (1, −2), (3, 2), (4, 5)

(3) (1, 1), (2, 3), (3, 5), (4, 9)

(4) (0, 2), (2, −3), (4, −4), (6, −2)

• $I = \int_0^1 [f(x) - g(x)]^2 dx$

4. 다음 주어진 점들에 가장 근접한 최적의 포물선(최소제곱포물선)을 각각 구하여라.

(1, −6), (2, 3), (3, 4), (4, −3)

5. [0, 1]에서 $f(x) = e^x$의 최소제곱근사인 $g(x)$를 구하여라. $g(x)$는 이차다항식으로 한다.

6. [0, 1]에서 $f(x) = x$의 최소제곱근사 $g(x)$를 $g(x) = a + be^x$의 모양으로 나타내어라.

• n차의 삼각다항식에 의하더라도 결과는 n차 이하일 수 있다.

7. (1) $[0, 2\pi]$에서 n차의 삼각다항식에 의하여 $f(x) = x^2$의 최소제곱근사(함수)를 구하여라.

(2) (1)에서 3차의 삼각다항식에 의하여 최소제곱근사를 구하여라.

• $f(x) = \frac{a_0}{2} + \sum_{k=1}^{\infty}(a_k \cos kx + b_k \sin kx)$

8. $[0, 2\pi]$에서 $f(x) = \pi - x$의 푸리에급수를 구하여라.

9. $[-\pi, \pi]$에서 $f(x) = x$의 푸리에급수를 구하여라.

8.3 이차형식

변수 $x_1, x_2, \cdots, x_n$에 대하여 일차방정식을 다음과 같이 나타낸다.

$$a_1x_1 + a_2x_2 + \cdots + a_nx_n = d$$

이때 이 일차방정식의 좌변

$$a_1x_1 + a_2x_2 + \cdots + a_nx_n$$

는 n개의 변수를 갖는 일차형식(linear form)이라 한다.

그리고 n개의 변수에 대하여 모든 $a_kx_ix_j\,(i<j)$를 포함한

$$a_1x_1^2 + a_2x_2^2 + \cdots + a_nx_n^2 + a_{n+1}x_1x_2 + a_{n+2}x_1x_3 + \cdots + a_kx_ix_j + \cdots$$

을 이차형식(quadratic form)이라 한다.

변수 x, y에 대하여 이차형식은

$$ax^2 + bxy + cy^2 \qquad \cdots ①$$

으로 나타내고 변수 x, y, z에 대하여 이차형식은

$$ax^2 + by^2 + cz^2 + dxy + exz + fyz \qquad \cdots ②$$

로 나타내어 여러 가지 성질을 알아보도록 하자.

①, ②를 행렬로 나타내면

$$\begin{bmatrix} x & y \end{bmatrix} \begin{bmatrix} a & b/2 \\ b/2 & c \end{bmatrix} \begin{bmatrix} x \\ y \end{bmatrix} \qquad \cdots ③$$

$$\begin{bmatrix} x & y & z \end{bmatrix} \begin{bmatrix} a & d/2 & e/2 \\ d/2 & b & f/2 \\ e/2 & f/2 & c \end{bmatrix} \begin{bmatrix} x \\ y \\ z \end{bmatrix} \qquad \cdots ④$$

와 같이 된다.

③에서 $X = \begin{bmatrix} x \\ y \end{bmatrix}$, $A = \begin{bmatrix} a & b/2 \\ b/2 & c \end{bmatrix}$라 하면 ③은 X^tAX이고, ④에서 $X = \begin{bmatrix} x \\ y \\ z \end{bmatrix}$, $A = \begin{bmatrix} a & d/2 & e/2 \\ d/2 & b & f/2 \\ e/2 & f/2 & c \end{bmatrix}$라 하면 ④도 마찬가지로 X^tAX임을 알 수 있다.

• $B = \begin{bmatrix} p & q \\ r & s \end{bmatrix}$이면 B의 전치행렬은 $B^t = \begin{bmatrix} p & r \\ q & s \end{bmatrix}$

두 벡터 $\mathbf{u}$, $\mathbf{v}$에 대하여 내적을 $<\mathbf{u}, \mathbf{v}> = \mathbf{u} \cdot \mathbf{v}$로 나타내자. X는 열벡터이므로 백터 $\mathbf{x}$로 나타내면 ③은

• A는 대칭행렬이다.

$$A\mathbf{x} \cdot \mathbf{x} = \begin{bmatrix} a & b/2 \\ b/2 & c \end{bmatrix}\begin{bmatrix} x \\ y \end{bmatrix} \cdot \begin{bmatrix} x \\ y \end{bmatrix} = \begin{bmatrix} ax+(b/2)y \\ (b/2)x+cy \end{bmatrix} \cdot \begin{bmatrix} x \\ y \end{bmatrix}$$
$$= (ax+\frac{b}{2}y)x + (\frac{b}{2}x+cy)y$$
$$= ax^2+bxy+cy^2$$

이다. 이것은 ④에 대하여도 마찬가지이다.

그러므로

$$\mathbf{x}^t A\mathbf{x} = A\mathbf{x} \cdot \mathbf{x} = \mathbf{x} \cdot A\mathbf{x}$$
$$= <A\mathbf{x}, \mathbf{x}> = <\mathbf{x}, A\mathbf{x}>$$

와 같다.

$n \times n$ 행렬 A가 대칭행렬일 때 이차형식을 다음과 같이 나타내자.

$$\mathbf{x}^t A\mathbf{x} = \begin{bmatrix} x_1 & x_2 & \cdots & x_n \end{bmatrix}\begin{bmatrix} a_{11} & a_{12} & \cdots & a_{1n} \\ a_{21} & a_{22} & \cdots & a_{2n} \\ \vdots & \vdots & & \vdots \\ a_{n1} & a_{n2} & \cdots & a_{nn} \end{bmatrix}\begin{bmatrix} x_1 \\ x_2 \\ \vdots \\ x_n \end{bmatrix} \qquad \cdots⑤$$

• 특성방정식 $\det(A-\lambda I)=0$ 에서 고유값 λ를 구한다.

정리 7.2-8에 의하면 A는 직교대각화가 가능하다. A를 대각화하는 직교행렬을 P라 하고 A의 고유벡터를 $\lambda_1, \lambda_2, \cdots, \lambda_n$이라 하면

$$D = P^t AP = \begin{bmatrix} \lambda_1 & 0 & \cdots & 0 \\ 0 & \lambda_2 & \cdots & 0 \\ \vdots & \vdots & & \vdots \\ 0 & 0 & \cdots & \lambda_n \end{bmatrix}$$

이다. 여기서

$$\mathbf{y} = \begin{bmatrix} y_1 \\ y_2 \\ \vdots \\ y_n \end{bmatrix}, \quad \mathbf{x} = P\mathbf{y}$$

라 놓으면

$$\mathbf{y}^t D\mathbf{y} = \begin{bmatrix} y_1 & y_2 & \cdots & y_n \end{bmatrix}\begin{bmatrix} \lambda_1 & 0 & \cdots & 0 \\ 0 & \lambda_2 & \cdots & 0 \\ \vdots & \vdots & & \vdots \\ 0 & 0 & \cdots & \lambda_n \end{bmatrix}\begin{bmatrix} y_1 \\ y_2 \\ \vdots \\ y_n \end{bmatrix}$$
$$= \lambda_1 y_1^2 + \lambda_2 y_2^2 + \cdots + \lambda_n y_n^2$$

그러므로

$$\mathbf{x}^t A\mathbf{x} = (P\mathbf{y})^t AP\mathbf{y} = \mathbf{y}^t P^t AP\mathbf{y} = \mathbf{y}^t D\mathbf{y}$$
$$= \lambda_1 y_1^2 + \lambda_2 y_2^2 + \cdots + \lambda_n y_n^2$$

예제 8.3-1 다음 이차형식을 행렬로 나타내어라.

(1) $x^2-8xy-3y^2$　　　(2) $3x^2-4y^2$

(3) $5xy$　　　(4) $2x_1^2+5x_2^2-3x_3^2+6x_1x_2-4x_1x_3-2x_2x_3$

풀이 (1) $[x \quad y]\begin{bmatrix} 1 & -4 \\ -4 & -3 \end{bmatrix}\begin{bmatrix} x \\ y \end{bmatrix}$

(2) $[x \quad y]\begin{bmatrix} 3 & 0 \\ 0 & -4 \end{bmatrix}\begin{bmatrix} x \\ y \end{bmatrix}$

(3) $[x \quad y]\begin{bmatrix} 0 & \frac{5}{2} \\ \frac{5}{2} & 0 \end{bmatrix}\begin{bmatrix} x \\ y \end{bmatrix}$

(4) $[x_1 \quad x_2 \quad x_3]\begin{bmatrix} 2 & 3 & -2 \\ 3 & 5 & -1 \\ -2 & -1 & -3 \end{bmatrix}\begin{bmatrix} x_1 \\ x_2 \\ x_3 \end{bmatrix}$

• (4)

$$A=\begin{bmatrix} 2 & \frac{6}{2} & -\frac{4}{2} \\ \frac{6}{2} & 5 & -\frac{2}{2} \\ -\frac{4}{2} & -\frac{2}{2} & -3 \end{bmatrix}$$

예제 8.3-2 다음 이차형식에서 xy항을 소거하여 이것을 새로운 변수로 변환하여라.

$$x^2+4xy-2y^2$$

풀이 주어진 이차형식을 행렬로 나타내면

$$x^2+4xy-2y^2 = [x \quad y]\begin{bmatrix} 1 & 2 \\ 2 & -2 \end{bmatrix}\begin{bmatrix} x \\ y \end{bmatrix}$$

$A=\begin{bmatrix} 1 & 2 \\ 2 & -2 \end{bmatrix}$에 대한 특성방정식 $\det(A-\lambda I)=0$은

$$\begin{vmatrix} 1-\lambda & 2 \\ 2 & -2-\lambda \end{vmatrix}=0$$

$$\therefore \lambda+\lambda-6=0, \quad \lambda=-3, 2$$

$$\lambda_1=-3, \lambda_2=2 \quad \therefore D=\begin{bmatrix} -3 & 0 \\ 0 & 2 \end{bmatrix}$$

• $\mathbf{x}=\begin{bmatrix} x \\ y \end{bmatrix}$, $\mathbf{y}=\begin{bmatrix} x' \\ y' \end{bmatrix}$

$\mathbf{y}=\begin{bmatrix} x' \\ y' \end{bmatrix}$이라 하면 $\mathbf{x}^t A\mathbf{x}=\mathbf{y}^t D\mathbf{y}$에서

$$[x' \quad y']\begin{bmatrix} -3 & 0 \\ 0 & 2 \end{bmatrix}\begin{bmatrix} x' \\ y' \end{bmatrix}=-3(x')^2+2(y')^2$$

■

- xy, xz, yz의 항이 없는, 한 변수의 제곱으로 된 항으로 나타낸다. 그러니까 변환한 이차형식에서 $x'y', x'z', y'z'$의 항이 없도록 한다는 의미이다.

예제 8.3-3 다음 이차형식에서 서로 다른 두 변수의 곱으로 나타낸 항을 소거하여 이것을 새로운 변수로 변환하여라.

$$x^2+3y^2+z^3+2xy+6xz+2yz$$

풀이 $[x \quad y \quad z]\begin{bmatrix}1 & 1 & 3\\ 1 & 3 & 1\\ 3 & 1 & 1\end{bmatrix}\begin{bmatrix}x\\ y\\ z\end{bmatrix}$

$$A=\begin{bmatrix}1 & 1 & 3\\ 1 & 3 & 1\\ 3 & 1 & 1\end{bmatrix}\text{에서 } \det(A-\lambda I)=\begin{vmatrix}1-\lambda & 1 & 3\\ 1 & 3-\lambda & 1\\ 3 & 1 & 1-\lambda\end{vmatrix}=0$$

$$\therefore \lambda^3-5\lambda^2-4\lambda+20=0,\ \therefore \lambda_1=-2,\ \lambda_2=2,\ \lambda_3=5$$

- $\mathbf{x}^tA\mathbf{x}=\mathbf{y}^tD\mathbf{y}$

  $\mathbf{x}=\begin{bmatrix}x\\ y\\ z\end{bmatrix},\ \mathbf{y}=\begin{bmatrix}x'\\ y'\\ z'\end{bmatrix}$

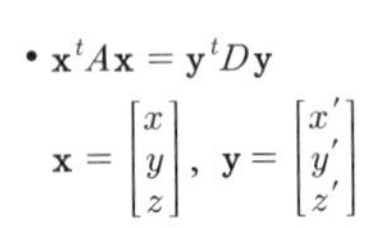

$$D=\begin{bmatrix}-2 & 0 & 0\\ 0 & 2 & 0\\ 0 & 0 & 5\end{bmatrix}\text{이므로 } \mathbf{y}=\begin{bmatrix}x'\\ y'\\ z'\end{bmatrix}\text{이라 하면}$$

$$[x' \quad y' \quad z']\begin{bmatrix}-2 & 0 & 0\\ 0 & 2 & 0\\ 0 & 0 & -5\end{bmatrix}\begin{bmatrix}x'\\ y'\\ z'\end{bmatrix}=-2(x')^2+2(y')^2-5(z')^2$$ ■

연습문제 8.3

1. 다음 이차형식을 행렬로 나타내어라.

- X^tAX

(1) $3x^2+12xy-2y^2$

(2) $2x^2+4y^2$

(3) $-6xy$

(4) $x^2-3y^2+2z^2-8xz+4yz$

2. 다음 이차형식을 새로운 변수로 변환하여라. 이때 두 변수의 곱으로 된 항은 소거한다.

(1) $x^2+4xy+y^2$

(2) $3x^2-2xy+3y^2$

(3) $x^2+6xy+9y^2$

(4) $2x_1^2+2x_2^2+2x_3^2+2x_1x_2+2x_1x_3+2x_2x_3$

(5) $-x^2-y^2+z^2+4xy+4xz+4yz$

8.4 이차곡선

a, b, c 중 적어도 하나는 0이 아니고($|a|+|b|+|c| \neq 0$) 두 변수 x, y에 대하여 일차항이 없는 이차방정식(quadratic equation)은

$$ax^2 + bxy + cy^2 = d \qquad \cdots ①$$

와 같이 나타낼 수 있다.

①에서 xy항이 없는 경우 이를 변형하면

$$\frac{x^2}{\alpha^2} + \frac{y^2}{\beta^2} = 1, \quad \frac{x^2}{\alpha^2} - \frac{y^2}{\beta^2} = 1, \quad \frac{y^2}{\alpha^2} - \frac{x^2}{\beta^2} = 1$$

과 같이 된다. 이것은 타원, 쌍곡선을 나타내는데 아래 그림과 같다.

• ①은 행렬로 나타내면 $[x \quad y]\begin{bmatrix} a & \frac{b}{2} \\ \frac{b}{2} & c \end{bmatrix}\begin{bmatrix} x \\ y \end{bmatrix} = d$ 즉, $X^t AX = d$임을 알 수 있다.

〈타원〉

$$\frac{x^2}{\alpha^2} + \frac{y^2}{\beta^2} = 1, \quad (\alpha, \beta > 0)$$

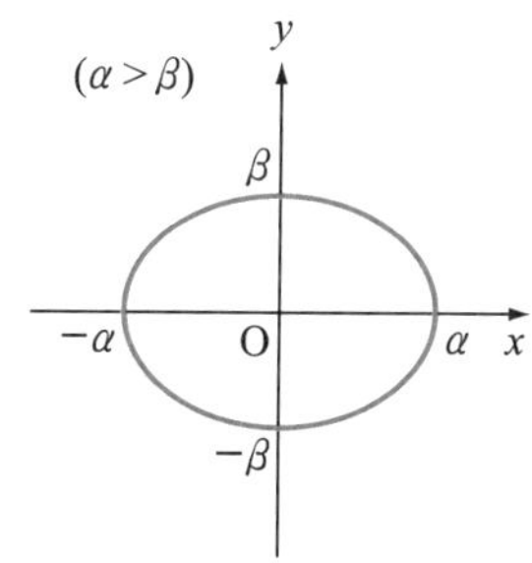

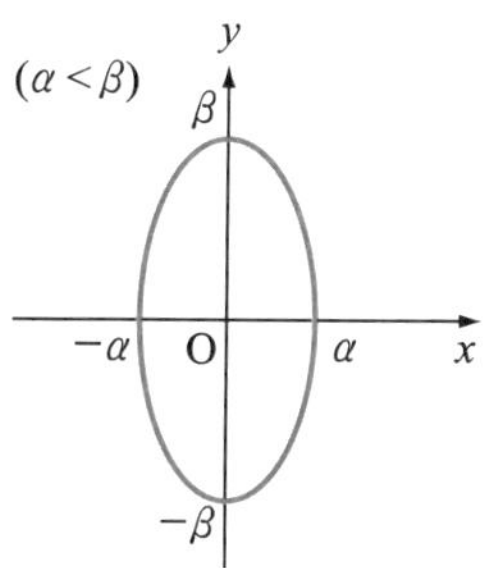

• $\frac{x^2}{\alpha^2} + \frac{y^2}{\beta^2} = 1$에서 $\alpha = \beta$이면 원이다.

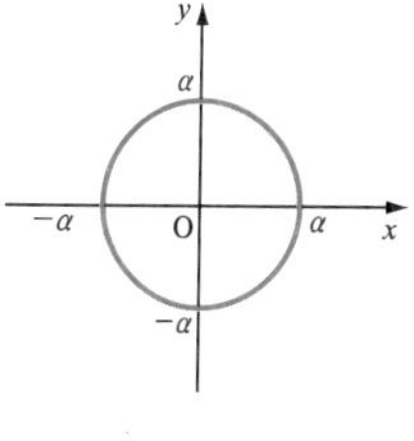

〈쌍곡선〉

$$\frac{x^2}{\alpha^2} - \frac{y^2}{\beta^2} = 1 \quad (\alpha, \beta > 0)$$

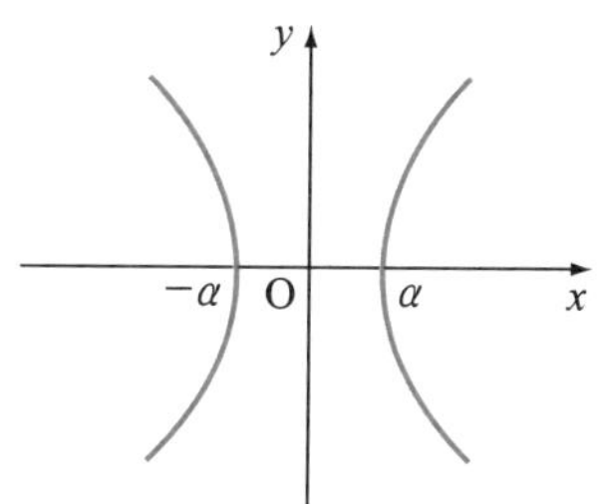

$$\frac{y^2}{\alpha^2} - \frac{x^2}{\beta^2} = 1 \quad (\alpha, \beta > 0)$$

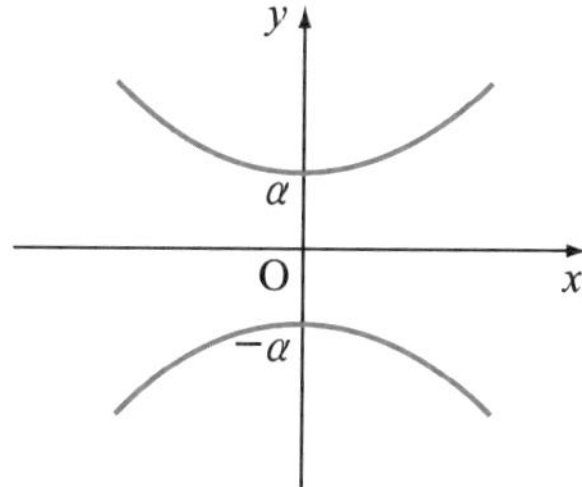

• 타원(ellipse)
• 쌍곡선(hyperbola)

〈포물선(parabola)〉

• $y^2 = px\ (p \neq 0)$

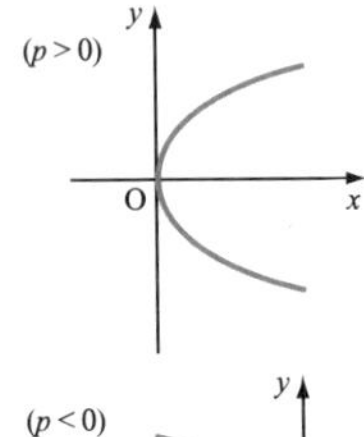

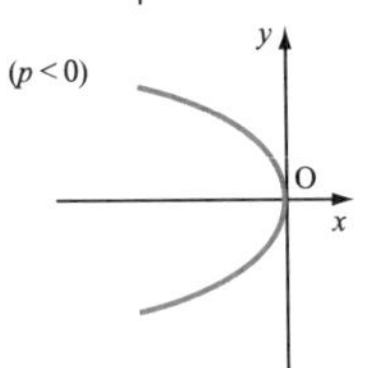

• $x^2 = qy\ (q > 0)$

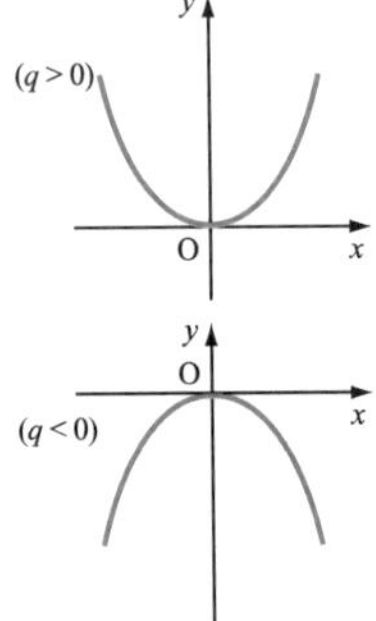

• ②에 대하여 ①의 좌변을 부수된 이차형식(associated quadratic form)이라 한다.

일반적으로 a, b, c, d, e, f가 실수이고 a, b, c 중 적어도 하나가 0이 아닐 때 이차방정식은

$$ax^2 + bxy + cy^2 + dx + ey + f = 0 \qquad \cdots ②$$

와 같이 나타낸다.

②의 좌변은 이차형식이다. 행렬로 나타내면 다음과 같다.

$$\begin{aligned} &ax^2 + bxy + cy^2 + dx + ey + f \\ &= [x \quad y]\begin{bmatrix} a & b/2 \\ b/2 & c \end{bmatrix}\begin{bmatrix} x \\ y \end{bmatrix} + [d \quad e]\begin{bmatrix} x \\ y \end{bmatrix} + f \\ &= X^t AX + [d \quad e]X + f \qquad \cdots ③ \end{aligned}$$

$b \neq 0$이면 A는 대칭행렬이므로 (A는 직교대각화 가능이고 실수의 고유값을 갖는다)

$$P^t AP = D$$

인 직교행렬 P가 존재한다.

$X' = P^t X = \begin{bmatrix} x' \\ y' \end{bmatrix}$이라 하면 $X = PX'$이고

$$\begin{aligned} X^t AX &= (PX')^t A(PX') = (X')^t P^t APX' \\ &= (X')^t DX' \qquad \cdots ④ \end{aligned}$$

②, ③에서 $\qquad X^t AX + [d \quad e]X + f = 0$

여기에 ④와 $X = PX'$을 대입하면

$$(X')^t DX' + [d \quad e]PX' + f = 0 \qquad \cdots ⑤$$

A의 고유값을 λ_1, λ_2라 하면

$$D = P^t AP = \begin{bmatrix} \lambda_1 & 0 \\ 0 & \lambda_2 \end{bmatrix}$$

$P = \begin{bmatrix} p_{11} & p_{12} \\ p_{21} & p_{22} \end{bmatrix}$로 하여 $d' = dp_{11} + ep_{21}$, $e' = dp_{12} + ep_{22}$라 하면 ⑤는

$$[x' \quad y']\begin{bmatrix} \lambda_1 & 0 \\ 0 & \lambda_2 \end{bmatrix}\begin{bmatrix} x' \\ y' \end{bmatrix} + [d \quad e]\begin{bmatrix} p_{11} & p_{12} \\ p_{21} & p_{22} \end{bmatrix}\begin{bmatrix} x' \\ y' \end{bmatrix} + f = 0$$

즉, $$\lambda_1(x')^2 + \lambda_2(y')^2 + d'x' + e'y' + f = 0 \qquad \cdots ⑥$$

가 되어 $x'y'$항이 없게 된다.

②가 나타내는 곡선을 이차곡선(quadratic curve)이라 하는데, 특별히 이것을 원뿔곡선 또는 원추곡선(conic)이라고도 부른다.

이상을 정리하면 다음과 같은 정리를 얻는다.

정리 8.4-1 ($\mathbb{R}^2$에서) 주축정리(*principal axes theorem*)

원추곡선 C의 방정식을

$$ax^2+bxy+cy^2+dx+ey+f=0$$

이라 하고 x, y에 대한 이차형식을

$$ax^2+bxy+cy^2=X^tAX$$

라 한다. A의 고유값이 λ_1, λ_2이고 P는 $|P|=1$인 A를 대각화하는 직교행렬일 때

$$X=PX'$$

라 하면 곡선 C는 xy좌표계를 원점을 중심으로 회전한 새로운 $x'y'$좌표계에서 $x'y'$항이 없는 곡선이고 이것의 방정식은 다음과 같다.

$$\lambda_1(x')^2+\lambda_2(y')^2+d'x'+e'y'+f=0$$

- $X=\begin{bmatrix}x\\y\end{bmatrix}$
  $X'=\begin{bmatrix}x'\\y'\end{bmatrix}$
  $P^tAP=D=\begin{bmatrix}\lambda_1 & 0\\0 & \lambda_2\end{bmatrix}$

P가 직교행렬이므로 이것의 행렬식은 ± 1이다. 여기서 $|P|=1$로 하면 양의 x축과 양의 x'축과의 각을 θ라 할 때

$$P=\begin{bmatrix}\cos\theta & -\sin\theta\\ \sin\theta & \cos\theta\end{bmatrix}$$

와 같이 나타낼 수 있다. $X=PX'$에 의하면 ①의 곡선(정리 8.4-1의 C)은 xy좌표계를 원점을 중심으로 θ만큼 회전한 $x'y'$좌표계의 곡선 ⑥이 된다.

- $[d \;\; e]X=[d \;\; e]PX'$
  $=[d \;\; e]\begin{bmatrix}\cos\theta & -\sin\theta\\ \sin\theta & \cos\theta\end{bmatrix}\begin{bmatrix}x'\\y'\end{bmatrix}$
  $=(d\cos\theta-e\sin\theta)x'$
  $\quad+(d\sin\theta+e\sin\theta)y'$

예제 8.4-1 이차방정식 $5x^2-6xy+5y^2-72=0$의 xy항을 소거하기 위하여 축을 회전해서 이 이차방정식이 나타내는 이차곡선을 새로운 $x'y'$ 좌표계로 나타내어라.

풀이 이차형식 $5x^2-6xy+5y^2$을 행렬 X^tAX로 나타낼 때

$$A=\begin{bmatrix}5 & -3\\-3 & 5\end{bmatrix}$$

A의 특성방정식 $\det(A-\lambda I)=0$는

$$\begin{vmatrix}5-\lambda & -3\\-3 & 5-\lambda\end{vmatrix}=(5-\lambda)^2-9=(\lambda-2)(\lambda-8)=0$$

- $I=\begin{bmatrix}1 & 0\\0 & 1\end{bmatrix}$

A의 고유값은 $\lambda_1=2, \lambda_2=8$

따라서 회전한 원추곡선의 방정식은

$$2(x')^2+8(y')^2-72=0 \quad \text{즉, } (x')^2+4(y')^2-36=0$$

$$\therefore \frac{(x')^2}{6^2}+\frac{(y')^2}{3^2}=1$$

■

- $\dfrac{(x')^2}{6^2}+\dfrac{(y')^2}{3^2}=1$을 타원의 방정식의 표준형(standard form)이라 한다.

- $\lambda_1 = 2$일 때
$(A - \lambda I)X = 0$에서
$\begin{bmatrix} 5-2 & -3 \\ -3 & 5-2 \end{bmatrix}\begin{bmatrix} x_1 \\ x_2 \end{bmatrix} = \begin{bmatrix} 0 \\ 0 \end{bmatrix}$
$\therefore x_1 - x_2 = 0$
$\therefore \mathbf{x}_1 = \begin{bmatrix} 1 \\ 1 \end{bmatrix}$

- $\lambda_2 = 8$일 때
$\begin{bmatrix} 5-8 & -3 \\ -3 & 5-8 \end{bmatrix}\begin{bmatrix} x_1 \\ x_2 \end{bmatrix} = \begin{bmatrix} 0 \\ 0 \end{bmatrix}$
$\therefore x_1 + x_2 = 0$
$\therefore \mathbf{x}_2 = \begin{bmatrix} -1 \\ 1 \end{bmatrix}$

예제 8.4-1에서 A의 고유벡터 $\mathbf{x}_1, \mathbf{x}_2$를 구하면

$$\mathbf{x}_1 = \begin{bmatrix} 1 \\ 1 \end{bmatrix}, \quad \mathbf{x}_2 = \begin{bmatrix} -1 \\ 1 \end{bmatrix}$$

이므로 $|P| = 1$이 되는 P를

$$P = \begin{bmatrix} 1/\sqrt{2} & -1/\sqrt{2} \\ 1/\sqrt{2} & 1/\sqrt{2} \end{bmatrix}$$

와 같이 정한다. 이때

$$P = \begin{bmatrix} 1/\sqrt{2} & -1/\sqrt{2} \\ 1/\sqrt{2} & 1/\sqrt{2} \end{bmatrix} = \begin{bmatrix} \cos\theta & -\sin\theta \\ \sin\theta & \cos\theta \end{bmatrix}$$

로 하면 $\theta = 45^\circ$이고 이 예제 8.4-1의 원추곡선을 그려보면 다음 그림의 오른쪽과 같다.

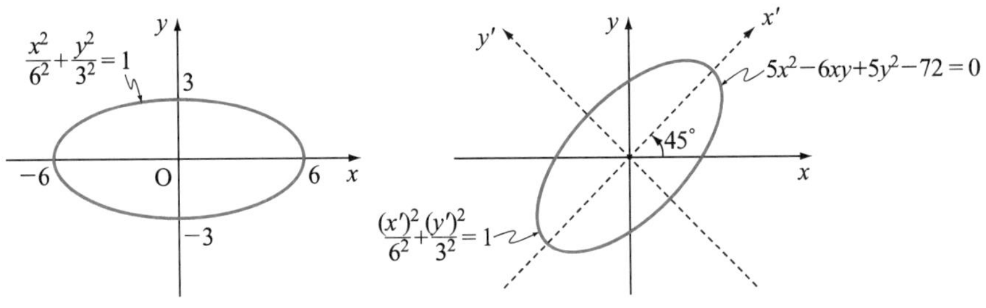

$\lambda_1 = 2, \lambda_2 = 8$일 때 또 $\lambda_1 = 8, \lambda_2 = 2$로 할 때 위의 경우 외에 P를

$$\begin{bmatrix} -1/\sqrt{2} & 1/\sqrt{2} \\ -1/\sqrt{2} & -1/\sqrt{2} \end{bmatrix}, \quad \begin{bmatrix} -1/\sqrt{2} & -1/\sqrt{2} \\ 1/\sqrt{2} & -1/\sqrt{2} \end{bmatrix}, \quad \begin{bmatrix} 1/\sqrt{2} & 1/\sqrt{2} \\ -1/\sqrt{2} & 1/\sqrt{2} \end{bmatrix}$$

로도 정할 수 있고 θ는 차례로 225°, 135°, 315°가 된다. 이것을 차례로 그리면 다음과 같다. 곡선은 모두 같다.

- 세 그림의 원추곡선의 방정식은 모두
$\frac{(x')^2}{6^2} + \frac{(y')^2}{3^2} = 1$
로 같다.

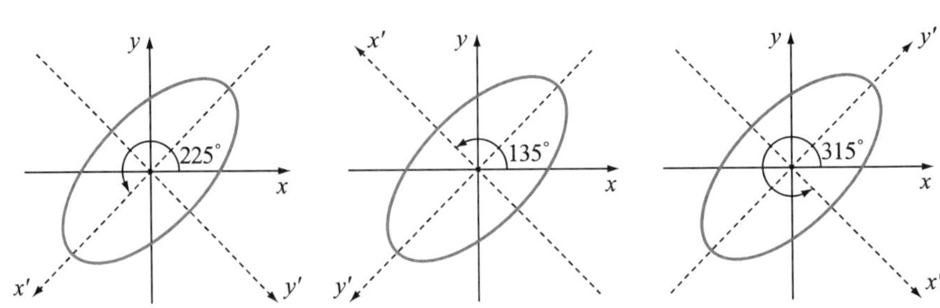

예제 8.4-2 이차방정식 $4x^2-12xy+4y^2-90=0$의 xy항을 소거하기 위하여 축을 회전해서 이 이차방정식이 나타내는 이차곡선을 새로운 $x'y'$ 좌표계로 나타내어라. 이 이차곡선을 그려라.

풀이 이차형식 $4x^2-12xy+4y^2$을 행렬 X^tAX로 나타낼 때

$$A=\begin{bmatrix}4 & -6\\ -6 & 4\end{bmatrix}$$

A의 특성방정식은 $\det(A-\lambda I)=0$에서

$$\begin{vmatrix}4-\lambda & -6\\ -6 & 4-\lambda\end{vmatrix}=(4-\lambda)^2-36$$
$$=(\lambda+2)(\lambda-10)=0$$

A의 고유값은 $\lambda_1=-2,\ \lambda_2=10$

따라서 회전한 원추곡선의 방정식은

$$-2(x')^2+10(y')^2-90=0$$
$$\therefore\ \frac{(y')^2}{3^2}-\frac{(x')^2}{(3\sqrt{5})^2}=1$$

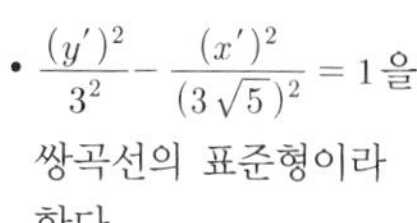
• $\dfrac{(y')^2}{3^2}-\dfrac{(x')^2}{(3\sqrt{5})^2}=1$을 쌍곡선의 표준형이라 한다.

A의 고유벡터를 $\mathbf{x}_1(\lambda_1=-2$일 때), $\mathbf{x}_2(\lambda_2=10$일 때)라 하고 이를 구하면

$$\mathbf{x}_1=\begin{bmatrix}-1\\ -1\end{bmatrix},\quad \mathbf{x}_2=\begin{bmatrix}1\\ -1\end{bmatrix}$$

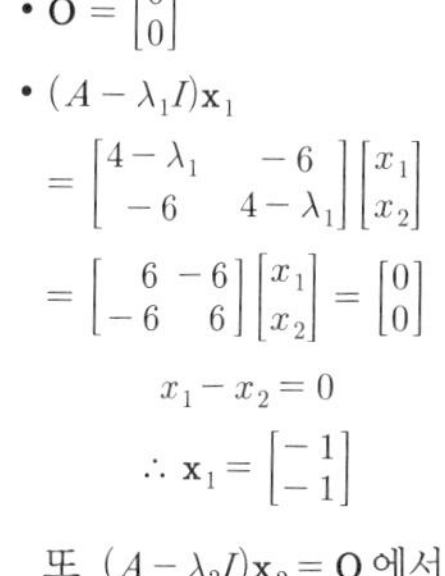
• $\mathbf{O}=\begin{bmatrix}0\\0\end{bmatrix}$

• $(A-\lambda_1 I)\mathbf{x}_1$
$=\begin{bmatrix}4-\lambda_1 & -6\\ -6 & 4-\lambda_1\end{bmatrix}\begin{bmatrix}x_1\\x_2\end{bmatrix}$
$=\begin{bmatrix}6 & -6\\ -6 & 6\end{bmatrix}\begin{bmatrix}x_1\\x_2\end{bmatrix}=\begin{bmatrix}0\\0\end{bmatrix}$

$x_1-x_2=0$

$\therefore\ \mathbf{x}_1=\begin{bmatrix}-1\\-1\end{bmatrix}$

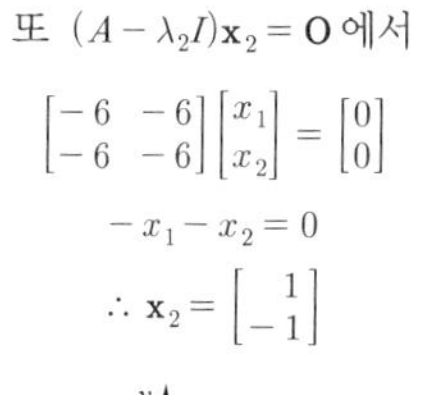
또 $(A-\lambda_2 I)\mathbf{x}_2=\mathbf{O}$에서

$\begin{bmatrix}-6 & -6\\ -6 & -6\end{bmatrix}\begin{bmatrix}x_1\\x_2\end{bmatrix}=\begin{bmatrix}0\\0\end{bmatrix}$

$-x_1-x_2=0$

$\therefore\ \mathbf{x}_2=\begin{bmatrix}1\\-1\end{bmatrix}$

이므로 $|P|=1$인 P를

$$P=\begin{bmatrix}-1/\sqrt{2} & 1/\sqrt{2}\\ -1/\sqrt{2} & -1/\sqrt{2}\end{bmatrix}$$

와 같이 정할 수 있다.

여기서

$$P=\begin{bmatrix}\cos\theta & -\sin\theta\\ \sin\theta & \cos\theta\end{bmatrix}$$

라 하면 $\theta=225^\circ$이다.

그러므로 주어진 이차방정식에 대한 원추곡선은 오른쪽 그림과 같은 쌍곡선이다. ■

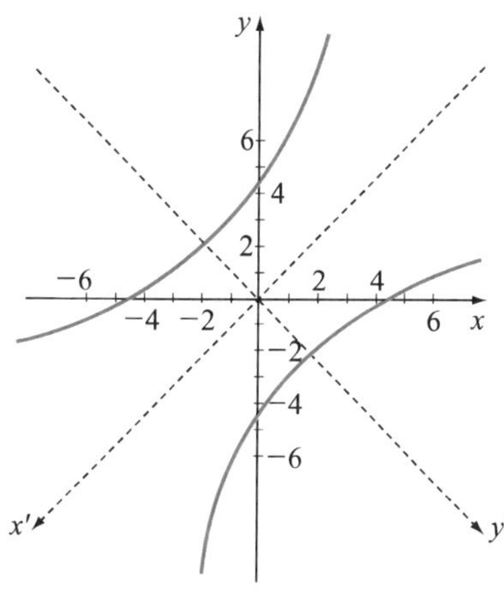

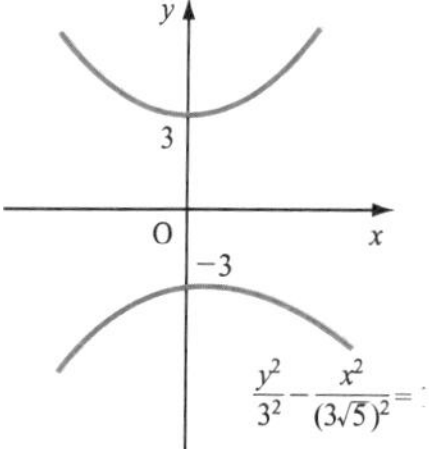

- $A = \begin{bmatrix} 5 & -3 \\ -3 & 5 \end{bmatrix}$
- $\det(A - \lambda I) = 0$의 근은 $\lambda_1 = 2,\ \lambda_2 = 8$

예제 8.4-3 이차곡선 $5x^2 - 6xy + 5y^2 - 28\sqrt{2}\,x + 20\sqrt{2}\,y + 8 = 0$을 축을 회전한 새로운 $x'y'$ 좌표계로 나타내어라.

풀이 예제 8.4-1의 풀이와 설명에 의하면 $\lambda_1 = 2,\ \lambda_2 = 8$이고,

$P = \begin{bmatrix} 1/\sqrt{2} & -1/\sqrt{2} \\ 1/\sqrt{2} & 1/\sqrt{2} \end{bmatrix}$이다.

그리고 ⑥과 정리 8.4-1에 의하여

$$\begin{aligned} [d'\ e'] &= [d\ e]P \\ &= [-28\sqrt{2} \quad 20\sqrt{2}] \begin{bmatrix} 1/\sqrt{2} & -1/\sqrt{2} \\ 1/\sqrt{2} & 1/\sqrt{2} \end{bmatrix} \\ &= [-8 \quad 48] \end{aligned}$$

$$\lambda_1 (x')^2 + \lambda_2 (y')^2 + d'x' + e'y' + f = 0$$

에 대입하면

$$2(x')^2 + 8(y')^2 - 8x' + 48y' + 8 = 0$$
$$(x' - 2)^2 + 4(y' + 3)^2 - 36 = 0$$

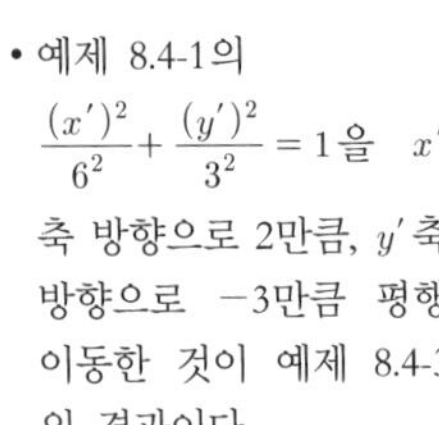

- 예제 8.4-1의 $\dfrac{(x')^2}{6^2} + \dfrac{(y')^2}{3^2} = 1$을 x'축 방향으로 2만큼, y'축 방향으로 -3만큼 평행이동한 것이 예제 8.4-3의 결과이다.

표준형으로 고쳐쓰면

$$\frac{(x' - 2)^2}{6^2} + \frac{(y' + 3)^2}{3^2} = 1$$

■

연습문제 8.4

다음 이차곡선을 축을 회전한 새로운 $x'y'$ 좌표계로 나타내어라. 이 곡선은 무엇인가? 그리고 이때 회전한 각 θ를 구하여라(1~4).

- $ax^2 + bxy + cy^2 + d = 0$ 에서 $A = \begin{bmatrix} a & \frac{b}{2} \\ \frac{b}{2} & c \end{bmatrix}$

1. $13x^2 - 8xy + 7y^2 - 60 = 0$

2. $x^2 + 3xy + y^2 - 5 = 0$

3. $xy - k = 0\ (k > 0)$

4. $xy - k = 0\ (k < 0)$

다음 이차곡선을 축을 회전하여 (xy항을 소거하고) 새로운 $x'y'$ 좌표계로 나타내어라(5~8). 이 곡선은 무엇인가?

- 연습문제 8.4의 모든 이차곡선의 그래프를 그려보자.

5. $x^2 - 2xy + y^2 - 3\sqrt{2}\,x + \sqrt{2}\,y - 16 = 0$

6. $xy - 2x + 4y - 3 = 0$

7. $9x^2 + 4xy + 6y^2 - \sqrt{5}\,x + 3\sqrt{5}\,y - 42 = 0$

8. $x^2 - 6xy - 7y^2 - 2\sqrt{10}\,x + \sqrt{10}\,y - 28 = 0$

8.5 이차곡면

a, b, c, d, e, f 모두 0이 아니고 세 변수 x, y, z에 대하여

$$ax^2 + by^2 + cz^2 + dxy + exz + fyz + gx + hy + iz + j = 0 \qquad \cdots ①$$

은 이차방정식을 일반적으로 나타낸 것이다. 여기서

$$ax^2 + by^2 + cz^2 + dxy + exz + fyz \qquad \cdots ②$$

은 이차형식이다.

• ①에 대하여 ②를 x, y, z에서 부수된 이차형식(associated quadratic form)이라 한다.

①에서

$$X = \begin{bmatrix} x \\ y \\ z \end{bmatrix}, \quad A = \begin{bmatrix} a & d/2 & e/2 \\ d/2 & b & f/2 \\ e/2 & f/2 & c \end{bmatrix}, \quad K = [g \quad h \quad i]$$

라 하면 ①을 행렬로

$$[x \quad y \quad z]\begin{bmatrix} a & d/2 & e/2 \\ d/2 & b & f/2 \\ e/2 & f/2 & e \end{bmatrix}\begin{bmatrix} x \\ y \\ z \end{bmatrix} + [g \quad h \quad i]\begin{bmatrix} x \\ y \\ z \end{bmatrix} + j = 0 \qquad \cdots ③$$

즉,

$$X^t AX + KX + j = 0$$

과 같이 나타내어진다.

그리고 방정식 ①은 이차곡면(quadric surface)을 나타낸다.

예제 8.5-1 다음 이차방정식은 어떠한 이차곡면인가?

$$36x^2 + 9y^2 + 4z^2 - 72x + 36y + 36 = 0$$

풀이

$$36(x^2 - 2x) + 9(y^2 + 4y) + 4z^2 + 36 = 0$$

$$36(x^2 - 2x + 1) + 9(y^2 + 4y + 4) + 4z^2 - 36 = 0$$

$$36(x-1)^2 + 9(y+2)^2 + 4z^2 = 36$$

$$\therefore \frac{(x-1)^2}{1^2} + \frac{(y+2)^2}{2^2} + \frac{z^2}{3^2} = 1$$

그러므로 이것은 타원면(ellipsoid) $x^2 + \frac{y^2}{4} + \frac{z^2}{9} = 1$을 x, y축 방향으로 각각 1, -2만큼 평행이동한 것이다. ■

$\mathbb{R}^3$에서 이차곡면 $\frac{x^2}{l^2} + \frac{y^2}{m^2} + \frac{z^2}{n^2} = 1$에 대하여 관찰하면 다음과 같다.

이차곡면	곡면의 방정식	이차곡면	곡면의 방정식
타원면 (ellipsoid) 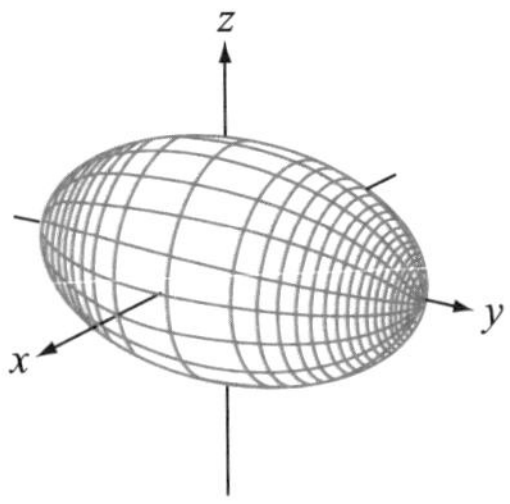	$\dfrac{x^2}{l^2}+\dfrac{y^2}{m^2}+\dfrac{z^2}{n^2}=1$ 타원면을 다음 평면으로 자르면 → 아래 이차곡선이 된다. xy평면: 타원 yz평면: 타원 xz평면: 타원 $l=m=n\neq 0$이면 이 곡면은 구면(sphere)이 된다.	타원뿔 (elliptic cone) 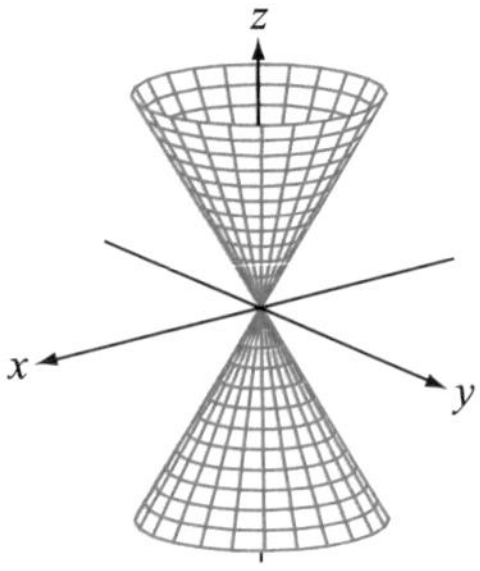	$\dfrac{x^2}{l^2}+\dfrac{y^2}{m^2}-\dfrac{z^2}{n^2}=0$ 타원뿔을 다음 평면으로 자르면 → 아래 이차곡선이 된다. xy평면: 타원 yz평면: 쌍곡선 xz평면: 쌍곡선 계수가 음인 변수의 좌표축이 타원뿔의 축이다. 여기서는 z축.
일엽쌍곡면 (hyperboloid of one sheet) 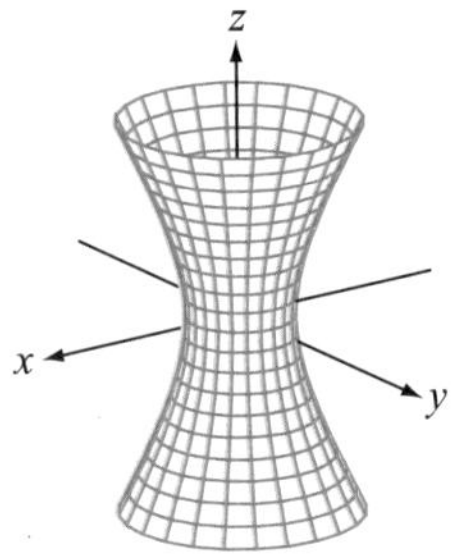	$\dfrac{x^2}{l^2}+\dfrac{y^2}{m^2}-\dfrac{z^2}{n^2}=1$ 일엽쌍곡면을 다음 평면으로 자르면 → 아래 이차곡선이 된다. xy평면: 타원 yz평면: 쌍곡선 xz평면: 쌍곡선 계수가 음인 변수에 해당하는 축이 이 쌍곡면의 축이다. 여기서는 z축.	타원포물면 (elliptic paraboloid) 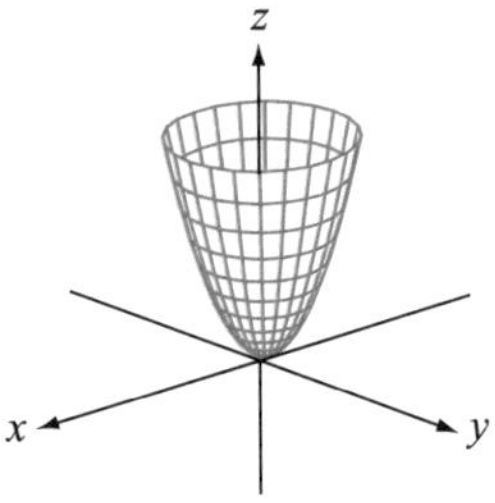	$z=\dfrac{x^2}{l^2}+\dfrac{y^2}{m^2}$ 타원포물면을 다음 평면으로 자르면 → 아래 이차곡선이 된다. xy평면: 타원 yz평면: 포물선 xz평면: 포물선 일차인 변수에 해당하는 축이 이 타원포물면의 축이다. 여기서는 z축.
이엽쌍곡면 (hyperboloid of two sheets) 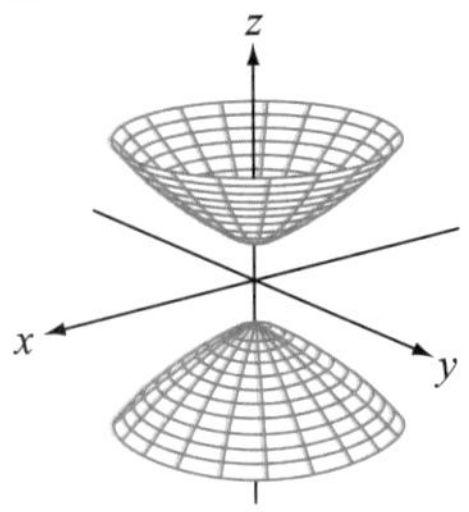	$\dfrac{z^2}{n^2}-\dfrac{x^2}{l^2}-\dfrac{y^2}{m^2}=1$ 이엽쌍곡면을 다음 평면으로 자르면 → 아래 이차곡선이 된다. xy평면: 타원 yz평면: 쌍곡선 xz평면: 쌍곡선 계수가 양수인 변수에 해당하는 축이 이 쌍곡면의 축이다. 여기서는 z축.	쌍곡포물면 (hyperbolic paraboloid) 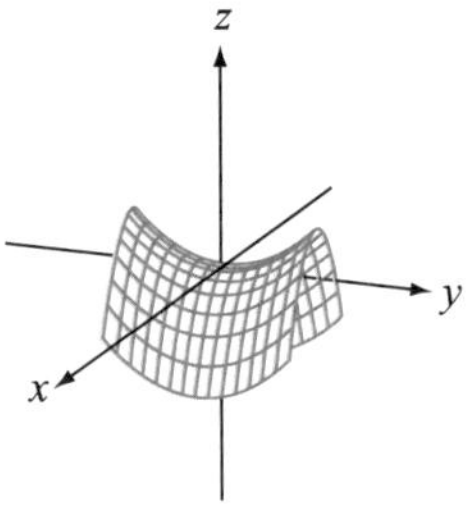	$z=\dfrac{y^2}{m^2}-\dfrac{x^2}{l^2}$ 쌍곡포물면을 다음 평면으로 자르면 → 아래 이차곡선이 된다. xy평면: 쌍곡선 yz평면: 포물선 xz평면: 포물선 일차인 변수에 해당하는 축이 이 쌍곡포물면의 축이다. 여기서는 z축.

예제 8.5-2 다음 이차방정식에 대한 이차곡면은 무엇인지를 말하여라.

$$2x^2+2y^2+2z^2+2xy+2xz+2yz-5=0$$

풀이 앞의 ①, ③을 비교하면 이 예제의 방정식에서

$$A=\begin{bmatrix}2&1&1\\1&2&1\\1&1&2\end{bmatrix}$$

예제 7.2-7에 의하면 $\lambda=1, 1, 4$이고 $|P|=1$인 P는

$$P=\begin{bmatrix}\frac{1}{\sqrt{2}}&-\frac{1}{\sqrt{6}}&\frac{1}{\sqrt{3}}\\0&\frac{2}{\sqrt{6}}&\frac{1}{\sqrt{3}}\\-\frac{1}{\sqrt{2}}&-\frac{1}{\sqrt{6}}&\frac{1}{\sqrt{3}}\end{bmatrix}$$

• $|P|=1$이면 $X=PX'$은 회전변환을 의미한다. 각자 이를 밝혀라.

$\mathbb{R}^2$에서와 마찬가지로 ②를 X^tAX로 하고 $X=PX'$으로 놓으면 이 예제의 이차방정식은

• $X=\begin{bmatrix}x\\y\\z\end{bmatrix}$, $X'=\begin{bmatrix}x'\\y'\\z'\end{bmatrix}$

$$X^tAX-5=0$$

이고 여기에 $X=PX'$을 대입한다. 그러면

$$(PX')^tA(PX')-5=0$$
$$[(X')^tP^t]A(PX')-5=0$$
$$(X')^t(P^tAP)X'-5=0$$

이때 $P^tAP=D$로

$$P^tAP=D=\begin{bmatrix}\lambda_1&0&0\\0&\lambda_2&0\\0&0&\lambda_3\end{bmatrix}=\begin{bmatrix}1&0&0\\0&1&0\\0&0&4\end{bmatrix}$$

그러므로 $(X')^t(P^tAP)X'-5=0$에서

$$[x' \quad y' \quad z']\begin{bmatrix}1&0&0\\0&1&0\\0&0&4\end{bmatrix}\begin{bmatrix}x'\\y'\\z'\end{bmatrix}-5=0$$

즉,
$$(x')^2+(y')^2+4(z')^2-5=0$$

이것을 표준형으로 나타내면

$$\frac{(x')^2}{(\sqrt{5})^2}+\frac{(y')^2}{(\sqrt{5})^2}+\frac{(z')^2}{(\sqrt{5}/2)^2}=1$$

따라서 주어진 이차방정식은 포물면이다. ■

이차곡선의 경우와 예제 8.5-2의 설명에 의하면 공간좌표계(xyz 좌표계)에서 주축정리를 다음과 같이 정리할 수 있다.

정리 8.5-1 ($\mathbb{R}^3$에서) 주축정리

이차곡면의 방정식을

$$ax^2+by^2+cz^2+dxy+eyz+fxz+gx+hy+iz+j=0$$

이라 하고,

$$X=\begin{bmatrix} x \\ y \\ z \end{bmatrix}, \quad A=\begin{bmatrix} a & d/2 & e/2 \\ d/2 & b & f/2 \\ e/2 & f/2 & c \end{bmatrix}$$

로 하면 x, y, z에 대한 이차형식은

$$ax^2+by^2+cz^2+dxy+eyz+fxz=X^tAX$$

이다.

A의 고유값이 $\lambda_1, \lambda_2, \lambda_3$이고 P는 $|P|=1$인 A를 대각화하는 직교행렬일 때

$$X=PX', \quad (X')^t=[x'\ y'\ z']$$

라 하면 주어진 이차곡면은 xyz 좌표계를 원점을 중심으로 회전한 새로운 $x'y'z'$ 좌표계에서 $x'y'$, $y'z'$, $x'z'$항이 없는 이차곡면이고 이 곡면의 방정식은 다음과 같다.

$$\lambda_1(x')^2+\lambda_2(y')^2+\lambda_3(z')^2+g'x'+h'y'+i'z'+j=0$$

- $X'=\begin{bmatrix} x' \\ y' \\ z' \end{bmatrix}$
- $\begin{bmatrix} g' \\ h' \\ i' \end{bmatrix}=[g\ \ h\ \ i]P$
- $D=\begin{bmatrix} \lambda_1 & 0 & 0 \\ 0 & \lambda_2 & 0 \\ 0 & 0 & \lambda_3 \end{bmatrix}$

정리 8.5-1의 결과를 행렬로 나타내면 다음과 같다.

$$(X')^tDX'+[g\ \ h\ \ i]PX'+j=0$$

연습문제 8.5

다음 이차곡면을 회전한 새로운 $x'y'z'$ 좌표계에서 $x'y'$, $y'z'$, $x'z'$항이 없는 방정식으로 나타내어라.

1. $3x^2+2y^2+4z^2+4xy+4yz+3y-6z-9=0$

2. $-x^2-y^2+z^2+4xy+4yz+4xz=0$

3. $5x^2+4y^2+5z^2+8xz-25=0$

9 응용II

應用II, Applications II

9.1 마르코프 연쇄

통계청의 자료에 의하면 2005년 서울의 인구가 9820171명, 경기도의 인구가 10415399명이라 한다. 이것을 어림잡아 서울은 982만 명, 경기도를 1042만 명이라 하자. 그리고 2006년에 서울에서 경기도로 이동한 인구는 45만 명, 경기도에서 서울로 이동한 인구는 36만 명이라 한다.

다른 도시나 지역에서 이동한 인구가 없다고 가정하자.

그러면 서울에서 경기도로 (서울의) 약 5%, 경기도에서 서울로 (경기도의) 약 3%가 이동한 셈이다.

서울 인구의 95%는 서울에, 경기도의 97%는 경기도에 그대로 남아있는 인구가 된다.

이것은 서울 인구가 서울에 남아 있을 확률은 0.95, 경기도 인구가 경기도에 남아 있을 확률이 0.97임을 의미한다.

서울에서 경기도로 이동할 확률은 0.05, 경기도에서 서울로 이동할 확률은 0.03라고 말할 수 있다.

이러한 확률을 행렬로 나타낼 수 있고 이것을 P라 하면

(서울)에서 (경기도)로

$$P = \begin{bmatrix} 0.95 & 0.03 \\ 0.05 & 0.97 \end{bmatrix} \begin{matrix} \text{(서울)} \\ \text{(경기도)} \end{matrix}$$

이다. 이 행렬의 열의 성분의 합은 1이다.

일반적으로 이러한 행렬을

$$P = \begin{bmatrix} p_{11} & p_{12} & \cdots & p_{1n} \\ p_{21} & p_{22} & \cdots & p_{2n} \\ \vdots & \vdots & & \vdots \\ p_{n1} & p_{n2} & \cdots & p_{nn} \end{bmatrix}$$

으로 나타내자. 여기서 행렬 P의 각 열의 합이

$$p_{1j} + p_{2j} + p_{3j} + \cdots + p_{nj} = 1 \quad (j = 1, 2, \cdots, n)$$

인 성질을 가질 때 이 행렬을 확률행렬(probability matrix, stochastic matrix, Markov matrix)이라 한다.

• $P = \begin{bmatrix} p_{11} & p_{12} & \cdots & p_{1n} \\ p_{21} & p_{22} & \cdots & p_{2n} \\ \vdots & \vdots & & \vdots \\ p_{n1} & p_{n2} & \cdots & p_{nn} \end{bmatrix}$

$\downarrow \quad \downarrow \quad \cdots \quad \downarrow$

합은 1 　합은 1 　… 　합은 1

서울 인구 982만 명, 경기도 인구 1042만 명을 열(열벡터)로 하는 행렬을 X_0로 하여

$$X_0 = \begin{bmatrix} 982 \\ 1042 \end{bmatrix}$$

로 나타내면 2006년의 서울 인구, 경기도 인구를 열로 하는 행렬을 X_1으로 할 때

• $\begin{bmatrix} 932.9 + 31.26 \\ 49.1 + 1010.74 \end{bmatrix}$

$$X_1 = PX_0 = \begin{bmatrix} 0.95 & 0.03 \\ 0.05 & 0.97 \end{bmatrix} \begin{bmatrix} 982 \\ 1042 \end{bmatrix}$$
$$= \begin{bmatrix} 964.16 \\ 1059.84 \end{bmatrix}$$

이다. 2006년 서울 인구는 9693000명, 경기도 인구는 1167000명이 된다는 것을 의미한다. 이와 같은 방법으로 2007년에 대하여 계산하면

• $\begin{bmatrix} 915.952 + 31.7952 \\ 48.208 + 1028.0448 \end{bmatrix}$

$$X_2 = PX_1 = \begin{bmatrix} 0.95 & 0.03 \\ 0.05 & 0.97 \end{bmatrix} \begin{bmatrix} 964.16 \\ 1059.84 \end{bmatrix}$$
$$= \begin{bmatrix} 947.75 \\ 1076.25 \end{bmatrix}$$

이다. 2008년을 X_3, 2009년을 X_4, 2010년을 X_5라 하면

$$X_3 = PX_2, \quad X_4 = PX_3, \quad X_5 = PX_4$$

이다. 이때 X_5는

$$X_5 = PX_4 = P(PX_3)$$
$$= P^2 X_3 = P^3 X_2 = P^4 X_1 = P^5 X_0$$

임을 알 수 있다. 이것은 2006년을 기준하여 계산한 것이다. 이렇게 기준하여 10년 후, 20년 후를 예측할 수 있게 된다. 즉

$$X_1 = PX_0,\ X_2 = P^2 X_0,\ \cdots,\ X_5 = P^5 X_0,\ \cdots,\ X_{10} = P^{10} X_0,\ X_{20} = P^{20} X_0$$

이다. 이와 같이 관찰에 의하여 알고 있는 자료에서 앞을 예측하는 변화의 과정을 마르코프 과정(Markov process) 또는 마르코프 연쇄(Markov chain)라 한다.

이 예에서 $P = \begin{bmatrix} p_{11} & p_{12} \\ p_{21} & p_{22} \end{bmatrix}$의 p_{ij}를 추이확률(transition), 이 행렬을 마르코프 연쇄의 추이행렬(transition matrix of the Markov chain)이라 한다. 일반적인 경우도 마찬가지이다.

거듭제곱을 하더라도 모든 성분이 양인 추이행렬을 정규(regular) 또는 정규추이행렬(regular transition matrix)이라 한다. 마르코프 연쇄가 정규추이행렬에 의하면 정규마르코프 연쇄(regular Markov chain)라 한다.

앞의 인구이동 문제에서 X_0는 2005년 현재의 인구를 나타내고 X_1은 2006년의 인구를 나타낸다. 일반적으로 n개의 가능한 결과를 얻을 수 있을 때 $X_k(k \le n)$를 상태행렬(state matrix)이라 한다. 그러므로 확률행렬 P에 대하여

• 행렬 X_k는 열벡터이므로 상태벡터(state vector)라고도 한다.

$$X_k = PX_{k-1},\ X_k = P^k X_0 \quad (k = 1,\ 2,\ \cdots,\ n)$$

이다.

이 인구이동 문제에서 상태행렬을 더 구하여 보자.

$$X_3 = PX_2 = \begin{bmatrix} 0.95 & 0.03 \\ 0.05 & 0.97 \end{bmatrix} \begin{bmatrix} 947.75 \\ 1076.25 \end{bmatrix} = \begin{bmatrix} 932.65 \\ 1091.35 \end{bmatrix}$$

$$X_4 = \begin{bmatrix} 918.76 \\ 1105.24 \end{bmatrix}, \quad X_5 = \begin{bmatrix} 905.98 \\ 1118.02 \end{bmatrix}, \quad X_6 = \begin{bmatrix} 894.22 \\ 1129.78 \end{bmatrix}$$

$$X_7 = \begin{bmatrix} 883.40 \\ 1140.60 \end{bmatrix}, \quad X_8 = \begin{bmatrix} 873.45 \\ 1150.55 \end{bmatrix}, \quad X_9 = \begin{bmatrix} 864.29 \\ 1159.71 \end{bmatrix}$$

$$X_{10} = \begin{bmatrix} 855.87 \\ 1168.13 \end{bmatrix}, \quad X_{11} = \begin{bmatrix} 848.12 \\ 1175.88 \end{bmatrix}, \quad X_{12} = \begin{bmatrix} 840.99 \\ 1183.01 \end{bmatrix}$$

여기서 상태행렬 X_k는 어떤 행렬에 무한히 가까이 접근함을 예견할 수 있다. 이때 X_k는 정규추이행렬 P에 대하여 안정상태(steady state)에 있다고 한다.

$$X_{12} = \begin{bmatrix} 840.99 \\ 1183.01 \end{bmatrix}$$

의 성분의 합은 서울과 경기도 초기의 인구의 합 2024만 명으로 같다. X_{12}의 각 성분을 2024로 나눈 행렬은

• $X_3 = PX_2$
$= \begin{bmatrix} 834.43 \\ 1189.57 \end{bmatrix}$
$\begin{bmatrix} 834.43/2024 \\ 1189.57/2024 \end{bmatrix}$
$= \begin{bmatrix} 0.412 \\ 0.588 \end{bmatrix}$

$$\begin{bmatrix} 0.416 \\ 0.584 \end{bmatrix}$$

로 확률행렬이 된다. X_{13}의 경우도 거의 같은 확률행렬을 얻을 수 있다고 예측가능하다.

같은 방법으로 $X_1, X_2, X_3, \cdots$ 의 각각의 확률행렬을 구하면 이것은 $n\to\infty$ 할 때 한 확률행렬에 접근한다. 이것을 X라 하면

$$PX = X$$

인 관계를 얻는다. 그러므로

$$PX - X = 0$$
$$(P-I)X = 0$$

으로 확률행렬 X를 얻을 수 있다. 이 X를 안정상태의 확률행렬이라 한다.

인구이동 문제에서 $P = \begin{bmatrix} 0.95 & 0.03 \\ 0.05 & 0.97 \end{bmatrix}$ 이므로 $X = \begin{bmatrix} q_1 \\ q_2 \end{bmatrix}$ 라 하면

• $\begin{bmatrix} -0.05 & 0.03 \\ 0.05 & -0.03 \end{bmatrix}\begin{bmatrix} q_1 \\ q_2 \end{bmatrix} = \begin{bmatrix} 0 \\ 0 \end{bmatrix}$

$$(P-I)X = 0$$
$$\left(\begin{bmatrix} 0.95 & 0.03 \\ 0.05 & 0.97 \end{bmatrix} - \begin{bmatrix} 1 & 0 \\ 0 & 1 \end{bmatrix}\right)\begin{bmatrix} q_1 \\ q_2 \end{bmatrix} = \begin{bmatrix} 0 \\ 0 \end{bmatrix}$$
$$0.05q_1 - 0.03q_2 = 0, \text{ 즉 } 5q_1 = 3q_2$$

이다. 실수 s에 대하여 P의 고유벡터는 $s\begin{bmatrix} 3 \\ 5 \end{bmatrix}$ 이다.

$$s\begin{bmatrix} 3 \\ 5 \end{bmatrix}$$

에서 $s = 1/8$로 하면 안정상태의 확률행렬 X는

$$X = \frac{1}{8}\begin{bmatrix} 3 \\ 5 \end{bmatrix} = \begin{bmatrix} 0.375 \\ 0.625 \end{bmatrix}$$

임을 알 수 있다. 서울과 경기도의 인구의 합은 2024만 명이므로 s에 대하여

$$3s + 5s = 2024, \text{ 즉 } s = 253$$

이므로

• $X_0, X_1, X_2, \cdots$ 는 $\begin{bmatrix} 759 \\ 1265 \end{bmatrix}$ 에 수렴한다.

• 안정상태행렬은 열벡터이므로 안정상태벡터(steady state vector)라고도 한다.

$$253\begin{bmatrix} 3 \\ 5 \end{bmatrix} = \begin{bmatrix} 759 \\ 1265 \end{bmatrix}$$

서울인구가 759만 명, 경기도의 인구가 1265만 명이 되는 것이 다른 변화가 없는 한 안정상태(steady state)라는 의미이고 이 행렬 $\begin{bmatrix} 759 \\ 1265 \end{bmatrix}$ 를 안정상태행렬(steady state matrix)이라 한다.

안정상태의 확률행렬 $X=\begin{bmatrix}0.375\\0.625\end{bmatrix}$에 대하여

$$Q=\begin{bmatrix}0.375 & 0.375\\0.625 & 0.625\end{bmatrix}$$

라 하고

$$P,\ P^2,\ P^3,\ P^4,\ P^5,\ \cdots$$

을 계산하여 Q와 비교하면 P의 거듭제곱수, 즉 P의 지수가 크면 클수록 Q에 접근함을 알 수 있다.

이상을 정리하면 다음과 같다.

정리 9.1–1

P가 정규추이행렬이고 $X^t=[q_1 \quad q_2 \quad \cdots \quad q_k]$인 X가 안정상태의 확률행렬이다. 이때 $q_1+q_2+\cdots+q_k=1$이고

$$Q=\begin{bmatrix}q_1 & q_1 & \cdots & q_1\\ q_2 & q_2 & \cdots & q_2\\ \vdots & \vdots & & \vdots\\ q_k & q_k & \cdots & q_k\end{bmatrix}$$

으로 하면 다음이 성립한다.

(1) $n\to\infty$일 때 $P^n\to Q$

(2) $PX=X$

• $X=\begin{bmatrix}q_1\\q_2\\\vdots\\q_k\end{bmatrix}$

• P의 성분은 모두 양수이고 P^n의 성분도 모두 양수이다(P는 정규추이행렬).

인구이동 문제로 마르코프 연쇄에 대하여 알아 보았다. 그러나 마르코프 연쇄는 그 밖의 물리학, 화학, 생물학, 공학, 경영학 등에도 응용된다. 이것은 같은 방법으로 실험이나 측정을 여러 번 시행하는 경우 그 결과가 어떠한가를 알아내는데 유용하다. 시행한 결과는 그 시행 바로 전의 시행 결과에만 의존한다는 점에 유의해야 한다. 그렇지만 처음 시행한 결과로 장기적인 결과를 예측할 수 있는 장점이 있다. 마르코프 연쇄를 적용한 문제 몇 가지를 해결하여 보자.

✉예제 9.1-1 통계청 자료에 의하면 2005년 우리나라 전체인구는 47278951명이고, 서울, 인천, 경기도 인구의 합, 즉 수도권 인구는 22766850명이다. 2006년 수도권에서 수도권외(비수도권)로 전출한 인구는 475000명이고 수도권외에서 수도권으로 전입한 인구는 586000명이다.

(1) 인구이동에 대한 정규추이행렬인 확률행렬 P를 구하여라.

(2) 안정상태의 확률행렬 X를 구하여라.

(3) 안정상태일 때의 수도권과 수도권외의 인구를 구하여라.

만 명을 기준하고 소수점 이하 셋째자리까지 계산하도록 한다.

• 안정상태의 인구는 다른 변화의 요인이 없는 한 2006년을 기준하여 미래에 안정상태가 되는 인구를 의미한다.

• 2006년 수도권에 이동하지 않고 남은 인구는 2277−48=2229(만 명)

• 2006년 수도권외에 이동하지 않고 남은 인구는 2451−59=2392(만 명)

풀이 전체인구는 4728만 명

수도권 인구는 2277만 명

수도권외 인구는 4728−2277=2451만 명

수도권에서 수도권외로 이동한 인구는 48만 명

수도권외에서 수도권으로 이동한 인구는 59만 명

(1)

$$P=\begin{bmatrix} 2229/2277 & 59/2451 \\ 48/2277 & 2392/2451 \end{bmatrix} \begin{matrix} \text{(수도권)} \\ \text{(수도권외)} \end{matrix}$$

(열: (수도권)에서 (수도권외)로)

$$=\begin{bmatrix} 0.979 & 0.024 \\ 0.021 & 0.976 \end{bmatrix}$$

(2)

$$PX=X,\ (P-I)X=0$$

$X=\begin{bmatrix} q_1 \\ q_2 \end{bmatrix}$라 하면 $(q_1+q_2=1)$

$$\left(\begin{bmatrix} 0.979 & 0.024 \\ 0.021 & 0.976 \end{bmatrix}-\begin{bmatrix} 1 & 0 \\ 0 & 1 \end{bmatrix}\right)\begin{bmatrix} q_1 \\ q_2 \end{bmatrix}$$

$$0.021q_1-0.024q_2=0,\ \text{즉}\ 7q_1=8q_2$$

고유벡터는

$$s\begin{bmatrix} 8 \\ 7 \end{bmatrix}$$

$s=1/(7+8)$로 하면 안정상태의 확률행렬 X는

$$X=\frac{1}{15}\begin{bmatrix} 8 \\ 7 \end{bmatrix}=\begin{bmatrix} 0.533 \\ 0.467 \end{bmatrix}$$

(3) $s=\begin{bmatrix} 8 \\ 7 \end{bmatrix}$에 의하여

$$8s+7s=4728 \quad \therefore\ s=315.2$$

안정상태 행렬은

$$315.2\begin{bmatrix} 8 \\ 7 \end{bmatrix}=\begin{bmatrix} 2521.6 \\ 2206.4 \end{bmatrix}$$

수도권은 25216000명, 수도권외는 22064000명이다. ■

예제 9.1-2 경쟁하는 3개의 제품 A, B, C에 대하여 소비자의 선호도를 조사하였더니 다음 행렬 P와 같다.

$$\begin{array}{cc} & \begin{array}{ccc} \text{A} & \text{B} & \text{C} \end{array} \\ P = & \begin{bmatrix} 80\% & 20\% & 5\% \\ 15\% & 70\% & 5\% \\ 5\% & 10\% & 90\% \end{bmatrix} \begin{array}{c} \text{A} \\ \text{B} \\ \text{C} \end{array} \end{array}$$

행렬 P의 제1열은 제품 A를 구매한 사람 중 80%는 A를 다시 구매할 것이고, 15%는 제품 B를, 5%는 제품 C를 구매한다는 의견을 나타낸다. 제2열, 제3열의 경우도 마찬가지이다.

(1) 행렬 P에 대하여 마르코프 연쇄를 만들어라.

(2) 조사한 선호도가 계속된다고 할 때 제품별 선호도를 %로 나타내어라.

풀이 행렬 P를 다음과 같이 나타내면 이것은 정규추이행렬임을 알 수 있다.

$$P = \begin{bmatrix} 0.8 & 0.2 & 0.05 \\ 0.15 & 0.7 & 0.05 \\ 0.05 & 0.1 & 0.9 \end{bmatrix}$$

(1) 초기 상태확률행렬을 $P_0 = \begin{bmatrix} 1/3 \\ 1/3 \\ 1/3 \end{bmatrix}$로 하면 양의 정수 n에 대하여 마르코프 연쇄는 (상태확률행렬을 P_n으로 한다)

• $P_n \to \infty$일 때 $P_n \to X$

$$P_n = P^n P_0 \quad (n = 1, 2, 3, \cdots)$$

(2) $X^t = [q_1 \quad q_2 \quad q_3]$로 할 때 $PX = X$, 즉 $(P-I)X = 0$에서

• X는 안정상태확률행렬이다.

$$\begin{aligned} -4q_1 + 4q_2 + \ q_3 &= 0 \\ 3q_1 - 6q_2 + \ q_3 &= 0 \\ q_1 + 2q_2 - 2q_3 &= 0 \end{aligned}$$

• $\left[\begin{array}{ccc|c} -4 & 4 & 1 & 0 \\ 3 & -6 & 1 & 0 \\ 1 & 2 & -2 & 0 \end{array}\right]$를 기본행변형을 하면 $\left[\begin{array}{ccc|c} 1 & 2 & -2 & 0 \\ 0 & 12 & -7 & 0 \\ 0 & 0 & 0 & 0 \end{array}\right]$

이고, $12q_2 = 7q_3$, $q_1 + 2q_2 - 2q_3 = 0$가 되므로 $q_2 = 7$로 하면 $q_1 = 10$, $q_3 = 12$로 정수인 해공간의 기저를 얻는다. 그러므로

• 정수인 해공간의 기저는 $\begin{bmatrix} 10 \\ 7 \\ 12 \end{bmatrix}$

$$X = \frac{1}{10+7+12} \begin{bmatrix} 10 \\ 7 \\ 12 \end{bmatrix} = \begin{bmatrix} 0.345 \\ 0.241 \\ 0.414 \end{bmatrix}$$

즉 A는 34.5%, B는 24.1%, C는 41.4% ■

연습문제 9.1

• $P = \begin{bmatrix} 48\% & 16\% \\ 52\% & 84\% \end{bmatrix}$ (열: 비, 맑음 / 행: 비, 맑음)

1. 하루에 비가 조금이라도 오면 비, 그렇지 않으면 맑음으로 날씨를 정하고 비인 다음 날 날씨가 비일 경우는 48%, 맑음 다음 날 날씨가 맑음일 경우는 84%라 한다.

(1) 오늘이 목요일이고 날씨가 비이면 이번 일요일의 날씨가 비일 확률은 얼마인가?

(2) 날씨가 이와 같이 지속된다면 앞으로 90일 동안 날씨가 맑음인 날은 며칠인가?

• $P = \begin{bmatrix} 0.7 & 0.15 & 0.3 \\ 0.25 & 0.8 & 0.2 \\ 0.05 & 0.05 & 0.5 \end{bmatrix}$

2. 어떤 지역구에서 국회의원 선거 결과 L당은 64%, M당은 32%, N당은 4%만큼 득표하였다고 한다. 선거가 끝나고 이 지역구 유권자에게 다음 선거에서 어느 당에 투표하겠는지를 조사하였더니 다음과 같았다.

$$P = \begin{bmatrix} 70\% & 15\% & 30\% \\ 25\% & 80\% & 20\% \\ 5\% & 5\% & 50\% \end{bmatrix}$$

(열: L, M, N ← 이번 선거 / 행: L, M, N ← 다음 선거)

(1) 이번 선거 결과의 상태확률행렬을 P_0, 다음 선거인 경우는 P_1, 그 다음 선거인 경우는 P_2라 한다. P_1, P_2를 각각 구하여라.

(2) 다음 선거에서 M당의 득표율은 얼마인가?

(3) 이 조사 결과가 지속된다고 가정할 때 안정상태의 확률행렬을 구하여라. 이 행렬은 무엇을 의미하는가?
P의 제1열은 이번 선거에서 L당에 득표한 유권자 중 다음 선거 때 70%는 L당에, 25%는 M당에, 5%는 N당에 투표한다는 것이다.

3. 예제 9.1-1에서 2005년의 수도권, 수도권외의 인구를 상태행렬 $X_0 = \begin{bmatrix} 2277 \\ 2451 \end{bmatrix}$로 할 때 2008년의 수도권과 수도권외의 인구는 각각 몇 명이라 할 수 있는가?

4. 정규추이행렬 P의 안정상태 확률행렬 X는 $PX = X$를 만족하는 유일한 확률행렬임을 증명하여라.

9.2 레온티에프의 경제 모델

경제적인 모델을 분석하고 이해하는데 행렬이 긴요하게 이용된다. 특히 노벨 경제학상 수상자인 레온티에프(Leontief)의 닫힌 모델(closed model)과 열린 모델(open model)에서 행렬의 이용이 두드러진다. 닫힌 모델을 투입-산출모델(input-output model), 열린 모델을 개방모델 또는 생산모델(production model)이라고도 한다. 먼저 레온티에프의 닫힌 모델, 즉 투입-산출모델을 관찰한다.

• 레온티에프(Wassily Leontief; 1906-1999) 러시아 태생. 미국 경제학자. 1973년 노벨 경제학상 수상. 투입-산출분석(input-output analysis) 등으로 연구업적이 뛰어나다.

예를 들어 설명하기로 하자. 농사를 짓는 농부 F, 집을 짓고 수리하는 사람 C, 의복을 만들고 수선도 하는 사람 T, 이렇게 세 사람이 사는 작은 마을이 있다고 하자. 세 사람은 필요한 것을 세 사람 사이에서 구입하여 소비한다. 농부 F가 C와 T에게서 필요한 것을 구매하고 음식을 만들어 먹기 위하여 자신이 생산한 농산물도 구매하는 것으로 한다. 1년 동안 생산하고 소비한 관계를 표로 만들었더니 다음과 같았다.

		생산		
		F	C	T
소비	F	$\frac{7}{10}$	$\frac{1}{4}$	$\frac{3}{10}$
	C	$\frac{1}{5}$	$\frac{3}{5}$	$\frac{1}{5}$
	T	$\frac{1}{10}$	$\frac{3}{20}$	$\frac{1}{2}$

이 표에서 농부 F가 생산한 농산물 중에 $\frac{7}{10}$을, C는 $\frac{1}{5}$을, T는 $\frac{1}{10}$을 소비한다는 의미이다. 농부 F가 자신이 생산한 농산물 중 $\frac{7}{10}$을 구매하는 것으로 한다. 이와 마찬가지로 자신이 생산한 것 중에 C는 $\frac{3}{5}$을, T는 $\frac{1}{2}$을 구매한다. 여기서 1년 동안에 F, C, T가 각각 생산한 값과 소비한 값은 같다고 하자.

세 사람 어느 누구도 이익이 없고 손해도 없다. p_1은 음식에, p_2는 집을 짓거나 수리하는데, p_3는 옷을 만들거나 수선하는데 소비한 금액이라 하고 p_1, p_2, p_3를 구하자. 그러면 F는 1년에 수입금액은 p_1이고, 소비한 금액은

$$\frac{7}{10}p_1 + \frac{1}{4}p_2 + \frac{3}{10}p_3$$

이며 수입 금액과 소비 금액이 같아야 하므로

$$\frac{7}{10}p_1 + \frac{1}{4}p_2 + \frac{3}{10}p_3 = p_1$$

같은 방법으로 C의 수입 금액은 p_2이고 이것이 소비 금액과 같으므로

$$\frac{1}{5}p_1 + \frac{3}{5}p_2 + \frac{1}{5}p_3 = p_2$$

또 T의 수입 금액은 p_3이고 이것이 소비 금액과 같으므로

$$\frac{1}{10}p_1 + \frac{3}{20}p_2 + \frac{1}{2}p_3 = p_3$$

이상을 행렬로 나타내면 다음과 같은 동차의 연립방정식이 된다.

$$\begin{bmatrix} \frac{7}{10} & \frac{1}{4} & \frac{3}{10} \\ \frac{1}{5} & \frac{3}{5} & \frac{1}{5} \\ \frac{1}{10} & \frac{3}{20} & \frac{1}{2} \end{bmatrix} \begin{bmatrix} p_1 \\ p_2 \\ p_3 \end{bmatrix} = \begin{bmatrix} p_1 \\ p_2 \\ p_3 \end{bmatrix}$$

• $A = \begin{bmatrix} \frac{7}{10} & \frac{1}{4} & \frac{3}{10} \\ \frac{1}{5} & \frac{3}{5} & \frac{1}{5} \\ \frac{1}{10} & \frac{3}{20} & \frac{1}{2} \end{bmatrix}$

$\mathbf{P} = \begin{bmatrix} p_1 \\ p_2 \\ p_3 \end{bmatrix}$

$I = \begin{bmatrix} 1 & 0 & 0 \\ 0 & 1 & 0 \\ 0 & 0 & 1 \end{bmatrix}$

이것을 $A\mathbf{P} = \mathbf{P}$로 나타내면

$$(A - I)\mathbf{P} = \mathbf{0}$$

이다. p_i는 적어도 하나가 0이 아니고, 음수가 아니다.

이 연립방정식을 풀기 위하여 기본행변형을 적용하면 해벡터는 기저를 양의 정수로 나타내어

$$\mathbf{P} = \begin{bmatrix} p_1 \\ p_2 \\ p_3 \end{bmatrix} = s\begin{bmatrix} 17 \\ 12 \\ 7 \end{bmatrix}, \ (s\text{는 양의 수})$$

여기서 s를 100만 원이라 하면

농산물(F의 생산물) 값은 1700만 원

C의 생산물 값은 1200만 원

T의 생산물 값은 700만 원

앞의 예는 아주 작은 경제적인 모델로 레온티에프의 닫힌 모델이다. 일반적인 문제로 확장하여 보자.

k개의 생산공장 $M_1, M_2, \cdots, M_k$에서 각각 상품 $m_1, m_2, \cdots, m_k$를 생산한다. M_1에서 m_1을, M_2에서 m_2를, $\cdots$, M_k에서 m_k를 생산한다. 일정기간(보통 1년) 동안 $M_i(i = 1, 2, \cdots, k)$에서 m_i를 생산하는데 $m_1, m_2, \cdots, m_i, \cdots, m_k$가 필요하고 이 상품들의 필요한 만큼 해당하는 금액을 지불한다고 한다. m_j의 전체 생산량을 1로 보자. 생산공장 M_i에서 소비한 전체 금액에 대한 m_j의 금액을 a_{ij}라 하면

- 예를 들어 구리(m_i)는 구리 생산공(M_i)에서 필요할 수도 있다.
- M_i에서 m_j를 전혀 필요하지 않으면 $a_{ij} = 0$이다.

$$0 \le a_{ij} \le 1$$

이다. 그리고 $j = 1, 2, \cdots, k$에 대하여

$$a_{1j} + a_{2j} + \cdots + a_{kj} = 1$$

임을 알 수 있다.

이렇게 M_i에서 소비한 전체 금액에 대하여 M_j에 지불한 금액의 비율로 나타낸 것이 a_{ij}이므로 이 경우 M_j에 지불한 금액(단가)를 p_j라 하면

$$a_{ij} p_j$$

로 계산된다. M_i는 M_j만이 아니라 $j = 1, 2, \cdots, k$ 모두에 이와 같은 관계가 있으므로 M_i가 다른 각 공장에 지불하는 것도 모두 합하면

$$a_{i1} p_1 + a_{i2} p_2 + \cdots + a_{ij} p_j + \cdots + a_{ik} p_k$$

가 된다. 이것이 다른 공장에서도 마찬가지로 M_i에서 구매하여 상품을 만들어야 하므로 M_i의 수입금액과 일치해야 한다. 다시 말해서 어느 공장도 이익과 손실이 없게 해야 한다는 의미이다. 그러면 M_i의 수입은 p_i이고 지출은

$$a_{i1} p_1 + a_{i2} p_2 + \cdots + a_{ik} p_k$$

이므로

$$a_{i1} p_1 + a_{i2} p_2 + \cdots + a_{ik} p_k = p_i$$

이다. 이것을 각 공장에 대하여 풀어쓰면

$$\begin{array}{lr} a_{11} p_1 + a_{12} p_2 + \cdots + a_{1k} p_k = p_1 & (M_1) \\ a_{21} p_1 + a_{22} p_2 + \cdots + a_{2k} p_k = p_2 & (M_2) \\ \vdots \quad\quad \vdots \quad\quad\quad\quad \vdots \quad\quad \vdots & \vdots \\ a_{k1} p_1 + a_{k2} p_2 + \cdots + a_{kk} p_K = p_k & (M_k) \end{array}$$

- $A = \begin{bmatrix} a_{11} & a_{12} & \cdots & a_{1k} \\ a_{21} & a_{22} & \cdots & a_{2k} \\ \vdots & \vdots & & \vdots \\ a_{k1} & a_{k2} & \cdots & a_{kk} \end{bmatrix}$

  $\mathbf{P} = \begin{bmatrix} p_1 \\ p_2 \\ \vdots \\ p_k \end{bmatrix}$

이고, 이것을 행렬로 나타내면 $A\mathbf{P} = \mathbf{P}$

$p_1, p_2, \cdots, p_k$를 구하려면

$$(A-I)\mathbf{P}=\mathbf{0}, \quad \mathbf{P} \geq \mathbf{0}$$

에서 P를 구하면 된다. 이상을 정리하면 다음과 같다.

일정기간 동안($i, j=1, 2, \cdots, k$)

p_i : 전체 산출에 대한 i공장(M_i)의 생산가

a_{ij} : i공장(M_i)에서 구매한 j공장(M_j) 전체 산출에 대한 비율

이라 하면

(1) $p_i \geq 0 \quad (i=1, 2, \cdots, k)$

(2) $a_{ij} \geq 0 \quad (i, j=1, 2, \cdots, k)$

(3) $a_{1j}+a_{2j}+\cdots+a_{mj}=1 \quad (j=1, 2, \cdots, k)$

이고, 이때 $k \times k$행렬 $A=[a_{ij}]$에서 각 성분은 음수가 아니고 각 열은 그 성분의 합이 1이다. 여기서 열벡터

$$\mathbf{P}=\begin{bmatrix} p_1 \\ p_2 \\ \vdots \\ p_n \end{bmatrix}$$

• 9.1절에 따르면

$$A=\begin{bmatrix} a_{11} & a_{12} & \cdots & a_{1k} \\ a_{21} & a_{22} & \cdots & a_{2k} \\ \vdots & \vdots & & \vdots \\ a_{k1} & a_{k2} & \cdots & a_{kk} \end{bmatrix}$$

에서

$a_{1j}+a_{2j}+\cdots+a_{kj}=1$

이므로 A는 확률행렬이다.

을 가격벡터(price vector)라 하고, $k \times k$행렬

$$A=\begin{bmatrix} a_{11} & a_{12} & \cdots & a_{1k} \\ a_{21} & a_{22} & \cdots & a_{2k} \\ \vdots & \vdots & & \vdots \\ a_{k1} & a_{k2} & \cdots & a_{kk} \end{bmatrix}$$

를 교환행렬(exchange matrix), 또는 투입-산출행렬(input-output matrix)이라 한다.

여기서 생산공장(생산자)의 수입과 지출을 같게 한다는 조건의 경제적인 모델임을 강조하였다. 이러한 모델을 레온티에프의 닫힌 모델(Leontief closed model) 또는 레온티에프의 투입-산출모델(Leontief input-output model)이라 한다.

A가 교환행렬(투입-산출행렬)이면 P는 그 성분이 음수가 아닌

$$A\mathbf{P}=\mathbf{P}$$

의 자명하지 않은 해이다.

레온티에프의 열린 모델을 관찰한다.

k개의 생산공장 $M_1, M_2, \cdots, M_k$에서 각각 k개의 제품 $m_1, m_2, \cdots, m_k$를 생산한다. M_1에서 m_1을, M_2에서 m_2를, $\cdots$, M_k에서 m_k를 생산한다. c_{ij}는 m_j를 화폐단위 값어치(1원)만큼 생산하는데 소비한 m_i의 화폐단위의 값(c_{ij}원)이다.

일정기간(보통 1년)동안 m_i를 생산하는데 x_i원(화폐단위)이 들었다고 한다. 그러면 m_1은 x_1원, m_2는 x_2원, $\cdots$, m_k는 x_k원이고

$$c_{i1}x_1 + c_{i2}x_2 + \cdots + c_{in}x_n$$

은 제품 m_i를 만들기 위하여 각 제품에 대하여 지불한(소비한) 총 액이 된다.

생산된 m_i의 값(원)과 소비된 m_i의 전체 값(총 액)과의 차이는

$$x_i - (c_{i1}x_1 + c_{i2}x_2 + \cdots + c_{ik}x_k)$$

이다. 여기서

$$C = \begin{bmatrix} c_{11} & c_{12} & \cdots & c_{1k} \\ c_{21} & c_{22} & \cdots & c_{2k} \\ \vdots & \vdots & & \vdots \\ c_{k1} & c_{k2} & \cdots & c_{kk} \end{bmatrix}, \quad \mathbf{x} = \begin{bmatrix} x_1 \\ x_2 \\ \vdots \\ x_k \end{bmatrix}$$

라 하면

$$\mathbf{x} - C\mathbf{x} = (I - C)\mathbf{x}$$

로 나타낼 수 있다.

m_i에 대한 외부의 수요 금액을 $d_i(i = 1, 2, \cdots, k)$로 하고

$$\mathbf{d} = \begin{bmatrix} d_1 \\ d_2 \\ \vdots \\ d_k \end{bmatrix}$$

라 한다. $\mathbf{d}$가 잔여금이 없다면

$$\mathbf{x} - C\mathbf{x} = \mathbf{d}, \text{ 즉 } (I - C)\mathbf{x} = \mathbf{d}$$

가 성립한 것이다.

C를 소비행렬(consumption matrix), $\mathbf{x}$를 생산벡터(production vector), $\mathbf{d}$를 수요벡터(demand vector)라 한다.

이상을 간략히 정리해 보자.

소비행렬 $C = \begin{bmatrix} c_{11} & c_{12} & \cdots & c_{1k} \\ c_{21} & c_{22} & \cdots & c_{2k} \\ \vdots & \vdots & & \vdots \\ c_{k1} & c_{k2} & \cdots & c_{kk} \end{bmatrix}$, 생산벡터 $\mathbf{x} = \begin{bmatrix} x_1 \\ x_2 \\ \vdots \\ x_k \end{bmatrix}$, 수요벡터 $\mathbf{d} = \begin{bmatrix} d_1 \\ d_2 \\ \vdots \\ d_k \end{bmatrix}$

에 대하여

$$(I - C)\mathbf{x} = \mathbf{d}$$

를 만족하는 $\mathbf{d}$가 주어질 때 $\mathbf{x}$를 구하자.

정사각행렬 $I - C$가 가역(invertible)이면 $\mathbf{x}$는

$$\mathbf{x} = (I - C)^{-1}\mathbf{d}$$

로 구하여진다.

$I - C$가 가역이고 $(I - C)^{-1} \geq 0$일 때 소비행렬 C는 생산적(productive)이라 한다. C가 생산적이면 어떤 수요벡터 $\mathbf{d} \geq \mathbf{0}$에 대하여 벡터방정식

$$(I - C)\mathbf{x} = \mathbf{d}$$

는 유일한 해 $\mathbf{x} \geq \mathbf{0}$를 가지며

$$\mathbf{x} = (I - C)^{-1}\mathbf{d}$$

이다. 그리고 $\mathbf{x} > C\mathbf{x}$이면 C는 생산적이다.

예제 9.2-1 아주 작은 한 산유국이 있는데 이 국가의 주된 산업은 원유생산업과 전력생산업이다. 이 두 산업 사이의 관계가 이렇다고 하자. 원유 1원을 생산하는데 전력이 0.35원, 전력 1원을 생산하는데 원유가 0.42원, 전력이 0.25원이 들었다(소요되었다)고 하자. 일정 기간은 1개월로 하고 다른 국가에서 원유를 56억 원, 전력을 5억 원 수출을 요구 받았다. 두 산업에 요구되는 산출 수준을 구하여라. 산출 수준은 국내의 수요와 타국의 수요를 만족하는 것이 된다.

• $\mathbf{x} = \begin{bmatrix} x_1 \\ x_2 \end{bmatrix}$

$I = \begin{bmatrix} 1 & 0 \\ 0 & 1 \end{bmatrix}$

풀이 x_1을 원유생산업의 산출 총 액, x_2를 전력생산업의 산출 총 액으로 하면, 소비행렬 C는

$$C = \begin{bmatrix} 0 & 0.42 \\ 0.35 & 0.25 \end{bmatrix} \text{이고, } \mathbf{d} = \begin{bmatrix} 56 \\ 5 \end{bmatrix}$$

이므로 $(I - C)\mathbf{x} = \mathbf{d}$에서

$$\begin{bmatrix} 1 & -0.42 \\ -0.35 & 0.75 \end{bmatrix} \begin{bmatrix} x_1 \\ x_2 \end{bmatrix} = \begin{bmatrix} 56 \\ 5 \end{bmatrix}$$

$$\mathbf{x} = (I - C)^{-1}\mathbf{d}$$
$$= \frac{1}{0.603}\begin{bmatrix} 0.75 & 0.42 \\ 0.35 & 1 \end{bmatrix}\begin{bmatrix} 56 \\ 5 \end{bmatrix}$$
$$= \begin{bmatrix} 73.1343 \\ 40.1960 \end{bmatrix}$$
$$\therefore x_1 = 73.1343\text{억 원}, \quad x_2 = 40.1960\text{억 원}$$

1개월 동안 원유생산업의 총 산출 금액은 731343만 원, 전력산업의 총 산출 금액은 401960만 원이다. ■

예제 9.2-1의 소비행렬 C에서 두 열의 합은 각각 1보다 작다.

일반적으로 소비행렬의 각 열의 합이 1보다 작으면 그 소비행렬은 생산적이다.

• 각 행의 합이 1보다 작은 소비행렬도 생산적이다.

한 국가에서 k개의 (모든) 산업에 대한 레온티에프의 열린 모델에 대하여 알아보도록 하자.

어느 한 산업의 생산물은 다른 산업들에 투입될 뿐만 아니라 소비자나 공공기관 등 비생산분야에도 투입된다. 생산물(제품) 또는 서비스를 생산하지 않고 소비하는 비생산분야를 열린분야 또는 개방분야(open sector)라 한다.

한 산업의 생산물은 다른 산업의 생산을 위하여 투입되는 양(금액)을 중간수요(intermediate demand), 비생산분야에 산업의 생산물(제품, 서비스 등)의 양(금액)을 최종수요(final demand)라 한다. 최종수요에는 소비자 수요, 수출, 과잉생산, 그 밖의 외적인 수요 등이 포함된다.

총 생산량과 수요 전체의 양은 균형을 이룰 것이라고 레온티에프는 생각한 것이다. 즉

(총 생산량) = (중간수요 총 양) + (최종수요 총 양)

$x_i = k$개의 산업 및 열린분야의 수요에 충족하는 i산업의 산출 총 양

$d_i = i$산업에서 개방분야의 수요를 충족시키는 양

$c_{ij} = j$산업의 산출을 위하여 i산업의 단위(1원, 1달러 등)당 투입량

• $c_{i1}x_1 = 1$산업의 수요
$c_{i2}x_2 = 2$산업의 수요
⋮
$c_{ik}x_k = k$산업의 수요

라 하면 i산업의 총 산출량은 1산업, 2산업, …, 산업의 수요량의 합에 열린분야의 수요를 합한 것이다. 즉

$$x_i = c_{i1}x_1 + c_{i2}x_2 + \cdots + c_{ik}x_k + d_i \quad (i = 1, 2, \cdots, k)$$

이러한 관계는

$$\begin{bmatrix} x_1 \\ x_2 \\ \vdots \\ x_k \end{bmatrix} = \begin{bmatrix} c_{11} & c_{12} & \cdots & c_{1k} \\ c_{21} & c_{22} & \cdots & c_{2k} \\ \vdots & \vdots & & \vdots \\ c_{k1} & c_{k2} & \cdots & c_{kk} \end{bmatrix} \begin{bmatrix} x_1 \\ x_2 \\ \vdots \\ x_k \end{bmatrix} + \begin{bmatrix} d_1 \\ d_2 \\ \vdots \\ d_k \end{bmatrix}$$

로

$$\mathbf{x} = C\mathbf{x} + \mathbf{d},\ \text{즉}\ (I - C)\mathbf{x} = \mathbf{d}$$

이다. 열린분야의 총 수요량($\mathbf{d}$)은 산업과 산업 사이의 거래량($C\mathbf{x}$)과 총 산출량($\mathbf{x}$)과의 차이이다. 따라서 $\mathbf{d}$는 한 국가 경제의 총 생산으로 해석할 수 있다.

• 아래 표의 합계에서 1이 많은 경우는 100만 원 단위의 근사값으로 합을 계산하여 반올림한 경우이다.

한국은행에서 2007년 12월에 발행한 「산업연관분석해설」에 의해 2003년 산업연관을 표로 작성한 것이 아래와 같다.

2003년 산업연관표(생산자가격평가표)

(단위 : 10억 원)

		중간 수요						최종 수요				총 수요계	수입 (공제)	총 산출액
		농림어업	광공업	도소매	운수	기타산업	중간수요계	소비	투자	수출	최종수요계			
중간투입	농림어업	1722	25332	0	0	3988	31042	14122	441	532	15096	46138	6910	39228
	광공업	9072	420928	3043	14130	131972	579145	122700	70620	230362	423682	1002827	224373	778454
	도소매	730	16766	2541	435	11094	31567	34920	6685	7950	49555	81122	1350	79772
	운수	331	15768	1805	8243	7874	34022	16824	299	18325	35447	69470	7135	62335
	기타산업	4057	76213	24318	11625	181977	298191	342850	153734	14910	511494	809685	28529	781156
	중간투입계	15912	555008	31709	34434	336905	973967	531416	231780	272079	1035275	2009242	268297	1740945
부가가치	임금	2748	85799	22066	16061	221951	348626							
	기타	20568	137647	25998	11840	222300	418353							
	부가가치계	23316	223446	48064	27901	444251	766978							
총 투입액		39228	778454	79772	62335	781156	1740945							

이 「산업연관분석해설」의 부표 중 「생산자가격평가표」는 단위를 백만 원으로 하였고 산업을 28개로 나누어 상세히 기록하였다. 이것은 약 400여 개의 산업으로 세분화하여 자료를 정리해야 하지만 부분적으로 통합하여 5개의 산업으로 위의 표와 같이 작성한 것이다.

이 산업연관표에서 새로(열)의 수는 생산품의 비용, 즉 투입을 의미하고 가로(행)의 수는 생산품이 어떤 부문에 얼마나 판매되었는지, 즉 생산물의 배분을 의미한다. 예를 들어 광공업은 생산에 투입된 중간재를 산업별로 보면

농림어업에	25조 3320억 원
자기부문 광공업에	420조 9280억 원
도소매업에	16조 7660억 원
운수업에	15조 7680억 원
기타산업에	76조 2130억 원

이 중간재로 투입되었다. 그리고 광공업의 처분(판매) 내역을 산업별로 보면

농림어업에	9조 720억 원
자기부문 광공업에	420조 9280억 원
도소매업에	3조 430억 원
운수업에	14조 1300억 원
기타산업에	131조 9720억 원

이 중간소요로 사용되었고 최종수요로 소비, 투자, 수출을 합하여 423조 6820억 원이 판매되었음을 알 수 있다.

광공업의 중간수요와 최종수요를 합한 금액, 즉

579조 1450억+423조 6820억=1002조 8270억(원)

은 총 수요액으로 광공업의 총 산출액

778조 4540억 원

보다 많다. 이것은 총 수요액에는 국산품만이 아니고 수입품에 대한 수요액인

224조 3730억 원

이 포함되어 있기 때문이다. 그러므로 광공업의 총 수요액에서 수입액을 뺀

1002조 8270억−224조 3730억=778조 4540억(원)

은 총 산출액으로 광공업의 총 투입액과 일치한다.

이상에서 다음 관계를 알 수 있다.

총 투입액=중간투입+부가가치
총 수요액=중간수요+최종수요(=총 공급)
총 산출액=총 수요−수입

2003년 산업연관표의 중간수요와 중간투입을 행렬 $B=[b_{ij}]$라 하고 이것을 나타내면 $(i,\ j=1,\ 2,\ 3,\ 4,\ 5)$

$$B=[b_{ij}]=\begin{bmatrix} b_{11} & b_{12} & b_{13} & b_{14} & b_{15} \\ b_{21} & b_{22} & b_{23} & b_{24} & b_{25} \\ b_{31} & b_{32} & b_{33} & b_{34} & b_{35} \\ b_{41} & b_{42} & b_{43} & b_{44} & b_{45} \\ b_{51} & b_{52} & b_{53} & b_{54} & b_{55} \end{bmatrix}$$

$$=\begin{bmatrix} 1722 & 25332 & 0 & 0 & 3988 \\ 9072 & 420928 & 3043 & 14130 & 131972 \\ 730 & 16766 & 2541 & 435 & 11094 \\ 331 & 15768 & 1805 & 8243 & 7874 \\ 4057 & 76213 & 24318 & 11625 & 181977 \end{bmatrix}$$

와 같다.

총 투입액을 $N_j(j=1,\ 2,\ 3,\ 4,\ 5)$라 하면 $N_1,\ N_2,\ N_3,\ N_4,\ N_5$는 차례로

$$39228, \quad 778454, \quad 79772, \quad 62335, \quad 781156$$

이다.

j 산업의 산출을 위하여 i 산업의 1원당 투입량은 $\dfrac{b_{ij}}{N_j}$가 된다. 즉 소비행렬 $C=[c_{ij}]$에서 $c_{ij}=\dfrac{b_{ij}}{N_j}$이다. 따라서 소비행렬 C는 다음과 같다.

- $C_{11}=\dfrac{b_{11}}{N_1}=\dfrac{1722}{39228}$

  $C_{21}=\dfrac{b_{21}}{N_1}=\dfrac{9072}{39228}$

  ⋮

  $C_{51}=\dfrac{b_{51}}{N_1}=\dfrac{4057}{39228}$
- $C_{12}=\dfrac{b_{12}}{N_2}=\dfrac{25332}{778454}$

  ⋮

  $C_{52}=\dfrac{b_{52}}{N_2}=\dfrac{76213}{778454}$

$$C=\begin{bmatrix} 0.0439 & 0.0325 & 0 & 0 & 0.0051 \\ 0.2313 & 0.5407 & 0.0381 & 0.2267 & 0.1689 \\ 0.0186 & 0.0215 & 0.0319 & 0.0070 & 0.0142 \\ 0.0084 & 0.0203 & 0.0226 & 0.1322 & 0.0101 \\ 0.1034 & 0.0979 & 0.3048 & 0.1865 & 0.2330 \end{bmatrix}$$

그리고 $I-C$는

$$I-C=\begin{bmatrix} 0.9561 & -0.0325 & 0 & 0 & -0.0051 \\ -0.2313 & 0.4593 & -0.0381 & -0.2267 & -0.1689 \\ -0.0186 & -0.0215 & 0.9681 & -0.0070 & -0.0142 \\ -0.0084 & -0.0203 & -0.0226 & 0.8678 & -0.0101 \\ -0.1034 & -0.0979 & -0.3048 & -0.1865 & 0.7670 \end{bmatrix}$$

이다.

여기서 $(I-C)^{-1}$를 구한다는 것은 많은 계산이 필요할 것이다.

2003년 산업연관표에서 5개 산업의 연관성을 살펴볼 수 있으나 실제로는 더 많은 28개나 400여 개의 산업에 대하여 투입-산출을 살펴보아야 한다. 28×28행렬이나 400×400행렬을 살펴보아야 한다는 것이다.

이것은 많은 계산이 필요하다는 의미이다.

행렬 C의 성분은 $0 \le c_{ij} \le 1$이므로 일차연립방정식

$$(I-C)\mathbf{x} = \mathbf{d}$$

을 풀 때 $(I-C)^{-1}$를 구하여야 한다.

$(I-C)^{-1}$을 구하기 위하여

양의 정수 n에 대하여

$$\begin{aligned}
&(I-C)(I+C+C^2+\cdots+C^n)\\
&\quad = I(I+C+C^2+\cdots+C^n)-C(I+C+C^2+\cdots+C^n)\\
&\quad = I+C+C^2+\cdots+C^n-(C+C^2+C^3+\cdots+C^{n+1})\\
&\quad = I-C^{n+1}
\end{aligned}$$

$C, C^2, C^3, \cdots$의 성분들은 점점 작아지므로 C^{n+1}은 영행렬에 무한히 가까워진다. 적당히 큰 n에 대하여 C^{n+1}은 영행렬로 볼 수 있으므로

$$(I-C)(I+C+C^2+\cdots+C^n) = I$$

• 행렬 $I-C$가 가역인 경우

이다. 양변의 왼쪽에 $(I-C)^{-1}$를 곱하면

$$(I-C)^{-1} = I+C+C^2+\cdots+C^n$$

이 된다.

이것은 특별한 경우에 컴퓨터를 이용하여 계산할 때 쓴다.

예제 9.2-2 2003년 산업연관표를 보고 다음에 답하여라.

(1) 중간수요에서 광공업이 1원만큼 생산하는데 소비되는 농림어업의 양(금액)

(2) 농림어업을 가장 많이 소비하는 산업

(3) 광공업이 가장 적게 의존하는 산업

풀이 (1) $\dfrac{25332}{778454} = 0.0325$(원)

(2) 광공업(25조 3320억 원)

(3) 운수업(15조 7680억 원) ■

연습문제 9.2

• $(A-I)\mathbf{p}=0$

1. 다음과 같이 주어진 교환행렬(투입-산출행렬) A에 대하여 $A\mathbf{p}=\mathbf{p}$를 만족하는 가격 벡터 $\mathbf{P}$를 구하여라.

(1) $\begin{bmatrix} \frac{1}{2} & \frac{1}{4} \\ \frac{1}{2} & \frac{3}{4} \end{bmatrix}$ (2) $\begin{bmatrix} \frac{1}{3} & \frac{2}{3} & 0 \\ \frac{1}{3} & 0 & \frac{3}{4} \\ \frac{1}{3} & \frac{1}{3} & \frac{1}{4} \end{bmatrix}$

• $(I-C)\mathbf{x}=\mathbf{d}$

2. 다음과 같이 두 개 또는 세 개의 산업에 대한 소비행렬 C가 있다. 이 소비행렬에 대한 수요벡터 $\mathbf{d}$ 각각에 대하여 $\mathbf{d}$를 충족시키는 생산벡터 $\mathbf{x}$를 구하여라.

(1) $C=\begin{bmatrix} 0.1 & 0.6 \\ 0.4 & 0.2 \end{bmatrix}$, $\mathbf{d}=\begin{bmatrix} 0 \\ 12 \end{bmatrix}, \begin{bmatrix} 16 \\ 24 \end{bmatrix}, \begin{bmatrix} 24 \\ 48 \end{bmatrix}$

(2) $C=\begin{bmatrix} 0.5 & 0.2 & 0 \\ 0.1 & 0.4 & 0.4 \\ 0.3 & 0 & 0.2 \end{bmatrix}$, $\mathbf{d}=\begin{bmatrix} 2 \\ 4 \\ 8 \end{bmatrix}, \begin{bmatrix} 45 \\ 23 \\ 10 \end{bmatrix}, \begin{bmatrix} 540 \\ 270 \\ 750 \end{bmatrix}$

• $A\mathbf{p}=\mathbf{p}$

3. 서로 다른 기술을 갖고 있는 세 기술자 A, B, C가 있다. A, B, C는 각자 자신의 작업실이 있는데 10일 동안 서로 작업실을 보수하려고 한다. 소요된 날의 수는 아래 표와 같을 때 세 사람의 임금(노임)은 어떻게 결정하면 되겠는가? 자신의 작업실에서 일한 날의 임금도 포함하여 계산한다.

	각각 일한 날수		
	A	B	C
A의 작업실에서 일한 날수	6	1	1
B의 작업실에서 일한 날수	2	7	1
C의 작업실에서 일한 날수	2	2	8

4. 앞의 2003년 산업연관표에 따라 다음에 답하여라.

(1) 도소매업이 1원 생산하는데 소비한 운수업의 양

(2) 운수업을 가장 적게 소비하지 않은 산업

(3) 도소매업이 전혀 의존하지 않는 산업

참고문헌

1. J. Agnew, *Linear Algebra with Applications*, Books / cole Pub. Co., 1983.
2. Howard Anton, Chris Rorres, *Elementary Linear Algebra, 9th ed*, John Wiley & Sons, Inc., 2005.
3. T. Banchoff, *Linear Algebra through Geometry*, Springer-Verlag, 1992.
4. Norman J. Bloch, *Linear Algebra*, McGraw-Hill, 1968.
5. T. S. Blyth, *Algebra through practice: Linear Algebra*, Cambridge Univ. Press, 1984.
6. Charles G. Cullen, *Linear Algebra with Applications*, Scott, Foresman, 1988.
7. Charles G. Cullen, *Matrices and Transformations, 2nd ed*, Addison-Wesley, 1972.
8. J. A. Dieudonne, *Linear Algebra and Geometry*, Hermann, 1988.
9. John B. Fraleigh, *Linear Algebra*, Addison-Wesley, 1995.
10. Steven H. Friedberg, Anold J. Insel, Lawrence E. Spence, *Linear Algebra, 4th ed*, Pearson Education, Inc., 2003.
11. Leonard E. Fuller, *Linear Algebra with Applications*, Dickenson Pub. Co., 1966.
12. Stanley I. Grossman, *Elementary Linear Algebra, 4th ed*, Saunders College Pub., 1991.
13. G. Hadley, *Linear Algebra*, Addison-Wesley, 1961.
14. K. Hoffman, *Linear Algebra*, Prentice-Hall, 1971.
15. K. Jeanich, *Linear Algebra*, Springer-Verlag, 1978.
16. Lee W. Johnson, *Introduction to Linear Algebra*, Addison-Wesley, 1993.
17. Benard Kolman, David R. Hill, *Elementary Linear Algebra, 8th ed*, Pearson Education, Inc., 2004.
18. Serge Lang, *Linear Algebra*, Addison-Wesley, 1971.
19. Ron Larson, Bruce H. Edwards, David C. Falvo, *Elementary Linear Algebra, 9th ed*, Houghton Mifflin Company, 2004.
20. David C. Lay, *Linear Algebra and its Applications*, Addison-Wesley, 1994.
21. Steven J. Leon, *Linear Algebra with Application, 7th ed*, Pearson Education, Inc., 2006.
22. S. Lipschutz, *Schaum's Outline of Theory and Problems of Linear Algebra*, McGraw-Hill, 1968.
23. G. Schay, *Introduction to Linear Algebra*, Jones and Bartlett, 1997.
24. L. Smith, *Linear Algebra*, Prentice-Hall, 1971.

연습문제 풀이와 답

01 행렬

연습문제 1.1

1. (1) 3×4

(3) [−1, 5, −3, 12]

(5) $A^t=\begin{bmatrix} 3 & -1 & 0 \\ 2 & 5 & -2 \\ 4 & -3 & 15 \\ 9 & 12 & -7 \end{bmatrix}$

2. (1) $i=1,\ 2,\ 3$

(3) $a_{22}=5,\ a_{33}=15,\ a_{14}=9$

연습문제 1.2

1. (1) $a=-1,\ 2=b-1,\ 2c+1=5,\ d+3=-7$

$\therefore\ a=-1,\ b=3,\ c=2,\ d=-10$

2. (1) $A+B=\begin{bmatrix} 3 & 1 & -2 \\ 2 & -4 & 0 \end{bmatrix}+\begin{bmatrix} -1 & 2 & -2 \\ 5 & 6 & -3 \end{bmatrix}$

$=\begin{bmatrix} 3+(-1) & 1+2 & -2+(-2) \\ 2+5 & -4+6 & 0+(-3) \end{bmatrix}$

$=\begin{bmatrix} 2 & 3 & -4 \\ 7 & 2 & -3 \end{bmatrix}$

(3) $-2A+3B=-2\begin{bmatrix} 3 & 1 & -2 \\ 2 & -4 & 0 \end{bmatrix}$

$+3\begin{bmatrix} -1 & 2 & -2 \\ 5 & 6 & -3 \end{bmatrix}$

$=\begin{bmatrix} -6 & -2 & 4 \\ -4 & 8 & 0 \end{bmatrix}+\begin{bmatrix} -3 & 6 & -6 \\ 15 & 18 & -9 \end{bmatrix}$

$=\begin{bmatrix} -9 & 4 & -2 \\ 11 & 26 & -9 \end{bmatrix}$

3. $C=\begin{bmatrix} a & d \\ b & e \\ c & f \end{bmatrix}$라 하면 $A+B+C=O$이므로

$$\begin{bmatrix} 2 & 5 \\ 1 & 6 \\ 3 & 4 \end{bmatrix}+\begin{bmatrix} -3 & 2 \\ 5 & -4 \\ -1 & -7 \end{bmatrix}+\begin{bmatrix} a & d \\ b & e \\ c & f \end{bmatrix}=\begin{bmatrix} 0 & 0 \\ 0 & 0 \\ 0 & 0 \end{bmatrix}$$

$2+(-3)+a=0,\ 5+2+d=0,$

$1+5+b=0,\ 6+(-4)+e=0,$

$3+(-1)+c=0,\ 4+(-7)+f=0$

따라서

$a=1,\ b=-6,\ c=-2,\ d=-7,\ e=-2,\ f=3$

즉 $C=\begin{bmatrix} 1 & -7 \\ -6 & -2 \\ -2 & 3 \end{bmatrix}$

5. (1) $[5\ \ 4\ \ 2]\begin{bmatrix} 3 \\ 2 \\ -6 \end{bmatrix}=[5\cdot 3+4\cdot 2+2\cdot(-6)]$

$=[11]$

(3) $[-2\ \ 3\ \ -1]\begin{bmatrix} 2 & 0 & -1 & 3 \\ -2 & 4 & -2 & 1 \\ 1 & 3 & -5 & 2 \end{bmatrix}$

$=[(-2)\cdot 2+3\cdot(-2)+(-1)\cdot 1$

$(-2)\cdot 0+3\cdot 4+(-1)\cdot 3$

$(-2)\cdot(-1)+3\cdot(-2)+(-1)\cdot(-5)$

$(-2)\cdot 3+3\cdot 1+(-1)\cdot 2]$

$=[-11\ \ 9\ \ 1\ \ -5]$

6. (3) $A+O=O+A=A$의 증명

A와 O는 $m\times n$행렬이고 (i,j)성분을 a_{ij}, o_{ij}라 한다. 즉 $A=[a_{ij}]$, $O=[o_{ij}]$라 한다.

$$\begin{aligned} A+O&=[a_{ij}]+[o_{ij}]=[a_{ij}+o_{ij}] \\ &=[o_{ij}+a_{ij}]=[o_{ij}]+[a_{ij}] \\ &=O+A \end{aligned}$$

또 $$\begin{aligned} A+O&=[a_{ij}]+[o_{ij}]=[a_{ij}+o_{ij}] \\ &=[a_{ij}] \end{aligned}$$

$$=A$$

(5) $(k\ell)A=k(\ell A)$의 증명

$A=[a_{ij}]$라 하면

$$\begin{aligned}(k\ell)A&=k\ell[a_{ij}]=[k\ell a_{ij}]\\&=k[\ell a_{ij}]\\&=k(\ell A)\end{aligned}$$

(7) $(k+\ell)A=kA+\ell A$의 증명

$A=[a_{ij}]$라 하면

$$\begin{aligned}(k+\ell)A&=(k+\ell)[a_{ij}]=[(k+\ell)a_{ij}]\\&=[ka_{ij}+\ell a_{ij}]=[ka_{ij}]+[\ell a_{ij}]\\&=k[a_{ij}]+\ell[a_{ij}]\\&=kA+\ell B\end{aligned}$$

7. (2) $A(B+C)=AB+AC$의 증명

이 등식의 좌우변에 $B+C$, AB가 있으므로 $A=[a_{ij}]$는 $m\times n$행렬, $B=[b_{ij}]$는 $n\times p$행렬로 하면 $C=[c_{ij}]$도 $n\times p$행렬로 한다.

그래서 $A(B+C)$도 $AB+AC$도 $m\times p$행렬로 좌우변 행렬의 크기가 같다.

$[A(B+C)$의 (i, j)성분$]$

$$\begin{aligned}&=\sum_{k=1}^{n}a_{ik}(b_{kj}+c_{kj})=\sum_{k=1}^{n}(a_{ik}b_{kj}+a_{ik}c_{kj})\\&=\sum_{k=1}^{n}a_{ik}b_{kj}+\sum_{k=1}^{n}a_{ik}c_{kj}\\&=[AB+AC\text{의 }(i, j)\text{성분}]\end{aligned}$$

그러므로 $A(B+C)=AB+AC$

그리고 $(A+B)C=AC+BC$의 증명은 $A=[a_{ij}]$를 $m\times n$행렬, $B=[b_{ij}]$도 $m\times n$행렬로 하면 C는 $n\times p$행렬로 한다.

그래서 $(A+B)C$도 $AC+BC$도 $m\times p$행렬로 좌우변행렬의 크기가 같다.

앞의 경우와 같이 각 (i, j)성분을 계산하여 주어진 등식이 증명된다.

$[(A+B)C$의 (i, j)성분$]$

$$\begin{aligned}&=\sum_{k=1}^{n}(a_{ik}+b_{ik})c_{kj}=\sum_{k=1}^{n}(a_{ik}c_{kj}+b_{ik}c_{kj})\\&=\sum_{k=1}^{n}a_{ik}c_{kj}+\sum_{k=1}^{n}b_{ik}c_{kj}\\&=[AC+BC\text{의 }(i, j)\text{성분}]\end{aligned}$$

그러므로 $(A+B)C=AC+BC$

(5) $AI_n=A$의 증명

$A=[a_{ij}]$는 $m\times n$행렬, I_n은 단위행렬로 n차 정사각행렬이면 주어진 등식의 좌우변은 각각 $m\times n$행렬로 그 크기가 같다.

$[I_n$의 (i, j)성분$]=\begin{cases}1\ (i=j)\\0\ (i\neq j)\end{cases}$ 이다.

$I_n=[b_{ij}]$로 하면

$[AI_n$의 (i, j)성분$]$

$$\begin{aligned}&=\sum_{k=1}^{n}a_{ik}b_{kj}\\&=a_{i1}b_{1j}+a_{i2}b_{2j}+\cdots+a_{ij}b_{jj}+\cdots+a_{in}b_{nj}\\&=a_{i1}\cdot 0+a_{i2}\cdot 0+\cdots+a_{ij}\cdot 1+\cdots+a_{in}\cdot 0\\&=a_{ij}\\&=[A\text{의 }(i, j)\text{성분}]\end{aligned}$$

그러므로 $AI_n=A$

$I_nA=A$의 증명은 I_n은 단위행렬로 n차의 정사각행렬, $A=[a_{ij}]$는 $m\times n$행렬로 한다. 그러면 주어진 등식의 좌우변은 $m\times n$행렬로 그 크기가 같다. $A=[a_{ij}]$는 $m\times n$행렬, 단위행렬 $I_n=[b_{ij}]$는 $m\times m$행렬로 하고 앞의 경우와 같이 증명하면 된다.

9. $A^2=AA=\begin{bmatrix}0&1&0\\0&0&1\\0&0&0\end{bmatrix}\begin{bmatrix}0&1&0\\0&0&1\\0&0&0\end{bmatrix}$

$$=\begin{bmatrix}0&0&1\\0&0&0\\0&0&0\end{bmatrix}$$

$$A^3=A^2A=\begin{bmatrix}0&0&1\\0&0&0\\0&0&0\end{bmatrix}\begin{bmatrix}0&1&0\\0&0&1\\0&0&0\end{bmatrix}=\begin{bmatrix}0&0&0\\0&0&0\\0&0&0\end{bmatrix}$$

$$A^4=A^3A=\begin{bmatrix}0&0&0\\0&0&0\\0&0&0\end{bmatrix}\begin{bmatrix}0&1&0\\0&0&1\\0&0&0\end{bmatrix}=\begin{bmatrix}0&0&0\\0&0&0\\0&0&0\end{bmatrix}$$

11. $A=\begin{bmatrix}3&2a+3b&b\\a&-5&-c\\c-a&2&-2\end{bmatrix}$는 대칭행렬이므로

$$\begin{cases}2a+3b=0\\c-a=b\\2=-c\end{cases}\quad 즉 \begin{cases}a+3b=0 & \cdots ①\\a+\ b=c & \cdots ②\\c=-2 & \cdots ③\end{cases}$$

③의 c를 ②에 대입하면

$$a+b=-2 \qquad \cdots ④$$

①에서 ④를 변끼리 빼면

$$2b=2 \quad \therefore b=1$$

④에서 $a+1=-2 \quad \therefore a=-3$

따라서 $a=-3,\ b=1,\ c=-2$

$B=\begin{bmatrix}6&-5a-3b&a+b\\2a+c&3&-1\\-c&-b-c&7\end{bmatrix}$는 대칭행렬이므로

$$\begin{cases}-5a-3b=2a+c\\a+b=-c\\-b-c=-1\end{cases}\quad 즉 \begin{cases}7a+3b+c=0 & \cdots ①\\a+\ b+c=0 & \cdots ②\\b+c=1 & \cdots ③\end{cases}$$

③을 ②에 대입하면 $a=-1$

$a=-1$을 ①에 대입하면

$$-7+3b+c=0 \quad \therefore 3b+c=7 \qquad \cdots ④$$

④에서 ③을 빼면

$$2b=6 \quad \therefore b=3$$

$b=3$과 ③에서 $c=-2$

따라서 $a=-1,\ b=3,\ c=-2$

13. $A=[a_{ij}]$라 하면

A가 반대칭행렬이므로 $A^t=-A$

즉, $a_{ji}=-a_{ij}$

$i=j$이면 $\qquad a_{ii}=-a_{ii}$

$$2a_{ii}=0 \quad \therefore a_{ii}=0$$

14. (2) $A,\ B$가 반대칭행렬이므로

$$A^t=-A,\ B^t=-B$$

($\Rightarrow$) 「AB가 대칭행렬이면 $AB=BA$」임을 증명하자.

AB가 대칭행렬이므로

$$(AB)^t=AB \qquad \cdots ①$$

또 $(AB)^t=B^tA^t=(-B)(-A)$

$$=(-1)^2BA=BA \qquad \cdots ②$$

①, ②에서 $AB=BA$

($\Leftarrow$) 「$AB=BA$이면 AB가 대칭행렬」임을 증명하자.

$AB=BA$이므로

$$(AB)^t=B^tA^t=(-B)(-A)=(-1)^2BA$$
$$=BA=AB$$

즉 $\qquad (AB)^t=AB$

15. (1) $\left[\frac{1}{2}(A+A^t)\right]^t=\frac{1}{2}(A+A^t)^t$

$$=\frac{1}{2}(A^t+(A^t)^t)$$
$$=\frac{1}{2}(A^t+A)=\frac{1}{2}(A+A^t)$$

$\therefore \frac{1}{2}(A+A^t)$은 대칭행렬이다.

17. A가 대칭행렬이면

$$A^t = A$$

A가 반대칭행렬이면

$$A^t = -A$$

즉 $$A = -A$$

$A = [a_{ij}]$라 하면

$$a_{ij} = -a_{ij}$$
$$\therefore\ a_{ij} = 0$$
$$\therefore\ A = O$$

18. (1) 정리 1.2-2에 의하면

$$ABC = (AB)C$$

정리 1.2-3에 의하여

$$\begin{aligned}(ABC)^t &= \{(AB)C\}^t \\ &= C^t(AB)^t \\ &= C^tB^tA^t\end{aligned}$$

19. (1) $A^t = A$이므로

$$\begin{aligned}(P^tAP)^t &= P^tA^t(P^t)^t \\ &= P^tAP\end{aligned}$$

따라서 P^tAP는 대칭행렬이다.

연습문제 1.3

1. (1) $A = \left[\begin{array}{ccc|c} 1 & 0 & 0 & -3 \\ 0 & 1 & 0 & 1 \\ 0 & 0 & 1 & 4 \end{array}\right]$

$$A_1 = \begin{bmatrix} 1 & 0 & 0 \\ 0 & 1 & 0 \\ 0 & 0 & 1 \end{bmatrix} = I_3,\ A_2 = \begin{bmatrix} -3 \\ 1 \\ 4 \end{bmatrix}$$

$$B = \left[\begin{array}{ccc} 1 & 0 & 0 \\ 0 & 1 & 0 \\ 0 & 0 & 1 \\ \hline 2 & -4 & 1 \end{array}\right]$$

$$B_1 = \begin{bmatrix} 1 & 0 & 0 \\ 0 & 1 & 0 \\ 0 & 0 & 1 \end{bmatrix} = I_3,\ B_2 = [2\ \ -4\ \ 1]$$

$$\begin{aligned}AB &= [A_1\ \ A_2]\begin{bmatrix} B_1 \\ B_2 \end{bmatrix} \\ &= [A_1B_1 + A_2B_2] \\ &= \begin{bmatrix} 1 & 0 & 0 \\ 0 & 1 & 0 \\ 0 & 0 & 1 \end{bmatrix}\begin{bmatrix} 1 & 0 & 0 \\ 0 & 1 & 0 \\ 0 & 0 & 1 \end{bmatrix} + \begin{bmatrix} -3 \\ 1 \\ 4 \end{bmatrix}[2\ \ -4\ \ 1] \\ &= \begin{bmatrix} 1 & 0 & 0 \\ 0 & 1 & 0 \\ 0 & 0 & 1 \end{bmatrix} + \begin{bmatrix} -6 & 12 & -3 \\ 2 & -4 & 1 \\ 8 & -16 & 4 \end{bmatrix} \\ &= \begin{bmatrix} -5 & 12 & -3 \\ 2 & -3 & 1 \\ 8 & -16 & 5 \end{bmatrix}\end{aligned}$$

2. (1) $\left[\begin{array}{cc|c} 1 & 0 & 1 \\ 0 & 1 & 2 \\ \hline 0 & 0 & 3 \end{array}\right]\left[\begin{array}{cc|c} 1 & 0 & 0 \\ 0 & 1 & 0 \\ \hline -2 & -3 & 0 \end{array}\right]$

$$\begin{aligned}&= \begin{bmatrix} \begin{bmatrix} 1 & 0 \\ 0 & 1 \end{bmatrix}\begin{bmatrix} 1 & 0 \\ 0 & 1 \end{bmatrix} + \begin{bmatrix} 1 \\ 2 \end{bmatrix}[-2\ \ -3] & \begin{bmatrix} 1 & 0 \\ 0 & 1 \end{bmatrix}\begin{bmatrix} 0 \\ 0 \end{bmatrix} + \begin{bmatrix} 1 \\ 2 \end{bmatrix}[0] \\ [0\ \ 0]\begin{bmatrix} 1 & 0 \\ 0 & 1 \end{bmatrix} + [3][-2\ \ -3] & [0\ \ 0]\begin{bmatrix} 0 \\ 0 \end{bmatrix} + [3][0] \end{bmatrix} \\ &= \begin{bmatrix} \begin{bmatrix} 1 & 0 \\ 0 & 1 \end{bmatrix} + \begin{bmatrix} -2 & -3 \\ -4 & -6 \end{bmatrix} & \begin{bmatrix} 0 \\ 0 \end{bmatrix} + \begin{bmatrix} 0 \\ 0 \end{bmatrix} \\ [0\ \ 0] + [-6\ \ -9] & [0] + [0] \end{bmatrix} \\ &= \begin{bmatrix} \begin{bmatrix} -1 & -3 \\ -4 & -5 \end{bmatrix} & \begin{bmatrix} 0 \\ 0 \end{bmatrix} \\ [-6\ \ -9] & [0] \end{bmatrix} \\ &= \begin{bmatrix} -1 & -3 & 0 \\ -4 & -5 & 0 \\ -6 & -9 & 0 \end{bmatrix}\end{aligned}$$

3. $\begin{bmatrix} A_1 & O \\ O & A_2 \end{bmatrix}\begin{bmatrix} B_1 & O \\ O & B_2 \end{bmatrix}\begin{bmatrix} C_1 & O \\ O & C_2 \end{bmatrix}$

$$\begin{aligned}&= \left(\begin{bmatrix} A_1 & O \\ O & A_2 \end{bmatrix}\begin{bmatrix} B_1 & O \\ O & B_2 \end{bmatrix}\right)\begin{bmatrix} C_1 & O \\ O & C_2 \end{bmatrix} \\ &= \begin{bmatrix} A_1B_1 + O & A_1O + OB_2 \\ OB_1 + A_2O & O + A_2B_2 \end{bmatrix}\begin{bmatrix} C_1 & O \\ O & C_2 \end{bmatrix}\end{aligned}$$

$$= \begin{bmatrix} A_1B_1 & O \\ O & A_2B_2 \end{bmatrix} \begin{bmatrix} C_1 & O \\ O & C_2 \end{bmatrix}$$

$$= \begin{bmatrix} A_1B_1C_1 + O & A_1B_1O + OC_2 \\ OC_1 + A_2B_2O & O + A_2B_2C_2 \end{bmatrix}$$

$$= \begin{bmatrix} A_1B_1C_1 & O \\ O & A_2B_2C_2 \end{bmatrix}$$

02 행렬과 연립일차방정식

연습문제 2.1

1. (1) $\left[\begin{array}{cc|c} 2 & 3 & 3 \\ 1 & -2 & 5 \end{array}\right]$ $R_1 + R_2 \times (-2) \to R_1$

$\left[\begin{array}{cc|c} 0 & 7 & -7 \\ 1 & -2 & 5 \end{array}\right]$ $R_1 \times \frac{1}{7} \to R_1$

$\left[\begin{array}{cc|c} 0 & 1 & -1 \\ 1 & -2 & 5 \end{array}\right]$ $R_2 + R_1 \times 2 \to R_2$

$\left[\begin{array}{cc|c} 0 & 1 & -1 \\ 1 & 0 & 3 \end{array}\right]$ $R_1 \rightleftarrows R_2$

$\left[\begin{array}{cc|c} 1 & 0 & 3 \\ 0 & 1 & -1 \end{array}\right]$

$\begin{cases} x \quad = 3 \\ \quad y = -1 \end{cases}$ $\therefore \begin{cases} x = 3 \\ y = -1 \end{cases}$

(3) $\left[\begin{array}{ccc|c} 2 & -1 & 2 & -1 \\ 1 & 3 & 3 & 8 \\ 1 & 1 & -1 & 6 \end{array}\right]$ $R_1 + R_3 \times 2 \to R_1$, $R_2 + R_3 \times 3 \to R_2$

$\left[\begin{array}{ccc|c} 4 & 1 & 0 & 11 \\ 4 & 6 & 0 & 26 \\ 1 & 1 & -1 & 6 \end{array}\right]$ $R_1 + R_2 \times (-1) \to R_1$

$\left[\begin{array}{ccc|c} 0 & -5 & 0 & -15 \\ 4 & 6 & 0 & 26 \\ 1 & 1 & -1 & 6 \end{array}\right]$ $R_1 \times \left(-\frac{1}{5}\right) \to R_1$

$\left[\begin{array}{ccc|c} 0 & 1 & 0 & 3 \\ 4 & 6 & 0 & 26 \\ 1 & 1 & -1 & 6 \end{array}\right]$ $R_2 + R_1 \times (-6) \to R_2$

$\left[\begin{array}{ccc|c} 0 & 1 & 0 & 3 \\ 4 & 0 & 0 & 8 \\ 1 & 1 & -1 & 6 \end{array}\right]$ $R_2 \times \frac{1}{4} \to R_2$

$\left[\begin{array}{ccc|c} 0 & 1 & 0 & 3 \\ 1 & 0 & 0 & 2 \\ 1 & 1 & -1 & 6 \end{array}\right]$ $R_3 + R_2 \times (-1) \to R_3$

$\left[\begin{array}{ccc|c} 0 & 1 & 0 & 3 \\ 1 & 0 & 0 & 2 \\ 0 & 1 & -1 & 4 \end{array}\right]$ $R_3 + R_1 \times (-1) \to R_3$

$\left[\begin{array}{ccc|c} 0 & 1 & 0 & 3 \\ 1 & 0 & 0 & 2 \\ 0 & 0 & -1 & 1 \end{array}\right]$ $R_3 \times (-1) \to R_3$

$\left[\begin{array}{ccc|c} 0 & 1 & 0 & 3 \\ 1 & 0 & 0 & 2 \\ 0 & 0 & 1 & -1 \end{array}\right]$ $R_1 \rightleftarrows R_2$

$\left[\begin{array}{ccc|c} 1 & 0 & 0 & 2 \\ 0 & 1 & 0 & 3 \\ 0 & 0 & 1 & -1 \end{array}\right]$

$\begin{cases} x \quad\quad = 2 \\ \quad y \quad = 3 \\ \quad\quad z = -1 \end{cases}$ $\therefore \begin{cases} x = 2 \\ y = 3 \\ z = -1 \end{cases}$

2. (1) $\left[\begin{array}{cc|c} 1 & 2 & -5 \\ 2 & 3 & -6 \end{array}\right]$ $R_2 + R_1 \times (-2) \to R_2$

$\left[\begin{array}{cc|c} 1 & 2 & -5 \\ 0 & -1 & 4 \end{array}\right]$ $R_2 \times (-1) \to R_2$

$\left[\begin{array}{cc|c} 1 & 2 & -5 \\ 0 & 1 & -4 \end{array}\right]$ $R_1 + R_2 \times (-2) \to R_1$

$\left[\begin{array}{cc|c} 1 & 0 & 3 \\ 0 & 1 & -4 \end{array}\right]$

$\begin{cases} x \quad = 3 \\ \quad y = -4 \end{cases}$ $\therefore \begin{cases} x = 3 \\ y = -4 \end{cases}$

(3) $\left[\begin{array}{ccc|c} 2 & 1 & -4 & 8 \\ 3 & 2 & -1 & 3 \\ 1 & -4 & -2 & -5 \end{array}\right]$ $R_1 + R_3 \times (-2) \to R_1$

$\left[\begin{array}{ccc|c} 0 & 9 & 0 & 18 \\ 3 & 2 & -1 & 3 \\ 1 & -4 & -2 & -5 \end{array}\right]$ $R_1 \times \frac{1}{9} \to R_1$

$\left[\begin{array}{ccc|c} 0 & 1 & 0 & 2 \\ 3 & 2 & -1 & 3 \\ 1 & -4 & -2 & -5 \end{array}\right]$ $R_2 + R_1 \times (-2) \to R_2$

$\left[\begin{array}{ccc|c} 0 & 1 & 0 & 2 \\ 3 & 0 & -1 & -1 \\ 1 & -4 & -2 & -5 \end{array}\right]$ $R_3 + R_1 \times 4 \to R_3$

$\left[\begin{array}{ccc|c} 0 & 1 & 0 & 2 \\ 3 & 0 & -1 & -1 \\ 1 & 0 & -2 & 3 \end{array}\right]$ $R_2 + R_3 \times (-3) \to R_2$

$\left[\begin{array}{ccc|c} 0 & 1 & 0 & 2 \\ 0 & 0 & 5 & -10 \\ 1 & 0 & -2 & 3 \end{array}\right]$ $R_2 \times \frac{1}{5} \to R_2$

$$\left[\begin{array}{ccc|c} 0 & 1 & 0 & 2 \\ 0 & 0 & 1 & -2 \\ 1 & 0 & -2 & 3 \end{array}\right] \quad R_3+R_2\times 2\to R_3$$

$$\left[\begin{array}{ccc|c} 0 & 1 & 0 & 2 \\ 0 & 0 & 1 & -2 \\ 1 & 0 & 0 & -1 \end{array}\right] \quad R_1\rightleftarrows R_2$$

$$\left[\begin{array}{ccc|c} 0 & 0 & 1 & -2 \\ 0 & 1 & 0 & 2 \\ 1 & 0 & 0 & -1 \end{array}\right] \quad R_1\rightleftarrows R_3$$

$$\left[\begin{array}{ccc|c} 1 & 0 & 0 & -1 \\ 0 & 1 & 0 & 2 \\ 0 & 0 & 1 & -2 \end{array}\right]$$

$$\begin{cases} x \quad\quad = -1 \\ \quad y \quad = 2 \\ \quad\quad z = -2 \end{cases} \qquad \therefore \begin{cases} x=-1 \\ y=2 \\ z=-2 \end{cases}$$

연습문제 2.2

1. (1) $\left[\begin{array}{cc|c} 2 & 1 & -2 \\ 3 & 2 & -1 \end{array}\right] \quad R_2+R_1\times(-1)\to R_2$

$$\left[\begin{array}{cc|c} 2 & 1 & -2 \\ 1 & 1 & 1 \end{array}\right] \quad R_1\rightleftarrows R_2$$

$$\left[\begin{array}{cc|c} 1 & 1 & 1 \\ 2 & 1 & -2 \end{array}\right] \quad R_2+R_1\times(-2)\to R_2$$

$$\left[\begin{array}{cc|c} 1 & 1 & 1 \\ 0 & -1 & -4 \end{array}\right] \quad R_2\times(-1)\to R_2$$

$$\left[\begin{array}{cc|c} 1 & 1 & 1 \\ 0 & 1 & 4 \end{array}\right] \quad R_1+R_2\times(-1)\to R_1$$

$$\left[\begin{array}{cc|c} 1 & 0 & -3 \\ 0 & 1 & 4 \end{array}\right]$$

$$\begin{cases} x_1 \quad = -3 \\ \quad x_2 = 4 \end{cases} \qquad \therefore \begin{cases} x_1=-3 \\ x_2=4 \end{cases}$$

(3) $\left[\begin{array}{ccc|c} 1 & 2 & 1 & 4 \\ 2 & -1 & 2 & 3 \\ 3 & 4 & -1 & -6 \end{array}\right] \quad \begin{array}{l} R_2+R_1\times(-2)\to R_2 \\ R_3+R_1\times(-3)\to R_3 \end{array}$

$$\left[\begin{array}{ccc|c} 1 & 2 & 1 & 4 \\ 0 & -5 & 0 & -5 \\ 0 & -2 & -4 & -18 \end{array}\right] \quad \begin{array}{l} R_2\times\left(-\frac{1}{5}\right)\to R_2 \\ R_3\times\left(-\frac{1}{2}\right)\to R_3 \end{array}$$

$$\left[\begin{array}{ccc|c} 1 & 2 & 1 & 4 \\ 0 & 1 & 0 & 1 \\ 0 & 1 & 2 & 9 \end{array}\right] \quad \begin{array}{l} R_1+R_2\times(-2)\to R_1 \\ R_3+R_2\times(-1)\to R_3 \end{array}$$

$$\left[\begin{array}{ccc|c} 1 & 0 & 1 & 2 \\ 0 & 1 & 0 & 1 \\ 0 & 0 & 2 & 8 \end{array}\right] \quad R_3\times\frac{1}{2}\to R_3$$

$$\left[\begin{array}{ccc|c} 1 & 0 & 1 & 2 \\ 0 & 1 & 0 & 1 \\ 0 & 0 & 1 & 4 \end{array}\right] \quad R_1+R_3\times(-1)\to R_1$$

$$\left[\begin{array}{ccc|c} 1 & 0 & 0 & -2 \\ 0 & 1 & 0 & 1 \\ 0 & 0 & 1 & 4 \end{array}\right]$$

$$\begin{cases} x_1 \quad\quad = -2 \\ \quad x_2 \quad = 1 \\ \quad\quad x_3 = 4 \end{cases} \qquad \therefore \begin{cases} x_1=-2 \\ x_2=1 \\ x_3=4 \end{cases}$$

2. (2) $\left[\begin{array}{ccc|c} 1 & 3 & -3 & -4 \\ 2 & 3 & -12 & 2 \\ 1 & -1 & -11 & 8 \end{array}\right] \quad R_2+R_1\times(-2)\to R_2$

$$\left[\begin{array}{ccc|c} 1 & 3 & -3 & -4 \\ 0 & -3 & -6 & 10 \\ 1 & -1 & -11 & 8 \end{array}\right] \quad R_2\times\left(-\frac{1}{3}\right)\to R_2$$

$$\left[\begin{array}{ccc|c} 1 & 3 & -3 & -4 \\ 0 & 1 & 2 & -\frac{10}{3} \\ 1 & -1 & -11 & 8 \end{array}\right] \quad R_3+R_1\times(-1)\to R_3$$

$$\left[\begin{array}{ccc|c} 1 & 3 & -3 & -4 \\ 0 & 1 & 2 & -\frac{10}{3} \\ 0 & -4 & -8 & 12 \end{array}\right] \quad R_3\times\left(-\frac{1}{4}\right)\to R_3$$

$$\left[\begin{array}{ccc|c} 1 & 3 & -3 & -4 \\ 0 & 1 & 2 & -\frac{10}{3} \\ 0 & 1 & 2 & -3 \end{array}\right] \quad R_3+R_2\times(-1)\to R_3$$

$$\left[\begin{array}{ccc|c} 1 & 3 & -3 & -4 \\ 0 & 1 & 2 & -\frac{10}{3} \\ 0 & 0 & 0 & \frac{1}{3} \end{array}\right]$$

$\therefore\ 0x_1+0x_2+0x_3=\frac{1}{3}$ 에서

$$0(x_1+x_2+x_3)=\frac{1}{3}$$

$\therefore$ 해는 없다.

3. (1) $\left[\begin{array}{ccccc} 0 & 1 & 5 & 0 & 4 \\ 2 & 4 & 8 & 6 & 12 \\ 0 & 0 & 0 & 3 & -9 \end{array}\right] \quad R_2\times\frac{1}{2}\to R_2$

$$\left[\begin{array}{ccccc} 0 & 1 & 5 & 0 & 4 \\ 1 & 2 & 4 & 3 & 6 \\ 0 & 0 & 0 & 3 & -9 \end{array}\right] \quad R_1\rightleftarrows R_2$$

$$\left[\begin{array}{ccccc}1 & 2 & 4 & 3 & 6\\0 & 1 & 5 & 0 & 4\\0 & 0 & 0 & 3 & -9\end{array}\right] \quad R_1+R_2\times(-2)\to R_1$$

$$\left[\begin{array}{ccccc}1 & 0 & -6 & 3 & -2\\0 & 1 & 5 & 0 & 4\\0 & 0 & 0 & 3 & -9\end{array}\right] \quad R_1+R_3\times(-1)\to R_1$$

$$\left[\begin{array}{ccccc}1 & 0 & -6 & 0 & 7\\0 & 1 & 5 & 0 & 4\\0 & 0 & 0 & 3 & -9\end{array}\right] \quad R_3\times\frac{1}{3}\to R_3$$

$$\left[\begin{array}{ccccc}1 & 0 & -6 & 0 & 7\\0 & 1 & 5 & 0 & 4\\0 & 0 & 0 & 1 & -3\end{array}\right]$$

4. (1) $\left[\begin{array}{ccc|c}1 & 2 & 1 & -1\\2 & 3 & 2 & -4\\1 & -1 & -4 & -2\end{array}\right] \quad \begin{array}{l}R_2+R_1\times(-2)\to R_2\\R_3+R_1\times(-1)\to R_3\end{array}$

$$\left[\begin{array}{ccc|c}1 & 2 & 1 & -1\\0 & -1 & 0 & -2\\0 & -3 & -5 & -1\end{array}\right] \quad R_2\times(-1)\to R_2$$

$$\left[\begin{array}{ccc|c}1 & 2 & 1 & -1\\0 & 1 & 0 & 2\\0 & -3 & -5 & -1\end{array}\right] \quad \begin{array}{l}R_1+R_2\times(-2)\to R_1\\R_3+R_2\times 3\to R_3\end{array}$$

$$\left[\begin{array}{ccc|c}1 & 0 & 1 & -5\\0 & 1 & 0 & 2\\0 & 0 & -5 & 5\end{array}\right] \quad R_3\times\left(-\frac{1}{5}\right)\to R_3$$

$$\left[\begin{array}{ccc|c}1 & 0 & 1 & -5\\0 & 1 & 0 & 2\\0 & 0 & 1 & -1\end{array}\right] \quad R_1+R_3\times(-1)\to R_1$$

$$\left[\begin{array}{ccc|c}1 & 0 & 0 & -4\\0 & 1 & 0 & 2\\0 & 0 & 1 & -1\end{array}\right]$$

$$\begin{cases}x_1 \qquad = -4\\ \quad x_2 \quad = 2\\ \qquad x_3 = -1\end{cases} \qquad \therefore \begin{cases}x_1=-4\\x_2=2\\x_3=-1\end{cases}$$

(3) $\left[\begin{array}{ccc|c}1 & 2 & -1 & 1\\2 & 3 & -1 & 3\\3 & 1 & 2 & 13\end{array}\right] \quad \begin{array}{l}R_2+R_1\times(-2)\to R_2\\R_3+R_1\times(-3)\to R_3\end{array}$

$$\left[\begin{array}{ccc|c}1 & 2 & -1 & 1\\0 & -1 & 1 & 1\\0 & -5 & 5 & 10\end{array}\right] \quad R_2\times(-1)\to R_2$$

$$\left[\begin{array}{ccc|c}1 & 2 & -1 & 1\\0 & 1 & -1 & -1\\0 & -5 & 5 & 10\end{array}\right] \quad R_3+R_2\times 5\to R_3$$

$$\left[\begin{array}{ccc|c}1 & 2 & -1 & 1\\0 & 1 & -1 & -1\\0 & 0 & 0 & 5\end{array}\right]$$

$\therefore 0x_1+0x_2+0x_3=5$이므로 주어진 연립방정식의 해는 없다.

5. (1) $\left[\begin{array}{ccc|c}3 & -6 & 9 & 0\\2 & 3 & -4 & 0\\4 & -1 & -2 & 0\end{array}\right] \quad R_1\times\frac{1}{3}\to R_1$

$$\left[\begin{array}{ccc|c}1 & -2 & 3 & 0\\2 & 3 & -4 & 0\\4 & -1 & -2 & 0\end{array}\right] \quad \begin{array}{l}R_2+R_1\times(-2)\to R_2\\R_3+R_1\times(-4)\to R_3\end{array}$$

$$\left[\begin{array}{ccc|c}1 & -2 & 3 & 0\\0 & 7 & -10 & 0\\0 & 7 & -14 & 0\end{array}\right] \quad R_3\times\frac{1}{7}\to R_3$$

$$\left[\begin{array}{ccc|c}1 & -2 & -3 & 0\\0 & 7 & -10 & 0\\0 & 1 & -2 & 0\end{array}\right] \quad R_2\rightleftarrows R_3$$

$$\left[\begin{array}{ccc|c}1 & -2 & -3 & 0\\0 & 1 & -2 & 0\\0 & 7 & -10 & 0\end{array}\right] \quad \begin{array}{l}R_1+R_2\times 2\to R_1\\R_3+R_2\times(-7)\to R_3\end{array}$$

$$\left[\begin{array}{ccc|c}1 & 0 & -7 & 0\\0 & 1 & -2 & 0\\0 & 0 & 4 & 0\end{array}\right] \quad R_3\times\frac{1}{4}\to R_3$$

$$\left[\begin{array}{ccc|c}1 & 0 & -7 & 0\\0 & 1 & -2 & 0\\0 & 0 & 1 & 0\end{array}\right] \quad \begin{array}{l}R_2+R_3\times 2\to R_2\\R_1+R_3\times 7\to R_1\end{array}$$

$$\left[\begin{array}{ccc|c}1 & 0 & 0 & 0\\0 & 1 & 0 & 0\\0 & 0 & 1 & 0\end{array}\right]$$

$$\begin{cases}x_1 \qquad = 0\\ \quad x_2 \quad = 0\\ \qquad x_3 = 0\end{cases}$$

즉, $x_1=0,\ x_2=0,\ x_3=0$

로 자명한 해를 갖는다.

(3) $\left[\begin{array}{ccc|c}1 & 0 & -2 & 0\\0 & 3 & 1 & 0\end{array}\right] \quad R_2\times\frac{1}{3}\to R_2$

$$\left[\begin{array}{ccc|c}1 & 0 & -2 & 0\\0 & 1 & \frac{1}{3} & 0\end{array}\right]$$

$$\begin{cases}x_1 \quad -2x_3=0\\ \quad x_2+\frac{1}{3}x_3=0\end{cases}$$

해는 $(x_1,\ x_2,\ x_3)=\left(2x_3,\ -\frac{1}{3}x_3,\ x_3\right)$

이므로 임의의 x_3에 대하여 존재한다. 즉, 해는 무수히 많다.

연습문제 2.3

1. $A=\begin{bmatrix}2 & 3\\1 & 4\end{bmatrix}$에서

$2\times4-3\times1=5\neq0$

$$\therefore A^{-1}=\frac{1}{5}\begin{bmatrix}4 & -3\\-1 & 2\end{bmatrix}=\begin{bmatrix}\frac{4}{5} & -\frac{3}{5}\\-\frac{1}{5} & \frac{2}{5}\end{bmatrix}$$

$B=\begin{bmatrix}3 & -4\\2 & 2\end{bmatrix}$에서

$3\times2-(-4)\times2=14\neq0$

$$\therefore B^{-1}=\frac{1}{14}\begin{bmatrix}2 & 4\\-2 & 3\end{bmatrix}=\begin{bmatrix}\frac{1}{7} & \frac{2}{7}\\-\frac{1}{7} & \frac{3}{14}\end{bmatrix}$$

$$AB=\begin{bmatrix}2 & 3\\1 & 4\end{bmatrix}\begin{bmatrix}3 & -4\\2 & 2\end{bmatrix}=\begin{bmatrix}12 & -2\\11 & 4\end{bmatrix}$$

$12\times4-(-2)\times11=70\neq0$

$$\therefore (AB)^{-1}=\frac{1}{70}\begin{bmatrix}4 & 2\\-11 & 12\end{bmatrix} \qquad \cdots①$$

또 $B^{-1}A^{-1}=\frac{1}{14}\begin{bmatrix}2 & 4\\-2 & 3\end{bmatrix}\cdot\frac{1}{5}\begin{bmatrix}4 & -3\\-1 & 2\end{bmatrix}$

$$=\frac{1}{70}\begin{bmatrix}2 & 4\\-2 & 3\end{bmatrix}\begin{bmatrix}4 & -3\\-1 & 2\end{bmatrix}$$

$$=\frac{1}{70}\begin{bmatrix}4 & 2\\-11 & 12\end{bmatrix}$$

$\therefore (AB)^{-1}=B^{-1}A^{-1}$

3. $(ABC)^{-1}=\{(AB)C\}^{-1}$

$=C^{-1}(AB)^{-1}$

$=C^{-1}(B^{-1}A^{-1})$

$=C^{-1}B^{-1}A^{-1}$

4. (1) $AA^{-1}=A^{-1}A=I$이므로

A는 A^{-1}의 역행렬이라고도 말할 수 있다. 즉

$$(A^{-1})^{-1}=A$$

또한 $\quad A^{-1}(A^{-1})^{-1}=A^{-1}A=I$

$$(A^{-1})^{-1}\cdot A^{-1}=AA^{-1}=I$$

즉, $(A^{-1})^{-1}$는 가역이다.

(3) $(kA)\cdot\frac{1}{k}A^{-1}=k\cdot\frac{1}{k}\cdot AA^{-1}=I$

또 $\frac{1}{k}A^{-1}(kA)=\frac{1}{k}\cdot kA^{-1}A=I$

$\therefore (kA)^{-1}=\frac{1}{k}A^{-1}$

5. A의 대각성분 중 i행의 성분을 0이라 하면 이 행렬의 i행은 성분이 모두 0이다.

따라서, $AB=I$인 B가 존재하지 않는다. 그러므로 A는 가역이 아니다. 즉

A가 가역이면 $a_{11}a_{22}\cdots a_{nn}\neq0$

A의 역행렬 B를

$$\begin{bmatrix}b_{11} & b_{12} & b_{13} & \cdots & b_{1n}\\b_{21} & b_{22} & b_{23} & \cdots & b_{2n}\\\vdots & \vdots & \vdots & & \vdots\\b_{n1} & b_{n2} & b_{n3} & \cdots & b_{nn}\end{bmatrix}$$

이라 하면 $AB=I$, 즉

$$\begin{bmatrix}a_{11} & 0 & 0 & \cdots & 0\\0 & a_{22} & 0 & \cdots & 0\\0 & 0 & a_{33} & \cdots & 0\\\vdots & \vdots & \vdots & & \vdots\\0 & 0 & 0 & \cdots & a_{nn}\end{bmatrix}\begin{bmatrix}b_{11} & b_{12} & b_{13} & \cdots & b_{1n}\\b_{21} & b_{22} & b_{23} & \cdots & b_{2n}\\b_{31} & b_{32} & b_{33} & \cdots & b_{3n}\\\vdots & \vdots & \vdots & & \vdots\\b_{n1} & b_{n2} & b_{n2} & \cdots & b_{nn}\end{bmatrix}$$

$=\begin{bmatrix}1 & 0 & 0 & \cdots & 0\\0 & 1 & 0 & \cdots & 0\\\vdots & \vdots & \vdots & & \vdots\\0 & 0 & 0 & \cdots & 1\end{bmatrix}$에서

$b_{11}=\frac{1}{a_{11}},\ b_{22}=\frac{1}{a_{22}},\ b_{33}=\frac{1}{a_{33}},\ \cdots,\ b_{nn}=\frac{1}{a_{nn}}$

이고 B의 그 외의 성분은 모두 0이다. 즉

$$A^{-1}=\begin{bmatrix}\frac{1}{a_{11}} & 0 & 0 & \cdots & 0\\0 & \frac{1}{a_{22}} & 0 & \cdots & 0\\\vdots & \vdots & \vdots & & \vdots\\0 & 0 & 0 & \cdots & \frac{1}{a_{nn}}\end{bmatrix}$$

연습문제 2.4

1. (1) 단위행렬 I_3의 제2행에 5를 곱한다.

(3) I_3의 2행에 3행의 4배를 더한다.

2. (1) $EA=\begin{bmatrix}0&1&0\\1&0&0\\0&0&1\end{bmatrix}\begin{bmatrix}3&1&-2&0\\2&-3&5&4\\1&-4&3&2\end{bmatrix}$

(3) $EA=\begin{bmatrix}1&0&0\\0&1&0\\2&0&1\end{bmatrix}\begin{bmatrix}3&1&-2&0\\2&-3&5&4\\1&-4&3&2\end{bmatrix}$

3. (1) $\left[\begin{array}{ccc|ccc}-2&-3&2&1&0&0\\3&5&-4&0&1&0\\1&2&-1&0&0&1\end{array}\right]$

$R_1 \rightleftarrows R_3$

$\left[\begin{array}{ccc|ccc}1&2&-1&0&0&1\\3&5&-4&0&1&0\\-2&-3&2&1&0&0\end{array}\right]$

$R_2+R_1\times(-3)\to R_2$
$R_3+R_1\times 2\to R_3$

$\left[\begin{array}{ccc|ccc}1&2&-1&0&0&1\\0&-1&-1&0&1&-3\\0&1&0&1&0&2\end{array}\right]$

$R_2 \rightleftarrows R_3$

$\left[\begin{array}{ccc|ccc}1&2&-1&0&0&1\\0&1&0&1&0&2\\0&-1&-1&0&1&-3\end{array}\right]$

$R_3+R_2\to R_3$

$\left[\begin{array}{ccc|ccc}1&2&-1&0&0&1\\0&1&0&1&0&2\\0&0&-1&1&1&-1\end{array}\right]$

$R_3\times(-1)\to R_3$

$\left[\begin{array}{ccc|ccc}1&2&-1&0&0&1\\0&1&0&1&0&2\\0&0&1&-1&-1&1\end{array}\right]$

$R_1+R_2\times(-2)\to R_1$

$\left[\begin{array}{ccc|ccc}1&0&-1&-2&0&-3\\0&1&0&1&0&2\\0&0&1&-1&-1&1\end{array}\right]$

$R_1+R_3\to R_1$

$\left[\begin{array}{ccc|ccc}1&0&0&-3&-1&-2\\0&1&0&1&0&2\\0&0&1&-1&-1&1\end{array}\right]$

따라서 구하는 역행렬은

$$\begin{bmatrix}-3&-1&-2\\1&0&2\\-1&-1&1\end{bmatrix}$$

(검토) $\begin{bmatrix}-2&-3&2\\3&5&-4\\1&2&-1\end{bmatrix}\begin{bmatrix}-3&-1&-2\\1&0&2\\-1&-1&1\end{bmatrix}$

$=\begin{bmatrix}1&0&0\\0&1&0\\0&0&1\end{bmatrix}$

(3) $\left[\begin{array}{ccc|ccc}1&1&2&1&0&0\\1&2&3&0&1&0\\2&3&4&0&0&1\end{array}\right]$

$R_2+R_1\times(-1)\to R_2$
$R_3+R_1\times(-2)\to R_3$

$\left[\begin{array}{ccc|ccc}1&1&2&1&0&0\\0&1&1&-1&1&0\\0&1&0&-2&0&1\end{array}\right]$

$R_2 \rightleftarrows R_3$

$\left[\begin{array}{ccc|ccc}1&1&2&1&0&0\\0&1&0&-2&0&1\\0&1&1&-1&1&0\end{array}\right]$

$R_3+R_2\times(-1)\to R_3$

$\left[\begin{array}{ccc|ccc}1&1&2&1&0&0\\0&1&0&-2&0&1\\0&0&1&1&1&-1\end{array}\right]$

$R_1+R_2\times(-1)\to R_1$

$\left[\begin{array}{ccc|ccc}1&0&2&3&0&-1\\0&1&0&-2&0&1\\0&0&1&1&1&-1\end{array}\right]$

$R_1+R_3\times(-2)\to R_1$

$\left[\begin{array}{ccc|ccc}1&0&0&1&-2&1\\0&1&0&-2&-0&1\\0&0&1&1&1&-1\end{array}\right]$

따라서 구하는 역행렬은

$$\begin{bmatrix}1&-2&1\\-2&0&1\\1&1&-1\end{bmatrix}$$

(검토) $\begin{bmatrix} 1 & -2 & 1 \\ -2 & 0 & 1 \\ 1 & 1 & -1 \end{bmatrix}\begin{bmatrix} 1 & 1 & 2 \\ 1 & 2 & 3 \\ 2 & 3 & 4 \end{bmatrix} = \begin{bmatrix} 1 & 0 & 0 \\ 0 & 1 & 0 \\ 0 & 0 & 1 \end{bmatrix}$

(5) $\left[\begin{array}{cccc|cccc} 1 & 1 & 1 & 1 & 1 & 0 & 0 & 0 \\ 1 & 1 & 1 & 0 & 0 & 1 & 0 & 0 \\ 1 & 1 & 0 & 0 & 0 & 0 & 1 & 0 \\ 1 & 0 & 0 & 0 & 0 & 0 & 0 & 1 \end{array}\right]$

$R_1 \rightleftarrows R_4$
$R_2 \rightleftarrows R_3$

$$\left[\begin{array}{cccc|cccc} 1 & 0 & 0 & 0 & 0 & 0 & 0 & 1 \\ 1 & 1 & 0 & 0 & 0 & 0 & 1 & 0 \\ 1 & 1 & 1 & 0 & 0 & 1 & 0 & 0 \\ 1 & 1 & 1 & 1 & 1 & 0 & 0 & 0 \end{array}\right]$$

$R_2 + R_1 \times (-1) \to R_2$
$R_3 + R_1 \times (-1) \to R_3$
$R_4 + R_1 \times (-1) \to R_4$

$$\left[\begin{array}{cccc|cccc} 1 & 0 & 0 & 0 & 0 & 0 & 0 & 1 \\ 0 & 1 & 0 & 0 & 0 & 0 & 1 & -1 \\ 0 & 1 & 1 & 0 & 0 & 1 & 0 & -1 \\ 0 & 1 & 1 & 1 & 1 & 0 & 0 & -1 \end{array}\right]$$

$R_3 + R_2 \times (-1) \to R_3$
$R_4 + R_2 \times (-1) \to R_4$

$$\left[\begin{array}{cccc|cccc} 1 & 0 & 0 & 0 & 0 & 0 & 0 & 1 \\ 0 & 1 & 0 & 0 & 0 & 0 & 1 & -1 \\ 0 & 0 & 1 & 0 & 0 & 1 & -1 & 0 \\ 0 & 0 & 1 & 1 & 1 & 0 & -1 & 0 \end{array}\right]$$

$R_4 + R_3 \times (-1) \to R_4$

$$\left[\begin{array}{cccc|cccc} 1 & 0 & 0 & 0 & 0 & 0 & 0 & 1 \\ 0 & 1 & 0 & 0 & 0 & 0 & 1 & -1 \\ 0 & 0 & 1 & 0 & 0 & 1 & -1 & 0 \\ 0 & 0 & 0 & 1 & 1 & -1 & 0 & 0 \end{array}\right]$$

따라서 구하는 역행렬은

$$\begin{bmatrix} 0 & 0 & 0 & 1 \\ 0 & 0 & 1 & -1 \\ 0 & 1 & -1 & 0 \\ 1 & -1 & 0 & 0 \end{bmatrix}$$

(검토) $\begin{bmatrix} 1 & 1 & 1 & 1 \\ 1 & 1 & 1 & 0 \\ 1 & 1 & 0 & 0 \\ 1 & 0 & 0 & 0 \end{bmatrix}\begin{bmatrix} 0 & 0 & 0 & 1 \\ 0 & 0 & 1 & -1 \\ 0 & 1 & -1 & 0 \\ 1 & -1 & 0 & 0 \end{bmatrix}$

$= \begin{bmatrix} 1 & 0 & 0 & 0 \\ 0 & 1 & 0 & 0 \\ 0 & 0 & 1 & 0 \\ 0 & 0 & 0 & 1 \end{bmatrix}$

4. (1) 계수행렬을 A라 하면

$$A = \begin{bmatrix} 1 & 1 & 1 \\ 1 & 2 & 3 \\ 2 & -1 & -3 \end{bmatrix}$$

A^{-1}을 구하면

$\left[\begin{array}{ccc|ccc} 1 & 1 & 1 & 1 & 0 & 0 \\ 1 & 2 & 3 & 0 & 1 & 0 \\ 2 & -1 & -3 & 0 & 0 & 1 \end{array}\right]$ $R_2 + R_1 \times (-1) \to R_2$, $R_3 + R_1 \times (-2) \to R_3$

$\left[\begin{array}{ccc|ccc} 1 & 1 & 1 & 1 & 0 & 0 \\ 0 & 1 & 2 & -1 & 1 & 0 \\ 0 & -3 & -5 & -2 & 0 & 1 \end{array}\right]$ $R_1 + R_2 \times (-1) \to R_1$, $R_3 + R_2 \times 3 \to R_3$

$\left[\begin{array}{ccc|ccc} 1 & 0 & -1 & 2 & -1 & 0 \\ 0 & 1 & 2 & -1 & 1 & 0 \\ 0 & 0 & 1 & -5 & 3 & 1 \end{array}\right]$ $R_1 + R_3 \to R_1$, $R_2 + R_3 \times (-2) \to R_2$

$\left[\begin{array}{ccc|ccc} 1 & 0 & 0 & -3 & 2 & 1 \\ 0 & 1 & 0 & 9 & -5 & -2 \\ 0 & 0 & 1 & -5 & 3 & 1 \end{array}\right]$

$\therefore A^{-1} = \begin{bmatrix} -3 & 2 & 1 \\ 9 & -5 & -2 \\ -5 & 3 & 1 \end{bmatrix}$

$X = A^{-1}B$에서

$$X = \begin{bmatrix} x_1 \\ x_2 \\ x_3 \end{bmatrix} = \begin{bmatrix} -3 & 2 & 1 \\ 9 & -5 & -2 \\ -5 & 3 & 1 \end{bmatrix}\begin{bmatrix} 2 \\ 1 \\ 8 \end{bmatrix} = \begin{bmatrix} 4 \\ -3 \\ 1 \end{bmatrix}$$

즉, $x_1 = 4,\ x_2 = -3,\ x_3 = 1$

5. A가 가역이므로($I^t = I$이다)

$$AA^{-1} = A^{-1}A = I$$
$$(AA^{-1})^t = (A^{-1})^t A^t = I^t = I$$

또 $\quad (A^{-1}A)^t = A^t(A^{-1})^t = I^t = I$

즉, A^t도 가역이고

$$(A^t)^{-1} = (A^{-1})^t$$

03 행렬식

연습문제 3.1

1. (1) $\begin{vmatrix} 5 & -2 \\ 4 & 3 \end{vmatrix} = 5 \cdot 3 - (-2) \cdot 4 = 23$

$\begin{vmatrix} 3 & -6 \\ -4 & 5 \end{vmatrix} = 3 \cdot 5 - (-6)(-4) = -9$

$\begin{vmatrix} -3 & 2 \\ 6 & -4 \end{vmatrix} = (-3)(-4) - 2 \cdot 6 = 0$

$\begin{vmatrix} -1 & 4 \\ 3 & 2 \end{vmatrix} = -2 - 4 \cdot 3 = -14$

2. (1) $\begin{vmatrix} 2 & 5 & 1 \\ 0 & 3 & -2 \\ 4 & -1 & -3 \end{vmatrix}$

$= 2\begin{vmatrix} 3 & -2 \\ -1 & -3 \end{vmatrix} - 0\begin{vmatrix} 5 & 1 \\ -1 & -3 \end{vmatrix} + 4\begin{vmatrix} 5 & 1 \\ 3 & -2 \end{vmatrix}$

$= 2(-11) - 0(-14) + 4(-13) = -74$

(3) $\begin{vmatrix} 1 & 3 & -2 \\ 2 & 1 & 0 \\ 4 & -3 & 3 \end{vmatrix}$

$= (-2)\begin{vmatrix} 2 & 1 \\ 4 & -3 \end{vmatrix} - 0\begin{vmatrix} 1 & 3 \\ 4 & -3 \end{vmatrix} + 3\begin{vmatrix} 1 & 3 \\ 2 & 1 \end{vmatrix}$

$= (-2)(-10) - 0 + 3(-5) = 5$

(5) $\begin{vmatrix} 2 & 1 & 4 \\ 0 & -3 & -2 \\ 0 & 0 & 1 \end{vmatrix}$

$= 2\begin{vmatrix} -3 & -2 \\ 0 & 1 \end{vmatrix}$

$= 2 \times (-3) \times 1 = -6$

3. (1) $\begin{vmatrix} 2 & 1 & 3 & 5 \\ -1 & 3 & 4 & 2 \\ -3 & 7 & 1 & 6 \\ 4 & 2 & -1 & 8 \end{vmatrix}$

$= 2\begin{vmatrix} 3 & 4 & 2 \\ 7 & 1 & 6 \\ 2 & -1 & 8 \end{vmatrix} - 1\begin{vmatrix} -1 & 4 & 2 \\ -3 & 1 & 6 \\ 4 & -1 & 8 \end{vmatrix}$

$+ 3\begin{vmatrix} -1 & 3 & 2 \\ -3 & 7 & 6 \\ 4 & 2 & 8 \end{vmatrix} - 5\begin{vmatrix} -1 & 3 & 4 \\ -3 & 7 & 1 \\ 4 & 2 & -1 \end{vmatrix}$

여기서 3×3행렬식을 따로 계산하면

$\begin{vmatrix} 3 & 4 & 2 \\ 7 & 1 & 6 \\ 2 & -1 & 8 \end{vmatrix}$

$= 3\begin{vmatrix} 1 & 6 \\ -1 & 8 \end{vmatrix} - 4\begin{vmatrix} 7 & 6 \\ 2 & 8 \end{vmatrix} + 2\begin{vmatrix} 7 & 1 \\ 2 & -1 \end{vmatrix}$

$= 3(14) - 4(44) + 2(-9) = -152$

$\begin{vmatrix} -1 & 4 & 2 \\ -3 & 1 & 6 \\ 4 & -1 & 8 \end{vmatrix}$

$= -1\begin{vmatrix} 1 & 6 \\ -1 & 8 \end{vmatrix} - 4\begin{vmatrix} -3 & 6 \\ 4 & 8 \end{vmatrix} + 2\begin{vmatrix} -3 & 1 \\ 4 & -1 \end{vmatrix}$

$= (-1) \cdot (14) - 4(-48) + 2(-1) = 176$

$\begin{vmatrix} -1 & 3 & 2 \\ -3 & 7 & 6 \\ 4 & 2 & 8 \end{vmatrix}$

$= -1\begin{vmatrix} 7 & 6 \\ 2 & 8 \end{vmatrix} - 3\begin{vmatrix} -3 & 6 \\ 4 & 8 \end{vmatrix} + 2\begin{vmatrix} -3 & 7 \\ 4 & 2 \end{vmatrix}$

$= (-1)(44) - 3(-48) + 2(-34) = 32$

$\begin{vmatrix} -1 & 3 & 4 \\ -3 & 7 & 1 \\ 4 & 2 & -1 \end{vmatrix}$

$= -1\begin{vmatrix} 7 & 1 \\ 2 & -1 \end{vmatrix} - 3\begin{vmatrix} -3 & 1 \\ 4 & -1 \end{vmatrix} + 4\begin{vmatrix} -3 & 7 \\ 4 & 2 \end{vmatrix}$

$= (-1)(-9) - 3(-1) + 4(-34) = -124$

따라서 구하는 4×4행렬식은

$$2(-152) - 1 \cdot (176) + 3(32) - 5(-124)$$
$$= 236$$

(3) 1열에 대하여 행렬식을 여인수전개를 하자.

$\begin{vmatrix} -4 & -1 & 0 & -3 \\ 0 & 2 & 5 & 4 \\ 0 & 0 & -2 & 7 \\ 0 & 0 & 0 & 3 \end{vmatrix}$

$= -4\begin{vmatrix} 2 & 5 & 4 \\ 0 & -2 & 7 \\ 0 & 0 & 3 \end{vmatrix} + 0 + 0 + 0$

$= -4 \cdot 2\begin{vmatrix} -2 & 7 \\ 0 & 3 \end{vmatrix}$

$= (-4)(2)(-2)(3) = 48$

연습문제 3.2

1. (1) $\begin{vmatrix} 9 & 6 \\ 1 & 3 \end{vmatrix} = 3\begin{vmatrix} 3 & 2 \\ 1 & 3 \end{vmatrix} = 3(3\cdot 3 - 2\cdot 1) = 21$

(3) $\begin{vmatrix} -2 & 0 \\ -3 & 0 \end{vmatrix} = 0$

3. (1) 3행에 대하여 여인수전개를 한다.

$$\begin{vmatrix} -3 & 1 & 2 \\ 2 & 6 & 5 \\ -3 & 0 & 0 \end{vmatrix} = (-3)\begin{vmatrix} 1 & 2 \\ 6 & 5 \end{vmatrix}$$

$$= (-3)(-7) = 21$$

(3) 2행에 대하여 여인수전개를 한다.

$$\begin{vmatrix} 4 & 3 & 5 \\ -3 & 0 & -7 \\ 1 & -2 & -1 \end{vmatrix}$$

$$= -(-3)\begin{vmatrix} 3 & 5 \\ -2 & -1 \end{vmatrix} - (-7)\begin{vmatrix} 4 & 3 \\ 1 & -2 \end{vmatrix}$$

$$= 3(7) + 7(-11) = -56$$

(5) 2열에 대하여 여인수전개를 한다.

$$\begin{vmatrix} 1 & -2 & 1 & 3 \\ 0 & 0 & 5 & 2 \\ 3 & -3 & 4 & 1 \\ 2 & 0 & -2 & -3 \end{vmatrix}$$

$$= (-1)^{1+2}(-2)\begin{vmatrix} 0 & 5 & 2 \\ 3 & 4 & 1 \\ 2 & -2 & -3 \end{vmatrix}$$

$$+ (-1)^{3+2}(-3)\begin{vmatrix} 1 & 1 & 3 \\ 0 & 5 & 2 \\ 2 & -2 & -3 \end{vmatrix}$$

$$= 2\left\{-3\begin{vmatrix} 5 & 2 \\ -2 & -3 \end{vmatrix} + 2\begin{vmatrix} 5 & 2 \\ 4 & 1 \end{vmatrix}\right\}$$

$$+ 3\left\{1\begin{vmatrix} 5 & 2 \\ -2 & -3 \end{vmatrix} + 2\begin{vmatrix} 1 & 3 \\ 5 & 2 \end{vmatrix}\right\}$$

$$= 2\{(-3)(-11) + 2(-3)\}$$

$$+ 3\{(-11) + 2(-13)\}$$

$$= -81$$

(7) $\begin{vmatrix} 2 & 1 & 3 & 0 & 0 \\ 4 & 3 & 5 & 0 & 0 \\ -2 & -1 & 4 & 0 & 0 \\ 0 & 0 & 0 & -3 & 2 \\ 0 & 0 & 0 & 5 & -4 \end{vmatrix}$

(5열에 대하여 여인수전개를 한다.)

$$= -2\begin{vmatrix} 2 & 1 & 3 & 0 \\ 4 & 3 & 5 & 0 \\ -2 & -1 & 4 & 0 \\ 0 & 0 & 0 & 5 \end{vmatrix}$$

$$+ (-4)\begin{vmatrix} 2 & 1 & 3 & 0 \\ 4 & 3 & 5 & 0 \\ -2 & -1 & 4 & 0 \\ 0 & 0 & 0 & -3 \end{vmatrix}$$

$$= -2\left\{5\begin{vmatrix} 2 & 1 & 3 \\ 4 & 3 & 5 \\ -2 & -1 & 4 \end{vmatrix}\right\}$$

$$+ (-4)\left\{(-3)\begin{vmatrix} 2 & 1 & 3 \\ 4 & 3 & 5 \\ -2 & -1 & 4 \end{vmatrix}\right\}$$

$$= \{(-2)(5) + (-4)(-3)\}\begin{vmatrix} 2 & 1 & 3 \\ 4 & 3 & 5 \\ -2 & -1 & 4 \end{vmatrix}$$

여기서

$$\begin{vmatrix} 2 & 1 & 3 \\ 4 & 3 & 5 \\ -2 & -1 & 4 \end{vmatrix}$$

(1행에 대하여 여인수전개를 한다.)

$$= 2\begin{vmatrix} 3 & 5 \\ -1 & 4 \end{vmatrix} - 1\begin{vmatrix} 4 & 5 \\ -2 & 4 \end{vmatrix} + 3\begin{vmatrix} 4 & 3 \\ -2 & -1 \end{vmatrix}$$

$$= 2(17) - (26) + 3(2) = 14$$

따라서 구하는 행렬식의 값은

$$\{(-2)5 + (-4)(-3)\}\cdot 14 = 28$$

(9) $\begin{vmatrix} 0 & d & 0 & 0 & 0 \\ 0 & 0 & b & 0 & 0 \\ a & 0 & 0 & 0 & 0 \\ 0 & 0 & 0 & 0 & c \\ 0 & 0 & 0 & e & 0 \end{vmatrix}$ $R_1 \rightleftarrows R_3$

$$= (-1)\begin{vmatrix} a & 0 & 0 & 0 & 0 \\ 0 & 0 & b & 0 & 0 \\ 0 & d & 0 & 0 & 0 \\ 0 & 0 & 0 & 0 & c \\ 0 & 0 & 0 & e & 0 \end{vmatrix} \quad R_2 \rightleftarrows R_3$$

$$=(-1)(-1)\begin{vmatrix} a & 0 & 0 & 0 & 0 \\ 0 & d & 0 & 0 & 0 \\ 0 & 0 & b & 0 & 0 \\ 0 & 0 & 0 & 0 & c \\ 0 & 0 & 0 & e & 0 \end{vmatrix} \quad R_4 \rightleftarrows R_5$$

$$=(-1)(-1)(-1)\begin{vmatrix} a & 0 & 0 & 0 & 0 \\ 0 & d & 0 & 0 & 0 \\ 0 & 0 & b & 0 & 0 \\ 0 & 0 & 0 & e & 0 \\ 0 & 0 & 0 & 0 & c \end{vmatrix}$$

$$=-abcde$$

4. (1) $\begin{vmatrix} a_{13} & a_{12} & a_{11} \\ a_{23} & a_{22} & a_{21} \\ a_{33} & a_{32} & a_{31} \end{vmatrix}$ (1열과 3열을 바꾼다.)

$$=(-1)\begin{vmatrix} a_{11} & a_{12} & a_{13} \\ a_{21} & a_{22} & a_{23} \\ a_{31} & a_{32} & a_{33} \end{vmatrix}=-t$$

(3) $\begin{vmatrix} 4a_{31} & 4a_{32} & 4a_{33} \\ a_{21} & a_{22} & a_{23} \\ a_{11} & a_{12} & a_{13} \end{vmatrix} \quad R_1 \rightleftarrows R_3$

$$=(-1)\begin{vmatrix} a_{11} & a_{12} & a_{13} \\ a_{21} & a_{22} & a_{23} \\ 4a_{31} & 4a_{32} & 4a_{33} \end{vmatrix}$$

$$=(-)\cdot 4\begin{vmatrix} a_{11} & a_{12} & a_{13} \\ a_{21} & a_{22} & a_{23} \\ a_{31} & a_{32} & a_{33} \end{vmatrix}$$

$$=-4t$$

(5) $\begin{vmatrix} a_{12} & a_{11} & a_{13}-2a_{11} \\ a_{22} & a_{21} & a_{23}-2a_{21} \\ a_{32} & a_{31} & a_{33}-2a_{31} \end{vmatrix}$ (1열과 2열을 바꾼다.)

$$=(-1)\begin{vmatrix} a_{11} & a_{12} & a_{13}-2a_{11} \\ a_{21} & a_{22} & a_{23}-2a_{21} \\ a_{31} & a_{32} & a_{33}-2a_{31} \end{vmatrix}$$

(3열)+(1열)×2 → (3열)

$$=(-1)\begin{vmatrix} a_{11} & a_{12} & a_{13} \\ a_{21} & a_{22} & a_{23} \\ a_{31} & a_{32} & a_{33} \end{vmatrix}$$

$$=-t$$

(7) $\begin{vmatrix} a_{31} & a_{32} & a_{33} \\ 3a_{21}-4a_{11} & 3a_{22}-4a_{12} & 3a_{23}-4a_{13} \\ a_{11} & a_{12} & a_{13} \end{vmatrix}$

$R_1 \rightleftarrows R_3$

$$=(-1)\begin{vmatrix} a_{11} & a_{12} & a_{13} \\ 3a_{21}-4a_{11} & 3a_{22}-4a_{12} & 3a_{23}-4a_{13} \\ a_{31} & a_{32} & a_{33} \end{vmatrix}$$

$R_2+4R_1 \rightarrow R_2$

$$=(-1)\begin{vmatrix} a_{11} & a_{12} & a_{13} \\ 3a_{21} & 3a_{22} & 3a_{23} \\ a_{31} & a_{32} & a_{33} \end{vmatrix}$$

$$=(-1)\cdot 3\begin{vmatrix} a_{11} & a_{12} & a_{13} \\ a_{21} & a_{22} & a_{23} \\ a_{31} & a_{32} & a_{33} \end{vmatrix}$$

$$=-3t$$

5. 2×2행렬 $A=\begin{bmatrix} a_{11} & a_{12} \\ a_{21} & a_{22} \end{bmatrix}$에 대하여

$$|A|=\begin{vmatrix} a_{11} & a_{12} \\ a_{21} & a_{22} \end{vmatrix}=a_{11}a_{22}-a_{12}a_{21}$$

$$|A^t|=\begin{vmatrix} a_{11} & a_{21} \\ a_{12} & a_{22} \end{vmatrix}=a_{11}a_{22}-a_{21}a_{12}$$

$$\therefore \det A=\det A^t$$

이제 $(n-1)\times(n-1)$ 행렬에 대하여 이 정리(문제 5)가 성립한다고 가정하고 $n\times n$ 행렬에 대하여도 성립하는지를 밝히면 된다.

$A^t=B$라 하자. 즉

$$|A|=\begin{vmatrix} a_{11} & a_{12} & \cdots & a_{1n} \\ a_{21} & a_{22} & \cdots & a_{2n} \\ \vdots & \vdots & & \vdots \\ a_{n1} & a_{n2} & \cdots & a_{nn} \end{vmatrix},$$

$$|B|=\begin{vmatrix} a_{11} & a_{21} & \cdots & a_{n1} \\ a_{12} & a_{22} & \cdots & a_{n2} \\ \vdots & \vdots & & \vdots \\ a_{1n} & a_{2n} & \cdots & a_{nn} \end{vmatrix}$$

$|A|$는 1행, $|B|$는 1열에 대하여 여인수전개를 하면

$$|A|=a_{11}A_{11}+a_{12}A_{12}+a_{13}A_{13}+\cdots+a_{1n}A_{1n}$$
$$|B|=a_{11}B_{11}+a_{12}B_{21}+a_{13}B_{31}+\cdots+a_{1n}B_{n1}$$

여기서 $\begin{matrix} A_{1k}=(-1)^{1+k}|M_{1k}| \\ B_{k1}=(-1)^{k+1}|N_{k1}| \end{matrix}$ $\cdots$ ①

과 같이 행렬식 $|A|$, $|B|$의 여인수를 소행렬식 $|M_{1k}|$, $|N_{k1}|$으로 나타낼 수 있다.

이때,

$$|M_{1k}|=\begin{vmatrix} a_{21} & a_{22} & a_{23} & \cdots & a_{2n} \\ a_{31} & a_{32} & a_{33} & \cdots & a_{3n} \\ a_{41} & a_{42} & a_{43} & \cdots & a_{4n} \\ \vdots & \vdots & \vdots & & \vdots \\ a_{n1} & a_{n2} & a_{n3} & \cdots & a_{nn} \end{vmatrix}$$

$$|N_{k1}|=\begin{vmatrix} a_{21} & a_{31} & a_{41} & \cdots & a_{n1} \\ a_{22} & a_{32} & a_{42} & \cdots & a_{n2} \\ a_{23} & a_{33} & a_{43} & \cdots & a_{n3} \\ \vdots & \vdots & \vdots & & \vdots \\ a_{2n} & a_{3n} & a_{4n} & \cdots & a_{nn} \end{vmatrix}$$

으로 $M_{1k}=N_{k1}^t$ 이다.

M_{1k}, N_{k1}^t 은 $(n-1)\times(n-1)$ 행렬이므로 가정에 따라

$$|M_{1k}|=|N_{k1}^t|=|N_{k1}| \qquad \cdots ②$$

①과 ②에서 $A_{1k}=B_{k1}$

즉, $|A|=|B|=|A^t|$

7. (1) $\begin{vmatrix} 1 & x_1 & x_1^2 \\ 1 & x_2 & x_2^2 \\ 1 & x_3 & x_3^2 \end{vmatrix}$(1열에 대하여 여인수전개를 한다.)

$=\begin{vmatrix} x_2 & x_2^2 \\ x_3 & x_3^2 \end{vmatrix}-\begin{vmatrix} x_1 & x_1^2 \\ x_3 & x_3^2 \end{vmatrix}+\begin{vmatrix} x_1 & x_1^2 \\ x_2 & x_2^2 \end{vmatrix}$

$=x_2x_3^2-x_2^2x_3-x_1x_3^2+x_1^2x_3+x_1x_2^2-x_1^2x_2$

$=x_1x_2(x_2-x_1)-x_3(x_2^2-x_1^2)+x_3^2(x_2-x_1)$

$=(x_2-x_1)\{x_1x_2-x_3(x_2+x_1)+x_3^2\}$

$=(x_2-x_1)(x_1x_2-x_3x_2-x_3x_1+x_3^2)$

$=(x_2-x_1)\{-x_2(x_3-x_1)+x_3(x_3-x_1)\}$

$=(x_2-x_1)(x_3-x_1)(x_3-x_2)$

(3) (1), (2)의 결과에 의하여 일반적으로 다음과 같이 나타낼 수 있다.

$$i=1,\ 2,\ 3,\ \cdots,\ n$$

$$j=1,\ 2,\ 3,\ \cdots,\ n$$

에 대하여 주어진 행렬식은

$$\prod_{i<j}(x_j-x_i)$$

연습문제 3.3

1. (1) $A=\begin{bmatrix} 2 & -5 \\ 3 & 4 \end{bmatrix}$

$A_{11}=(-1)^{1+1}\cdot 4=4,$

$A_{12}=(-1)^{1+2}\cdot 3=-3,$

$A_{21}=(-1)^{2+1}(-5)=5,$

$A_{22}=(-1)^{2+2}\cdot 2=2$

$\therefore$ A의 여인수행렬은 $\begin{bmatrix} 4 & -3 \\ 5 & 2 \end{bmatrix}$

$\therefore$ A의 수반행렬은

$$adj\,A=\begin{bmatrix} 4 & -3 \\ 5 & 2 \end{bmatrix}^t=\begin{bmatrix} 4 & 5 \\ -3 & 2 \end{bmatrix}$$

(3) C의 여인수행렬은 직접 계산하자.

$$C=\begin{bmatrix} -1 & 0 & 4 \\ 2 & 3 & 5 \\ -3 & -2 & 1 \end{bmatrix}$$

$\therefore$ C의 여인수행렬은

$$\begin{bmatrix} \begin{vmatrix} 3 & 5 \\ -2 & 1 \end{vmatrix} & -\begin{vmatrix} 2 & 5 \\ -3 & 1 \end{vmatrix} & \begin{vmatrix} 2 & 3 \\ -3 & -2 \end{vmatrix} \\ -\begin{vmatrix} 0 & 4 \\ -2 & 1 \end{vmatrix} & \begin{vmatrix} -1 & 4 \\ -3 & 1 \end{vmatrix} & -\begin{vmatrix} -1 & 0 \\ -3 & -2 \end{vmatrix} \\ \begin{vmatrix} 0 & 4 \\ 3 & 5 \end{vmatrix} & -\begin{vmatrix} -1 & 4 \\ 2 & 5 \end{vmatrix} & \begin{vmatrix} -1 & 0 \\ 2 & 3 \end{vmatrix} \end{bmatrix}$$

$$=\begin{bmatrix} 13 & -17 & 5 \\ 8 & 11 & -2 \\ -12 & 13 & -3 \end{bmatrix}$$

$$\therefore\ adj\,C=\begin{bmatrix} 13 & -17 & 5 \\ 8 & 11 & -2 \\ -12 & 13 & -3 \end{bmatrix}^t$$

$$=\begin{bmatrix} 13 & 8 & -12 \\ -17 & 11 & 13 \\ 5 & -2 & -3 \end{bmatrix}$$

2. (1) $A=\begin{bmatrix}1 & -4\\ 2 & -7\end{bmatrix}$이라 하면

$$A^{-1}=\frac{1}{\det A}adj\,A$$

$$=\frac{1}{-7+8}\begin{bmatrix}-7 & -2\\ 4 & 1\end{bmatrix}^t$$

$$=\begin{bmatrix}-7 & 4\\ -2 & 1\end{bmatrix}$$

(검토) $\begin{bmatrix}1 & -4\\ 2 & -7\end{bmatrix}\begin{bmatrix}-7 & 4\\ -2 & 1\end{bmatrix}=\begin{bmatrix}1 & 0\\ 0 & 1\end{bmatrix}$

(3) $A=\begin{bmatrix}0 & 1\\ 2 & 3\end{bmatrix}$이라 하면

$$A^{-1}=\frac{1}{\det A}adj\,A$$

$$=\frac{1}{0-2}\begin{bmatrix}3 & -2\\ -1 & 0\end{bmatrix}^t$$

$$=-\frac{1}{2}\begin{bmatrix}3 & -1\\ -2 & 0\end{bmatrix}$$

(검토) $\begin{bmatrix}0 & 1\\ 2 & 3\end{bmatrix}\times\left(-\frac{1}{2}\right)\begin{bmatrix}3 & -1\\ -2 & 0\end{bmatrix}=\begin{bmatrix}1 & 0\\ 0 & 1\end{bmatrix}$

(5) $A=\begin{bmatrix}3 & -3 & -1\\ 6 & -5 & -3\\ -2 & 2 & 1\end{bmatrix}$이라 하면

$A^{-1}=\frac{1}{\det A}adj\,A$에서

$$\det A=\begin{vmatrix}3 & -3 & -1\\ 6 & -5 & -3\\ -2 & 2 & 1\end{vmatrix}$$

$$=3\begin{vmatrix}-5 & -3\\ 2 & 1\end{vmatrix}-(-3)\begin{vmatrix}6 & -3\\ -2 & 1\end{vmatrix}$$

$$+(-1)\begin{vmatrix}6 & -5\\ -2 & 2\end{vmatrix}$$

$$=1$$

$$adj\,A=\begin{bmatrix}\begin{vmatrix}-5 & -3\\ 2 & 1\end{vmatrix} & -\begin{vmatrix}6 & -3\\ -2 & 1\end{vmatrix} & \begin{vmatrix}6 & -5\\ -2 & 2\end{vmatrix}\\ -\begin{vmatrix}-3 & -1\\ 2 & 1\end{vmatrix} & \begin{vmatrix}3 & -1\\ -2 & 1\end{vmatrix} & -\begin{vmatrix}3 & -3\\ -2 & 2\end{vmatrix}\\ \begin{vmatrix}-3 & -1\\ -5 & -3\end{vmatrix} & -\begin{vmatrix}3 & -1\\ 6 & -3\end{vmatrix} & \begin{vmatrix}3 & -3\\ 6 & -5\end{vmatrix}\end{bmatrix}^t$$

$$=\begin{bmatrix}1 & 0 & 2\\ 1 & 1 & 0\\ 4 & 3 & 3\end{bmatrix}^t=\begin{bmatrix}1 & 1 & 4\\ 0 & 1 & 3\\ 2 & 0 & 3\end{bmatrix}$$

$$\therefore\ A^{-1}=\frac{1}{1}\begin{bmatrix}1 & 1 & 4\\ 0 & 1 & 3\\ 2 & 0 & 3\end{bmatrix}=\begin{bmatrix}1 & 1 & 4\\ 0 & 1 & 3\\ 2 & 0 & 3\end{bmatrix}$$

(검토) $AA^{-1}=\begin{bmatrix}3 & -3 & -1\\ 6 & -5 & -3\\ -2 & 2 & 1\end{bmatrix}\begin{bmatrix}1 & 1 & 4\\ 0 & 1 & 3\\ 2 & 0 & 3\end{bmatrix}$

$$=\begin{bmatrix}1 & 0 & 0\\ 0 & 1 & 0\\ 0 & 0 & 1\end{bmatrix}=I$$

(7) $A=\begin{bmatrix}1 & -2 & 1 & 1\\ 2 & 0 & -1 & 0\\ -1 & 1 & 2 & -1\\ -1 & 0 & 2 & 0\end{bmatrix}$이라 하면 2열에 대하여 여인수전개를 한다.

$$\det A=\begin{vmatrix}1 & -2 & 1 & 1\\ 2 & 0 & -1 & 0\\ -1 & 1 & 2 & -1\\ -1 & 0 & 2 & 0\end{vmatrix}$$

$$=-2\begin{vmatrix}-2 & 1 & 1\\ 1 & 2 & -1\\ 0 & 2 & 0\end{vmatrix}-(-1)\begin{vmatrix}1 & -2 & 1\\ -1 & 1 & -2\\ -1 & 0 & 0\end{vmatrix}$$

$$=(-2)(-2)\begin{vmatrix}-2 & 1\\ 1 & -1\end{vmatrix}-(-1)(-1)\begin{vmatrix}-2 & 1\\ 1 & -1\end{vmatrix}$$

$$=4-1=3$$

여인수 $A_{ij}=(-1)^{i+j}|M_{ij}|$를 구하면

$$A_{11}=\begin{vmatrix}0 & -1 & 0\\ 1 & 2 & -1\\ 0 & 2 & 0\end{vmatrix}=0$$

$$A_{12}=-\begin{vmatrix}2 & -1 & 0\\ -1 & 2 & -1\\ -1 & 2 & 0\end{vmatrix}$$

$$=-\left\{-(-1)\begin{vmatrix}2 & -1\\ -1 & 2\end{vmatrix}\right\}=-3$$

$$A_{13}=\begin{vmatrix}2 & 0 & 0\\ -1 & 1 & -1\\ -1 & 0 & 0\end{vmatrix}=0$$

$$A_{14}=-\begin{vmatrix}2 & 0 & -1\\ -1 & 1 & 2\\ -1 & 0 & 2\end{vmatrix}$$

$$=-\left\{1\begin{vmatrix}2 & -1\\ -1 & 2\end{vmatrix}\right\}=-3$$

같은 방법으로 계산하면

$A_{21}=2,\ A_{22}=3,\ A_{23}=1,\ A_{24}=3$

$A_{31}=0,\ A_{32}=-3,\ A_{33}=0,\ A_{34}=-6$

$A_{41}=1,\ A_{42}=6,\ A_{43}=2,\ A_{44}=9$

$$\therefore adj\,A=\begin{bmatrix} 0 & -3 & 0 & -3 \\ 2 & 3 & 1 & 3 \\ 0 & -3 & 0 & -6 \\ 1 & 6 & 2 & 9 \end{bmatrix}^t$$

$$=\begin{bmatrix} 0 & 2 & 0 & 1 \\ -3 & 3 & -3 & 6 \\ 0 & 1 & 0 & 2 \\ -3 & 3 & -6 & 9 \end{bmatrix}$$

$$\therefore A^{-1}=\frac{1}{\det A}adj\,A$$

$$=\frac{1}{3}\begin{bmatrix} 0 & 2 & 0 & 1 \\ -3 & 3 & -3 & 6 \\ 0 & 1 & 0 & 2 \\ -3 & 3 & -6 & 9 \end{bmatrix}$$

(검토) $A^{-1}A$

$$=\frac{1}{3}\begin{bmatrix} 0 & 2 & 0 & 1 \\ -3 & 3 & -3 & 6 \\ 0 & 1 & 0 & 2 \\ -3 & 3 & -6 & 9 \end{bmatrix}\begin{bmatrix} 1 & -2 & 1 & 1 \\ 2 & 0 & -1 & 0 \\ -1 & 1 & 2 & -1 \\ -1 & 0 & 2 & 0 \end{bmatrix}$$

$$=\begin{bmatrix} 1 & 0 & 0 & 0 \\ 0 & 1 & 0 & 0 \\ 0 & 0 & 1 & 0 \\ 0 & 0 & 0 & 1 \end{bmatrix}=I$$

3. (1) $\begin{cases} 2x_1-3x_2=4 \\ x_1+2x_2=-5 \end{cases}$

$$x_1=\frac{|A_1|}{|A|}=\frac{\begin{vmatrix} 4 & -3 \\ -5 & 2 \end{vmatrix}}{\begin{vmatrix} 2 & -3 \\ 1 & 2 \end{vmatrix}}=\frac{8-15}{4-(-3)}$$

$$=\frac{-7}{7}=-1$$

$$x_2=\frac{|A_2|}{|A|}=\frac{\begin{vmatrix} 2 & 4 \\ 1 & -5 \end{vmatrix}}{\begin{vmatrix} 2 & -3 \\ 1 & 2 \end{vmatrix}}=\frac{-10-4}{4-(-3)}$$

$$=\frac{-14}{7}=-2$$

$\therefore x_1=1,\ x_2=-2$

(3) $\begin{cases} x_1+2x_2+3x_3=1 \\ 3x_1+x_2+2x_3=0 \\ 2x_1+3x_2+x_3=5 \end{cases}$

계수행렬을 A, 미지수행렬을 X, 상수항의 행렬을 B라 하면

$$\begin{bmatrix} 1 & 2 & 3 \\ 3 & 1 & 2 \\ 2 & 3 & 1 \end{bmatrix}\begin{bmatrix} x_1 \\ x_2 \\ x_3 \end{bmatrix}=\begin{bmatrix} 1 \\ 0 \\ 5 \end{bmatrix}$$

$$AX=B$$

여기서

$$x_1=\frac{|A_1|}{|A|},\ x_2=\frac{|A_2|}{|A|},\ x_3=\frac{|A_3|}{|A|}$$

이므로

$$|A|=\begin{vmatrix} 1 & 2 & 3 \\ 3 & 1 & 2 \\ 2 & 3 & 1 \end{vmatrix}$$

$$=\begin{vmatrix} 1 & 2 \\ 3 & 1 \end{vmatrix}-2\begin{vmatrix} 3 & 2 \\ 2 & 1 \end{vmatrix}+3\begin{vmatrix} 3 & 1 \\ 2 & 3 \end{vmatrix}$$

$$=-5+2+21=18$$

$$|A_1|=\begin{vmatrix} 1 & 2 & 3 \\ 0 & 1 & 2 \\ 5 & 3 & 1 \end{vmatrix}$$

$$=\begin{vmatrix} 1 & 2 \\ 3 & 1 \end{vmatrix}+5\begin{vmatrix} 2 & 3 \\ 1 & 2 \end{vmatrix}=-5+5=0$$

$$|A_2|=\begin{vmatrix} 1 & 1 & 3 \\ 3 & 0 & 2 \\ 2 & 5 & 1 \end{vmatrix}$$

$$=-\begin{vmatrix} 3 & 2 \\ 2 & 1 \end{vmatrix}-5\begin{vmatrix} 1 & 3 \\ 3 & 2 \end{vmatrix}=1+35=36$$

$$|A_3|=\begin{vmatrix} 1 & 2 & 1 \\ 3 & 1 & 0 \\ 2 & 3 & 5 \end{vmatrix}$$

$$=\begin{vmatrix} 3 & 1 \\ 2 & 3 \end{vmatrix}+5\begin{vmatrix} 1 & 2 \\ 3 & 1 \end{vmatrix}=7-25=-18$$

$$\therefore x_1=\frac{0}{18}=0,\ x_2=\frac{36}{18}=2,\ x_3=-\frac{18}{18}=-1$$

즉, $x_1=0,\ x_2=2,\ x_3=-1$

(5) $|A| = \begin{vmatrix} 1 & 0 & 0 & -1 \\ 0 & 3 & 1 & 0 \\ 0 & 0 & 2 & 3 \\ 3 & -1 & 0 & 0 \end{vmatrix}$

$= \begin{vmatrix} 3 & 1 & 0 \\ 0 & 2 & 3 \\ -1 & 0 & 0 \end{vmatrix} - (-1)\begin{vmatrix} 0 & 3 & 1 \\ 0 & 0 & 2 \\ 3 & -1 & 0 \end{vmatrix}$

$= (-1)\begin{vmatrix} 1 & 0 \\ 2 & 3 \end{vmatrix} - (-1)3\begin{vmatrix} 3 & 1 \\ 0 & 2 \end{vmatrix}$

$= -3 + 18 = 15$

$|A_1| = \begin{vmatrix} -3 & 0 & 0 & -1 \\ 1 & 3 & 1 & 0 \\ 2 & 0 & 2 & 3 \\ -4 & -1 & 0 & 0 \end{vmatrix}$

$= -3\begin{vmatrix} 3 & 1 & 0 \\ 0 & 2 & 3 \\ -1 & 0 & 0 \end{vmatrix} - (-1)\begin{vmatrix} 1 & 3 & 1 \\ 2 & 0 & 2 \\ -4 & -1 & 0 \end{vmatrix}$

$= (-3)(-1)\begin{vmatrix} 1 & 0 \\ 2 & 3 \end{vmatrix} + (-2)\begin{vmatrix} 3 & 1 \\ -1 & 0 \end{vmatrix}$

$-2\begin{vmatrix} 1 & 3 \\ -4 & -1 \end{vmatrix}$

$= 3 \times 3 - 2 - 22 = -24 + 9 = -15$

$|A_2| = \begin{vmatrix} 1 & -3 & 0 & -1 \\ 0 & 1 & 1 & 0 \\ 0 & 2 & 2 & 3 \\ 3 & -4 & 0 & 0 \end{vmatrix}$

$= \begin{vmatrix} 1 & 1 & 0 \\ 2 & 2 & 3 \\ -4 & 0 & 0 \end{vmatrix} - 3\begin{vmatrix} -3 & 0 & -1 \\ 1 & 1 & 0 \\ 2 & 2 & 3 \end{vmatrix}$

$= -4\begin{vmatrix} 1 & 0 \\ 2 & 3 \end{vmatrix} - 3\left(-3\begin{vmatrix} 1 & 0 \\ 2 & 3 \end{vmatrix} - \begin{vmatrix} 1 & 1 \\ 2 & 2 \end{vmatrix}\right)$

$= -4 \cdot 3 + 9 \cdot 3 = -12 + 27 = 15$

$|A_3| = \begin{vmatrix} 1 & 0 & -3 & -1 \\ 0 & 3 & 1 & 0 \\ 0 & 0 & 2 & 3 \\ 3 & -1 & -4 & 0 \end{vmatrix}$

$= \begin{vmatrix} 3 & 1 & 0 \\ 0 & 2 & 3 \\ -1 & -4 & 0 \end{vmatrix} - 3\begin{vmatrix} 0 & -3 & -1 \\ 3 & 1 & 0 \\ 0 & 2 & 3 \end{vmatrix}$

$= -3\begin{vmatrix} 3 & 1 \\ -1 & -4 \end{vmatrix} - 3\left(-3\begin{vmatrix} -3 & -1 \\ 2 & 3 \end{vmatrix}\right)$

$= -3 \cdot (-11) + 9 \cdot (-7)$

$= 33 - 63 = -30$

$|A_4| = \begin{vmatrix} 1 & 0 & 0 & -3 \\ 0 & 3 & 1 & 1 \\ 0 & 0 & 2 & 2 \\ 3 & -1 & 0 & -4 \end{vmatrix}$

$= \begin{vmatrix} 3 & 1 & 1 \\ 0 & 2 & 2 \\ -1 & 0 & -4 \end{vmatrix} - 3\begin{vmatrix} 0 & 0 & -3 \\ 3 & 1 & 1 \\ 0 & 2 & 2 \end{vmatrix}$

$= 3\begin{vmatrix} 2 & 2 \\ 0 & -4 \end{vmatrix} - \begin{vmatrix} 1 & 1 \\ 2 & 2 \end{vmatrix} - 3(-3)\begin{vmatrix} 0 & -3 \\ 2 & 2 \end{vmatrix}$

$= -24 + 9 \cdot 6 = -24 + 54 = 30$

그러므로

$$x_1 = \frac{|A_1|}{|A|} = -1,\ x_2 = \frac{|A_2|}{|A|} = 1$$

$$x_3 = \frac{|A_3|}{|A|} = -2,\ x_4 = \frac{|A_4|}{|A|} = 2$$

즉, $x_1 = -1,\ x_2 = 1,\ x_3 = -2,\ x_4 = 2$

4. (1) $a_{i1}A_{j1} + a_{i2}A_{j2} + \cdots + a_{in}A_{jn}$,

또는 $a_{1i}A_{1j} + a_{2i}A_{2j} + \cdots + a_{ni}A_{nj}$

에서 $i = j$이면 $\det A$이고 $i \neq j$이면 0이므로

$A(adj\,A)$

$= \begin{bmatrix} a_{11} & a_{12} & \cdots & a_{1n} \\ a_{21} & a_{22} & \cdots & a_{2n} \\ \vdots & \vdots & & \vdots \\ a_{n1} & a_{n2} & \cdots & a_{nn} \end{bmatrix}\begin{bmatrix} A_{11} & A_{21} & \cdots & A_{n1} \\ A_{12} & A_{22} & \cdots & A_{n2} \\ \vdots & \vdots & & \vdots \\ A_{1n} & A_{2n} & \cdots & A_{nn} \end{bmatrix}$

$= \begin{bmatrix} \det A & 0 & \cdots & 0 \\ 0 & \det A & \cdots & 0 \\ \vdots & \vdots & & \vdots \\ 0 & 0 & \cdots & \det A \end{bmatrix}$

$= (\det A)\, I_n$

같은 이치로

$(adj\,A)A$

$= \begin{bmatrix} A_{11} & A_{21} & \cdots & A_{n1} \\ A_{12} & A_{22} & \cdots & A_{n2} \\ \vdots & \vdots & & \vdots \\ A_{1n} & A_{2n} & \cdots & A_{nn} \end{bmatrix}\begin{bmatrix} a_{11} & a_{12} & \cdots & a_{1n} \\ a_{21} & a_{22} & \cdots & a_{2n} \\ \vdots & \vdots & & \vdots \\ a_{n1} & a_{n2} & \cdots & a_{nn} \end{bmatrix}$

$$=\begin{bmatrix} \det A & 0 & \cdots & 0 \\ 0 & \det A & \cdots & 0 \\ \vdots & \vdots & & \vdots \\ 0 & 0 & \cdots & \det A \end{bmatrix}$$

$=(\det A)I_n$

$\therefore A(adj\,A)=(adj\,A)A$ (정리 3.3-2 참조)

5. 앞의 4의 (1)를 적용하면

$$AB\,adj\,AB=|AB|I_n=(adj\,AB)AB$$

그리고

$$\begin{aligned} AB\cdot adj\,B\cdot adj\,A &= A(B\,adj\,B)adj\,A \\ &= A(|B|I_n)adj\,A \\ &= |B|(AI_n)adj\,A \\ &= |B|(A\,adj\,A) \\ &= |B||A|I_n=|AB|I_n \end{aligned}$$

또 $(adj\,B\cdot adj\,A)AB=adj\,B\{(adj\,A)A\}B$

$$\begin{aligned} &= adj\,B\{A(adj\,A)\}B \\ &= (adj\,B)|A|I_n\cdot B \\ &= (adj\,B)|A|B \\ &= |A|(adj\,B)B \\ &= |A||B|I_n=|AB|I_n \end{aligned}$$

$$\begin{aligned} \therefore AB\,adj\,AB &= AB\,adj\,B\,adj\,A \\ &= (adj\,B\,adj\,A)AB \end{aligned}$$

$\therefore adj\,AB=(adj\,B)(adj\,A)$

04 벡터

연습문제 4.1

1. (1) $\overrightarrow{FG}, \overrightarrow{GC}, \overrightarrow{ED}$ (3) $\overrightarrow{FA}, \overrightarrow{DC}$

2. (1) $\overrightarrow{BG}$ (3) $\overrightarrow{BF}$ (5) $\overrightarrow{BE}$

3. (1) $|\mathbf{v}|=\sqrt{(2\sqrt{3})^2+2^2}=\sqrt{12+4}$
$=\sqrt{16}=4$

(3) $|\mathbf{v}|=\sqrt{(-2)^2+(-6)^2}=\sqrt{4+36}$
$=\sqrt{40}=2\sqrt{10}$

4. (1) $-4\mathbf{u}=-4(-2, 3)=(8, -12)$

(3) $\mathbf{u}-\mathbf{v}=(-2, 3)-(4, -5)$
$=(-2-4, 3-(-5))$
$=(-6, 8)$

5. $\mathbf{i}=(1, 0),\ \mathbf{j}=(0, 1)$

$|\mathbf{i}|=\sqrt{1^2+0^2}=1$

$|\mathbf{j}|=\sqrt{0^2+1^2}=1$이므로 단위벡터

6. (1) $\dfrac{\mathbf{v}}{|\mathbf{v}|}=\dfrac{3\mathbf{i}-3\sqrt{3}\mathbf{j}}{\sqrt{3^2+(-3\sqrt{3})^2}}=\dfrac{3\mathbf{i}-3\sqrt{3}\mathbf{j}}{\sqrt{9+27}}$

$=\dfrac{3\mathbf{i}-3\sqrt{3}\mathbf{j}}{\sqrt{36}}=\dfrac{3\mathbf{i}-3\sqrt{3}\mathbf{j}}{6}$

$=\dfrac{1}{2}\mathbf{i}-\dfrac{\sqrt{3}}{2}\mathbf{j}$

(3) $\dfrac{\mathbf{v}}{|\mathbf{v}|}=\dfrac{-4\mathbf{i}+2\mathbf{j}}{\sqrt{(-4)^2+2^2}}=\dfrac{-4\mathbf{i}+2\mathbf{j}}{\sqrt{20}}$

$=\dfrac{-4\mathbf{i}+2\mathbf{j}}{2\sqrt{5}}=-\dfrac{2}{\sqrt{5}}\mathbf{i}+\dfrac{1}{\sqrt{5}}\mathbf{j}$

7. (1) $\dfrac{\mathbf{v}}{|\mathbf{v}|}=\dfrac{\mathbf{i}-\mathbf{j}}{\sqrt{1^2+(-1)^2}}=\dfrac{1}{\sqrt{2}}\mathbf{i}-\dfrac{1}{\sqrt{2}}\mathbf{j}$

$\mathbf{v}$ 방향의 단위벡터는

$$(\cos\theta, \sin\theta)$$

즉 $\dfrac{\mathbf{v}}{|\mathbf{v}|}=(\cos\theta)\mathbf{i}+(\sin\theta)\mathbf{j}$

$\therefore \cos\theta=\dfrac{1}{\sqrt{2}},\ \sin\theta=-\dfrac{1}{\sqrt{2}}$

(3) $\dfrac{\mathbf{v}}{|\mathbf{v}|}=\dfrac{2\mathbf{i}+\mathbf{j}}{\sqrt{2^2+1^2}}=\dfrac{2}{\sqrt{5}}\mathbf{i}+\dfrac{1}{\sqrt{5}}\mathbf{j}$

$\therefore \cos\theta=\dfrac{2}{\sqrt{5}},\ \sin\theta=\dfrac{1}{\sqrt{5}}$

8. (1) $\mathbf{u}\cdot\mathbf{v}=1\cdot(-1)+1\cdot 1=0$

$\therefore \cos\theta=\dfrac{\mathbf{u}\cdot\mathbf{v}}{|\mathbf{u}||\mathbf{v}|}=0$

(3) $\mathbf{u}\cdot\mathbf{v}=4\cdot 2+2\cdot 4=16$

$\cos\theta=\dfrac{\mathbf{u}\cdot\mathbf{v}}{|\mathbf{u}||\mathbf{v}|}=\dfrac{16}{\sqrt{4^2+2^2}\sqrt{2^2+4^2}}$

$=\dfrac{16}{20}=\dfrac{4}{5}$

(5) $\mathbf{u}\cdot\mathbf{v}=4(-2)+3(-4)=-20$

$\cos\theta=\dfrac{\mathbf{u}\cdot\mathbf{v}}{|\mathbf{u}||\mathbf{v}|}=\dfrac{-20}{\sqrt{4^2+3^2}\sqrt{(-2)^2+(-4)^2}}$

$=\dfrac{-20}{\sqrt{25}\sqrt{20}}=\dfrac{-20}{10\sqrt{5}}=-\dfrac{2}{\sqrt{5}}$

9. (1) $\mathbf{u}\perp\mathbf{v}$이므로 $\mathbf{u}\cdot\mathbf{v}=0$

$\therefore \mathbf{u}\cdot\mathbf{v}=3\cdot 2-4\cdot a=0$

$\therefore a=\dfrac{3}{2}$

(3) $\cos\dfrac{\pi}{4}=\dfrac{\mathbf{u}\cdot\mathbf{v}}{|\mathbf{u}||\mathbf{v}|}$

$\dfrac{1}{\sqrt{2}}=\dfrac{3\cdot 2-4\cdot a}{\sqrt{3^2+(-4)^2}\sqrt{2^2+a^2}}$

$=\dfrac{6-4a}{5\sqrt{4+a^2}}$

$\sqrt{2}(6-4a)=5\sqrt{4+a^2}$

양변을 제곱하면

$2(36-48a+16a^2)=25(4+a^2)$

$72-96a+32a^2=100+25a^2$

$7a^2-96a-28=0$

$(7a+2)(a-14)=0$

$a=-\dfrac{2}{7},\ a=14$

$\therefore a=-\dfrac{2}{7}$

($a=14$는 해당되지 않는다.)

10. (1) $(\mathbf{u}+\mathbf{v})\cdot(\mathbf{u}-\mathbf{v})=(\mathbf{u}+\mathbf{v})\cdot\mathbf{u}-(\mathbf{u}+\mathbf{v})\cdot\mathbf{v}$

$=\mathbf{u}\cdot\mathbf{u}+\mathbf{v}\cdot\mathbf{u}-\mathbf{u}\cdot\mathbf{v}-\mathbf{v}\cdot\mathbf{v}$

$=\mathbf{u}\cdot\mathbf{u}+\mathbf{u}\cdot\mathbf{v}-\mathbf{u}\cdot\mathbf{v}-\mathbf{v}\cdot\mathbf{v}$

$=|\mathbf{u}|^2-|\mathbf{v}|^2$

연습문제 4.2

1. (1) $|\mathbf{u}|=\sqrt{(-2)^2+0^2+0^2}=2$

$\cos\alpha=\dfrac{-2}{|\mathbf{u}|}=\dfrac{-2}{2}=-1$

$\cos\beta=\dfrac{0}{|\mathbf{u}|}=\dfrac{0}{2}=0$

$\cos\gamma=\dfrac{0}{|\mathbf{u}|}=\dfrac{0}{2}=0$

(3) $|\mathbf{u}|=\sqrt{2^2+(-4)^2+0^2}=2\sqrt{5}$

$\cos\alpha=\dfrac{2}{|\mathbf{u}|}=\dfrac{2}{2\sqrt{5}}=\dfrac{1}{\sqrt{5}}$

$\cos\beta=\dfrac{-4}{|\mathbf{u}|}=\dfrac{-4}{2\sqrt{5}}=-\dfrac{2}{\sqrt{5}}$

$\cos\gamma=\dfrac{0}{|\mathbf{u}|}=0$

(5) $|\mathbf{u}|=\sqrt{(-1)^2+(-1)^2+(-1)^2}=\sqrt{3}$

$\cos\alpha=\cos\beta=\cos\gamma=\dfrac{-1}{|\mathbf{u}|}=-\dfrac{1}{\sqrt{3}}$

2. (1) $\overline{PQ}$

$=\sqrt{\{-1-(-1)\}^2+(2-2)^2+(7-5)^2}$

$=2$

(3) $\overline{PQ}$

$=\sqrt{(3-6)^2+\{(-3)-(-3)\}^2+(4-7)^2}$

$=3\sqrt{2}$

3. (1) $\mathbf{u}+\mathbf{v}$

$$=(\mathbf{i}-3\mathbf{j}+2\mathbf{k})+(-2\mathbf{i}+3\mathbf{j}-4\mathbf{k})$$
$$=\{1+(-2)\}\mathbf{i}+\{(-3)+3\}\mathbf{j}+\{2+(-4)\}\mathbf{k}$$
$$=-\mathbf{i}+0\mathbf{j}-2\mathbf{k}$$
$$=-\mathbf{i}-2\mathbf{k}$$

(3) $-\mathbf{u}+2\mathbf{v}+3\mathbf{w}$

$$=-(\mathbf{i}-3\mathbf{j}+2\mathbf{k})+2(-2\mathbf{i}+3\mathbf{j}-4\mathbf{k})+3(3\mathbf{i}-5\mathbf{j}-2\mathbf{k})$$
$$=\{(-1)+(-4)+9\}\mathbf{i}+\{3+6+(-15)\}\mathbf{j}+\{(-2)+(-8)+(-6)\}\mathbf{k}$$
$$=4\mathbf{i}-6\mathbf{j}-16\mathbf{k}$$

(5) $\mathbf{u}\cdot\mathbf{v}$

$$=(\mathbf{i}-3\mathbf{j}+2\mathbf{k})\cdot(-2\mathbf{i}+3\mathbf{j}-4\mathbf{k})$$
$$=1\cdot(-2)+(-3)\cdot 3+2\cdot(-4)$$
$$=-19$$

4. (1) $-\mathbf{i}\left(\dfrac{\mathbf{v}}{|\mathbf{v}|}=\dfrac{(-3,\ 0,\ 0)}{\sqrt{(-3)^2+0+0}}=\dfrac{-3}{3}\mathbf{i}+\dfrac{0}{3}\mathbf{j}+\dfrac{0}{3}\mathbf{k}=-\mathbf{i}\right)$

(3) $\dfrac{\mathbf{v}}{|\mathbf{v}|}=\dfrac{2\mathbf{i}-5\mathbf{j}+0\mathbf{k}}{\sqrt{2^2+(-5)^2+0^2}}$

$$=\frac{2}{\sqrt{29}}\mathbf{i}-\frac{5}{\sqrt{29}}\mathbf{j}$$

(5) $\dfrac{\mathbf{v}}{|\mathbf{v}|}=\dfrac{-\mathbf{i}-2\mathbf{j}+4\mathbf{k}}{\sqrt{(-1)^2+(-2)^2+4^2}}$

$$=-\frac{1}{\sqrt{21}}\mathbf{i}-\frac{2}{\sqrt{21}}\mathbf{j}+\frac{4}{\sqrt{21}}\mathbf{k}$$

5. 구하는 각을 θ라 하자.

(1) $\cos\theta=\dfrac{\mathbf{u}\cdot\mathbf{v}}{|\mathbf{u}||\mathbf{v}|}$

$$=\frac{5\cdot(-5)+(-6)\cdot 6+2\cdot(-2)}{\sqrt{5^2+(-6)^2+2^2}\sqrt{(-5)^2+6^2+(-2)^2}}$$
$$=\frac{-65}{\sqrt{65}\sqrt{65}}=-1$$

$\therefore\ \theta=\pi$

(3) $\cos\theta=\dfrac{\mathbf{u}\cdot\mathbf{v}}{|\mathbf{u}||\mathbf{v}|}$

$$=\frac{4\cdot 4+(-3)\cdot 3+1\cdot 1}{\sqrt{4^2+(-3)^2+1^2}\sqrt{4^2+3^2+1^2}}$$
$$=\frac{8}{26}=\frac{4}{13}\fallingdotseq 0.3077$$

$\therefore\ \theta=\cos^{-1}0.3077\fallingdotseq 72.0783^\circ\ (\fallingdotseq 0.4004\pi)$

6. (1) $\mathbf{u}\times\mathbf{v}=(3\mathbf{i})\times(-2\mathbf{k})$

$$=3\cdot(-2)(\mathbf{i}\times\mathbf{k})$$
$$=-6(-\mathbf{j})=6\mathbf{j}$$

$$\mathbf{u}\times\mathbf{v}=\begin{vmatrix}\mathbf{i}&\mathbf{j}&\mathbf{k}\\3&0&0\\0&0&-2\end{vmatrix}$$
$$=\begin{vmatrix}0&0\\0&-2\end{vmatrix}\mathbf{i}-\begin{vmatrix}3&0\\0&-2\end{vmatrix}\mathbf{j}+\begin{vmatrix}3&0\\0&0\end{vmatrix}\mathbf{k}$$
$$=0\mathbf{i}-(-6)\mathbf{j}+0\mathbf{k}$$
$$=6\mathbf{j}$$

(3) $\mathbf{u}\times\mathbf{v}=\begin{vmatrix}\mathbf{i}&\mathbf{j}&\mathbf{k}\\-1&-1&-1\\2&3&-2\end{vmatrix}$

$$=\begin{vmatrix}-1&-1\\3&-2\end{vmatrix}\mathbf{i}-\begin{vmatrix}-1&-1\\2&-2\end{vmatrix}\mathbf{j}+\begin{vmatrix}-1&-1\\2&3\end{vmatrix}\mathbf{k}$$
$$=5\mathbf{i}-4\mathbf{j}-\mathbf{k}$$

7. (1) $\overrightarrow{PQ}=\overrightarrow{OQ}-\overrightarrow{OP}=(-2,\ 5,\ -7)$

$\overrightarrow{PR}=\overrightarrow{OR}-\overrightarrow{OP}=(1,\ 1,\ -2)$

$$|\overrightarrow{PQ}\times\overrightarrow{PR}|=\begin{vmatrix}\mathbf{i}&\mathbf{j}&\mathbf{k}\\-2&5&-7\\1&1&-2\end{vmatrix}$$
$$=\begin{vmatrix}5&-7\\1&-2\end{vmatrix}\mathbf{i}-\begin{vmatrix}-2&-7\\1&-2\end{vmatrix}\mathbf{j}+\begin{vmatrix}-2&5\\1&1\end{vmatrix}\mathbf{k}$$
$$=-3\mathbf{i}-11\mathbf{j}-7\mathbf{k}$$

따라서 구하는 평행사변형의 넓이는

$$|\overrightarrow{PQ}\times\overrightarrow{PR}|=|-3\mathbf{i}-11\mathbf{j}-7\mathbf{k}|$$
$$=\sqrt{(-3)^2+(-11)^2+(-7)^2}$$

$$= \sqrt{9+121+49}$$
$$= \sqrt{179}$$

(3) $\overrightarrow{PQ} = (2, 2, 2)$, $\overrightarrow{PR} = (-1, -2, -3)]$

$$|\overrightarrow{PQ} \times \overrightarrow{PR}| = \begin{vmatrix} \mathbf{i} & \mathbf{j} & \mathbf{k} \\ 2 & 2 & 2 \\ -1 & -2 & -3 \end{vmatrix}$$
$$= \begin{vmatrix} 2 & 2 \\ -2 & -3 \end{vmatrix}\mathbf{i} - \begin{vmatrix} 2 & 2 \\ -1 & -3 \end{vmatrix}\mathbf{j} + \begin{vmatrix} 2 & 2 \\ -1 & -2 \end{vmatrix}\mathbf{k}$$
$$= -2\mathbf{i} + 4\mathbf{j} - 2\mathbf{k}$$

따라서 구하는 평행사변형의 넓이는

$$|\overrightarrow{PQ} \times \overrightarrow{PR}| = |-2\mathbf{i} + 4\mathbf{j} - 2\mathbf{k}|$$
$$= \sqrt{(-2)^2 + 4^2 + (-2)^2}$$
$$= \sqrt{24} = 2\sqrt{6}$$

9. $\mathbf{u} = (x_1, y_1, z_1)$, $\mathbf{v} = (x_2, y_2, z_2)$, $\mathbf{w} = (x_3, y_3, z_3)$에 대하여

$$\mathbf{v} \cdot (\mathbf{w} \times \mathbf{u})$$
$$= (x_2, y_2, z_2) \cdot \left(\begin{vmatrix} y_3 & z_3 \\ y_1 & z_1 \end{vmatrix}, -\begin{vmatrix} x_3 & z_3 \\ x_1 & z_1 \end{vmatrix}, \begin{vmatrix} x_3 & y_3 \\ x_1 & y_1 \end{vmatrix} \right)$$
$$= x_2(y_3 z_1 - z_3 y_1) - y_2(x_3 z_1 - z_3 x_1) + z_2(x_3 y_1 - y_3 z_1)$$
$$= x_1(y_2 z_3 - z_2 y_3) - y_1(x_2 z_3 - z_2 x_3) + z_1(x_2 y_3 - y_2 x_3)$$
$$= x_1 \begin{vmatrix} y_2 & z_2 \\ y_3 & z_3 \end{vmatrix} - y_1 \begin{vmatrix} x_2 & z_2 \\ x_3 & z_3 \end{vmatrix} + z_1 \begin{vmatrix} x_2 & y_2 \\ x_3 & y_3 \end{vmatrix}$$
$$= \begin{vmatrix} x_1 & y_1 & z_1 \\ x_2 & y_2 & z_2 \\ x_3 & y_3 & z_3 \end{vmatrix}$$

따라서 정리 4.2-4의 (2)와 비교하여 정리하면

$$\mathbf{u} \cdot (\mathbf{v} \times \mathbf{w}) = \mathbf{v} \cdot (\mathbf{w} \times \mathbf{u}) = \mathbf{w} \cdot (\mathbf{u} \times \mathbf{v})$$

10. (1) $\mathbf{u} = (x_1, y_1, z_1)$, $\mathbf{v} = (x_2, y_2, z_2)$, $\mathbf{w} = (x_3, y_3, z_3)$라 하면

$$\mathbf{u} \times (\mathbf{v} \times \mathbf{w})$$
$$= (x_1, y_1, z_1) \times \begin{vmatrix} \mathbf{i} & \mathbf{j} & \mathbf{k} \\ x_2 & y_2 & z_2 \\ x_3 & y_3 & z_3 \end{vmatrix}$$
$$= (x_1, y_1, z_1) \times \left(\begin{vmatrix} y_2 & z_2 \\ y_3 & z_3 \end{vmatrix}, -\begin{vmatrix} x_2 & z_2 \\ x_3 & z_3 \end{vmatrix}, \begin{vmatrix} x_2 & y_2 \\ x_3 & y_3 \end{vmatrix} \right)$$
$$= \begin{vmatrix} \mathbf{i} & \mathbf{j} & \mathbf{k} \\ x_1 & y_1 & z_1 \\ y_2 z_3 - z_2 y_3 & -(x_2 z_3 - z_2 x_3) & x_2 y_3 - y_2 x_3 \end{vmatrix}$$
$$= \begin{vmatrix} y_1 & z_1 \\ -(x_2 z_3 - z_2 x_3) & x_2 y_3 - y_2 x_3 \end{vmatrix}\mathbf{i} - \begin{vmatrix} x_1 & z_1 \\ y_2 z_3 - z_2 y_3 & x_2 y_3 - y_2 x_3 \end{vmatrix}\mathbf{j} + \begin{vmatrix} x_1 & y_1 \\ y_2 z_3 - z_2 y_3 & x_2 z_3 - z_2 x_3 \end{vmatrix}\mathbf{k}$$
$$= (x_2 y_1 y_3 - y_1 y_2 x_3 + x_2 z_3 z_1 - z_1 z_2 x_3)\mathbf{i} - (x_1 x_2 y_3 - x_1 y_2 x_3 - y_2 z_3 z_1 + z_1 z_2 y_3)\mathbf{j} + (-x_1 x_2 z_3 + x_1 z_2 x_3 - y_1 y_2 z_3 + y_1 z_2 y_3)\mathbf{k} \cdots ①$$

$$(\mathbf{u} \cdot \mathbf{w})\mathbf{v} - (\mathbf{u} \cdot \mathbf{v})\mathbf{w}$$
$$= (x_1 x_3 + y_1 y_3 + z_1 z_2)(x_2 \mathbf{i} + y_2 \mathbf{j} + z_2 \mathbf{k}) - (x_1 x_2 + y_1 y_2 + z_1 z_2)(x_3 \mathbf{i} + y_3 \mathbf{j} + z_3 \mathbf{k})$$
$$= (x_2 y_1 y_3 + x_2 z_1 z_3 - x_3 y_1 y_2 - x_3 z_1 z_2)\mathbf{i} + (x_1 x_3 y_2 + z_1 z_3 y_2 - x_1 x_2 y_3 - y_3 z_1 z_2)\mathbf{j} + (x_1 x_3 z_3 + y_1 y_3 z_2 - x_1 x_2 x_3 - y_1 y_2 z_3)\mathbf{k} \cdots ②$$

①, ②의 결과가 같으므로

$$\mathbf{u} \times (\mathbf{v} \times \mathbf{w}) = (\mathbf{u} \cdot \mathbf{w})\mathbf{v} - (\mathbf{u} \cdot \mathbf{v})\mathbf{w}$$

(3) $\mathbf{u} \times (\mathbf{v} \times \mathbf{w}) = (\mathbf{u} \cdot \mathbf{w})\mathbf{v} - (\mathbf{u} \cdot \mathbf{v})\mathbf{w}$

$\mathbf{v} \times (\mathbf{w} \times \mathbf{u}) = (\mathbf{v} \cdot \mathbf{u})\mathbf{w} - (\mathbf{v} \cdot \mathbf{w})\mathbf{u}$

$\mathbf{w} \times (\mathbf{u} \times \mathbf{v}) = (\mathbf{w} \cdot \mathbf{v})\mathbf{u} - (\mathbf{w} \cdot \mathbf{u})\mathbf{v}$

이 세 등식을 변끼리 더하면

$$\mathbf{u} \times (\mathbf{v} \times \mathbf{w}) + \mathbf{v} \times (\mathbf{w} \times \mathbf{u}) + \mathbf{w} \times (\mathbf{u} \times \mathbf{v}) = 0$$

연습문제 4.3

1. (1) $\dfrac{x+1}{2}=\dfrac{y+4}{-3}=\dfrac{z-3}{-1}$

또는 $x+1=2t,\ y+4=-3t,\ z-3=-t$

(3) $x=3,\ y=5,\ \dfrac{z-6}{4}$

$x=3,\ y=5,\ z-6=4t$

(5) $\dfrac{x-4}{-3}=\dfrac{y-2}{3}=\dfrac{z}{2}$

2. (1) 주어진 두 직선의 방향벡터는

$2\mathbf{i}-3\mathbf{j}-\mathbf{k},\ 3\mathbf{i}+2\mathbf{j}+4\mathbf{k}$이므로

$$\cos\theta=\frac{|2\cdot3+(-3)\cdot2+(-1)\cdot4|}{\sqrt{2^2+(-3)^2+(-1)^2}\sqrt{3^2+2^2+4^2}}$$

$$=\frac{4}{\sqrt{4}\sqrt{29}}=\frac{4}{\sqrt{406}}\doteqdot\frac{4}{20.1494}$$

$\doteqdot 0.1985$

$\therefore\ \theta=\cos^{-1}0.1985=78.5497^{\circ}$

$\doteqdot 0.4364\pi\doteqdot 1.3702$

3. (1) 주어진 두 직선의 방향벡터가

$3\mathbf{i}-2\mathbf{j}-\mathbf{k},\ a\mathbf{i}+b\mathbf{j}+3\mathbf{k}$이므로

$\dfrac{3}{a}=\dfrac{-2}{b}=\dfrac{-1}{3}\quad\therefore\ a=-9,\ b=6$

4. (1) $3(x-2)-2(y-1)+1(z-4)=0$

$\therefore\ 3x-2y+z-8=0$

(3) 점 (2, −1, 4)를 지나고 법선벡터가 $\overrightarrow{PQ}\times\overrightarrow{PR}$인 평면이다.

$$\therefore\ \overrightarrow{PQ}\times\overrightarrow{PR}=\begin{vmatrix}\mathbf{i}&\mathbf{j}&\mathbf{k}\\1&3&2\\-3&-2&-1\end{vmatrix}$$

$$=\mathbf{i}-5\mathbf{j}+7\mathbf{k}$$

$1(x-2)-5(y+1)+7(z-4)=0$

$\therefore\ x-5y+7z-35=0$

(5) 점 $\mathrm{P}(a,0,0)$를 지나고 법선벡터가 $\overrightarrow{PQ}\times\overrightarrow{PR}$인 평면이다.

$$\therefore\ \overrightarrow{PQ}\times\overrightarrow{PR}=\begin{vmatrix}\mathrm{i}&\mathrm{j}&\mathrm{k}\\-\mathrm{a}&\mathrm{b}&0\\-\mathrm{a}&0&\mathrm{c}\end{vmatrix}$$

$$=bc\mathbf{i}+ac\mathbf{j}+ab\mathbf{k}$$

$\therefore\ bc(x-a)+ac(y-0)+ab(z-0)=0$

$bcx+acy+abz-abc=0$

양변을 abc로 나누면

$$\frac{x}{a}+\frac{y}{b}+\frac{z}{c}-1=0$$

5. 주어진 직선의 방정식을 변형하고 t라 놓자.

$$x-1=\frac{y+1}{6}=\frac{z-1}{2}=t$$

$\therefore\ x=1+t,\ y=-1+6t,\ z=1+2t$

이것을 평면의 방정식에 대입하면

$3(1+t)-(-1+6t)+2(1+2t)-4=0$

$t+2=0\quad\therefore\ t=-2$

$\therefore\ x=1+(-2)=-1$

$y=-1+6(-2)=-13$

$z=1+2(-2)=-3$

구하는 교점의 좌표는 (−1, −13, −3)

7. $\dfrac{|2(-1)-3(-1)+5\cdot1+6|}{\sqrt{2^2+(-3)^2+5^2}}=\dfrac{12}{\sqrt{38}}$

$=\dfrac{12}{4\sqrt{3}}=\dfrac{3}{\sqrt{3}}$

$=\sqrt{3}$

05 벡터공간

연습문제 5.1

1. (1) 벡터공간이 아니다.

공리의 A3, A4, (2)를 만족하지 않는다.

(3) 벡터공간이다.

(5) 벡터공간이 아니다.

공리의 M4가 성립하지 않는다.

(7) 벡터공간이다.

(9) 벡터공간이다.

2. (1) 벡터공간에서 덧셈에 대한 항등원을 $\mathbf{0}, \mathbf{0}_1$이라 하면

$$\mathbf{0}=\mathbf{0}+\mathbf{0}_1$$
$$\mathbf{0}_1=\mathbf{0}_1+\mathbf{0}=\mathbf{0}+\mathbf{0}_1$$

이므로 $\mathbf{0}=\mathbf{0}_1$

즉, 덧셈에 대한 항등원은 유일하다.

3. (1) 부분공간이다.

(3) 부분공간이 아니다.

$x\in[0, -1]$에서 $f(x)=0$이면 $f(x)\not\in W$

(5) 부분공간이다.

4. (1) $\mathbf{x}, \mathbf{y}\in W$에 대하여

$$A(\mathbf{x}+\mathbf{y})=A\mathbf{x}+A\mathbf{y}=\mathbf{0}+\mathbf{0}=\mathbf{0}$$
$$\therefore\ \mathbf{x}+\mathbf{y}\in W$$

또 스칼라 α에 대하여

$$A(\alpha\mathbf{x})=\alpha(A\mathbf{x})=\alpha\mathbf{0}=\mathbf{0}$$
$$\therefore\ \alpha\mathbf{x}\in W$$

그러므로 W는 부분공간이다.

연습문제 5.2

1. 상수 a_1, a_2에 대하여

$$\mathbf{v}=a_1\mathbf{v}_1+a_2\mathbf{v}_2$$

라 하고 a_1, a_2의 값을 찾아보자. 이것을 성분으로 나타내어 각 문제에 맞게 연립방정식을 세우고 관찰한다.

(1) $a_1(-3, 1, 4)+a_2(1, -2, -1)=(7, -4, -9)$

$$\therefore \begin{cases} -3a_1+\ a_2=7 \\ \quad a_1-2a_2=-4 \\ 4a_1-\ a_2=-9 \end{cases}$$

이것을 풀면 $a_1=-2, a_2=1$이므로 $\mathbf{v}$는 $\mathbf{v}_1, \mathbf{v}_2$의 일차결합이다.

(3) $a_1(-3, 1, 4)+a_2(1, -2, -1)=(-6, 2, 8)$

$$\therefore \begin{cases} -3a_1+\ a_2=-6 \\ \quad a_1-2a_2=2 \\ 4a_1-\ a_2=8 \end{cases}$$

이것을 풀면 $a_1=2, a_2=0$이므로 $\mathbf{v}$는 $\mathbf{v}_1, \mathbf{v}_2$의 일차결합이다.

(5) $a_1(-3, 1, 4)+a_2(1, -2, -1)=(-2, -3, 2)$

$$\therefore \begin{cases} -3a_1+\ a_2=-2 \\ \quad a_1-2a_2=-3 \\ 4a_1-\ a_2=2 \end{cases}$$

이 연립방정식은 해가 없다.

따라서 $\mathbf{v}$는 $\mathbf{v}_1, \mathbf{v}_2$의 일차결합이 아니다.

2. $\mathbf{v}=a_1\mathbf{v}_1+a_2\mathbf{v}_2+a_3\mathbf{v}_3$라 하고 이것을 성분으로 나타내어 문제에 맞는 a_1, a_2, a_3를 정하여 답한다.

(1) $a_1(-1, 0, 1)+a_2(0, -1, 2)+a_3(1, 2, 3)$

$=(-1, 4, 1)$

$$\therefore \begin{cases} -a_1 \qquad\quad +\ a_3=-1 \\ \qquad -\ a_2+2a_3=4 \\ a_1+2a_2+3a_3=1 \end{cases}$$

이 연립방정식을 풀면

$$a_1=2,\ a_2=-2,\ a_3=1$$

$$\therefore\ \mathbf{v}=2\mathbf{v}_1-2\mathbf{v}_2+\mathbf{v}_3$$

(3) $a_1(-1, 0, 1)+a_2(0, -1, 2)+a_3(1, 2, 3)$
$=(-4, -4, 4)$

$$\therefore \begin{cases} -a_1 \qquad\quad + a_3=-4 \\ \qquad -a_2+2a_3=-4 \\ a_1+2a_2+3a_3=4 \end{cases}$$

이것을 풀면 $a_1=3,\ a_2=2,\ a_3=-1$

$$\therefore\ \mathbf{v}=3\mathbf{v}_1+2\mathbf{v}_2-\mathbf{v}_3$$

3. $P=a_1p_1(x)+a_2p_2(x)+a_3p_3(x)$

$$\begin{aligned}&=a_1(1+x+2x^2)\\&\qquad+a_2(2-x-3x^2)\\&\qquad\qquad+a_3(-1+3x+4x^2)\\&=(a_1+2a_2-a_3)\\&\qquad+(a_1-a_2+3a_3)x\\&\qquad\qquad+(2a_1-3a_2+4a_3)x^2\cdots ①\end{aligned}$$

(1) $P=8-2x-4x^2$과 ①을 비교하면

$$\begin{cases} a_1+2a_2-a_3=8 \\ a_1-a_2+3a_3=-2 \\ 2a_1-3a_2+4a_3=-4 \end{cases}$$

이것을 풀면 $a_1=3,\ a_2=2,\ a_3=-1$

$$\therefore\ P=3p_1(x)+2p_2(x)-p_3(x)$$

(3) $P=-4+2x+6x^2$과 ①을 비교하면

$$\begin{cases} a_1+2a_2-a_3=-4 \\ a_1-a_2+3a_3=2 \\ 2a_1-3a_2+4a_3=6 \end{cases}$$

이것을 풀면 $a_1=0,\ a_2=-2,\ a_3=0$

$$\therefore\ P=0p_1(x)-2p_2(x)+0p_3(x)(=-2p_2(x))$$

5. $\mathbf{v}_1,\ \mathbf{v}_2,\ \mathbf{v}_3$은 (1, 1)의 상수배의 꼴이므로 (1, 2)와 같은 모양은 일차결합으로 나타내지 못한다. 그러므로 $\mathbb{R}^2$를 생성하지 못한다.

7. $\mathbf{v}_1=(x_1, y_1, z_1),\ \mathbf{v}_2=(x_2, y_2, z_2)$

$$\mathbf{v}_2=k\mathbf{v}_1$$

이므로 상수 a, b에 대하여

$$a\mathbf{v}_1+b\mathbf{v}_2=a\mathbf{v}_1+b(k\mathbf{v}_1)=(a+bk)\mathbf{v}_1$$

$\mathbf{v}_1,\ \mathbf{v}_2$가 생성하는 집합의 한 원소 $\mathbf{v}=(x, y, z)$에 대하여

$$\mathbf{v}=a\mathbf{v}_1+b\mathbf{v}_2$$

라 하면

$$\mathbf{v}=(a+bk)\mathbf{v}_1$$

이것을 성분으로 나타내면

$$\begin{aligned}&(x, y, z)\\&\quad=((a+bk)x_1, (a+bk)y_1, (a+bk)z_1)\end{aligned}$$

즉 $\begin{cases} x=(a+bk)x_1 \\ y=(a+bk)y_1 \\ z=(a+bk)z_1 \end{cases}$

이것은 원점 (0, 0, 0)를 지나고 $\mathbf{v}_1$(방향벡터)에 평행한 직선이다.

9. (1) 일차독립
(3) 일차독립
(5) 일차종속

11. $n=1$이면 분명히 성립한다.
즉, $\alpha_0+\alpha_1x=0 \Rightarrow \alpha_0=\alpha_1=0$
$n=k$일 때 성립한다고 가정하자.
즉, $1,\ x,\ x^2,\ \cdots,\ x^k$가 일차독립이라 가정하고

$$\alpha_0+\alpha_1 x+\alpha_2 x^2+\cdots+\alpha_k x^k+\alpha_{k+1}x^{k+1}=0$$

라 놓는다.

여기서 $\alpha_{k+1}\neq 0$이라 하면

$$x^{k+1}=-\frac{\alpha_0}{\alpha_{k+1}}-\frac{\alpha_1}{\alpha_{k+1}}x-\frac{\alpha_2}{\alpha_{k+1}}x^2-\cdots$$

$$\cdots-\frac{\alpha_k}{\alpha_{k+1}}x^k$$

조건에 의하면 이것은 모순이다.

$$\therefore\ \alpha_{k+1}=0$$

$1,\ x,\ x^2,\ \cdots,\ x^k$이 일차독립이므로

$$\alpha_0+\alpha_1 x+\alpha_2 x^2+\cdots+\alpha_k x^k=0$$

에서 $\alpha_0=\alpha_1=\alpha_2=\cdots=\alpha_k=0$이고

또 $\alpha_{k+1}=0$이므로

$$1,\ x,\ x^2,\ \cdots,\ x^k,\ x^{k+1}$$

도 일차독립이다.

그러므로 $\{1,\ x,\ x^2,\ \cdots,\ x^n\}$은 일차독립이다.

13. $\mathbf{u}_1,\ \mathbf{u}_2,\ \cdots,\ \mathbf{u}_m$의 각 벡터가 $\mathbf{v}_1,\ \mathbf{v}_2,\ \cdots,\ \mathbf{v}_n$의 일차결합으로 나타낼 수 있으므로

$$(\mathbf{u}_1,\ \mathbf{u}_2,\ \cdots,\ \mathbf{u}_m)=(\mathbf{v}_1,\ \mathbf{v}_2,\ \cdots,\ \mathbf{v}_n)A$$

가 성립하는 $n\times m$ 행렬 A가 존재한다.

또 $m>n$이므로 연립방정식

$$AX=0$$

는 자명하지 않는 해를 갖는다.

$$X=\boldsymbol{\alpha}=(\alpha_1,\ \alpha_2,\ \cdots,\ \alpha_m)^t,\ (\boldsymbol{\alpha}\neq\mathbf{0})$$

라 하면

$$\alpha_1\mathbf{u}_1+\alpha_2\mathbf{u}_2+\cdots+\alpha_m\mathbf{u}_m=\mathbf{0}$$

$$(\mathbf{u}_1,\ \mathbf{u}_2,\ \cdots,\ \mathbf{u}_m)\boldsymbol{\alpha}=\mathbf{0}$$

$$\therefore\ (\mathbf{v}_1,\ \mathbf{v}_2,\ \cdots,\ \mathbf{v}_n)A\boldsymbol{\alpha}=\mathbf{0}$$

여기서 $\boldsymbol{\alpha}\neq\mathbf{0}$, 즉 $\alpha_1,\ \alpha_2,\ \cdots,\ \alpha_m$ 중 적어도 하나는 0이 아니므로 $\mathbf{u}_1,\ \mathbf{u}_2,\ \cdots,\ \mathbf{u}_m$은 일차종속이다.

연습문제 5.3

1. (1) P_2의 기저는 세 개의 벡터로 되어야 한다. 즉, 두 벡터는 P_2를 생성하지 않는다.

(3) $\mathbb{R}^2$의 기저는 두 벡터로 되어 있다. 일차종속이다. 기저가 아니다.

(5) 기저이다.

2. (1) $3x+y+z=0$에서

$$z=-3x-y$$

$$\begin{aligned}\therefore\ (x,\ y,\ z)&=(x,\ y,\ -3x-y)\\&=(x,\ 0,\ -3x)+(0,\ y,\ -y)\\&=x(1,\ 0,\ -3)+y(0,\ 1,\ -1)\end{aligned}$$

임의의 $x,\ y$에 대하여 $(x,\ y,\ z)\in\pi$가 정해지고 $(1,\ 0,\ -3),\ (0,\ 1,\ -1)$은 일차독립이므로

$$\{(1,\ 0,\ -3),\ (0,\ 1,\ -1)\}$$

은 구하는 기저이다.

또는 $y=-3x-z$로 하면

$$\begin{aligned}(x,\ y,\ z)&=(z,\ -3x-z,\ z)\\&=(x,\ -3x,\ 0)+(0,\ -z,\ z)\\&=x(1,\ -3,\ 0)+z(0,\ -1,\ 1)\end{aligned}$$

같은 이치로

$$\{(1,\ -3,\ 0),\ (0,\ -1,\ 1)\}$$

은 기저이다.

3. (1) $\begin{cases} x_1-2x_2=0\\ -3x_1+6x_2=0\end{cases}$

이 두 식은 같다. 즉

$$x_1 - 2x_2 = 0$$
$$x_1 = 2x_2$$
$$\therefore (x_1, x_2) = (2x_2, x_2) = x_2(2, 1)$$

따라서 기저는

$$\{(2, 1)\}$$

이고 1차원

(3) $\begin{cases} 4x_1 + x_2 - x_3 - x_4 = 0 & \cdots ① \\ 2x_1 - x_2 - x_3 + x_4 = 0 & \cdots ② \end{cases}$

두 식을 변끼리 더하면

$$3x_1 - x_3 = 0 \quad \therefore x_3 = 3x_1 \qquad \cdots ③$$

③, ②에서 $-x_2 - x_1 + x_4 = 0$

$$\therefore x_2 = x_1 - x_4$$
$$\therefore (x_1, x_2, x_3, x_4)$$
$$= (x_1, x_1 - x_4, 3x_1, x_4)$$
$$= (x_1, x_1, 3x_1, 0) + (0, -x_4, 0, x_4)$$
$$= x_1(1, 1, 3, 0) + x_4(0, -1, 0, 1)$$

따라서 기저는

$$\{(1, 1, 3, 0), (0, -1, 0, 1)\}$$

이고 2차원

(5) 기저는 없다. 따라서 0차원

5. $\{\mathbf{w}_1, \mathbf{w}_2, \cdots, \mathbf{w}_n\}$을 V의 기저라 하면 스칼라 a_{ij}가 존재하여 다음이 성립한다.

$$\begin{aligned} \mathbf{v}_1 &= a_{11}\mathbf{w}_1 + a_{12}\mathbf{w}_2 + \cdots + a_{1n}\mathbf{w}_n \\ \mathbf{v}_2 &= a_{21}\mathbf{w}_1 + a_{22}\mathbf{w}_2 + \cdots + a_{2n}\mathbf{w}_n \\ &\vdots \\ \mathbf{v}_m &= a_{m1}\mathbf{w}_1 + a_{m2}\mathbf{w}_2 + \cdots + a_{mn}\mathbf{w}_n \end{aligned}$$

여기서 $\mathbf{v}_i$의 계수를 성분으로 하는 벡터를 $\mathbf{a}_i (i = 1, 2, \cdots, m)$이라 한다. 즉

$$\mathbf{a}_i = (a_{i1}, a_{i2}, \cdots, a_{in})$$

이때 $\mathbb{R}^n$에서 $\{\mathbf{a}_1, \mathbf{a}_2, \cdots, \mathbf{a}_n\}$은 일차독립이다. 이 집합에 $n-m$개의 일차독립인

$$\mathbf{a}_{m+1}, \mathbf{a}_{m+2}, \cdots, \mathbf{a}_n$$

을 첨가하여 $\mathbb{R}^n$의 기저

$$\{\mathbf{a}_1, \mathbf{a}_2, \cdots, \mathbf{a}_m, \mathbf{a}_{m+1}, \cdots, \mathbf{a}_n\}$$

을 형성하면

$$\mathbf{a}_k = (a_{k1}, a_{k2}, \cdots, a_{kn})$$
$$k = m+1, m+2, \cdots, n$$

에 대하여

$$\mathbf{v}_k = a_{k1}\mathbf{w}_1 + a_{k2}\mathbf{w}_2 + \cdots + a_{kn}\mathbf{w}_n$$
$$(k = m+1, m+2, \cdots, n)$$

이 존재한다.

$\{\mathbf{a}_1, \mathbf{a}_2, \cdots, \mathbf{a}_n\}$이 일차독립이므로

$$\det\begin{bmatrix} a_{11} & a_{12} & \cdots & a_{1n} \\ a_{21} & a_{22} & \cdots & a_{2n} \\ \vdots & \vdots & & \vdots \\ a_{n1} & a_{n2} & \cdots & a_{nn} \end{bmatrix} \neq 0$$

(정리 5.2-6 참조)

따라서 V에서

$$\{\mathbf{v}_1, \mathbf{v}_2, \cdots, \mathbf{v}_n\}$$

은 n개의 일차독립인 벡터들로 되어 있으므로 V의 기저이고 V는 n차원이다.(정리 5.3-1 참조)

연습문제 5.4

1. $\left[\begin{array}{ccc|c} 1 & 1 & -1 & 0 \\ 2 & 1 & -3 & 0 \\ -4 & -2 & 6 & 0 \end{array}\right]$ $\begin{array}{l} R_2 + R_1 \times (-2) \to R_2 \\ R_3 + R_1 \times 4 \to R_3 \end{array}$

$\left[\begin{array}{ccc|c} 1 & 1 & -1 & 0 \\ 0 & -1 & -1 & 0 \\ 0 & 2 & 2 & 0 \end{array}\right]$ $\begin{array}{l} R_2 \times (-1) \to R_2 \\ R_3 + R_2 \times 2 \to R_3 \end{array}$

$$\left[\begin{array}{ccc|c}1 & 1 & -1 & 0\\0 & 1 & 1 & 0\\0 & 0 & 0 & 0\end{array}\right] \quad R_1+R_2\times(-1)\to R_1$$

$$\left[\begin{array}{ccc|c}1 & 0 & -2 & 0\\0 & 1 & 1 & 0\\0 & 0 & 0 & 0\end{array}\right]$$

$$\therefore \begin{cases}x_1 \quad\ -2x_3=0\\ \quad x_2+\ x_3=0\end{cases}$$

$$\therefore x_1=2x_3,\ x_2=-x_3$$

$$(x_1, x_2, x_3)=(2x_3, -x_3, x_3)$$
$$=x_3(2, -1, 1)$$

따라서 해공간의 기저는

$$\{(2, -1, 1)\}$$

해공간의 차원은 1차원

2. (1) $\begin{bmatrix}-2 & 3 & -1\\6 & -9 & 3\end{bmatrix}$ $R_2\times\frac{1}{3}\to R_2$

$\begin{bmatrix}-2 & 3 & -1\\2 & -3 & 1\end{bmatrix}$ $R_2+R_1\times(-1)\to R_2$

$\begin{bmatrix}-2 & 3 & -1\\0 & 0 & 0\end{bmatrix}$

이 행렬의 계수는 1

(3) $\begin{bmatrix}3 & 2\\1 & 2\\2 & 5\end{bmatrix}$ $R_1\rightleftarrows R_2$

$\begin{bmatrix}1 & 2\\3 & 2\\2 & 5\end{bmatrix}$ $R_2+R_1\times(-3)\to R_2$, $R_3+R_1\times(-2)\to R_3$

$\begin{bmatrix}1 & 2\\0 & -4\\0 & 1\end{bmatrix}$ $R_2\rightleftarrows R_3$

$\begin{bmatrix}1 & -2\\0 & 1\\0 & -4\end{bmatrix}$ $R_3+R_2\times 4\to R_3$

$\begin{bmatrix}1 & -2\\0 & 1\\0 & 0\end{bmatrix}$

따라서 계수는 2

3. (1) $\begin{bmatrix}1 & -2 & -4\\3 & 1 & 9\\2 & 5 & 19\end{bmatrix}$ $R_2+R_1\times(-3)\to R_2$, $R_3+R_1\times(-2)\to R_3$

$\begin{bmatrix}1 & -2 & -4\\0 & 7 & 21\\0 & 9 & 27\end{bmatrix}$ $R_2\times\frac{1}{7}\to R_2$, $R_3\times\frac{1}{9}\to R_3$

$\begin{bmatrix}1 & -2 & -4\\0 & 1 & 3\\0 & 1 & 3\end{bmatrix}$ $R_3+R_2\times(-1)\to R_3$

$\begin{bmatrix}1 & -2 & -4\\0 & 1 & 3\\0 & 0 & 0\end{bmatrix}$

구하는 기저는

$$\{(1, -2, -4), (0, 1, 3)\}$$

(3) $\begin{bmatrix}1 & 0 & 1\\2 & 1 & 0\\3 & 1 & 2\\3 & 2 & 0\end{bmatrix}$ $R_2+R_1\times(-2)\to R_2$, $R_3+R_1\times(-3)\to R_3$, $R_4+R_1\times(-3)\to R_4$

$\begin{bmatrix}1 & 0 & 1\\0 & 1 & -2\\0 & 1 & -1\\0 & 2 & -3\end{bmatrix}$ $R_3+R_2\times(-1)\to R_3$, $R_4+R_2\times(-2)\to R_4$

$\begin{bmatrix}1 & 0 & 1\\0 & 1 & -2\\0 & 0 & 1\\0 & 0 & 1\end{bmatrix}$ $R_4+R_3\times(-1)\to R_4$

$\begin{bmatrix}1 & 0 & 1\\0 & 1 & -2\\0 & 0 & 1\\0 & 0 & 0\end{bmatrix}$

구하는 기저는

$$\{(1, 0, 1,), (0, 1, -2), (0, 0, 1)\}$$

4. (1) $\left[\begin{array}{cc|c}1 & -1 & 3\\2 & 3 & -4\end{array}\right]$ $R_2+R_1\times(-2)\to R_2$

$\left[\begin{array}{cc|c}1 & -1 & 3\\0 & 5 & -10\end{array}\right]$ $R_2\times\frac{1}{5}\to R_2$

$\left[\begin{array}{cc|c}1 & -1 & 3\\0 & 1 & -2\end{array}\right]$ $R_1+R_2\to R_1$

$\left[\begin{array}{cc|c}1 & 0 & 1\\0 & 1 & -2\end{array}\right]$

$x_1=1,\ x_2=-2$

$\mathbf{b}=\begin{bmatrix}3\\-4\end{bmatrix}$, $\mathbf{c}_1=\begin{bmatrix}1\\2\end{bmatrix}$, $\mathbf{c}_2=\begin{bmatrix}-1\\3\end{bmatrix}$

$x_1\mathbf{c}_1+x_2\mathbf{c}_2=\mathbf{b}$에서

$\mathbf{b}=\mathbf{c}_1-2\mathbf{c}_2$

A의 계수와 $[A|\mathbf{b}]$의 계수는 2로 같다.

따라서 이 연립방정식은 해를 갖는다.

(3) $\left[\begin{array}{ccc|c}1&-3&2&1\\2&1&-2&-2\\-4&12&-8&3\end{array}\right]$ $\begin{array}{l}R_2+R_1\times(-2)\to R_2\\R_3+R_1\times 4\to R_3\end{array}$

$\left[\begin{array}{ccc|c}1&-3&2&1\\0&7&-6&-4\\0&0&0&7\end{array}\right]$ $R_3\times\frac{1}{7}\to R_3$

$\left[\begin{array}{ccc|c}1&-3&2&1\\0&1&-\frac{6}{7}&-\frac{4}{7}\\0&0&0&7\end{array}\right]$

$\mathbf{b}$는 $\mathbf{c}_i$의 일차결합으로 나타낼 수 없다.

A의 계수는 2, $[A|\mathbf{b}]$의 계수는 3으로 같지 않다.

따라서 이 연립방정식은 해를 갖지 않는다.

5. A^t의 계수$=A^t$의 열공간의 차원

$=A$의 행공간의 차원

$=A$의 열공간의 차원

$=A$의 계수

연습문제 5.5

1. (1) $\begin{bmatrix}x_1\\x_2\end{bmatrix}=k_1\begin{bmatrix}1\\2\end{bmatrix}+k_2\begin{bmatrix}-1\\2\end{bmatrix}=\begin{bmatrix}k_1-k_2\\2k_1+2k_2\end{bmatrix}$

$k_1-k_2=x_1$

$2(k_1+k_2)=x_2$

$\therefore\begin{cases}k_1-k_2=x_1 & \cdots ①\\ k_1+k_2=\dfrac{x_2}{2} & \cdots ②\end{cases}$

①+② : $2k_1=x_1+\dfrac{x_2}{2}=\dfrac{2x_1+x_2}{2}$

$\therefore k_1=\dfrac{2x_1+x_2}{4}$

②−① : $2k_2=\dfrac{x_2}{2}-x_1=\dfrac{-2x_1+x_2}{2}$

$\therefore k_2=\dfrac{-2x_1+x_2}{4}$

$\therefore \begin{bmatrix}x_1\\x_2\end{bmatrix}=\dfrac{2x_1+x_2}{4}\begin{bmatrix}1\\2\end{bmatrix}+\dfrac{-2x_1+x_2}{4}\begin{bmatrix}-1\\2\end{bmatrix}$

(3) $\begin{bmatrix}x_1\\x_2\end{bmatrix}=k_1\begin{bmatrix}a\\c\end{bmatrix}+k_2\begin{bmatrix}b\\d\end{bmatrix}=\begin{bmatrix}ak_1+bk_2\\ck_1+dk_2\end{bmatrix}$

$\begin{cases}ak_1+bk_2=x_1 & \cdots ①\\ ck_1+dk_2=x_2 & \cdots ②\end{cases}$

①$\times d-$②$\times b$

$(ad-bc)k_1=dx_1-bx_2$

$\therefore k_1=\dfrac{dx_1-bx_2}{ad-bc}$

①$\times c-$②$\times a$

$(bc-ad)k_2=cx_1-ax_2$

$\therefore k_2=\dfrac{-cx_1+ax_2}{ad-bc}$

$\therefore \begin{bmatrix}x_1\\x_2\end{bmatrix}=\dfrac{dx_1-bx_2}{ad-bc}\begin{bmatrix}a\\c\end{bmatrix}+\dfrac{-cx_1+ax_2}{ad-bc}\begin{bmatrix}b\\d\end{bmatrix}$

2. (1) $\begin{bmatrix}x_1\\x_2\\x_3\end{bmatrix}=k_1\begin{bmatrix}1\\1\\1\end{bmatrix}+k_2\begin{bmatrix}1\\1\\0\end{bmatrix}+k_3\begin{bmatrix}1\\0\\0\end{bmatrix}$

$=\begin{bmatrix}k_1+k_2+k_3\\k_1+k_2\\k_1\end{bmatrix}$

$\therefore\begin{cases}k_1+k_2+k_3=x_1 & \cdots ①\\ k_1+k_2=x_2 & \cdots ②\\ k_1=x_3 & \cdots ③\end{cases}$

③에서 $k_1=x_3$

이 k_1을 ②에 대입하면 $k_2=x_2-x_3$

이 k_1, k_2를 ①에 대입하면

$x_3+(x_2-x_3)+k_3=x_1$

$$\therefore k_3 = x_1 - x_2$$

$$\therefore \begin{bmatrix} x_1 \\ x_2 \\ x_3 \end{bmatrix} = x_3 \begin{bmatrix} 1 \\ 1 \\ 1 \end{bmatrix} + (x_2 - x_3) \begin{bmatrix} 1 \\ 1 \\ 0 \end{bmatrix} + (x_1 - x_2) \begin{bmatrix} 1 \\ 0 \\ 0 \end{bmatrix}$$

3. (1) $a_0 + a_1 x + a_2 x^2$

$= k_1 \cdot 1 + k_2(1+x) + k_3(-x+x^2)$

$$\therefore \begin{cases} k_1 + k_2 = a_0 & \cdots ① \\ k_2 - k_3 = a_1 & \cdots ② \\ k_3 = a_2 & \cdots ③ \end{cases}$$

③의 k_3를 ②에 대입하면

$$k_2 = a_1 + a_2$$

이 k_2를 ①에 대입하면

$$k_1 = a_0 - a_1 - a_2$$

$\therefore a_0 + a_1 x + a_2 x^2$

$= (a_0 - a_1 - a_2) + (a_1 + a_2)(1+x)$

$+ a_2(-x+x^2)$

(2), (1)에서 $a_0 = 2$, $a_1 = -3$, $a_2 = -5$이므로

$2 - 3x - 5x^2$

$= (2+3+5) + (-3-5)(1+x) + (-5)(-x+x^2)$

$= 10 - 8(1+x) - 5(-x+x^2)$

4. (1) B_1의 벡터를 B_2의 벡터의 일차결합으로 나타내어야 하므로 상수 a, b, c, d에 대하여 다음과 같이 나타낼 수 있다.

$$\begin{bmatrix} 1 \\ -1 \end{bmatrix} = a \begin{bmatrix} 1 \\ 1 \end{bmatrix} + c \begin{bmatrix} 3 \\ -2 \end{bmatrix}$$

$$\begin{bmatrix} 1 \\ 2 \end{bmatrix} = b \begin{bmatrix} 1 \\ 1 \end{bmatrix} + d \begin{bmatrix} 3 \\ -2 \end{bmatrix}$$

$$\therefore \begin{cases} a + 3c = 1 \\ a - 2c = -1 \end{cases} \quad \cdots ①$$

$$\therefore \begin{cases} b + 3d = 1 \\ b - 2d = 2 \end{cases} \quad \cdots ②$$

①에서

$$a = -\frac{1}{5}, \ c = \frac{2}{5}$$

②에서

$$b = \frac{8}{5}, \ d = -\frac{1}{5}$$

$$\therefore A = \begin{bmatrix} -\frac{1}{5} & \frac{8}{5} \\ \frac{2}{5} & -\frac{1}{5} \end{bmatrix} = \frac{1}{5} \begin{bmatrix} -1 & 8 \\ 2 & -1 \end{bmatrix}$$

$$\therefore [\mathbf{X}]_{B_2} = A[\mathbf{X}]_{B_1}$$

$$= \frac{1}{5} \begin{bmatrix} -1 & 8 \\ 2 & -1 \end{bmatrix} \begin{bmatrix} x_1 \\ x_2 \end{bmatrix}$$

$$= \begin{bmatrix} \frac{1}{5}(-x_1 + 8x_2) \\ \frac{1}{5}(2x_1 - x_2) \end{bmatrix}$$

5. (1) B_1의 벡터를 B_2의 벡터의 일차결합으로 나타내어야 하므로 상수 $a_{ij}(i, j = 1, 2, 3)$에 대하여 다음이 성립한다.

$$\begin{bmatrix} 1 \\ 0 \\ 1 \end{bmatrix} = a_{11} \begin{bmatrix} 1 \\ 2 \\ 1 \end{bmatrix} + a_{21} \begin{bmatrix} -1 \\ 1 \\ 2 \end{bmatrix} + a_{31} \begin{bmatrix} 3 \\ 1 \\ -1 \end{bmatrix}$$

$$\begin{bmatrix} 0 \\ -1 \\ 1 \end{bmatrix} = a_{12} \begin{bmatrix} 1 \\ 2 \\ 1 \end{bmatrix} + a_{22} \begin{bmatrix} -1 \\ 1 \\ 2 \end{bmatrix} + a_{32} \begin{bmatrix} 3 \\ 1 \\ -1 \end{bmatrix}$$

$$\begin{bmatrix} -1 \\ 1 \\ 0 \end{bmatrix} = a_{13} \begin{bmatrix} 1 \\ 2 \\ 1 \end{bmatrix} + a_{23} \begin{bmatrix} -1 \\ 1 \\ 2 \end{bmatrix} + a_{33} \begin{bmatrix} 3 \\ 1 \\ -1 \end{bmatrix}$$

$$\therefore \begin{cases} a_{11} - a_{21} + 3a_{31} = 1 \\ 2a_{11} + a_{21} + a_{31} = 0 \\ a_{11} + 2a_{21} - a_{31} = 1 \end{cases}$$

$$\begin{cases} a_{12} - a_{22} + 3a_{32} = 0 \\ 2a_{12} + a_{22} + a_{32} = -1 \\ a_{12} + 2a_{22} - a_{32} = 1 \end{cases}$$

$$\begin{cases} a_{13} - a_{23} + 3a_{33} = -1 \\ 2a_{13} + a_{23} + a_{33} = 1 \\ a_{13} + 2a_{23} - a_{33} = 0 \end{cases}$$

이 세 연립방정식을 풀어 해를 구하여 다음과 같이 정리한다.

$$A = \begin{bmatrix} a_{11} & a_{12} & a_{13} \\ a_{21} & a_{22} & a_{23} \\ a_{31} & a_{32} & a_{33} \end{bmatrix} = \begin{bmatrix} -\frac{7}{3} & -3 & \frac{8}{3} \\ \frac{8}{3} & 3 & -\frac{7}{3} \\ 2 & 2 & -2 \end{bmatrix}$$

$$\therefore [\mathbf{X}]_{B_2} = A[\mathbf{X}]_{B_1}$$

$$= \begin{bmatrix} -\frac{7}{3} & -3 & \frac{8}{3} \\ \frac{8}{3} & 3 & -\frac{7}{3} \\ 2 & 2 & -2 \end{bmatrix} \begin{bmatrix} x_1 \\ x_2 \\ x_3 \end{bmatrix}$$

$$= \begin{bmatrix} -\frac{7}{3}x_1 - 3x_2 + \frac{8}{3}x_3 \\ \frac{8}{3}x_1 + 3x_2 - \frac{7}{3}x_3 \\ 2x_1 + 2x_2 - 2x_3 \end{bmatrix}$$

6. (1)

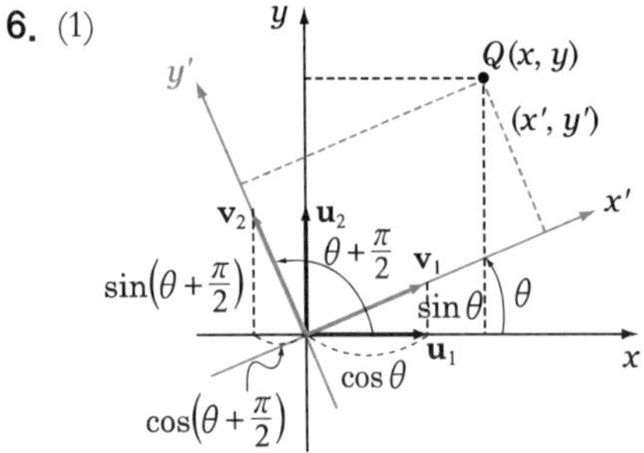

그림에서 B_2에서 B_1으로의 추이행렬을 A라 하면

$$\begin{bmatrix} x' \\ y' \end{bmatrix} = A^{-1} \begin{bmatrix} x \\ y \end{bmatrix}$$

그리고

$$[\mathbf{v}_1]_{B_1} = \begin{bmatrix} \cos\theta \\ \sin\theta \end{bmatrix}$$

$$[\mathbf{v}_2]_{B_1} = \begin{bmatrix} \cos\left(\theta + \frac{\pi}{2}\right) \\ \sin\left(\theta + \frac{\pi}{2}\right) \end{bmatrix} = \begin{bmatrix} -\sin\theta \\ \cos\theta \end{bmatrix}$$

따라서 B_2에서 B_1으로의 추이행렬 A는

$$A = \begin{bmatrix} \cos\theta & -\sin\theta \\ \sin\theta & \cos\theta \end{bmatrix}$$

$$\therefore A^{-1} = \begin{bmatrix} \cos\theta & \sin\theta \\ -\sin\theta & \cos\theta \end{bmatrix}$$

$$\therefore \begin{bmatrix} x' \\ y' \end{bmatrix} = \begin{bmatrix} \cos\theta & \sin\theta \\ -\sin\theta & \cos\theta \end{bmatrix} \begin{bmatrix} x \\ y \end{bmatrix}$$

$$\therefore \begin{cases} x' = x\cos\theta + y\sin\theta \\ y' = -x\sin\theta + y\cos\theta \end{cases}$$

B_1에서 B_2로의 추이행렬은

$$A^{-1} = \begin{bmatrix} \cos\theta & \sin\theta \\ -\sin\theta & \cos\theta \end{bmatrix}$$

(3)

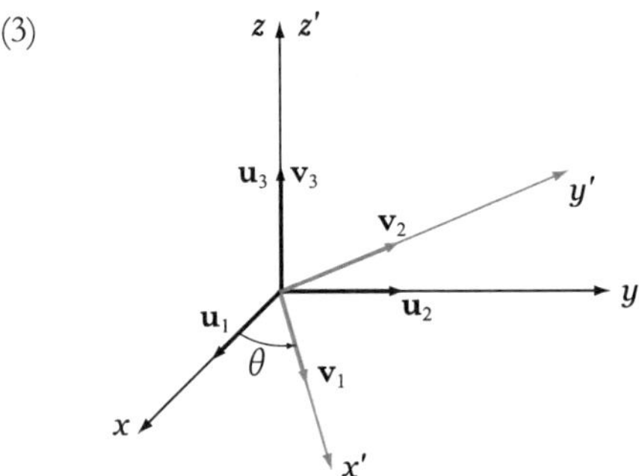

그림에서 xyz 좌표계의 기저를

$$B_1 = \{\mathbf{u}_1, \mathbf{u}_2, \mathbf{u}_3\}$$

z축을 회전축으로 하고 시계바늘 반대방향으로 θ만큼 회전한 $x'y'z'$ 좌표계의 기저를

$$B_2 = \{\mathbf{v}_1, \mathbf{v}_2, \mathbf{v}_3\}$$

라 하면 (1)과 마찬가지로

$$[\mathbf{v}_1]_{B_1} = \begin{bmatrix} \cos\theta \\ \sin\theta \\ 0 \end{bmatrix}$$

$$[\mathbf{v}_2]_{B_1} = \begin{bmatrix} -\sin\theta \\ \cos\theta \\ 0 \end{bmatrix}$$

$$[\mathbf{v}_3]_{B_1} = \begin{bmatrix} 0 \\ 0 \\ 1 \end{bmatrix}$$

따라서 B_2에서 B_1으로의 추이행렬은

$$A=\begin{bmatrix}\cos\theta & -\sin\theta & 0\\ \sin\theta & \cos\theta & 0\\ 0 & 0 & 1\end{bmatrix}$$

B_1에서 B_2로의 추이행렬은 A의 역행렬 A^{-1} 이므로 이것을 구하면

$$A^{-1}=\begin{bmatrix}\cos\theta & \sin\theta & 0\\ -\sin\theta & \cos\theta & 0\\ 0 & 0 & 1\end{bmatrix}$$

연습문제 5.6

1. (1) $\mathbf{i}=(1,0)$, $\mathbf{j}=(0,1)$

$$\therefore \mathbf{i}\cdot\mathbf{j}=\mathbf{j}\cdot\mathbf{i}=0$$
$$\mathbf{i}\cdot\mathbf{i}=\mathbf{j}\cdot\mathbf{j}=1$$

주어진 집합은 정규직교집합이다.

(3) $\mathbf{i}=(1,0,0)$, $\mathbf{j}=(0,1,0)$, $\mathbf{k}=(0,0,1)$

$$\mathbf{i}\cdot\mathbf{j}=\mathbf{j}\cdot\mathbf{k}=\mathbf{k}\cdot\mathbf{i}=0$$
$$\mathbf{i}\cdot\mathbf{i}=\mathbf{j}\cdot\mathbf{j}=\mathbf{k}\cdot\mathbf{k}=1$$

$\therefore$ 정규직교집합

3. (i) $<\mathbf{p},\mathbf{q}>=a_0b_0+a_1b_1+a_2b_2$

$$=b_0a_0+b_1a_1+b_2a_2$$
$$=<\mathbf{q},\mathbf{p}>$$

(ii) $<\mathbf{p},\mathbf{p}>=a_0a_0+a_1a_1+a_2a_2$

$$=a_0^2+a_1^2+a_2^2\ge 0$$

(iii) $<\mathbf{p},\mathbf{p}>=a_0^2+a_1^2+a_2^2=0$

$$\Leftrightarrow a_0=a_1=a_2=0,\ \text{즉}\ \mathbf{p}=0$$

(iv) $\mathbf{r}=c_0+c_1x+c_2x^2$이라 하면

$$\mathbf{q}+\mathbf{r}=(b_0+c_0)+(b_1+c_1)x+(b_2+c_2)x^2$$

$\therefore <\mathbf{p},\mathbf{q}+\mathbf{r}>$

$$=a_0(b_0+c_0)+a_1(b_1+c_1)+a_2(b_2+c_2)$$
$$=a_0b_0+a_0c_0+a_1b_1+a_1c_1+a_2b_2+a_2c_2$$
$$=a_0b_0+a_1b_1+a_2b_2+a_0c_0+a_1c_1+a_2c_2$$
$$=<\mathbf{p},\mathbf{q}>+<\mathbf{p},\mathbf{r}>$$

(v) 스칼라 α에 대하여

$\alpha\mathbf{p}=\alpha a_0+\alpha a_1x+\alpha a_2x^2$이므로

$$<\alpha\mathbf{p},\mathbf{q}>=\alpha a_0b_0+\alpha a_1b_1+\alpha a_2b_2$$
$$=\alpha(a_0b_0+a_1b_1+a_2b_2)$$
$$=\alpha<\mathbf{p},\mathbf{q}>$$

그러므로 P_2는 $<\mathbf{p},\mathbf{q}>$에 대하여 내적공간이다.

5. $<\mathbf{v},\mathbf{u}_1>=0$, $<\mathbf{v},\mathbf{u}_2>=0$이다.

$$\therefore <\mathbf{v},\alpha\mathbf{u}_1+\beta\mathbf{u}_2>=<\mathbf{v},\alpha\mathbf{u}_1>+<\mathbf{v},\beta\mathbf{u}_2>$$
$$=\alpha<\mathbf{v},\mathbf{u}_1>+\beta<\mathbf{v},\mathbf{u}_2>$$
$$=\alpha\cdot 0+\beta\cdot 0=0$$

그러므로 $\mathbf{v}$와 $\alpha\mathbf{u}_1+\beta\mathbf{u}_2$는 직교한다.

7. $x-2y+z=0$

$x=2y-z$

$$\therefore (x,y,z)=(2y-z,y,z)$$
$$=(2y,y,0)+(-z,0,z)$$
$$=y(2,1,0)+z(-1,0,1)$$

$\{(2,1,0),(-1,0,1)\}$

은 기저이다.

$$\mathbf{v}_1=(2,1,0),\ \mathbf{v}_2=(-1,0,1)$$

으로 하면

$$\mathbf{u}_1=\frac{\mathbf{v}_1}{\|\mathbf{v}_1\|}=\frac{(2,1,0)}{\sqrt{2^2+1^2+0^2}}=\left(\frac{2}{\sqrt5},\frac{1}{\sqrt5},0\right)$$

그리고 $\mathbf{v}_2-<\mathbf{v}_2,\mathbf{u}_1>\mathbf{u}_1$

$$=(-1,0,1)-\left\{(-1,0,1)\cdot\left(\frac{2}{\sqrt5},\frac{1}{\sqrt5},0\right)\right\}$$
$$\left(\frac{2}{\sqrt5},\frac{1}{\sqrt5},0\right)$$

$$=(-1,0,1)-\left(-\frac{2}{\sqrt{5}}\right)\left(\frac{2}{\sqrt{5}},\frac{1}{\sqrt{5}},0\right)$$
$$=(-1,0,1)+\left(\frac{4}{5},\frac{2}{5},0\right)$$
$$=\left(-\frac{1}{5},\frac{2}{5},1\right)$$
$$\therefore \mathbf{u}_2=\frac{\mathbf{v}_2-<\mathbf{v}_2,\mathbf{u}_1>\mathbf{u}_1}{\|\mathbf{v}_2-<\mathbf{v}_2,\mathbf{u}_1>\mathbf{u}_1\|}$$
$$=\frac{\left(-\frac{1}{5},\frac{2}{5},1\right)}{\sqrt{\left(-\frac{1}{5}\right)^2+\left(\frac{2}{5}\right)^2+1^2}}=\frac{\left(-\frac{1}{5},\frac{2}{5},1\right)}{\frac{\sqrt{30}}{5}}$$
$$=\left(-\frac{1}{\sqrt{30}},\frac{2}{\sqrt{30}},\frac{5}{\sqrt{3}}\right)$$

그러므로 구하는 정규직교기저는

$$\{\mathbf{u}_1,\mathbf{u}_2\}$$
$$=\left\{\left(\frac{2}{\sqrt{5}},\frac{1}{\sqrt{5}},0\right),\left(-\frac{1}{\sqrt{30}},\frac{2}{\sqrt{30}},\frac{5}{\sqrt{30}}\right)\right\}$$

(검토) $<\mathbf{u}_1,\mathbf{u}_2>=\mathbf{u}_1\cdot\mathbf{u}_2=0$

$<\mathbf{u}_1,\mathbf{u}_1>=<\mathbf{u}_2,\mathbf{u}_2>=\mathbf{u}_1\cdot\mathbf{u}_1$

$=\mathbf{u}_2\cdot\mathbf{u}_2=1$

9. 문제 6에서 구한 정규직교기저는

$$\left\{\left(\frac{1}{\sqrt{2}},\frac{1}{\sqrt{2}},0\right),\left(\frac{\sqrt{2}}{2\sqrt{3}},-\frac{\sqrt{2}}{2\sqrt{3}},\frac{\sqrt{2}}{\sqrt{3}}\right),\left(-\frac{\sqrt{3}}{3},\frac{\sqrt{3}}{3},\frac{\sqrt{3}}{3}\right)\right\}$$

구하는 직교행렬은 8번을 적용하면

$$\begin{bmatrix}\frac{1}{\sqrt{2}} & \frac{\sqrt{2}}{2\sqrt{3}} & -\frac{\sqrt{3}}{3}\\ \frac{1}{\sqrt{2}} & -\frac{\sqrt{2}}{2\sqrt{3}} & \frac{\sqrt{3}}{3}\\ 0 & \frac{\sqrt{2}}{\sqrt{3}} & \frac{\sqrt{3}}{3}\end{bmatrix}$$

(검토) G^tG

$$=\begin{bmatrix}\frac{1}{\sqrt{2}} & \frac{1}{\sqrt{2}} & 0\\ \frac{\sqrt{2}}{2\sqrt{3}} & -\frac{\sqrt{2}}{2\sqrt{3}} & \frac{\sqrt{2}}{\sqrt{3}}\\ -\frac{\sqrt{3}}{3} & \frac{\sqrt{3}}{3} & \frac{\sqrt{3}}{3}\end{bmatrix}\begin{bmatrix}\frac{1}{\sqrt{2}} & \frac{\sqrt{2}}{2\sqrt{3}} & -\frac{\sqrt{3}}{3}\\ \frac{1}{\sqrt{2}} & -\frac{\sqrt{2}}{2\sqrt{3}} & \frac{\sqrt{3}}{3}\\ 0 & \frac{\sqrt{2}}{\sqrt{3}} & \frac{\sqrt{3}}{3}\end{bmatrix}$$

$$=\begin{bmatrix}1&0&0\\0&1&0\\0&0&1\end{bmatrix}$$

11. $\mathbf{v}=(\mathbf{v}\cdot\mathbf{u}_1)\mathbf{u}_1+(\mathbf{v}\cdot\mathbf{u}_2)\mathbf{u}_2+(\mathbf{v}\cdot\mathbf{u}_3)\mathbf{u}_3$

$$=\left\{(1,-3,2)\cdot\left(\frac{1}{\sqrt{2}},\frac{1}{\sqrt{2}},0\right)\right\}\left(\frac{1}{\sqrt{2}},\frac{1}{\sqrt{2}},0\right)$$
$$+(1,-3,2)\cdot\left(\frac{\sqrt{2}}{2\sqrt{3}},-\frac{\sqrt{2}}{2\sqrt{3}},\frac{\sqrt{2}}{\sqrt{3}}\right)\Bigg\}\left(\frac{\sqrt{2}}{2\sqrt{3}},-\frac{\sqrt{2}}{2\sqrt{3}},\frac{\sqrt{2}}{\sqrt{3}}\right)$$
$$+\left\{(1,-3,2)\cdot\left(-\frac{\sqrt{3}}{3},\frac{\sqrt{3}}{3},\frac{\sqrt{3}}{3}\right)\right\}\left(-\frac{\sqrt{3}}{3},\frac{\sqrt{3}}{3},\frac{\sqrt{3}}{3}\right)$$
$$=-\frac{2}{\sqrt{2}}\left(\frac{1}{\sqrt{2}},\frac{1}{\sqrt{2}},0\right)+\frac{4\sqrt{2}}{\sqrt{3}}\left(\frac{\sqrt{2}}{2\sqrt{3}},-\frac{\sqrt{2}}{2\sqrt{3}},\frac{\sqrt{2}}{\sqrt{3}}\right)-\frac{2\sqrt{3}}{3}\left(-\frac{\sqrt{3}}{3},\frac{\sqrt{3}}{3},\frac{\sqrt{3}}{3}\right)$$
$$=-\frac{2}{\sqrt{2}}\mathbf{u}_1+\frac{4\sqrt{2}}{\sqrt{3}}\mathbf{u}_2-\frac{2\sqrt{3}}{3}\mathbf{u}_3$$

12. (1) (i) $\mathbf{u}=\mathbf{0}$일 때

양변은 0으로 등호가 성립하는 경우이다.

(ii) $\mathbf{u}\neq\mathbf{0}$일 때

실수 t에 대하여

$$<t\mathbf{u}+\mathbf{v},\ t\mathbf{u}+\mathbf{v}>\geq 0 \qquad \cdots ①$$

$$\begin{aligned}&<t\mathbf{u}+\mathbf{v},\ t\mathbf{u}+\mathbf{v}>\\&=<t\mathbf{u}+\mathbf{v},\ t\mathbf{u}>+<t\mathbf{u}+\mathbf{v},\ \mathbf{v}>\\&=<t\mathbf{u},\ t\mathbf{u}>+<\mathbf{v},\ t\mathbf{u}>\\&\qquad+<t\mathbf{u},\ \mathbf{v}>+<\mathbf{v},\ \mathbf{v}>\\&=t^2<\mathbf{u},\ \mathbf{u}>+t<\mathbf{v},\ \mathbf{u}>\\&\qquad+t<\mathbf{u},\ \mathbf{v}>+<\mathbf{v},\ \mathbf{v}>\\&=t^2\|\mathbf{u}\|^2+2t<\mathbf{u},\ \mathbf{v}>+\|\mathbf{v}\|^2 \quad \cdots ②\end{aligned}$$

①, ②에서 $\|\mathbf{u}\|^2\geq 0$이고 ②가 0보다 크거나 같아야 하므로 t에 대한 2차식 ②의 판별식은 0보다 작거나 같아야 한다.

$$\{2<\mathbf{u},\ \mathbf{v}>\}^2-4\|\mathbf{u}\|^2\|\mathbf{v}\|^2\leq 0$$
$$\therefore <\mathbf{u},\ \mathbf{v}>^2\leq\|\mathbf{u}\|^2\|\mathbf{v}\|^2$$
$$\therefore <\mathbf{u},\ \mathbf{v}>^2\leq<\mathbf{u},\ \mathbf{u}><\mathbf{v},\ \mathbf{v}>$$

13. (1) $\|\mathbf{u}+\mathbf{v}\|^2+\|\mathbf{u}-\mathbf{v}\|^2$

$$\begin{aligned}&=<\mathbf{u}+\mathbf{v},\ \mathbf{u}+\mathbf{v}>+<\mathbf{u}-\mathbf{v},\ \mathbf{u}-\mathbf{v}>\\&=<\mathbf{u},\ \mathbf{u}>+2<\mathbf{u},\ \mathbf{v}>+<\mathbf{v},\ \mathbf{v}>\\&\qquad+<\mathbf{u},\ \mathbf{u}>-2<\mathbf{u},\ \mathbf{v}>+<\mathbf{v},\ \mathbf{v}>\\&=2<\mathbf{u},\ \mathbf{u}>+2<\mathbf{v},\ \mathbf{v}>\\&=2\|\mathbf{u}\|^2+2\|\mathbf{v}\|^2\end{aligned}$$

(3) $<\mathbf{u}+\mathbf{v},\ \mathbf{u}-\mathbf{v}>$

$$\begin{aligned}&=<\mathbf{u},\ \mathbf{u}>-<\mathbf{v},\ \mathbf{v}>\\&=\|\mathbf{u}\|^2-\|\mathbf{v}\|^2\end{aligned}$$

$$\therefore <\mathbf{u}+\mathbf{v},\ \mathbf{u}-\mathbf{v}>=0$$
$$\Leftrightarrow \|\mathbf{u}\|^2-\|\mathbf{v}\|^2=0$$
$$\Leftrightarrow \|\mathbf{u}\|=\|\mathbf{v}\|$$

15. (1) $\mathbf{x},\ \mathbf{y}\in W^{\perp}$, $\mathbf{v}\in W$에 대하여

(i) $<\mathbf{x}+\mathbf{y},\ \mathbf{v}>=<\mathbf{x},\ \mathbf{v}>+<\mathbf{y},\ \mathbf{v}>$
$$=0+0$$
$$=0$$

(ii) 스칼라 α에 대하여

$$<\alpha\mathbf{x},\ \mathbf{v}>=\alpha<\mathbf{x},\ \mathbf{v}>=\alpha 0$$
$$=0$$

(i), (ii)에 의하여

$W^{\perp}$는 V의 부분공간이다.

06 선형변환

연습문제 6.1

1. (1) $T((x_1,\ y_1)+(x_2,\ y_2))=T(x_1+x_2,\ y_1+y_2)$
$$=(0,\ y_1+y_2)$$
$$=(0,\ y_1)+(0,\ y_2)$$
$$=T(x_1,\ y_1)+T(x_2,\ y_2)$$

$T(\alpha(x_1,\ y_1))=T(\alpha x_1,\ \alpha y_1)=(0,\ \alpha y_1)$
$$=\alpha(0,\ y_1)=\alpha T(x_1,\ y_1)$$

$\therefore$ T는 선형(linear)

(3) $T((x_1,\ y_1)+(x_2,\ y_2))=T(x_1+x_2,\ y_1+y_2)$
$$=(y_1+y_2,\ x_1+x_2)$$
$$=(y_1,\ x_1)+(y_2,\ x_2)$$
$$=T(x_1,\ y_1)+T(x_2,\ y_2)$$

$T(\alpha(x_1,\ y_1))=T(\alpha x_1,\ \alpha y_1)=(\alpha y_1,\ \alpha x_1)$
$$=\alpha(y_1,\ x_1)=\alpha T(x_1,\ y_1)$$

$\therefore$ T는 선형

(5) $T((x_1,\ y_1)+(x_2,\ y_2))=T(x_1+x_2,\ y_1+y_2)$
$$=(x_1+x_2+a,\ y_1+y_2+b)$$

$T(x_1,\ y_1)+T(x_2,\ y_2)$

$= (x_1 + a, y_1 + b) + (x_2 + a, y_2 + b)$

$= (x_1 + x_2 + 2a, y_1 + y_2 + 2b)$

$\therefore T((x_1, y_1) + (x_2, y_2))$

$\neq T(x_1, y_1) + T(x_2, y_2)$

$\therefore$ T는 비선형(선형이 아니다)

(7) $T((x_1, y_1) + (x_2, y_2)) = T(x_1 + x_2, y_1 + y_2)$

$= (a(x_1 + x_2), b(y_1 + y_2))$

$= (ax_1, by_1) + (ax_2, by_2)$

$= T(x_1, y_1) + T(x_2, y_2)$

$T(\alpha(x_1, y_1)) = T(\alpha x_1, \alpha y_1) = (a\alpha x_1, b\alpha y_1)$

$= \alpha(ax_1, by_1) = \alpha T(x_1, y_1)$

$\therefore$ T는 선형

(9) $T(\alpha(x, y, z)) = T(\alpha x, \alpha y, \alpha z)$

$= (c, \alpha z)$

$\alpha T(x, y, z) = \alpha(c, z) = (\alpha c, \alpha z)$

$\therefore T(\alpha(x, y, z)) \neq \alpha T(x, y, z)$

$\therefore$ T는 비선형(선형이 아니다)

(11) $T(\alpha(x, y)) = T(\alpha x, \alpha y) = \alpha x \alpha y = \alpha^2 xy$

$\alpha T(x, y) = \alpha xy$

$\therefore T(\alpha(x, y)) \neq \alpha T(x, y)$

$\therefore$ T는 비선형

2. (1) $T((a_0 + a_1 x + a_2 x^2) + (b_0 + b_1 x + b_2 x^2))$

$= T(a_0 + b_0 + (a_1 + b_1)x + (a_2 + b_2)x^2)$

$= a_0 + b_0 + (a_1 + b_1)(x-1) + (a_2 + b_2)(x-1)^2$

$= a_0 + a_1(x-1) + a_2(x-1)^2$

$+ b_0 + b_1(x-1) + b_2(x-1)^2$

$= T(a_0 + a_1 x + a_2 x^2) + T(b_0 + b_1 x + b_2 x^2)$

$T(\alpha(a_0 + a_1 x + a_2 x^2))$

$= T(\alpha a_0 + \alpha a_1 x + \alpha a_2 x^2)$

$= \alpha a_0 + \alpha a_1(x-1) + \alpha a_2(x-1)^2$

$= \alpha\{a_0 + a_1(x-1) + a_2(x-1)^2\}$

$= \alpha T(a_0 + a_1 x + a_2 x^2)$

$\therefore$ T는 선형

3. (1) $T(A+B) = (A+B)^t(A+B)$

$= (A^t + B^t)(A+B)$

$= A^t(A+B) + B^t(A+B)$

$= A^tA + A^tB + B^tA + B^tB$

$T(A) + T(B) = A^tA + B^tB$

$\therefore T(A+B) \neq T(A) + T(B)$

$\therefore$ T는 비선형

(3) $A = \begin{bmatrix} a_1 & a_2 \\ a_3 & a_4 \end{bmatrix}$, $B = \begin{bmatrix} b_1 & b_2 \\ b_3 & b_4 \end{bmatrix}$라 하자.

$T(A+B) = \det(A+B)$

$= \det\begin{bmatrix} a_1 + b_1 & a_2 + b_2 \\ a_3 + b_3 & a_4 + b_4 \end{bmatrix}$

$= (a_1 + b_1)(a_4 + b_4) - (a_2 + b_2)(a_3 + b_3)$

$T(A) + T(B) = \det A + \det B$

$= a_1 a_4 - a_2 a_3 + b_1 b_4 - b_2 b_3$

$\therefore T(A+B) \neq T(A) + T(B)$

$\therefore$ T는 비선형

4. (1) $T(f+g) = (f+g)^3$

$T(f) + T(g) = f^3 + g^3$

$\therefore T(f+g) \neq T(f) + T(g)$

$\therefore$ T는 비선형

(3) $T(f+g) = (f+g)(x+1)$

$= f(x+1) + g(x+1)$

$= T(f) + T(g)$

$T(\alpha f) = \alpha f(x+1) = \alpha T(f)$

$\therefore$ T는 선형

5. (1) $T((x_1, y_1, z_1)+(x_2, y_2, z_2))$

$$= T(x_1+x_2,\ y_1+y_2,\ z_1+z_2)$$
$$= (x_1+x_2,\ y_1+y_2,\ 0)$$
$$= (x_1, y_1, 0)+(x_2, y_2, 0)$$
$$= T(x_1, y_1, z_1) + T(x_2, y_2, z_2)$$

$T(\alpha(x_1, y_1, z_1)) = T(\alpha x_1, \alpha y_1, \alpha z_1)$

$$= (\alpha x_1, \alpha y_1, 0) = \alpha(x_1, y_1, 0)$$
$$= \alpha T(x_1, y_1, z_1)$$

$\therefore$ T는 선형

이때 T가 벡터(x, y, z)을 xy평면에 정사영 $(x, y, 0)$으로 변환하는 선형변환임을 알 수 있다.

6. $T(\mathbf{u}+\mathbf{v}) = <\mathbf{u}+\mathbf{v}, \mathbf{v}_0>$

$$= <\mathbf{u}, \mathbf{v}_0>+<\mathbf{v}, \mathbf{v}_0>$$
$$= T(\mathbf{u}) + T(\mathbf{v})$$

$T(\alpha\mathbf{u}) = <\alpha\mathbf{u}, \mathbf{v}_0>$

$$= \alpha <\mathbf{u}, \mathbf{v}_0>$$
$$= \alpha T(\mathbf{u})$$

$\therefore$ T는 선형변환이다.

연습문제 6.2

1. (1) 모든 $x \in \mathbb{R}$에 대하여

$$T(x, y) = (0, y) = (0, 0)$$

핵은

$$\ker T = \{(x, 0) \mid x \in \mathbb{R}\}$$

이것은 x축을 의미한다.
또 치역은

$$im\, T = \{(0, y) \mid y \in \mathbb{R}\}$$

이것은 y축을 의미한다.

그러므로

$$\text{퇴화차수는 } n(T) = 1$$
$$\text{계수는 } r(T) = 1$$

(3) $p(x) \in P_2$를

$$p(x) = a_0 + a_1 x + a_2 x^2$$

이라 하면

$$xp(x) = x(a_0 + a_1 x + a_2 x^2)$$
$$= a_0 x + a_1 x^2 + a_2 x^3 \in P_3$$
$$T(p) = 0,\ a_0 x + a_1 x^2 + a_2 x^3 = 0$$
$$\therefore a_0 = a_1 = a_2 = 0$$

핵은

$$\ker T = \{\mathbf{0}\}$$

치역은

$$im\, T = \{p \mid p(x) = a_0 x + a_1 x^2 + a_0 x^3,\ x \in \mathbb{R}\}$$

따라서 퇴화차수는

$$n(T) = \dim(\ker T) = 0$$

계수는

$$r(T) = \dim(im\, T) = 3$$

2. (1)

$$\ker T = V$$
$$im\, T = \{\mathbf{0}\}$$
$$n(T) = \dim(\ker T) = n$$
$$r(T) = 0$$

(3)

$$\ker T = \{\mathbf{0}\}$$
$$im\, T = V$$
$$n(T) = 0,\ r(T) = n$$

3. (1) $\mathbf{v} \in V$라 하면

$\{\mathbf{u}_1, \mathbf{u}_2, \cdots, \mathbf{u}_n\}$이 V의 기저이므로

$$\mathbf{v} = \alpha_1 \mathbf{u}_1 + \alpha_2 \mathbf{u}_2 + \cdots + \alpha_n \mathbf{u}_n$$

으로 나타낼 수 있다.

또 $T(\mathbf{u}_i) = \mathbf{0} \quad (i = 1, 2, \cdots, n)$이므로

$$\begin{aligned} T(\mathbf{v}) &= T(\alpha_1 \mathbf{u}_1 + \alpha_2 \mathbf{u}_2 + \cdots + \alpha_n \mathbf{u}_n) \\ &= \alpha_1 T(\mathbf{u}_1) + \alpha_2 T(\mathbf{u}_2) + \cdots + \alpha_n T(\mathbf{u}_n) \\ &= \alpha_1 \mathbf{0} + \alpha_2 \mathbf{0} + \cdots + \alpha_n \mathbf{0} \\ &= \mathbf{0} + \mathbf{0} + \cdots + \mathbf{0} \\ &= \mathbf{0} \end{aligned}$$

그러므로 T는 영변환이다.

5. $2x - y + z = 0$에서

$$\begin{aligned} y &= 2x + z \\ \therefore (x, y, z) &= (x, 2x + z, z) \\ &= (x, 2x, 0) + (0, z, z) \\ &= x(1, 2, 0) + (0, 1, 1) \end{aligned}$$

W는 $\{(1, 2, 0), (0, 1, 1)\}$을 기저로 하는 $\mathbb{R}^3$의 2차원부분공간이다.

$\mathbb{R}^2$의 표준기저는 $\{\mathbf{u}_1, \mathbf{u}_2\} = \{(1, 0), (0, 1)\}$을 사용하여 T를

$$T(\mathbf{u}_1) = (1, 2, 0), \quad T(\mathbf{u}_2) = (0, 1, 1)$$

즉 $T((1, 0)) = (1, 2, 0), \quad T((0, 1)) = (0, 1, 1)$

로 정의하면 된다.

$$\begin{aligned} T((3, -2)) &= T(3\mathbf{u}_1 - 2\mathbf{u}_2) \\ &= T(3(1, 0) - 2(0, 1)) \\ &= 3T((1, 0)) - 2T((0, 1)) \\ &= 3(1, 2, 0) - 2(0, 1, 1) \\ &= (3, 4, -2) \end{aligned}$$

연습문제 6.3

1. (1) $\mathbf{e}_1 = \begin{bmatrix} 1 \\ 0 \end{bmatrix}, \ \mathbf{e}_1 = \begin{bmatrix} 0 \\ 1 \end{bmatrix}$

$$\begin{bmatrix} -2x_1 + x_2 \\ x_1 - x_2 \end{bmatrix} = x_1 \begin{bmatrix} -2 \\ 1 \end{bmatrix} + x_2 \begin{bmatrix} 1 \\ -1 \end{bmatrix}$$

$$T(\mathbf{e}_1) = \begin{bmatrix} -2 \\ 1 \end{bmatrix}, \quad T(\mathbf{e}_2) = \begin{bmatrix} 1 \\ -1 \end{bmatrix}$$

$$\therefore A = [\, T(\mathbf{e}_1) \ \vdots \ T(\mathbf{e}_2) \,] = \begin{bmatrix} -2 & 1 \\ 1 & -1 \end{bmatrix}$$

(3) $\mathbf{e}_1 = \begin{bmatrix} 1 \\ 0 \\ 0 \end{bmatrix}, \ \mathbf{e}_2 = \begin{bmatrix} 0 \\ 1 \\ 0 \end{bmatrix}, \ \mathbf{e}_3 = \begin{bmatrix} 0 \\ 0 \\ 1 \end{bmatrix}$

$$\begin{aligned} &\begin{bmatrix} x_1 + 2x_2 - x_3 \\ -x_1 - 3x_2 + 2x_3 \end{bmatrix} \\ &= x_1 \begin{bmatrix} 1 \\ -1 \end{bmatrix} + x_2 \begin{bmatrix} 2 \\ -3 \end{bmatrix} + x_3 \begin{bmatrix} -1 \\ 2 \end{bmatrix} \end{aligned}$$

$$\therefore A = \begin{bmatrix} 1 & 2 & -1 \\ -1 & -3 & 2 \end{bmatrix}$$

2. (1) $\ker T = \{\mathbf{0}\}, \ im\,T = \mathbb{R}^2$이므로

$$n(T) = 0, \quad r(T) = 2$$

(3) $A = \begin{bmatrix} 1 & 2 & -1 \\ -1 & -3 & 2 \end{bmatrix}$ $\quad R_2 + R_1 \to R_2$

$\begin{bmatrix} 1 & 2 & -1 \\ 0 & -1 & 1 \end{bmatrix}$ $\quad R_2 \times (-1) \to R_2$

$\begin{bmatrix} 1 & 2 & -1 \\ 0 & 1 & -1 \end{bmatrix}$

마지막 행렬의 R_1, R_2가 일차독립이고 이 행렬은 2×3 행렬이므로

$$r(A) = 3, \ n(A) = 3 - r(A) = 3$$
$$\therefore r(A) = 0$$

따라서

$im\,T$는 $\begin{bmatrix} 1 \\ -1 \end{bmatrix}, \begin{bmatrix} 2 \\ -3 \end{bmatrix}, \begin{bmatrix} -1 \\ 2 \end{bmatrix}$로 생성된 집합이다.

$$\ker T = [\mathbf{0}\}$$
$$\therefore n(T) = 0, \ r(T) = 3$$

3. $T(p(x)) = x^2 p(x)$로부터

$$T(1) = x^2 \cdot 1 = x^2$$

$$T(x) = x^2 \cdot x = x^3$$
$$T(x^2) = x^2 \cdot x^2 = x^4$$

$$\therefore [T(1)]_{B_2} = \begin{bmatrix} 0 \\ 0 \\ 1 \\ 0 \\ 0 \end{bmatrix}, \ [T(x)]_{B_2} = \begin{bmatrix} 0 \\ 0 \\ 0 \\ 1 \\ 0 \end{bmatrix}$$

$$[T(x^2)]_{B_2} = \begin{bmatrix} 0 \\ 0 \\ 0 \\ 0 \\ 1 \end{bmatrix}$$

$$\therefore A = \begin{bmatrix} 0 & 0 & 0 \\ 0 & 0 & 0 \\ 1 & 0 & 0 \\ 0 & 1 & 0 \\ 0 & 0 & 1 \end{bmatrix}$$

5. $T(p(x)) = x^2 p(x)$로 부터

$$T(1+x) = x^2(1+x) = x^2 + x^3$$
$$T(2-x+3x^2) = x^2(2-x+3x^2) = 2x^2 - x^3 + 3x^4$$
$$T(2x-x^2) = x^2(2x-x^2) = 2x^3 - x^4$$

$$\therefore [T(1+x)]_{B_2} = \begin{bmatrix} 0 \\ 0 \\ 1 \\ 1 \\ 0 \end{bmatrix}$$

$$[T(2-x+3x^2)]_{B_2} = \begin{bmatrix} 0 \\ 0 \\ 2 \\ -1 \\ 3 \end{bmatrix}$$

$$[T(2x-x^2)]_{B_2} = \begin{bmatrix} 0 \\ 0 \\ 0 \\ 2 \\ -1 \end{bmatrix}$$

$$\therefore A = \begin{bmatrix} 0 & 0 & 0 \\ 0 & 0 & 0 \\ 1 & 2 & 0 \\ 1 & -1 & 2 \\ 0 & 3 & -1 \end{bmatrix}$$

07 고유값과 고유벡터

연습문제 7.1

1. (1) $A = \begin{bmatrix} 0 & 0 \\ 0 & 0 \end{bmatrix}$

$$\det(A - \lambda I) = 0$$
$$\begin{vmatrix} -\lambda & 0 \\ 0 & -\lambda \end{vmatrix} = 0$$
$$\therefore \lambda^2 = 0$$

(3) $A = \begin{bmatrix} 0 & 4 \\ 3 & 0 \end{bmatrix}$

$$\det(A - \lambda I) = \begin{vmatrix} -\lambda & 4 \\ 3 & -\lambda \end{vmatrix} = \lambda^2 - 12$$
$$\therefore \lambda^2 - 12 = 0$$

(5) $A = \begin{bmatrix} 7 & -6 \\ 3 & -2 \end{bmatrix}$

$$\det(A - \lambda I) = \begin{vmatrix} 7-\lambda & -6 \\ 3 & -2-\lambda \end{vmatrix} = (7-\lambda)(-2-\lambda) + 18 = \lambda^2 - 5\lambda + 4$$
$$\therefore \lambda^2 - 5\lambda + 4 = 0$$

(7) $A = \begin{bmatrix} 5 & -3 & 6 \\ 2 & 0 & 6 \\ -4 & 4 & -1 \end{bmatrix}$

$$\det(A - \lambda I) = \begin{vmatrix} 5-\lambda & -3 & 6 \\ 2 & -\lambda & 6 \\ -4 & 4 & -1-\lambda \end{vmatrix}$$
$$= (5-\lambda)\begin{vmatrix} -\lambda & 6 \\ 4 & -1-\lambda \end{vmatrix} - 2\begin{vmatrix} -3 & 6 \\ 4 & -1-\lambda \end{vmatrix} - 4\begin{vmatrix} -3 & 6 \\ -\lambda & 6 \end{vmatrix}$$
$$= (5-\lambda)(\lambda^2 + \lambda - 24) - 2(3\lambda - 21) - 4(6\lambda - 18)$$
$$= -\lambda^3 + 4\lambda^2 + 29\lambda - 120 - 6\lambda + 42 \ -24\lambda + 72$$
$$= -\lambda^3 + 4\lambda^2 - \lambda - 6$$

$$\therefore \lambda^3 - 4\lambda^2 + \lambda + 6 = 0$$

(9) $A = \begin{bmatrix} 5 & 0 & 1 \\ 1 & 1 & 0 \\ -7 & 1 & 0 \end{bmatrix}$

$$\det(A-\lambda I) = \begin{vmatrix} 5-\lambda & 0 & 1 \\ 1 & 1-\lambda & 0 \\ -7 & 1 & -\lambda \end{vmatrix}$$

$$= (5-\lambda)\begin{vmatrix} -\lambda & 0 \\ 1 & 1-\lambda \end{vmatrix}$$

$$-0\begin{vmatrix} 1 & 0 \\ -7 & -\lambda \end{vmatrix} + 1\begin{vmatrix} 1 & 1-\lambda \\ -7 & 1 \end{vmatrix}$$

$$= (5-\lambda)(\lambda^2-\lambda) - 0 + 7(1-\lambda)$$

$$= -\lambda^3 + 6\lambda^2 - 12\lambda + 7$$

$$\therefore \lambda^3 - 6\lambda^2 + 12\lambda - 7 = 0$$

2. (1) A의 특성방정식은 $\lambda^2 = 0$

이므로 고유값은 $\lambda = 0$

(3) A의 특성방정식은 $\lambda^2 - 12 = 0$

이므로 고유값은 $\lambda = \pm 2\sqrt{3}$

(5) A의 특성방정식은 $\lambda^2 - 5\lambda + 4 = 0$

$$(\lambda-1)(\lambda-4) = 0$$

이므로 고유값은 $\lambda = 1, 4$

(7) A의 특성방정식은

$$\lambda^3 - 4\lambda^2 + \lambda + 6 = 0$$

이므로

$$(\lambda+1)(\lambda-2)(\lambda-3) = 0$$

따라서 고유값은 $\lambda = -1, 2, 3$

(9) A의 특성방정식은 $\lambda^3 - 6\lambda^2 + 12\lambda - 8 = 0$

이므로

$$(\lambda-2)^3 = 0$$

따라서 고유값은 $\lambda = 2, 2, 2$

3. (1) $A = \begin{bmatrix} 0 & 0 \\ 0 & 0 \end{bmatrix}$이고 고유값은 $\lambda = 0$이므로

$(A-\lambda I)\mathbf{x} = \mathbf{0}$에서

$$\begin{bmatrix} 0 & 0 \\ 0 & 0 \end{bmatrix}\begin{bmatrix} x_1 \\ x_2 \end{bmatrix} = \begin{bmatrix} 0 \\ 0 \end{bmatrix}$$

모든 $(x_1, x_2) \in \mathbb{R}^2$에 대하여 성립하므로 $\mathbb{R}^2$의 표준기저가 고유벡터이다.

$$\mathbf{x}_1 = \begin{bmatrix} 1 \\ 0 \end{bmatrix},\ \mathbf{x}_2 = \begin{bmatrix} 0 \\ 1 \end{bmatrix}$$

(3) $A = \begin{bmatrix} 0 & 4 \\ 3 & 0 \end{bmatrix}$이고 $\lambda = \pm 2\sqrt{3}$이므로

$\lambda_1 = 2\sqrt{3}$, $\lambda_2 = -2\sqrt{3}$이라 하자.

$\lambda_1 = 2\sqrt{3}$일 때

$(A - 2\sqrt{3}I)\mathbf{x} = \mathbf{0}$에서

$$\begin{bmatrix} -2\sqrt{3} & 4 \\ 3 & -2\sqrt{3} \end{bmatrix}\begin{bmatrix} x_1 \\ x_2 \end{bmatrix} = \begin{bmatrix} 0 \\ 0 \end{bmatrix}$$

$$-2\sqrt{3}x_1 + 4x_2 = 0,\ 3x_1 - 2\sqrt{3}x_2 = 0$$

$3x_1 - 2\sqrt{3}x_2 = 0$ 즉 $3x_1 = 2\sqrt{3}x_2$에서

한 고유벡터는 $\begin{bmatrix} 2\sqrt{3} \\ 3 \end{bmatrix}$

$-2\sqrt{3}x_1 + 4x_2 = 0$에서 한 고유벡터는

$$\begin{bmatrix} 4 \\ 2\sqrt{3} \end{bmatrix}$$

(5) $A = \begin{bmatrix} 7 & -6 \\ 3 & 2 \end{bmatrix}$이고 $\lambda = 1, 4$이므로

$\lambda_1 = 1$, $\lambda_2 = 4$라 하자.

$\lambda_1 = 1$일 때

$$(A - I)\mathbf{x} = \mathbf{0}$$

$$\begin{bmatrix} 6 & -6 \\ 3 & 1 \end{bmatrix}\begin{bmatrix} x_1 \\ x_2 \end{bmatrix} = \begin{bmatrix} 0 \\ 0 \end{bmatrix}$$

$$6x_1 - 6x_2 = 0,\ 3x_1 - x_2 = 0$$

$x_1 = x_2$에서

한 고유벡터는 $\mathbf{x}_1 = \begin{bmatrix} 1 \\ 1 \end{bmatrix}$

$\left(3x_1 = x_2\text{에서는 } \begin{bmatrix}1\\3\end{bmatrix}\right)$

$\lambda_2 = 4$일 때

$$(A-4I)\mathbf{x} = \mathbf{0}$$

$$\begin{bmatrix}3 & -6\\3 & -2\end{bmatrix}\begin{bmatrix}x_1\\x_2\end{bmatrix} = \begin{bmatrix}0\\0\end{bmatrix}$$

$$3x_1 - 6x_2 = 0,\ 3x_1 - 2x_2 = 0$$

$3x_1 - 6x_2 = 0$에서 $x_1 = 2x_2$

한 고유벡터는 $\mathbf{x}_2 = \begin{bmatrix}2\\1\end{bmatrix}$

$\left(3x_1 - 2x_2 = 0\text{에서 } \begin{bmatrix}2\\3\end{bmatrix}\right)$

(7) $A = \begin{bmatrix}5 & -3 & 6\\2 & 0 & 6\\-4 & 4 & -1\end{bmatrix}$이고 $\lambda = -1, 2, 3$이므로

$\lambda_1 = -1, \lambda_2 = 2, \lambda_3 = 3$이라 하자.

$\lambda_1 = -1$일 때

$$(A+I)\mathbf{x} = \mathbf{0}$$

$$\begin{bmatrix}6 & -3 & 6\\2 & 1 & 6\\-4 & 4 & 0\end{bmatrix}\begin{bmatrix}x_1\\x_2\\x_3\end{bmatrix} = \begin{bmatrix}0\\0\\0\end{bmatrix}$$

$$\begin{cases}6x_1 - 3x_2 + 6x_3 = 0\\2x_1 + x_2 + 6x_3 = 0\\-4x_1 + 4x_2 - x_3 = 0\end{cases}$$

$$\left[\begin{array}{ccc|c}6 & -3 & 6 & 0\\2 & 1 & 6 & 0\\-4 & 4 & 0 & 0\end{array}\right] \quad R_1 \times \frac{1}{3} \to R_1$$

$$\left[\begin{array}{ccc|c}2 & -1 & 2 & 0\\2 & 1 & 6 & 0\\-4 & 4 & 0 & 0\end{array}\right] \quad \begin{array}{l}R_2 + R_1 \times (-1) \to R_2\\R_3 + R_1 \times 2 \to R_3\end{array}$$

$$\left[\begin{array}{ccc|c}2 & -1 & 2 & 0\\0 & 2 & 4 & 0\\0 & 2 & 4 & 0\end{array}\right] \quad R_3 + R_1 \times (-1) \to R_3$$

$$\left[\begin{array}{ccc|c}2 & -1 & 2 & 0\\0 & 2 & 4 & 0\\0 & 0 & 0 & 0\end{array}\right] \quad R_2 \times \frac{1}{2} \to R_2$$

$$\left[\begin{array}{ccc|c}2 & -1 & 2 & 0\\0 & 1 & 2 & 0\\0 & 0 & 0 & 0\end{array}\right]$$

즉 $\begin{bmatrix}2 & -1 & 2\\0 & 1 & 2\\0 & 0 & 0\end{bmatrix}\begin{bmatrix}x_1\\x_2\\x_3\end{bmatrix} = \begin{bmatrix}0\\0\\0\end{bmatrix}$

$$\begin{cases}2x_1 - x_2 + 2x_3 = 0\\x_2 + x_3 = 0\end{cases}$$

$x_2 = -x_3$에서 $x_3 = 1$이면 $x_2 = -1$

$\therefore 2x_1 - (-1) + 2 \cdot 1 = 0$에서 $x_1 = \dfrac{3}{2}$

고유벡터는 $\mathbf{x}_1 = \begin{bmatrix}\frac{3}{2}\\-1\\1\end{bmatrix}$

$\lambda_2 = 2$일 때

$$(A-2I)\mathbf{x} = \mathbf{0}$$

$$\begin{bmatrix}3 & -3 & 6\\2 & -2 & 6\\-4 & 4 & -3\end{bmatrix}\begin{bmatrix}x_1\\x_2\\x_3\end{bmatrix} = \begin{bmatrix}0\\0\\0\end{bmatrix}$$

$$\begin{cases}3x_1 - 3x_2 + 6x_3 = 0\\2x_1 - 2x_2 + 6x_3 = 0\\-4x_1 + 4x_2 - 3x_3 = 0\end{cases}$$

$$\left[\begin{array}{ccc|c}3 & -3 & 6 & 0\\2 & -2 & 6 & 0\\-4 & 4 & -3 & 0\end{array}\right] \quad \begin{array}{l}R_1 \times \frac{1}{3} \to R_1\\R_2 \times \frac{1}{2} \to R_2\end{array}$$

$$\left[\begin{array}{ccc|c}1 & -1 & 2 & 0\\1 & -1 & 3 & 0\\-4 & 4 & -3 & 0\end{array}\right] \quad \begin{array}{l}R_2 + R_1 \times (-1) \to R_2\\R_3 + R_1 \times 4 \to R_3\end{array}$$

$$\left[\begin{array}{ccc|c}1 & -1 & 2 & 0\\0 & 0 & 1 & 0\\0 & 0 & 5 & 0\end{array}\right] \quad R_3 + R_2 \times (-5) \to R_3$$

$$\left[\begin{array}{ccc|c}1 & -1 & 2 & 0\\0 & 0 & 1 & 0\\0 & 0 & 0 & 0\end{array}\right]$$

즉 $\begin{bmatrix}1 & -1 & 2\\0 & 0 & 1\\0 & 0 & 0\end{bmatrix}\begin{bmatrix}x_1\\x_2\\x_3\end{bmatrix} = \begin{bmatrix}0\\0\\0\end{bmatrix}$

$$\begin{cases}x_1 - x_2 + 2x_3 = 0\\x_3 = 0\end{cases}$$

$$x_1 - x_2 = 0,\ x_1 = x_2$$

고유벡터는 $\mathbf{x}_2 = \begin{bmatrix}1\\1\\0\end{bmatrix}$

$\lambda_3 = 3$일 때

$$(A-3I)\mathbf{x} = \mathbf{0}$$

$$\begin{bmatrix}2 & -3 & 6\\2 & -3 & 6\\-4 & 4 & -4\end{bmatrix}\begin{bmatrix}x_1\\x_2\\x_3\end{bmatrix} = \begin{bmatrix}0\\0\\0\end{bmatrix}$$

$$\left[\begin{array}{ccc|c} 2 & -3 & 6 & 0 \\ 2 & -3 & 6 & 0 \\ -4 & 4 & -4 & 0 \end{array}\right] \quad \begin{array}{l} R_2 + R_1 \times (-1) \to R_2 \\ R_3 \times \left(-\frac{1}{4}\right) \to R_3 \end{array}$$

$$\left[\begin{array}{ccc|c} 2 & -3 & 6 & 0 \\ 0 & 0 & 0 & 0 \\ 1 & -1 & 1 & 0 \end{array}\right] \quad R_1 + R_3 \times (-2) \to R_1$$

$$\left[\begin{array}{ccc|c} 0 & -1 & 4 & 0 \\ 0 & 0 & 0 & 0 \\ 1 & -1 & 1 & 0 \end{array}\right] \quad R_3 + R_1 \times (-1) \to R_3$$

$$\left[\begin{array}{ccc|c} 0 & -1 & 4 & 0 \\ 0 & 0 & 0 & 0 \\ 1 & 0 & -3 & 0 \end{array}\right]$$

즉 $\begin{bmatrix} 0 & -1 & 4 \\ 0 & 0 & 0 \\ 1 & 0 & -3 \end{bmatrix} \begin{bmatrix} x_1 \\ x_2 \\ x_3 \end{bmatrix} = \begin{bmatrix} 0 \\ 0 \\ 0 \end{bmatrix}$

$$\begin{cases} -x_2 + 4x_3 = 0 \\ x_1 \quad -3x_3 = 0 \end{cases}$$

$x_3 = 1$로 하면 $x_2 = 4, x_1 = 3$이므로

고유벡터는 $\mathbf{x}_3 = \begin{bmatrix} 3 \\ 4 \\ 1 \end{bmatrix}$

(9) $A = \begin{bmatrix} 5 & 0 & 1 \\ 1 & 1 & 0 \\ -7 & 1 & 0 \end{bmatrix}$이고 $\lambda = 2, 2, 2$이므로

$\lambda = 2$일 때

$(A - 2I)\mathbf{x} = \mathbf{0}$

$$\begin{bmatrix} 3 & 0 & 1 \\ 1 & -1 & 0 \\ -7 & 1 & -2 \end{bmatrix} \begin{bmatrix} x_1 \\ x_2 \\ x_3 \end{bmatrix} = \begin{bmatrix} 0 \\ 0 \\ 0 \end{bmatrix}$$

$$\left[\begin{array}{ccc|c} 3 & 0 & 1 & 0 \\ 1 & -1 & 0 & 0 \\ -7 & 1 & -2 & 0 \end{array}\right] \quad \begin{array}{l} R_1 + R_2 \times (-3) \to R_1 \\ R_3 + R_2 \times 7 \to R_3 \end{array}$$

$$\left[\begin{array}{ccc|c} 0 & 3 & 1 & 0 \\ 1 & -1 & 0 & 0 \\ 0 & -6 & -2 & 0 \end{array}\right] \quad R_3 + R_2 \times (2) \to R_3$$

$$\left[\begin{array}{ccc|c} 0 & 3 & 1 & 0 \\ 1 & -1 & 0 & 0 \\ 0 & 0 & 0 & 0 \end{array}\right]$$

즉 $\begin{bmatrix} 0 & 3 & 1 \\ 1 & -1 & 0 \\ 0 & 0 & 0 \end{bmatrix} \begin{bmatrix} x_1 \\ x_2 \\ x_3 \end{bmatrix} = \begin{bmatrix} 0 \\ 0 \\ 0 \end{bmatrix}$

$3x_2 + x_3 = 0, \ x_1 - x_2 = 0$

$x_2 = 1$로 하면 $x_3 = -3, x_1 = 1$

고유벡터는 $\begin{bmatrix} 1 \\ 1 \\ -3 \end{bmatrix}$

5. (1) T의 표준기저는 $\{1, x, x^2\}$이므로

$p(x) = 1$일 때

$$T(1) = T(p(x)) = p(1+2x) = 1$$

$p(x) = x$일 때

$$T(x) = T(p(x)) = p(1+2x) = 1+2x$$

$p(x) = x^2$일 때

$$T(x^2) = T(p(x)) = p(1+2x) = (1+2x)^2 = 1 + 4x + 4x^2$$

$$(T(1),\ T(x),\ T(x^2)) = (1,\ 1+2x,\ (1+2x)^2) = (1,\ 1+2x,\ 1+4x+4x^2) = (1,\ x,\ x^2)\begin{bmatrix} 1 & 1 & 1 \\ 0 & 2 & 4 \\ 0 & 0 & 4 \end{bmatrix}$$

$$\therefore A = \begin{bmatrix} 1 & 1 & 1 \\ 0 & 2 & 4 \\ 0 & 0 & 4 \end{bmatrix}$$

(3) $\lambda = 1, 2, 4$

(5) ① $\lambda_1 = 1$에 대응하는 고유공간은

$\mathbf{x}_1 = \begin{bmatrix} k \\ 0 \\ 0 \end{bmatrix}$로 생성되는 집합이므로

$\{k \cdot 1 + 0 \cdot x + 0 \cdot x^2\} = \{k \mid k \in R\}$

② $\lambda_2 = 2$에 대응하는 고유공간은

$\mathbf{x}_2 = \begin{bmatrix} 1 \\ 1 \\ 0 \end{bmatrix}$로 생성되는 집합이므로

$k \in \mathbb{R}$에 대하여

$$\{k(1 \cdot 1 + 1 \cdot x + 0 \cdot x^2) \mid k \in \mathbb{R}\} = \{k(1+x) \mid k \in \mathbb{R}\}$$

③ $\lambda_3 = 4$에 대응하는 고유공간은

$\mathbf{x}_3 = \begin{bmatrix} 1 \\ 2 \\ 1 \end{bmatrix}$로 생성되는 집합이므로

$k \in \mathbb{R}$ 에 대하여

$$\{k(1 \cdot 1 + 2 \cdot x + 1 \cdot x^2) \mid k \in \mathbb{R}\}$$
$$= \{k(1 + 2x + x^2) \mid k \in \mathbb{R}\}$$

6. (1) P_2의 기저는 $\{1, x, x^2\}$이므로

$$p(x) = 1 : p(2x) + p'(x) = 1 + 0 = 1$$
$$p(x) = x : p(2x) + p'(x) = 2x + 1$$
$$p(x) = x^2 : p(2x) + p'(x) = (2x)^2 + 2x = 4x^2 + 2x$$

$$\therefore (1, 2x+1, 4x^2+2x) = (1, x, x^2)\begin{bmatrix} 1 & 1 & 0 \\ 0 & 2 & 2 \\ 0 & 0 & 4 \end{bmatrix}$$

$$\therefore A = \begin{bmatrix} 1 & 1 & 0 \\ 0 & 2 & 2 \\ 0 & 0 & 4 \end{bmatrix}$$

$\det(A - \lambda I) = 0$에서

$$\begin{vmatrix} 1-\lambda & 1 & 0 \\ 0 & 2-\lambda & 2 \\ 0 & 0 & 4-\lambda \end{vmatrix} = 0$$

$$(1-\lambda)(2-\lambda)(4-\lambda) = 0$$

$$\therefore \lambda = 1, 2, 4$$

7. (1) A가 정사각행렬이므로

$$\det A = \det A^t$$

$A - \lambda I$와 $A^t - \lambda I$은 주대각선성분은 같고

$$A^t - \lambda I = (A - \lambda I)^t$$

이므로

$$\det(A - \lambda I) = \det(A - \lambda I)^t = \det(A^t - \lambda I)$$

따라서 A와 A^t의 고유값은 같다.

(3) A의 고유값 $\lambda_i\ (i = 1, 2, \cdots, m)$이므로

$$|A - \lambda_i I| = 0$$

양변에 α를 곱하면

$$\alpha|A - \lambda_i I| = 0$$
$$|\alpha A - \alpha\lambda_i I| = 0$$

따라서 행렬 αA의 고유값은 $\alpha\lambda_i$

즉 $\alpha\lambda_1, \alpha\lambda_2, \cdots, \alpha\lambda_m$

연습문제 7.2

1. (1) $A = \begin{bmatrix} 2 & 4 \\ 4 & 2 \end{bmatrix}$, $B = \begin{bmatrix} 3 & 5 \\ 3 & 1 \end{bmatrix}$

$P = \begin{bmatrix} a & b \\ c & d \end{bmatrix}$라 하고 $PB = AP$인 P를 관찰하자.

$$\begin{bmatrix} a & b \\ c & d \end{bmatrix} = \begin{bmatrix} 3 & 5 \\ 3 & 1 \end{bmatrix} = \begin{bmatrix} 2 & 4 \\ 4 & 2 \end{bmatrix}\begin{bmatrix} a & b \\ c & d \end{bmatrix}$$

$$\begin{bmatrix} 3a+3b & 5a+b \\ 3c+3d & 5c+d \end{bmatrix} = \begin{bmatrix} 2a+4c & 2b+4d \\ 4a+2c & 4b+2d \end{bmatrix}$$

$$\therefore \begin{cases} 3a+3b = 2a+4c \\ 5a+b = 2b+4d \\ 3c+3d = 4a+2c \\ 5c+d = 4b+2d \end{cases}$$

$$\begin{cases} a + 3b - 4c = 0 & \cdots ① \\ 5a - b - 4d = 0 & \cdots ② \\ 4a - c - 3d = 0 & \cdots ③ \\ 4b - 5c + d = 0 & \cdots ④ \end{cases}$$

②+④×4 $\quad 5a + 15b - 20c = 0$

$c = 0$으로 하면 $a = -3b$

②에서 $\quad -16b - 4d = 0$

$$b = -\frac{1}{4}d$$
$$\therefore a = \frac{3}{4}d$$

d가 0이 아닌 임의의 실수이면

$$P = \begin{bmatrix} a & b \\ c & d \end{bmatrix} = \begin{bmatrix} \frac{3}{4}d & -\frac{1}{4}d \\ 0 & d \end{bmatrix} = \frac{d}{4}\begin{bmatrix} 3 & -1 \\ 0 & 4 \end{bmatrix} \quad (d \neq 0)$$

가 존재하고 $(|P| = 12 \neq 0)$

$$B = P^{-1}AP$$

이 성립하므로 A와 B는 닮았다.

(3) $A = \begin{bmatrix} 2 & -1 & 4 \\ 0 & 1 & 4 \\ -3 & 3 & -1 \end{bmatrix}$, $B = \begin{bmatrix} -1 & 0 & 0 \\ 0 & 1 & 0 \\ 0 & 0 & 2 \end{bmatrix}$

예제 7.2-4에서 $B = P^{-1}AP$이므로

$$PB = PP^{-1}AP = AP$$

이므로 A와 B는 닮았다.

2. (1) $A = \begin{bmatrix} 5 & -4 \\ 3 & -2 \end{bmatrix}$의 특성방정식은

$$\begin{vmatrix} 5-\lambda & -4 \\ 3 & -2-\lambda \end{vmatrix} = \lambda^2 - 3\lambda + 2 = 0$$

$B = \begin{bmatrix} 4 & 3 \\ -2 & -1 \end{bmatrix}$의 특성방정식은

$$\begin{vmatrix} 4-\lambda & 3 \\ -2 & -1-\lambda \end{vmatrix} = \lambda^2 - 3\lambda + 2 = 0$$

로 같다.

따라서 A와 B는 닮았다.

3. (1) $A = \begin{bmatrix} 3 & -1 \\ -1 & 4 \end{bmatrix}$

A의 특성방정식은

$$\det(A - \lambda I) = \begin{vmatrix} 3-\lambda & -1 \\ -2 & 4-\lambda \end{vmatrix}$$
$$= \lambda^2 - 7\lambda + 10 = 0$$

$\lambda = 2, 5$, $\lambda_1 = 2$, $\lambda_2 = 5$로 하면

$\lambda_1 = 2$일 때 $(A - 2I)\mathbf{x} = \mathbf{0}$에서

$$\begin{bmatrix} 1 & -1 \\ -2 & 2 \end{bmatrix}\begin{bmatrix} x_1 \\ x_2 \end{bmatrix} = \begin{bmatrix} 0 \\ 0 \end{bmatrix}$$

$$x_1 - x_2 = 0, \quad x_1 = x_2 = 1$$

$$\mathbf{x}_1 = \begin{bmatrix} 1 \\ 1 \end{bmatrix}$$

$\lambda_2 = 5$일 때 $(A - 5I)\mathbf{x} = \mathbf{0}$에서

$$\begin{bmatrix} -2 & -1 \\ -2 & -1 \end{bmatrix}\begin{bmatrix} x_1 \\ x_2 \end{bmatrix} = \begin{bmatrix} 0 \\ 0 \end{bmatrix}$$

$2x_1 + x_2 = 0$, $x_1 = 1$로 하면 $x_2 = -2$

$$\mathbf{x}_2 = \begin{bmatrix} 1 \\ -2 \end{bmatrix}$$

이때 A의 고유벡터 $\mathbf{x}_1$, $\mathbf{x}_2$는 일차독립이고 2개이므로 A는 대각화가능행렬이다. 따라서

$$P = \begin{bmatrix} 1 & 1 \\ 1 & -2 \end{bmatrix}$$

$$P^{-1} = -\frac{1}{3}\begin{bmatrix} -2 & -1 \\ -1 & 1 \end{bmatrix}$$

$$P^{-1}AP = \begin{bmatrix} \frac{2}{3} & \frac{1}{3} \\ \frac{1}{3} & -\frac{1}{3} \end{bmatrix}\begin{bmatrix} 3 & -1 \\ -2 & 4 \end{bmatrix}\begin{bmatrix} 1 & 1 \\ 1 & -2 \end{bmatrix}$$
$$= \begin{bmatrix} 2 & 0 \\ 0 & 5 \end{bmatrix} = D$$

구하는 답은 대각화가능하고 $P = \begin{bmatrix} 1 & 1 \\ 1 & -2 \end{bmatrix}$

(3) $A = \begin{bmatrix} -2 & 4 \\ 9 & 3 \end{bmatrix}$

특성방정식

$$\det(A - \lambda I) = \begin{vmatrix} -2-\lambda & 4 \\ 9 & 3-\lambda \end{vmatrix}$$
$$= \lambda^2 - \lambda - 42$$
$$= (\lambda + 6)(\lambda - 7) = 0$$

$\lambda = -6, 7$, $\lambda_1 = -6$, $\lambda_2 = 7$로 하자.

$\lambda_1 = -6$일 때, $(A + 6I)\mathbf{x} = \mathbf{0}$에서

$$\begin{bmatrix} 4 & 4 \\ 9 & 9 \end{bmatrix}\begin{bmatrix} x_1 \\ x_2 \end{bmatrix} = \begin{bmatrix} 0 \\ 0 \end{bmatrix}$$

$x_1 + x_2 = 0$, x_1을 1로 하면 $x_2 = -1$

$$\mathbf{x}_1 = \begin{bmatrix} 1 \\ -1 \end{bmatrix}$$

$\lambda_2 = 7$일 때, $(A - 7I)\mathbf{x} = \mathbf{0}$에서

$$\begin{bmatrix} -9 & 4 \\ 9 & -4 \end{bmatrix}\begin{bmatrix} x_1 \\ x_2 \end{bmatrix} = \begin{bmatrix} 0 \\ 0 \end{bmatrix}$$

$9x_1 - 4x_2 = 0,\ x_1 = 4$로 하면 $x_2 = 9$

$$\mathbf{x}_2 = \begin{bmatrix} 4 \\ 9 \end{bmatrix}$$

A의 2개의 고유벡터 $\mathbf{x}_1 = \begin{bmatrix} 1 \\ -1 \end{bmatrix}$, $\mathbf{x}_2 = \begin{bmatrix} 4 \\ 9 \end{bmatrix}$는 일차독립이므로 A는 대각화가능행렬이다.

따라서

$$P = \begin{bmatrix} 1 & 4 \\ -1 & 9 \end{bmatrix}$$

$$P^{-1} = \frac{1}{13}\begin{bmatrix} 9 & -4 \\ 1 & 1 \end{bmatrix}$$

$$P^{-1}AP = \begin{bmatrix} \frac{9}{13} & -\frac{4}{13} \\ \frac{1}{13} & \frac{1}{13} \end{bmatrix}\begin{bmatrix} -2 & 4 \\ 9 & 3 \end{bmatrix}\begin{bmatrix} 1 & 4 \\ -1 & 9 \end{bmatrix}$$

$$= \begin{bmatrix} -6 & 0 \\ 0 & 7 \end{bmatrix} = 0$$

구하는 답은

대각화 가능하고 $P = \begin{bmatrix} 1 & 4 \\ -1 & 9 \end{bmatrix}$

(5) $A = \begin{bmatrix} 3 & -2 & 0 \\ -2 & 3 & 0 \\ 0 & 0 & 5 \end{bmatrix}$

특성방정식은

$$\det(A - \lambda I)\begin{vmatrix} 3-\lambda & -2 & 0 \\ -2 & 3-\lambda & 0 \\ 0 & 0 & 5-\lambda \end{vmatrix} = 0$$

$$(\lambda - 1)(\lambda - 5)^2 = 0$$

$$\lambda = 1, 5,\ \lambda_1 = 1,\ \lambda_2 = 5$$

$\lambda_1 = 1$일 때 $(A - I)\mathbf{x} = \mathbf{0}$에서

$$\begin{bmatrix} 2 & -2 & 0 \\ -2 & 2 & 0 \\ 0 & 0 & 4 \end{bmatrix}\begin{bmatrix} x_1 \\ x_2 \\ x_3 \end{bmatrix} = \begin{bmatrix} 0 \\ 0 \\ 0 \end{bmatrix}$$

$$x_1 - x_2 = 0,\ x_3 = 0$$

자명하지 않은 해는 $x_1 = x_2 = t$로 하면

$$\begin{bmatrix} t \\ t \\ 0 \end{bmatrix} = t\begin{bmatrix} 1 \\ 1 \\ 0 \end{bmatrix},\ \mathbf{x}_1 = \begin{bmatrix} 1 \\ 1 \\ 0 \end{bmatrix}$$

$\lambda_2 = 5$일 때 $(A - 5I)\mathbf{x} = \mathbf{0}$에서

$$\begin{bmatrix} -2 & -2 & 0 \\ -2 & -2 & 0 \\ 0 & 0 & 0 \end{bmatrix}\begin{bmatrix} x_1 \\ x_2 \\ x_3 \end{bmatrix} = \begin{bmatrix} 0 \\ 0 \\ 0 \end{bmatrix}$$

$$x_1 + x_2 = 0$$

자명하지 않은 해는 $x_3 = s,\ x_1 = t$로 하면 $x_2 = -t$

$$\begin{bmatrix} t \\ -t \\ s \end{bmatrix} = t\begin{bmatrix} 1 \\ -1 \\ 0 \end{bmatrix} + s\begin{bmatrix} 0 \\ 0 \\ 1 \end{bmatrix},$$

$$\mathbf{x}_2 = \begin{bmatrix} 1 \\ -1 \\ 0 \end{bmatrix},\ \mathbf{x}_3 = \begin{bmatrix} 0 \\ 0 \\ 1 \end{bmatrix}$$

고유벡터 $\mathbf{x}_1, \mathbf{x}_2, \mathbf{x}_3$의 일차독립이므로 A는 대각화가능하다.

$$P = \begin{bmatrix} 1 & 1 & 0 \\ 1 & -1 & 0 \\ 0 & 0 & 1 \end{bmatrix}$$

P^{-1}를 계산하면

$$P^{-1} = \begin{bmatrix} \frac{1}{2} & \frac{1}{2} & 0 \\ \frac{1}{2} & -\frac{1}{2} & 0 \\ 0 & 0 & 1 \end{bmatrix}$$

$P^{-1}AP$를 계산하면

$$P^{-1}AP = \begin{bmatrix} 1 & 0 & 0 \\ 0 & 5 & 0 \\ 0 & 0 & 5 \end{bmatrix}$$

5. A와 B가 닮았으므로 $B = P^{-1}AP$인 p가 존재한다.

$$\begin{aligned} B^n &= (P^{-1}AP)^n \\ &= (P^{-1}AP)(P^{-1}AP)\cdots(P^{-1}AP) \\ &= P^{-1}A(PP^{-1})A(PP^{-1})\cdots(PP^{-1})AP \end{aligned}$$

$= P^{-1}AIAI\cdots IAP$

$= P^{-1}AA\cdots AP$

$= P^{-1}A^nP$

그러므로 A^n과 B^n은 닮았다.

6. (1) $A = \begin{bmatrix} 3 & 1 \\ 1 & 3 \end{bmatrix}$

A의 특성방정식

$$\det(A-\lambda I) = \begin{vmatrix} 3-\lambda & 1 \\ 1 & 3-\lambda \end{vmatrix} = (3-\lambda)^2 - 1$$
$$= \lambda^2 - 6\lambda + 8 = (\lambda-2)(\lambda-4)$$
$$= 0$$

에서 $\lambda = 2, 4$이다. $\lambda_1 = 2$, $\lambda_2 = 4$라 하자.

$\lambda_1 = 2$일 때 $(A-2I)\mathbf{x} = \mathbf{0}$에서

$$\begin{bmatrix} 1 & 1 \\ 1 & 1 \end{bmatrix}\begin{bmatrix} x_1 \\ x_2 \end{bmatrix} = \begin{bmatrix} 0 \\ 0 \end{bmatrix}$$

$x_1 + x_2 = 0$, $x_1 = 1$로 하면 $x_2 = -1$

$\lambda_1 = 2$에 대응하는 고유공간의 기저는 $\begin{bmatrix} 1 \\ -1 \end{bmatrix}$이다. 즉 A의 한 고유벡터는 $\mathbf{x}_1 = \begin{bmatrix} 1 \\ -1 \end{bmatrix}$이다.

그램쉬미트 직교화 과정에 의하여

$|\mathbf{x}_1| = \sqrt{1^2 + (-1)^2} = \sqrt{2}$ 이므로

$$\mathbf{u}_1 = \frac{\mathbf{x}_1}{|\mathbf{x}_1|} = \frac{1}{\sqrt{2}}\begin{bmatrix} 1 \\ -1 \end{bmatrix}$$

$\lambda_2 = 4$일 때 $(A-4I)\mathbf{x} = \mathbf{0}$에서

$$\begin{bmatrix} -1 & 1 \\ 1 & -1 \end{bmatrix}\begin{bmatrix} x_1 \\ x_2 \end{bmatrix} = \begin{bmatrix} 0 \\ 0 \end{bmatrix}$$

$x_1 - x_2 = 0$, $x_1 = 1$로 하면 $x_2 = 1$

고유공간의 기저는 $\begin{bmatrix} 1 \\ 1 \end{bmatrix}$이고 한 고유벡터는 $\mathbf{x}_2 = \begin{bmatrix} 1 \\ 1 \end{bmatrix}$이다.

그램쉬미트 직교화 과정에 의하여

$|\mathbf{x}_2| = \sqrt{1^2 + 1^2} = \sqrt{2}$ 이므로

$$\mathbf{u}_2 = \frac{\mathbf{x}_2}{|\mathbf{x}_2|} = \frac{1}{\sqrt{2}}\begin{bmatrix} 1 \\ 1 \end{bmatrix}$$

따라서 $P = \begin{bmatrix} \frac{1}{\sqrt{2}} & \frac{1}{\sqrt{2}} \\ -\frac{1}{\sqrt{2}} & \frac{1}{\sqrt{2}} \end{bmatrix}$로 하면

$P^{-1} = \begin{bmatrix} \frac{1}{\sqrt{2}} & -\frac{1}{\sqrt{2}} \\ \frac{1}{\sqrt{2}} & \frac{1}{\sqrt{2}} \end{bmatrix} = P^t$이 되므로 P는 직교행렬이다.

$$D = P^{-1}AP = P^tAP$$
$$= \begin{bmatrix} \frac{1}{\sqrt{2}} & -\frac{1}{\sqrt{2}} \\ \frac{1}{\sqrt{2}} & \frac{1}{\sqrt{2}} \end{bmatrix}\begin{bmatrix} 3 & 1 \\ 1 & 3 \end{bmatrix}\begin{bmatrix} \frac{1}{\sqrt{2}} & \frac{1}{\sqrt{2}} \\ -\frac{1}{\sqrt{2}} & \frac{1}{\sqrt{2}} \end{bmatrix}$$
$$= \begin{bmatrix} 2 & 0 \\ 0 & 4 \end{bmatrix}$$

이므로 구하는 답은

$$P = \begin{bmatrix} \frac{1}{\sqrt{2}} & \frac{1}{\sqrt{2}} \\ -\frac{1}{\sqrt{2}} & \frac{1}{\sqrt{2}} \end{bmatrix},\ D = \begin{bmatrix} 2 & 0 \\ 0 & 4 \end{bmatrix}$$

(3) $A = \begin{bmatrix} 4 & 3 \\ 3 & -4 \end{bmatrix}$

특성방정식은

$$\det(A-\lambda I) = \begin{vmatrix} 4-\lambda & 3 \\ 3 & 4-\lambda \end{vmatrix}$$
$$= \lambda^2 - 25 = 0$$

$\lambda = \pm 5$, $\lambda_1 = -5$, $\lambda_2 = 5$로 하자.

$\lambda = -5$일 때, $(A+5I)\mathbf{x} = \mathbf{0}$에서

$$\begin{bmatrix} 9 & 3 \\ 3 & 1 \end{bmatrix}\begin{bmatrix} x_1 \\ x_2 \end{bmatrix} = \begin{bmatrix} 0 \\ 0 \end{bmatrix}$$

$3x_1 + x_2 = 0$, $x_1 = 1$로 하면 $x_2 = -3$

$$\mathbf{x}_1 = \begin{bmatrix} 1 \\ -3 \end{bmatrix}$$

$$\mathbf{u}_1 = \frac{\mathbf{x}_1}{|\mathbf{x}_1|} = \frac{1}{\sqrt{10}}\begin{bmatrix} 1 \\ -3 \end{bmatrix}$$

$\lambda=5$일 때, $(A-5I)\mathbf{x}=\mathbf{0}$에서

$$\begin{bmatrix}-1 & 3\\ 3 & -9\end{bmatrix}\begin{bmatrix}x_1\\ x_2\end{bmatrix}=\begin{bmatrix}0\\ 0\end{bmatrix}$$

$x_1-3x_2=0$, $x_2=1$로 하면 $x_1=3$

$$\mathbf{x}_2=\begin{bmatrix}3\\ 1\end{bmatrix}$$

$$\mathbf{u}_2=\frac{\mathbf{x}_2}{|\mathbf{x}_2|}=\frac{1}{\sqrt{10}}\begin{bmatrix}3\\ 1\end{bmatrix}$$

$P=\begin{bmatrix}\frac{1}{\sqrt{10}} & \frac{3}{\sqrt{10}}\\ -\frac{3}{\sqrt{10}} & \frac{1}{\sqrt{10}}\end{bmatrix}$로 하면

$$P^t=\begin{bmatrix}\frac{1}{\sqrt{10}} & -\frac{3}{\sqrt{10}}\\ \frac{3}{\sqrt{10}} & \frac{1}{\sqrt{10}}\end{bmatrix}$$

P^{-1}를 구하면

$$P^{-1}=\begin{bmatrix}\frac{1}{\sqrt{10}} & -\frac{3}{\sqrt{10}}\\ \frac{3}{\sqrt{10}} & \frac{1}{\sqrt{10}}\end{bmatrix}$$

$P^t=P^{-1}$이므로 P는 직교행렬이다.

$D=P^{-1}AP$

$$=\begin{bmatrix}\frac{1}{\sqrt{10}} & -\frac{3}{\sqrt{10}}\\ \frac{3}{\sqrt{10}} & \frac{1}{\sqrt{10}}\end{bmatrix}\begin{bmatrix}4 & 3\\ 3 & -4\end{bmatrix}\begin{bmatrix}\frac{1}{\sqrt{10}} & \frac{3}{\sqrt{10}}\\ -\frac{3}{\sqrt{10}} & \frac{1}{\sqrt{10}}\end{bmatrix}$$

$$=\begin{bmatrix}-\frac{5}{\sqrt{10}} & \frac{15}{\sqrt{10}}\\ \frac{15}{\sqrt{10}} & \frac{5}{\sqrt{10}}\end{bmatrix}\begin{bmatrix}\frac{1}{\sqrt{10}} & \frac{3}{\sqrt{10}}\\ -\frac{3}{\sqrt{10}} & \frac{1}{\sqrt{10}}\end{bmatrix}$$

$$=\begin{bmatrix}-5 & 0\\ 0 & 5\end{bmatrix}$$

구하는 답은

$$P=\begin{bmatrix}\frac{1}{\sqrt{10}} & \frac{3}{\sqrt{10}}\\ -\frac{3}{\sqrt{10}} & \frac{1}{\sqrt{10}}\end{bmatrix},\ D=\begin{bmatrix}-5 & 0\\ 0 & 5\end{bmatrix}$$

(5) $A=\begin{bmatrix}1 & 2 & -1\\ 2 & -2 & 2\\ -1 & 2 & 1\end{bmatrix}$

특성방정식은

$\det(A-\lambda I)$

$$=\begin{vmatrix}1-\lambda & 2 & -1\\ 2 & -2-\lambda & 2\\ -1 & 2 & 1-\lambda\end{vmatrix}$$

$$=(1-\lambda)\begin{vmatrix}-2-\lambda & 2\\ 2 & 1-\lambda\end{vmatrix}-2\begin{vmatrix}2 & 2\\ -1 & 1-\lambda\end{vmatrix}-\begin{vmatrix}2 & -2-\lambda\\ -1 & 2\end{vmatrix}$$

$$=-\lambda^3+12\lambda-16$$

$$=-(\lambda-2)^2(\lambda+4)=0$$

$\lambda=2, -4$, $\lambda_1=2, \lambda_2=-4$라 하자.

$\lambda_1=2$일 때, $(A-2I)\mathbf{x}=\mathbf{0}$에서

$$\begin{bmatrix}-1 & 2 & -1\\ 2 & -4 & 2\\ -1 & 2 & -1\end{bmatrix}\begin{bmatrix}x_1\\ x_2\\ x_3\end{bmatrix}=\begin{bmatrix}0\\ 0\\ 0\end{bmatrix}$$

$$x_1-2x_2+x_3=0$$

$x_2=s, x_3=t$라 하면 $x_1=2s-t$

$$\begin{bmatrix}x_1\\ x_2\\ x_3\end{bmatrix}=\begin{bmatrix}2s-t\\ s\\ t\end{bmatrix}=s\begin{bmatrix}2\\ 1\\ 0\end{bmatrix}+t\begin{bmatrix}-1\\ 0\\ 1\end{bmatrix}$$

$$\mathbf{x}_1=\begin{bmatrix}2\\ 1\\ 0\end{bmatrix},\ \mathbf{x}_2=\begin{bmatrix}-1\\ 0\\ 1\end{bmatrix}$$

그램쉬미트 직교화 과정에 따라

$$|\mathbf{x}_1|=\sqrt{2^2+1^2+0^2}=\sqrt{5}$$

$$\mathbf{u}_1=\frac{\mathbf{x}_1}{|\mathbf{x}_1|}=\frac{1}{\sqrt{5}}\begin{bmatrix}2\\ 1\\ 0\end{bmatrix}$$

또 $\mathbf{x}_2\cdot\mathbf{u}_1=(-1, 0, 1)\cdot\left(\frac{2}{\sqrt{5}}, \frac{1}{\sqrt{5}}, 0\right)$

$$=-\frac{2}{\sqrt{5}}$$

$$\mathbf{x}_2-(\mathbf{x}_2\cdot\mathbf{u}_1)\mathbf{u}_1=\begin{bmatrix}-1\\0\\1\end{bmatrix}+\frac{2}{\sqrt{5}}\begin{bmatrix}\frac{2}{\sqrt{5}}\\\frac{1}{\sqrt{5}}\\0\end{bmatrix}$$

$$=\begin{bmatrix}-\frac{1}{5}\\\frac{2}{5}\\1\end{bmatrix}$$

$$|\mathbf{x}_2-(\mathbf{x}_2\cdot\mathbf{u}_1)\mathbf{u}_1|=\sqrt{\left(-\frac{1}{5}\right)^2+\left(\frac{2}{5}\right)^2+1^2}$$

$$=\frac{\sqrt{30}}{5}$$

$$\mathbf{u}_2=\frac{\mathbf{x}_2-(\mathbf{x}_2\cdot\mathbf{u}_1)\mathbf{u}_1}{|\mathbf{x}_2-(\mathbf{x}_2\cdot\mathbf{u}_1)\mathbf{u}_1|}$$

$$=\frac{5}{\sqrt{30}}\begin{bmatrix}-\frac{1}{5}\\\frac{2}{5}\\1\end{bmatrix}=\frac{1}{\sqrt{30}}\begin{bmatrix}-1\\2\\5\end{bmatrix}$$

$\lambda_2=-4$일 때, $(A+4I)\mathbf{x}=\mathbf{0}$에서

$$\begin{bmatrix}5&2&-1\\2&2&2\\-1&2&5\end{bmatrix}\begin{bmatrix}x_1\\x_2\\x_3\end{bmatrix}=\begin{bmatrix}0\\0\\0\end{bmatrix}$$

$$\begin{cases}5x_1+2x_2-x_3=0\\x_1+x_2+x_3=0\\-x_1+2x_2+5x_3=0\end{cases}$$

$$\left[\begin{array}{ccc|c}5&2&-1&0\\1&1&1&0\\-1&2&5&0\end{array}\right]\quad R_1\rightleftarrows R_2$$

$$\left[\begin{array}{ccc|c}1&1&1&0\\5&2&-1&0\\-1&2&5&0\end{array}\right]\quad \begin{array}{l}R_2+R_1\times(-5)\to R_2\\R_3+R_1\to R_3\end{array}$$

$$\left[\begin{array}{ccc|c}1&1&1&0\\0&-3&-6&0\\0&3&6&0\end{array}\right]\quad R_3+R_1\to R_3$$

$$\left[\begin{array}{ccc|c}1&1&1&0\\0&-3&-6&0\\0&0&0&0\end{array}\right]\quad R_2\times\left(-\frac{1}{3}\right)\to R_2$$

$$\left[\begin{array}{ccc|c}1&1&1&0\\0&1&2&0\\0&0&0&0\end{array}\right]$$

$$\begin{cases}x_1+x_2+x_3=0\\x_2+2x_3=0\end{cases}$$

$x_3=1$로 하면 $x_2=-2,\ x_1=1$

$$\mathbf{x}_3=\begin{bmatrix}1\\-2\\1\end{bmatrix}$$

그램쉬미트 직교화 과정에 따라

$$|\mathbf{x}_3|=\sqrt{1^2+(-2)^2+1^2}=\sqrt{6}$$

$$\mathbf{u}_2=\frac{\mathbf{x}_3}{|\mathbf{x}_3|}=\frac{1}{\sqrt{6}}\begin{bmatrix}1\\-2\\1\end{bmatrix}$$

$$P=\begin{bmatrix}\frac{2}{\sqrt{5}}&-\frac{1}{\sqrt{30}}&\frac{1}{\sqrt{6}}\\\frac{1}{\sqrt{5}}&\frac{2}{\sqrt{30}}&-\frac{2}{\sqrt{6}}\\0&\frac{5}{\sqrt{30}}&\frac{1}{\sqrt{6}}\end{bmatrix}\text{로 한다.}$$

P^{-1}를 구하면

$$P^{-1}=\begin{bmatrix}\frac{2}{\sqrt{5}}&\frac{1}{\sqrt{5}}&0\\-\frac{1}{\sqrt{30}}&\frac{2}{\sqrt{30}}&\frac{5}{\sqrt{30}}\\\frac{1}{\sqrt{6}}&-\frac{2}{\sqrt{6}}&\frac{1}{\sqrt{6}}\end{bmatrix}$$

$P^{-1}=P^t$이므로 P는 직교행렬이다.

$P^{-1}AP=P^tAP=D$를 계산하면

P^tAP

$$=\begin{bmatrix}\frac{2}{\sqrt{5}}&\frac{1}{\sqrt{5}}&0\\-\frac{1}{\sqrt{30}}&\frac{2}{\sqrt{30}}&\frac{5}{\sqrt{30}}\\\frac{1}{\sqrt{6}}&-\frac{2}{\sqrt{6}}&\frac{1}{\sqrt{6}}\end{bmatrix}\begin{bmatrix}1&2&-1\\2&-2&2\\-1&2&1\end{bmatrix}\begin{bmatrix}\frac{2}{\sqrt{5}}&-\frac{1}{\sqrt{30}}&\frac{1}{\sqrt{6}}\\\frac{1}{\sqrt{5}}&\frac{2}{\sqrt{30}}&-\frac{2}{\sqrt{6}}\\0&\frac{5}{\sqrt{30}}&\frac{1}{\sqrt{6}}\end{bmatrix}$$

$$=\begin{bmatrix}\frac{4}{\sqrt{5}}&\frac{2}{\sqrt{5}}&0\\-\frac{2}{\sqrt{30}}&\frac{4}{\sqrt{30}}&\frac{10}{\sqrt{30}}\\-\frac{4}{\sqrt{6}}&\frac{8}{\sqrt{6}}&-\frac{4}{\sqrt{6}}\end{bmatrix}$$

$$\begin{bmatrix} \frac{2}{\sqrt{5}} & -\frac{1}{\sqrt{30}} & \frac{1}{\sqrt{6}} \\ \frac{1}{\sqrt{5}} & \frac{2}{\sqrt{30}} & -\frac{2}{\sqrt{6}} \\ 0 & \frac{5}{\sqrt{30}} & \frac{1}{\sqrt{6}} \end{bmatrix}$$

$$= \begin{bmatrix} 2 & 0 & 0 \\ 0 & 2 & 0 \\ 0 & 0 & -4 \end{bmatrix}$$

구하는 답은

$$P = \begin{bmatrix} \frac{2}{\sqrt{5}} & -\frac{1}{\sqrt{30}} & \frac{1}{\sqrt{6}} \\ \frac{1}{\sqrt{5}} & \frac{2}{\sqrt{30}} & -\frac{2}{\sqrt{6}} \\ 0 & \frac{5}{\sqrt{30}} & \frac{1}{\sqrt{6}} \end{bmatrix},$$

$$D = \begin{bmatrix} 2 & 0 & 0 \\ 0 & 2 & 0 \\ 0 & 0 & -4 \end{bmatrix}$$

7. $n \times n$ 행렬 A가 대각화가능행렬이므로

대각행렬 $D = \begin{bmatrix} \lambda_1 & 0 & \cdots & 0 \\ 0 & \lambda_2 & \cdots & 0 \\ \vdots & \vdots & & \vdots \\ 0 & 0 & \cdots & \lambda_n \end{bmatrix}$ 에 대하여

$$D = P^{-1}AP$$

를 만족하는 P가 존재한다.

이 등식의 좌변에 P를 곱하면

$$PD = PP^{-1}AP = IAP$$

즉 $$PD = AP$$

$$\det(PD) = \det(AP)$$

$$(\det P)(\det D) = (\det A)(\det P)$$

$$\det D = \det A$$

$\det D = \lambda_1 \lambda_2, \cdots, \lambda_n$ 이므로

$$\det A = \lambda_1 \lambda_2 \cdots \lambda_n$$

9. $A = \begin{bmatrix} a & b \\ c & d \end{bmatrix}$

$A^{-1}A = I$

$\det(A^{-1}A) = \det I = 1$

$$\begin{aligned} \det(A^{-1}A) &= \det A^{-1} \det A \\ &= \det A^t \det A \qquad (A^{-1} = A^t) \\ &= \det A \det A \qquad (\det A^t = \det A) \\ &= (\det A)^2 \end{aligned}$$

$(\det A)^2 = 1$

$\det A = \pm 1$

$$A^{-1} = \begin{bmatrix} a & b \\ c & d \end{bmatrix} = \frac{1}{ad - bc} \begin{bmatrix} d & -b \\ -c & a \end{bmatrix}$$

$$= \frac{1}{\det A} \begin{bmatrix} d & -b \\ -c & a \end{bmatrix}$$

$A^t = \begin{bmatrix} a & c \\ b & d \end{bmatrix}$

$\det A = 1$일 때

$$A^{-1} = \begin{bmatrix} d & -b \\ -c & a \end{bmatrix}$$

$A^{-1} = A^t$에서

$$a = d, \quad b = -c$$

$\det A = -1$일 때

$$A^{-1} = \begin{bmatrix} -d & b \\ c & -a \end{bmatrix}$$

$A^{-1} = A^t$에서

$$a = -d, \quad b = c$$

즉 $$a = \pm d, \quad b = \mp c$$

08 응용 I

연습문제 8.1

1. (1) 주어진 연립미분방정식을 $Y' = AY$ 모양의 행렬로 나타내면

$$\begin{bmatrix} y_1' \\ y_2' \end{bmatrix} = \begin{bmatrix} -3 & 1 \\ 2 & -2 \end{bmatrix} \begin{bmatrix} y_1 \\ y_2 \end{bmatrix}$$

먼저 $A = \begin{bmatrix} -3 & 1 \\ 2 & -2 \end{bmatrix}$를 대각화하는 행렬 P를 구한다.

$$\det(A-\lambda I) = \begin{vmatrix} -3-\lambda & 1 \\ 2 & -2-\lambda \end{vmatrix}$$

$$= \lambda^2 + 5\lambda + 4$$

$$= (\lambda+1)(\lambda+4) = 0$$

$$\therefore \lambda = -1, -4$$

$(A-\lambda I)X_1 = 0$에서

$$\begin{bmatrix} -3-\lambda & 1 \\ 2 & -2-\lambda \end{bmatrix} \begin{bmatrix} x_1 \\ x_2 \end{bmatrix} = \begin{bmatrix} 0 \\ 0 \end{bmatrix}$$

$\lambda = -1$일 때

$$\begin{bmatrix} -2 & 1 \\ 2 & -1 \end{bmatrix} \begin{bmatrix} x_1 \\ x_2 \end{bmatrix} = \begin{bmatrix} 0 \\ 0 \end{bmatrix}$$

$2x_1 = x_2$, $x_1 = t$로 하면 $x_2 = 2t$

$$X_1 = \begin{bmatrix} x_1 \\ x_2 \end{bmatrix} = \begin{bmatrix} t \\ 2t \end{bmatrix} = t\begin{bmatrix} 1 \\ 2 \end{bmatrix}$$

$\lambda = -4$일 때 같은 방법으로

$$X_2 = s\begin{bmatrix} -1 \\ 1 \end{bmatrix}$$

그러므로

$$P = \begin{bmatrix} 1 & -1 \\ 2 & 1 \end{bmatrix}$$

$$P^{-1} = \begin{bmatrix} \frac{1}{3} & \frac{1}{3} \\ -\frac{2}{3} & \frac{1}{3} \end{bmatrix}$$

$$\therefore D = P^{-1}AP = \begin{bmatrix} \frac{1}{3} & \frac{1}{3} \\ -\frac{2}{3} & \frac{1}{3} \end{bmatrix} \begin{bmatrix} -3 & 1 \\ 2 & -2 \end{bmatrix} \begin{bmatrix} 1 & -1 \\ 2 & 1 \end{bmatrix}$$

$$= \begin{bmatrix} -1 & 0 \\ 0 & 4 \end{bmatrix}$$

$Q' = DQ$에서

$$\begin{bmatrix} q_1' \\ q_2' \end{bmatrix} = \begin{bmatrix} -1 & 0 \\ 0 & 4 \end{bmatrix} \begin{bmatrix} q_1 \\ q_2 \end{bmatrix}$$

$$q_1' = -q_1$$

$$q_2' = 4q_2$$

$$\therefore \begin{cases} q_1 = c_1 e^{-t} \\ q_2 = c_2 e^{4t} \end{cases}$$

구하는 일반해는 $Y = PQ$에서

$$\begin{bmatrix} y_1 \\ y_2 \end{bmatrix} = \begin{bmatrix} 1 & -1 \\ 2 & 1 \end{bmatrix} \begin{bmatrix} c_1 e^{-t} \\ c_2 e^{4t} \end{bmatrix}$$

즉 $y_1(t) = c_1 e^{-t} - c_2 e^{4t}$

$y_2(t) = 2c_1 e^{-t} + c_2 e^{4t}$

2. (1) 주어진 연립미분방정식을 $Y' = AY$ 모양의 행렬로 나타내면

$$\begin{bmatrix} y_1' \\ y_2' \end{bmatrix} = \begin{bmatrix} 1 & -3 \\ -4 & 2 \end{bmatrix} \begin{bmatrix} y_1 \\ y_2 \end{bmatrix}$$

$A = \begin{bmatrix} 1 & -3 \\ -4 & 2 \end{bmatrix}$를 대각화하는 행렬 P를 구한다.

$$\det(A-\lambda I) = \begin{vmatrix} 1-\lambda & -3 \\ -4 & 2-\lambda \end{vmatrix}$$

$$= \lambda^2 - 3\lambda - 10$$

$$= (\lambda+2)(\lambda-5) = 0$$

$$\therefore \lambda = -2, 5$$

$$(A-\lambda I)X = 0$$

$$\begin{bmatrix} 1-\lambda & -3 \\ -4 & 2-\lambda \end{bmatrix} \begin{bmatrix} x_1 \\ x_2 \end{bmatrix} = \begin{bmatrix} 0 \\ 0 \end{bmatrix}$$

$\lambda = -2$일 때

$$\begin{bmatrix} 3 & -3 \\ -4 & 4 \end{bmatrix}\begin{bmatrix} x_1 \\ x_2 \end{bmatrix} = \begin{bmatrix} 0 \\ 0 \end{bmatrix}$$

$$x_1 = x_2 = t$$

$$X_1 = \begin{bmatrix} x_1 \\ x_2 \end{bmatrix} = \begin{bmatrix} t \\ t \end{bmatrix} = t\begin{bmatrix} 1 \\ 1 \end{bmatrix}$$

$\lambda = 5$일 때

$$\begin{bmatrix} -4 & -3 \\ -4 & -3 \end{bmatrix}\begin{bmatrix} x_3 \\ x_4 \end{bmatrix} = \begin{bmatrix} 0 \\ 0 \end{bmatrix}$$

$$4x_3 = -3x_4$$

$x_4 = s$로 하면 $x_4 = -\dfrac{3}{4}s$

$$X_2 = \begin{bmatrix} x_3 \\ x_4 \end{bmatrix} = \begin{bmatrix} -\dfrac{3}{4}s \\ s \end{bmatrix} = s\begin{bmatrix} -\dfrac{3}{4} \\ 1 \end{bmatrix}$$

따라서

$$P = \begin{bmatrix} 1 & -\dfrac{3}{4} \\ 1 & 1 \end{bmatrix}$$

$$\therefore\ P^{-1} = \begin{bmatrix} \dfrac{4}{7} & \dfrac{3}{7} \\ -\dfrac{4}{7} & \dfrac{4}{7} \end{bmatrix}$$

$$D = P^{-1}AP = \begin{bmatrix} \dfrac{4}{7} & \dfrac{3}{7} \\ -\dfrac{4}{7} & \dfrac{4}{7} \end{bmatrix}\begin{bmatrix} 1 & -3 \\ -4 & 2 \end{bmatrix}\begin{bmatrix} 1 & -\dfrac{3}{4} \\ 1 & 1 \end{bmatrix}$$

$$= \begin{bmatrix} -2 & 0 \\ 0 & 5 \end{bmatrix}$$

$Q' = DQ$에서

$$\begin{bmatrix} q_1{}' \\ q_2{}' \end{bmatrix} = \begin{bmatrix} -2 & 0 \\ 0 & 5 \end{bmatrix}\begin{bmatrix} q_1 \\ q_2 \end{bmatrix}$$

$$\begin{cases} q_1{}' = -2q_1 \\ q_2{}' = 5q_2 \end{cases}$$

$$\therefore\ q_1 = c_1e^{-2t}, \quad q_2 = c_2e^{5t}$$

이제 $Y = PQ$에서

$$\begin{bmatrix} y_1 \\ y_2 \end{bmatrix} = \begin{bmatrix} 1 & -\dfrac{3}{4} \\ 1 & 1 \end{bmatrix}\begin{bmatrix} c_1e^{-2t} \\ c_2e^{5t} \end{bmatrix}$$

구하는 일반해는

$$y_1 = c_1e^{-2t} - \frac{3}{4}c_2e^{5t}$$

$$y_2 = c_1e^{-2t} + c_2e^{5t}$$

3. (1) 주어진 연립미분방정식을 $Y' = AY$ 모양의 행렬로 나타내면

$$\begin{bmatrix} y_1{}' \\ y_2{}' \\ y_3{}' \end{bmatrix} = \begin{bmatrix} 1 & 1 & -2 \\ -1 & 2 & 1 \\ 0 & 1 & -1 \end{bmatrix}\begin{bmatrix} y_1 \\ y_2 \\ y_3 \end{bmatrix}$$

$A = \begin{bmatrix} 1 & 1 & -2 \\ -1 & 2 & 1 \\ 0 & 1 & -1 \end{bmatrix}$을 대각화하는 행렬 P를 구한다.

$$\det(A - \lambda I) = \begin{vmatrix} 1-\lambda & 1 & -2 \\ -1 & 2-\lambda & 1 \\ 0 & 1 & -1-\lambda \end{vmatrix}$$

$$= -(\lambda+1)(\lambda-1)(\lambda-2) = 0$$

$$\therefore\ \lambda = -1, 1, 2$$

$(A - \lambda I)X = 0$에서

$$\begin{bmatrix} 1-\lambda & 1 & -2 \\ -1 & 2-\lambda & 1 \\ 0 & 1 & -1-\lambda \end{bmatrix}\begin{bmatrix} x_1 \\ x_2 \\ x_3 \end{bmatrix} = \begin{bmatrix} 0 \\ 0 \\ 0 \end{bmatrix}$$

$\lambda = -1$일 때

$$\begin{bmatrix} 2 & 1 & -2 \\ -1 & 3 & 1 \\ 0 & 1 & 0 \end{bmatrix}\begin{bmatrix} x_1 \\ x_2 \\ x_3 \end{bmatrix} = \begin{bmatrix} 0 \\ 0 \\ 0 \end{bmatrix}$$

$$\begin{cases} 2x_1 + x_2 - 2x_3 = 0 \\ -x_1 + 3x_2 + x_3 = 0 \\ x_2 = 0 \end{cases}$$

$$\begin{cases} 2x_1 - 2x_3 = 0 \\ -x_1 + x_3 = 0 \end{cases}$$

$x_2 = 0$, $x_1 = x_3$, $x_1 = t$로 하면 $x_3 = t$

$$\therefore\ X_1 = \begin{bmatrix} x_1 \\ x_2 \\ x_3 \end{bmatrix} = \begin{bmatrix} t \\ 0 \\ t \end{bmatrix} = t\begin{bmatrix} 1 \\ 0 \\ 1 \end{bmatrix}$$

$\lambda=1$일 때

$$\begin{bmatrix} 0 & 1 & -2 \\ -1 & 1 & 1 \\ 0 & 1 & -2 \end{bmatrix}\begin{bmatrix} x_1 \\ x_2 \\ x_3 \end{bmatrix}=\begin{bmatrix} 0 \\ 0 \\ 0 \end{bmatrix}$$

$$\begin{cases} x_2-2x_3=0 \\ -x_1+x_2+x_3=0 \\ x_2-2x_3=0 \end{cases}$$

$x_3=s$로 하면 $x_2=2s,\ x_1=3s$

$$\therefore\ X_2=\begin{bmatrix} 3s \\ 2s \\ s \end{bmatrix}=s\begin{bmatrix} 3 \\ 2 \\ 1 \end{bmatrix}$$

$\lambda=2$일 때

$$\begin{bmatrix} -1 & 1 & -2 \\ -1 & 0 & 1 \\ 0 & 1 & -3 \end{bmatrix}\begin{bmatrix} x_1 \\ x_2 \\ x_3 \end{bmatrix}=\begin{bmatrix} 0 \\ 0 \\ 0 \end{bmatrix}$$

$$\begin{cases} -x_1+x_2-2x_3=0 \\ -x_1+x_3=0 \\ x_2-3x_3=0 \end{cases}$$

$x_3=k$로 하면 $x_2=3k,\ x_1=k$

$$\therefore\ X_3=\begin{bmatrix} k \\ 3k \\ k \end{bmatrix}=k\begin{bmatrix} 1 \\ 3 \\ 1 \end{bmatrix}$$

따라서

$$P=\begin{bmatrix} 1 & 3 & 1 \\ 0 & 2 & 3 \\ 1 & 1 & 1 \end{bmatrix}$$

P^{-1}을 구하면

$$P^{-1}=\begin{bmatrix} -\frac{1}{6} & -\frac{1}{3} & \frac{7}{6} \\ \frac{1}{2} & 0 & -\frac{1}{2} \\ -\frac{1}{3} & \frac{1}{3} & \frac{1}{3} \end{bmatrix}$$

$P^{-1}AP$를 계산하면

$$D=P^{-1}AP=\begin{bmatrix} -1 & 0 & 0 \\ 0 & 1 & 0 \\ 0 & 0 & 2 \end{bmatrix}$$

$Q'=DQ$에서

$$\begin{bmatrix} q_1' \\ q_2' \\ q_3' \end{bmatrix}=\begin{bmatrix} -1 & 0 & 0 \\ 0 & 1 & 0 \\ 0 & 0 & 2 \end{bmatrix}\begin{bmatrix} q_1 \\ q_2 \\ q_3 \end{bmatrix}$$

$$q_1(t)=c_1e^{-t}$$
$$\therefore\ q_2(t)=c_2e^{t}$$
$$q_3(t)=c_3e^{2t}$$

그러므로 $Y=PQ$에서

$$\begin{bmatrix} y_1 \\ y_2 \\ y_3 \end{bmatrix}=\begin{bmatrix} 1 & 3 & 1 \\ 0 & 2 & 3 \\ 1 & 1 & 1 \end{bmatrix}\begin{bmatrix} c_1e^{-t} \\ c_2e^{t} \\ c_3e^{2t} \end{bmatrix}$$

일반해는

$$y_1(t)=c_1e^{-t}+3c_2e^{t}+c_3e^{2t}$$
$$y_2(t)=2c_2e^{t}+3c_3e^{2t}$$
$$y_3(t)=c_1e^{-t}+c_2e^{t}+c_3e^{2t}$$

4. (1) $y_1=y,\ y_2=y'$이므로

$$y_1'=y'=y_2$$
$$y_2'=y''=-ay'-by=-ay_2-by_1$$

즉 $$y_1'=y_2$$
$$y_2'=-by_1-ay_2$$

행렬로 나타내면

$$\begin{bmatrix} y_1' \\ y_2' \end{bmatrix}=\begin{bmatrix} 0 & 1 \\ -b & -a \end{bmatrix}\begin{bmatrix} y_1 \\ y_2 \end{bmatrix}$$

5. $y''-y'-2y=0$에서

$y_1=y,\ y_2=y'$이라 하면

$$y_1'=y'=y_2$$
$$y_2'=y''=y'+2y=y_2+2y_1$$

즉 $$y_1'=y_2$$
$$y_2'=2y_1+y_2$$

이것을 행렬로 나타내면

$$\begin{bmatrix} y_1' \\ y_2' \end{bmatrix} = \begin{bmatrix} 0 & 1 \\ 2 & 1 \end{bmatrix} \begin{bmatrix} y_1 \\ y_2 \end{bmatrix}$$

특성방정식은

$$\lambda^2 - \lambda - 2 = 0$$
$$\therefore \lambda = -1, 2$$

$(A - \lambda I)X = 0$에서 $A = \begin{bmatrix} 0 & 1 \\ 2 & 1 \end{bmatrix}$이므로

$$\begin{bmatrix} -\lambda & 1 \\ 2 & 1-\lambda \end{bmatrix} \begin{bmatrix} x_1 \\ x_2 \end{bmatrix} = \begin{bmatrix} 0 \\ 0 \end{bmatrix}$$

$\lambda = -1$일 때

$$\begin{bmatrix} 1 & 1 \\ 2 & 2 \end{bmatrix} \begin{bmatrix} x_1 \\ x_2 \end{bmatrix} = \begin{bmatrix} 0 \\ 0 \end{bmatrix}$$

$x_1 + x_2 = 0$, $x_2 = t$로 하면 $x_1 = -t$

$$X_1 = \begin{bmatrix} x_1 \\ x_2 \end{bmatrix} = \begin{bmatrix} -t \\ t \end{bmatrix} = t \begin{bmatrix} -1 \\ 1 \end{bmatrix}$$

$\lambda = 2$일 때

$$\begin{bmatrix} -2 & 1 \\ 2 & -1 \end{bmatrix} \begin{bmatrix} x_1 \\ x_2 \end{bmatrix} = \begin{bmatrix} 0 \\ 0 \end{bmatrix}$$

$2x_1 = x_2$, $x_1 = s$로 하면 $x_2 = 2s$

$$X_2 = \begin{bmatrix} s \\ 2s \end{bmatrix} = s \begin{bmatrix} 1 \\ 2 \end{bmatrix}$$

따라서

$$P = \begin{bmatrix} -1 & 1 \\ 1 & 2 \end{bmatrix}$$

P^{-1}를 구하면

$$P^{-1} = \begin{bmatrix} -\frac{2}{3} & \frac{1}{3} \\ \frac{1}{3} & \frac{1}{3} \end{bmatrix}$$

$$D = P^{-1}AP = \begin{bmatrix} -\frac{2}{3} & \frac{1}{3} \\ \frac{1}{3} & \frac{1}{3} \end{bmatrix} \begin{bmatrix} 0 & 1 \\ 2 & 1 \end{bmatrix} \begin{bmatrix} -1 & 1 \\ 1 & 2 \end{bmatrix}$$

$$= \begin{bmatrix} -1 & 0 \\ 0 & 2 \end{bmatrix}$$

$Q' = DQ$에서

$$\begin{bmatrix} q_1' \\ q_2' \end{bmatrix} = \begin{bmatrix} -1 & 0 \\ 0 & 2 \end{bmatrix} \begin{bmatrix} q_1 \\ q_2 \end{bmatrix}$$

$$\therefore q_1 = c_1 e^{-t}, \quad q_2 = c_2 e^{2t}$$

이제 $Y = PQ$에서

$$\begin{bmatrix} y_1 \\ y_2 \end{bmatrix} = \begin{bmatrix} -1 & 1 \\ 1 & 2 \end{bmatrix} \begin{bmatrix} c_1 e^{-t} \\ c_2 e^{2t} \end{bmatrix}$$

$$\therefore \begin{array}{l} y_1 = -c_1 e^{-t} + c_2 e^{2t} \\ y_2 = c_1 e^{-t} + 2c_2 e^{2t} \end{array}$$

$y_1 = y$이므로 구하는 해는

$$y = -c_1 e^{-t} + c_2 e^{2t}$$

연습문제 8.2

1. $A = \begin{bmatrix} -3 & 1 \\ 1 & -2 \\ 4 & -1 \end{bmatrix}$, $X = \begin{bmatrix} x_1 \\ x_2 \end{bmatrix}$, $B = \begin{bmatrix} 2 \\ 2 \\ -4 \end{bmatrix}$

$$A^t A = \begin{bmatrix} -3 & 1 & 4 \\ 1 & -2 & -1 \end{bmatrix} \begin{bmatrix} -3 & 1 \\ 1 & -2 \\ 4 & -1 \end{bmatrix}$$

$$= \begin{bmatrix} 26 & -9 \\ -9 & 6 \end{bmatrix}$$

$$(A^t A)^{-1} = \frac{1}{75} \begin{bmatrix} 6 & 9 \\ 9 & 26 \end{bmatrix}$$

$$A^t B = \begin{bmatrix} -3 & 1 & 4 \\ 1 & -2 & -1 \end{bmatrix} \begin{bmatrix} 2 \\ 2 \\ -4 \end{bmatrix}$$

$$= \begin{bmatrix} 8 \\ 2 \end{bmatrix}$$

$$X^* = \begin{bmatrix} x_1^* \\ x_2^* \end{bmatrix} = \frac{1}{75} \begin{bmatrix} 6 & 9 \\ 9 & 26 \end{bmatrix} \begin{bmatrix} 8 \\ 2 \end{bmatrix}$$

$$= \frac{1}{75} \begin{bmatrix} 66 \\ 124 \end{bmatrix}$$

$$\therefore x_1^* = \frac{22}{25}, \quad x_2^* = \frac{124}{75}$$

$$proj_H B = AX^* = \begin{bmatrix} -3 & 1 \\ 1 & -2 \\ 4 & -1 \end{bmatrix} \begin{bmatrix} \frac{22}{25} \\ \frac{124}{75} \end{bmatrix}$$

$$= \begin{bmatrix} 58/75 \\ -182/75 \\ 140/75 \end{bmatrix}$$

3. (1) $$A = \begin{bmatrix} 1 & 0 \\ 1 & 1 \\ 1 & 2 \end{bmatrix}, \quad Y = \begin{bmatrix} 0 \\ 2 \\ 5 \end{bmatrix}$$

$$A^tA = \begin{bmatrix} 1 & 1 & 1 \\ 0 & 1 & 2 \end{bmatrix} \begin{bmatrix} 1 & 0 \\ 1 & 1 \\ 1 & 2 \end{bmatrix} = \begin{bmatrix} 3 & 3 \\ 3 & 5 \end{bmatrix}$$

$$(A^tA)^{-1} = \frac{1}{6} \begin{bmatrix} 5 & -3 \\ -3 & 3 \end{bmatrix}$$

$$A^tY = \begin{bmatrix} 1 & 1 & 1 \\ 0 & 1 & 2 \end{bmatrix} \begin{bmatrix} 0 \\ 2 \\ 5 \end{bmatrix} = \begin{bmatrix} 7 \\ 12 \end{bmatrix}$$

따라서 $Y = AX$의 최소제곱해는

$$X^* = \begin{bmatrix} a^* \\ b^* \end{bmatrix} = (A^tA)^{-1}A^tY$$

$$= \frac{1}{6} \begin{bmatrix} 5 & -3 \\ -3 & 3 \end{bmatrix} \begin{bmatrix} 7 \\ 12 \end{bmatrix} = \frac{1}{6} \begin{bmatrix} -1 \\ 15 \end{bmatrix}$$

그러므로 구하는 최소제곱직선은

$$y = -\frac{1}{6} + \frac{5}{2}x$$

(3) $$A = \begin{bmatrix} 1 & 1 \\ 1 & 2 \\ 1 & 3 \\ 1 & 4 \end{bmatrix}, \quad Y = \begin{bmatrix} 1 \\ 3 \\ 5 \\ 9 \end{bmatrix}$$

$$A^tA = \begin{bmatrix} 1 & 1 & 1 & 1 \\ 1 & 2 & 3 & 4 \end{bmatrix} \begin{bmatrix} 1 & 1 \\ 1 & 2 \\ 1 & 3 \\ 1 & 4 \end{bmatrix} = \begin{bmatrix} 4 & 10 \\ 10 & 30 \end{bmatrix}$$

$$(A^tA)^{-1} = \frac{1}{20} \begin{bmatrix} 30 & -10 \\ -10 & 4 \end{bmatrix}$$

$$A^tY = \begin{bmatrix} 1 & 1 & 1 & 1 \\ 1 & 2 & 3 & 4 \end{bmatrix} \begin{bmatrix} 1 \\ 3 \\ 5 \\ 9 \end{bmatrix} = \begin{bmatrix} 18 \\ 58 \end{bmatrix}$$

$Y = AX$의 최소제곱해는

$$X^* = \begin{bmatrix} a^* \\ b^* \end{bmatrix} = (A^tA)^{-1}A^tY$$

$$= \frac{1}{20} \begin{bmatrix} 30 & -10 \\ -10 & 4 \end{bmatrix} \begin{bmatrix} 18 \\ 58 \end{bmatrix} = \begin{bmatrix} -2 \\ \frac{13}{5} \end{bmatrix}$$

최소제곱직선은

$$y = -2 + \frac{13}{5}x$$

5. $g(x) = a + bx + cx^2$이라 하면

$$J = \int_0^1 [f(x) - g(x)]^2 dx$$

$$= \int_0^1 (e^x - a - bx - cx^2)^2 dx$$

$$= \int_0^1 [e^{2x} - 2ae^x - 2bxe^x - 2cx^2e^x + a^2 + 2bx + (2ac + b^2)x^2 + 2bcx^3 + c^2x^4] dx$$

$$= \left[\frac{e^{2x}}{2} - 2ae^x - 2be^x(x-1) - 2ce^x(x^2 - 2x + 2) + a^2x + abx^2 + \frac{2ac + b^2}{3}x^3 + \frac{bc}{2}x^4 + \frac{c^2}{5}x^5 \right]_0^1$$

$$= \frac{e^2}{2} - \frac{1}{2} - 2a(e-1) - 2b - 2c(e-2) + a^2 + ab + \frac{2ac + b^2}{3} + \frac{bc}{2} + \frac{c^2}{5}$$

$$\frac{\partial J}{\partial a} = -2(e-1) + 2a + b + \frac{2c}{3} = 0$$

$$\frac{\partial J}{\partial b} = -2 + a + \frac{2b}{3} + \frac{c}{2} = 0$$

$$\frac{\partial J}{\partial c} = -2(e-2) + \frac{2a}{3} + \frac{b}{2} + \frac{2c}{5} = 0$$

이것을 연립하여 풀면

$$a = 39e - 105$$
$$b = -216e + 588$$
$$c = 210e - 570$$

$$\therefore g(x) = 39e - 105 + (-216e + 588)x + (210e - 570)x^2$$

근사값 $e \fallingdotseq 2.71828$로 $g(x)$를 나타내면

$$g(x) = 1.01292 + 0.85152x + 0.8388x^2$$

7. (1) $a_0 = \frac{1}{\pi}\int_0^{2\pi} f(x)dx = \frac{1}{\pi}\int_0^{2\pi} x^2 dx = \frac{8\pi^2}{3}$

$$a_k = \frac{1}{\pi}\int_0^{2\pi} f(x)\cos kx dx$$

$$= \frac{1}{\pi}\int_0^{2\pi} x^2 \cos kx dx = \frac{4}{k^2}$$

$$b_k = \frac{1}{\pi}\int_0^{2\pi} f(x)\sin kx dx$$

$$= \frac{1}{\pi}\int_0^{2\pi} x^2 \sin kx dx = -\frac{4\pi^2}{k}$$

$$\therefore x^2 \simeq \frac{4\pi^2}{3} + 4\sum_{k=1}^{n}\left(\frac{1}{k^2}\cos kx - \frac{\pi^2}{k}\sin kx\right)$$

9. $a_0 = \frac{1}{\pi}\int_{-\pi}^{\pi} f(x)dx = \frac{1}{\pi}\int_{-\pi}^{\pi} x dx$

$$= \frac{1}{\pi}\left[\frac{x^2}{2}\right]_{-\pi}^{\pi} = 0$$

$$a_k = \frac{1}{\pi}\int_{-\pi}^{\pi} f(x)\cos kx dx = \frac{1}{\pi}\int_{-\pi}^{\pi} x\cos kx dx$$

$$= \frac{1}{\pi}\left\{\left[\frac{x\sin kx}{k}\right]_{-\pi}^{\pi} - \int_{-\pi}^{\pi}\frac{\sin kx}{k}dx\right\}$$

$$= \frac{1}{\pi}\left\{0 - \left[\frac{\cos kx}{k^2}\right]_{-\pi}^{\pi}\right\} = 0$$

$$b_k = \frac{1}{\pi}\int_{-\pi}^{\pi} f(x)\sin kx dx = \frac{1}{\pi}\int_{-\pi}^{\pi} x\sin kx dx$$

$$= \frac{1}{\pi}\left\{\left[\frac{-x\cos kx}{k}\right]_{-\pi}^{\pi} + \int_{-\pi}^{\pi}\frac{\cos kx}{k}dx\right\}$$

$$= \frac{1}{\pi}\left\{\frac{-2\pi\cos kx}{k} + \left[\frac{\sin kx}{k^2}\right]_{-\pi}^{\pi}\right\}$$

$$= \frac{2(-1)^{k+1}}{k}$$

$$\therefore f(x) = \frac{a_0}{2} + \sum_{k=1}^{\infty}(a_k\cos kx + b_k\sin kx)$$

$$= \sum_{k=1}^{\infty}\frac{2(-1)^{k+1}\sin kx}{k}$$

연습문제 8.3

1. (1) $[x \quad y]\begin{bmatrix}3 & 6\\ 6 & -2\end{bmatrix}\begin{bmatrix}x\\ y\end{bmatrix}$

(3) $[x \quad y]\begin{bmatrix}0 & -3\\ -3 & 0\end{bmatrix}\begin{bmatrix}x\\ y\end{bmatrix}$

2. (1) $x^2 + 4xy + y^2$

$$= [x \quad y]\begin{bmatrix}1 & 2\\ 2 & 1\end{bmatrix}\begin{bmatrix}x\\ y\end{bmatrix}$$

$A = \begin{bmatrix}1 & 2\\ 2 & 1\end{bmatrix}$에 대하여

$$\det(A - \lambda I) = \begin{vmatrix}1-\lambda & 2\\ 2 & 1-\lambda\end{vmatrix}$$

$$= \lambda^2 - 2\lambda - 3 = 0$$

$$\therefore \lambda_1 = -1, \quad \lambda_2 = 3$$

$$\therefore D = \begin{bmatrix}\lambda_1 & 0\\ 0 & \lambda_2\end{bmatrix} = \begin{bmatrix}-1 & 0\\ 0 & 3\end{bmatrix}$$

$\mathbf{y} = \begin{bmatrix}x'\\ y'\end{bmatrix}$이라 하면

$$[x' \quad y']\begin{bmatrix}-1 & 0\\ 0 & 3\end{bmatrix}\begin{bmatrix}x'\\ y'\end{bmatrix}$$

$$= -(x')^2 + 3(y')^2$$

(3) $x^2 + 6xy + 9y^2$

$$= [x \quad y]\begin{bmatrix}1 & 3\\ 3 & 9\end{bmatrix}\begin{bmatrix}x\\ y\end{bmatrix}$$

$A = \begin{bmatrix}1 & 3\\ 3 & 9\end{bmatrix}$에 대하여

$$\det(A - \lambda I) = \begin{vmatrix}1-\lambda & 3\\ 3 & 9-\lambda\end{vmatrix}$$

$$= \lambda^2 - 10\lambda = 0$$

$$\therefore \lambda_1 = 0, \quad \lambda_2 = 10$$

$$\therefore D = \begin{bmatrix}0 & 0\\ 0 & 10\end{bmatrix}$$

$\mathbf{y} = \begin{bmatrix}x'\\ y'\end{bmatrix}$이라 하면

$$[x' \quad y']\begin{bmatrix}0 & 0\\ 0 & 10\end{bmatrix}\begin{bmatrix}x'\\ y'\end{bmatrix}$$

$$= 10(y')^2$$

(5) $-x^2-y^2+z^2+4xy+4xz+4yz$

$$=[x \ \ y \ \ z]\begin{bmatrix}-1 & 2 & 2\\ 2 & -1 & 2\\ 2 & 2 & 1\end{bmatrix}\begin{bmatrix}x\\ y\\ z\end{bmatrix}$$

$A=\begin{bmatrix}-1 & 2 & 2\\ 2 & -1 & 2\\ 2 & 2 & 1\end{bmatrix}$에 대하여

$$\det(A-\lambda I)=\begin{vmatrix}-1-\lambda & 2 & 2\\ 2 & -1-\lambda & 2\\ 2 & 2 & 1-\lambda\end{vmatrix}$$

$$=-\lambda^3-\lambda^2+13\lambda+21=0$$

$$\lambda^3+\lambda^2-13\lambda-21=0$$

$$(\lambda+3)(\lambda^2-2\lambda-7)=0$$

$$\therefore \lambda=-3,\ 1\pm 2\sqrt{2}$$

$\lambda_1=-3,\ \lambda_2=1-2\sqrt{2},\ \lambda_3=1+2\sqrt{2}$ 로 하면

$$D=\begin{bmatrix}\lambda_1 & 0 & 0\\ 0 & \lambda_2 & 0\\ 0 & 0 & \lambda_3\end{bmatrix}=\begin{bmatrix}-3 & 0 & 0\\ 0 & 1-2\sqrt{2} & 0\\ 0 & 0 & 1+2\sqrt{2}\end{bmatrix}$$

$\mathbf{y}=\begin{bmatrix}x'\\ y'\\ z'\end{bmatrix}$이라 하면

$$[x' \ \ y' \ \ z']\begin{bmatrix}-3 & 0 & 0\\ 0 & 1-2\sqrt{2} & 0\\ 0 & 0 & 1+2\sqrt{2}\end{bmatrix}\begin{bmatrix}x'\\ y'\\ z'\end{bmatrix}$$

$$=-3(x')^2+(1-2\sqrt{2})(y')^2+(1+2\sqrt{2})(z')^2$$

연습문제 8.4

1.

$$13x^2-8xy+7y^2-60=0$$

$$A=\begin{bmatrix}13 & -4\\ -4 & 7\end{bmatrix}$$

$$\det(A-\lambda I)$$

$$=\begin{vmatrix}13-\lambda & -4\\ -4 & 7-\lambda\end{vmatrix}=\lambda^2-20\lambda+75=0$$

$$\therefore \lambda_1=5,\quad \lambda_2=15$$

$$\therefore 5(x')^2+15(y')^2-60=0$$

$$\therefore \frac{(x')^2}{(2\sqrt{3})^2}+\frac{(y')^2}{2^2}=1$$

타원이다.

$\begin{bmatrix}13-\lambda & -4\\ -4 & 7-\lambda\end{bmatrix}\begin{bmatrix}x_1\\ x_2\end{bmatrix}=\begin{bmatrix}0\\ 0\end{bmatrix}$에서

$\lambda_1=5$일 때 $2x_1-x_2=0$

$$\therefore x_1=1,\quad x_2=2$$

$\lambda_2=15$일 때 $x_1+2x_2=0$

$$\therefore x_1=-2,\quad x_2=1$$

$|P|=1$인 P는

$$P=\begin{bmatrix}\frac{1}{\sqrt{5}} & -\frac{2}{\sqrt{5}}\\ \frac{2}{\sqrt{5}} & \frac{1}{\sqrt{5}}\end{bmatrix}$$

$$\therefore \theta=\arccos\frac{1}{\sqrt{5}}\fallingdotseq 48^\circ$$

3.

$$xy-k=0$$

$$A=\begin{bmatrix}0 & \frac{1}{2}\\ \frac{1}{2} & 0\end{bmatrix}$$

$$\det(A-\lambda I)$$

$$=\begin{bmatrix}-\lambda & \frac{1}{2}\\ \frac{1}{2} & -\lambda\end{bmatrix}=\lambda^2-\frac{1}{4}=0$$

$$\therefore \lambda_1=-\frac{1}{2},\quad \lambda_2=\frac{1}{2}$$

$$\therefore -\frac{1}{2}(x')^2+\frac{1}{2}(y')^2-k=0$$

$$\therefore -\frac{(x')^2}{2k}+\frac{(y')^2}{2k}=1$$

쌍곡선이다.

$\begin{bmatrix}-\lambda & \frac{1}{2}\\ \frac{1}{2} & -\lambda\end{bmatrix}\begin{bmatrix}x_1\\ x_2\end{bmatrix}=\begin{bmatrix}0\\ 0\end{bmatrix}$에서

$\lambda_1=-\frac{1}{2}$일 때 $x_1+x_2=0$

$$\therefore x_1=1,\quad x_2=-1$$

$\lambda_2=\dfrac{1}{2}$일 때 $-x_1+x_2=0$

$$\therefore x_1=1,\quad x_2=1$$

$|P|=1$인 P는

$$P=\begin{bmatrix}\frac{1}{\sqrt{2}} & \frac{1}{\sqrt{2}}\\ -\frac{1}{\sqrt{2}} & \frac{1}{\sqrt{2}}\end{bmatrix}$$

$$\cos\theta=\frac{1}{\sqrt{2}},\quad \sin\theta=-\frac{1}{\sqrt{2}}$$

$$\theta=315^\circ$$

5. $x^2-2xy+y^2-3\sqrt{2}\,x+\sqrt{2}\,y-6=0$

$$A=\begin{bmatrix}1 & -1\\ -1 & 1\end{bmatrix}$$

$$\det(A-\lambda I)$$

$$=\begin{vmatrix}1-\lambda & -1\\ -1 & 1-\lambda\end{vmatrix}=\lambda^2-2\lambda=0$$

$$\therefore \lambda_1=0,\quad \lambda_2=2$$

$\begin{bmatrix}1-\lambda & -1\\ -1 & 1-\lambda\end{bmatrix}\begin{bmatrix}x_1\\ x_2\end{bmatrix}=\begin{bmatrix}0\\ 0\end{bmatrix}$에서

$\lambda_1=0$일 때 $x_1-x_2=0$

$$\therefore x_1=1,\quad x_2=1$$

$\lambda_2=2$일 때 $x_1+x_2=0$

$$\therefore x_1=-1,\quad x_2=1$$

$|P|=1$인 P는

$$P=\begin{bmatrix}\frac{1}{\sqrt{2}} & -\frac{1}{\sqrt{2}}\\ \frac{1}{\sqrt{2}} & \frac{1}{\sqrt{2}}\end{bmatrix}$$

$$\begin{bmatrix}-3\sqrt{2} & \sqrt{2}\end{bmatrix}\begin{bmatrix}\frac{1}{\sqrt{2}} & -\frac{1}{\sqrt{2}}\\ \frac{1}{\sqrt{2}} & \frac{1}{\sqrt{2}}\end{bmatrix}\begin{bmatrix}x'\\ y'\end{bmatrix}$$

$$=-2x'+4y'$$

그러므로

$$0(x')^2+2(y')^2-2x'+4y'-6=0$$

$$2(y'+1)^2-2x'-8=0$$

$$\therefore (y'+1)^2-2(x'+4)=0$$

포물선이다.

7. $9x^2+4xy+6y^2-\sqrt{5x}+3\sqrt{5}\,y-42=0$

$$A=\begin{bmatrix}9 & 2\\ 2 & 6\end{bmatrix}$$

$$\det(A-\lambda I)$$

$$=\begin{vmatrix}9-\lambda & 2\\ 2 & 9-\lambda\end{vmatrix}=\lambda^2-15\lambda+50=0$$

$$\therefore \lambda_1=5,\quad \lambda_2=10$$

$\begin{bmatrix}9-\lambda & 2\\ 2 & 6-\lambda\end{bmatrix}\begin{bmatrix}x_1\\ x_2\end{bmatrix}=\begin{bmatrix}0\\ 0\end{bmatrix}$에서

$\lambda_1=5$일 때 $2x_1+x_2=0$

$$\therefore x_1=1,\quad x_2=-2$$

$\lambda_2=10$일 때 $-x_1+2x_2=0$

$$\therefore x_1=2,\quad x_2=1$$

$|P|=1$인 P는

$$P=\begin{bmatrix}\frac{1}{\sqrt{5}} & \frac{2}{\sqrt{5}}\\ -\frac{2}{\sqrt{5}} & \frac{1}{\sqrt{5}}\end{bmatrix}$$

$$\begin{bmatrix}-\sqrt{5} & 3\sqrt{5}\end{bmatrix}\begin{bmatrix}\frac{1}{\sqrt{5}} & \frac{2}{\sqrt{5}}\\ -\frac{2}{\sqrt{5}} & \frac{1}{\sqrt{5}}\end{bmatrix}\begin{bmatrix}x'\\ y'\end{bmatrix}$$

$$=-7x'+y'$$

$$\therefore 5(x')^2+10(y')^2-7x'+y'-42=0$$

타원이다.

연습문제 8.5

1. $3x^2+2y^2+4z^2+4xy+4yz+3x-6y-9=0$

$$A=\begin{bmatrix}3&2&2\\2&2&0\\2&0&4\end{bmatrix}$$

$$\det(A-\lambda I)$$

$$=\begin{vmatrix}3-\lambda&2&2\\2&2-\lambda&0\\2&0&4-\lambda\end{vmatrix}=0$$

$$\lambda_1=0,\quad \lambda_2=3,\quad \lambda_3=6$$

$$\therefore D=\begin{bmatrix}0&0&0\\0&3&0\\0&0&6\end{bmatrix}$$

$|P|=1$인 P는

$$P=\begin{bmatrix}-\frac{2}{3}&\frac{1}{3}&\frac{2}{3}\\\frac{2}{3}&\frac{2}{3}&\frac{1}{3}\\\frac{1}{3}&-\frac{2}{3}&\frac{2}{3}\end{bmatrix}$$

$$[0\quad 3\ -6]\begin{bmatrix}-\frac{2}{3}&\frac{1}{3}&\frac{2}{3}\\\frac{2}{3}&\frac{2}{3}&\frac{1}{3}\\\frac{1}{3}&-\frac{2}{3}&\frac{2}{3}\end{bmatrix}\begin{bmatrix}x'\\y'\\z'\end{bmatrix}$$

$$=[0\quad 18\ -3]\begin{bmatrix}x'\\y'\\z'\end{bmatrix}$$

$$=18y'-3z'$$

따라서 구하는 방정식은

$$0(x')^2+3(y')^2+6(z')^2+18y'-3z'-9=0$$

$$\therefore (y')^2+3(z')^2-6y'-z'-9=0$$

타원면이다.

3.
$$A=\begin{bmatrix}5&0&4\\0&4&0\\4&0&5\end{bmatrix}$$

$$\det(A-\lambda I)$$

$$=\begin{vmatrix}5-\lambda&0&4\\0&4-\lambda&0\\4&0&5-\lambda\end{vmatrix}=0$$

$$\lambda=1,4,9$$

$$\therefore (x')^2+4(y')^2+9(z')^2-25=0$$

타원면이다.

09 응용 II

1.
$$P=\begin{array}{c}\begin{matrix}\text{비} & \text{맑음}\end{matrix}\\\begin{bmatrix}0.48&0.16\\0.52&0.84\end{bmatrix}\begin{matrix}\text{비}\\\text{맑음}\end{matrix}\end{array}$$

(1) 목요일이 P_0이면

금요일은 P_1으로

$$P_1=PP_0$$

토요일은 P_2로

$$P_2=P^2P_0$$

일요일은 P_3으로

$$P_3=P^3P_0$$

이므로 P^3을 구하면

$$P^3=\begin{bmatrix}0.260&0.227\\0.240&0.773\end{bmatrix}$$

이다.

따라서 구하는 확률은

0.26 즉 26%

2.
$$P=\begin{bmatrix}0.7&0.15&0.3\\0.25&0.8&0.2\\0.05&0.05&0.5\end{bmatrix}$$

$$P_0=\begin{bmatrix}0.64\\0.32\\0.04\end{bmatrix}$$

(1) $P_1 = PP_0$

$$= \begin{bmatrix} 0.7 & 0.15 & 0.3 \\ 0.25 & 0.8 & 0.2 \\ 0.05 & 0.05 & 0.5 \end{bmatrix} \begin{bmatrix} 0.64 \\ 0.32 \\ 0.04 \end{bmatrix}$$

$$= \begin{bmatrix} 0.508 \\ 0.424 \\ 0.068 \end{bmatrix}$$

$P_2 = PP_1$

$$= \begin{bmatrix} 0.7 & 0.15 & 0.3 \\ 0.25 & 0.8 & 0.2 \\ 0.05 & 0.05 & 0.5 \end{bmatrix} \begin{bmatrix} 0.508 \\ 0.424 \\ 0.068 \end{bmatrix}$$

$$= \begin{bmatrix} 0.4396 \\ 0.4798 \\ 0.0806 \end{bmatrix}$$

(3) $PX = X,\ (P-I)X = 0$

$X = \begin{bmatrix} q_1 \\ q_2 \\ q_3 \end{bmatrix}$ 로 하면

$$\begin{bmatrix} -0.3 & 0.15 & 0.3 \\ 0.25 & -0.2 & 0.2 \\ 0.05 & 0.05 & -0.5 \end{bmatrix} \begin{bmatrix} q_1 \\ q_2 \\ q_3 \end{bmatrix} = \begin{bmatrix} 0 \\ 0 \\ 0 \end{bmatrix}$$

$$\begin{cases} -0.3\ q_1 + 0.15\ q_2 + 0.3\ q_3 = 0 \\ 0.25\ q_1 - 0.2\ q_2 + 0.2\ q_3 = 0 \\ 0.05\ q_1 + 0.05\ q_2 - 0.5\ q_3 = 0 \end{cases}$$

$$\therefore \begin{cases} -2\ q_1 + q_2 + 2\ q_3 = 0 \\ 5\ q_1 - 4\ q_2 + 4\ q_3 = 0 \\ q_1 + q_2 - 10\ q_3 = 0 \end{cases}$$

$$\left[\begin{array}{ccc|c} -2 & 1 & 2 & 0 \\ 5 & -4 & 4 & 0 \\ 1 & 1 & -10 & 0 \end{array}\right]$$

이것을 기본행변형을 하면

$$\left[\begin{array}{ccc|c} -2 & 1 & 2 & 0 \\ 1 & 0 & -4 & 0 \\ 0 & 0 & 0 & 0 \end{array}\right]$$

$$\therefore \begin{cases} -2\ q_1 + q_2 + 2\ q_3 = 0 \\ q_1 \qquad - 4\ q_3 = 0 \end{cases}$$

연립방정식의 해벡터의 기저를 정수로 나타내면

$$\begin{bmatrix} 4 \\ 6 \\ 1 \end{bmatrix}$$

$s\begin{bmatrix} 4 \\ 6 \\ 1 \end{bmatrix}$ 에서 $s = \dfrac{1}{4+6+1}$ 로 하면

안정상태의 확률행렬 X는

$$X = \frac{1}{11}\begin{bmatrix} 4 \\ 6 \\ 1 \end{bmatrix} = \begin{bmatrix} 0.364 \\ 0.545 \\ 0.091 \end{bmatrix}$$

먼 미래에 L당은 36.4%, M당은 54.5%, N당은 9.1%의 득표율이 지속될 것으로 예측할 수 있다.

3. $P = \begin{bmatrix} 0.979 & 0.024 \\ 0.021 & 0.976 \end{bmatrix}$ 이므로

2005년, 2006년, 2007년, 2008년의 상태행렬은 $X_0,\ X_1,\ X_2,\ X_3$ 이므로

$$X_3 = PX_2 = P^2X_1 = P^3X_0$$

P^3을 구하면

$$P^3 = \begin{bmatrix} 0.940 & 0.069 \\ 0.060 & 0.931 \end{bmatrix}$$

$$\therefore X_3 = \begin{bmatrix} 0.940 & 0.069 \\ 0.060 & 0.931 \end{bmatrix} \begin{bmatrix} 2277 \\ 2451 \end{bmatrix}$$

$$= \begin{bmatrix} 2309.5 \\ 2418.5 \end{bmatrix}$$

수도권은 2309.5만 명

수도권외는 2418.5만 명

연습문제 9.2

1. (1) $\mathbf{p} = \begin{bmatrix} p_1 \\ p_2 \end{bmatrix}$

$$\begin{bmatrix} \frac{1}{2} & \frac{1}{4} \\ \frac{1}{2} & \frac{3}{4} \end{bmatrix} \begin{bmatrix} p_1 \\ p_2 \end{bmatrix} = \begin{bmatrix} p_1 \\ p_2 \end{bmatrix}$$

$$\left(\begin{bmatrix} \frac{1}{2} & \frac{1}{4} \\ \frac{1}{2} & \frac{3}{4} \end{bmatrix} - \begin{bmatrix} 1 & 0 \\ 0 & 1 \end{bmatrix} \right) \begin{bmatrix} p_1 \\ p_2 \end{bmatrix} = \begin{bmatrix} 0 \\ 0 \end{bmatrix}$$

$$\begin{bmatrix} -\frac{1}{2} & \frac{1}{4} \\ \frac{1}{2} & -\frac{1}{4} \end{bmatrix}\begin{bmatrix} p_1 \\ p_2 \end{bmatrix} = \begin{bmatrix} 0 \\ 0 \end{bmatrix}$$

$$\therefore -\frac{1}{2}p_1 + \frac{1}{4}p_2 = 0$$

$$\therefore -2p_1 + p_2 = 0$$

임의의 양수 s에 대하여

$$\mathbf{p} = s\begin{bmatrix} 1 \\ 2 \end{bmatrix}$$

2. (1) $$(I-C)\mathbf{x} = \mathbf{d}, \mathbf{x} = (I-C)^{-1}\mathbf{d}$$

$$I-C = \begin{bmatrix} 0.9 & -0.6 \\ -0.4 & 0.8 \end{bmatrix}$$

$$(I-C)^{-1} = \frac{1}{0.48}\begin{bmatrix} 0.8 & 0.6 \\ 0.6 & 0.9 \end{bmatrix}$$

$$(I-C)^{-1}\begin{bmatrix} 0 \\ 12 \end{bmatrix} = \begin{bmatrix} 15 \\ 22.5 \end{bmatrix}$$

$$(I-C)^{-1}\begin{bmatrix} 16 \\ 24 \end{bmatrix} = \begin{bmatrix} \frac{170}{3} \\ 65 \end{bmatrix}$$

$$(I-C)^{-1}\begin{bmatrix} 24 \\ 48 \end{bmatrix} = \begin{bmatrix} 100 \\ 120 \end{bmatrix}$$

$$\therefore \mathbf{x} = \begin{bmatrix} 15 \\ 22.5 \end{bmatrix}, \quad \begin{bmatrix} \frac{170}{3} \\ 65 \end{bmatrix}, \quad \begin{bmatrix} 100 \\ 120 \end{bmatrix}$$

3. a : A의 하루 노임

b : B의 하루 노임

c : C의 하루 노임

이라 하고

$$A = \begin{bmatrix} 6 & 1 & 1 \\ 2 & 7 & 1 \\ 2 & 2 & 8 \end{bmatrix}, \quad \mathbf{p} = \begin{bmatrix} a \\ b \\ c \end{bmatrix}$$

라 한다.

이것은 레온티에프의 닫힌 모델이다.

$$A\mathbf{p} = \mathbf{p}$$

$$\begin{bmatrix} 6 & 1 & 1 \\ 2 & 7 & 1 \\ 2 & 2 & 8 \end{bmatrix}\begin{bmatrix} a \\ b \\ c \end{bmatrix} = 10\begin{bmatrix} a \\ b \\ c \end{bmatrix}$$

$$\begin{bmatrix} 0.6 & 0.1 & 0.1 \\ 0.2 & 0.7 & 0.1 \\ 0.2 & 0.2 & 0.8 \end{bmatrix}\begin{bmatrix} a \\ b \\ c \end{bmatrix} = \begin{bmatrix} a \\ b \\ c \end{bmatrix}$$

$$(A-I)\mathbf{p} = \mathbf{0}$$

에서

$$\begin{bmatrix} -0.4 & 0.1 & 0.1 \\ 0.2 & -0.3 & 0.1 \\ 0.2 & 0.2 & -0.2 \end{bmatrix}\begin{bmatrix} a \\ b \\ c \end{bmatrix} = \begin{bmatrix} 0 \\ 0 \\ 0 \end{bmatrix}$$

$$\therefore \begin{cases} -4a + b + c = 0 \\ 2a - 3b + c = 0 \\ 2a + 2b - 2c = 0 \end{cases}$$

임의의 양의 수 s에 대하여

$$\mathbf{p} = s\begin{bmatrix} 2 \\ 3 \\ 5 \end{bmatrix}$$

A, B, C의 노임의 비는

$$2:3:5$$

찾아보기

ㅈ

ㅊ

ㅋ

ㅌ

ㅍ

ㅎ

기타

선형대수학 기초와 응용

초판 발행 | 2009년 12월 10일
초판 6쇄 발행 | 2022년 02월 15일

편저자 | 김동률 · 김수현 · 김시주 · 심문식
양영균 · 엄미례 · 이중호 · 조동현
조정래(가나다 순)

펴낸이 | 조승식
펴낸곳 | (주)도서출판 북스힐

등 록 | 1998년 7월 28일 제22-457호
주 소 | 서울시 강북구 한천로 153길 17
전 화 | (02) 994-0071
팩 스 | (02) 994-0073

홈페이지 | www.bookshill.com
이메일 | bookshill@bookshill.com

정가 16,000원

ISBN 978-89-5526-538-5

Published by bookshill, Inc. Printed in Korea.